Organometallic Chemistry

Second Edition

Gary O. Spessard / Gary L. Miessler

유기금속화학

유기금속화학교재연구회 옮김

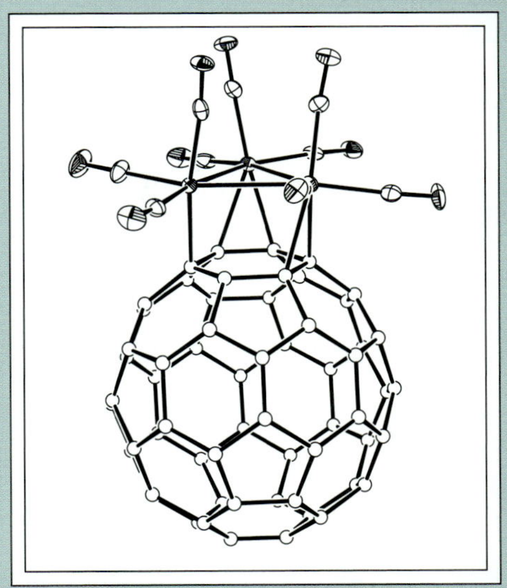

국립중앙도서관 출판시 도서목록(CIP)

유기금속화학 / 지은이: Gary O. Spessard, Gary L. Miessler ; 옮긴이: 유기금속화학교재연구회, 우희권, 이순원, 정옥상, 정종화, 최문근. -- 서울 : 사이플러스, 2013
p. ; cm

원표제: Organometallic chemistry
색인수록
ISBN 978-89-92603-66-9 93430 : ₩39000

무기 화학[無機化學]

435-KDC5
546-DDC21 CIP2013014236

간추린 차례

차례

그림 차례

제1장

제2장

제3장

제4장

제5장

제6장

제7장

제8장

제9장

제10장

제11장

옮긴이 머리말

유기금속화학은 페로센이 발견된 이후로 급속히 발전한 학문 분야로, 80년대에는 촉매 반응을 이해하는 근본 지식을 제공하는 역할을 하였다. 그 후 유기금속화학은 촉매 반응의 이해뿐만 아니라 새로운 결합 형태의 이해 및 구조 분석의 발전을 가져왔다. 최근에는 유기금속화학이 전이금속과 유기 리간드가 이루는 다양한 형태의 다공성 물질을 개발하고 이해하는 영역까지 확장되어 재료 분야에 주요한 영향을 끼치고 있다. 유기금속화학은 무기화학이나 유기화학뿐만 아니라 재료분야에서 연구하는 연구자들도 필수적으로 이해하여야 하는 학문 분야로 인식되고 있다.

이 책의 첫머리 부분은 유기금속화학을 이해하기 위한 기본적인 지식을 다루었으며, 전반부는 기본적인 원리와 리간드 구조와 결합 형태를 소개하여 유기금속화학의 다양성을 보여주고 있다. 중간 부분은 기본적인 원리를 바탕으로 유기금속화학의 반응성과 촉매 반응 등의 응용 분야를 다루었다. 유기합성에 응용되는 유기금속화학 분야를 다소 상세히 다룬 면이 있지만, 무기화학 분야에서 접근하는 사람들은 이 내용 중 일부를 생략 할 수 있을 것으로 생각된다. 또한 마지막 장에서는 닮은 궤도함수 유추와 뭉치 화합물에 대하여 다루어 기본적인 원리와 지식을 다시 소개함으로써, 이 책을 마무리하였다. 마지막 장의 내용이 교육적 기본 원리이기 때문에, 심도 깊은 유기합성 응용 분야를 생략하더라도 학부 과정의 독자들은 이 부분을 빠뜨리지 않고 공부하길 바란다.

여러 종의 유기금속화학 분야의 책이 발간되었지만, Spessard와 Miessler의 유기금속은 기본원리에 충실할뿐만 아니라 책의 편집 배치(layout)는 독자들이 쉽게 접근할 수 있도록 구성되어 있는 특징이 두드러진다. 저자들이 속해 있는 대학은 규모가 작은 대학으로, 교수와 학생 간의 소통이 긴밀한 환경을 가지고 있다. 가르치는 사람이 배우는 학생의 입장을 배려한 점이 이 책의 차별성이며, 곳곳에서 이러한 흔적을 찾아볼 수 있다. 특히 그림 편집이 각 페이지마다 가독성을 증진시키는 배치를 하였으며, 번역판에서도 이러한 원저자의 구성을 최대한 따르려고 노력하였다.

이 책의 번역에 관심을 가지고 출판이 이루어지기까지 많은 애정을 가지고 노력해준 사이플러스 관계자에게 감사의 말을 전한다. 혹시 번역 내용이 잘못 표현되거나 오자 등이 있다면 우리 번역진들이 수정 · 보완해야 할 사항이며, 독자들의 제안을 부탁드린다.

끝으로 이 책을 통하여 많은 사람들이 새로운 영역인 유기금속화학에 좀 더 친밀함과 흥미를 가지는 기회가 되기를 바란다.

2013년 5월 일
역자 대표 최 문 근

표 3-1, 표 3-2, 그림 11-9, 그림 11-18은 저작권 승인이 이루어지지 않아서 원서와는 다른 그림으로 대체합니다.

지은이 머리말

유기금속화학은 매우 흥미롭고 빠르게 발전하는 분야로, 1판이 출판되고 새로운 2판이 출판되기까지 12년이 넘는 기간 동안 상당한 변화가 있었다. 1997년 이래, 여섯 명의 유기금속화학자가 노벨상을 수상하였는데 이들은 유기금속화학 분야를 비롯하여 유기 합성과 같은 화학 분야에 막대한 영향을 주었다. 제1판에서는 p-결합의 복분해(methathesis)가 유기금속화학에 중요한 영향을 주었음을 보여주었다. 지난 50년 동안 유기 합성에서 복잡한 분자를 형성하는데 복분해의 적용은 가장 중요한 발전이라고 여겨진다. 사용하기 쉬운 소프트웨어와 빠른 속도의 컴퓨터로 인하여 유기금속 반응 메카니즘을 설명하는데 계산화학과 분자 모델링이 일반적으로 사용되기 시작하였다. 높은 수준의 분자 궤도함수의 계산은 이해하기 힘들었던 촉매 싸이클의 이해를 도와주었고 화학자들이 계산의 예측과 결과에 바탕을 두는 새로운 화학의 발전을 이끌었다. 최근 유기금속화학의 발전은 유기 전이금속-촉매 중합 반응을 통하여 새로운 물질을 만드는 재료 과학자에게 큰 도움을 주고 있다.

제2판의 특징

학부생과 대학원생 모두를 염두에 두고 책을 썼다. 이 책을 유기금속화학을 처음으로 깊이 있게 다루려는 학부생과 대학원생에게 소개하려 한다. 유기금속 화합물의 결합과 구조에 대하여 신중하고 엄격하게 다룬 앞부분 단원의 논리적 성과에 학부생들은 고마워 할 것이다. 대학원생에게는 앞부분의 단원이 유기 전이금속 착화합물에 적용될 유기, 무기 화학 개념에 대한 복습으로 유용 할 것이다. 뒷부분 단원에서는 앞부분의 단원에서 다룬 내용들 기초로 하여 학부생과 대학원생에게 유기금속 반응 메카니즘과 더 심화된 내용의 촉매, 카벤 착화합물(carbene complex), 복분해, 유기금속화학에서의 유기 합성 응용, 그리고 뭉치 화합물에 대한 새로운 수준의 내용을 소개할 것이다. 세심한 설명과 다양한 연습, 명쾌한 그림과 핵심이 되는 실험들은 학부생과 대학원생 모두에게 유익할 것이다.

다수의 풀이가 된 예제와 각 단원의 기본적인 개념을 강조하기 위해 단원 마지막에 연습 문제를 수록하였다. 연습 문제는 기본적인 문제부터 더 심화된 분석을 필요로 하는 문제까지 다양한 난이도로 출제하였고, 최신 화학 문헌을 참고하였다.

실험적 접근은 유기금속화학이 무엇인지, 그것을 어떻게 알 수 있는지에 대하여 학생들에게 가르칠 수 있게 해준다. 따라서 근본적인 개념을 보여주는 예전의 전형적인 실험법과 최신 실험에 대해서 논의하였다.

실질적인 응용에 관하여서는 유기금속화학이 일상생활과 특히 산업에 대한 영향과 어떤 연계성이 있는지를 강조하였다.

제2판의 새로운 점

제2판은 유기 전이금속 화학에 초점을 두었고, 내용의 순서는 초판과 같다. 주제와 관련된 개요로, 독자들은 다음과 같은 변화를 인지하고 읽으면 도움이 될 것이다.

- **새롭고 확장된 범위의** 최신 연구 분야를 반영하였다. IR, NMR, 질량 분광학, 촉매, 카벤 착화합물(carbene complex), 복분해와 중합, 유기 합성의 응용.
- **산업적 응용의 설명을 추가하였다.** 하이드로포르밀화(hydroformylation), Grubbs와 Schrock 금속 카벤 촉매, SHOP, 팔라듐 교차촉매(palladium catalyzed cross-couplings) 등
- **녹색화학의 강조**는 유기 전이금속 촉매의 원리가 녹색화학의 개념에 잘 포함되었는지를 보여준다.
- **새로운 계산 화학적 접근**을 분자 궤도함수에 적용
- **연습 문제와 예제 문제 증가와 다양한 유형의 문제를 수록하였다.** 1판에 비하여 연습 문제가 80% 이상, 예제 문제가 50% 이상 늘었다. 문제들은 다양한 난이도로 출제하였고 연습 문제는 원래의 문헌을 참고 하였다.
- **더 많은 분자 모델을 설명하였다.** 1판에 비해 25% 증가하여 600개가 넘는 그림과 구조를 포함한다. 명확하고 일관성 있게 설명하기 위해 이전의 그림을 수정하여 총 127개의 그림을 수록하였다.

각 단원의 자세한 개정 사항

제2장에서 설명한 18전자 규칙은 전이금속과 몇몇 종류의 리간드와의 결합에 대한 이해를 증진시킬 것이다. 이러한 종류의 리간드는 3~5장에서 다루고 있다. 또한 유기화학과는 다르게 리간드와 금속이 어떻게 결합하여 독특하고 정교한 구조를 형성하는지에 대하여 다루고 있다.

몇몇 방법으로 분광학을 설명하고 있다. **3장**에서는 카보닐 착화합물에 적용되는 적외선 분광학의 사용에 대하여 설명한다. C-13과 H-1 핵자기공명 분광학은 **4장**에서 설명하고, P-31 핵자기공명 분광학은 5장에서 설명한다. 2판에서는 **5장**에서 질량 분광학에 대한 설명을 한다. 분광학을 다룬 3~5장의 다양한 연습 문제는

분광학을 이해하는데 꼭 필요한 영역이다. 그 이후 단원에서도 추가적인 분광학 문제를 다루고 있다.

독자들이 구조와 결합의 기본적인 원리에 대하여 이해하고 나면, 유기 전이금속 착화합물을 포함하는 다양한 반응에 대하여 알게 된다. **6장**에서는 주로 전이금속에서 발생하는 반응을 다루고 있다. 석유화학 산업과 유기 합성에 응용되는 유기금속화학의 흥미로운 분야인 C-H과 C-C 결합의 활성에 대한 새로운 내용을 포함하고 있다. **7장**에서는 금속에 리간드가 결합되었을 경우 우선적으로 발생하는 반응에 대하여 다루고 있다. 또한 초판에서 보다 다양한 내용을 다루고 있다. 이 두 단원에서 논의된 반응들은 8~11장에서 다시 다루고 있으며, 유기화학에서의 반응과 유사한 유기금속 반응은 6장과 7장에서 다루고 있다.

촉매는 화학의 모든 분야에서 중요한 역할을 하고 있다. 녹색화학의 가장 중요한 원리는 가능한 한 화학양론적인 시약 대신 촉매를 사용하는 것이다. 유기 전이금속에 의한 촉매 반응은 산업 과정과 합성 실험실에서 중요한 역할을 한다. **8장**에서는 수소사이나이화(hydrocyanation)에 대한 정보와 전문적인 화학 물질의 생산에 사용되는 촉매에 대하여 다루고 있다. 초판을 출판한 후, 녹색화학은 점점 더 중요한 분야가 되고 있다. 산업적인 분야에서 유래한 녹색화학은 친환경적인 실험을 시도하고 있는 실험실에서 중요한 역할이 진행되고 있으며 그 결실이 보이기도 한다. 8장(촉매)에서는 녹색화학의 기본적인 원리에 대하여 다루고 있다.

9장에서는 카벤 착화합물에 대하여 다루고 있다. N-이종고리 카벤 착화합물에 대한 새로운 내용과 합성에서의 응용에 대하여 다루고 있다. **10장**에서는 복분해와 중합에 대하여 다루고 있으며 π-결합의 복분해 발견과 설명에 대한 부분은 다시 쓰여지고 확장되었다. 복분해와 Ziegler−Natta 중합 반응 내용은 강화되었고 최신 내용으로 보충되었다.

1판에서 **11장**은 다른 영역에서 유기금속화학 응용에 대하여 다양하게 다루었지만, 플러렌(fullerene)에 관한 것을 5장에서 다룬 것을 제외하고 나머지 부분은 생략하였다. 제11장에서는 닮은 궤도함수 유추(isolobal analogy)와 뭉치 화학(cluster chemistry)에 대하여 다루고 있다.

유기금속 화합물은 독특하고 유용하고 미적으로도 아름답다. 이 책을 읽는 독자들이 화학의 중요하고 흥미로운 분야에 대하여 배우고 알게 되길 기대한다.

▶▶ 부록

다음의 추가적인 자료는 이 책을 가르치는 사람들이 사용하면 유용할 것이다.

강의 자료 CD-ROM은 책에 수록된 모든 그림을 전자 파일 형식으로 담고 있고, 해답 파일에는 기본 문제와 연습 문제의 해답이 수록되어 있다.

▶▶ 감사의 글

제2판을 출판하는 일은 매우 큰 프로젝트였고, 많은 사람들의 도움 없이는 불가능한 일이었을 것이다. 우선, 지난 2년 동안 저자가 도서관과 컴퓨터 앞에서 많은 시간을 보내는 동안 오랜 시간 지지해주고 참고 견디면서 작업을 해준 우리 직원들(Carol, Sarah, Aaron, Becky, Naomi, Rachel)에게 감사를 표한다. 또한 힘든 작업을 해준 화학 편집자 Jason Noe과 편집 보조자 Melissa Rubes를 포함한 Oxford 대학 출판부의 모든 분들에게 감사를 표하고 싶다. 편집 감독 Patrick Lynch, 출판사 부사장 John Challice, 마케팅 감독 Adam Glazer, 생산 관리자 Preeti Parasharami, 생산 감독 Steven Cestaro, 편집 관리자 Lisa Grzan, 아트 디렉터 Paula Schlosser, 디자이너 Dan Niver과 Binbin Li에게 감사하다. St. Olaf College의 화학과 행정 직원 Karen Renneke과 학생 Stephanie Harstad도 편집에 유용한 도움을 주었다. Arizona 대학의 도서 자료 사용을 허락해준 Gary S.에게 진심으로 감사를 표한다.

제2판의 원고를 전체 또는 부분적으로 교육 전문가에게 검토받을 수 있었던 것은 영광이었으며, 이분들이 개선을 위한 많은 제안과 조언을 해주었다. 원고의 잘못된 점을 지적해주어 올바르게 고칠 수 있도록 해준 검토자들에게도 감사를 표한다. 그들의 지적은 책을 쓰는 과정에서 개선하도록 해주었기 때문에 이들의 제안을 이번 판을 출판하는데 참조하였다. 이름을 밝히기를 희망하지 않은 싶지 않아 하는 두 명의 검토자를 포함하여 이번 판을 출판하는데 도움을 준 분들은 아래와 같다.

Merritt B. Andrus, Brigham Young University
E. Kent Barefield, Georgia Institute of Technology
Laurance G. Beauvais, San Diego State University
Holly D. Bendorf, Lycoming College
Byron L. Bennett, Idaho State University
Steven M. Berry, University of Minnesota–Duluth
Paul Brandt, North Central College
Ferman Chavez, Oakland University
Kenneth M. Doxsee, University of Oregon
Eric J. Hawrelak, Bloomsburg University of Pennsylvania
Adam R. Johnson, Harvey Mudd College
Kevin Klausmeyer, Baylor University
Jay A. Labinger, California Institute of Technology
Man Lung (Desmond) Kwan, John Carroll University
Robin Macaluso, University of Northern Colorado
Joel T. Mague, Tulane University

James A. Miranda, Sacramento State University
Katrina Miranda, Arizona State University
Louis Messerle, The University of Iowa
Chip Nataro, Lafayette College
Joseph O'Connor, University of California, San Diego
Jodi O'Donnell, Reed College
Stacy O'Reilly, Butler University
Oleg Oszerv, Texas A&M University
Daniel Rabinovich, University of North Carolina–Charlotte
Seth C. Rasmussen, North Dakota State University
Kevin Shaughnessy, University of Alabama
Robert Stockland Jr., Bucknell University
Joshua Telser, Roosevelt University
Klaus H. Theopold, University of Delaware
Rory Waterman, University of Vermont
Anne M. Wilson, Butler University
Deanna L. Zubris, Villanova University

또한 제1판에 도움을 주셨던 분들과 개인적인 지지를 보내주신 분들께 진심으로 감사드린다.

Mitrsuru Kubota, Harvey Mudd College
Charles P. Casey, University of Wilsconsin–Madison
Philip Hampton, California State University Channel Islands
Robert Angelici, Iowa State University
Louis Hegedus, Colorado State University

Gary O. Spessard, Sierra Vista, Arizona
Gary L. Miessler, Northfield, Minnesota

제 1 장

유기금속화학 개요

An Overview of Organometallic Chemistry

유기금속화학–금속과 탄소 결합을 지닌 화합물에 관한 화학–은 화학연구 분야에서 가장 흥미롭고 빠르게 성장하는 분야이다. 유기금속화학은 다양한 화합물과 반응, 금속과 탄소 간에 시그마(σ) 파이(π) 결합, 금속–금속 결합을 두 개 또는 그 이상으로 지닌 뭉치 화합물(cluster), 유기화학에서는 알려지지 않았거나 보기 힘든 탄소 구조를 지닌 화합물, 유기화학 반응에서 알려진 반응과 비슷하거나 전혀 다른 반응 등을 지니고 있다. 유기금속 화합물의 본질적인 흥미 이외에도, 유기금속 화합물은 유용한 촉매를 형성하기 때문에 산업계에서도 주요한 관심의 대상이 된다. 지난 수년간, 유기금속 반응물은 생물학적 활성을 지닌 다양한 천연물 화합물 합성의 주요 반응 단계에서 중요한 역할을 해왔다.

1-1 현저한 차이점

유기금속 분자가 전통적인 무기화학과 유기화학에서 볼 수 있는 것과 확연히 다르다는 것을 몇 가지 예에서 보여주고 있다. 파이 전자가 비편재화된 고리 형태의(cyclic: 벤젠 또는 싸이클로펜타다이엔닐) 리간드는 금속과 샌드위치 형태의 화합물을 형성하기도 한다. 가끔 탄소가 아닌 인 또는 황이 포함된 리간드도 이러한 형태의 화합물을 형성한다. 이중 또는 다중 샌드위치 화합물을 그림 **1-1**에 나타내었다. 샌드위치 화합물의 결합 특성과 구조는 제4장에서 논의될 것이다.

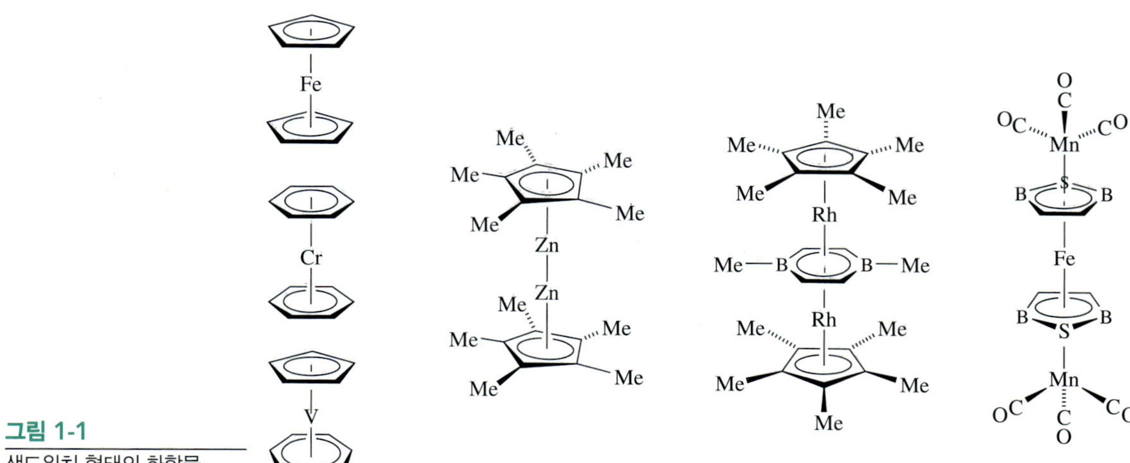

그림 1-1
샌드위치 형태의 화합물

유기 리간드와 금속의 결합 특징은, 특히 CO(유기금속화학에서 가장 일반적인 리간드)가 금속과 결합하여 이핵 또는 다핵 뭉치 화합물을 형성한다는 것이다(일부 뭉치 화합물은 유기 리간드를 지니고 있지 않다). 뭉치 화합물은 단지 세 개의 금속 원자를 지닌 것에서부터 수십 개의 금속 원자를 지닌 것이 있으며, 크기와 다양성에 제한이 없다. 이핵화합물은 단일, 이중, 삼중, 또는 사중 결합을 형성하거나 두 개 또는 그 이상의 금속 사이에 다리걸친 리간드를 지닌다. 유기 리간드를 가진 뭉치 화합물의 예를 그림 **1-2**의 **a**, **b**, **c**로 나타내었다. 뭉치 화합물은 제11장에서 다시 논의될 예정이다.

유기금속화학에서의 탄소는 유기화학에서 볼 수 있는 역할과 다른 것을 알 수 있다. 탄소원소가 금속 원자로 둘러싸여 있는 카바이드 뭉치 화합물(carbide cluster)을 볼 수 있으며, 탄소가 다섯, 여섯 또는 그 이상의 금속과 결합하는 경우도 있다. 그림 **1-2**의 **d**와 **e**가 카바이드 뭉치 화합물의 예를 보여주고 있다.

유기금속 화합물은 금속–탄소 결합을 포함한 화합물이라고 엄격하게 정의할 수 있지만, CO와 비슷한 결합 특성을 지닌 NO와 N_2 등을 지닌 화합물도 유기금속 화합물로 포함시킨다. 포스핀(PR_3)과 수소 분자(H_2)와 같은 리간드도 볼 수 있는데, 이들의 화학 반응은 유기 리간드의 반응과 밀접한 관계를 가지고 있다. 유기 리간드 또는 유기 리간드가 아닌 리간드 반응의 예를 유기금속화학에 포함시켜 논의할 예정이다.

a

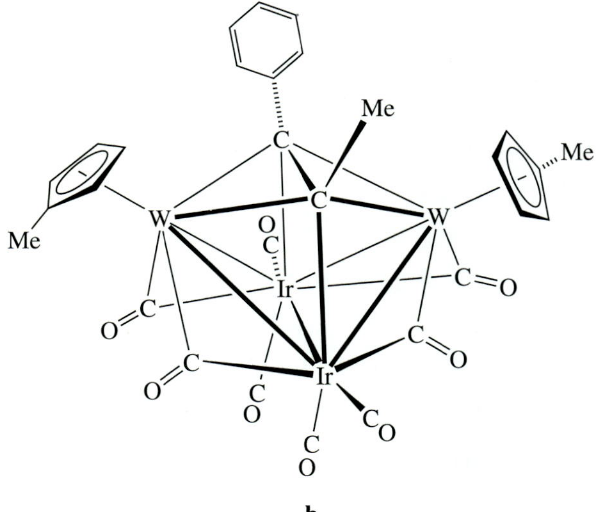

b

c

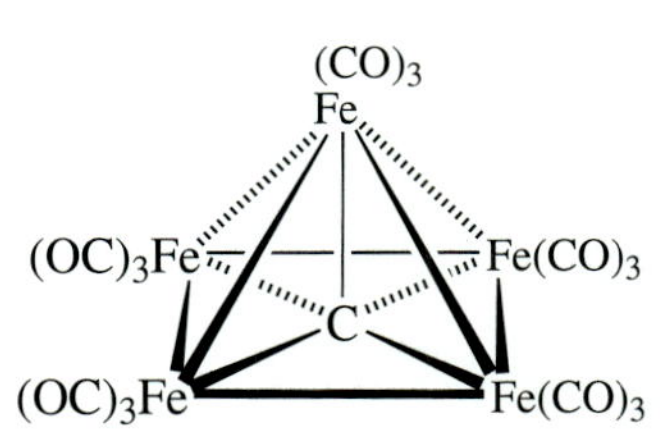

d

e

그림 1-2

뭉치 화합물

1-2 역사적 배경

첫 번째 유기금속 화합물은 1827년 W.C. Zeise가 합성하였는데, $PtCl_4$와 $PtCl_2$ 혼합물을 에탄올 용액에서 가열 환류한 후에 KCl 용액을 가하여 노란색 침상 결정을 얻었다. Zeise는 이 노란색 생성물이(후에 "Zeise 염"이라고 이름 붙여졌음) 에틸렌 기를 포함하고 있다고 주장하였다. 이러한 주장은 J. Liebig를 포함한 다른 화학자들에게 의문을 가지게 하였으며 1868년 K. Birnbaum에 의한 실험이 수행되어서야 입증되었다. 이 화합물의 구조를 파악하는 것은 매우 어려운 일이었으며, Zeise 염이 발견된 후 140년이 지나서야 구조가 밝혀졌다. Zeise 염은 유기 분자가 금속에 파이 전자를 사용하여 결합한 화합물로 알려졌다. 이 이온성 화합물은 $K[Pt(C_2H_4)Cl_3]\cdot H_2O$ 화학식을 가지며 그림 **1-3**과 같은 구조로 사각평면 꼭지점에 세 개의 염소 리간드가 위치하며 에틸렌 분자가 네 번째 꼭지점에 위치하며 Pt와 Cl 원자가 이루는 평면에 수직면을 이룬다.

리간드 CO가 포함된 첫 번째 염화 백금 배위 화합물은 1867년에 보고되었다. Mond는 1890년 $Ni(CO)_4$ 합성법을 보고하였으며, 이 화합물은 순수한 니켈의 분리 방법으로 산업계에서 사용되었다. 그 이후 다른 금속의 CO(카르보닐) 화합물이 합성되었으며, 80여 년 전에 Hieber에 의해 $Fe(CO)_5$가 보고되었다.

Barbier에 의해서 1898년과 1899년에 알킬할라이드와 마그네슘 반응이 수행되었으며, 후에 Grignard에 의해서 Grignard 시약으로 알려진 알킬 마그네슘 착물이 합성되었다. 이 착물은 마그네슘과 탄소의 시그마 결합을 지니고 있으며 다양한 구조와 기능성을 가지고 있다. 용액에서 이들은 다양한 화학 평형을 이루고 있으며, 이를 도식 **1-1**에 요약하였다. 이 화합물의 합성 유용성은 일찍이 알려졌으며 1905년 200편의 논문에서 다루어졌다. Grignard 시약과 금속과 알킬 시그마 결합을 지닌 다른 시약(유기 리튬, 유기 아연, 유기 카드늄, 유기 수은)은 유기화학 발전에 매우 중요한 역할을 하였다.

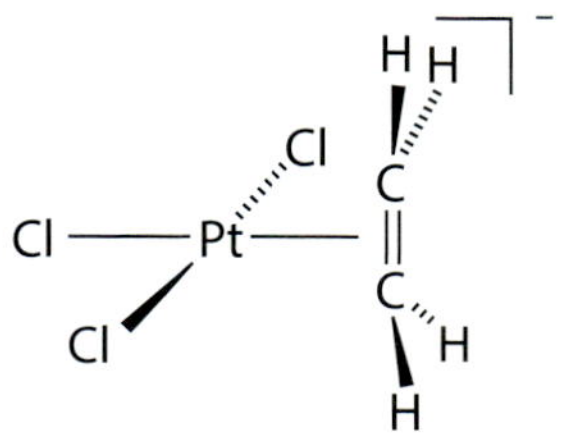

그림 1-3
Zeise 염의 음이온

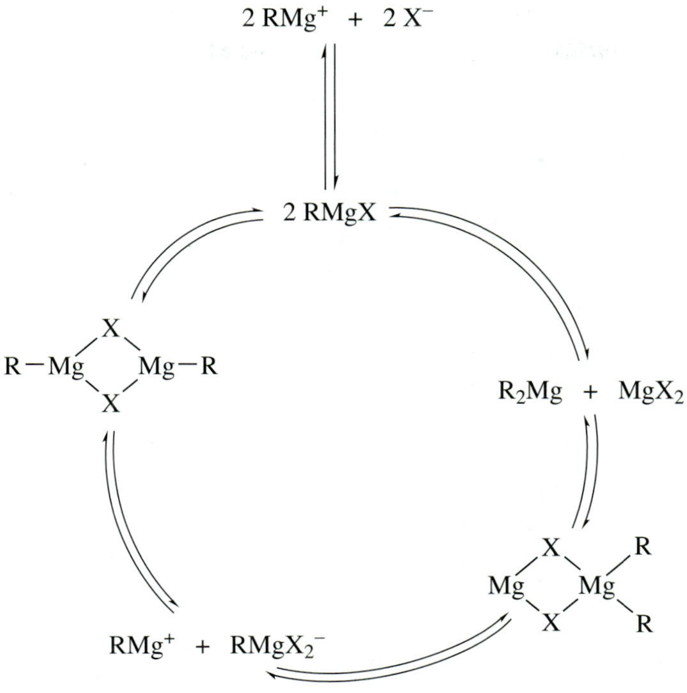

도식 1-1
Grignard 시약의 평형

Zeise 염이 발견된 1827년부터 1950년까지 유기금속화학은 느리게 발전하였다. Grignard 시약(RMgX)과 같은 유기금속 화합물이 유기합성에 유용한 것으로 밝혀졌으나 금속–탄소 결합을 지닌 화합물에 대한 연구는 거의 진행되지 않았다. 1951년 Kealy와 Pauson은 C_5H_5MgBr과 $FeCl_3$를 무수 다이에틸에터 용매에서 반응시켜 플발렌(반응 **1.1**)의 합성을 시도하였다. 이 반응은 목표 화합물인 플발렌을 생성하지 않고, 페로센이라고 불리우는 $(C_5H_5)_2Fe$ 화학식의 노란색 고체를 형성하였다.

플발렌
(Fulvalene)

—MgBr + $FeCl_3$ ⟶ $(C_5H_5)_2Fe$
페로센
(Ferrocene) **1.1**

이 생성물은 놀랍게도 매우 안정하며, 공기 중에서 분해되지 않고 승화성을 가지며, 수소화 촉매와 Diels–Alder 반응 조건에서 반응성을 나타내지 않았다. X-선 회절 연구를 통하여 두 개의 평행한 C_5H_5 고리 사이에 철 원자가 위치하는 샌드위치 형태의 구조임을 1956년에 밝혔다. 페로센에 대한 상세한 구조에 대한 논쟁이 있지만, 초기 연구 결과는 두 개의 고리가 서로 엇갈린 형태(staggered conformation, 그림 **1-4a**)로 알려졌다. 기체 상태에서의 전자 회절 연구는 가리운 형태(eclipsed conformation, 그림 **1-4b**)로 나타났다. 최근 고체 페로센의 X-선 회절 연구는 여러 개의 고체상이 존재하는 것으로 확인되었으며, 저온 98 K에서 가리운 형태를 가지며 높은 온도에서는 비틀린 형태(skew confromation, 그림 **1-4c**)를 유지하는 것으로 밝혀졌다.

샌드위치 형태의 페로센이 발견된 이후 다른 샌드위치 화합물, 금속과 환상 고리 유기 리간드를 지닌 화합물, 또는 다른 종류의 유기 리간드를 지닌 전이금속 배위 화합물이 급속히 많이 합성되었다. 따라서 페로센의 발견이 현대 유기금속화학의 시발점이라고 할 수 있으며, 그 이후 수십 년간 유기금속화학이 빠르게 발전되어 왔다.

지난 30여 년간 유기 전이금속 화학 발전의 주요한 분야는 키랄 리간드를 포함한 착화합물의 발견과 그 이용이다. 이러한 화합물은 특정한 거울상이성질체를 형성하는 촉매 작용을 한다. 경우에 따라 선택적 거울상이성질체 반응이 효소에서도 작용한다. 놀랄만한 예로써, 도식 **1-2**에서와 같이 (*R*)-BINAP와 (*S*)-BIBAP의 키랄 리간드를 지닌 류테늄 착물을 이용한 b-키토에스터로부터 b-하이드록시에스터로의 환원 반응을 들 수 있다. 이 반응은 거울상이성질체의 선택성이 99% 이상이다. 이 정도의 거울상이성질체 선택성은 효모의 효소 반응에 의한 선택성과 비교할 만한 수준이다. 유기 전이금속 화합물을 이용한 거울상이성질체의 합성에 대해서는 제8장에서 논의하도록 한다. 제12장에서는 유기 전이금속 시약을 이용하여 유기 합성에서 가장 중요한 반응인 C–C 결합 형성에 대해 다룬다.

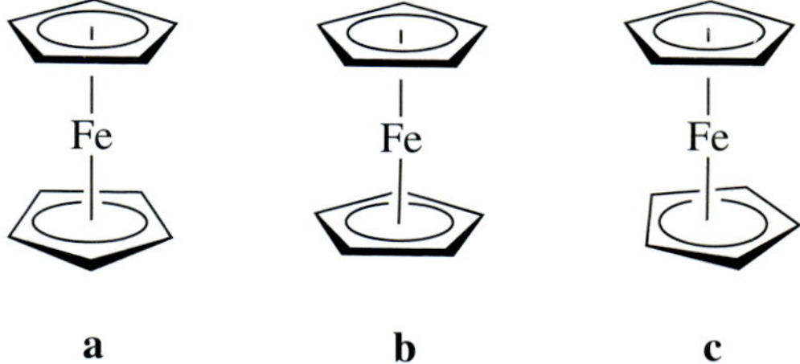

그림 1-4
페로센의 형태

도식 1.2
키랄 Ru-BINAP촉매를 사용한 거울상이성질체 선택 반응

금세기에 들어와 유기금속화학에서 독창적인 연구 성과로 여섯 명의 화학자가 노벨상을 받았다. Noyori, Knowles와 Sharpless는 유기 화합물의 비대칭성 수소화 반응과 산화 촉매 반응에 유기금속 화합물을 응용한 연구 성과로 2001년에 노벨상 수상자가 되었으며, 몇 년 전에는 Chauvin, Grubbs와 Schrock이 화학 반응 **1.2**에서와 같은 고리 닫힘 상호교환 촉매 반응의 파이-결합 상호교환 반응의 메카니즘을 연구하여 노벨상을 받았다. 이들의 연구성과에 대해 제10장에서 다룬다.

(5 mol %)
CH_2Cl_2/40 °C/10 분
(100% 수율)
1.2

제10장에서는 실용적으로 사용되는 거대 분자를 합성하는 고분자 반응을 논의할 것이며, 고분자 반응에서 유기금속 화합물은 중요한 역할을 담당한다. Ziegler와 Natta(1963년 화학 분야의 노벨상을 공동 수상함)는 에틸렌과 프로펜의 고분자 촉매 반응에 앞 전이금속(early transition metal)을 사용한 개척자였다. 프로펜의 경우 입체규칙성 고분자인 교대 배열 폴리프로펜(syndiotactic polypropene)을 형성한다.

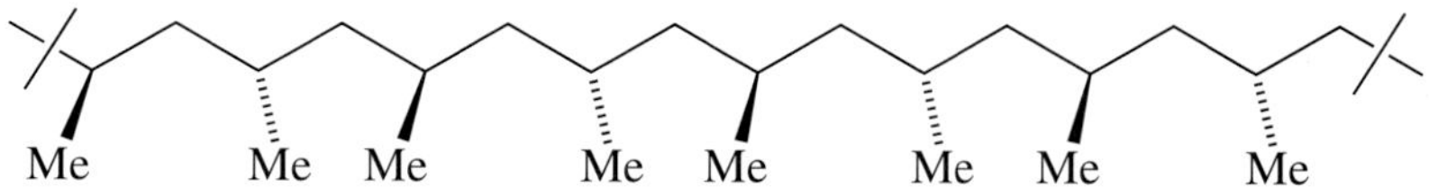

Me Me Me Me Me Me Me Me

교대 배열 폴리프로펜

끝으로 가장 오래 전에 알려진 유기금속 화합물 비타민 B_{12}(그림 **1-5**)를 빼놓고 유기금속화학의 역사적 배경을 마무리할 수는 없다. 이 천연 화합물은 코발트와 탄소의 시그마 결합을 지니고 있다. 비타민 B_{12}는 반응 **1.3**에서 메틸말로릴–CoA에서 숙시닐–CoA로 변환되는 생화학계에서 1,2-이동 촉매 반응의 보조인자(Cofactor)이다.

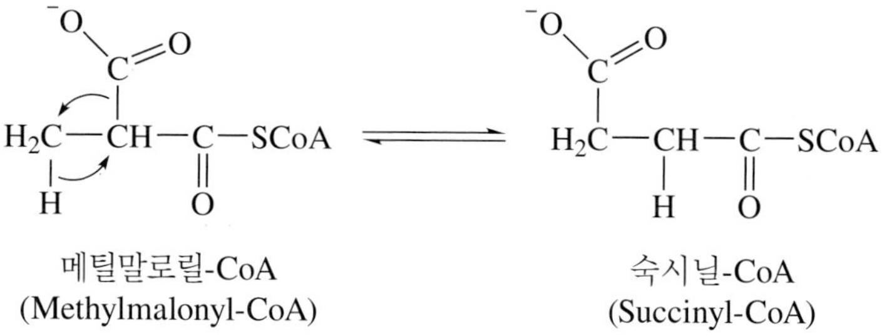

$$H_2C(H)-CH(CO_2^-)-C(=O)-SCoA \rightleftharpoons H_2C(CO_2^-)-CH(H)-C(=O)-SCoA \qquad \textbf{1.3}$$

메틸말로릴-CoA (Methylmalonyl-CoA) 숙시닐-CoA (Succinyl-CoA)

제1장에서 유기금속화학이라고 불리우는 영역에서 볼 수 있는 많은 화합물과 반응에 대해 개괄적인 개념을 제공하고 있다. 이어지는 다음 장에서는 전이금속과 탄소 사이에 결합에 의한 화학 반응과 구조를 통하여 유기 전이금속이 어떻게 변환되는지에 대해서 초점을 맞출 것이다.

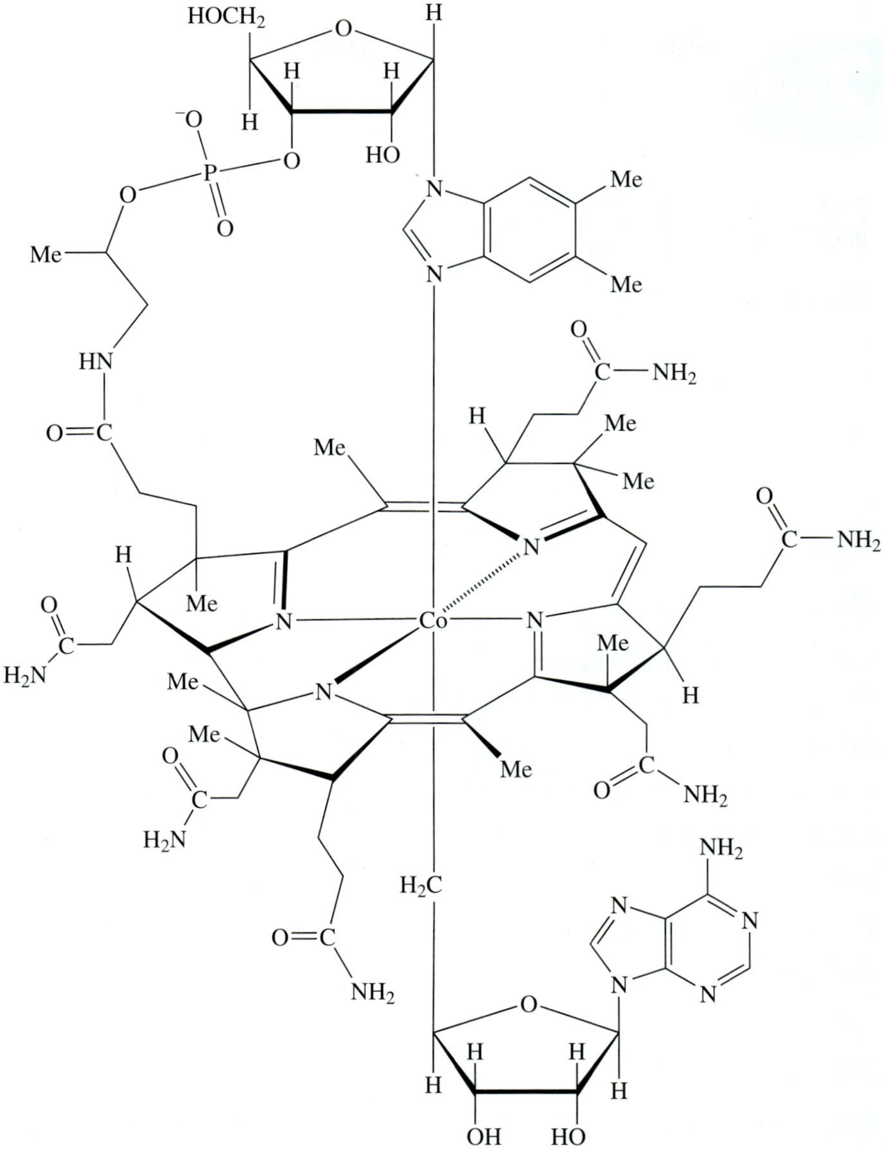

그림 1-5
비타민 B_{12} 보조 효소

제2장

18-전자 규칙

The 18-Electron Rule

주족 원소로 이루어진 분자의 전자를 셀 때 8전자 법칙을 만족하는데, 전자 구조는 8전자의 원자가 껍질(valence)을 기본으로 한다(2개의 *s* 원자가 전자와 6개의 *p* 원자가 전자). 이와 유사하게 유기금속화학에서 화합물의 전자 구조는 중심 금속원자에서 총 18원자가 전자를 가질 때 안정하다(8개의 *s*와 *p* 전자에 더해진 10개의 *d* 원자가 전자). 8전자계 법칙에서와 같이 18전자 규칙을 따르지 않는 예외가 있기는 하지만, **18-전자 규칙(18-electron rule)**은 유기금속 화합물의 유용한 정보를 제공한다. 제2장에서는 이러한 규칙에 따라 전자를 세는 방법을 배운다. 이 규칙의 유용성에 대한 근본을 생각해보고, 어떤 이유에서 이 규칙이 항상 유효하지는 않은가를 고려해 보도록 한다.

2-1 전자수 세기

유기금속 화합물에서 전자를 세는 몇 가지 방식이 있다. 몇 가지 예를 통해 두 가지 방법을 논의할 것이다. 처음 두 가지 예는 전형적인 18-전자 화합물이다.

2-1-1 방법 A: 주개 쌍 방법

이 방법은 금속에 전자쌍을 줄 수 있는 리간드에서 사용한다. 총 전자의 수를 결정하기 위한 방법은 각각의 리간드 전하를 고려해야 하고 금속의 형식 산화수를 알아야 한다. 두 가지 18-전자 화합물, $Cr(CO)_6$과 $(\eta^5\text{–}C_5H_5)Fe(CO)_2Cl$의 예를 통하여 설명하도록 한다.

Cr(CO)₆

크로뮴 원자는 최외각에 6개의 전자를 가진다. 전이금속의 전자수는 18족 원소의 전자 배치를 제외한 최외각에 위치한 *s*와 *d* 전자를 고려한다. 각각의 CO는 2전자 주개이다(:C≡O:의 전자점 구조에서, 탄소의 고립 전자쌍은 주개 전자). 따라서 크로뮴의 총 전자 개수는 다음과 같다.

Cr		6 전자
6(CO)	6 × 2 전자 =	12 전자
	총 전자 개수 =	18 전자

$Cr(CO)_6$은 18-전자 화합물이며, 열역학적으로 안정하며 승화성이 있다. $Cr(CO)_5$는 16-전자 화합물로 불안정하고, 반응의 중간체로서 알려져 있다; $Cr(CO)_7$은 20 전자로 존재하지 않는다. 17-전자의 $[Cr(CO)_6]^+$과 19-전자의 $[Cr(CO)_6]^-$은 18-전자 중성화합물인 $Cr(CO)_6$보다 불안정하다. $Cr(CO)_6$의 결합은 18전자 규칙에서 특별한 안정성을 가지는데 **2-2**절에서 논의하기로 한다.

(η^5–C_5H_5)Fe(CO)₂Cl

일반적으로 CO는 2전자 주개이며, Cl^-도 2전자 주개이다(:$\ddot{\underset{\cdot\cdot}{Cl}}$:$^-$ 4개의 원자가 전자쌍 중 한 개). 아래 그림에서 펜타합토-C_5H_5는 $C_5H_5^-$로 3개의 전자쌍 주개로서 6-전자 주개이다. 그러므로 이 화합물은 두 개의 음전하 리간드 Cl^-와 $C_5H_5^-$을 가져 (η^5–C_5H_5)$Fe(CO)_2Cl$에서 철의 산화 상태는 2⁺이다. 이 경우에 Fe(II)는 6개의 전자를 가진다.

Fe(0)은 [Ar]$4s^2 3d^6$의 전자 배치를 갖는다.
Fe(II)은 [Ar]$3d^6$의 전자 배치를 갖는다.

(η^5–C_5H_5)$Fe(CO)_2Cl$에서 전자 개수는 다음과 같다.

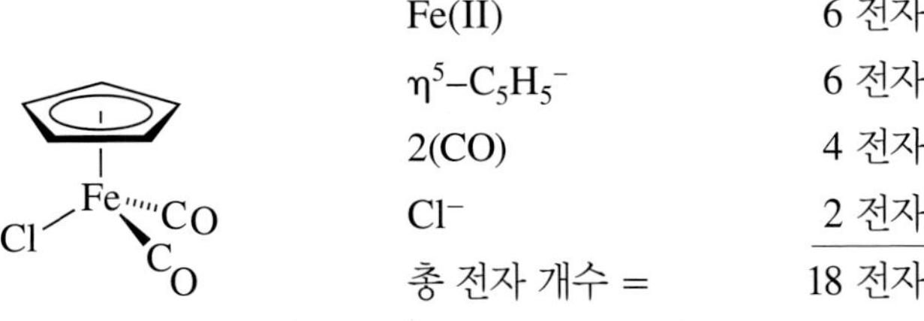

Fe(II)	6 전자
η^5–$C_5H_5^-$	6 전자
2(CO)	4 전자
Cl^-	2 전자
총 전자 개수 =	18 전자

2-1-2 방법 B : 중성 리간드 방법

이 방법은 리간드가 *중성(neutral)일 때* 주게 되는 전자의 개수를 사용한다. CO와 같은 중성 리간드는 방법 A에서와 같이 2전자 주개이다. 하나의 원자로 이루어진 리간드에서는 배위되지 않은 자유 음이온 상태의 전자 개수와 같은 전자수로 고려한다.

자유 이온	*중성 리간드에 의한 전자 개수 세는 방법*	
Cl^-	Cl	1-전자 주개
O^{2-}	O	2-전자 주개
N^{3-}	N	3-전자 주개

이 방법에 의하여 총 전자수를 결정할 때 금속의 산화 상태를 고려할 필요가 없다.

$Cr(CO)_6$

화합물에서 CO가 중성 리간드이기 때문에 이 방법으로 전자를 세는 것은 방법 A와 같다.

$(\eta_5-C_5H_5)Fe(CO)_2Cl$

이 방법으로 $\eta^5-C_5H_5$는 중성 리간드(또는 라디칼)처럼 여기는 경우에는 5개 전자를 제공할 수 있다; 전자수는 위첨자로 나타낸 합토 결합도와 같다. CO는 2개의 전자 주개이고 Cl(중성 원자처럼)은 한 개의 전자 주개이다. 중성 상태의 Fe의 원자가 전자는 8개이며, 전자 개수는 다음과 같다.

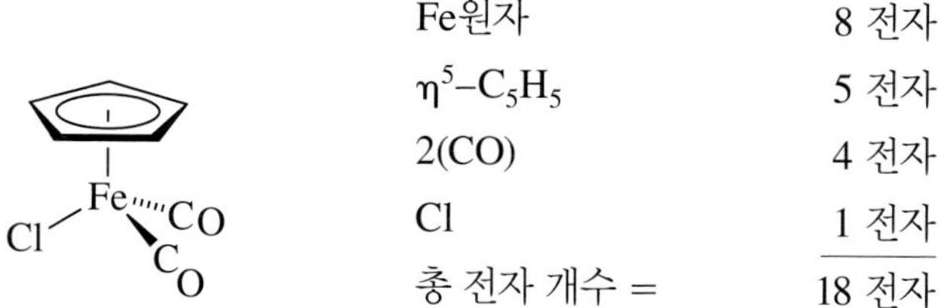

Fe원자	8 전자
$\eta^5-C_5H_5$	5 전자
2(CO)	4 전자
Cl	1 전자
총 전자 개수 =	18 전자

따라서 방법 B와 방법 A는 동일한 결과로 $(\eta^5-C_5H_5)Fe(CO)_2Cl$는 18전자 화합물이다.

2-1-3 다른 고려사항

전하

많은 유기금속 화합물은 전하를 가지는데 전하에 대한 고려는 총 전자의 개수를 결정할 때 필요하다. $[Mn(CO)_6]^+$과 $[(\eta^5-C_5H_5)Cr(CO)_3]^-$는 전자의 개수를 세면 두 화합물 모두 18-전자 이온임을 알 수 있다.

$[Mn(CO)_6]^+$

방법 A : Mn^+의 전자 배치는 $[Ar]3d^6$: Ar 중심 밖의 6개의 전자

	Mn(I)	6 전자
	6CO	12 전자
	총 전자 개수 =	18 전자
방법 B :	Mn	7 전자
	6CO	12 전자
	+ 전하	–1 전자 (양전하를 고려하여 전자를 뺀다)
	총 전자 개수 =	18 전자

$[(\eta^5\text{–}C_5H_5)Cr(CO)_3]^-$

방법 A :	Cr(0)	6 전자
	3CO	6 전자
	$(\eta^5\text{–}C_5H_5)^-$	6 전자
	총 전자 개수 =	18 전자
방법 B :	Cr	6 전자
	3CO	6 전자
	$\eta^5\text{–}C_5H_5$	5 전자
	– 전하	1 전자 (음전하를 고려하여 전자를 더한다)
	총 전자 개수 =	18 전자

금속–금속 결합

금속–금속 결합은 전자 한 쌍과 동일하게 고려한다. 일반적으로 한 쌍의 전자들을 각각의 금속에 동일하게 반만 고려한다.

M–M	결합에서 2 전자	금속당 1개 전자
M=M	결합에서 4 전자	금속당 2개 전자
M≡M	결합에서 6 전자	금속당 3개 전자

예를 들어 이합체(dimeric) 화합물 $(CO)_5Mn\text{–}Mn(CO)_5$의 망간 원자당 전자의 개수는 다음과 같다(방법 A, B 모두에서)

Mn	7 전자
5(CO)	10 전자
Mn–Mn 결합	1 전자
총 전자 개수 =	18 전자

일반적인 리간드에 대해 방법 A, B에 의한 주개 전자수를 표 **2-1**에 요약하였다.

전자수를 세는 방법의 선택은 개인 각자 선호도에 따른다. 방법 A는 금속의 형식 산화 상태를 포함하고 있으며, 금속–리간드 결합의 이온 특성을 지나치게 강조한 면이 있다. 그 밖에 간단한 리간드(O^{2-} 및 N^{3-}와 같은)의 전자 개수를 세는 것은 복잡하고 비현실적인 면이 있다. 방법 B는 확장된 π 전자계를 포함하는 리간드에 대해 사용하기가 편리하다; 예를 들면 η^5 리간드는 5전자 주개로, η^3 리간드는 3전자로 간주한다. 또한 방법 B는 금속의 산화 상태를 고려하지 않아도 되는 장점이 있다. 일반적으로는 한 가지 방법을 선택하여 그 방법을 일관성 있게 사용하는 것이 좋다.

어떤 방법을 사용하든 전자의 개수를 세는 것은 공유 또는 이온 결합의 정도에 대한 특성을 고려한 것이 아니고, 단지 계산상의 편리에 따른 전자 개수를 고려하는 것이다. 분자에서 실제 전자 분포에 관한 증거를 얻기 위해서는 물리적인 측정이 필요하다. 선형 및 고리형의 유기 π 구조계는 금속과 훨씬 복잡한 방법으로 상호작용하고 있으며, 제4장에서 자세히 논의한다.

표 2-1 일반적인 리간드에 대한 전자 계산 도표

리간드	방법 A	방법 B
H	2 ($:H^-$)	1
F, Cl, Br, I	2 ($:X^-$)	1
OH	2 ($:OH^-$)	1
CN	2 ($:C\equiv N:^-$)	1
CH_3	2 ($:CH_3^-$)	1
NO (굽은 M–N–O)	2 ($:N=O:^-$)	1
CO, PR_3	2	2
NH_3, H_2O	2	2
=CRR' (카벤)	2	2
$H_2C = CH_2$	2	2
= O, = S	4 ($:O^{2-}$, $:S^{2-}$)	2
NO (선형 M–N–O)	2 ($:N\equiv O:^+$)	3
η^3–C_3H_5 (알릴)	2 ($C_3H_5^+$)	3
≡CR (카바인)	3	3
≡N	6 (N^{3-})	3
η^4–C_4H_6 (뷰티다이엔)	4	4
η^5–C_5H_5 (사이클로펜타다이엔닐)	6 ($C_5H_5^-$)	5
η^6–C_6H_6 (벤젠)	6	6
η^7–C_7H_7 (트리필리늄 이온)	6 ($C_7H_7^+$)	7

예제 2-1

다음 화합물에 대하여 전자를 세는 두 가지 방법이 설명되어 있다.

화합물	***방법 A***		***방법 B***	
$[Fe(CO)_2(CN)_4]^{2-}$	Fe(II)	6 e^-	Fe	8 e^-
	2 CO	4 e^-	2 CO	4 e^-
	4 CN^-	8 e^-	4 CN^-	4 e^-
	2 – 전하	[a]		2 e^-
		18 e^-		18 e^-
$(\eta^5-C_5H_5)_2Fe$ (ferrocene)	Fe(II)	6 e^-	Fe	8 e^-
	2 $\eta^5-C_5H_5^-$	12 e^-	2 $\eta^5-C_5H_5$	10 e^-
		18 e^-		18 e^-
$[Re(CO)_5(PF_3)]^+$	Re(I)	6 e^-	Re	7 e^-
	5 CO	10 e^-	5 CO	10 e^-
	PF_3	2 e^-	PF_3	2 e^-
	+ 전하	[a]	+ 전하	–1 e^-
		18 e^-		18 e^-

[a]이온의 전하는 Re의 산화 상태를 결정하는데 고려되었다.

기본문제 2-1

각 착물에서 전이금속에 대한 원자가 전자의 수를 결정하시오.

a. $[Fe(CN)_6]^{3-}$

b. $(\eta^5-C_5H_5)Ni(NO)$ (Ni–N–O 선형 결합)

c. *cis*–$Pt(NH_3)_2Cl_2$

d. $W(CH_3)_6$

기본문제 2-2

18전자 화학종이 될 수 있도록 1주기 전이금속 M을 결정하시오.

a. $[M(CO)_3(PPh_3)]^-$

b. $HM(CO)_5$

c. $(\eta^4-C_8H_8)M(CO)_3$

d. $[(\eta5-C_5H_5)M(CO)_3]_2$ (M–M 단일 결합)

공유 결합 분류 (L−X 표기법)

이 책의 뒷부분에서 자주 사용되는 유용한 몇 가지 표기법을 소개한다. 대부분의 리간드들은 "L-타입" 또는 "X-타입"으로 구분되어진다. L-타입 리간드는 중성이며 CO 또는 PR_3와 같이 2 전자 주개이다. Cl 또는 CH_3와 같은 리간드는 X-타입 리간드로 구분 할 수 있다. X-타입 리간드는 일반적으로 음전하를 가지고 전자쌍 주개 방법(방법 A)에 따라 2-전자 주개이며, 중성 리간드 방법(방법 B)에 따라 1-전자 주개이다. η^5–C_5H_5와 같은 리간드는 두 가지 타입을 가진다. η^5–C_5H_5의 구조를 나타내면 L–X 표기법으로는 L_2X와 같이 쓰인다.

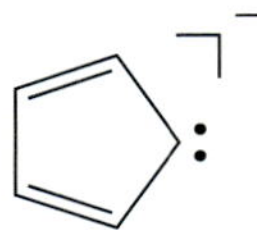

일반적으로 L-과 X-타입 리간드를 가지는 유기금속 화합물은 다음과 같은 화학식으로 나타낼 수 있다.

$$[MX_aL_b]^c$$

여기서

a = X-타입 리간드의 개수

b = L-타입 리간드의 개수,

그리고

c = 전하

이러한 표기법으로부터 몇 가지 유용한 점들이 있다.

1. 전자의 개수(EAN)

$$EAN = N + a + 2b - c$$

여기서, N = 주기율표에서 금속이 속한 족의 숫자

예:

$$[HFe(CO)_4]^- \equiv [MXL_4]^-$$

$$EAN = 8 + 1 + 2(4) - (-1) = 18 \text{전자}$$

2. 배위수(CN):

$$CN = a + b$$

예:

$[ReH(PPh_3)_3(CO)_3]^+ \equiv [MXL_6]^+$

$CN = 1 + 6 = 7$

3. 금속의 산화 상태(OS)

$OS = a + c$

예:

$Rh(H)(H)(PPh_3)_2(CO)Cl \equiv [MX_3L_3]^0$

$OS = 3 + 0 = 3$

4. *d* 전자의 개수(d^n)

$d^n = N - OS = N - (a + c)$

예:

$(\eta^5\text{-}C_5H_5)_2Zr(H)(Cl) \equiv [MX_4L_4]^0$

$d^n = 4 - (4 + 0) = 0$

기본문제 2-3

배위 화합물 $[Ir(CO)(PPh_3)_2(Cl)(NO)]^+$를 L–X 표기법으로 나타내어라. 전자의 개수, 배위수, 금속의 산화수와 금속의 *d* 전자 개수를 계산하시오.

2-2 왜 18전자인가?

18전자 규칙에 대한 간단한 이론적 근거는 주족원소에서의 8전자 규칙(octect rule)과 유사하다고 할 수 있다. 8전자는 원자가 전자 껍질의 완전히 채운 전자 배치도 (s^2p^6)를 나타낸다면, 숫자 18은 전이금속에 대하여 완전히 채운 원자가 껍질 ($s^2p^6d^{10}$)을 나타낸다. 이러한 설명은 원자에 대한 전자 배치도를 전자의 원자가 껍질 개념과 관련짓는 유용한 수단일지라도, 왜 많은 배위 화합물이 18전자 규칙을 따르지 않는 이유를 설명해 주지는 못한다. 특히, 원자가 껍질의 이론적 개념으로는 금속과 리간드 궤도함수들 사이에서 생기는 상호작용의 유형을 구별하지 못 한다; 이러한 구별은 어떤 착물이 규칙에 따르는지 또는 따르지 않는지를 결정하는 데에 중요하게 고려하여야 한다.

2-2-1 금속–리간드 상호작용의 유형

금속과 리간드 궤도함수들은 몇 가지 방법으로 상호작용할 수 있다. 상호작용의 유형은 서로 관계가 있는 궤도함수들의 배향에 따라 달라진다. 이러한 상호작용은 3가지 유형으로, 리간드의 역할에 따라 σ 주개, π 주개 그리고 π 받개로 구분된다. 이러한 유형은 아래 각론에서 논의한다.

σ 주개 리간드

σ 주개 리간드는 비어있는(또는 부분적으로 비어있는) 금속의 궤도함수에 줄 수 있는 전자쌍을 가지고 있다. 예를 들자면, 비공유 전자쌍을 가진 NH_3의 전자 주개 작용으로 *d* 궤도함수가 비어있는 금속에 채워진다.

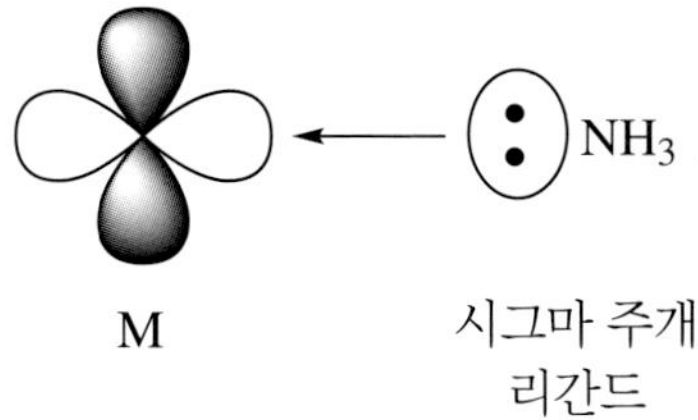

σ 주개 상호작용에서 리간드에 있는 전자쌍은 결합 분자 궤도함수(bonding molecular orbital)를 형성하여 안정화 되고, 비어있는 금속 궤도함수(위에서 예로 든 *d* 궤도함수)는 아래에 보여진 것과 같이 반결합 궤도함수(antibonding orbital)의 형성으로 불안정하게 된다.

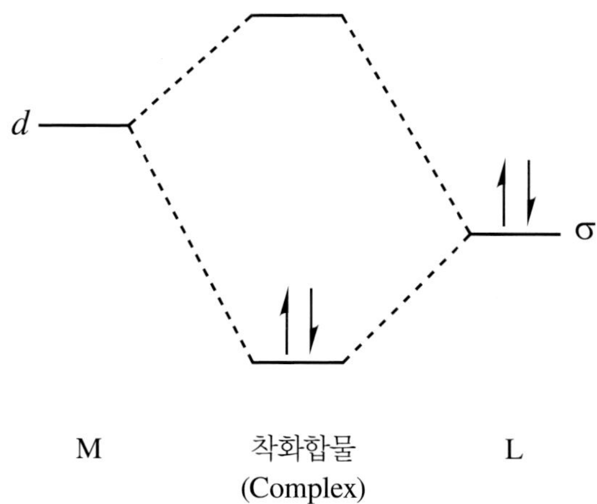

π 주개 리간드

몇 가지 리간드는 금속에 π 전자를 줄 수 있는데 다음 그림에서와 같이 채워진 *p* 궤도함수가 사용된다. 할로겐 음이온은 전자쌍을 금속의 비어있는 *d* 궤도함수에 π 형태로 줄 수 있으며, 이러한 형태의 상호작용을 한다(이러한 *d* 궤도함수는 σ 작용을 하는 *d* 궤도함수와는 다르다).

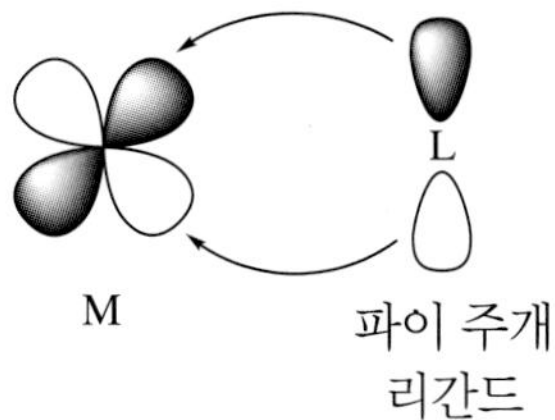

π 주개 상호작용은 σ 주개인 경우와 유사한 점이 있다; 리간드에 있는 전자쌍은 결합 분자 궤도함수 형성에 의하여 안정화되고, 비어있는 금속 궤도함수는 아래 그림에서와 같이 반결합 궤도함수 형성으로 불안정하게 된다.

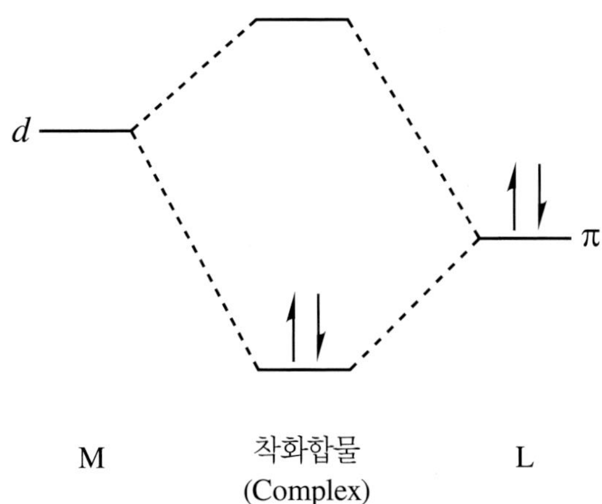

***π* 받개 리간드**

리간드가 금속에 전자쌍을 주는 것으로 생각될 수 있지만 항상 그런 것은 아니다. 예를 들어, σ 주개로 알려진 다양한 종류의 리간드는 알맞은 받개 오비탈을 이용하여 금속으로부터 전자 밀도를 되돌려 받는다. 예로는 CO 리간드가 있다. CO 리간드는 아래 그림과 같이 최고 점유 분자 궤도함수(HOMO)에 전자쌍을 이용하여 σ 주개 역할을 할 수 있다.

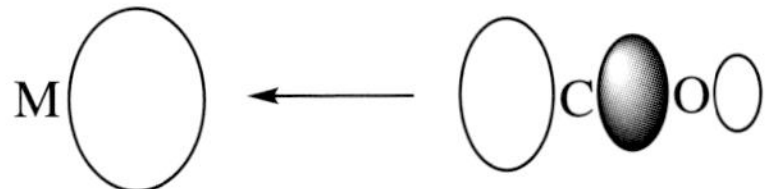

받개 궤도함수 시그마 주개 궤도함수

동시에 금속으로부터 CO는 비어있는 π^* 궤도함수에 전자 밀도를 받을 수 있다.

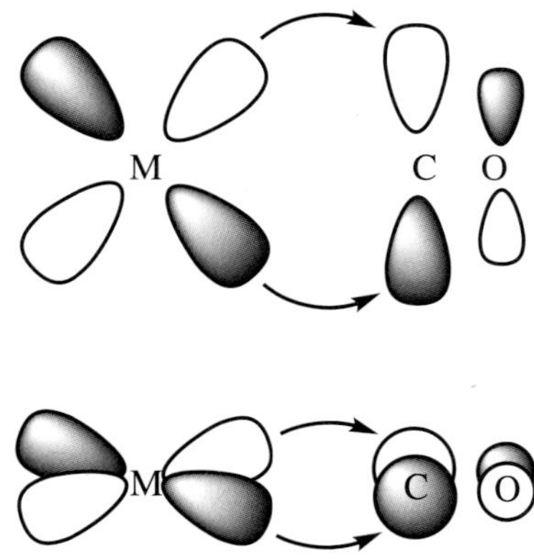

π 받개 상호작용은 σ 상호작용과는 반대 효과를 가진다; 금속의 전자쌍은 분자 궤도함수가 형성되면 안정해지는 반면에 (비어있는) 리간드 궤도함수의 에너지 준위는 분자 궤도함수(반결합)의 에너지 준위가 높아져 불안정해진다.

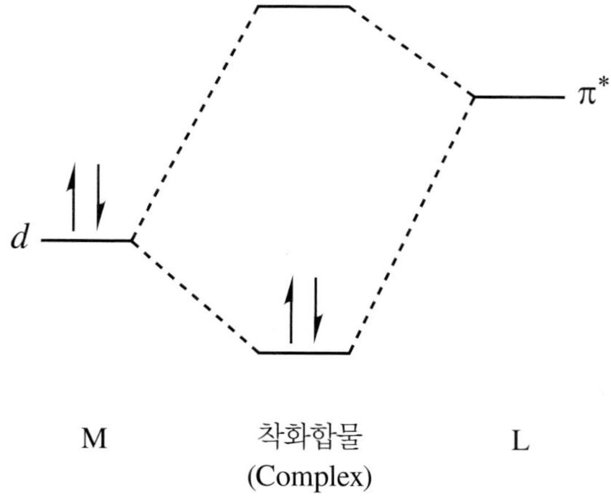

이러한 두 가지 리간드의 작용, σ 주개, π 받개는 서로 상승적(synergistic) 효과를 가진다. 즉, 효과적인 σ 주개는 금속의 전자 밀도는 증가시키며, 전자 밀도가 증가한 금속은 π 받개로 작용하는 리간드에게 전자를 역제공(back donating)할 수 있다.

표 2-2 주개 리간드와 받개 리간드들의 예

σ 주개	π 주개[a]	π 받개[a]
NH_3	OH^-	CO
H_2O	Cl^-	CN^-
H^-	RCO_2^-	PR_3

[a]이러한 리간드는 σ 주개로 작용한다.

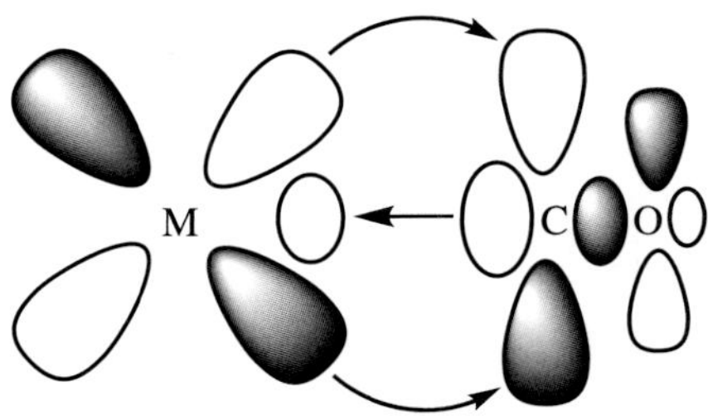

시그마 주개와 파이 받개 상호작용

3가지 유형의 일반적인 리간드의 예는 표 **2-2**에 주어진다. 많은 리간드는 한 가지 이상의 상호작용을 한다. 수산화 이온(hydroxide) 리간드는 σ 주개, π 주개의 두 가지 작용으로 여겨질 수 있는 반면에 포스핀(PR_3) 리간드는 σ 주개, π 받개 작용을 한다.

2-2-2 분자 궤도함수와 18전자 규칙

8면체 화합물

제2장에서 살펴본 바와 같이 $Cr(CO)_6$는 18-전자 규칙을 따르는 좋은 예이다. 이 분자의 분자 궤도함수는 Cr의 *d* 궤도함수와 여섯 개의 CO 리간드의 σ 주개 (HOMO)와 π 받개 궤도함수 (LUMO)의 상호작용의 결과이다. 이러한 상호작용의 결과를 그림 **2-1**의 분자 궤도함수로 나타내었다.

크로뮴(0)은 18족 기체의 전자 배치 외각에 6개의 전자를 가지고 있다. 6개의 CO 리간드는 각각 한 쌍의 전자를 제공하여 총 18개의 전자수를 가지도록 기여한다. 분자 궤도함수 에너지 준위도에서 이러한 18개의 전자들은 12개의 σ 전자와 (CO 리간드의 σ 전자들은 금속 오비탈과의 상호작용을 통하여 안정화 됨) 6개의 금속-리간드 결합 전자(이들 전자는 t_{2g}로 표기됨)로 표시된다.

$Cr(CO)_6$에 한 개 또는 여러 개의 전자를 더하면, 금속-리간드 반결합 오비탈 (e_g^*)에 위치하게 되며 결과적으로 분자를 불안정하게 한다. $Cr(CO)_6$에서 전자를 제거할 때는 t_{2g}오비탈에서 일어난다. t_{2g} 오비탈은 결합 분자 궤도함수이며, 이 궤

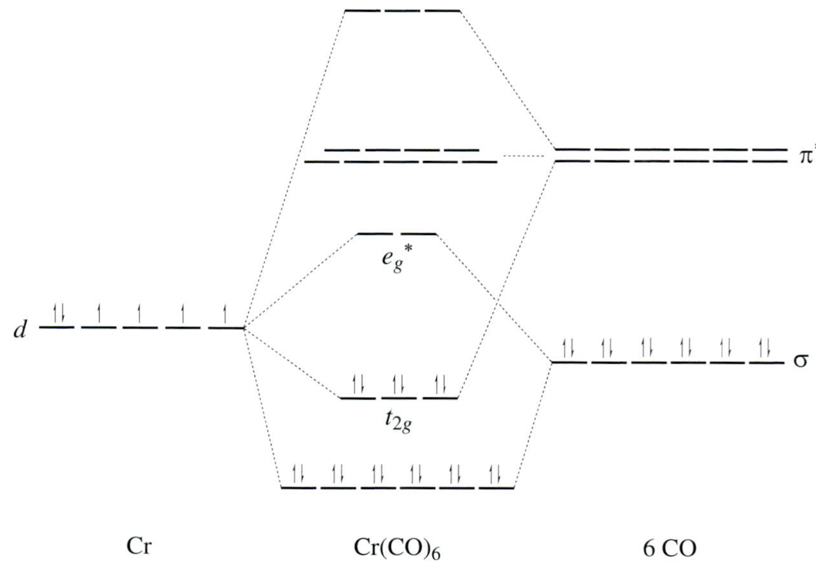

그림 2-1
$Cr(CO)_6$의 분자 궤도함수 (리간드의 오비탈(σ와 π*)과 금속의 d 오비탈의 상호작용만 나타내었다.)

도함수의 전자 밀도가 감소함으로써 CO 리간드의 π 받개 능력을 증가시키며 화합물의 안정성을 감소시킨다. 따라서 분자 궤도함수에 18개의 전자 배치를 가질 때 가장 안정하다.

궤도함수 t_{2g}와 e_g^* 오비탈의 모양은 $Cr(CO)_6$의 결합에 대한 설명을 뒷받침한다. 이 오비탈의 하나인 t_{2g} 전자쌍은 그림 **2-2**에 나타난 크로뮴 주변에 겹쳐진 네 구역 중 하나에서 대부분의 시간 동안 머무른다(이러한 구역은 CO의 4개의 π* 오비탈과 Cr의 d_{xy} 오비탈의 상호작용의 결과이다). 각 구역의 전자들은 크로뮴과 두 개의 탄소 핵에 의해 붙들려 있으며, 이러한 효과는 원자핵을 서로 붙잡아 두도록 하고, 결과적으로 CO 리간드와 금속의 결합을 유지시켜준다. 두 개의 t_{2g}오비탈은 동일한 모양과 서로 다른 방향을 가지며, 그중 하나가 그림 **2-2**에 소개되어있다. 이러한 오비탈은 금속의 d_{xz}와 d_{yz}을 포함하고 있다. 세 개의 t_{2g} 오비탈의 전자쌍들은 크로뮴과 6개의 카보닐의 결합에 중요한 역할을 하며, 이러한 전자들이 없으면 CO는 금속으로부터 떨어져 나올 것이다.

$Cr(CO)_6$의 e_g^* 오비탈 중 하나를 그림 **2-3**에 나타내었다. 이 경우 가장 주요한 상호작용은 크로뮴의 d 오비탈과 카보닐의 오비탈 사이의 반결합(antibonding)이다. 이러한 오비탈 혹은 e_g^*오비탈의 전자들은 결과적으로 분자를 불안정하게 만들거나 Cr–CO 결합을 약화시킨다.

배위수 6을 가지는 8면체 구조의 분자들을 좀 더 고려해보면, 18전자 규칙을 만족할 때 가장 안정하다는 것을 예측할 수 있다. $Cr(CO)_6$는 CO의 강한 σ 주개 능력

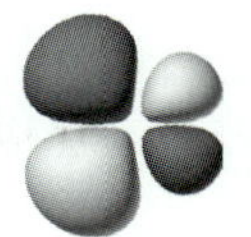

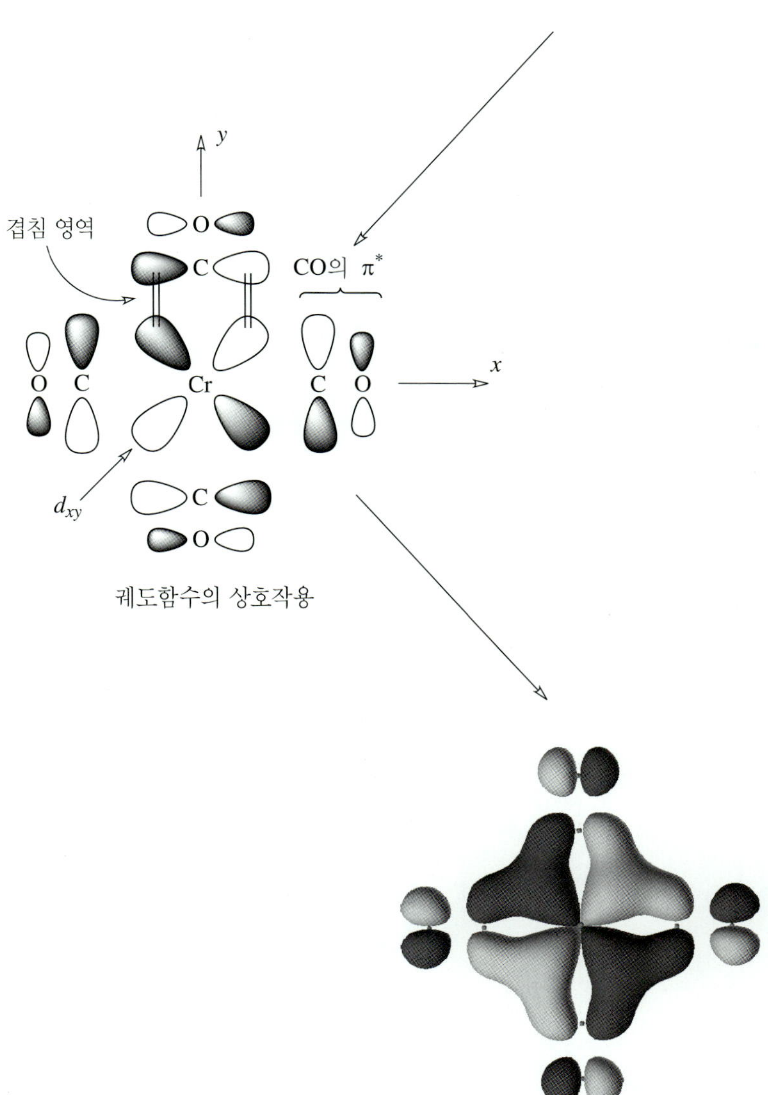

그림 2-2
$Cr(CO)_6$의 t_{2g} 궤도함수

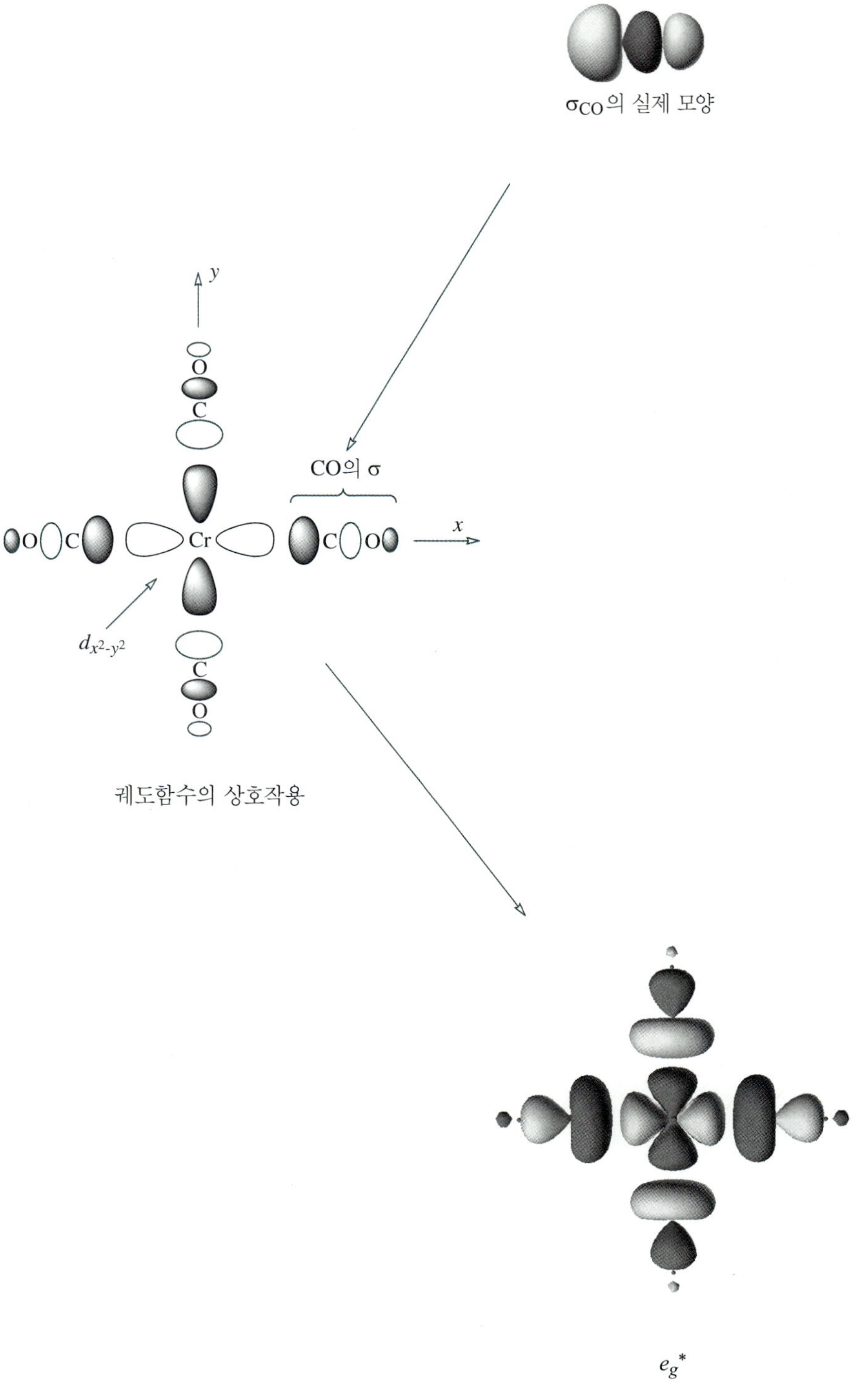

σ_{CO}의 실제 모양

y

O C C O Cr C O C O

CO의 σ

x

$d_{x^2-y^2}$

궤도함수의 상호작용

e_g^*

그림 2-3

$Cr(CO)_6$의 e_g^* 궤도함수

이 e_g^* 오비탈의 에너지를 증가시켜 반결합성을 증가시켜주며, CO의 강한 받개 능력은 t_{2g} 오비탈의 에너지를 낮추어 결합성을 강하게 해준다. 이러한 두 가지의 요소 때문에 $Cr(CO)_6$는 18전자 규칙을 만족한다. σ 주개와 π 받개 능력이 강한 리간드는 가장 효과적으로 18전자 규칙을 만족한다. 유기 리간드를 포함하는 몇몇 다른 리간드들은 이러한 성질을 가지고 있지 않으며, 그 결과 이러한 리간드가 포함된 유기금속 화합물은 18전자 규칙을 따르지 않을 수 있다.

이러한 예외의 예를 살펴보면, $[Zn(en)_3]^{2+}$는 22-전자를 가지고 있으며, t_{2g}와 e_g^* 오비탈을 전자가 모두 채우고 있다. 비록 en(ethylenediamine = $NH_2CH_2CH_2NH_2$)이 좋은 σ 주개이지만, CO보다 σ 주개 능력이 강하지 않다. 결과적으로 e_g^* 오비탈의 반결합성은 화합물을 불안정하게 만들기에 충분하지 않으며, e_g^* 오비탈에 4 개의 전자를 가지고 있는 22-전자종이 안정하다. 12 전자종의 예로는 TiF_6^{2-}가 있다. 이 경우, 플루오르 리간드는 좋은 σ 주개이면서 동시에 π 주개이다. F^-의 π 주개 능력은 화합물의 t_{2g} 오비탈을 불안정하게 한다. TiF_6^{2-} 이온의 12전자는 결합성인 σ 오비탈에 위치하며, 반결합성인 t_{2g} 나 e_g^* 오비탈에 위치하지 않는다.

이와 같이 18전자 규칙을 따르지 않는 예들을 그림 **2-4**에 도식으로 나타내었다.

다른 구조들

팔면체 이외의 구조를 가지는 화합물에서도 이러한 종류의 논쟁이 생긴다; 일반적으로 강한 받게 리간드를 포함하는 유기금속 배위 화합물은 18-전자 화학종일 때 안정하다. $[Fe(CO)_5]$와 같이 삼각쌍뿔, $[Ni(CO)_4]$와 같이 사면체 기하구조의 예들이 이에 포함된다. 가장 일반적인 예외는 사각평면 구조로 16-전자 화학종이 안정하며, 특히 d^8 금속 화합물에서 이러한 현상이 나타난다.

전이금속 화합물의 d 궤도함수의 상대적인 에너지준위는, 금속의 궤도함수와 리간드의 음전하의 상호작용을 고려한 결정장(crystal field) 모델을 통해 예측할 수 있다. 이러한 결정장 모델에 따르면 금속의 d 오비탈의 방향이 리간드와 가장 가깝게 위치할 때, 가장 강하게 상호작용하며, 리간드의 전자쌍은 안정화되고 금속의 d 궤도함수는 불안정하게 된다. 그 결과 금속의 d 궤도함수의 방향이 리간드에 가깝게 향할수록 에너지 준위가 높아져서 반결합을 형성한다.

예를 들어 8면체 구조에서 리간드를 직접적인 방향으로 위치하는 두 개의 d 궤도함수는 $d_{x^2-y^2}$과 d_{z^2}이다. 이들은 다른 d 궤도함수보다 더 강하게 상호작용하여 가장 높은 에너지 준위(반결합)분자 궤도함수(e_g^*; 그림 **2-1** 참조)를 형성한다. 이러한 접근을 통하여 다른 기하구조들을 가지는 금속의 d 궤도함수로부터 분자 궤도함수의 상대적인 에너지준위를 예측할 수 있도록 해주며, 일반적인 기하구조의

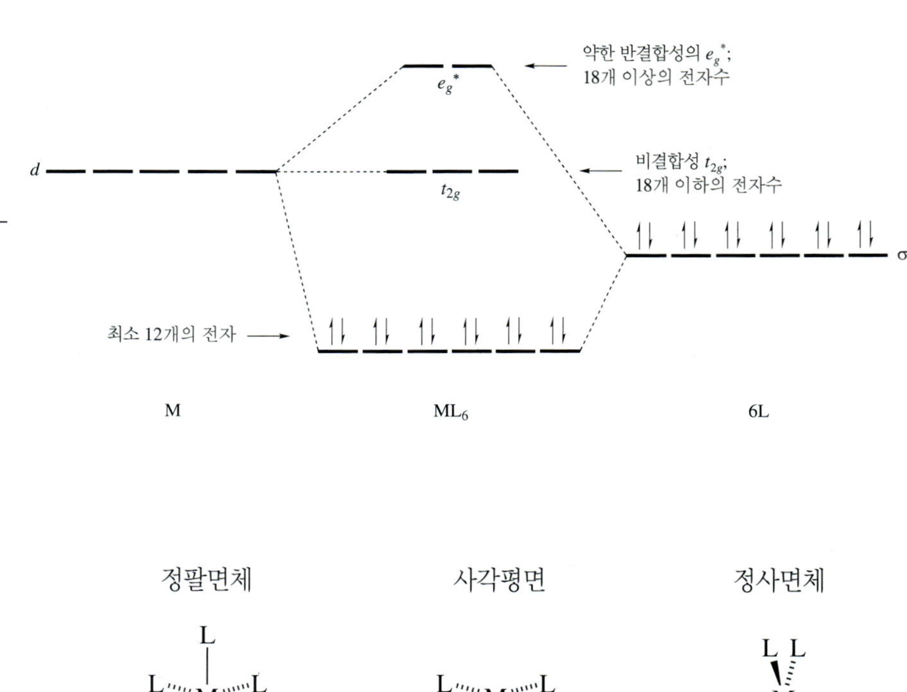

그림 2-4
18 전자 규칙의 예외(비록 6개의 가장 낮은 에너지의 MO들이 그림에서 축퇴(degenerated)되어 있지만, 금속의 *s*와 *p* 궤도함수의 상호작용이 고려되지 않았다.)

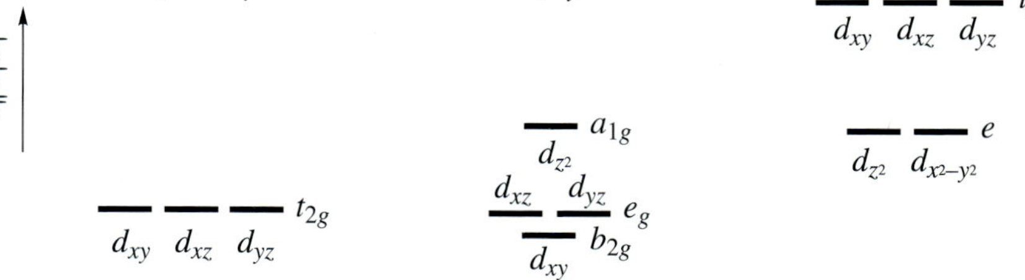

그림 2-5
일반적인 기하구조를 가지는 화합물의 금속 *d* 궤도함수의 상대적인 에너지

예들은 그림 **2-5**에 소개되어 있다.

2-3 사각평면 구조 화합물

제8장에서 다루게 될 사각평면 구조는 특히 촉매 분야에서 중요한 역할을 한다. d^8, 16-전자 화합물을 포함한 예들을 그림 **2-6**에 나타내었다.

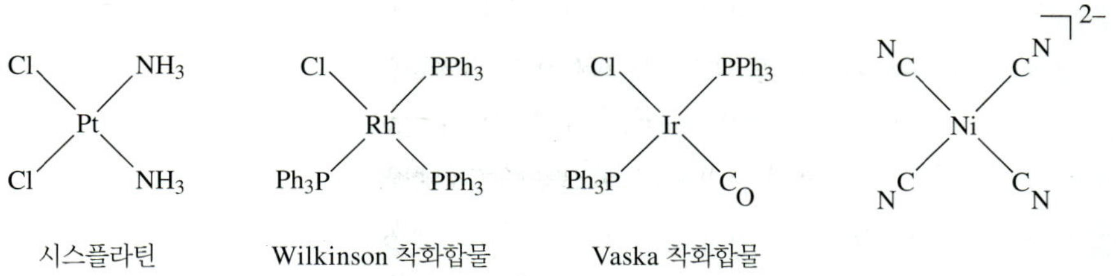

Cl, NH3, Pt, Cl, NH3
시스플라틴

Cl, PPh3, Rh, Ph3P, PPh3
Wilkinson 착화합물

Cl, PPh3, Ir, Ph3P, CO
Vaska 착화합물

NC, CN, Ni, NC, CN $^{2-}$

그림 2-6
사각평면 d^8 분자들의 예

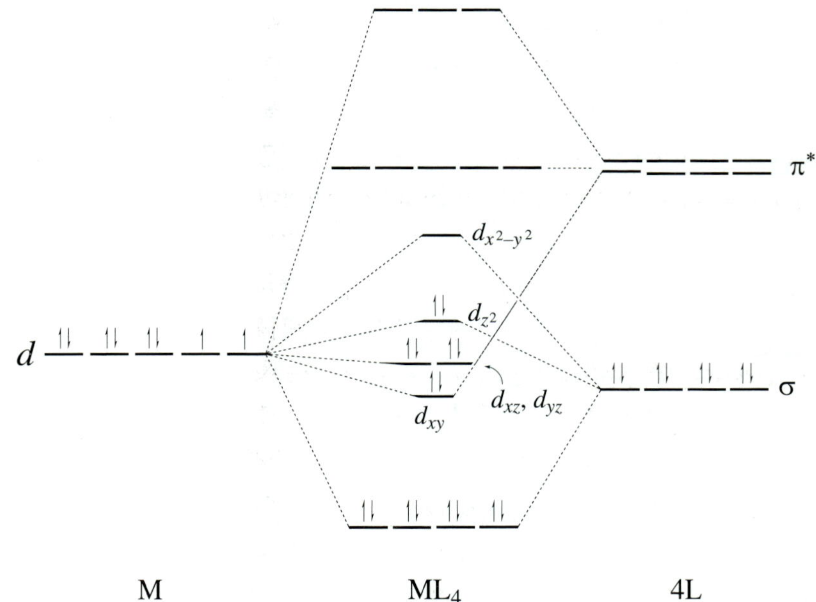

그림 2-7
사각평면 구조 화합물의 분자 궤도함수(σ 주개와 π 받개 상호작용만 나타내었다.)

16 전자를 가질 때 사각평면 화합물이 왜 특별히 안정한지를 이해하기 위해, 사각평면 화합물의 분자 궤도함수를 살펴보는 것은 매우 유용하다. 분자식 ML_4 (L = σ 주개와 π 받개의 역할을 모두 할 수 있는 리간드)를 가지는 사각평면 분자의 분자 궤도함수 에너지 준위도의 예를 그림 **2-7**에 나타내었다.

ML_4의 4개의 분자 궤도함수는 리간드의 주개로부터 궤도함수가 형성되며, 이 궤도함수를 채우는 전자들은 결합성을 가진다. 세 개의 궤도함수들은 약간의 결합성(주로 금속의 d_{xz}, d_{yz}, d_{xy} 궤도함수로부터 형성)을 가지고, 나머지 한 개의 궤도함수는 비결합성(주로 금속의 d_{z^2} 궤도함수로부터 형성)을 가진다. 이러한 결합, 비결합 궤도함수는 16개의 전자를 수용한다. 나머지 전자들은 금속의 $d_{x^2-y^2}$ 궤도함수와 리간드의 주개 궤도함수의 반결합 상호작용으로 얻어지는 반결합 궤도함수에

채워진다. 결과적으로, σ 주개와 π 받개 성격을 모두 가지는 리간드를 포함하는 사각 평면 구조 화합물의 경우 16-전자 배치가 18-전자 배치보다 더욱 안정하다. 또한 16-전자 사각평면 화합물은 비어있는 배위 자리(z축 방향)에 하나 혹은 두 개의 리간드를 수용하여, 18-전자 배치를 가지는 것도 가능하다. 제6장에서 살펴보겠지만, 이러한 현상이 16-전자 사각평면 구조 화합물의 일반적인 반응이다.

기본문제 2-4

그림 **2-6**에 있는 화합물이 16전자 화합물임을 입증하시오.

16-전자 사각평면 구조 화합물은 일반적으로 d^8금속에서 가장 많이 발견되며, 특히 이러한 금속은 2+(Ni^{2+}, Pd^{2+}, Pt^{2+}) 혹은 1+(Rh^+, Ir^+)의 산화수를 가진다. 이러한 화합물 중에는 촉매로서 매우 중요한 역할을 하며, 제8장에 소개되어 있다.

[연습 문제]

2-1 강한 π 받개 리간드를 포함하는 전이금속 화합물은 σ 주개 리간드를 포함하는 경우 보다 18-전자 규칙을 더 잘 만족하는 이유를 설명하시오.

2-2 다음 전이금속의 원자가 전자수를 결정하시오.

- **a.** $[(\eta^5\text{-}C_5H_5)_2Co]^+$
- **b.** $Ir(CO)Cl(PMe_3)_2$
- **c.** $[Fe(CO)_4]^{2-}$
- **d.** $Rh(CO)(CS)(PPh_3)_2Br$

2-3 아래 화학식에서 18-전자 법칙을 만족하는 2주기 전이금속을 찾으시오.

- **a.** $[(\eta^5\text{-}C_5H_5)M(CO)_3]_2$ (단일 결합의 M–M 결합을 가짐)
- **b.** $[(\eta^5\text{-}C_5H_5)M(CO)_2]_2$ (이중 결합의 M=M 결합을 가짐)
- **c.** $[(\eta^5\text{-}C_5H_5)M(CO)_2(CO)]^+$ (선형의 M–N–O를 가짐)
- **d.** $(\eta^4\text{-}C_5H_5)M(CO)_3$
- **e.** $[M(CO)_3(PMe_3)]^-$

2-4 전이금속 중 16-전자종 사각평면을 따르는 것을 찾으시오.

- **a.** $MCl(CO)(PPh_3)_2$ (M = 2 주기 전이금속)
- **b.** $(CH_3)_2M(PPh_3)_2$ (M = 2 주기 전이금속)

c. $[MCl_3(NH_3)]^-$ (M= 3 주기 전이금속)

2-5 다음에 적합한 답을 찾아 쓰시오.

a. $[(\eta^5\text{-}C_5H_5)Rh(CO)_2]$의 금속–금속 결합 차수

b. $[W(CO)_5(SnPh_3)]^z$의 전하수

c. 16-전자 화합물인 $(\eta^5\text{-}C_5H_5)(\eta^1\text{-}C_3H_5)(\eta^3\text{-}C_3H_5)_2M$을 만족시키는 2 주기 전이금속을 찾으시오.

d. 텅스텐–텅스텐 삼중 결합을 가지는 $[(\eta^5\text{-}C_5H_5)W(CO)_x]_2$의 CO 리간드의 수

e. $Mn(CO)_xCl$의 CO 리간드의 수

f. 촉매로서 중요한 아래 그림의 16-전자 종을 만족시키는 2주기 전이금속을 찾으시오.

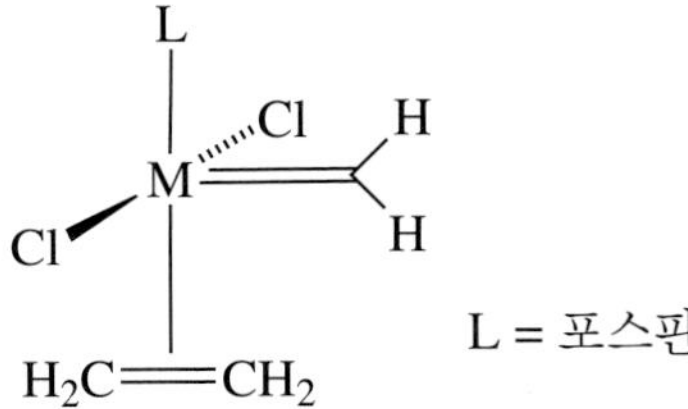

L = 포스핀

2-6 다음 화합물의 L–X 표기를 나타내고, 전자수, 배위수, 금속의 산화수, 금속의 *d* 전자수를 계산하시오.

a. $RhCl(PPh_3)_3$

b. $[Fe(CO)(CN)_5]^{3-}$

c. $(CH_3)Ir(CO)(PEt_3)_2ClBr$

d. $(\eta^5\text{-}C_5H_5)_2Co$

2-7 푸른색 이온인 $NiCl_4^{2-}$의 원자가 전자수를 구하고, 사면체 구조인 이온이 18-전자 규칙을 따르지 않는 이유를 설명하시오.

2-8 $(CH_3)_3Re(=O)_2$의 원자가 전자수를 구하고, 이 화합물이 18-전자 규칙을 따르지 않는 이유를 설명하시오.

제3장

카보닐 리간드

The Carbonyl Ligand

카보닐 리간드인 CO는 유기금속화학에서 가장 일반적인 리간드이다. CO는 $Ni(CO)_4$, $W(CO)_6$, $Fe_2(CO)_9$과 같은 이성분 카보닐 화합물들의 유일한 리간드로 작용하거나, 일반적으로는 다른 유기, 무기 리간드들과 조합되어 리간드로 작용한다. CO는 한 개의 금속 이온과 결합할 수도 있지만 두 개 이상의 금속 간의 연결 다리 역할을 할 수도 있다. 제3장에서는 CO와 금속들 간의 결합, CO 착화합물의 합성과 반응, 다양한 형태의 CO 착화합물의 예를 살펴볼 것이다.

3-1 결 합

우선 CO의 결합을 살펴보는 것은 중요하다. CO의 분자 궤도함수 그림은 N_2의 분자 궤도함수 그림과 비슷하다. 주로 $2p$ 원자 궤도함수에서 형성된 분자 궤도함수들은 그림 **3-1**에서 보여주고 있다.

3-1-1 말단 리간드로서의 CO

CO 분자 궤도함수에서 두 가지의 특징은 중요하다. 우선, 최고 점유 분자 전자 궤도함수(HOMO)는 탄소에 가장 큰 로브를 가지고 있다. CO는 전자쌍이 점유한 궤도함수를 통해 전자 밀도를 적절한 금속(예를 들면, 비어있는 p, d 또는 혼성 궤도함수) 궤도함수에 직접 주는 σ 주개 작용을 한다. 동시에 CO는 두 개의 비어있는 π^* 궤도함수(LUMO)을 가지고 있으며 이들은 또한 산소보다 탄소에 더 큰 로브들을 가지고 있다. 탄소의 π^* 궤도함수의 편재화(localization)는 탄소 리간드의 π 받개 역할을 할 수 있다. 적합한 대칭성을 띤 d 궤도함수에 전자를 가진 금속 원자는

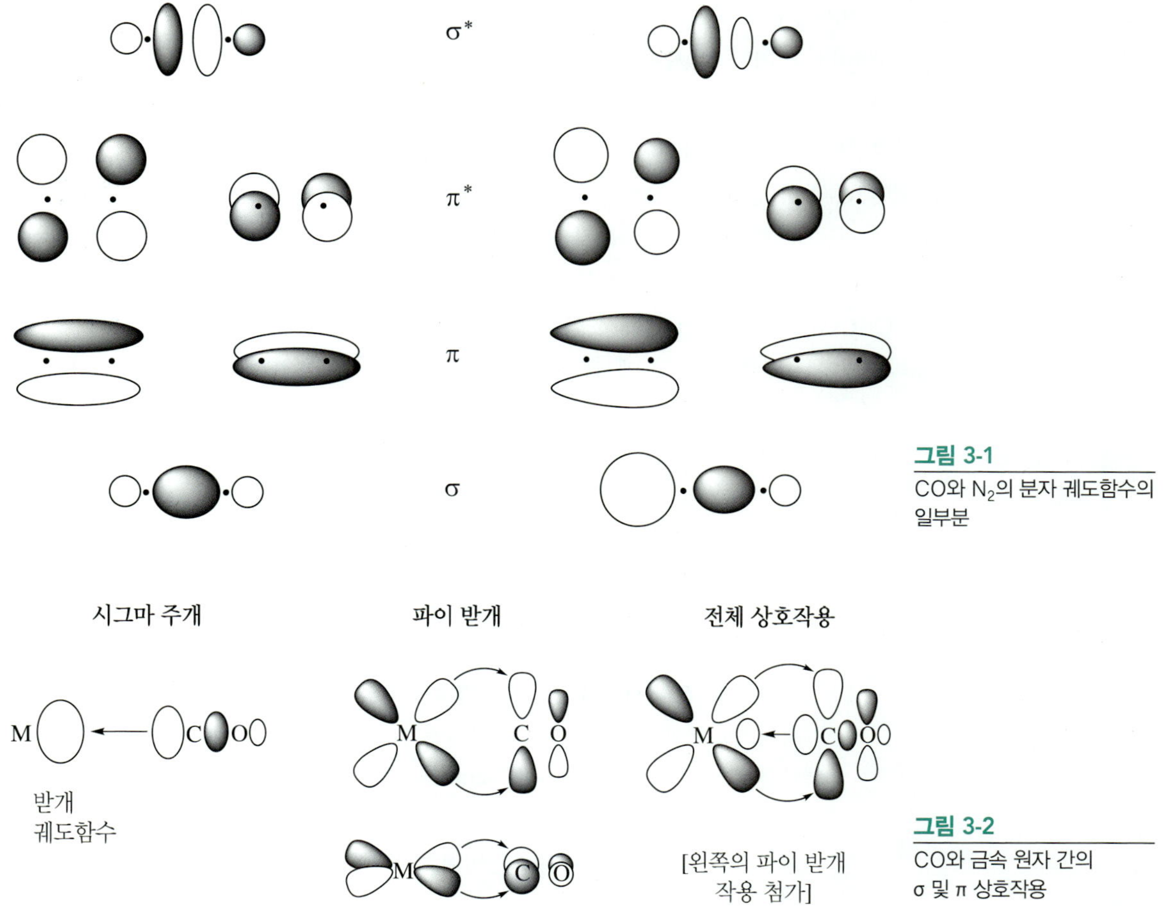

그림 3-1
CO와 N_2의 분자 궤도함수의 일부분

그림 3-2
CO와 금속 원자 간의 σ 및 π 상호작용

전자 밀도를 이 π^* 궤도함수에 줄 수 있다. 이 σ 주개와 π 받개 작용을 그림 **3-2**에서 볼 수 있다.

CO는 전자 밀도를 σ 궤도함수를 통해서 금속에 줄 수 있는데 금속의 전자 밀도가 클수록 금속은 더 효과적으로 전자 밀도를 CO의 π^*궤도함수들에 돌려줄 수 있으며 전체적인 효과는 CO와 금속의 시너지 효과(synergistic effect)로 일어난다. 이러한 효과로 금속과 CO는 강하게 결합한다. 그러나 뒤에 설명했듯이 이 결합의 강함은 착화합물의 전하와 금속의 리간드 환경을 포함한 몇몇 요소에 의해서 변화한다.

기본문제 3-1

N_2는 그림 **3-1**과 같이 CO와는 조금 다른 분자 궤도함수들을 가지고 있다. N_2는 CO보다 더 강한 π 받개인가 약한 π 받개인가?

만약 CO와 금속의 결합을 나타낸 그림대로라면 실험적으로 증거가 뒷받침되어야 한다. 이러한 두 개의 증거가 바로 적외선 분광학과 X선 결정학이다. 우선, 탄소와 산소 간의 결합 변화는 IR로 관찰할 수 있는 C–O (카보닐 기)의 신축 진동에 반영된다. 유기 화합물에서와 같이 유기금속 화합물들의 C–O 신축은 강하게 나타나며 (C–O 결합의 신축으로 인해 쌍극자 모멘트에 상당한 변화를 초래하기 때문) 신축 진동의 에너지는 종종 분자 구조에 대한 중요한 정보를 제공한다. 금속에 배위하지 않은 자유 상태의 일산화탄소는 2,143 cm^{-1}에 C–O 신축이 나타나는데 비해 $Cr(CO)_6$는 2,000 cm^{-1}에서 신축 진동이 나타난다. C–O의 신축 진동의 에너지가 더 낮다는 것은 $Cr(CO)_6$에서 탄소와 산소 간의 결합이 더 약하다는 것을 의미한다.

> 결합의 신축 진동에 필요한 에너지는 $\sqrt{\dfrac{k}{\mu}}$에 비례한다.
>
> k = 힘 상수, 결합 강도의 척도
>
> μ = 환산 질량, 원자의 질량이 m_1과 m_2일 때 환산 질량은
>
> $\mu = \dfrac{m_1 m_2}{m_1 + m_2}$ 이다.
>
> 두 원자들 간의 결합이 강하면 강할수록 힘 상수는 더 커지게 되며, 결과적으로 결합의 신축에 필요한 에너지가 클수록 적외선 스펙트럼에서 해당 띠는 더 높은 에너지 (파수 cm^{-1}가 높아짐)를 갖는다. 마찬가지로 결합에 참여하는 원자의 질량이 클수록 환산질량이 크므로 결합을 신축시키는데 필요한 에너지는 작아지고 적외선 스펙트럼에서 더 낮은 에너지를 흡수한다.

CO의 결합성 궤도함수에서 전자 밀도를 금속으로 넘겨주는 σ 주개성과 CO의 반결합성 궤도함수에서 전자 밀도를 받아들이는 π 받개성은 C–O 결합을 약화시키며, 따라서 탄소와 산소 결합의 신축에 필요한 에너지를 감소시킬 것으로 예측된다.

카보닐 화합물의 전하는 적외선 스펙트럼에 영향을 미친다. 등전자 구조의 세 개의 헥사카보닐 화합물들의 C–O 신축 진동 띠는 다음과 같이 나타난다.

착화합물	***ν(CO), cm⁻¹***
$[V(CO)_6]^-$	1858
$[Cr(CO)_6]$	2000
$[Mn(CO)_6]^+$	2095
(배위하지 않은 자유 상태의 CO	2143)

세 개의 화합물 중 $[V(CO)_6]^-$의 금속이 가장 작은 핵전하를 갖는다. 즉, 바나듐 금

속은 전자를 끌어당기는 능력이 가장 약하며 CO에 전자 밀도를 돌려주는 능력이 가장 강하다. 결과적으로 CO의 π^* 궤도함수의 높은 전자 밀도에 의해 C–O 결합이 약화된다. 보통 더 큰 음전하를 가진 유기금속 화합물일수록 금속이 CO의 π^* 궤도함수에 전자를 잘 내어주고, C–O 신축 진동의 에너지가 낮아지는 경향이 있다.

기본문제 3-2

앞의 카보닐 착화합물표를 바탕으로 $[Ti(CO)_6]^{2-}$의 C–O 신축 띠의 적절한 위치(cm^{-1})를 예측하라.

카보닐양이온 화합물의 적외선 스펙트럼

등전자 전이금속 카보닐 착화합물에 대해서 더 알아보도록 하자.

착화합물	*v(CO), cm⁻¹*
$[W(CO)_6]$	1977
$[Re(CO)_6]^+$	2085
$[Os(CO)_6]^{2+}$	2195
$[Ir(CO)_6]^{3+}$	2254

이전에 같은 경향을 보았듯이, 착화합물의 양전하가 더 커질수록 C–O 역결합(backbondong)이 약해지고 C–O 신축에 필요한 에너지가 더 커진다. 그렇다면 어떻게 $[Os(CO)_6]^{2+}$와 $[Ir(CO)_6]^{3+}$같은 카보닐 착화합물의 C–O 신축 진동 띠는 자유 상태의 CO 띠보다 더 강해질 수 있을까(C–O 신축 에너지가 더 높아진다)? 금속 카보닐에서 금속 이온과 CO가 결합할 때 금속의 양전하는 C–O 분자 궤도함수의 편극(polarization)을 감소시키는 것으로 생각된다. 자유 상태의 분자에서 C–O의 σ와 π 궤도함수는 전기음성도가 더 강한 산소원자 쪽으로 강력하게 편극되어있다. 양전하를 띤 금속 이온이 일산화탄소 분자 말단의 탄소와 상호작용하면 양전하는 산소로부터 탄소로 전자 밀도를 끌어준다. 그 결과 탄소–산소 결합에서 더 공유 결합성을 띄고 양이온 착화합물은 자유 상태의 CO보다 더 강하게 결합한다. 이 효과가 더 강해질수록 결합은 더 강해지고 C–O의 신축 진동 에너지는 더 커지게 된다.

결합 길이

X-선 결정학은 분자내의 원자 위치에 관한 정보를 제공함으로써 카보닐 리간드가 금속에 결합하는 또 하나의 증거를 제시해준다. 일산화탄소의 C–O 결합 길이는 112.8 pm로 측정되었다. σ 주개성과 π 받개성에 의한 카보닐 착물 C–O 결합의 약화는 결합 길이를 증가시킬 것으로 예측된다. 이러한 결합 길이의 증가는 CO를

포함하는 유기금속 착화합물에서 볼 수 있으며 중성 상태의 많은 카보닐 착물들의 C–O 결합 길이는 대략 115 pm로 나타난다. 비록 이런 수치는 결합 길이의 분명한 척도를 제공하지만 실제로 C–O 결합 세기에 대한 정보를 얻기 위해서는 이보다 훨씬 편리한 적외선 스펙트럼을 이용한다.

3-1-2 CO의 다리 결합 방식

대부분의 CO가 한 개의 금속 원자에 결합된 말단 리간드이지만 두 개 이상의 금속에 다리 결합된 형태의 CO도 많이 알려져 있으며, 가장 일반적인 형태는 표 **3-1**에서 볼 수 있다. 다리 결합 리간드는 그리스문자 μ(mu)로 표시되며, 아래첨자로 다리 결합된 원자의 개수를 표시한다.

표 **3-1**에서 보여주는 CO의 대칭적인 다리 결합 형식 외에도 CO는 종종 아래 그림과 같이 금속을 비대칭적으로 다리 결합하는데, 이 경우 CO는 *곁다리(semi-bridging)* 형태라고 한다.

곁다리 형태의 CO

다양한 요소들이 비대칭적 카보닐 다리를 형성시키는데, 분자 자체의 비대칭성(두 개 이상의 서로 다른 금속으로 이루어진 분자)과 입체적 밀집도(대칭적 위치로부터 다리 CO가 비켜나므로 분자의 입체적 장애를 감소시킴) 등이 이러한 요소로 작용한다.

다리 결합 형태는 C–O 신축 띠의 위치와 밀접하게 연관되어 있다(표 **3-1**). CO가 두 개의 금속을 다리 결합하고 있는 경우, 금속들은 전자 밀도를 C–O 결합을 약하게 하는 π^* 궤도함수에 넘겨주어 신축 에너지를 낮추며, 결과적으로 두 개의 다리 결합을 가진 CO의 C–O 신축은 말단 카보닐보다 훨씬 더 낮은 에너지에서 나타난다. 예를 들어 $Fe_2(CO)_9$에는 세 개의 다리 결합을 이루는 CO와 여섯 개의 말단 CO 리간드가 있다(그림 **3-3**). 이 분자의 다리 결합 카보닐의 적외선 흡수는 자유상태의 CO 리간드보다 200 cm^{-1} 낮은 위치에서 나타나며 $Fe_2(CO)_9$의 말단 CO 리간드의 띠는 $Fe(CO)_5$와 비슷한 에너지인 2,034 cm^{-1}와 2,013 cm^{-1}에서 나타난다.

C–O 결합은 말단 CO 리간드보다 다리 결합 CO 리간드에서 더 약하므로 다리 결합 리간드의 탄소–산소 결합은 더 길 것으로 예측된다. $Fe_2(CO)_9$의 C–O 결합 길이가 다리 결합에서 117.6 pm인데 비해, 말단 리간드에서 평균 115.6 pm라는 사실은 이러한 예측을 뒷받침해주고 있다.

표 3-1 CO의 결합 형태

CO의 형태	중성 착화합물에서의 ν(CO) 신축 띠 영역 (cm^{-1})
자유 CO	1850~2120
다리 결합	
대칭 μ_2-CO 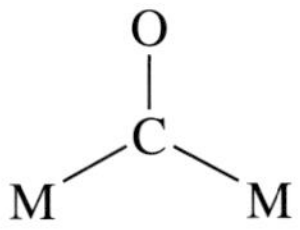	1700~1860
대칭 μ_3-CO 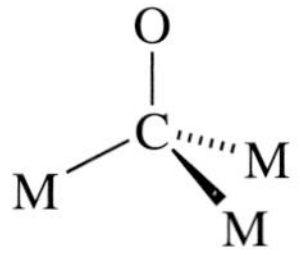	1600~1700
μ_4-CO 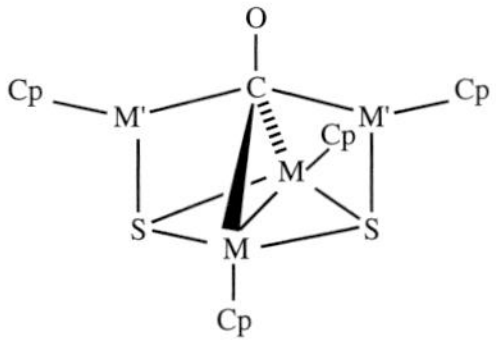	~1650

세 개 또는 네 개의 금속 원자와 삼중 또는 사중 다리 결합을 이루는 CO의 C–O결합은 더 약해진다. μ_3–CO나 μ_4–CO에서 C–O신축의 적외선 띠는 양쪽 다리 결합일 때보다 훨씬 더 낮은 에너지에서 나타난다.

특히 흥미로운 현상은 $[(\eta^5\text{–}C_5H_5)Mo(CO)_2]_2$와 같이 거의 선형의 다리 결합 카보닐 화합물에서 나타난다. $[(\eta^5\text{–}C_5H_5)Mo(CO)_3]_2$을 가열하면 일부의 일산화탄소가 떨어져나간다. $[(\eta^5\text{–}C_5H_5)Mo(CO)_2]_2$는 식 **3.1**과 같이 쉽게 CO와 반응하여 가역 반응을 일으킨다.

$$[(\eta^5\text{–}C_5H_5)Mo(CO)_3]_2 \underset{\Delta}{\rightleftharpoons} [(\eta^5\text{–}C_5H_5)Mo(CO)_2]_2 + 2\,CO \qquad \textbf{3.1}$$

1960, 1915 cm^{-1} 1889, 1859 cm^{-1}

이 반응에서 보여주는 바와 같이 CO 적외선 신축 진동 띠는 낮은 에너지 준위로

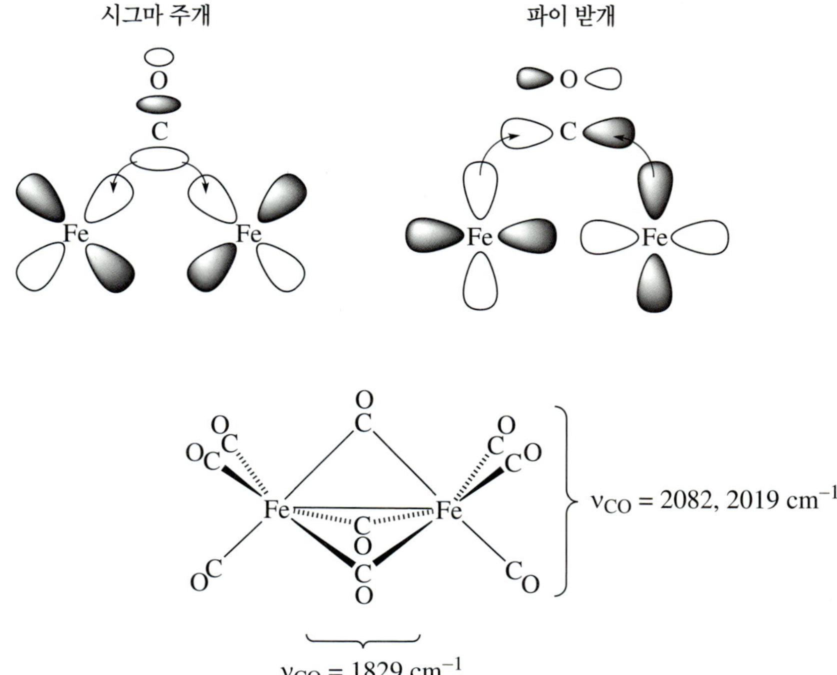

그림 3-3
$Fe_2(CO)_9$에서 다리 결합 카보닐과 말단 카보닐

이동한다. Mo–Mo 결합 길이는 결합차수가 1에서 3으로 늘어남에 따라 약 80 pm 정도 짧아진다. 초기에는 선형 CO 리간드의 전자 밀도를 π 궤도함수를 통해 이웃한 금속에 줄 수 있다고 제안되었으나, 후에 계산을 통하여 그림 **3-4**에 나타낸 바와 같이 금속의 궤도함수에서 CO의 π^* 궤도함수로 전자 밀도를 주는 것이 더 중요한 작용이라는 것이 밝혀졌다. 이러한 주개는 리간드의 C–O 결합을 약화시키고, 그 결과 C–O 신축 띠를 낮은 에너지로 이동시킨다.

전자수를 계산할 때, 대칭적인 다리 결합 카보닐은 말단 카보닐과 같이 일반적으로 2전자 주개로 계산되며 다리 결합된 원자에 똑같이 나누어 고려한다. 예를 들어 $Fe_2(CO)_9$ (그림 **3-3**)에서 철 원자의 전자들은 다음과 같이 계산된다.

Fe		8 전자
Fe–Fe 결합		1 전자
3개의 말단 CO	3×2 전자 =	6 전자
3 μ_2-CO	$3 \times \frac{1}{2} \times 2$ 전자 =	3 전자
		18 전자

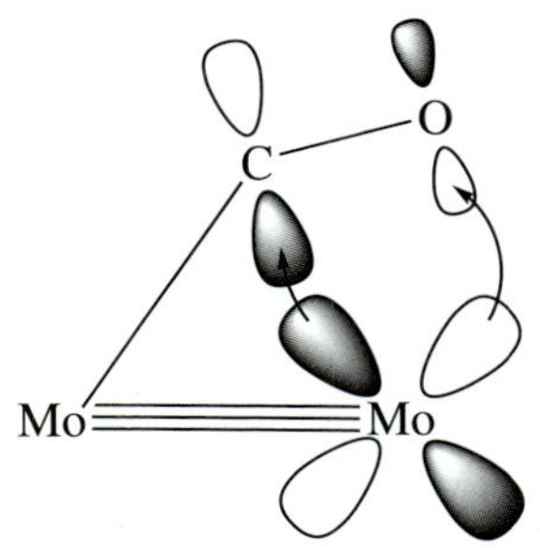

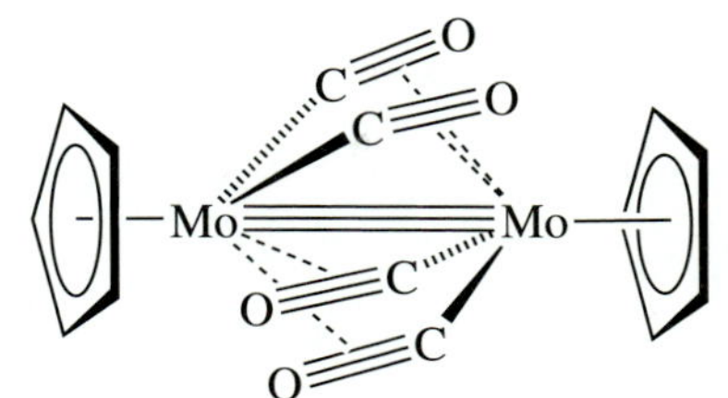

그림 3-4
$[(\eta^5-C_5H_5)Mo(CO)_2]_2$의 CO 다리 결합

기본문제 3-3

고체 상태 $Co_2(CO)_8$에서 Co의 전자 개수를 계산하시오(다음 절의 그림 **3-5** 참조).

카보닐 착물의 적외선 스펙트럼 유용성에 대한 추가적인 논의는 **3-5**절에서 한다.

3-2 이성분 카보닐 착물

이성분 카보닐(binary carbonyls) 착화합물은 금속 원자와 CO 리간드만으로 이루어져 있으며, 매우 다양하다. 대표적인 이성분 카보닐 화합물의 구조를 그림 **3-5**에 나타내었다.

대부분의 이러한 착물은 18-전자 규칙을 따른다. 그러나 뭉치 화합물 $Co_6(CO)_{16}$와 $Rh_6(CO)_{16}$들은 18-전자 규칙을 따르지 않으며, 뭉치 화합물의 결합에 대한 자세한 분석은 앞의 두 화합물과 다른 뭉치 화합물의 전자 개수를 계산하는데 필요하며, 제11장에서 논의한다.

이성분 카보닐 화합물 중에서 규칙을 만족하지 않는 것은 17-전자의 $V(CO)_6$가 있다. 18-전자의 $Cr(CO)_6$보다 열에 불안정하고 발화성의 이 화합물은 강한 π 받개 리간드로 18-전자 배치를 만족하지 못하는 매우 드문 경우 중 하나이다. $V(CO)_6$에서 바나듐의 원자 크기가 작아 7번째 배위 자리를 가질 수 없다. 이런 이유로, 18-전자 배치가 가능한 $(CO)_6V–V(CO)_6$와 같은 금속–금속 결합을 지닌 이합체의 생성이 불가능하다. 그러나 $V(CO)_6$는 쉽게 환원되어 $[V(CO)_6]^-$가 생성되며, 이는 18-전자를 만족하는 유기금속 화합물이다.

기본문제 3-4

그림 **3-5**에서 $Co_6(CO)_{16}$와 $Rh_6(CO)_{16}$를 제외한 다섯 종류의 이성분 카보닐 화합물에 대한 18-전자 규칙을 증명하시오.

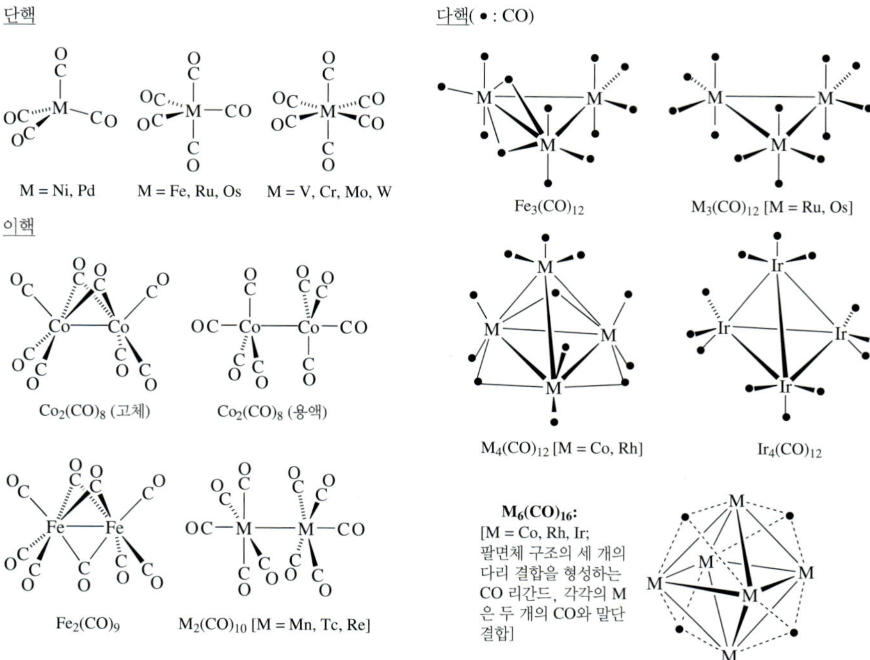

그림 3-5
이성분 카보닐 착물

이성분 카보닐 화합물의 구조에서 흥미로운 점은 전이금속과 다리 결합 CO의 경향이 주기율표에서 아래로 내려감에 따라 감소한다는 것이다. 예를 들면, $Fe_2(CO)_9$는 세 개의 다리 결합 CO가 있으나, $Ru_2(CO)_9$과 $Os_2(CO)_9$는 한 개의 다리결합 CO가 있다. 주기율표의 제1주기 전이금속 착화합물에서 다리 결합 CO의 경향성은 다음 장에서 설명할 것이다.

3-2-1 합성

이성분 카보닐 화합물은 여러 방법으로 합성될 수 있다. 가장 일반적인 몇 가지 방법은 다음과 같다.

1. **전이금속과 CO의 직접 반응.** 가장 간단한 반응은 실온 및 1기압에서 니켈과 CO의 반응이다.

$$Ni + 4\,CO \longrightarrow Ni(CO)_4 \qquad 3.2$$

$Ni(CO)_4$은 쉽게 기체상으로 바뀌며 매우 유독한 액체로 매우 조심이 다루어야 한다. 니켈 밸브와 CO의 반응은 Mond에 의해 처음 발견되었다. $Ni(CO)_4$이 열분해되는 역반응은 순수한 니켈을 얻는데 이용되었다. 정

반응과 역반응을 차례로 진행하여 광석으로부터 순수한 니켈을 얻는데 Mond의 공정은 산업적으로 이용되어 왔다.

다른 이성분 카보닐 착물도 금속과 CO의 직접 반응을 통하여 얻을 수 있지만, 높은 온도와 압력이 필요하다.

2. **환원성 카보닐화 반응.** 산화수가 양성(positive) 상태인 금속을 포함하는 전이금속 화합물과 CO 반응을 환원제 존재하에서 시키는 것이다. 반응의 예는 다음과 같다.

$CrCl_3 + 6\,CO + Al \longrightarrow Cr(CO)_6 + AlCl_3$ ($AlCl_3$에 의한 촉매 반응) **3.3**

$Re_2O_7 + 17\,CO \longrightarrow Re_2(CO)_{10} + 7\,CO_2$ (CO는 환원제로 작용) **3.4**

3. **다른 이성분 카보닐 착물의 열분해 반응 또는 광화학 반응.** 반응의 예는 다음과 같다.

$Fe(CO)_5 \xrightarrow{h\nu} Fe_2(CO)_9$ (CO 해리 반응) **3.5**

$Fe(CO)_5 \xrightarrow{\Delta} Fe_3(CO)_{12}$ (CO 해리 반응) **3.6**

3-2-2 반응

CO 해리

카보닐 착물의 가장 흔한 반응은 CO 해리 반응이다. 이 반응은 열이나 자외선을 흡수하여 진행되는데, 18-전자 착물은 CO를 잃어 16-전자의 중간체를 생성하며, 이것은 주위의 환경과 착화합물의 성질에 따라 다양한 방법으로 반응한다. 일반적인 반응으로는 떨어져나간 CO가 다른 리간드에 의해 치환 반응이 일어나면서 새로운 18전자 화학종을 생성하는 것이다. 예를 들면 다음과 같다.

$Cr(CO)_6 + PPh_3 \xrightarrow{\Delta \text{ 또는 } h\nu} Cr(CO)_5(PPh_3) + CO$ **3.7**

$Re(CO)_5Br + en \xrightarrow{\Delta}$ *fac*-$Re(CO)_3(en)Br + 2\,CO$ **3.8**

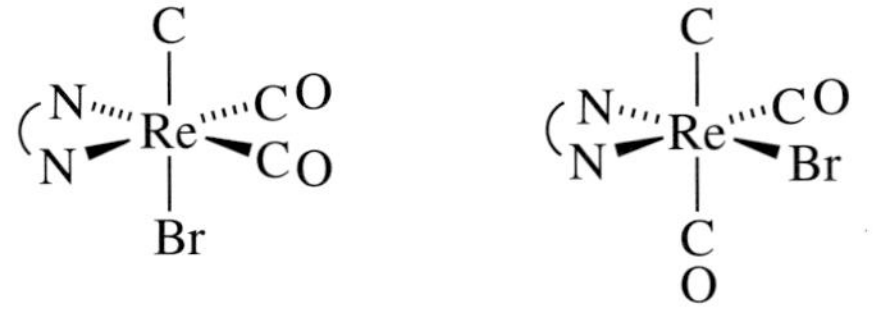

fac-$ReBr(CO)_3(en)$ *mer*-$ReBr(CO)_3(en)$

따라서, 이런 종류의 반응은 CO 화합물이 다른 리간드 화합물의 전구물질로 사용되도록 해준다. CO 해리 반응의 추가적인 내용은 다음 장에서 설명할 것이다.

금속 카보닐 음이온의 형성

전이금속 카보닐 음이온은 1−에서 4−의 음전하를 가지는 것으로 알려져 있다. 일반적으로 음이온은 중성의 금속 카보닐과 염기와의 반응에 의하여 생성된다. 예를 들면 다음과 같다.

$$Fe(CO)_5 + 2\,NaOEt \longrightarrow Na_2[Fe(CO)_4] + OC(OEt)_2 \qquad \textbf{3.9}$$

전이금속 카보닐 음이온은 전자 주개 용매에서 전이금속 카보닐 착물의 환원 반응에 의해 합성된다. 예를 들면, 액체 암모니아 용매에서 $Cr(CO)_6$는 소듐에 의해 $[Cr(CO)_5]^{2-}$의 이소듐 염과 폭발성의 이소듐 아세틸렌다이올레이트(acetylenediolate)로 환원된다.

$$3\,Na + Cr(CO)_6 \longrightarrow Na_2[Cr(CO)_5] + \tfrac{1}{2}\,NaOC{\equiv}CONa \qquad \textbf{3.10}$$

산업적으로 가장 중요한 금속 카보닐 음이온인 $[Fe(CO)_4]^{2-}$는 Collman 시약으로 다이옥세인(dioxane) 용매에서 아래와 같은 반응에 의하여 생성된다.

$$Fe(CO)_5 + 2\,Na[Ph_2CO] \xrightarrow{\Delta} \underset{\text{(Collman 시약)}}{Na_2[Fe(CO)_4]\cdot\tfrac{3}{2}\,dioxane} + CO \qquad \textbf{3.11}$$

용액에서, $Na_2[Fe(CO)_4]$는 $[NaFe(CO)_4]^-$과 같은 음이온으로 해리되고 용매 분자들이 음이온과 결합된다. Collman 시약은 화학 합성에서 다양한 응용성을 가지고 있다.

전이금속 카보닐 음이온의 적외선 스펙트럼은 CO 전자의 π 받개 능력에 의하여 설명된다. 음전하를 가질수록, 더 강한 π 받개일수록, C–O 신축 진동의 에너지가 낮아진다(표 **3-2**).

표 3-2 이성분 음이온성 카보닐 착화합물의 강한 C–O 흡수 위치

전하	예	C–O 흡수 위치(cm^{-1})
1−	$[Fe(CO)_5]^-$	1850~1910
2−	$[Ti(CO)_6]^{2-}$	1730~1770
3−	$[V(CO)_5]^{3-}$	1560~1690
4−	$[Mo(CO)_4]^{4-}$	1460~1480

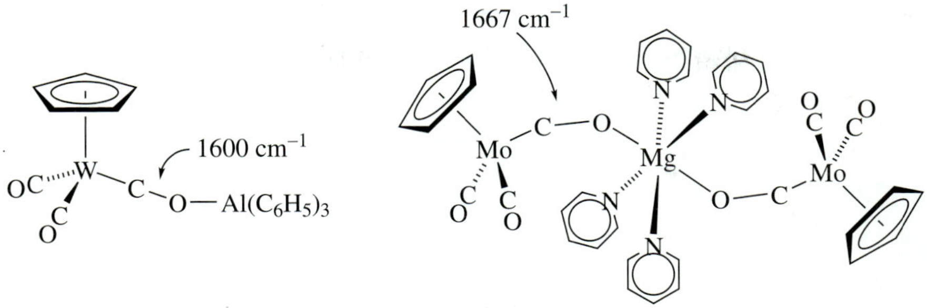

그림 3-6
산소가 결합된 카보닐 착화합물

3-3 산소가 결합된 카보닐 착화합물

이 장에서는 리간드로서 CO의 다른 특징을 논의하는데, CO 리간드가 탄소를 통해서뿐만 아니라 산소를 통하여 결합할 수 있다는 것이다. 금속 카보닐 착화합물의 산소가 $AlCl_3$와 같은 Lewis 산에 대하여 주게 역할을 하여 CO가 두 금속 간에 다리결합을 하는 현상이 주목을 끌었다. 현재는 CO가 산소에 의하여 금속 원자와 결합하며 일반적으로 C–O–금속의 배열은 굽은 형태인 것으로 알려진 예가 많이 있다. Lewis 산과 산소가 결합함으로써 C–O의 결합이 약해지고 결합 길이가 길어져서 적외선 스펙트럼에서 C–O의 신축 진동이 낮은 에너지 쪽으로 이동한다. 일반적으로 이러한 이동 값은 100에서 200 cm^{-1} 정도이다. 산소가 결합된 카보닐(아이소카보닐이라 부름) 착화합물의 예를 그림 **3-6**에 나타내었다. 산소가 결합된 카보닐의 물리적 및 화학적 성질을 보고한 논문도 있다.

3-4 CO와 유사한 리간드

CO와 유사한 이원자 분자 리간드에 대하여 간결하게 논의할 필요가 있다. 이들 중에서 CS(싸이오카보닐, thiocarbonyl)과 CSe(셀레노카보닐, selenocarbonyl)을 CO와 비교하는 것은 흥미롭다. 여러 가지 다른 리간드도 CO와 등전자 관계에 있으며, CO와 구조적으로나 화학적으로 유사하다. 두 가지 예로는 CN^-(사이아나이드, cyanide)와 N_2(이질소분자, dinitrogen)가 있다. NO(나이트로실, nitrosyl) 리간드도 CO와 유사하기 때문에 여기서 다루기로 한다. NS(싸이오나이트로실, thionitrosyl)과 NO와 등전자 관계에 있는 다른 리간드도 간단하게 다루기로 한다.

3-4-1 CS, CSe 및 CTe

대부분의 경우 CS(싸이오카보닐, thiocarbonyl), CSe(셀레노카보닐, selenocarbonyl), 그리고 CTe(텔루로카보닐, tellurocarbonyl)는 안정하지 않기 때문에 리간드로 작용하기 어려워 CS, CSe 및 CTe 유기금속 화합물은 유사한 CO 착물에 비하여 합성하기 힘들다. 이러한 리간드를 지닌 유기금속 화합물의 수가 상대적으로 적다고 하여, 이러한 화합물의 안정도를 나타내는 척도라고는 할 수 없다. 이 세 리간드의 착화합물은 화학 반응의 다양성과 유용성면에서 CO 착화합물과 견줄만하다. CS 착화합물은 천연 연료에서 황을 제거하는 황 이동 반응의 중간체 형성이 가능하기 때문에 흥미로우며, 최근 이 착화합물의 합성 방법이 개발되면서 이 분야의 연구가 활발히 진행되고 있다.

CS, CSe, 그리고 CTe는 결합 방식에 있어 CO와 유사하여, σ 주개뿐만 아니라 π 받개로서도 작용하며 금속과 말단이나 다리 결합 형태로 결합할 수 있다. 세 리간드 중에서 CS는 매우 심도 있게 연구되어 왔으며, CS는 CO보다 강한 σ 주개와 π 받개로 작용한다. CTe 리간드는 드물며 알려진 예도 매우 적다. 그럼에도 불구하고 CO에서 CTe에 이르는 네 개의 리간드가 등전자 관계에 있고 같은 구조를 가지는 착화합물이 1980년에 합성되었다. 이러한 착화합물과 이들의 C–E(E = 16족 원소) 신축 진동을 표 **3-3**에 요약하였다.

표에서 아래로 내려감에 따라 C–E 신축 에너지가 감소하는 것은 산소로부터 질량이 더 큰 원자로 갈수록 환산 질량 증가(**3-1-1** 절)의 결과이다. C–E 결합 세기는 표의 아래로 내려감에 따라 약해지는데, 이것은 주기율표 아래로 내려감에 따라 주족 원자의 결합이 약해지는 경향성에 의한 결과이다. 특히, 표에서 알 수 있듯이 π 결합은 매우 약하다(예들 들면, Si=Si 결합이 C=C 결합에 비하여 약하다). 즉, C–S, C–Se, C–Te 결합은 C–O 결합에 비하여 약하다. 표 **3-3**에서 같이 C–O 신축 운동은 거의 변하지 않으며 **(2)**-**(4)** 착화합물의 모든 CO 신축 진동은 2040 cm^{-1} 부근에서 나타남), 이러한 사실은 오스뮴과 CO 리간드 간의 전체적인 상호작용에서 오스뮴 원자의 전자 밀도가 비슷하게 작용한다는 것을 제시한다.

표 3-3 CO와 등전자 리간드를 포함하는 오스뮴 착물

화학식	ν(C–E) (cm^{-1})
(**1**) $OsCl_2(\mathbf{CO})_2(PPh_3)_2$	2040, 1975
(**2**) $OsCl_2(CO)(\mathbf{CS})(PPh_3)_2$	1315
(**3**) $OsCl_2(CO)(\mathbf{CSe})(PPh_3)_2$	1156
(**4**) $OsCl_2(CO)(\mathbf{CTe})(PPh_3)_2$	1046

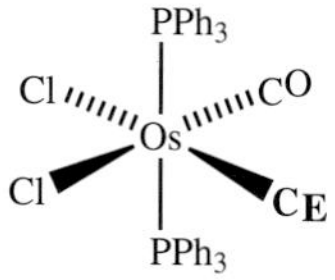

3-4-2 CN^- 및 N_2 착화합물

사이안화 이온(CN^-)은 CO보다 강한 σ 주개이며 약한 π 받개로서, CO와 비슷한 강도로 금속 궤도함수와 결합한다. 대부분의 유기 리간드는 산화 상태가 낮은 금속과 결합하는 반면에 사이안화 이온은 높은 산화 상태의 금속과도 쉽게 결합한다. 좋은 σ 주개인 CN^-는 양전하의 금속 이온과 강하게 결합한다. CO 보다 약한 π 받개로서(음전하를 가진 CN^-과 O에 비해 상대적으로 낮은 전기음성도를 가지는 N의 결과로 인하여), 사이안화 이온은 낮은 산화 상태의 금속을 안정화하지 못한다. 따라서 사이안화 화합물은 유기금속화학보다 전통적인 배위화학 분야에서 연구되고 있다. 이질소 분자는 약한 σ 주개이며 약한 π 받개이다. 그러나 N_2 착화합물은 질소 고정의 천연 공정을 모델 실험하는 반응에서 중간체로 여겨지기 때문에 많은 관심을 끄는 연구 분야이다.

3-4-3 NO 착화합물

CO와 같이, NO(나이트로실, nitrosyl) 리간드는 σ 주개인 동시에 π 받개이며, 말단 또는 다리 결합 리간드로 작용하고 적외선 스펙트럼을 통하여 유용한 정보를 얻을 수 있다. 그러나 CO와 달리, 말단의 NO는 선형(CO처럼)과 굽은형과 같은 두 가지 배위 방식을 가진다. NO의 선형과 굽은형 결합 방식에 대한 것을 그림 **3-7**에 나타내었다.

두 리간드의 선형 결합 방식의 유사성은 NO^+와 CO는 등전자 관계이므로 금속과의 결합에서 선형의 NO는 NO^+로 간주하고 제2장에서 논의한 방법 A(이온성 방법)에 따라 2전자 주개로 계산하는 것이다. 중성 리간드 법(방법 B)의 경우 선형의 NO는 3전자 주개로 계산한다(2전자 주개인 CO보다 전자 한 개를 더 가지고 있다고 생각한다).

NO의 굽은 배위 방식은 NO^-로부터 형성된 것으로 고려되며, 질소원자의 sp^2 혼성화 결과로 굽은 기하구조를 가진다. 따라서 전자 계산법 A에서 굽은 NO는 2전자 주개인 NO^-로 간주하며, 중성 리간드 방법 B에서는 1전자 주개로 간주한다.

그림 **3-8**에서 금속과 NO 리간드 결합 방식을 설명하였다. 리간드와 금속 간의 공유 결합을 강조한 중성 리간드 방법에서 NO의 전자 배치가 시작점이며, NO는 CO의 궤도함수와 비슷하며 π^* 궤도함수를 차지하는 전자가 하나 더 많다. 굽은 형태의 리간드 NO의 π^* 궤도함수는 금속의 d 궤도함수와 결합하며, 각각의 궤도함수에 하나의 전자를 가지며 리간드와 금속의 공유 결합을 형성한다. 선형 배위 방식의 NO는 금속에 결합이 적합하고 비어있는 궤도함수에 한 쌍의 전자를 주면서 결합을 형성한다. 부가적으로 한 개의 전자가 채워진 π^* 궤도함수가 금속의 다른 d 궤도함수와 공유 결합을 이룬다. 이와 비슷한 σ 주개, π 받개 상승 결합은 CO 착화합물에서도 일반적으로 볼 수 있다.

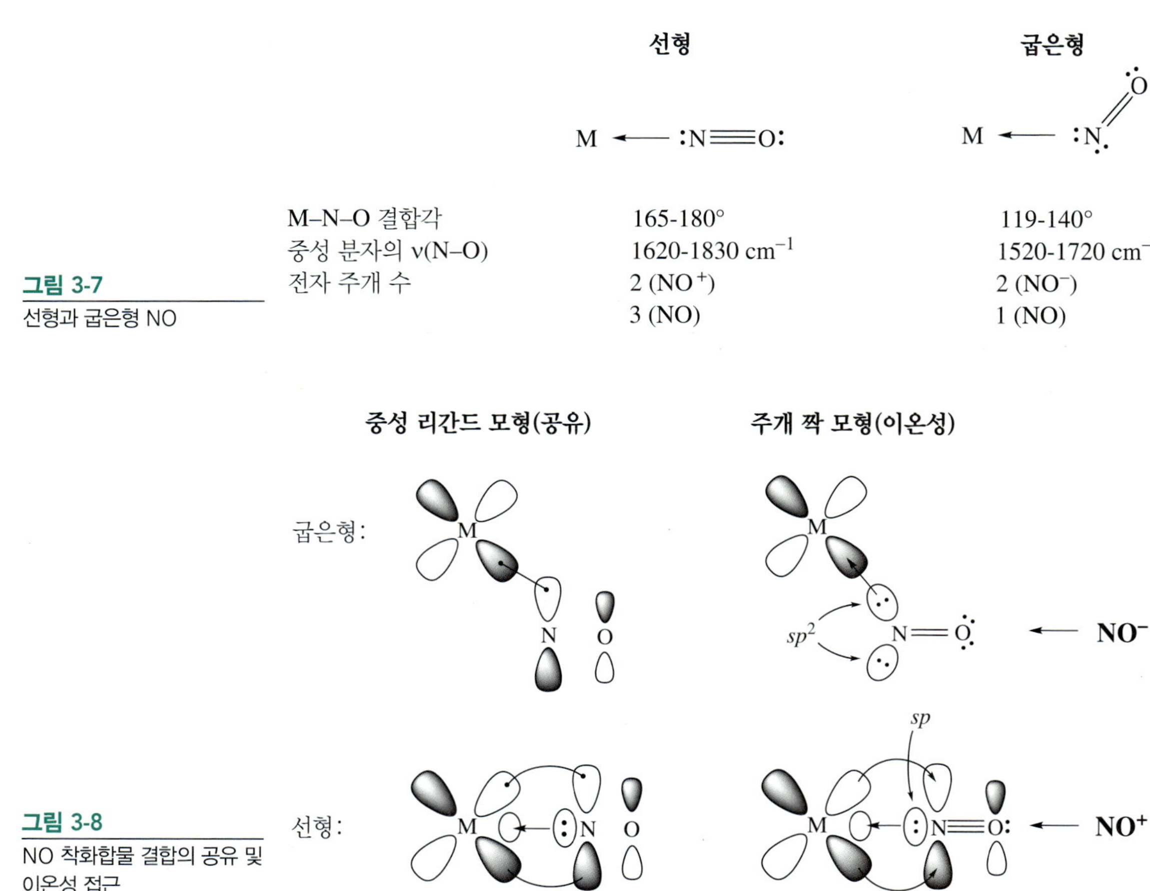

그림 3-7
선형과 굽은형 NO

그림 3-8
NO 착화합물 결합의 공유 및 이온성 접근

전자쌍 주개 모형(방법 A)에서, 굽은 배위 방식에서 NO는 NO^-로 고려하며, NO^-의 질소는 sp^2 혼성이며 금속의 d 궤도함수에 전자 한 쌍을 줄 수 있으며 그림 **3-8**에 나타내었다. 선형 방식에서, 리간드는 NO^+로 고려되며 질소는 sp 혼성이다. 이 혼성에 의하여 전자 한 쌍이 이동한다. 금속(중성 또는 공유 결합성 리간드로 고려 할 때 보다 전자를 한 개 더 가진 것으로 고려한다)은 리간드의 빈 π^* 궤도함수에 전자 한 쌍을 줄 수 있다.

선형과 굽은 형태의 NO를 리간드로 가진 다양한 착화합물이 알려져 있으며, 하나의 착화합물 안에 선형 및 굽은형의 NO가 존재하는 것도 알려져 있다. 선형 배위는 굽은형보다 높은 에너지의 N–O 신축 진동을 가지지만, 때때로 NO 적외선 스펙트럼 띠의 영역이 중복되기 때문에 두 가지를 구별하기에 어려움이 있다. 결정 구조에서 분자 간 쌓임 채우기(packing) 방법에 따라 금속–N–O 결합이 선형 180° 보다 더 굽은 경우도 있다.

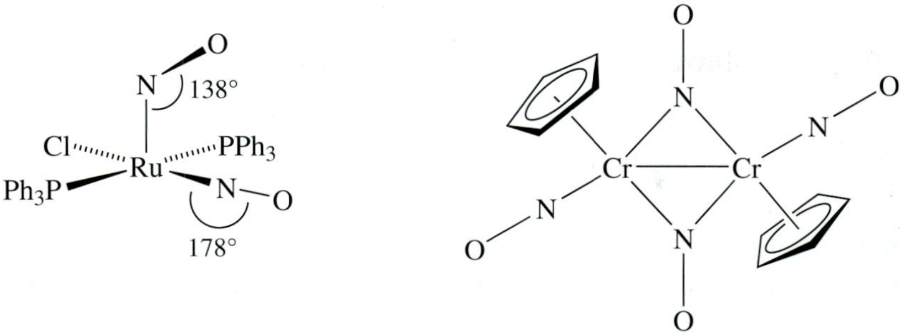

그림 3-9
다양한 역할을 하는 NO의 예

금속과 NO 리간드로만 이루어진 화합물의 예로 $Cr(NO)_4$가 알려져 있다. 이 화합물은 정사면체 구조이고 $Ni(CO)_4$와 등전자 관계이다. 다리 결합한 나이트로실(nitrosyl) 리간드 착화합물도 알려져 있으며, 다리 결합 리간드는 3전자 주개로 간주한다.

NO는 같은 분자내에서 하나 이상의 역할을 하는 예를 그림 **3-9**에 나타내었다.

3-4-4 NS 및 NSe 착물

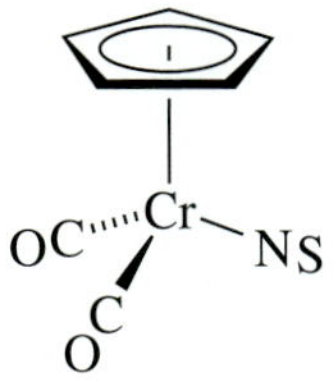

등전자인 NS(싸이오나이트로실, thionitrosyl) 리간드를 포함하는 수십 종의 화합물이 최근에 합성되었다. 적외선 스펙트럼 자료를 보면 NO처럼 NS도 선형, 굽은형 및 다리 결합 방식을 가지는 것을 알 수 있다. 일반적으로 NS의 π 받개 리간드로서의 능력은 NO보다 강하며, NO와 NS의 π 전자 받개 능력은 전자의 환경에 영향을 받는다. NSe(셀레노나이트로실, selenonitrosyl) 착화합물은 한 개만 알려져 있다. M–NO에서 M–NTe에 이르기까지 이론적 계산에서 금속–N 결합차수는 증가하고 N–E 결합차수는 순서대로 감소한다.

3-5 IR 스펙트럼

IR 스펙트럼은 두 가지 관점에서 유용하다. IR 띠의 수는 분자 대칭성에 따라 달라지는데, CO와 같은 특정한 리간드 띠의 수를 이용하면, 그 화합물이 가질 수 있는 여러 가지 기하학적 구조 중에서 하나 또는 가능성이 높은 것을 알아낼 수 있다. 또한, IR 띠의 위치는 리간드의 작용기(예를 들어, CO가 말단기인지 다리 결합 방식인지를)에 대한 정보를 주며, π 받개 리간드의 경우, 금속 주위의 전자 환경에 대해서 유용한 정보를 제공한다.

3-5-1 IR 띠의 수

분자의 진동 방식이 쌍극자 모멘트를 변화시키게 되면 IR 활성이 된다. 그러나 모든 진동이 쌍극자 모멘트의 변화를 일으키는 것은 아니며, 이러한 진동은 IR 스펙트럼에 나타나지 않는다.

카보닐 착화합물은 IR 스펙트럼에 나타나거나 또는 나타나지 않는 진동을 가진 예를 보여준다. 이와 동일한 추론은 선형인 CN^-과 NO와 같은 한자리 리간드와 더 복잡한 리간드에서도 적용된다.

한 개의 카보닐 착물

한 개의 카보닐 리간드를 가진 착화합물은 하나의 C–O 신축 방식만을 가지기 때문에, IR 스펙트럼에서 하나의 띠를 보인다.

두 개의 카보닐 착물

두 개의 카보닐 리간드를 지닌 착화합물은 선형과 굽은형의 두 가지 기하구조를 고려하여야 한다.

O——C——M——C——O

M
C C
O O

두 개의 CO 리간드가 선형으로 배열된 경우, 리간드의 대칭 진동 방식은 쌍극자 모멘트의 변화를 일으키지 못하기 때문에 IR 활성을 보이지 않지만, 비대칭 진동은 IR 활성이 가능하다. 그러나 비선형의 구조라면 대칭과 비대칭의 진동방식 모두 쌍극자 모멘트를 변화시켜 IR 활성을 띠게 된다. 이러한 방식은 다음과 같다.

대칭 신축 진동

쌍극자 모멘트의 변화 없음
IR 비활성

쌍극자 모멘트의 변화 있음
IR 활성

비대칭 신축 진동

O◀—C——M——C◀—O

쌍극자 모멘트의 변화 있음
IR 활성

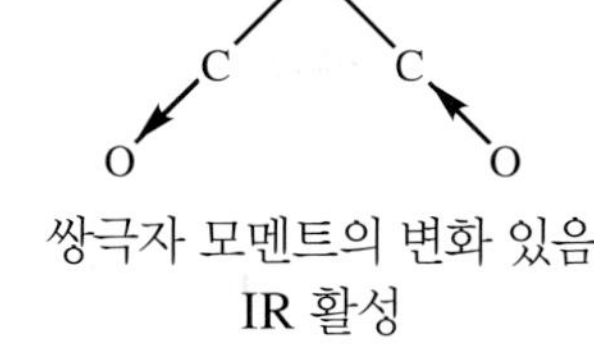

쌍극자 모멘트의 변화 있음
IR 활성

즉, 한 분자가 두 개의 CO 리간드를 가지고 있을 때, 선형 구조일 경우는 하나의 띠를 나타내고, 비선형 구조일 경우는 두 개의 띠를 나타내기 때문에 IR 스펙트럼은 그 구조를 밝혀내기 위한 용이한 방법이 된다.

3개 이상의 카보닐을 가지는 착화합물

여러 개의 카보닐 기를 가지는 착화합물의 카보닐 흡수 띠의 개수를 예측하는 것은 쉽지 않지만 군론(group theory)을 이용하면 카보닐 띠의 정확한 수를 결정할 수 있다. 다양한 CO 착화합물의 예상되는 띠의 수는 표 **3-4**에 나타내었다.

IR 띠의 개수와 관련하여 여러 가지 점들은 알아볼만한 가치가 있다. 먼저, 표 **3-4**를 이용하면 IR 활성 띠의 수를 예측할 수 있지만 띠들이 구분할 수 없을 정도로 서로 겹치거나, 세기가 아주 낮아 관찰하기 힘든 상태가 되면 띠의 개수가 적게 나타나기도 한다. 또한 같은 시료 내에서 이성질체가 존재할 경우, 어떤 IR 흡수 띠가 어느 화합물의 것인지 구분이 어려워진다. IR 스펙트럼에서 C–O 신축 띠의 수가 리간드 CO 개수를 초과할 수 없다. 그러나 진동방식이 IR 활성이 아니라면(쌍극자 모멘트의 변화를 일으키지 못해) CO 리간드의 수가 IR 띠보다 더 많은 경우는 가능하다. 이러한 예를 표 **3-2**에서 볼 수 있듯이, 대칭의 정사면체 $[M(CO)_4]$와 정팔면체 $[M(CO)_6]$ 착화합물들은 IR 스펙트럼에서 하나의 카보닐 띠만 갖는다.

3-5-2 IR 띠의 위치

앞선 내용에서 카보닐 신축 띠의 위치는 유용한 정보를 준다는 것을 알았다. 등전자 화학종인 $[Mn(CO)_6]^+$, $Cr(CO)_6$와 $[V(CO)_6]^-$ 경우, 착화합물 내의 음전하가 증가할수록 금속에서 리간드로의 추가적인 π 역결합의 결과로 인해 C–O 띠의 에너지가 상당히 감소한다. 이로 인해 결합 방식은 에너지가 감소하는 순으로 IR 스펙트럼에 나타난다.

표 3-4 카보닐 신축 띠[a]

CO 리간드의 수	배위 수 4	배위 수 5	배위 수 6
3	$M(CO)_3L$	$M(CO)_3L_2$	$M(CO)_3L_3$
IR 띠	2	1	2
		$M(CO)_3L_2$	$M(CO)_3L_3$
IR 띠		3	3
		$M(CO)_3L_2$	
IR 띠		3	
4	$M(CO)_4$	$M(CO)_4L$	$M(CO)_4L_2$
IR 띠	1	3	1
		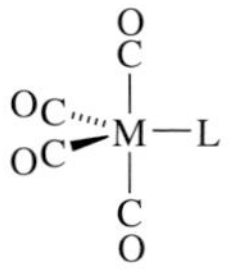 $M(CO)_4L$	 $M(CO)_4L_2$
IR 띠		4	4
5		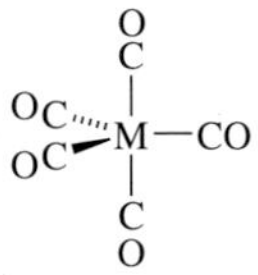 $M(CO)_5$	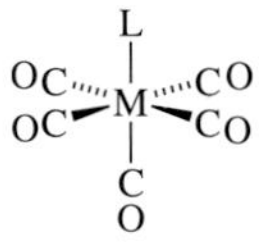 $M(CO)_5L$
IR 띠		2	3
6			$M(CO)_6$
IR 띠			1

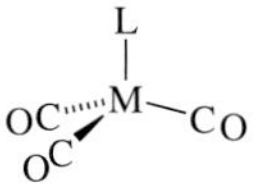

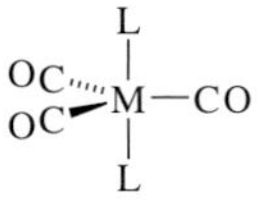

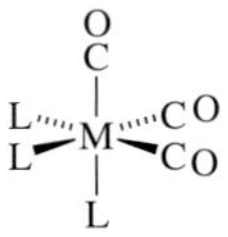

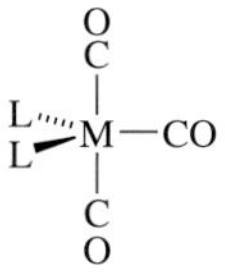

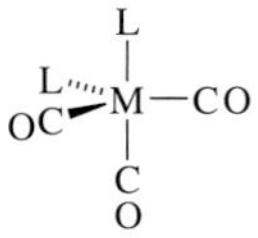

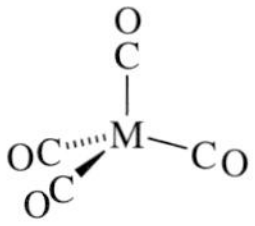

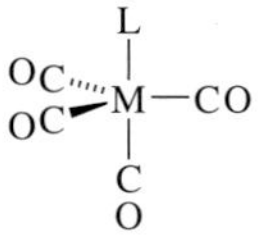

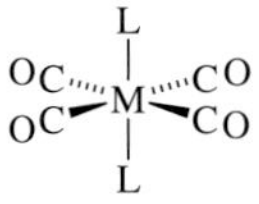

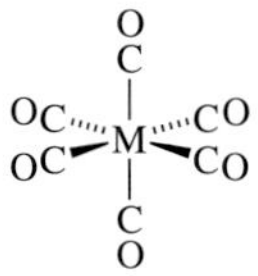

[a] L = CO가 아닌 다른 리간드

말단 CO > 이중 다리 결합 CO(μ_2) > 삼중 다리 결합 CO(μ_3)

IR 띠의 위치는 다음과 같이 다른 리간드의 존재를 알려 주기도 한다.

착화합물	*ν(CO), cm⁻¹*
fac–$Mo(CO)_3(PF_3)_3$	2074, 2026
fac–$Mo(CO)_3(PCl_3)_3$	2041, 1989
fac–$Mo(CO)_3(PPh_3)_3$	1937, 1841

표에서 아래로 내려 갈수록, 포스핀 리간드(PR_3)의 σ 주개 능력은 증가하고, π 받기 능력은 감소한다. 즉, PF_3는 전기음성도가 가장 높은 F로 인해서 가장 약한 주개이자 강한 받개이다. 그 결과, $Mo(CO)_3(PPh_3)_3$에서 Mo은 CO 리간드의 π^* 오비탈에 가장 많은 전자 밀도를 제공할 수 있고, 이 CO 리간드는 다른 착화합물에 비해 가장 약한 C–O 결합과 낮은 에너지 신축 띠를 가진다. 이와 비슷한 경향은 다른 착화합물에서도 찾아볼 수 있다.

카보닐 띠의 위치에 대한 가장 중요한 점은 이들이 금속 주위의 전자 환경에 대한 단서를 준다는 것이다. 즉, 금속 주위에 전자 밀도가 높을수록 CO에 대한 역결합이 강해지고 카보닐 신축 진동의 에너지는 낮아지게 된다. 이러한 금속 주위 환경과 IR 스펙트럼 사이의 상관 관계는 다양한 유기, 무기 리간드에 대해 모두 해당된다. 예를 들어, NO는 CO와 비슷하게 주위 환경과 상관 관계를 가지며 IR 스펙트럼에서 이러한 관계를 나타난다. 따라서, IR 띠의 수에 대한 정보와 함께 CO와 다른 리간드에 대한 띠의 위치는 유기금속 화합물의 특성을 규명하는데 아주 유용하다.

3-6 주족 원소와 이성분 카보닐 착화합물들과의 평행 관계

최외각 전자가 모두 채워진 배열을 만들기 위해서 같은 수의 전자를 필요로 하는 주족 원소와 전이금속 화학종 사이에는 화학적 유사성이 있다. 예를 들어 할로겐 원소인 경우, 최외각 8전자 껍질을 채우기 위해서는 하나의 전자가 필요한데, 이는 18전자 배열을 만족시키기 위해 하나의 전자가 필요한 17전자 화학종인 $Mn(CO)_5$와 '전자적으로 동등(electronically equivalent)'하다고 여겨진다. 이제부터 주족 원소와 이온, 전자적으로 동일한 이성분 카보닐 착화합물 간의 유사한 성질에 대해서 알아보도록 한다.

8전자 또는 18전자 배열을 만족시키기 위한 규칙을 이용하면 주족 원소와 금속 카보닐 화학종 사이의 많은 부분에서 합리적인 해석이 가능하다. 따라서 이러한 방법은 다음의 전자적으로 동일한 화학종에 대해서 설명할 수 있다.

필요한 전자수	*전자적으로 동일한 화학종의 예*	
	주족 원소	*금속 카보닐*
1	Cl, Br, I	$Mn(CO)_5$, $Co(CO)_4$
2	S	$Fe(CO)_4$, $Os(CO)_4$
3	P	$Co(CO)_3$, $Ir(CO)_3$

최외각 8전자 껍질을 만족하기 위해 전자가 하나 더 필요한 할로겐 원소는 17 전자의 유기금속 화학종과 화학적으로 유사성을 나타낸다. 표 **3-5**에서 알 수 있듯이, 가장 두드러진 유사성을 나타내는 것은 할로겐 원소와 $Co(CO)_4$이다. 이들은 전자를 하나 더 받거나 또는 Cl–Cl, Co–Co 결합의 형태로 이합체화되어 꽉 채운 최외각 전자 배열을 만들 수 있다. 이때 중성 이합체에서 다중 탄소–탄소 결합에 첨가 반응이 일어날 수 있으며, Lewis 염기에 의해 불균등화(disproportionation) 반응이 가능하다. 전자적으로 동일한 화학종의 음이온은 1– 전하를 띠게 되는데, 이는 H^+와 결합하여 HX (X= Cl, Br, I)와 $HCo(CO)_4$와 같이 수용액에서 강산을 형성할 뿐만 아니라, Ag^+와 같은 중금속과는 수용액 내에서 침전을 형성하기도 한다. 할로겐 원소와 이성분 카보닐 화학종과의 평행 관계는 *유사할로겐(pseudo*

표 3-5 Cl과 $Co(CO)_4$ 평행 관계

특성	**Cl**	**$Co(CO)_4$**
닫힌 껍질을 만족하기 위한 전자수	1	1
닫힌 껍질 배열 상태의 이온	Cl^-	$[Co(CO)_4]^-$
중성 이합체	Cl_2	$Co_2(CO)_8$
할로겐 간 화합물 구조	BrCl	$ICo(CO)_4$
할로겐화 수소산	HCl	$HCo(CO)_4$
불용의 중금속 염	AgCl	$AgCo(CO)_4$
다중 결합에 첨가 반응	$Cl_2 + F_2C{=}CF_2 \longrightarrow Cl{-}CF_2{-}CF_2{-}Cl$	$Co_2(CO)_8 + F_2C{=}CF_2 \longrightarrow (CO)_4Co{-}CF_2{-}CF_2{-}Co(CO)_4$
루이스 염기에 의한 불균등화 반응	$Cl_2 + Me_3N \longrightarrow Me_3NCl^+ + Cl^-$	$Co_2(CO)_8 + C_5H_{10}NH \longrightarrow [C_5H_{10}NHCo(CO)_4]^+ + [Co(CO)_4]^-$

halogen) 원소에도 적용할 수 있다.

그 예로 표 **3-6**에서 볼 수 있듯이, 6전자 S와 16전자 $Fe(CO)_4$ 사이의 유사성이다. 이들은 할로겐 원소와 17전자 유기금속 배위 화합물과 마찬가지로 꽉 채운 전자 배열을 만족시키는 방법을 통해 그 유사성을 설명할 수 있다.

이러한 개념은 5전자 주족 원소[15족]와 15전자 유기금속 화학종 사이에도 적용된다. 예를 들어, 그림 **3-10**과 같이 P과 $Ir(CO)_3$은 정사면체 사합체를 형성하며, $Ir(CO)_3$와 등전자 관계인 $Co(CO)_3$도 P_4의 P을 하나 또는 그 이상 치환하면 그림 **3-10**에서와 같은 사면체 구조가 가능하다.

전자적으로 동일한 주족 원소와 유기금속 화학종 사이의 평행 관계는 아주 흥미로우며, 이들의 많은 화학적 특성을 설명해 줄 수 있다. 그러나 이러한 평행 관계에도 한계가 있다는 것을 인지해야 한다. 즉, '확장된 8전자 규칙'에 의해서 8개 이

표 3-6 S과 $Fe(CO)_4$

특성	S	$Fe(CO)_4$
닫힌 껍질을 만족하기 위한 전자수	2	2
닫힌 껍질 배열 상태의 이온	S^{2-}	$[Fe(CO)_4]^{2-}$
중성 분자	S_8	$Fe_3(CO)_{12}$
산	H_2S	$H_2Fe(CO)_4$
해리상수		
K_1	5.7×10^{-8}	3.6×10^{-5}
K_2	1.2×10^{-15}	1×10^{-14}
수은 중합체	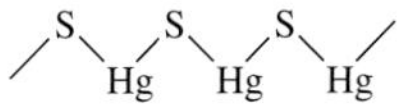 S, Hg, S, Hg, S, Hg	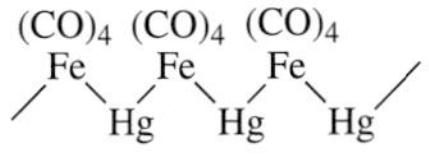 $(CO)_4$ Fe, Hg, $(CO)_4$ Fe, Hg, $(CO)_4$ Fe, Hg
에틸렌과 결합	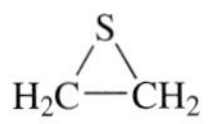 S, H_2C—CH_2	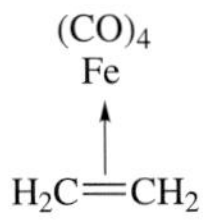 $(CO)_4$ Fe, H_2C=CH_2
에스테르와 카벤 착물들	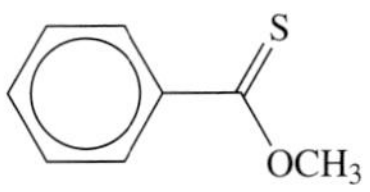 S, OCH_3 싸이올 에스터	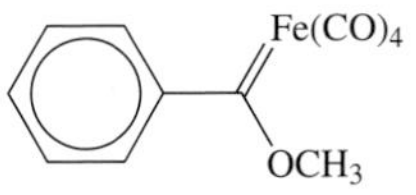 $Fe(CO)_4$, OCH_3 카벤 착화합물

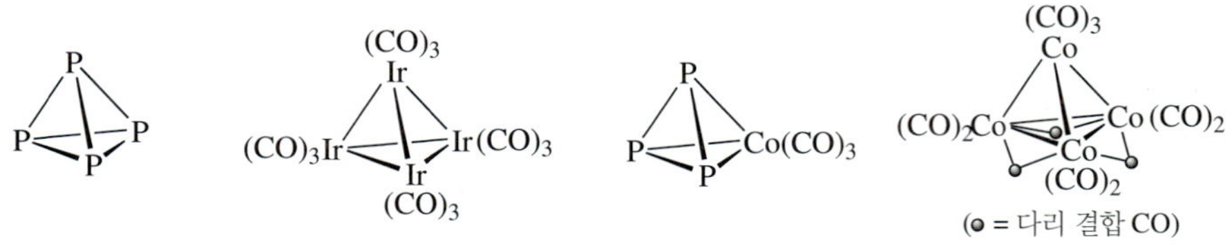

그림 3-10
P_4과 $[Ir(CO)_3]_4$, $P_3[Co(CO)_3]$, $Co_4(CO)_{12}$

상의 최외각 전자를 가지고 있는 주족 원소 화학물은 유기금속과 평행 관계를 유지하지 않을 수도 있다. 예를 들어, IF_7와 XeF_4와 같은 화합물은 유기금속과의 유사성이 알려져 있지 않다. 마찬가지로 CO보다 약하게 금속에 결합되어 있는 리간드를 가진 유기금속 배위 화합물은 18전자 규칙을 따르지 않기도 한다. 따라서 이 착화합물은 전자적으로 동일한 관계인 주족 원소와는 다른 특성을 보일 것이다. 한 예로, 유기금속화학에서는 CO와 같은 리간드의 제거는 주족 원소 화합물에서 보다 훨씬 일반적으로 볼 수 있는 반응이다. 전자적으로 동일한 그룹의 개념은 전자를 직접 세는 것만큼 간단하게 분자 골격을 통해서도 알 수 있고 그 쓰임도 유용하지만, 분명히 한계점도 존재한다. 그러나 이 개념은 제11장에서 자세히 알아보게 될 '닮은 궤도함수(isolobal)'에 대한 소중한 배경 지식이 될 것이다.

[연습 문제]

3-1 $V(CO)_6$와 $[V(CO)_6]^-$은 정팔면체의 구조를 가진다. 어느 C–O 결합의 길이가 더 짧은가? 더 짧은 V–C의 길이는?

3-2 다음 반응식의 금속이 포함된 생성물을 예측하시오.

a. $Mo(CO)_6$ + 에틸렌다이아민 ⟶ [$Mo(CO)_6$ 1몰당 2몰의 가스가 방출됨]

b. $V(CO)_6$ + NO ⟶ [18전자 V 착화합물]

3-3 NO와는 대조적으로, PO 리간드를 가지는 착화합물은 거의 알려져 있지 않다. 리간드로써 알고 있는 NO를 토대로, PO가 전이금속과 반응을 할 수 있는 방법을 논의하고, 일반적으로 쉽게 잘 일어나는 리간드–금속 간의 반응 중 어디에 속하는지 밝히시오.

3-4 낮은 압력에서 온도를 올려 주었을 때, $(\eta^5\text{–}C_5Me_5)Rh(CO)_2$은 가스를 방출하면서 또 다른 생성물을 형성한다. 이 생성물은 ^{1}H–NMR에서 하나의 피크를 나타내며 IR 스펙트럼에서도 1850 cm^{-1} 부근에서 하나의 띠가 나

타나는데, 이 생성물의 구조를 예측하시오.

3-5 $[Ru(Cl)(NO)_2(PPh_3)_2]^+$ 이온은 각각 1687과 1845 cm^{-1}에서 N–O의 신축 띠가 나타나지만, 다이카보닐 착물의 C–O 신축 띠들의 에너지 차이는 이보다 가깝다. 왜 N–O 띠의 진동수의 차이는 C–O보다 큰가?

3-6 $[Co(CO)_3(PPh_3)_2]^+$ 이온은 하나의 신축 띠만 나타난다. 그 이유를 설명하시오.

3-7 카보닐 리간드의 탄소가 두 개의 금속사이에 다리 결합되고 산소가 세 번째 금속과 결합한 형태는 특이한 결합 방식이다. 이러한 결합 방식이 일반적인 두 금속 간 다리 결합 CO 리간드보다 카보닐 신축 진동수가 높아지는가 낮아지는가? 설명하시오.

3-8 $Fe_2(CO)_9$의 광분해로 인해 생기는 생성물은 2055와 2032, 2022, 1814, 1857 cm^{-1}에서 IR 띠가 나타난다. 그 생성물이 $Fe_2(CO)_9$보다 가볍다면 가능한 구조를 예측하시오.

3-9 $Mo(CO)_6$을 부틸로나이트릴(C_3H_7CN)에서 환류시켜주면 가장 먼저 **X**가 생성된다. 여기서 더 환류를 시켜주면 **X**는 **Y**로 변하게 되고, 며칠 동안 환류시켜주면 **Y**는 **Z**로 변화하지만, **Z** 화합물은 몇 주간 환류시켜주어도 다른 화합물로 변화하지 않는다.

- 반응의 각 단계에서 무색의 기체가 발생하였다.
- X와 Y, Z 모두 18전자 규칙을 따른다.
- 다음의 IR 띠를 나타낸다(cm^{-1}).

X:	**Y**:	**Z**:
2077	2107	1910
1975	1898	1792
1938	1842	

a. X와 Y, Z의 구조를 그리시오.

b. Z가 부틸로나이트릴 내에서 더 이상 다른 물질로 변화하지 않은 이유를 설명하시오.

3-10 $TpOs(NE)Cl_2$ 착화합물 [Tp = hydrotris(1-pyrazolyl)borate, 세자리 리간드; E = O, S, Se]은 1157과 1832, 1284 cm^{-1}에서 N–E 신축 띠를 가진다.

a. IR 띠와 맞는 착화합물을 찾고, 그 이유를 설명하시오.

b. 만약 ^{14}N 대신에 ^{15}N을 사용하였다면 N–E 띠는 더 높은 에너지쪽으로 이동하겠는가? 낮은 쪽으로 이동하겠는가? 그 이유를 설명하시오.

3-11 $[Fe(CO)_4]^{2-}$과 유사한 이소시안화물은 $[Fe(CNX)_4]^{2-}$로 알려져 있다.

a. $[Ta(CNX)_6]^-$은 1812 cm^{-1}에서 C–N 신축 띠를 가진다. 그렇다면 $[Fe(CNX)_4]^{2-}$는 이보다 높은 에너지의 C–N 신축 띠를 가지겠는가 또는 낮은 에너지의 띠를 가지겠는가? 설명하시오.

b. $[V(CNX)_6]^-$에서 C–N 간의 거리는 120 pm이다. 그렇다면 $[Fe(CNX)_4]^{2-}$에서 C–N의 거리는 $[V(CNX)_6]^-$보다 길 것인가 또는 짧은 것인가? 그 이유를 설명하시오.

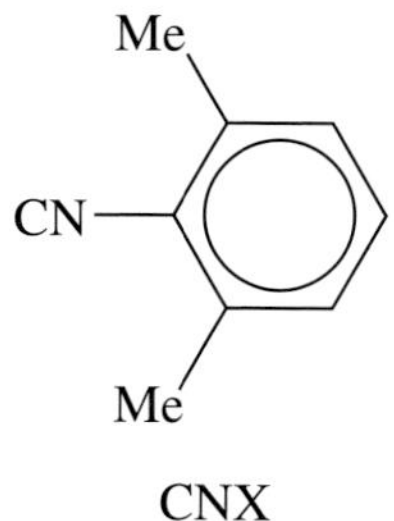

CNX

제4장

파이(Pi) 리간드

Pi Ligands

유기금속화학의 가장 눈에 띄는 점은 파이(π) 전자계를 포함하는 다양한 리간드들이 금속과 결합을 형성할 수 있다는 것이다. 이러한 리간드의 가장 일반적인 경우는 선형(에틸렌 또는 뷰타다이엔과 같은) 또는 고리(벤젠과 고리프로펜일 C_3H_3 기와 같은) 구조의 탄화수소이다; 황, 붕소, 질소 원자와 같은 "헤테로원자"를 포함하는 파이 리간드도 많이 알려져 있다. 어떤 경우에는 이러한 π 결합 리간드 자체로 존재할 때보다 금속에 결합되어 있을 때 훨씬 더 안정하다(어떤 리간드는 결합하지 않은 상태로서는 알려져 있지 않다). 일반적으로 π 리간드가 결합하는 능력은 이 리간드가 금속에서 떨어져 나갈 때와는 다르다. 금속–π 리간드 착화합물의 구조는 독특하며, 유기금속 분야에서 이 영역은 거의 예술 수준의 관심사를 제공해 준다.

제4장에서 가장 간단한 선형계 에틸렌부터 시작해서 조금 더 복잡한 선형 및 고리계로 이동하면서 π 리간드계와 금속간의 상호작용을 고려할 것이다. 이를 논의하는 동안 화합물 페로센의 고전적인 예에도 특별히 관심을 기울일 것이다.

4-1 선형 π 계

4-1-1 π-에틸렌 착화합물

가장 초창기에 합성된 유기금속 화합물 중의 하나인 Zeise 염, $[Pt(\eta^2-C_2H_4)Cl_3]^-$(그림 **1-3**)의 음이온을 포함하여 많은 착화합물은 리간드로서 에틸렌(ethylene)과 관련되어 있다. 이러한 착화합물에서 에틸렌은 일반적으로 금속에 대해 그림과 같이 기하 형태를 갖는 *측면 결합*(*sidebound*) 리간드로 작용한다.

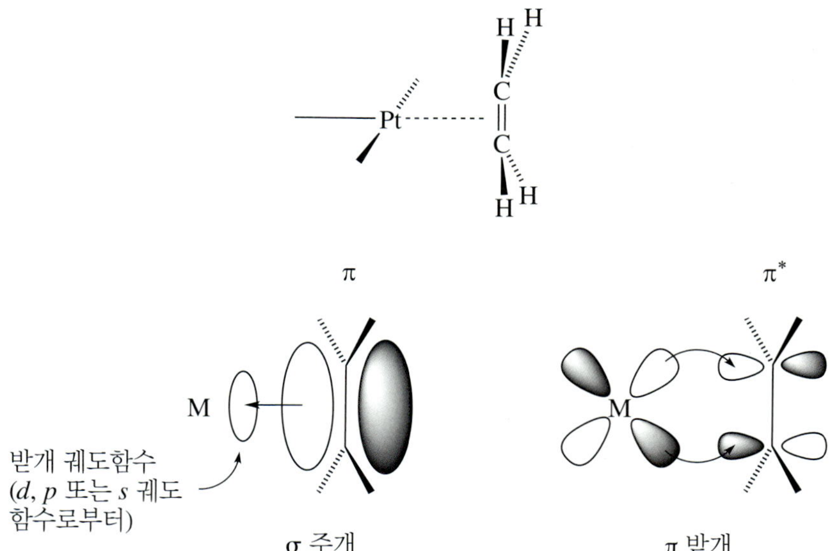

그림 4-1
에틸렌 착화합물의 결합

에틸렌은 그림 **4-1**에서와 같이 파이(π) 결합 전자쌍을 이용하여 시그마(σ) 방식으로 금속에 전자 밀도를 제공한다. 동시에 전자 밀도는 금속의 *d*-궤도함수로부터 리간드의 비어있는 π^* 궤도함수로 파이(π) 방식으로 리간드에 전자를 역제공한다. 이것은 앞에서 CO 리간드에서 논의하였던 σ 주개와 π 받개에 의한 상승(synergistic) 효과의 또 다른 예이다.

이 결합 그림의 설명은 측정된 C–C의 결합 거리와 일치한다. 배위되지 않은 에틸렌은 133.9 pm의 C–C 결합 거리를 갖고 있는 반면 Zeise염의 음이온에서 대응하는 C–C 결합 거리는 137.5 pm이다. 이러한 결합 거리의 증가는 리간드의 σ 주개와 π 받개에 의한 상승 효과와 관련된 두 가지 요인의 조합으로 설명될 수 있다: (a) 시그마 방식으로 금속으로의 주개는 C–C 결합을 약화시키면서 리간드의 차있는 π 결합 궤도함수의 전자 밀도를 감소시킨다; (b) 금속으로부터 리간드의 π^* 궤도함수로 전자 역제공(back-donation)은 반결합 궤도함수로의 이동에 의해 C–C 결합 강도를 감소시킨다. 이 결과 C–C 결합을 약화시킴으로써 C_2H_4 리간드에서 C–C 결합은 길어진다.

4-1-2 π-알릴(π-allyl) 리간드

알릴 기는 앞서 기술했던 비편재화된 π-궤도함수를 사용하여 세 자리 합토(trihapto) 리간드로 작용할 수 있다; 주로 금속으로의 σ 결합된 단일 합토(monohapto) 리간드로 작용하거나; 다리 결합(bridging) 리간드로 작용할 수 있다. 이러한 배위 유형이 그림 **4-2**에 나타나있다.

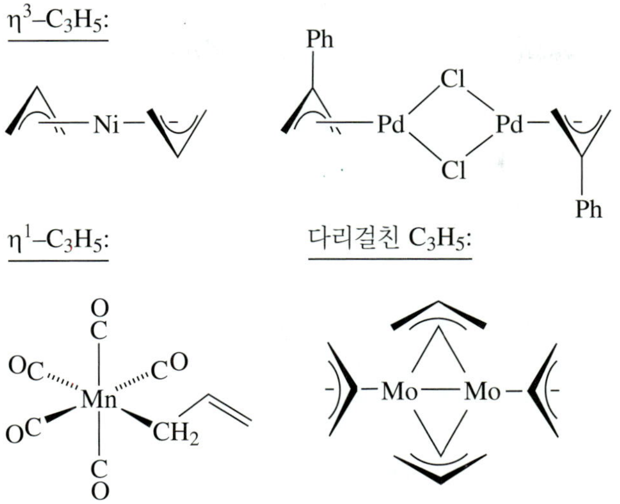

그림 4-2
알릴 착화합물의 예

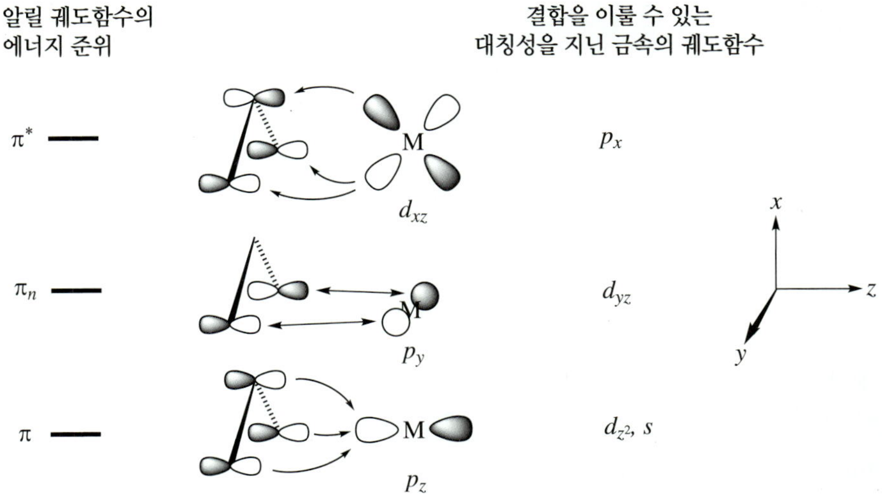

그림 4-3
η^3–알릴 착화합물에서의 결합

η^3–C_3H_5와 금속 간의 결합은 그림 **4-3**에 요약되어 있다. 가장 낮은 에너지의 π-궤도함수는 금속의 적절한 궤도함수(그림 **4-3**에 요약된 가장 밑에 있는 상호작용력)쪽으로 전자 밀도를 줄 수 있다. 배위하지 않은 알릴 기에서 비결합 궤도함수는 금속과 리간드 간의 전자 분포에 따라 주개 혹은 받개로 작용할 수 있다. 대부분의 주된 기능은 전자가 채워진 주개 궤도함수이다. 비어있는 가장 높은 에너지의 π 궤도함수는 받개로 작용한다; 따라서 알릴과 금속 간의 상승(synergistic) σ 및 π 상호작용이 존재할 수 있다. 알릴 착화합물에서 탄소–금속 거리는 금속의 전체적인 환경을 반영하고 있다. 대부분의 경우 중앙 탄소가 바깥쪽 탄소보다 금속에 더 가까운 반면, 몇 가지 경우에는 그 반대인 경우도 있다. 리간드의 C–C–C 결합각은

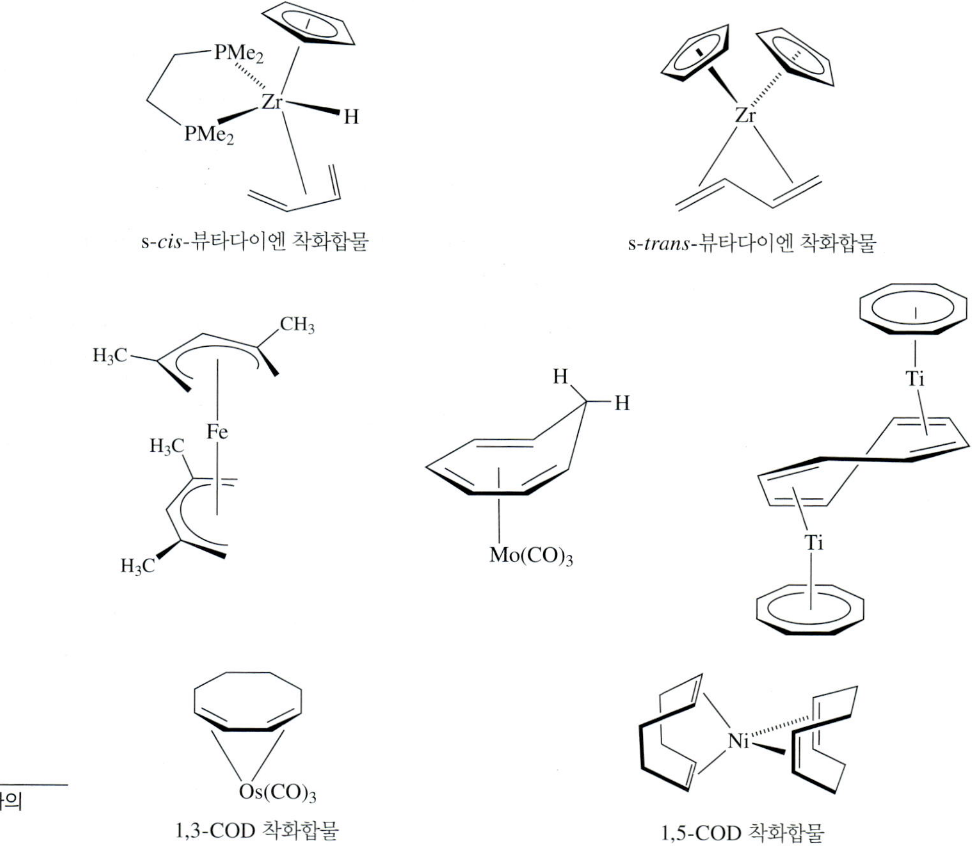

그림 4-4
선형을 포함하는 분자의 π 시스템

일반적으로 중앙탄소의 sp^2 혼성화와 일치하는 120°에 가깝다.

알릴 착화합물(혹은 치환체가 있는 알릴 착화합물)은 여러 가지 반응의 중간체이다–중간체의 일부는 η^3과 η^1 방식 두 가지로 작용하는 이 리간드의 장점을 이용한다. η^1 알릴 리간드를 포함하는 카보닐 착화합물에서 CO가 해리되면 η^1–이 η^3–알릴로 전환되는 결과를 초래한다(식 **4.1**). 예를 들면,

$$[Mn(CO)_5]^- + C_3H_5Cl \longrightarrow (\eta^1\text{–}C_3H_5)Mn(CO)_5 + Cl^- \xrightarrow{\Delta \text{ or } h\nu} (\eta^3\text{–}C_3H_5)Mn(CO)_4 + CO \quad \textbf{4.1}$$

(이러한 일련의 반응에서 망간을 포함하는 화학종은 18-전자 화학종이다. 이 반응의 메카니즘은 제6장 **6-2-2**절에서 논의한다).

4-1-3 다른 선형 π 계

다른 선형 π 계가 많이 알려져 있다. π 계가 긴 유기 리간드의 몇 가지 예를 그림 **4-4**에 나타냈다. 뷰타다이엔과 콘쥬게이션 π 계가 긴 리간드는 이성질 리간드 형태(뷰

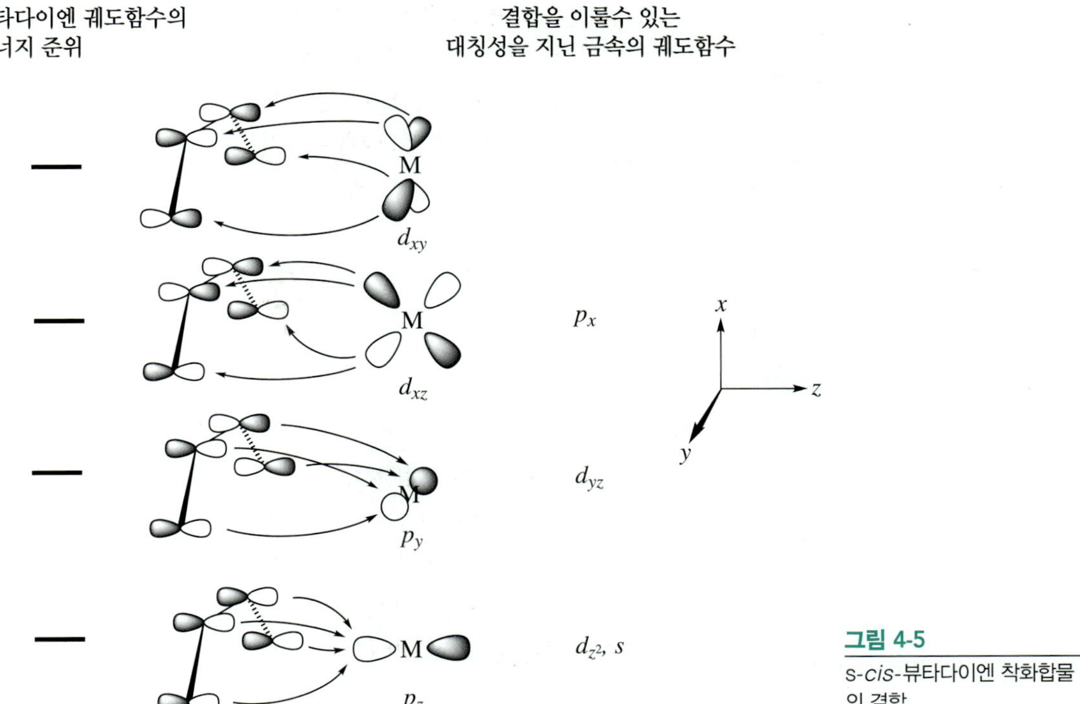

그림 4-5
s-*cis*-뷰타다이엔 착화합물의 결합

타다이엔에 대하여는 s-*cis*와 s-*trans*)를 가질 가능성이 있다. 더 큰 고리 리간드는 고리 부분을 통하여 확장된 π 계를 가질 수 있다. 시클로옥타디엔(COD)이 이러한 예 중의 하나로서, 1,3-이성질체는 뷰타다이엔과 유사하게 사원자(four-atom) π 계를 가지고 있고, 1,5-사이클로옥타다이엔은 두 개의 격리된 이중 결합을 가지고 있어 이것의 하나 또는 둘 모두가 에틸렌과 유사한 방법으로 금속과 결합할 수 있다. *cis*-뷰타다이엔 착화합물의 금속–리간드 상호작용을 그림 **4-5**에 나타나 있다.

4-2 고리 π 계

4-2-1 사이클로펜타다이에닐 (Cp) 착화합물

사이클로펜타다이에닐, C_5H_5 기는 가장 일반적인 η^5–결합 양식뿐만 아니라 η^1–과 η^3–형태의 여러 가지 방법으로 금속에 결합할 수 있다. 제1장에서 논의된 바와 같이 첫 번째 사이클로펜타다이에닐 착화합물인 페로센은 유기금속화학 발전에 하나의 이정표였고, π 결합 유기 리간드를 포함하는 다른 화합물의 연구에 촉발제가 되었다. $C_5(CH_3)_5$ (Cp*로 표시함)와 $C_5(benzyl)_5$과 같은 여러 종류의 치환된 사이클로펜타다이에닐 리간드들이 알려져 있다.

페로센 (Ferrocene)

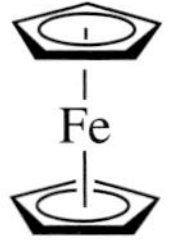

화학식 $(C_5H_5)_2M$을 갖는 **메탈로센**(metallocene) 화합물에서, 페로센은 대표적인 일련의 샌드위치 화합물이다. 페로센의 결합은 다양한 방법으로 고려될 수 있다. 첫번째, 두 개의 사이클로펜타다이에나이드(cyclopentadienide, $C_5H_5^-$)를 갖는 하나의 Fe(II) 착화합물로 고려하는 것이고, 또 다른 방법은 두 개의 중성 C_5H_5 리간드에 의해 배위된 Fe(0) 착화합물로 생각하는 것이다. 페로센에서 실질적인 결합 상황은 훨씬 더 복잡하며, 이 분자의 금속–리간드의 다양한 분석이 요구된다. 중심 Fe과 두 개의 C_5H_5 고리의 궤도함수가 적절한 대칭이라면 결합을 형성하고, 이들 궤도함수의 에너지가 비슷하면 더욱 강한 결합을 형성한다.

다음 논의는 기체상이나 저온 상태의 형태인 페로센의 가리움 형태(eclipsed conformation)에 근거하였다. 이론적인 계산은 가리워진 형태가 엇갈린 형태(staggered conformation) 보다 약간 낮은 에너지를 갖고 있음을 보여주고 있다. 한 때 엇갈린 기하학적 구조가 가장 안정한 형태라고 믿어졌었기 때문에 이 구조에 근거한 페로센 결합에 대한 설명이 화학문헌상에는 일반적이다.

그룹 궤도함수(group orbital)는 같은 에너지와 같은 마디(node) 수의 C_5H_5 궤도함수와 짝짓기해서 두 C_5H_5의 π 궤도함수들로부터 유도되는데, 예를 들면 한 고리의 마디가 없는(zero-node) 궤도함수와 다른 고리의 마디가 없는 궤도함수를 짝짓기 한다. 분자 궤도함수는 마디면(nodal plane)이 일치하게 짝지워져야 한다. 각 짝짓기에서 C_5H_5 고리 분자 궤도함수는 두 가지 가능한 방향성이 있는데, 하나는 같은 부호의 로브(lobe)가 서로 겹치는 것과 다른 하나는 부호가 다른 로브가 서로 위치 것이다. 예를 들면, C_5H_5 고리의 마디가 없는 궤도함수가 두 개의 그룹 궤도함수를 생성하기 위해서는 다음 방법으로 짝짓기가 이루어질 수 있다.

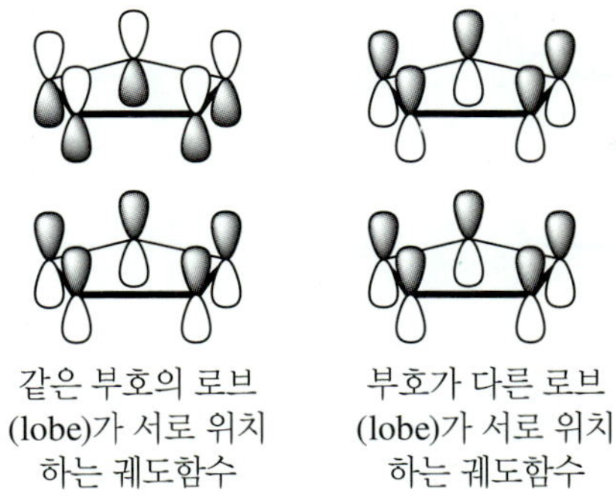

C_5H_5 리간드의 열 개의 그룹 궤도함수들이 그림 **4-6**에 표시되어 있다. 각 그룹 궤도함수의 두 π 계는 서로 직접적으로 상호작용하지 않는다.

페로센의 분자 궤도함수 형성하는 과정은 이 그룹 궤도함수를 Fe의 *s*, *p* 및 *d* 궤도함수 적절한 대칭성을 맞추어가는 것이다.

기본문제 4-1

Fe의 어느 궤도함수가 그림 **4-6**에 나타나 있는 각각의 그룹 궤도함수와 상호작용하기 위해 적절한가 결정하시오.

이러한 상호작용 중의 하나를 예로 설명하자. Fe의 d_{yz} 궤도함수와 적절한 그룹 궤도함수 간의 상호작용(그림 **4-6**에서 한 개의 마디(one-node)를 갖는 그룹 궤도함수 중 하나)은 아래 나타난 대로 결합(bonding)과 반결합(antibonding) 방식으로 일어날 수 있다.

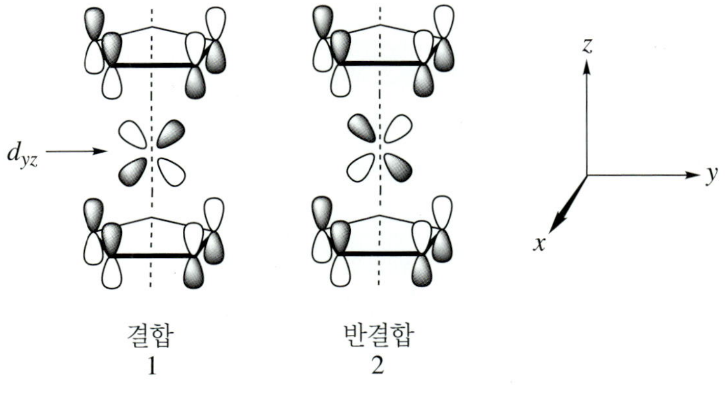

2개의 마디를 가지는 그룹 궤도함수

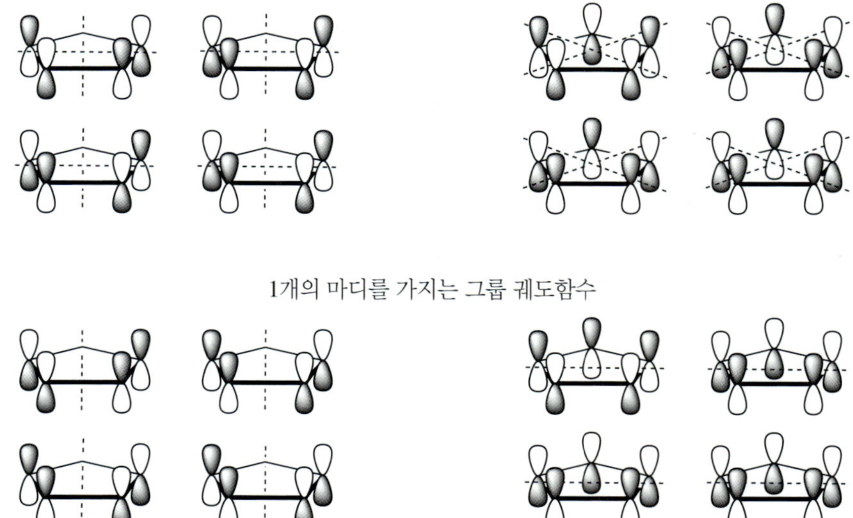

0개의 마디를 가지는 그룹 궤도함수

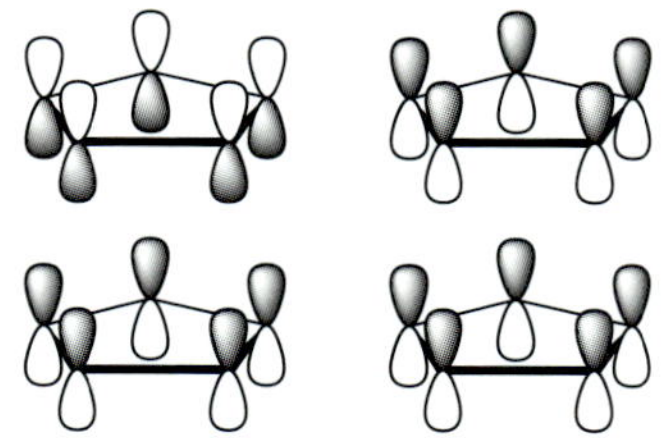

그림 4-6
페로센 C_5H_5 리간드의 그룹 궤도함수

상호작용 1로부터의 결합성 궤도함수에서 Fe의 d_{yz} 궤도함수의 로브는 그림 **4-7**에 나타낸 모습과 같이 그들이 마주 보고 있는 그룹 궤도함수의 로브와 겹쳐질 수 있다.

상호작용하는 금속과 그룹 궤도함수의 마디 특성은 형성된 분자 궤도함수에서도 유지되어야 한다. 따라서, 그림 **4-7**에서 분자 궤도함수는 원래의 d_{yz} 궤도함수와 마찬가지로 두 개의 마디면(nodal plane)인 *xy*면(그림 **4-7**에서 수평으로 보여 주고 있는)과 *xz*면(그림 **4-7**에서 분자를 수직으로 자르는)을 가진다. 반결합성 상호작용 2는 그림 **4-8**에 보여주고 있는 분자 궤도함수를 나타낸다.

페로센 분자 궤도함수의 완성된 에너지준위 도식은 그림 **4-9**에 표시되어 있다. 그림 **4-9**에서 1로 표시된 d_{yz} 결합성 상호작용의 결과로 얻어진 분자 궤도함수는 한 쌍의 전자를 갖고 있으며, 반결합성 대응 상대인 2는 비어 있다. 금속–리간드 상

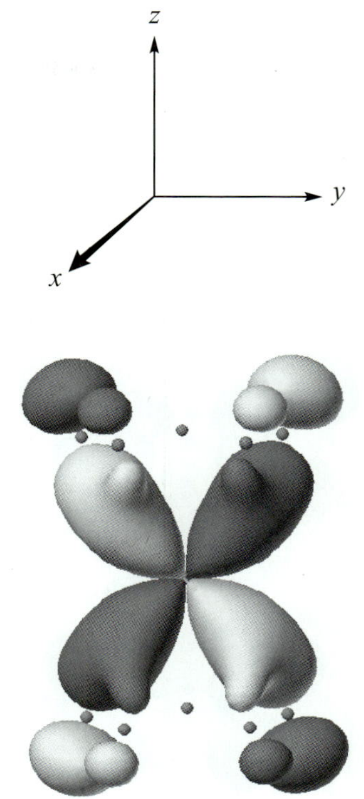

그림 4-7
페로센에서 Fe의 d_{yz} 궤도함수로부터 생성된 결합성 분자 궤도함수

호작용의 유형을 확인하기 위해 그림 **4-6**의 다른 그룹 궤도함수들을 그림 **4-9**의 분자 궤도함수와 대응시키는 것은 매우 유용한 과정이다.

페로센의 가장 흥미로운 궤도함수는 *d*-궤도함수 특성을 가장 많이 지니고 있는 궤도함수이며, 그림 **4-9**에서 사각형으로 강조되어 있다. 주로 d_{xy}와 $d_{x^2-y^2}$ 특성을 갖는 두 개의 궤도함수는 약하게 결합하며 전자쌍으로 채워져 있으며, 주로 d_{xz}와 d_{yz} 특성을 갖는 두 개의 궤도함수는 비어 있다. 이 궤도함수의 상대적 에너지준위와 *d*-궤도함수–그룹 궤도함수 상호작용은 그림 **4-10**에서 보여주고 있다.

페로센에서 전체적인 결합이 요약될 수 있다. 사이클로펜타다이에닐 리간드에 전자가 채워져 있는 궤도함수는 —마디가 없거나 마디가 한 개인 그룹 궤도함수—Fe과 상호작용에 의해 안정화된다. 또한, 여섯 개의 전자는 주로 Fe의 *d*-궤도함수 (d^6 Fe(II))로부터 유래된 분자 궤도함수를 채우지만, 그림 **4-10**에서 전자가 채워진 궤도함수는 리간드 특징을 많이 지니고 있다. 이 경우 분자 궤도함수 그림은 18-전자 규칙과 일치하지만, 다른 메탈로센에서 본 바와 같이 사이클로펜타다이에닐 리간드는 18-전자 배열에 CO 리간드처럼 효과적이진 않다.

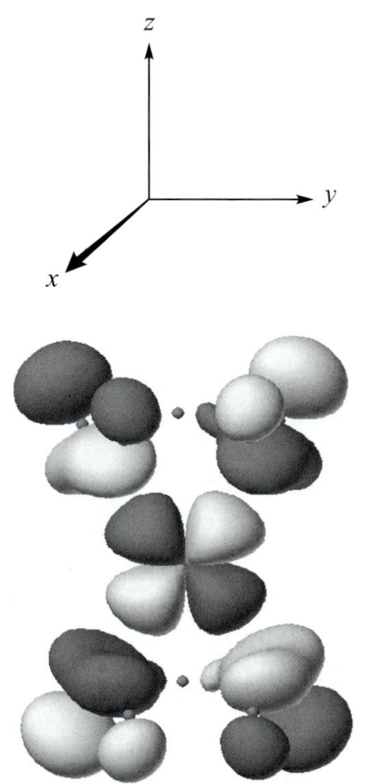

그림 4-8
페로센에서 Fe의 d_{yz} 궤도함수로부터 생성된 반결합성 분자 궤도함수

다른 메탈로센(Metallocene)

다른 메탈로센도 비슷한 구조를 가지고 있으나 언제나 18-전자 규칙을 따르지는 않는다. 예를 들면 코발트센 $(\eta^5\text{–}C_5H_5)_2Co$과 니켈로센 $(\eta^5\text{–}C_5H_5)_2Ni$은 구조적으로 비슷한 19- 및 20-전자 화학종이다. 이 여분의 전자들은 표 **4-1**의 비교 데이터에서 보여지듯이 중요한 화학적 물리적 결과를 가져다 준다.

이 시리즈에서 주기율표의 같은 주기에서 우측으로 갈수록 금속–탄소 간의 결합 길이의 증가는 중요한 현상인데, 이것은 전이금속 원자나 이온의 반경이 Sc로부터 Ni로 가면서 감소하는 경향과 반대되는 경향이다. 이에 대한 설명은 메탈로센의 19번째와 20번째 전자가 반결합 궤도함수(그림 **4-9**)을 점유한다는 것이다. 결론적으로, 금속–리간드 결합 거리는 증가하고(코발트센과 니켈로센에서 리간드와 금속의 결합은 약하다), 금속–리간드 해리 엔탈피 ΔH는 감소한다. 이 세 가지의 메탈로센에서 쌍을 이루지 않는 전자수가 그림 **4-9**에서 보여주고 있는 결합의 그림과 일치하고 있다.

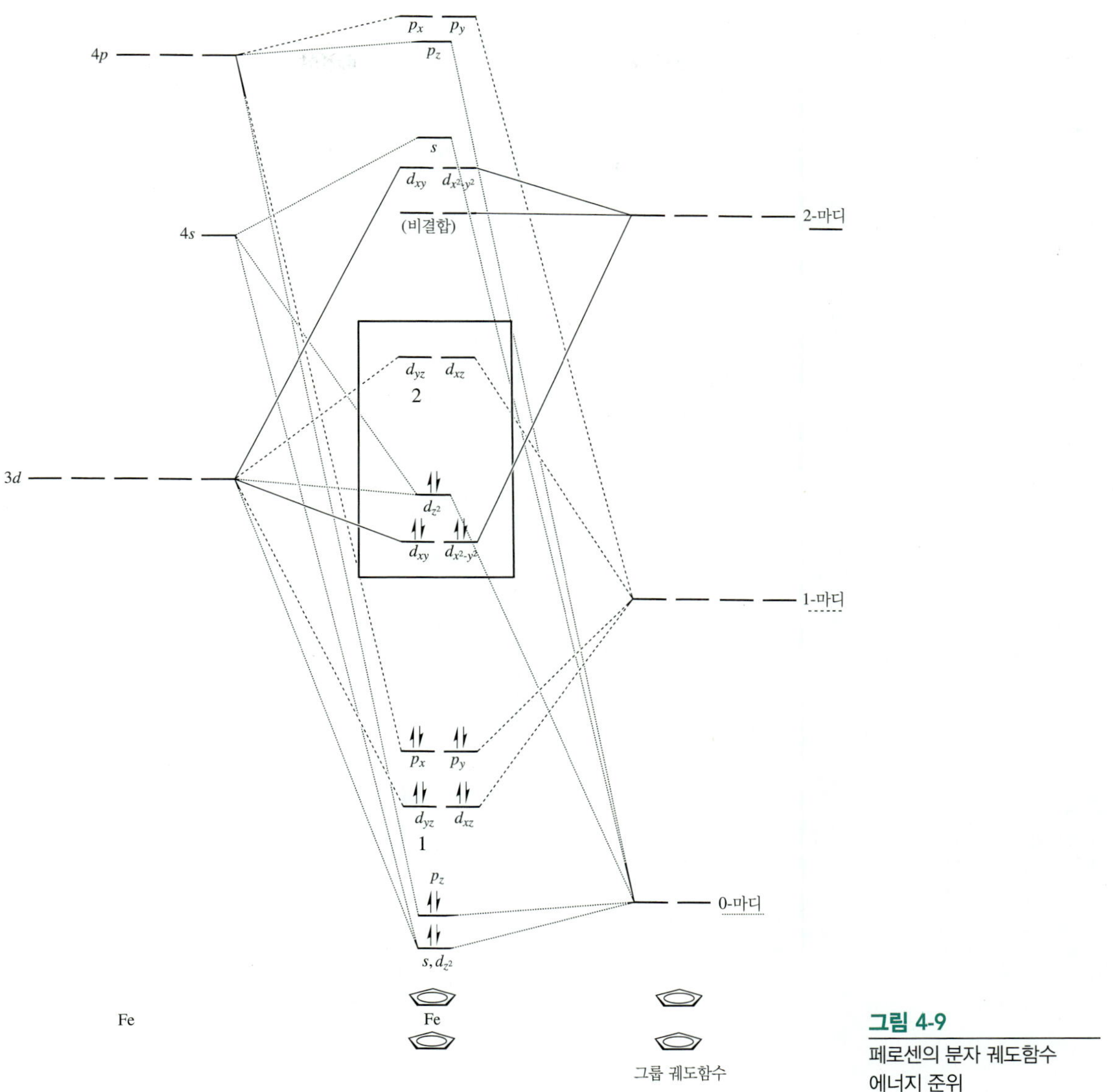

그림 4-9
페로센의 분자 궤도함수 에너지 준위

기본문제 4-2

$(\eta^5\text{–}C_5H_5)_2V$과 $(\eta^5\text{–}C_5H_5)_2Cr$에서 금속–탄소 결합 거리가 페로센에서 보다 긴지 또는 짧은 것인지를 예상해 보시오.

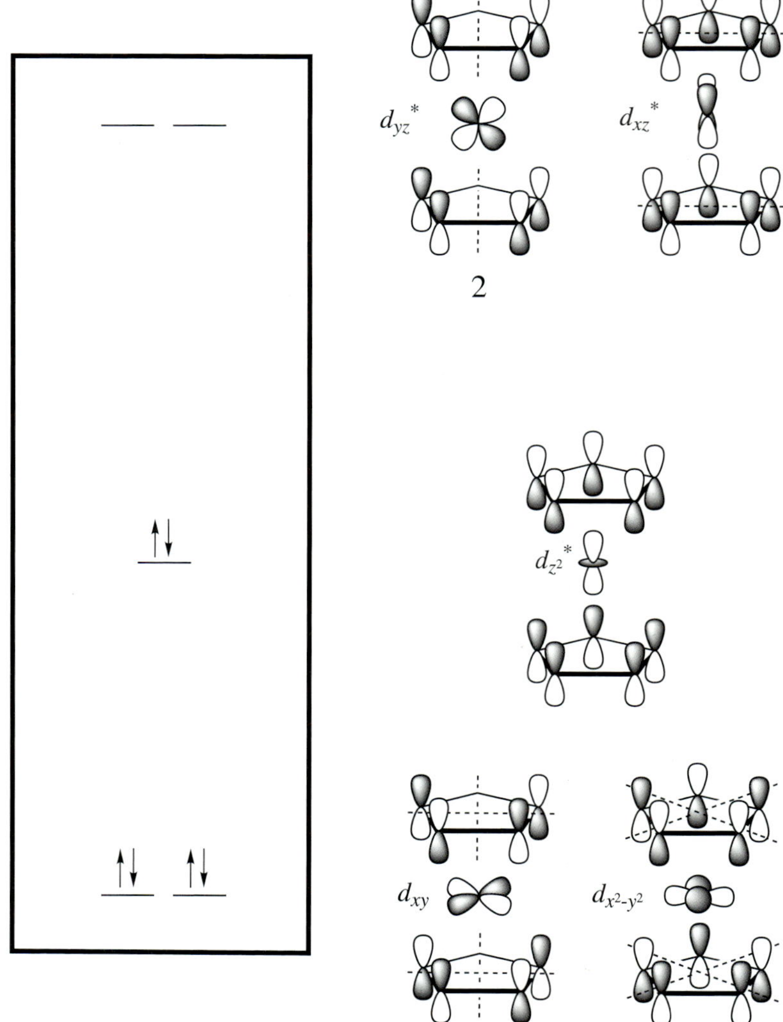

그림 4-10
d-궤도함수 특징을 가장 많이 지닌 페로센의 분자 궤도함수. *세 개의 높은 에너지 궤도함수는 반결합성이며, 이에 대응하는 결합성 상호작용은 낮은 에너지를 갖고 있다. 그림 **4-9** 참조

페로센은 코발트센과 니켈로센보다 훨씬 더 화학적 안정성을 보여 주며, 코발트센과 니켈로센의 여러 화학 반응이 18-전자 생성물을 생성하는 경향성에 의해 확인된다. 예를 들면 페로센은 요오드에 반응성이 없고, 다른 리간드가 사이클로펜타다이에닐 리간드를 치환한 반응에서도 침전이 거의 형성 되지 않는다. 그러나 코발트센과 니켈로센은 다음 반응이 진행되어 18-전자 생성물을 제공한다.

$$2\ (\eta^5\text{–}C_5H_5)_2Co + I_2 \longrightarrow 2\ [(\eta^5\text{–}C_5H_5)_2Co]^+ + 2\ I^- \qquad \textbf{4.2}$$

19 e^- 18 e^-

코발트시니윰 이온

표 4-1 페로센, 코발트센 및 니켈로센

착화합물	색깔	전자수	홀전자수	M–C 결합 길이 (pm)	$M^{2+}-C_5H_5^-$ 해리 반응의 Δ*H*(kcal/mol)
$(\eta^5-C_5H_5)_2Fe$	주황	18	0	206.4	351
$(\eta^5-C_5H_5)_2Co$	보라	19	1	211.9	335
$(\eta^5-C_5H_5)_2Ni$	녹색	20	2	219.6	315

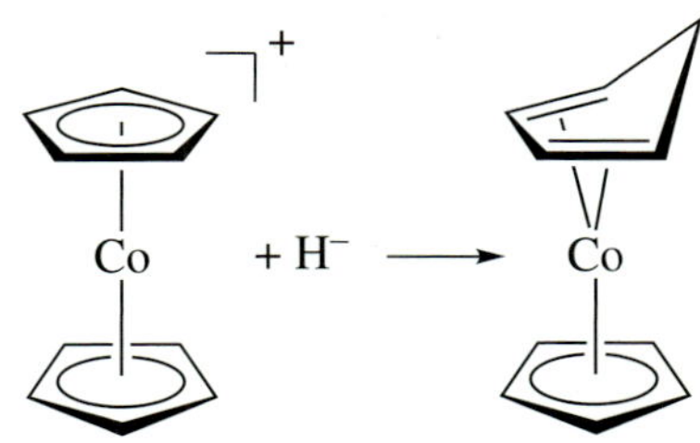

그림 4-11
코발트시니윰과 하이드라이드의 반응

$$(\eta^5-C_5H_5)_2Ni + 4\,PF_3 \longrightarrow Ni(PF_3)_4 + \text{유기 생성물} \quad (20\,e^- \to 18\,e^-) \qquad \mathbf{4.3}$$

흥미롭게도 코발트시니윰 $[(\eta^5-C_5H_5)_2Co]^+$은 하이드라이드와 반응하여 하나의 사이클로펜타다이에닐 리간드가 그림 **4-11**에서 보여준 대로 $\eta^4-C_5H_6$로 변형된 중성 18-전자 샌드위치 화합물을 생성한다.

그러나 페로센은 화학적으로 비활성이 아니다. 다양한 사이클로펜타다이에닐 고리에 대한 많은 반응을 포함하여 다양한 반응을 한다. 이러한 예로 벤젠과 벤젠치환체의 Friedel–Crafts 아실 반응과 아주 유사한 친전자 아실 치환 반응이다(그림 **4-12**). 일반적으로 친전자 방향족 치환 반응은 벤젠에서보다 페로센에서 훨씬 빠른데, 이는 벤젠에서 보다 샌드위치 화합물 고리의 전자 밀도가 훨씬 높다는 것을 뜻한다.

망간노센 $[(\eta^5-C_5H_5)_2Mn]$은 일반적인 금속–탄소 결합 거리보다 매우 긴, 238.0 pm를 갖고 있는데, 이것은 망간노센이 고스핀(high spin) 착화합물이기 때문이다; 그림 **4-10**의 사각형 내의 궤도함수는 하나의 쌍을 이루지 않는 전자를 가지고 있다. 이러한 전자들 중에 두 개가 반결합 궤도함수에 존재하며 각각의 결합 궤도함수에는 전자가 하나만 차 있어 망간–탄소 결합은 더 길어지고 $(\eta^5-C_5H_5)_2V$과 $(\eta^5-C_5H_5)_2Ni$과 같은 다른 메탈로센에서 결합이 더 약하다.

메탈로센 중에서 가장 특이한 것 중의 하나는 탄소를 전혀 포함하지 않는 이온이다. 그림 **4-13**에 예시된 착화합물 $[Ti(\eta^5-P_5)_2]^{2-}$는 $[Ti(CO)_6]^{2-}$와 백인 P_4를 반응시켜 합성되며, 최초의 "모든 무기 원소(all-inorganic)" 메탈로센이다.

$$[Ti(CO)_6]^{2-} + 2.5\,P_4 \longrightarrow [Ti(\eta^5-P_5)_2]^{2-} + 6\,CO \qquad \mathbf{4.4}$$

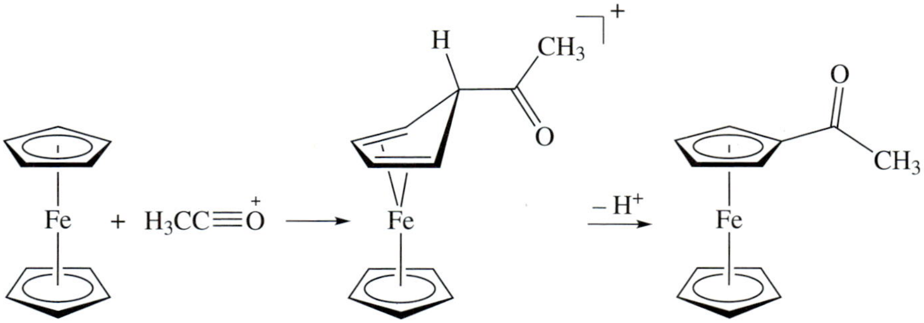

그림 4-12
페로센의 아실리움 이온과의 친전자 치환 반응

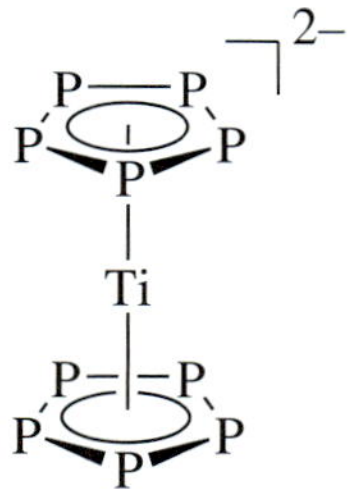

그림 4-13
$[Ti(\eta^5-P_5)_2]^{2-}$의 구조

4-2-2 사이클로펜타다이에닐과 CO 리간드를 포함하는 착화합물

Cp와 CO를 포함하는 많은 착화합물이 알려져 있으며, $[(\eta^5-C_5H_5)Mn(CO)_3]$와 같은 "반샌드위치(half sandwich)" 화합물, 이합체 및 더 큰 뭉치(cluster) 화합물이 있다. 이들 화합물의 예들이 그림 **4-14**에 예시되어 있다. 이성분 CO 착화합물들에서 제2, 제3주기 전이금속 착화합물들은 다리잇기(bridging) 리간드로 작용하는 CO의 경향성이 줄어들고 있음을 보여주고 있다.

4-2-3 다른 고리 π 리간드

다른 π 고리 리간드들이 많이 알려져 있으며, 가장 일반적인 고리 탄화수소 리간드가 표 **4-2**에 요약되어 있다. 리간드나 금속(또는 여러 개의 금속)의 전자 요건에 따라서 리간드는 단일합토 또는 폴리합토 방식으로 결합할 수 있으며, 두 개 이상의 금속에 다리잇기로 결합할 수 있다. 다른 크기의 고리들도 흥미로운 특징을 가지고 있고, 간결한 논의를 할만한 가치가 있다.

사이클로-C_3R_3

사이클로프로펜일 착화합물의 수는 상대적으로 적으며, 주로 페닐 유도체 C_3Ph_3가 있다. 사이클로프로펜일 착화합물을 합성하는데 어려움은 사이클로프로페인 방향족

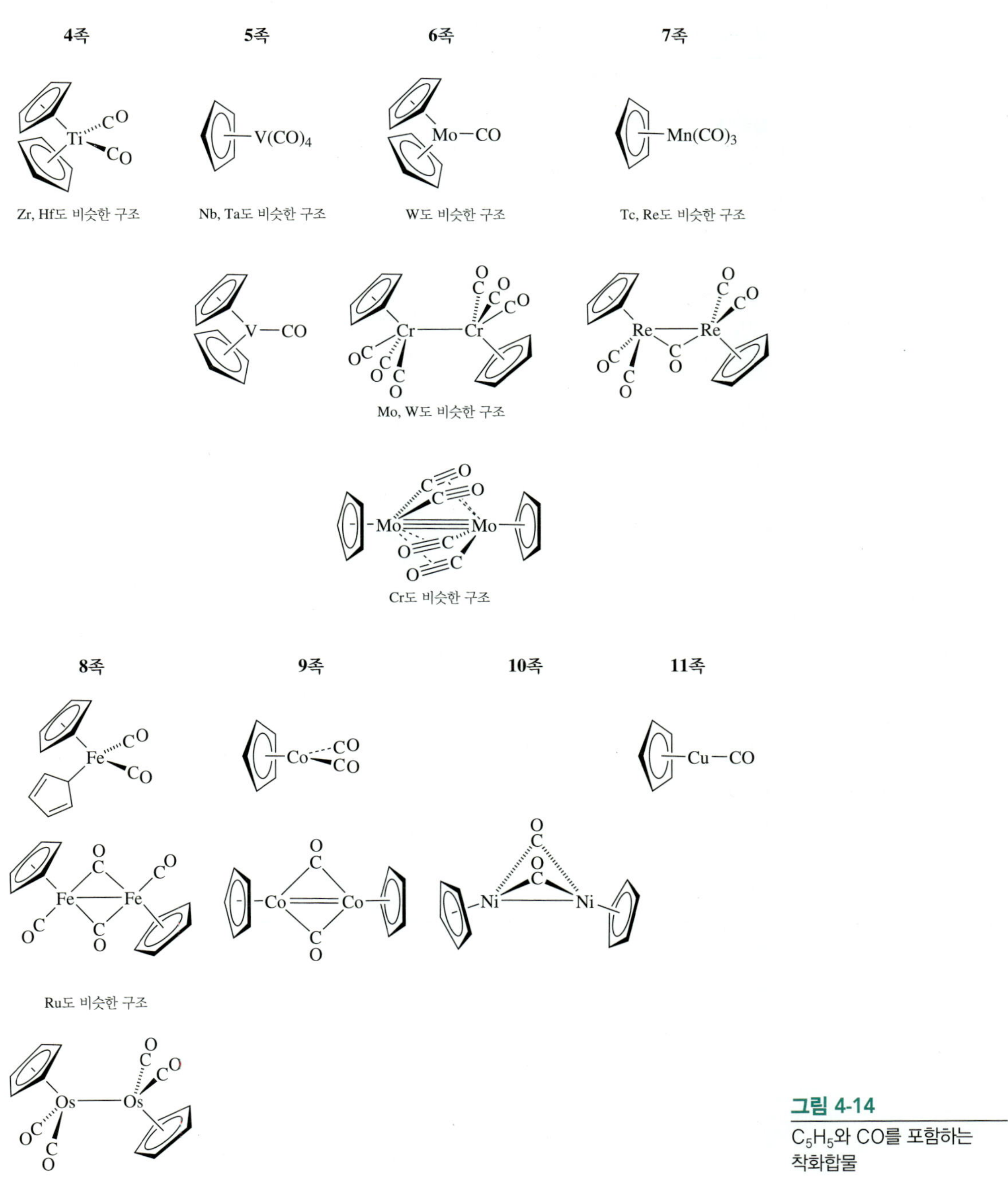

그림 4-14

C_5H_5와 CO를 포함하는 착화합물

이온 자체의 크기가 작고 스트레인(strain)이 많이 걸리는 고리계이기 때문에 합성하기 어려운 것과 유사하다. η^3–C_3Ph_3 리간드를 포함하는 첫 번째 착화합물은 다음 반응(식 **4.5**)에 따라 합성된 이합체 니켈 착화합물 $[(\eta^3\text{–}C_3Ph_3)Ni(CO)Br]_2$이다.

표 4-2 고리 π 리간드

화학식	구조	이름	전자수 방법 A[a]	전자수 방법 B
C_3H_3		사이클로프로펜일 (Cyclopropenyl R = alkyl, phenyl)	2 ($C_3R_3^+$)	3
C_4H_4		사이클로뷰타다이엔 (Cyclobutadiene)	6 ($C_4H_4^{2-}$)	4
C_5H_5		사이클로펜타다이엔일 (Cyclopentadienyl (Cp))	6 ($C_5H_5^-$)	5
C_6H_6		벤젠 (Benzene)	6 (C_6H_6)	6
C_7H_7		트로필리움 (Tropylium)	6 ($C_7H_7^+$)	7
C_8H_8		사이클로옥타테트라엔 (Cyclooctatetraene (COT))	10 ($C_8H_8^{2-}$)	8

[a]방법 A는 방향족 고리의 π 전자수(2, 6 또는 10)에 따라 사이클릭 π계의 전자수로 센다.

$$2\ C_3Ph_3Br + 2\ Ni(CO)_4 \longrightarrow [(C_3Ph_3)Ni(CO)(\mu\text{-}Br)]_2 + 6\ CO$$

4.5

η^3–C_3Ph_3와 더 큰 고리 샌드위치 화합물들도 알려져 있으며, 오른쪽 그림과 같이 고리들은 다양한 크기를 가지고 있다.

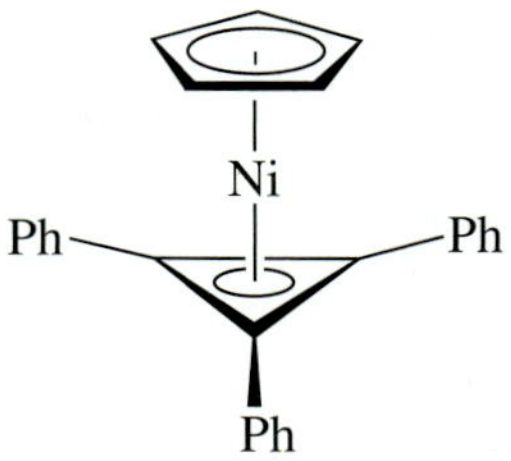

초기에 보고된 사이클로프로펜일 착화합물은 제1주기 전이금속이었지만, 제2, 3주기 전이금속도 η^3–C_3Ph_3 착화합물을 형성하는 것으로 알려져 있다. 제2, 3주기 전이금속은 C_3Ph_3 리간드의 금속–탄소 결합 거리가 다른 비대칭 착화합물을 형성할 수 있다.

사이클로-C_4R_4

사이클로뷰타다이엔 전이금속 착화합물은 사이클로뷰타다이엔 자체가 알려지기 훨씬 전에 합성되었다. 흥미롭게도 이러한 착화합물 중에 하나는 아래 그림에서와 같은 할로겐 다리잇기 결합의 이합체 니켈 착화합물이었다(식 **4.6**).

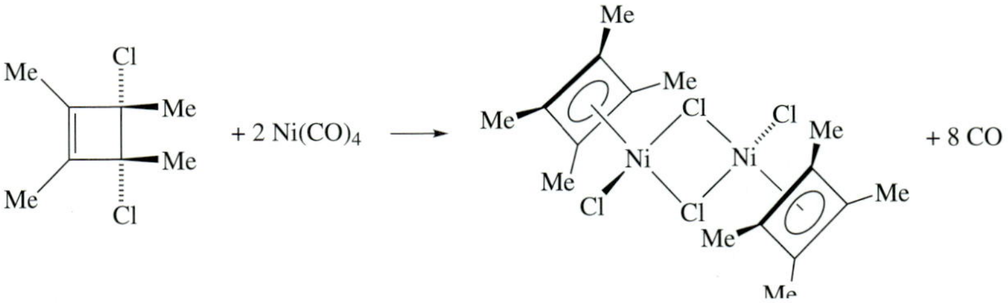

4.6

η^4–C_4H_4 리간드는 일반적으로 정사각형이며, 금속과의 결합은 페로센에서 관찰되었던 고리의 π 궤도함수와 금속의 *d* 궤도함수 간의 주요 상호작용과 유사한 방법으로 이해될 수 있다.

기본문제 4-3

샌드위치 화합물 $(\eta^4\text{–}C_4H_4)_2Ni$의 리간드[16] 그룹 궤도함수를 스케치하고, 그룹 궤도함수 각각과 상호작용에 적절한 금속 *s*, *p* 및 *d* 궤도함수를 알아보시오.

η^4–C_4H_4 착화합물을 합성하는 흥미로운 방법 중의 하나는 다음에서 보여준 대로, "주형(template)" 반응을 통한 두 아세틸렌의 짝지음(coupling)에 의한 것이다(식 **4.7**).

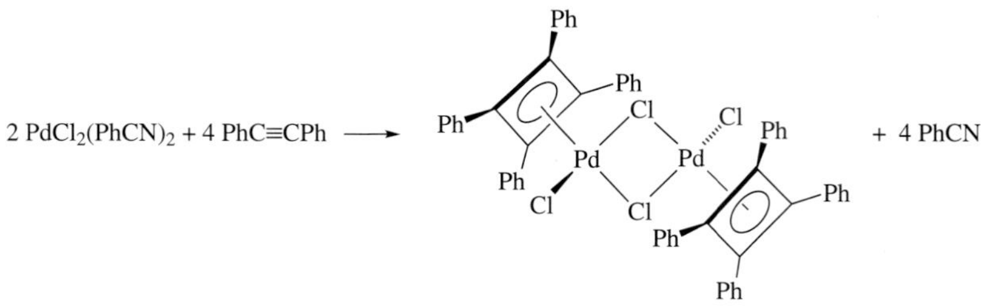

$$2\ PdCl_2(PhCN)_2 + 4\ PhC{\equiv}CPh \longrightarrow [(\eta^4\text{-}C_4Ph_4)PdCl(\mu\text{-}Cl)]_2 + 4\ PhCN$$

4.7

페로센에서처럼 η^4–C_4H_4 착화합물도 용이하게 고리에서 친전자 치환 반응이 일어난다. 이러한 반응은 금속으로부터 고리로의 전자 공여의 결과이다. η^4–C_4H_4 착화합물의 유용한 특징은 아래 분해 반응에서와 같이 배위되지 않은 사이클로뷰타다이엔 유기 화합물 합성법에 사용하는 것이다.

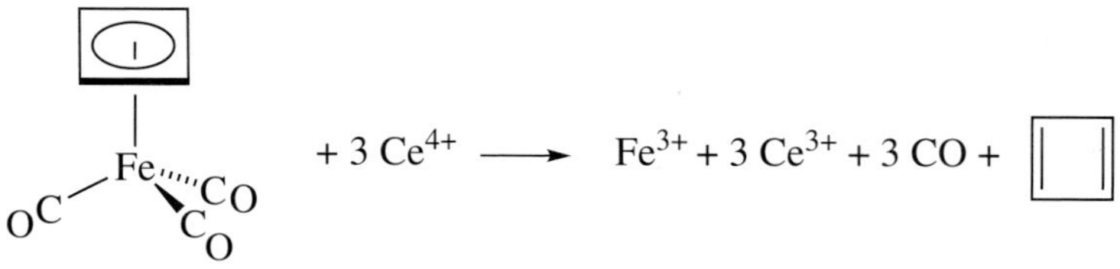

$$(\eta^4\text{-}C_4H_4)Fe(CO)_3 + 3\ Ce^{4+} \longrightarrow Fe^{3+} + 3\ Ce^{3+} + 3\ CO + C_4H_4$$

4.8

사이클로-C_5H_5

앞에서 언급한 사이클로펜타디엔일 착화합물들은 광범위하게 연구가 진행되고 있다. 리간드가 금속 착화합물을 형성하는데는 여러 가지 경로가 가능하다. 한 가지 접근 방법은 사이클로펜타다이에닐라이드 이온 ($C_5H_5^-$)을 금속 화합물과 반응하는 것이다. 이 이온은 용액 속에 존재하는 나트륨(Na) 염의 형태로 구입할 수 있으며, 다음 두 단계 과정에 의해 만들어질 수도 있다.

1. 다이사이클로펜타디엔(사이클로펜타디엔의 Diels–Alder 이합체)의 분해(cracking). 이것은 역 Diels–Alder 반응의 하나의 예이다.

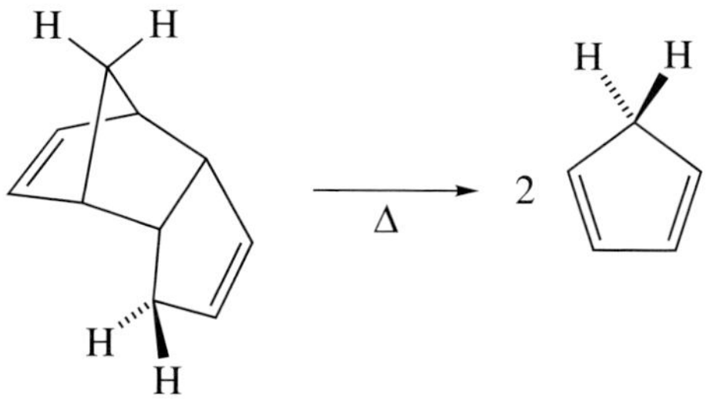

$$C_{10}H_{12} \xrightarrow{\Delta} 2\ C_5H_6$$

4.9

2. 소듐에 의한 사이클로펜타디엔의 환원

$$2\ C_5H_6 + 2\ Na \longrightarrow 2\ NaC_5H_5 + H_2 \quad \mathbf{4.10}$$

사이클로펜타다이엔 나트륨 염은 적절한 금속 착화합물이나 이온과 반응할 수 있다.

$$Fe^{2+} + 2\ C_5H_5^- \longrightarrow Fe(C_5H_5)_2 \quad \mathbf{4.11}$$

Fe

두 번째 방법은 금속이나 금속 착화합물을 사이클로펜타디엔 단위체와 직접 반응하는 것이다. 예를 들면,

$$Mo(CO)_6 + 2\ C_5H_6 \longrightarrow [(C_5H_5)Mo(CO)_3]_2 + H_2 \quad \mathbf{4.12}$$

사이클로펜타디엔 착화합물의 많은 예가 이 책 후반부에 소개될 것이다.

사이클로-C_6H_6 (벤젠)

벤젠과 그 유도체는 많은 η^6–아렌 착화합물에서 더 잘 알려져 있다. 가장 잘 알려진 것은 다이벤젠크로뮴 $(C_6H_6)_2Cr$이다. 화학식 $(C_6H_6)_2M$의 다른 화합물들과 마찬가지로 다이벤젠크로뮴은 전이금속할라이드, 환원제로서 알루미늄과 Lewis 산, $AlCl_3$를 사용한 Fischer–Hafner 합성에 의해 만들어 질 수 있다.

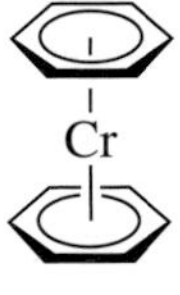

$$3\ CrCl_3 + 2\ Al + AlCl_3 + 6\ C_6H_6 \longrightarrow 3\ [(C_6H_6)_2Cr]^+ + 3\ AlCl_4^- \quad \mathbf{4.13}$$

다음 단계로, 다이티오나이트 $S_2O_4^{2-}$를 환원제로 사용하여 양이온이 중성인 $(C_6H_6)_2Cr$로 환원된다.

다이벤젠크로뮴도 페로센과 같이 가리움 형태(eclipsed conformation)가 가장 안정하다. 이 화합물에서 금속–리간드 결합도 제4장 앞의 페로센에서 이용되었던 그룹 궤도함수 접근 방법으로 설명되어질 수 있다.

기본문제 4-4

크로뮴의 d_{xy} 궤도함수가 결합과 반결합 분자 궤도함수를 형성하기 위해 벤젠 고리로부터 유도된 두 개의 마디를 갖고 있는 그룹 궤도함수와 어떻게 상호작용할 수 있는지를 보이시오.

다이벤젠크로뮴은 페로센보다 열역학적으로 덜 안정하다. 더욱이, 페로센과는

달리 $(C_6H_6)_2Cr$는 친전자방향족 치환 반응을 하지 않으며, 친전자체(electrophile)는 고리를 공격하는 대신에 크로뮴(0)을 크로뮴(I)로 산화시킨다.

어떤 경우에는 두 개의 탄소로 이루어진 π 계가 3개가 접합(fuse)되어 η_6 육각 고리가 형성된다. 이러한 흥미로운 현상의 예가 아래에 표시되어 있다(식 **4.14**).

$$(CO)_5Cr{=}C(OCH_3)Ph + R_1C{\equiv}CR_2 \longrightarrow (\eta^6\text{-}C_{10}H_4(OH)(R_1)(R_2)(OCH_3))Cr(CO)_3 + CO \qquad \textbf{4.14}$$

크로뮴과 다른 금속들도 다양한 기하 형태를 갖는 접합되거나 연결된 헥사합토 육각고리를 포함하는 18-전자 착화합물을 그림 **4-15**에서와 같이 형성한다. η^6–C_6H_6나 다른 합토 결합도의 고리를 갖는 샌드위치 착화합물(예를 들면, $(\eta^6\text{–}C_6H_6)(\eta^5\text{–}C_5H_5)Mn$과 η^6–C_6H_6와 카르보닐 리간드를 갖는 반샌드위치 착화합물 (half sandwich complexes)도 알려져 있다(그림 **4-16**). $(\eta^6\text{–}C_6H_6)Cr(CO)_3$의 구조는 때때로 "피아노 의자(piano stool)"로 불리우기도 한다.

기본문제 4-5

다음 η^6–C_6H_6를 포함하는 18-전자 착화합물들의 전하(charge)를 예측하시오:

a. $[(C_6H_6)_2Ru]^z$ b. $[(C_6H_6)V(CO)_4]^z$ c. $[(C_6H_6)(\eta^5\text{–}C_5H_5)Co]^z$

사이클로-C_7H_7(트로필리움)

헥사합토 사이클로헵타트리엔(η^6–C_7H_8)은 $Ph_3C^+BF_4^-$를 처리하여 수소 하나를 떼어내면 η^7–C_7H_7 리간드를 형성한다. 잘 알려진 하나의 예가 $[(\eta^7\text{–}C_7H_7)Mo(CO)_3]^+$의 합성이다(식 **4.15**).

$$(\eta^6\text{-}C_7H_8)Mo(CO)_3 \xrightarrow{Ph_3C^+\,BF_4^-} [(\eta^7\text{-}C_7H_7)Mo(CO)_3]^+ + BF_4^- + Ph_3CH \qquad \textbf{4.15}$$

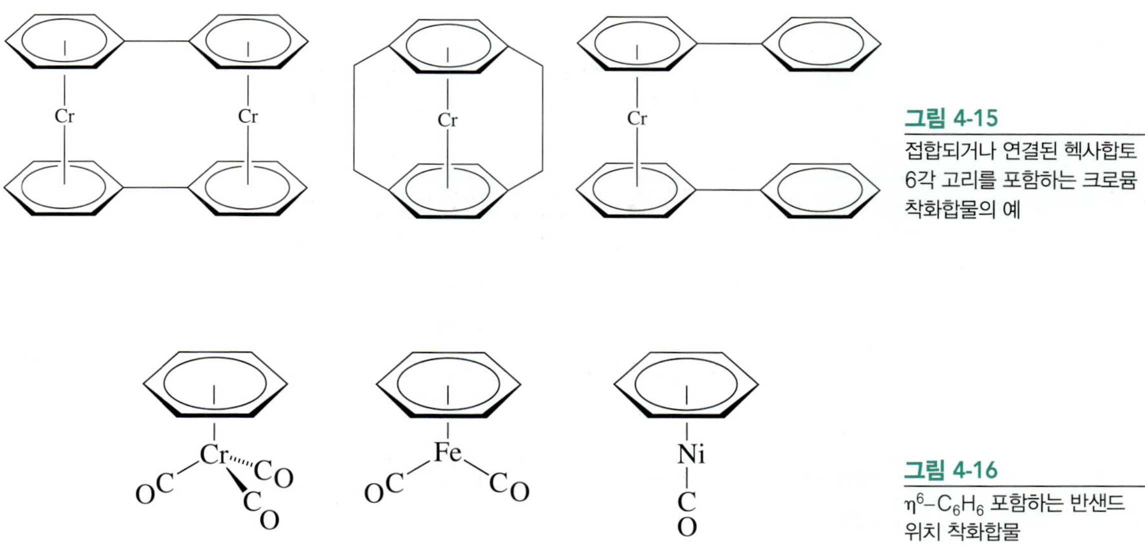

그림 4-15
접합되거나 연결된 헥사합토 6각 고리를 포함하는 크로뮴 착화합물의 예

그림 4-16
η^6–C_6H_6 포함하는 반샌드위치 착화합물

이 반응에서 메톡사이드(methoxide)에 의한 친전자 첨가 반응에 민감한 고리를 만드는 양이온이 형성된다(식 **4.16**).

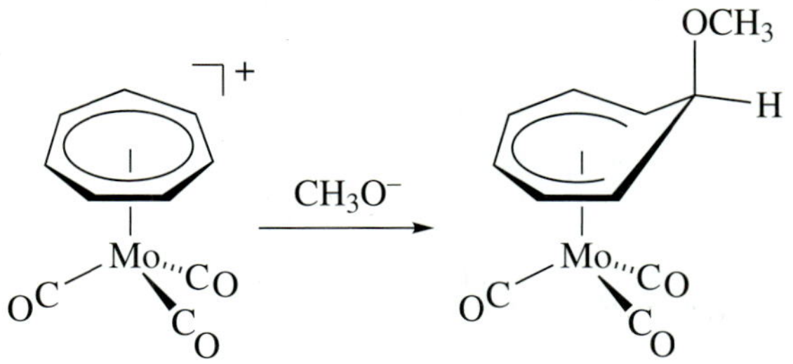

4.16

어떤 경우에는 7각 고리가 아래와 같이 수축되기도 한다(식 **4.17**).

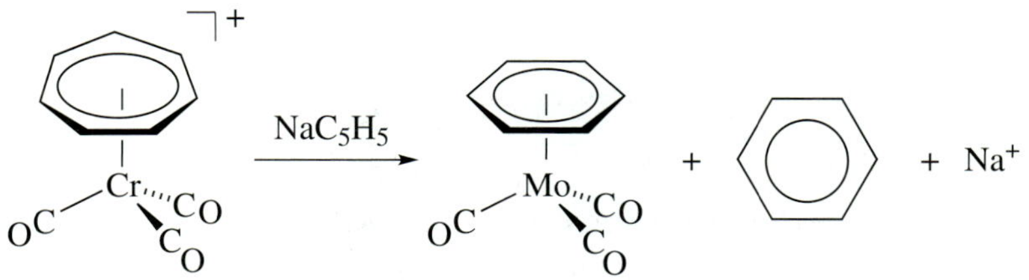

4.17

두 개의 η^7–C_7H_7 고리 사이에 샌드위치된 금속을 갖는 착화합물은 거의 알려져 있지 않지만, 한 가지 예는 $[(\eta^7\text{–}C_7H_7)_2V]^{2+}$이다. 그러나 η^7–C_7H_7와 다른 크기의 고리를 포함하는 다수의 샌드위치 착화합물들의 합성은 보고되었다.

기본문제 4-6

다음 18-전자 샌드위치 착화합물들에서 제1주기 전이금속이 무엇인지 찾아보시오.

a. $(\eta^7\text{–}C_7H_7)(\eta^5\text{–}C_5H_5)M$ b. $[(\eta^7\text{–}C_7H_6CH_3)(\eta^5\text{–}C_5H_5)M]^+$

사이클로-C_8H_8 (사이클로옥타테트라엔, COT)

COT는 화학식 C_nH_n의 고리 탄화수소 결합 방식 중 가장 다양한 배열을 갖고 있다. 제4장 주요 관심사인 η^8–방식($C_8H_8^{2-}$을 포함하는) 이외에, COT는 η^2–, η^4–, 그리고 η^6–방식으로 작용할 수도 있고 때로는 홀수의 합토 결합도로 작용할 수 있으며, 금속 간에 다양한 다리잇기를 형성할 수 있다. *cyclo*–C_8H_8 결합 방식의 예를 그림 **4-17**에 나타내었다.

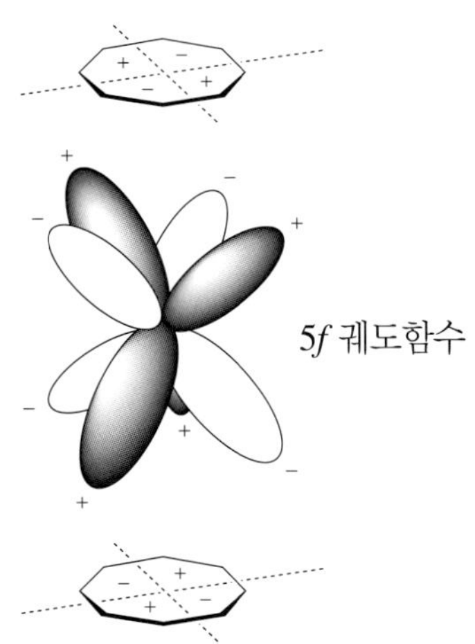

비록 평면 C_8H_8 리간드를 포함하는 분자들의 예가 몇 가지 *d*-블록 전이금속들에 대해 알려져 있지만, 이 리간드의 가장 흥미로운 착화합물은 악티늄족 화합물이다. 악티늄 원소는 리간드 고리의 π 궤도함수와 상호작용할 수 있는 5*f* 궤도함수를 가지고 있다. 이들 착화합물에서 가장 중요한 상호작용은 *f*-궤도함수와 두 개의 마디를 갖는 그룹 궤도함수 간의 상호작용이다. 또한, 이보다 약한 상호작용이 *f*-궤도함수와 세 개의 마디를 갖는 그룹 궤도함수 사이에서 일어날 수 있다.

기본문제 4-7

사이클로옥타테트라엔나이드 $C_8H_8^{2-}$의 π-궤도함수를 그리고, 고리면에 수직 방향 마디면의 위치를 표시하시오.

가장 잘 알려진 고리 C_8H_8 샌드위치 화합물은 우라노센[$(\eta^8\text{–}C_8H_8)_2U$, uranocene]이다. 공기에 민감한 우라노센은 22-전자 화학종이며, 악티늄족 화합물에서 18-전자 규

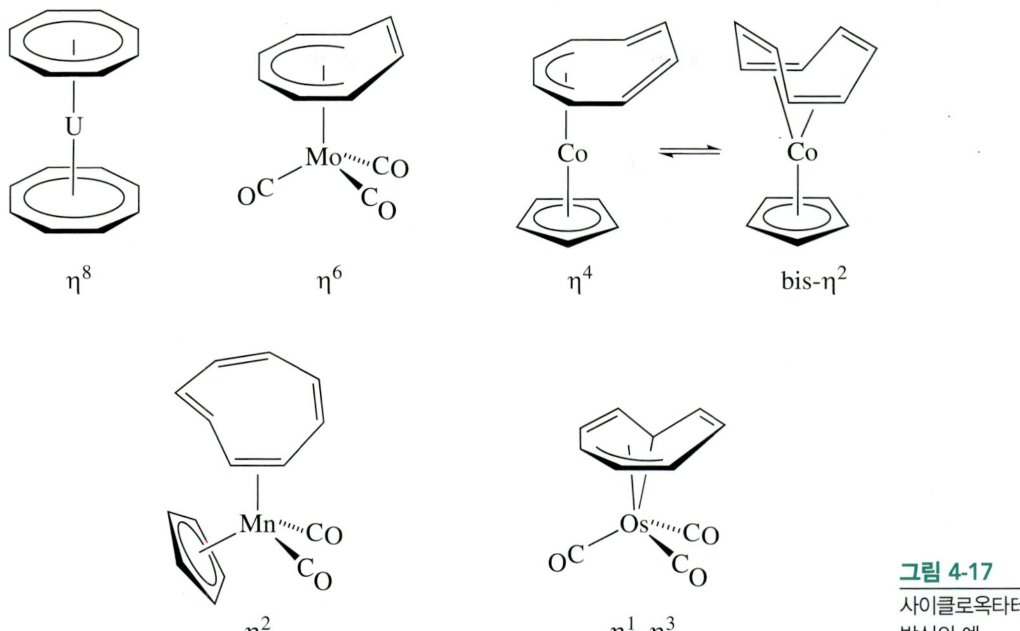

그림 4-17
사이클로옥타테트라엔 결합 방식의 예

칙은 잘 맞지 않음을 알 수 있다. 우라노센의 궤도함수 상호작용 개략도가 그림 **4-18**에 나타나 있다. 이러한 원소는 방사능 때문에 연구에 다소 제약을 받고 있지만, 다른 악티늄 원소의 메탈로센이 알려져 있다.

특별히 흥미로운 것은 고리 리간드들이 금속에 다리잇기 결합을 할 수 있을 경우 "삼중층(triple–decker)"과 더 높은 차수의 샌드위치 화합물이 만들어진다는 것이다(그림 **4-19**).

합토 결합도 8 이상을 갖는 비편재화된 고리를 포함하는 착화합물은 아직 보고되지 않았다. 그러나 이와 유사한 개념의 사이클로폴리인(cyclo polyene)에 전이금속이 배위된 화합물을 연구하는 방안으로, 10-탄소 고리, *trans*-사이클로데카-1,3,5,7,9-펜탄 고리의 중심에 철(0)과 안정한 착화합물을 형성할 수 있다는 계산 연구가 진행되었다(그림 **4-20**). 만약 이 착화합물이 합성된다면, 화학식 $FeC_{10}H_{10}$을 가지게 되고 페로센의 이성질체가 될 것이다.

4-3 유기금속 화합물의 핵 배위 자기공명(NMR) 스펙트럼

핵자기공명(NMR)은 유기금속 배위 화합물들을 규명하는데 가장 중요한 분광법 중 하나이다. 초전도 자석을 이용한 고자장 NMR 기기의 출현은 여러 면에서 유기

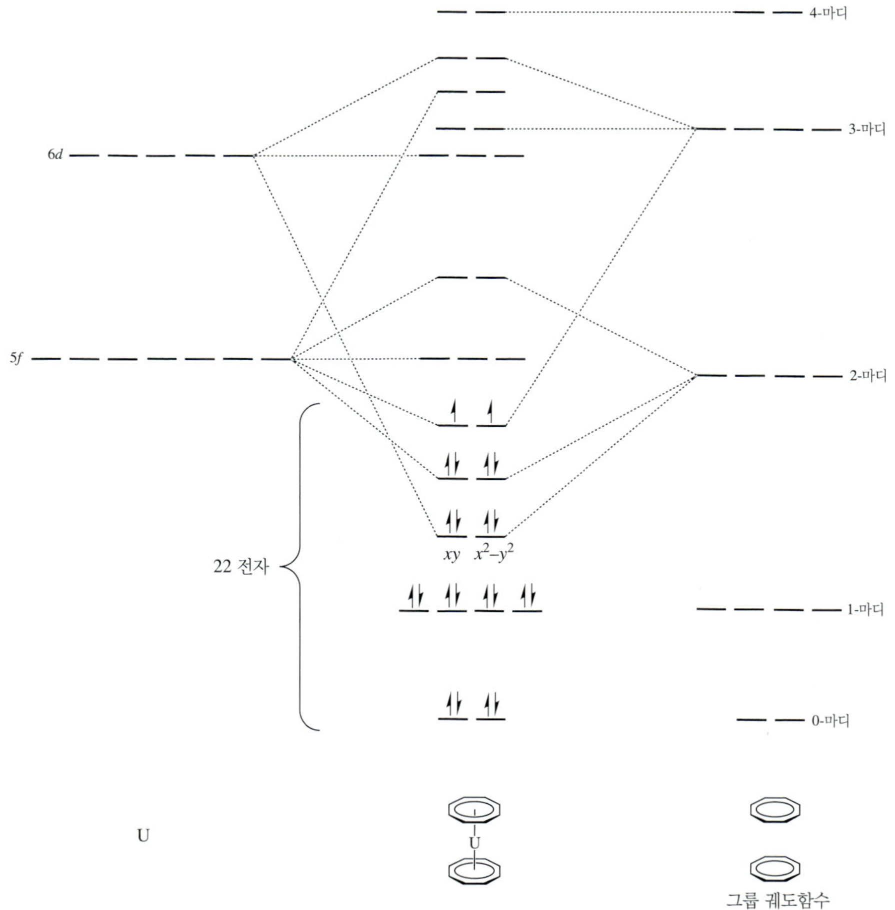

그림 4-18
우라노센의 결합

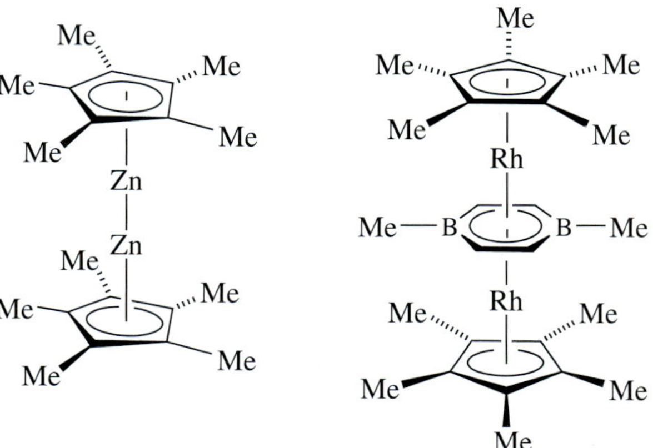

그림 4-19
다중층(multiple-decker) 샌드위치 화합물

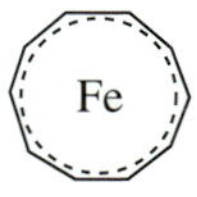

그림 4-20
제안된 페로센의 이성질체

금속 화합물의 연구에 혁명을 가져오고 있다. 지금은 ^{1}H, ^{13}C, ^{19}F 및 ^{31}P와 같은 전통적인 핵뿐만 아니라 여러 가지 금속 핵에 대한 NMR 스펙트럼이 측정될 수 있다. 여러 가지 핵의 조합된 스펙트럼 데이터는 NMR 스펙트럼 자체만으로도 많은 화합물을 확인 가능하게 한다.

유기화학에서와 같이 화학적 이동(chemical shift), 갈라짐 패턴(splithing), 그리고 커플링 상수가 유기금속 화합물에서도 개개 원자의 환경을 규명하는데 유용하다. 유기화학 교과서에 제시된 NMR의 기초 이론을 복습하면 도움이 된다는 것을 알게 될 것이다. 특히 ^{13}C과 관련된 NMR의 더욱 진보된 논의는 다른 곳에서 언급되어 있다.

4-3-1 ^{13}C NMR

^{13}C NMR은 현대기기의 출현과 함께 점점 더 유용해지고 있다. 비록 ^{13}C 동위원소가 낮은 자연존재비(약 1.1 %)와 NMR에 낮은 감도(^{1}H의 약 1.6% 감도)를 갖고 있지만, Fourier 변환기술은 다양한 유기금속 화합물을 위한 유용한 ^{13}C 스펙트럼을 얻는 것을 가능하게 하였다. 그럼에도 불구하고 시료의 양이 적거나 낮은 용해도를 갖는 화합물의 ^{13}C 스펙트럼을 얻기 위해서 필요한 시간은 실험적인 어려움으로 남아있을 수 있다. 빠른 반응 또한 NMR으로는 접근하기 힘들다. ^{13}C 스펙트럼의 몇 가지 중요한 특징은 다음과 같다.

- 수소를 포함하지 않는 유기 리간드 확인(CO와 CF_3 리간드)
- 유기 리간드 탄소 골격의 직접 관찰. 짝풀린(decoupling) 스펙트럼은 각 환경에서 원자의 단일선을 보여주기 때문에 스펙트럼이 완벽한 양성자 짝풀림(decoupling)으로 얻어질 때 이 가능성은 증가한다.
- ^{13}C 화학적 이동은 ^{1}H 이동보다 훨씬 넓게 분포되어 있다. 따라서 양성자 짝풀린 ^{13}C 스펙트럼은 분리가 잘 된 단일 선을 보여줄 수 있고, 봉우리가 중복되기 쉬운 ^{1}H 스펙트럼보다 간편한 분석을 가능하게 한다. 결론적으로 복잡한 구조도 ^{1}H 스펙트럼보다도 ^{13}C 스펙트럼에 의해서 밝혀질 수 있다. 더욱이, 화학적 이동(chemical shift)의 넓은 분산은 종종 여러 가지 유형의 유기 리간드를 포함하는 화합물에서 리간드 구별을 용이하게 한다.
- ^{13}C NMR은 빠른 분자 간 재배열 과정을 관찰하는 데도 매우 유용한 방법이다. ^{13}C 봉우리가 ^{1}H 봉우리보다도 전형적으로 훨씬 폭넓게 분산되어 있기 때문에 빠른 교환 과정이 ^{13}C NMR에 의해 관찰될 수 있다.

표 4-3 유기금속 화합물의 ^{13}C 화학적 이동

리간드	^{13}C 화학적 이동 영역[a]			
M—**C**H_3	−28.9 ~ +23.5			
M=**C**R_2	190 ~ 400			
M≡**C**R	235 ~ 401			
M—**C**O	177 ~ 275			
중성 이성분 CO 착화합물	183 ~ 223			
M—(η^5-C_5H_5)	−790 ~ +1430			
Fe—(η^5-C_5H_5)	69.2			
M—(η^3-C_3H_5)	C_2: 91 ~ 129	C_1 과 C_3: 46 ~ 79		
M—C_6H_5	M—**C**: 130 ~ 193	*ortho*: 132 ~ 141	*meta*: 127 ~ 130	*para*: 121 ~ 131

[a] $Si(CH_3)_4$에 대한 parts per million.

몇 가지 영역의 유기금속 화합물의 ^{13}C 스펙트럼 화학적 이동의 근사적인 범위가 표 **4-3**에 요약되어 있다. 이 데이터의 몇 가지 특징은 언급할만하다. 넓은 범위의 화학적 이동은 분자 환경이 가질 수 있는 극적인 효과를 고려함을 잊지 말아야 할 것이다. 뿐만 아니라 ^{13}C 스펙트럼의 다음 면에 대해서도 유의하여야 한다.

- 말단 카보닐 봉우리들은 CO 공명이 다른 리간드와 쉽게 구별되는 영역인 δ 195에서 225 ppm에서 뚜렷이 나타난다.
- ^{13}C 화학적 이동과 상관되는 하나의 인자는 C–O 결합의 강도이다. 일반적으로 결합이 강하면 강할수록 화학적 이동은 낮은 영역에서 나타난다.
- 다리잇기 카보닐은 말단 카보닐 보다는 약간 큰 화학적 이동을 가지는데 결과적으로 그들의 확인을 용이하게 하기도 한다(그러나 적외선 스펙트럼이 다리잇기와 말단 카르보닐을 더욱 쉽게 구별할 수 있다).
- 사이클로펜타다이에닐 리간드의 화학적 이동은 낮은 끝 가까이에 있는 페로센의 화학적 이동에서부터 넓은 영역에 걸쳐 화학적 이동을 가진다. 다른 유기 리간드도 넓은 영역에서 화학적 이동을 가질 수 있다.

4-3-2 양성자 NMR

수소를 포함하는 유기금속 화합물의 ^1H 스펙트럼 또한 유용한 구조 정보를 제공할 수 있다. 예를 들면, 금속에 직접 결합된 양성자(하이드라이드 착화합물, 제5장에서 논의)는 $Si(CH_3)_4$ (tetramethylsilane, 일반적으로 TMS로 단축하여 표기)를 기준으로 근사적으로 –5 내지 –20 ppm 영역의 화학적 이동과 함께 강하게 가리워져(shielded) 있다. 이러한 양성자들은 다른 양성자들이 이 영역에서 거의 나타나지 않기 때문에 쉽게 검출된다.

표 4-4 유기금속 화합물의 [1]H 화학적 이동

착화합물	^{1}H 화학적 이동[a]
$Mn(CO)_5\mathbf{H}$	−7.5
$W(C\mathbf{H}_3)_6$	1.80
$(\eta^2\text{-}C_2\mathbf{H}_4)_3Ni$	3.06
$(\eta^5\text{-}C_5\mathbf{H}_5)_2Fe$	4.04
$(\eta^6\text{-}C_6\mathbf{H}_6)_2Cr$	4.12
$(\eta^5\text{-}C_5H_5)_2Ta(CH_3)(=C\mathbf{H}_2)$	10.22

[a]$Si(CH_3)_4$에 대한 parts per million.

메틸 착화합물($M\text{–}CH_3$, 제5장에서 논의됨)에서 양성자는 유기 분자에서 그들의 위치와 마찬가지로 1과 4 ppm 사이에서 전형적인 화학적 이동을 나타낸다. $\eta^5\text{-}C_5H_5$와 $\eta^6\text{-}C_6H_6$와 같은 고리 π 리간드는 대부분이 일반적으로 4와 7 ppm 사이의 화학적 이동을 가지고 있고, 상대적으로 많은 수의 양성자들이 관련되어 있기 때문에 용이하게 식별될 수 있다. 다른 유형의 유기 리간드에서 양성자들 또한 특징적인 화학적 이동을 가지며, 표 **4-4**에 요약되어 있다.

유기화학에서와 마찬가지로 유기금속 화합물에서 여러 가지 봉우리의 적분비는 다른 환경에 있는 원자의 비율에 대한 정보를 제공할 수 있다. 예를 들면, 하나의 ^{1}H 봉우리(또는 봉우리 세트) 면적은 그 봉우리에 기인하는 핵의 숫자에 비례한다고 추정하는 것이 대부분의 경우 아주 정확하다. 그러나, ^{13}C에 대하여 이러한 접근은 다소 신뢰성이 떨어진다. 예를 들면, 유기금속 배위 화합물에서 다른 탄소 원자의 이완 시간(relaxation time)은 넓게 변화하고 그것은 봉우리 면적과 원자 개수와의 관계를 부정확하게 할 수 있다(면적과 원자 개수와의 관계는 이환 시간에 의존한다). 상자성 시약의 첨가는 이완(relaxation)을 빠르게 하고 따라서 면적 데이터를 개선시킬 수 있다; 종종 사용되는 화합물은 $Cr(acac)_3$ [acac = acetylacetonate = $H_3CC(=O)CHC(=O)CH_3^-$] 이다.

4-3-3 분자 재배열 과정

어떤 조건에서는 온도를 변화시켜줌으로써 NMR 스펙트럼을 뚜렷하게 변화시킬 수 있다. 이러한 현상의 예로서 그림에서 보는 것과 같은 비동등(nonequivalent) 환경에 있는 두 가지 수소를 갖는 분자를 생각해 보자. 즉, 수소가 붙어있는 탄소가 π 결합으로 인하여 회전을 방해하는 결합에 다른 하나의 원자에 결합되어 있다.

X H
E=C
Y H

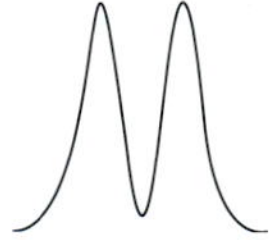

낮은 온도에서 이 결합의 회전은 매우 느리고 NMR은 두 개의 신호를 나타낸다. 각 수소에 하나의 신호, 즉 이 수소들의 자기환경이 다르기 때문에 각 수소에 각각에 상응하는 화학적 이동이 다르다.

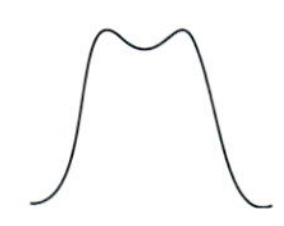

온도가 증가함으로써 그 결합 주위의 회전 속도가 증가한다. 원래 위치의 수소를 보여주는 대신, NMR은 합병(merge) 혹은 “합체(coalesce)” 되기 시작하는 봉우리를 보여준다.

높은 온도에서, 그 결합 주위의 회전 속도는 NMR이 개개 환경을 구별할 수 없을 만큼 빠르다. 따라서 두 개의 원래 신호의 평균에 해당하는 단일 신호를 보여준다.

그림 **4-14**의 착화합물 중 가장 흥미로운 것은 $(C_5H_5)_2Fe(CO)_2$이다. 이 화합물은 η^1–과 η^5–C_5H_5 리간드을 포함한다(18-전자 규칙을 따름). 30°C 에서 ^{1}H NMR 스펙트럼은 같은 면적의 두 개의 단일선을 보여 준다. 하나의 단일선은 η^5–C_5H_5 고리의 다섯 개의 동등한 양성자로부터 예상되지만 η^1–C_5H_5 고리에서는 양성자들이 전혀 동일하지 않기 때문에 의외이다. 단일 합토 다섯 개 고리들이 1,5-하이드라이드 이동을 통한 매우 빠른 교환은 NMR이 이 고리의 평균 신호만 감지할 수 있는 “고리 돌아감(ring whizzer)” 메카니즘 (그림 **4-21**)을 제안하고 있다. 낮은 온도에서 이 과정은 느리고 η^1–C_5H_5 양성자들의 다른 공명이 분명히 나타난다.

여기서 언급하지 않은 핵을 포함하는 유기금속 화합물에 관한 NMR 스펙트럼의 더 상세한 설명과 논의는 다른 곳에서 찾아볼 수 있다.

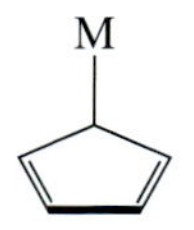

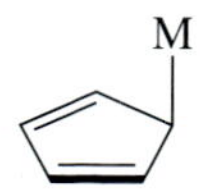

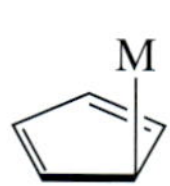

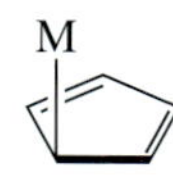

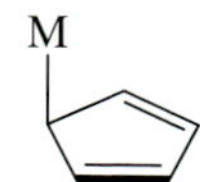

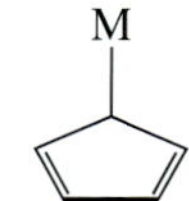

그림 4-21
고리 돌아감(ring whizzer) 메카니즘

[연습 문제]

4-1 에틸렌 리간드의 동종(homoleptic) 착화합물은 흔하지 않다. 지금까지 관찰된 전이금속을 포함하는 착화합물 중에서 가장 간단한 $(\eta^2–C_2H_4)_3Ni$가 광분해될 때 낮은 온도의 매트릭스에 포획된 것은 $(\eta^2–C_2H_4)_2Ni$이다.

a. 에틸렌 리간드가 평행하다고(수평축을 따라) 가정하고 이 리간드의 그룹 궤도함수를 그리시오. 각 그룹 궤도함수에 대해 상호작용을 위한 적절한 모양과 방향의 Ni 원자 궤도함수를 나열하시오(Ni의 *s*, *p* 및 *d* 궤도함수를 고려하시오).

b. Ni의 *d* 궤도함수 중의 하나와 관련된 결합성 분자 궤도함수의 모양을 스케치하시오.

c. $(\eta^2-C_2H_4)_2Ni$ 의 C–C 결합 거리는 배위되지 않은 에틸렌에서보다 길 것인가 혹은 짧을 것인가? 그 이유를 설명하시오.

4-2 분자 모델링 소프트웨어를 사용하여 $(\eta^2-C_2H_4)_2Ni$를 그리고, 이 분자의 분자 궤도함수를 생성하여 보이시오. 이 문제의 결과와 문제 **4-1**에서 답을 서로 비교하시오.

a. Ni 궤도함수와 고리의 궤도함수 간의 상호작용 결과로 얻어진 분자 궤도함수를 확인하시오.

b. 어느 분자 궤도함수가 Ni의 *d* 궤도함수와 고리의 π 궤도함수 간에 결합성 상호작용과 관련되는가?

c. 에너지준위 도표를 스케치하시오. 이 결과를 페로센의 도표와 (그림 **4-9**) 비교하고 유사성과 차이점을 설명하시오.

4-3 고리 $\eta^n-C_nH_n$의 수소 원자 위치를 분석하면, 어떤 경우에 수소가 탄소 원자들 면의 위에(금속으로부터 멀리) 있고, 어떤 경우에는 아래에 있다. 고리의 크기가 증가하면 수소들의 방향은 "위" 혹은 "아래" 중 어느 것을 선호할까? 그 이유를 설명하시오.

4-4 $[(\eta^5-C_5H_5)_2Fe]^+$의 Fe–C 결합 거리는 $(\eta^5-C_5H_5)_2Fe$에서의 결합 길이보다 대략 6 pm 길지만, $[(\eta^5-C_5H_5)_2Co]^+$의 Co–C 결합 거리는 $(\eta^5-C_5H_5)_2Co$에서의 결합 길이보다 대략 6 pm 짧다. 이 현상을 설명하시오.

4-5 다음 반응들의 생성물들을 예측하시오.

a. $Co_2(CO)_8 + H_2 \longrightarrow$ **A**

A는 강한 산이고, 분자량은 200 이하이며, 하나의 단일선 ^1H NMR 봉우리를 가진다.

b. $(\eta^4-C_4H_6)_2Fe(CO)_3 + HBF_4 + CO \longrightarrow$ **B**

B는 2100 cm^{-1} 근처에서 4개의 적외선 띠(bands)를 나타낸다. **B**의 탄화수소 리간드의 합토 결합도는 반응물의 뷰타다이엔과는 다르다. BF_4^-는 이 반응의 생성물들 중 하나이다.

c. $Cr(CO)_3(NCCH_3)_3$ + 사이클로헵타트라이엔(cycloheptatriene) $\longrightarrow$ **C**

이 생성물은 2000 cm^{-1} 근처에서 적외선 띠의 수가 출발 물질과 같다.

d. cobaltocene + O_2 ⟶ **D**

D의 분자량은 코발트센(cobaltocene) 분자량의 두 배 이상이다. **D**는 상대적인 NMR 강도가 5:2:2:1의 비를 갖는 네 개의 자기환경이 다른 양성자을 가진다. **D**의 반은 나머지 반의 거울상이다. **D**는 C–O 단일 결합 영역에서 적외선 띠를 가지고 있다.

4-6 페로센은 아실리움 이온($H_3C{-}C{\equiv}O^+$)과 결합하여 양이온 착화합물 **X**를 형성한다; 염기는 **X**로부터 H^+를 떼어내어 $C_{12}H_{12}FeO$ 조성식을 갖는 **Y**를 생성한다. **Y**는 아실리움과 반응한 후, 염기를 처리하면 **Z**를 생성한다. **X**, **Y**, 그리고 **Z**의 구조를 제안하시오.

4-7 펜탄과 같은 반응성이 없는 용매에서 벤젠 존재에서 $(\eta^5{-}C_5H_5)(\eta^2{-}C_2H_4)Rh$의 광분해 반응은 다음 특징을 갖는 주목할만한 생성물을 생성한다.

- 생성물은 RhC_8H_8의 실험식(empirical formula)을 갖고 있다.
- 하나의 금속–금속 결합을 갖고 있으며, 18-전자 규칙을 따른다.
- ^1H NMR 스펙트럼은 보고되지 않았지만 다음 특징들을 가지고 있다.
  - 상대적인 강도 5:2:1을 갖는 세 가지 방식의 공명
  - 가장 큰 봉우리는 출발 물질의 고리 양성자와 유사한 화학적 이동을 가진다.

끝으로, 바다를 항해하기 좋아하는 사람은 특히 이 분자를 좋아한다! 이 생성물의 구조를 제안하시오.

4-8 $(\eta^4{-}C_8H_8)Ru(CO)_3$ 재배열 고리 돌아감 메카니즘(ring whizzer mechanism of rearrangement)은 $(\eta^4{-}C_8H_8)Fe(CO)_3$에서 보다 느리고, ^{13}C NMR 뿐만 아니라 ^1H NMR에 의해서도 관찰될 수 있다. 루테늄 화합물의 재배열이 느린 이유를 제안하시오.

4-9 화합물 $[(\eta^5{-}C_5H_5)Fe(CO)]_2$은 1904와 1958 cm^{-1}의 적외선 띠를 갖고 있는 반면 $[(\eta^5{-}C_5Me_5)Fe(CO)]_2$ (Me = methyl)는 1876과 1929 cm^{-1}의 적외선 띠를 갖는다.

a. 두 화합물에서 이 띠들의 위치 차이를 설명하시오.

b. 단일 띠보다는 두 개 띠의 출현은 이 화합물의 구조에 대해서 무엇을 암시하고 있는가?

4-10 $(\eta^5{-}C_5H_5)Co(CO)_3$는 1965와 1812 cm^{-1}에서 IR 띠를 가지고 있으나, $(\eta^5{-}C_5H_5)Co(CO)_2$는 1792 cm^{-1}에서 단일 띠만 가지고 있다. 이 차이를 설명하고 IR 데이터와 18-전자 규칙과 일치하는 두 분자를 스케치하시오.

제5장

다른 중요한 리간드

Other Important Ligands

유기금속화학에서 접한 여러 유형의 리간드를 빠짐 없이 다룬 것은 아니며, 몇 가지의 추가적인 리간드 종류가 중요하다. 금속–탄소 σ 결합을 가지는 세 가지 유형의 리간드는 특별히 주의를 기울일 필요가 있다; 알킬 리간드, 카벤(carbene, 금속–탄소 이중 결합을 지닌), 그리고 카바인(carbyne, 금속–탄소 삼중 결합을 지닌). 카벤과 카바인 유기금속 화합물은 금속–탄소 σ 상호작용뿐만 아니라 π 상호작용도 포함한다. 또한, 몇 가지의 유기 화합물이 아닌(nonorganic) 리간드가 유기금속화학에서 중요한 역할을 한다. 예를 들면 수소 원자, 수소 분자(H_2), 포스핀(PR_3), 포스핀과 비슷한 구조의 비소 및 안티몬 화합물이다. 어떤 경우에는 이 리간드가 유기 리간드와 유사한 반응을 하거나 또는 다른 경우에는 이들의 거동이 매우 다르다. 이러한 리간드을 포함하는 착화합물은 촉매 반응을 비롯하여 유기금속 반응에서 중요한 역할을 한다.

5-1 M–C, M=C, M≡C 결합을 가진 착화합물

금속–탄소 단일 결합, 이중 결합, 그리고 삼중 결합을 포함하는 착화합물은 광범위하게 연구되고 있다. 이러한 유형의 결합을 갖고 있는 중요한 리간드가 표 **5-1**에 요약되어 있다.

5-1-1 알킬 및 관련 착화합물

초창기 알려진 유기금속 배위 화합물 몇 가지는 주족 금속 원자와 알킬 기와의 σ 결합을 갖는 것들이었다. 이러한 화합물의 예로서는, 마그네슘–알킬 결합을 갖는

표 5-1 M–C, M=C, M≡C 결합을 가진 착화합물

리간드	화학식	예
알킬	—CR_3	$(CO)_5Mn—CH_3$
카벤(alkylidene)	=CRR′	$(CO)_5Cr=C(OCH_3)(Ph)$
카바인(alkylidyne)	≡CR	$Br—Cr(CO)_4≡C—Ph$

Grignard 시약, 메틸 리튬과 같은 알칼리 금속을 갖는 알킬 착화합물을 포함한다. 이러한 주족 화합물의 합성과 반응은 일반적으로 유기화학에서 상세히 논의되어 있다.

첫 번째 안정한 전이금속 알킬은 20세기의 첫 십 년 사이에 합성되었다; 지금은 이러한 착화합물들이 상당수 알려져 있으며, 안정한 전이금속 알킬의 예는 $Ti(CH_3)_4$, $W(CH_3)_6$과 $Cr(CH_2Si(CH_3)_3)_4$ 등이다. 이러한 화합물에서 금속–리간드 결합은 아래와 같이 σ 방식으로 금속과 탄소 간의 전자 공유로 나타낼 수 있다.

M ⟵ :CR_3 (R = H, alkyl, aryl)

sp^3궤도함수

전자수 세기(counting) 측면에서 알킬 리간드는 두 개의 전자 주개로 고려될 수 있으며, CR_3^-(방법 A), 또는 한 개의 전자 주개 $\cdot CR_3$(방법 B)로 고려될 수 있다. 결합에서 의미 있는 이온성의 기여는 알칼리 금속이나 알칼리 토금속과 같은 매우 전기양성적인 원소의 착화합물에서 일어날 수 있다.

기본문제 5-1

다음 18-전자 착화합물에 대하여 전이금속을 확인하시오.

a. $CH_3M(CO)_4$ M = 제1주기 전이금속

b. $(\eta_5\text{–}C_5H_5)CH_3M(CO)_2$ M = 제1주기 전이금속

c. $CH_3M(CO)_2(PMe_3)Br$ M = 제3주기 전이금속

여러 가지 알킬 전이금속 합성 경로가 개발되고 있으며, 이 방법 중 가장 중요한 네 가지는 다음과 같다.

1. 전이금속 할라이드를 유기 리튬, 유기 망간, 또는 유기 알루미늄 시약과 반응

예: $ZrCl_4 + 4\ PhCH_2MgCl \longrightarrow Zr(CH_2Ph)_4 + 4\ MgCl_2$ **5.1**

2. 금속 카보닐 음이온과 알킬 할라이드와 반응

예: $Na[Mn(CO)_5] + CH_3I \longrightarrow CH_3Mn(CO)_5 + NaI$ **5.2**

3. 금속 카보닐 음이온과 아실 할라이드와 반응

예:

$Na[(\eta^5\text{–}Cp)Fe(CO)_2] + CH_3COCl \longrightarrow (\eta^5\text{–}Cp)Fe(CO)_2(COCH_3) \xrightarrow{h\nu} (\eta^5\text{–}Cp)Fe(CO)_2CH_3$ **5.3**

4. 금속 할라이드와 다른 비전이금속 알킬과의 반응

예: $WF_6 + 3\ Zn(CH_3)_2 \longrightarrow W(CH_3)_6 + 3\ ZnF_2$ **5.4**

비록 많은 착화합물들이 알킬 리간드를 함유하고 있지만, 리간드로 알킬 기만 가지고 있는 착화합물들은 상대적으로 수가 많지 않으며 속도론적으로 불안정해서 분리하기 어렵다. 이들 화합물의 안정성은 분해되는 경로를 차단해서 금속의 배위자리가 보호되는 입체적 장애(crowding)에 의해 증가한다. 예를 들면, 6배위 $W(CH_3)_6$는 분해되지 않고 30 °C에서 녹았지만, $Ti(CH_3)_4$는 – 40 °C 근처에서 분해된다.

흥미롭게도 동종(homoleptic) 메틸 리간드와 그 유도체 전이금속 착화합물은 다른 전이금속 착화합물의 기하 형태와는 뚜렷이 다른 기하 형태를 가지는 경향이 있다. 예를 들면, $Re(CH_3)_6$는 삼각프리즘 형태를 갖고(그림 **5-1**), $W(CH_3)_6$를 포함하는 다른 6배위 메틸 착화합물은 뒤틀린 삼각프리즘 형태를 갖고 있다.

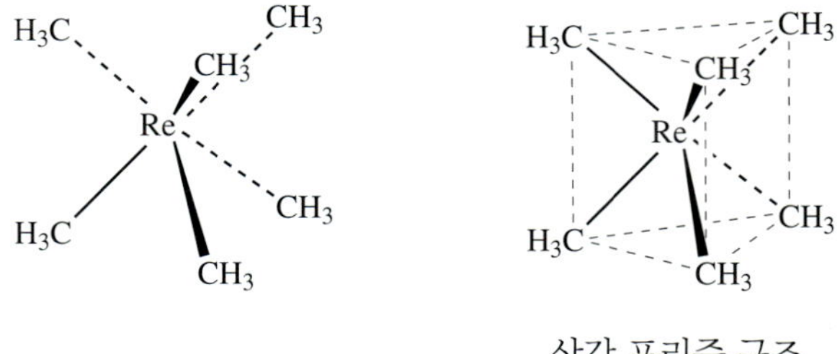

그림 5-1
$Re(CH_3)_6$의 구조

또한, β 수소를 가지는 알킬 착화합물은 β 수소가 없는 착화합물보다 훨씬 덜 안정한(속도론적으로) 경향이 있다. β 수소를 가지는 착화합물은 다음 도식에 예시된 대로 **β-제거 반응**이라는 분해 반응이 진행된다.

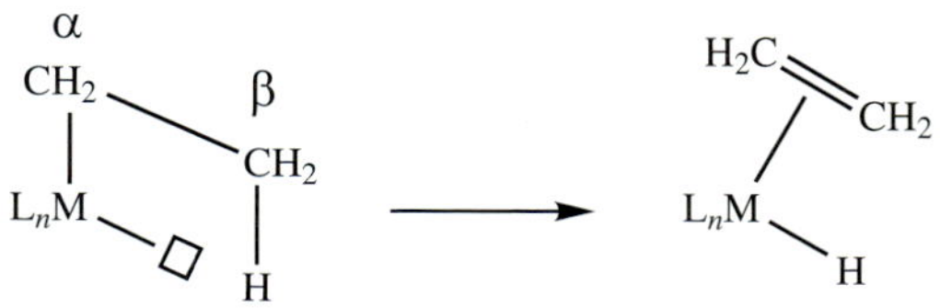

안정성 증가를 위해, 알킬 리간드의 β 위치는 다양한 방법으로 차단될 수 있다. 예를 들면, 다음과 같은 알킬 기를 사용하는 것이다.

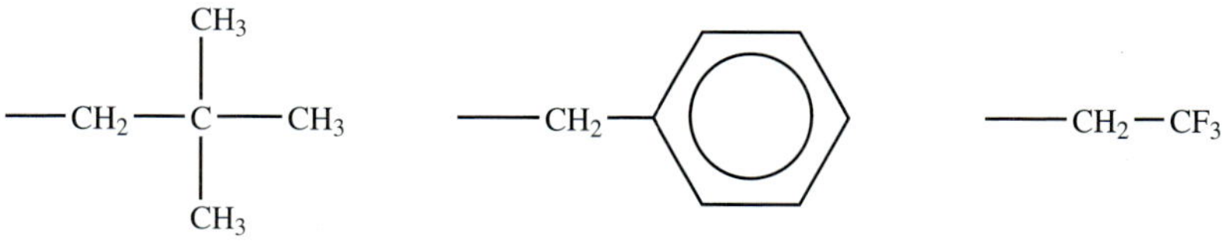

β-제거 반응은 제7장에서 더욱 상세히 논의될 것이다.

때때로 β 수소를 포함하는 착화합물의 속도론적 불안정성은 원하는 방향으로 사용될 수 있다. 제7장에서 논의된 대로 β 수소를 포함하는 착화합물의 불안정성은 중간체의 빠른 반응성이 전반적인 과정의 효율성에 결정적인 역할을 할 수 있는 촉매 반응 과정에 유용한 특징이 될 수 있으며, 알킬 착화합물 촉매 반응 순환 과정에서 중요하다.

몇 가지 다른 리간드가 직접적으로 금속–탄소 σ 결합에 참여하며, 이들에 관련된 예를 표 **5-2**에 나타내었다.

금속이 고리에 삽입된 착화합물인, 금속 고리 화합물이 많이 알려져 있다. 다음 반응식은 금속 고리 합성의 한 예이다(식 **5-5**).

표 5-2 금속과 σ 결합을 형성하는 다른 유기 리간드

리간드	화학식	예
아릴 (aryl)		H, Ta, H
알켄일(바이닐) (alkenyl(vinyl))	H, H, C=C, H	PR_3, H, Cl—Pt—C, CH_2, PR_3
알카인일 (alkynyl)	—C≡C—	PR_3, Cl—Pt—C≡C—, PR_3

$PtCl_2(PR_3)_2$ + Li~~~~Li ⟶ R_3P, Pt, R_3P + 2 LiCl

금속 함유 사이클로펜테인 **5.5**

금속 고리 화합물 자체에 흥미가 있을 뿐만 아니라, 금속 고리들은 여러 가지 촉매반응에 중간체로 제안되고 있다. 금속 고리의 더 많은 예는 다음 장들에서 주어진다.

5-1-2 카벤(알킬리딘) 착화합물

카벤 착화합물은 금속–탄소 이중 결합을 갖고 있으며, 다음과 같은 일반 구조를 가지고 있다(X, Y = alkyl, aryl, H, 혹은 O, N, S, 할로겐과 같은 전기음성도가 큰 원자). 1964년에 Fischer와 Maasböl에 의해 처음으로 합성되었고, 현재는 대다수 전이금속과 전형적인 카벤 :CH_2를 포함하여 광범위한 리간드에 걸쳐서 카벤 착화합물들이 알려졌다.

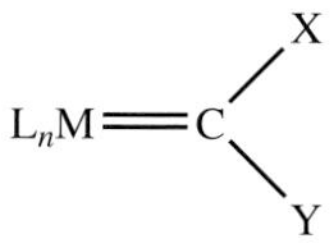

$$L_nM{=}C(X)(Y)$$

1964년에 합성된 최초의 카벤 착화합물은 유기금속화학에서는 고전적이며, Fischer 카벤 착화합물로 알려진 전형적인 화합물을 생성하였다. 이 합성에서 $W(CO)_6$가 페닐리튬과 에칠에테에서 반응하여 $[W(CO)_5COC_6H_5]^-$ 음이온을 형성한 다음, 이 음이온과 다이아조메탄(diazomethane) 반응은 반응식 **5.6**에 보여진 카벤 착화합물을 형성한다.

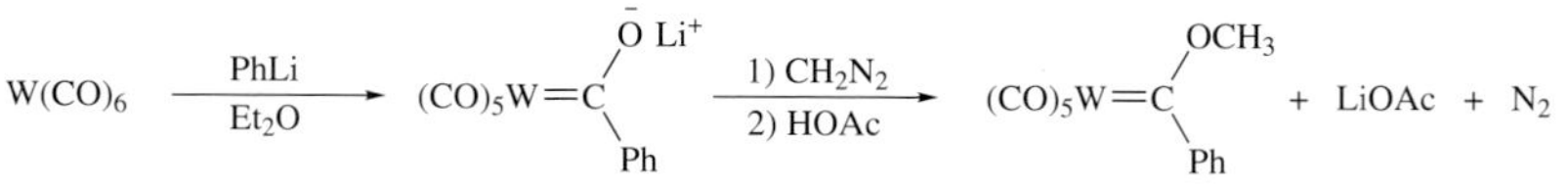

$$W(CO)_6 \xrightarrow[Et_2O]{PhLi} (CO)_5W{=}C(\bar{O}\,Li^+)(Ph) \xrightarrow[2)\ HOAc]{1)\ CH_2N_2} (CO)_5W{=}C(OCH_3)(Ph) + LiOAc + N_2 \qquad \textbf{5.6}$$

텅스텐 카벤 착화합물의 유사체인 크로뮴, 몰리브덴 카벤 화합물이 뒤이어 합성되어졌다.

Fischer에 의해 처음으로 합성된 것을 포함하여 대다수 카벤 착화합물은 카벤 탄소에 직접 붙어있는 O, N, 혹은 S와 같은 하나 혹은 두 개의 전기음성도가 큰 헤테로 원자들을 포함한다. 초기 Fischer 카벤이 합성된 몇 년 후에 Schrock의 연구진과 다른 여러 사람에 의해 폭넓게 연구되고 있으며, 일반적으로는 알킬리딘(alkylidene)에 속하면서 때로는 *Schrock-형*(Schrock-type) 카벤 착화합물로 표기된다.

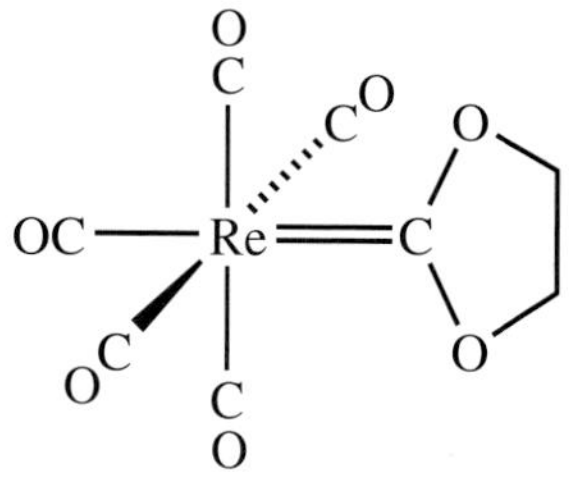

Fischer 카벤 착화합물

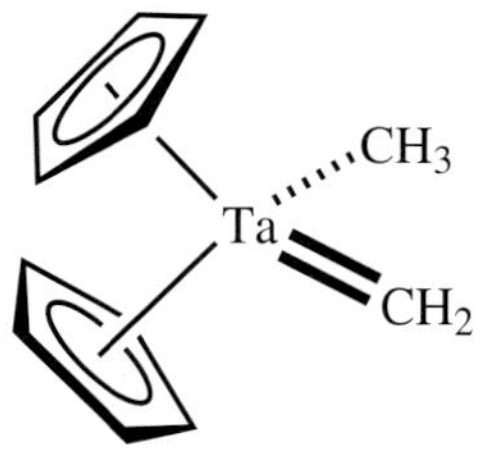

Schrock 카벤(알킬리딘) 착화합물

제5장에서 카벤 착화합물의 결합의 정성적인 논의를 하며, 이 착화합물의 구조, 결합 및 반응 화학에 대한 더욱 상세한 논의는 제9장에서 다루어진다.

카벤 착화합물에서 형식적인 이중 결합은 알켄(alkenes)의 이중 결합과 비교될 수있다. 카벤 착화합물의 경우 금속은 그림 **5-2**에 예시된 것처럼 탄소와 π 결합을

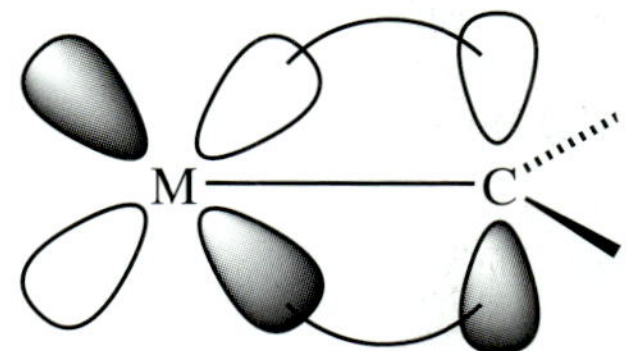

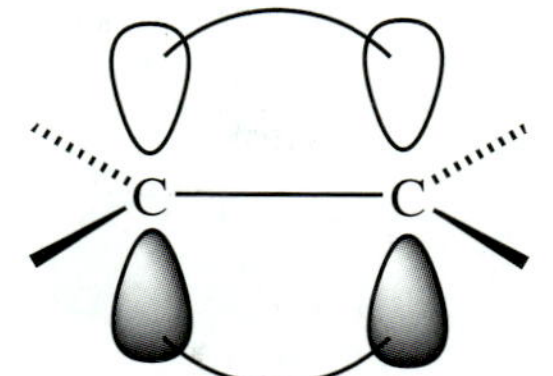

그림 5-2
카벤 착화합물과 알켄에서 π 결합

형성하는데 *d* 궤도함수(*p* 궤도함수보다는)를 사용하여야 한다.

카벤 착화합물에서 결합의 또 다른 중요한 면은 카벤 탄소에 직접 붙어있는 O, N, 혹은 S와 같은 전기음성도가 큰 "헤테로 원자"를 가진 착화합물은 이러한 원자를 가지지 않는 착화합물보다 더 안정한 경향이 있다는 것이다.

$(CO)_5Cr{=}C(OCH_3)(Ph)$ $(CO)_5Cr{=}C(H)(Ph)$

예를 들면, 카벤 탄소에 산소를 가지고 있는 $Cr(CO)_5[C(OCH_3)C_6H_5]$은 $Cr(CO)_5(C(H)C_6H_5)$보다 훨씬 안정하다. 착화합물의 안정성은 금속의 *d* 궤도함수, 탄소와 헤테로 원자의 *p* 궤도함수와 관련된 비편재화된 삼원자 π 계(three-atom π system)와 함께 전기음성도가 큰 원자가 π 결합에 참여할 수 있다면 증가된다. 이러한 π 계의 예는 그림 **5-3**에 나타내었으며, 비편재화된 삼원자계는 단순한 금속–탄소 π 결합보다도 더욱더 안정성을 제공할 것이다. 제9장에 논의될 전기음성도가 큰 원자의 존재는 M–C–헤테로 원자 결합성 궤도함수의 에너지를 낮춤으로써 착화합물을 안정화시킬 수 있다.

그림 **5-4**의 메톡시 카벤 착화합물 $Cr(CO)_5[C(OCH_3)C_6H_5]$은 전이금속 카벤 착화합물에서 몇 가지 결합의 중요한 특성을 나타내주고 있다. 크로뮴과 탄소 간의 이중 결합의 증거는 X-선 결정학에 의해 제공되는데, 전형적인 Cr–C 결합 거리 약 220 pm과 비교하여 204 pm으로 측정되었다.

이 착화합물의 흥미로운 면 중 하나는 온도 의존 ^{1}H NMR을 나타낼 수 있다는 것이다. 메틸 양성자에 대해 실온에서 단일 공명이 관찰되었으나, 온도가 낮아지면 이 봉우리 폭이 넓어지고 그 후 두 개의 봉우리로 분리된다. 이 거동을 어떻게 설명할 수 있을까?

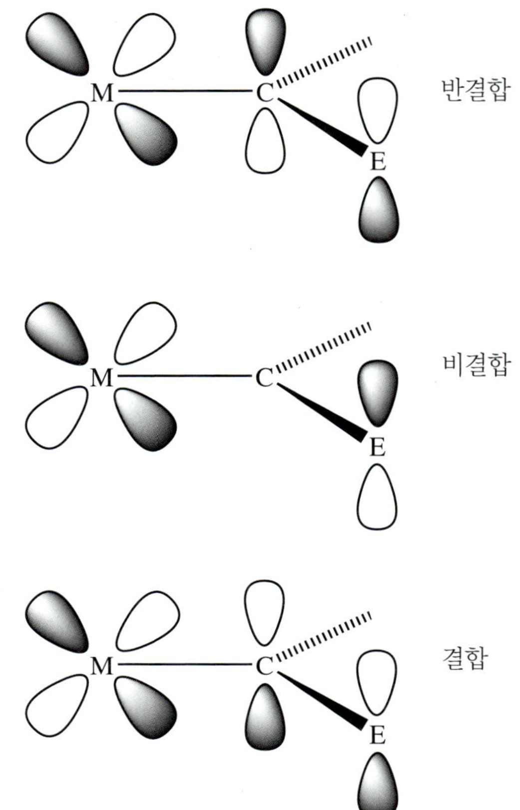

그림 5-3
카벤 착화합물에서 비편재화된 π 결합. E는 O, N, 혹은 S와 같은 전기음성도가 큰 헤테로 원자

크로뮴과 탄소 간의 이중 결합과 탄소와 산소 간의 단일 결합(결합 주위로 자유 회전을 허용하는)을 갖는 예시된 착화합물에 대해서 같은 자기환경에 해당하는 단일 메틸 양성자 공명이 예상된다. 그러므로 실온 NMR은 단일 메틸 신호가 예상된다. 그러나 저온에서 이 봉우리가 두 개로 분리되는 것은 두 가지의 다른 양성자 환경을 암시한다. C–O 결합 주위에 회전이 방해를 받는다면 두 가지 환경이 가능하다. 탄소와 산소 간에 이중 결합을 보여줌으로써 그 착화합물의 공명 구조가 그려질 수 있다; 그림 **5-4**에 예시된 대로 저온에서 관찰될 수 있는 *시스*(*cis*)와 *트랜스*(*trans*) 이성질체를 형성하기 때문에 이중 결합은 충분히 의미가 있다.

C–O 결합의 이중 결합 성격의 증거는 143 pm의 전형적인 C–O 단일 결합 거리와 비교하여 133 pm의 C–O 결합 거리를 보여 주는 결정 구조 데이터에 의해서도 확인된다. 비록 약하긴 해도(전형적인 C=O 결합은 훨씬 짧으며, 대략 116 pm), 이러한 탄소와 산소 간의 이중 결합 성격은 저온에서 양성자 NMR이 *시스*와 *트랜스* 메틸 양성자를 분리하여 감지할 수 있도록 결합 주위의 회전을 느리게 할 만큼 충분하다. 고온에서는 NMR이 하나의 평균 신호를 보여주도록 C–O 결합 주위의

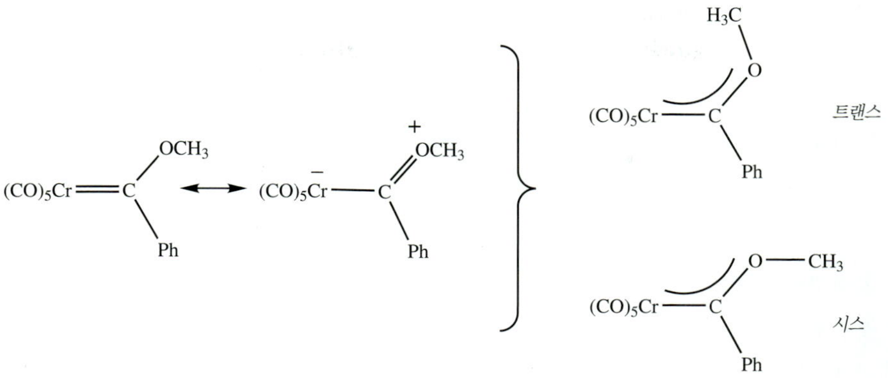

$$(CO)_5Cr{=\!=}C(OCH_3)(Ph) \longleftrightarrow (CO)_5\overset{-}{Cr}{-}C(\overset{+}{O}CH_3)(Ph)$$

트랜스

시스

그림 5-4
$Cr(CO)_5(C(OCH_3)C_6H_5)$의 공명 구조와 *시스*(*cis*)와 *트랜스*(*trans*) 이성질체

빠른 회전이 되는 충분한 에너지가 공급된다.

결정학 데이터는 Cr–C와 C–O 결합 두 가지 모두에서 이중 결합 성격을 보여 주고 있다. 이런 유형의 착화합물(전기음성도가 큰 원자를 포함하는—이 경우에는 산소)에서 π 결합이 세 원자에 비편재화된 것으로 간주될 수 있는 카벤 착화합물의 논의를 뒷받침한다. 비록 모든 카벤 착화합물에 대해 절대적으로 필수불가결한 것은 아니지만, 세 개 이상의 원자에서 π 전자 밀도의 비편재화가 다수의 카벤 화합물에 대한 추가적인 안정성의 척도를 제공해 준다.

5-1-3 카바인 착화합물

첫 번째 안정한 카벤 전이금속 착화합물이 Fischer에 의해 보고된 후, 전이금속–탄소 삼중 결합을 지닌 첫 번째 착화합물의 합성이 이루어졌으며, 이 또한 Fischer 그룹에 의해 이루어졌다. 카바인 착화합물은 금속–탄소 삼중 결합을 갖고 있고, 알카인(alkynes)과 유사하다. 지금까지 많은 카바인 착화합물들이 알려졌으며, 카바인 리간드의 예는 다음과 같다.

M≡C–R   R = 아릴(aryl, 처음으로 발견됨), alkyl, H, $SiMe_3$, NEt_2, PMe_3, SPh, Cl

Fischer의 초기 합성에서, 카바인 착화합물들은 카벤 착화합물의 루이스(Lewis)산과의 반응 생성물로 우연히 얻어졌다. 예를 들면, 메톡시카벤 착화합물 $Cr(CO)_5[C(OCH_3)C_6H_5]$은 루이스 산 BX_3(X = Cl, Br, 혹은 I)과 반응한다.

첫째로 루이스 산은 카벤의 염기 자리인 산소를 공격한다.

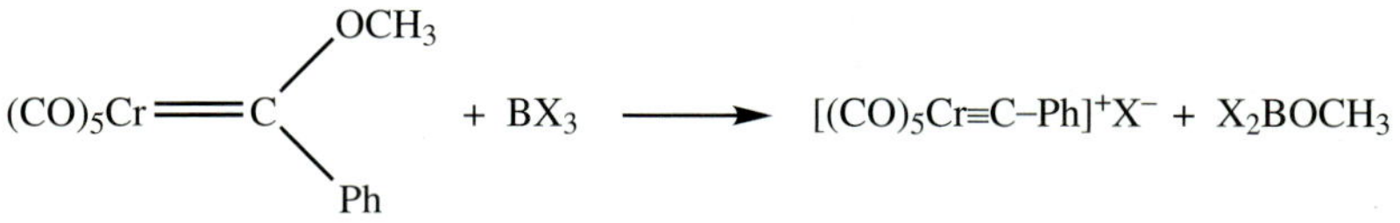

$$(CO)_5Cr{=\!=}C(OCH_3)(Ph) + BX_3 \longrightarrow [(CO)_5Cr{\equiv}C{-}Ph]^+X^- + X_2BOCH_3 \qquad \mathbf{5.7}$$

이어서, 이 중간체는 카바인의 트랜스 위치에 할로겐이 배위되면서 CO를 잃는다.

$$(CO)_5Cr{\equiv}C{-}Ph^{+} + X_2BOCH_3 \longrightarrow X{-}Cr(CO)_4{\equiv}C{-}Ph$$

5.8

착화합물의 카바인에 대한 가장 좋은 증거는 X-선 결정학에 의해 카벤 착화합물의 상응하는 결합 거리보다 상당히 짧은 168 pm(X = Cl일 경우)의 Cr–C 결합 길이를 보여주는 것이다. Cr≡C–C 결합각은 예상대로 180°이다. 그러나 결정 상태의 많은 화합물에서 결정 쌓임 방식에 따라 선형으로부터 약간 벗어나는 것도 관찰되었다.

카바인 착화합물에서 결합은 그림 **5-5**에 예시된 대로 하나의 σ 결합에 두 개의 π 결합의 조합으로 여겨질 수 있다.

카바인 리간드는 탄소의 *sp* 혼성 궤도에 한 쌍의 고립 전자쌍을 가지고 있다. 이 고립 전자쌍은 Cr의 적절한 혼성 궤도에 기여할 수 있어 σ 결합을 형성한다. 또한, 탄소는 π 결합을 형성하기 위해 Cr의 *d* 궤도함수로부터 전자 밀도를 받을 수 있는 두 개의 *p* 궤도함수를 가지고 있다. 따라서 카바인 리간드 주개와 π 받개 두 가지 기능을 지니며, 전자 개수를 셀 때, $:CR^+$ 리간드는 두 개의 전자 주개(방법 A의 한개 L 리간드)로 고려될 수 있다. 중성인 CR 리간드는 세 개의 전자 주개(방법 B 의한 개 LX 리간드)로 계산하는 것이 더욱 편리하다.

예제 5-1

화합물 $Cr(CO)_4Br({\equiv}CPh)$이 18전자를 만족하는 확인하시오.

방법 A		***방법 B***	
Cr	6 전자	Cr	6 전자
4 CO	8 전자	4 CO	8 전자
$:Br^-$	2 전자	Br	1 전자
$:CC_6H_5^+$	2 전자	$\equiv CC_6H_5$	3 전자
	18 전자		18 전자

기본문제 5-2

다음 카바인 착화합물에서 제3주기 전이금속을 확인하시오.

a. $(\eta^5{-}C_5Me_5)M(CCMe_3)(H)(PR_3)_2$
b. M(C-*o*-tolyl)(CO)$(PPh_3)_2$Cl

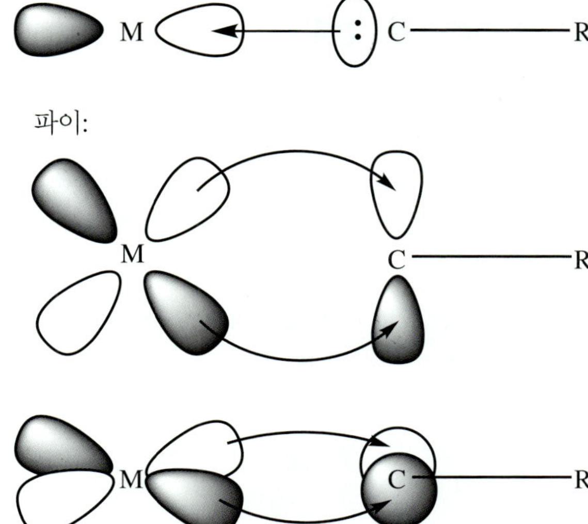

그림 5-5
카바인 배위 화합물에서 결합

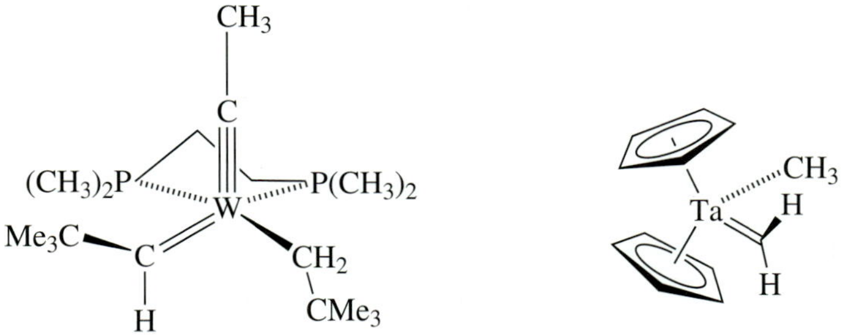

W≡C: 178.5 pm
W=C: 194.2 pm
W–C: 225.8 pm

Ta=C: 202.6 pm
Ta–C: 224.6 pm

그림 5-6
금속–탄소 단일, 이중 및 삼중 결합을 포함하는 배위 화합물

카바인 착화합물들은 앞서 언급한 카벤에 Lewis 산 공격 이외에도 다양한 방법으로 합성되어질 수 있다. 카바인의 합성 경로와 이 화합물의 반응이 문헌에 요약되어 보고되어 있다. 카바인 화합물 반응은 제9장에서 상세히 논의될 것이다.

어떤 경우에는, 이 부분에서 논의된 두 가지 혹은 세 가지의 유형(알킬, 카벤, 카바인)의 리간드를 지닌 분자가 있다. 이러한 분자들은 그림 **5-6**에 나타난대로 금속–탄소 단일, 이중, 그리고 삼중 결합 길이를 직접 비교하는 기회를 제공한다.

5-1-4 카바이드(carbide) 착화합물

알킬 ($-CR_3$), 카벤 ($=CR_2$), 카바인 ($\equiv CR$) 계열에서 최종 화합물은 카바이드 리간드이다. 이 결합은 사중 결합 ≡C로 표현하려고 하는 시도도 있지만, 전이금속에 결합을 할 때에는 $\equiv C^-$로 고려하는 것이 적절하다. 처음으로 보고된 전이금속 카바이드 착화합물은 그림 **5-7**의 음이온 $[C\equiv Mo\{N(C(CD_3)_2Me)(3,5\text{-}Me_2(C_6H_3)\}_3]^-$이다.

지속적인 연구는 결국 중성의 카바이드 착화합물을 합성하게 되었다. 보고된 중성 화합물 중의 첫 번째 화합물은 그림 **5-7**에 있으며 다음 반응(반응식 **5.9**)과 같이 카벤 착화합물로부터 합성된 삼각쌍뿔 루테늄 착화합물이다.

5.9

카바이드 착화합물에서 금속–탄소 결합 거리는 알킬리다인(alkyldyne) 착화합물에서와 아주 유사하다. 예를 들면, 그림 **5-7**의 루테늄 카바이드 착화합물에서 Ru–C 거리 165 pm는 그림 **5-7**의 $[RuCl_2(\equiv CCH_2Ph)(PR_3)]^+$ (R = isopropyl)의 상응하는 결합 거리 166.0 pm와 대등하다.

카바이드 착화합물은 그 자체가 탄소 원자를 통한 σ 주개로 작용할 수 있다. 이러한 상황에서 카바이도(carbido) 탄소는 반응식 **5.10**의 예와 같이 2전자 주개로 작용한다.

5.10

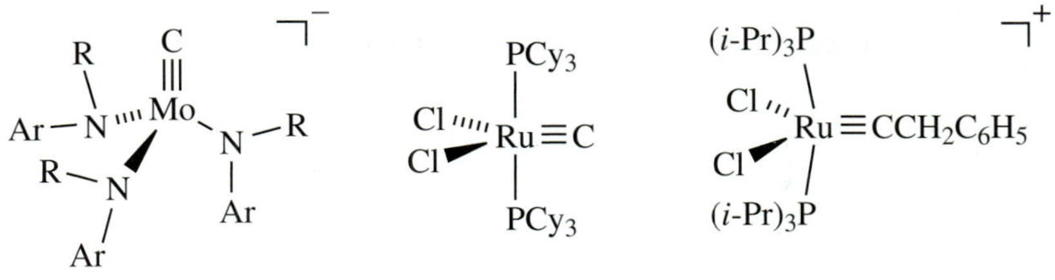

R = $C(CD_3)_2CH_3$　Ar = 3,5-$(CH_3)_2C_6H_3$　Cy = cyclohexyl

그림 5-7
카바이드 및 알킬리다인 배위 화합물

카바이드 착화합물의 규명에 유용하게 이용할 수 있는 특징 중의 하나는 NMR에서 500 ppm 부근까지 매우 낮은장(down field) 이동을 나타내는 ^{13}C 화학적 이동이다.

전이금속 카바이드 착화합물에 대한 이론적인 계산은 예상대로 *s*와 *p* 궤도함수 성분 둘 다 존재하고 π 결합 성분이 σ 결합 성분보다 더 강하다는 것을 제시하고 있다.

5-1-5 기타 유기 리간드

탄소를 통해서 금속과 결합할 수 있는 리간드는 아직도 많이 남아있다. 이제까지 고려되지 않았던 몇 가지 중요한 리간드의 예들이 표 **5-3**에 나타나 있다.

아실 착화합물은 다음 예와 같이 알킬 기의 CO 리간드로의 이동이 이루어질 수 있다.

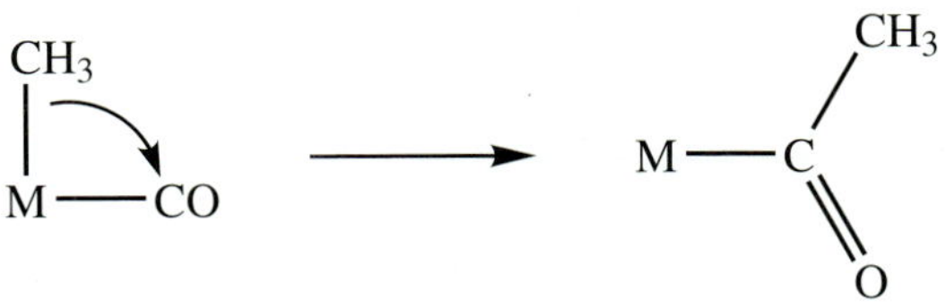

아실 착화합물들의 형성은 제7장(**7-1-1**)에서 논의될 카보닐 삽입 반응의 중요한 단계이다.

일반적으로 트리플루오르메틸 $-CF_3$과 퍼플루오르알킬(perfluoroalkyl) 및 퍼플루오르아릴 착화합물은 대응되는 알킬 아릴 착화합물보다 열적으로 훨씬 안정하다. 예를 들면, $CF_3Co(CO)_4$는 끓는점 91 °C에서 분해되지 않고 증류할 수 있지만, $CH_3Co(CO)_4$는 –30 °C 정도의 낮은 온도에서 분해된다. 퍼플루오르 착화합물에서 안정성이 증가된 이유는 복잡하지만, 하나의 주요 원인은 플루오르를 포함하는 리간드에서 금속–리간드 결합의 더 큰 결합 해리 에너지(bond dissociation energy)

표 5-3 기타 유기 리간드

리간드	화학식	예
아실 (acyl)	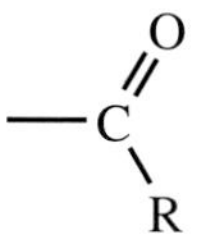 $-C(=O)R$	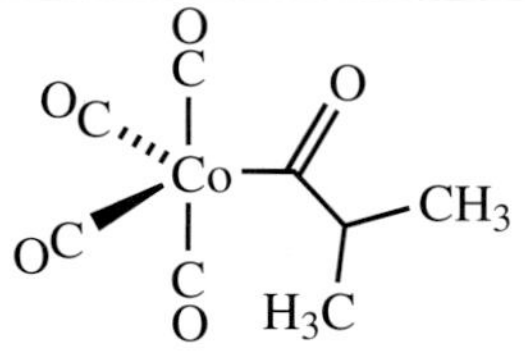 $(OC)_4Co-C(=O)CH(CH_3)_2$
퍼플루오르알킬, 퍼플루오르아릴 (perfluoroalkyl, perfluoroaryl)	$-CF_3$ $-C_6F_5$	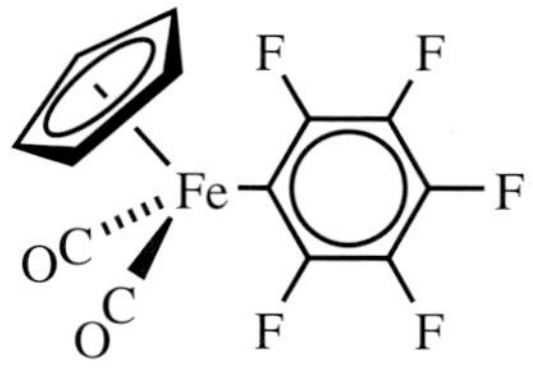 $CpFe(CO)_2(C_6F_5)$
비닐리덴 (vinylidene)	$=C=CH_2$	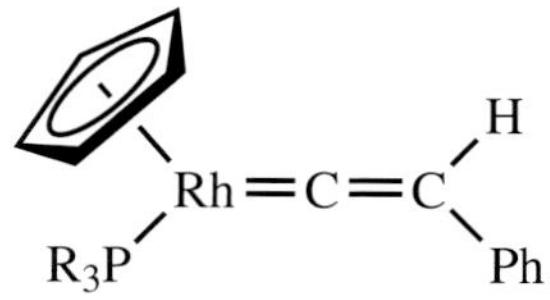 $Cp(R_3P)Rh=C=C(H)Ph$
알카인 (alkyne)	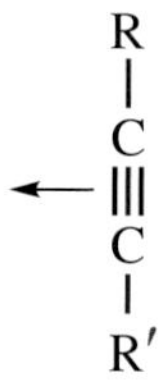 $\leftarrow RC\equiv CR'$	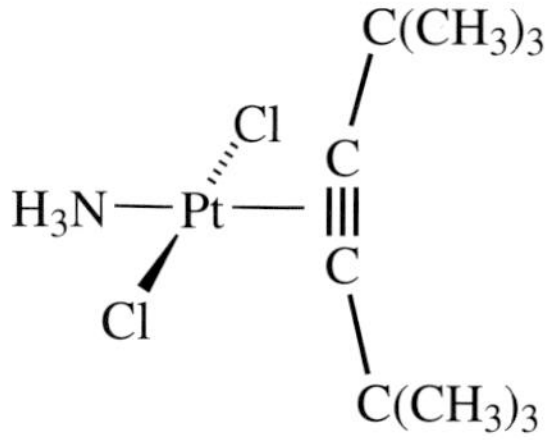 $H_3N-PtCl_2-[(CH_3)_3CC\equiv CC(CH_3)_3]$

이다. 퍼플루오르알킬 착화합물에서 전기음성도가 큰 플루오르는 리간드가 금속으로부터 전자를 끌어당기는 원인이 되고, M–C 결합에 극성을 크게 유발하여 결합 강도를 증가시킨다. 퍼플루오르알킬 착화합물에서 리간드의 낮은 π^* 궤도함수들이 M–C 결합을 강하게 하는 금속과의 역결합(back-bonding)에 참여할 수 있다.

비닐리덴(vinylidene) 착화합물은 연속된 이중 결합을 갖는 카벤 착화합물의 예이다. 더 긴 연속된 이중 결합을 갖는 큐물레닐리덴(cumulenylidene) 리간드를 지닌 착화합물은 메탈라큐물렌(metallacumulenes)이라 명명된다. 긴 막대 모양의 탄소 사슬을 갖는 이러한 리간드는 분자 전선(molecular wire) 또는 나노디바이스

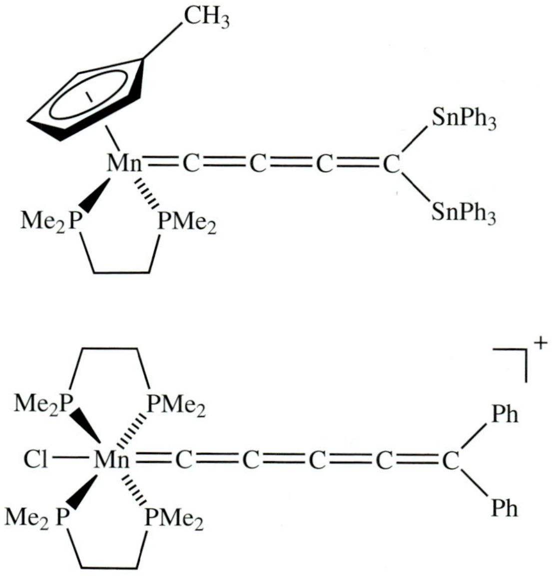

그림 5-8
메탈라큐물렌 배위 화합물

에서 비선형 광학 물질로의 응용 가능성 때문에 최근에 주목을 받고 있다. 일반식 $L_nM(=C)_mCR_2$의 메탈라큐물렌 착화합물은 m = 1(비닐리덴)과 m = 2(알레닐리덴)에 대해 잘 알려져 있으나, 더 긴 사슬, 특별히 m = 3에 대한 합성이 시도되고 있다. 그러나 사슬이 네 개 또는 다섯 개의 탄소를 가지는 예들은 합성되었으며, 메탈라큐물렌 착화합물의 몇 가지 예가 그림 **5-8**에 나타나 있다.

알카인(alkyne) 리간드을 포함하는 여러 착화합물이 알려져 있다. 이러한 리간드는 측면 결합 알켄에서와 유사한 방식으로 한 쌍의 전자를 주는 π 궤도함수와 같이 2-전자 주개로 작용한다. 다리 결합 알카인은 각각에 2-전자 주개로 작용하여 두 금속의 각각에 하나의 전자쌍을 주는 것(알카인의 차있는 두 개의 π 궤도함수 각각으로부터 한 쌍)으로 고려될 수 있다. 알카인 착화합물은 제10장에서 논의될 알카인 상호교환 반응(metathesis reaction) 연구에 큰 관심의 대상이 되는 주제이다.

5-2 하이드라이드(hydride) 및 이수소(dihydrogen) 착화합물

가능한 모든 리간드 중에서 가장 단순한 것이 수소 원자 H이며, 가장 간단한 이원자 리간드는 이수소 분자 H_2이다. 이들이 단순성 때문에 배위 화합물의 결합 모델로서 관심을 갖게 되는 것이 놀랄만한 일은 아니다. 더욱이 이 두 리간드는 유기금속 화합물의 유기합성 응용 개발, 특히 촉매 공정에 큰 역할을 하고 있다. 비록 수소 원자(일반적으로는 *hydride*로 표현된)는 그동안 중요한 리간드로 인식되고 있고, 이수소 리간드의 중요성은 상대적으로 최근에 인식되고 있지만 이수소를 지닌 화합물의 화학은 현재 빠르게 개발되고 있다.

5-2-1 하이드라이드 착화합물

수소 원자들은 주기율표의 거의 모든 원소들과 결합을 형성하지만, 전이금속에 결합된 수소 원자를 가진 배위 화합물을 특별히 고려할 것이다. 왜냐하면 수소 원자는 결합을 위한 적절한 에너지의 1*s* 궤도함수만 갖고 있기 때문에 수소와 전이금속 간의 결합은 필수불가결하게 금속의 *s*, *p* 그리고/또는 *d* 궤도함수(혹은 혼성 궤도함수)를 포함하는 σ 결합이어야 한다. 하나의 리간드로서 H는 하이드라이드(:H^-, 방법 A)처럼 2-전자 주개 또는 1-전자 주개(H 원자, 방법 B)로 고려될 수 있다.

하이드라이드 리간드의 동종 리간드(homoleptic) 전이금속 착화합물이 알려져 있지만, 구조적으로 흥미로운 예는 9-배위 $[ReH_9]^{2-}$ 이온이며, 다른 리간드와 혼합되어 있는 H를 포함하는 착화합물에 더욱 관심이 있다. 이러한 착화합물은 다음 장에서 논의된 바와 같이 다양한 방법으로 합성되어질 수 있다. 가장 일반적인 합성 방법은 전이금속 착화합물과 H_2의 반응이다. 다음이 그 예들이다(식 **5.11**과 **5.12**).

$$Co_2(CO)_8 + H_2 \longrightarrow 2\ HCo(CO)_4 \qquad \textbf{5.11}$$

$$trans\text{-}Ir(CO)Cl(PEt_3)_2 + H_2 \longrightarrow Ir(CO)Cl(H)_2(PEt_3)_2 \qquad \textbf{5.12}$$

하이드라이드 리간드는 H가 강한 차폐(shielding)를 느끼기 때문에 ^1H NMR로 용이하게 감지될 수 있다. 하이드라이드의 전형적인 화학적 이동은 단말 하이드라이드의 경우 약 −2~−12 ppm 사이의 영역에 있고, 다리 결합 하이드라이드는 더 높은장(higher field)에서 공명한다.

전이금속 하이드라이드 화학의 가장 흥미로운 분야 중의 하나는 하이드라이드 리간드와 빠르게 발전하고 있는 이수소 리간드 H_2에 관한 연구이다.

5-2-2 이수소 착화합물

전이금속에 배위된 H_2 분자를 포함하는 착화합물이 수 년 동안 제안되어 왔고, 하이드라이드 리간드을 포함하는 많은 착화합물이 합성되어 왔지만, 첫 번째 구조적으로 규명된 이수소 착화합물은 Kubas와 공동연구자들이 $M(CO)_3(PR_3)_2(H_2)$ (M = Mo, W; R = cyclohexyl, isopropyl) 착화합물을 합성한 1984년이었다. 그 이후 많은 H_2 착화합물이 확인되었고, H_2 리간드 화학이 빠르게 발전하였다.

이수소와 전이금속 간의 결합은 그림 **5-9**와 같이 설명될 수 있다. H_2의 σ 전자들은 금속의 비어 있는 적절한 궤도함수(*d* 궤도함수나 혼성 궤도함수와 같은)를 채

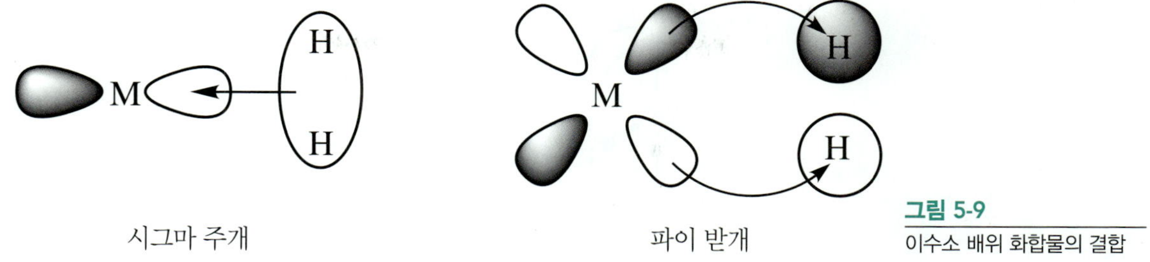

그림 5-9
이수소 배위 화합물의 결합

워줄 수 있는 반면, 리간드의 σ* 궤도함수는 금속의 차 있는 *d* 궤도함수로부터 전자 밀도를 받을 수 있다. 이 결과 배위되지 않은 H_2에 비해 전반적으로 H–H의 결합 약화와 H–H 결합의 길어짐이 나타난다. 배위된 이수소를 갖는 착화합물에서 전형적인 H–H 거리는 배위되지 않은 H_2의 74.14 pm와 비교하여 82~90 pm 범위에 있다.

이러한 결합 이론은 다중 결합을 형성하는 CO나 고리 π 계와 같은 다른 주개–받개 리간드와는 뚜렷이 차이가 있는 설명을 초래한다. 만약 금속이 전자가 풍부하고 H_2의 σ*에 강하게 줄 수 있다면, H–H 결합은 깨어져 하이드라이드 리간드처럼 분리된 H 원자를 줄 것이다. 결과적으로 안정한 H_2 착화합물의 연구는 높은 산화 상태나 강한 전자 받개로서 작용하는 리간드로 둘러싸여 상대적으로 주개 능력이 낮은 금속에 집중되어 있다. 특히 CO나 NO 같은 좋은 π 받개는 이수소 리간드를 안정화시키는데 효과적일 수 있다.

기본문제 5-3

$Mo(PMe_3)_5H_2$는 다이하이드라이드(두 개의 분리된 H 리간드)인 반면, $Mo(CO)_3(PR_3)_2(H_2)$(R = isopropyl)는 이수소 리간드인지를 설명하시오.

$M(H)_2$ 구조 혹은 $M(H_2)$ 구조 간의 경계선은 미세하며 환경의 미세한 차이가 중요하다. 예를 들면, $[Rh(P(CH_2CH_2PPh_2)_3)(H_2)]^+$에서 다음과 같이 두 가지의 이성질체가 발견되었다. 만약 수소가 삼각쌍뿔 이성질체의 꼭지점을 점유하고 있다면 그것은 H_2로 존재하지만, 수소가 팔면체의 *시스* 위치를 점유한다면 그것은 분리된 H 원자로 존재한다. 계산 연구는 팔면체 이성질체의 *시스* 위치에서보다 삼각쌍뿔의 꼭지점에서 금속으로부터 리간드로의 전자 주개 기여도가 적다는 것을 보여주고 있다.

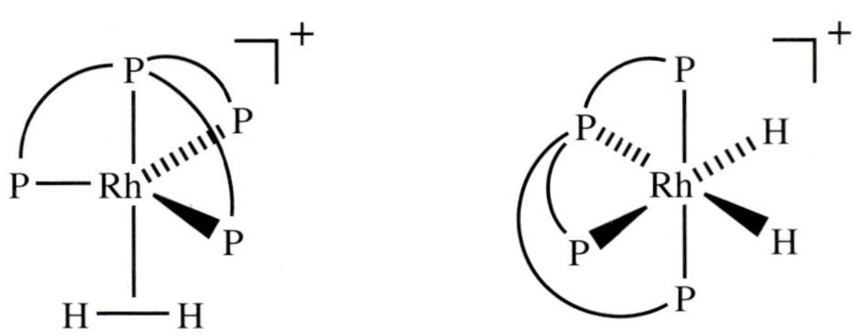

이수소 착화합물은 금속에서 일어나는 여러 가지 수소 반응에서 가능한 중간체로서 제안되고 있다. 이 반응들 중 몇 가지는 산업계 관심사인 촉매 반응의 주요 과정이다.

5-2-3 아고스틱(agostic) 수소

수소 원자는 특수한 경우에 리간드의 탄소 원자와 금속 원자 간의 "굽은(bent)" 연결을 형성할 수 있다. 이러한 상호작용은 *아고스틱(agostic)*으로 설명되며, 그림 **5-10**에 이러한 예가 수록되어 있다. 첫 번째 구조에서 에틸 리간드의 Ti–C–C 결합각이 sp^2 혼성 탄소의 일반적인 사면체 각보다 20° 이상 작다. 이것은 β 탄소와 금속 간의 다리를 연결하면서 β 수소가 금속으로 더욱 가까워진 결과로 해석된다.

이러한 상호작용은 중성자 회절에 의해 입증되었으며, 특히 반응 중간체에서 제안되었다. 그림 **5-10**에서 두 번째 분자는 이런 식으로 뒷받침되고 있는 첫 번째 아고스틱 상호작용을 보여주고 있다. 금속과의 아고스틱 상호작용과 관련된 수소가 금속과 약한 결합을 형성하기 위한 주개로 작용하기 때문에 C–H 결합은 길어지게 되고 그 결합은 약화된다. 이 결과는 다음 반응을 위한 단계로서 C–H 결합을 "활성화(activate)"하는 경향이다.

5-3 포스핀(phosphines)과 관련 리간드

가장 중요한 리간드 중에 하나는 포스핀 PR_3이다. 인을 포함하는 다른 리간드와 함께 비소, 안티몬은 여러 측면에서 CO 리간드와 유사하다. CO처럼 포스핀은 σ 주개(인의 고립 전자쌍을 포함하는 혼성 궤도함수를 통하여)이면서 π 받개이다. 그동안 인의 3*d* 궤도함수는 그림 **5-11**처럼 받개 궤도함수로 작용한다고 여겨지고 있다. 이처럼 인에 결합된 R 치환체의 전기음성도가 증가하면, 인 원자로부터 전자를 끌어당겨 인을 전기적으로 양성으로 만들어, *d* 궤도함수를 통한 금속으로부터 전자를 더욱 더 용이하게 끌어당긴다. 그러므로 치환기 R의 성질이 리간드의 상대적인 주개/받개 능력을 결정한다. 예를 들면, $P(CH_3)_3$는 메틸 기의 전자 공여 성질에 의

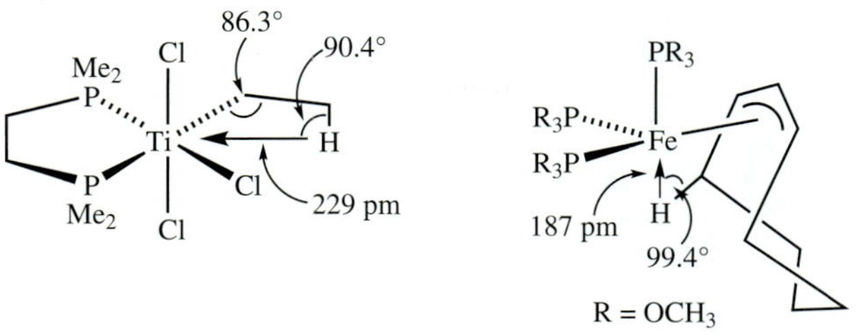

그림 5-10
아고스틱 작용력의 예

시그마 주개 파이 받개

그림 5-11
포스핀과 전이금속 사이의 결합(전통적인 관점)

해 강한 σ 주개이며, 동시에 상대적으로 약한 π 받개이다. 한편, PF_3는 강한 π 받개(그리고 약한 σ 주개)이고 금속 *d* 궤도함수와의 작용력이 CO와 비교할만하다. PF_3를 포함하는 착화합물이 18-전자 규칙을 따르는 것은 놀랄만한 일이 아니다. 그러므로 치환기 R 기를 바꾸어서 포스핀을 원하는 강도의 주개/받개로 "미세한 조절(fine tune)"을 할 수 있다.

포스핀의 결합에 대한 수정된 견해가 1985년에 제안되었다. 이 제안에 따르면, 포스핀의 중요한 받개 궤도함수가 순수한 3*d* 궤도함수가 아니라 그림 **5-12**에서 처럼 오히려 3*d* 궤도함수와 P–R 결합에 관련된 σ과의 조합에 의한 것으로 설명된다. 이 궤도함수는 3*d* 궤도함수와 마찬가지로 두 개의 받개 로브(lobe)를 가지고 있으나, P–R 결합에 대하여 반결합성이다. 이것을 증명하기 위하여 산화 상태가 다른 여러 가지 포스핀 착화합물의 결정 구조가 비교되었다. 대부분의 경우에서 금속의 전하가 더욱 더 음성적이 되면 P–R 결합 길이는 증가였는데, 이는 부가된 전자 밀도가 P–R 반결합성을 갖는 궤도함수에 채워지기 때문이다.

기본문제 5-4

$(\eta^5\text{–}C_5H_5)Co(PEt_3)_2$의 M–P 결합 거리는 221.8 pm이고 P–C 결합 거리는 184.6 pm이다. $[\eta^5\text{–}C_5H_5)Co(PEt_3)_2]^+$의 대응하는 결합 거리는 223.0 pm와 183.9 pm이다. Co 착화합물이 산화되어 나타난 결합 거리의 변화를 설명하시오.

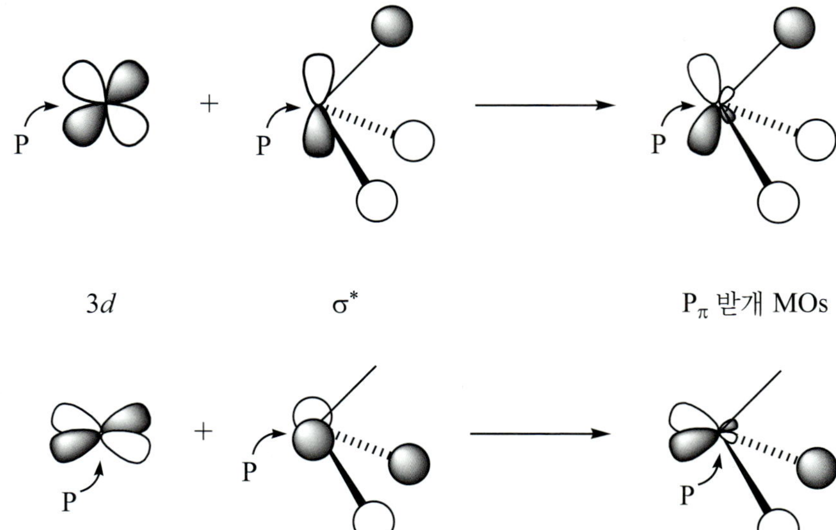

그림 5-12
포스핀의 파이 받개 궤도함수 (수정된 견해)

표 5-4 인, 비소, 안티몬의 대표적 리간드

이름	화학식
포스핀	PR_3
포스화이트	$P(OR)_3$
dppe[a] (diphenylphosphinoethane)	Ph_2P PPh_2
diars	$As(CH_3)_2$ $As(CH_3)_2$
아르신(Arsine)	AsR_3
스티빈(Stibine)	SbR_3

[a]이와 비슷한 구조의 리간드를 4개 머리글자로 나타낸다.
예: **d**m**pe** = di**m**ethylphosphino**e**thane; **d**e**pp** = di**e**thylphosphino**p**ropane.

인을 포함하는 다른 리간드나 비소나 안티몬 원자를 지닌 리간드에서도 유사한 상호작용이 나타난다. 이 리간드의 이름과 분자식을 표 **5-4**에 나타내었다.

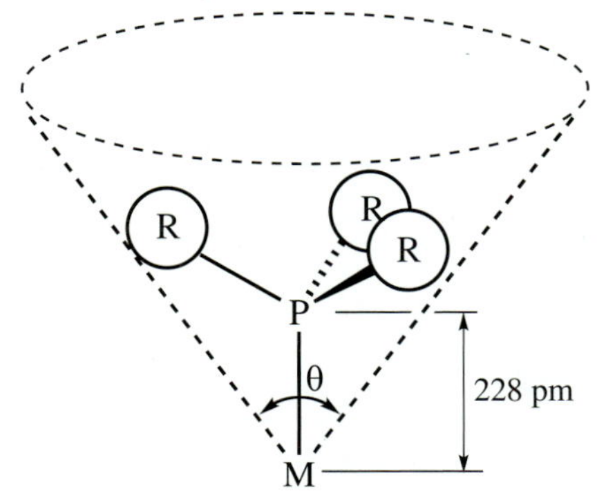

그림 5-13
리간드 원뿔각

표 5-5 리간드 원뿔각

리간드	θ	리간드	θ
PH_3	87°	$P(CH_3)(C_6H_5)_2$	136°
PF_3	104°	$P(CF_3)_3$	137°
$P(OCH_3)_3$	107°	P(O-*o*-$C_6H_4CH_3)_3$	141°
$P(OC_2H_5)_3$	109°	$P(C_6H_5)_3$	145°
$P(CH_3)_3$	118°	P(*cyclo*–$C_6H_{11})_3$	170°
PCl_3	124°	P(*t*-$C_4H_9)_3$	182°
$P(CH_3)_2(C_6H_5)$	127°	$P(C_6F_5)_3$	184°
PBr_3	131°	P(*o*-$C_6H_4CH_3)_3$	194°
$P(C_2H_5)_3$	132°	$P(mesityl)_3$	212°

입체적 고려사항

포스핀 화학에서 주요한 요소의 하나는 치환체 R 기에 의해 점유된 공간에 대한 고려이다. 이 요인은 여러 가지 면에서 중요한데, 금속으로부터 포스핀이 해리되는 속도는 포스핀에 의해 점유된 공간과 금속 주위의 입체적 장애와 연관이 있다. 포스핀과 다른 리간드의 입체적 효과를 서술하기 위해 Tolman이 그림 **5-13**에서와 같이 리간드 맨 바깥쪽 원자의 반 데르 발스 반경을 아우르는 콘의 정점 각도를 **원뿔각(cone angle)**으로 정의하였으며, R이 치환체를 가지면 금속으로부터 멀어지는 방향으로 접혀진 상태에서 원뿔각을 측정하였다. 선별된 리간드의 원뿔각이 표 **5-5**에 주어졌다.

부피가 큰 리간드의 존재는 금속 주위의 입체적 장애로 인해 빠른 리간드 해리가 예측된다. 예를 들면, *cis*-$Mo(CO)_4L_2$의 1차 반응인 반응속도는 표 **5-6**에서와 같이 리간드 부피 증가와 함께 증가한다.

표 5-6 *cis*-$Mo(CO)_4L_2$의 반응속도

리간드	속도 상수($\times 10^{-5}s^{-1}$)	원뿔각
$P(OPh)_3$	< 1.0	128°
$PMePh_2$	1.3	136°
P(O-*o*-tolyl)$_3$	16	141°
PPh_3	320	145°
PPh(cyclohexyl)$_2$	6400	162°

[a]반응은 CO가 포함된 테트라클로로에틸렌 용액 70 °C에서 수행되었음.

$$cis\text{-}Mo(CO)_4L_2 + CO \longrightarrow Mo(CO)_5L + L \quad (L = \text{phosphine 또는 phosphite}), \quad \textbf{5.13}$$

리간드 해리 반응에 대한 리간드 크기 효과의 많은 예들이 화학문헌에 보고되었으며, 이 책의 후반부에서 유기금속 배위 화합물의 반응을 통하여 이러한 효과의 추가적인 예들을 볼 수 있다.

전자 효과

포스핀과 관련된 리간드의 입체 크기의 고려 이외에 Tolman은 리간드의 전자 효과를 서술하기 위한 R, R′ 및 R″가 띠의 위치에 강한 영향을 미치는 $Ni(CO)_3(PRR'R'')$ 착화합물의 A_1 대칭의 강한 흡수 띠에 근거를 둔 시스템을 개발하였다. 일련의 70가지의 리간드에 대해서 Tolman은 기준 물질로서 가장 강한 주개 리간드인 P(*t*-Bu)$_3$를 선택하였다. $Ni(CO)_3(P(t\text{-}Bu)_3)$에서 카보닐 리간드는 강한 역결합(back-bonding)을 나타내기 때문에, 이 착화합물의 A_1 흡수 띠는 낮은 에너지 2056 cm^{-1}에서 나타난다. Tolman은 파라미터 χ_i를 이 띠에 대한 각각의 치환기 (R, R′ 및 R″) 효과를 나타내기 위한 것으로 정의하였다:

$$\nu_{CO} = 2056.1\ cm^{-1} + \sum_{i=1}^{3} \chi_i\ cm^{-1}.$$

따라서, 특정 리간드를 지닌 착화합물에서 관찰된 스펙트럼에 근거하여 각각의 R 치환기를 위한 χ_i 값이 결정될 수 있다. 예를 들면, Tolman은 가장 약한 주개 리간드로 PF_3를 선택하였다. $Ni(CO)_3(PF_3)$의 A_1 흡수띠는 2110.8 cm^{-1}에서 나타난다. 위 방정식에서 ν_{CO}에 대하여 이 값을 사용하면

$$2110.8\ cm^{-1} = 2056.1\ cm^{-1} + \sum_{i=1}^{3} \chi_i\ cm^{-1}$$

$$54.7\ cm^{-1} = \sum_{i=1}^{3} \chi_i\ cm^{-1} = 3 \times \chi_i\ (\text{F에 대한})\ ;\ \chi_i = 18.2\ cm^{-1}.$$

표 5-7 포스핀과 관련 리간드의 치환기 χ_i 인자

치환기	χ_i (cm^{-1})	치환기	χ_i (cm^{-1})
−*t*-Bu	0.0	−OEt	6.8
−Cyclohexyl	0.1	−OMe	7.7
−*i*-Pr	1.0	−H	8.3
−Et	1.8	−OPh	9.7
−Me	2.6	$-C_6F_5$	11.2
−Ph	4.3	−Cl	14.8
$-p$-C_6H_4F	5.0	−F	18.2
$-m$-C_6H_4F	6.0	$-CF_3$	19.6

R, R′과 R″이 동일하지 않는 포스핀 리간드에 대하여 각각의 R에 대한 χ_i 값을 합하면 A_1 흡수띠에 대한 전체 효과를 계산할 수 있다.

니켈 착화합물의 흡수 띠 위치에 대한 다른 리간드 효과는 인을 지닌 리간드의 주개 강도와 본질적으로 관련이 있기 때문에 일련의 치환기 R, R′, R″들 또한 치환기의 상대적인 전자 주개와 받개 성질을 보여 준다. 그러므로 전자를 강하게 주는 치환기는 작은 값의 χ_i를 가지며(가장 강한 주개, *t*-Bu의 $\chi_i = 0$), 할로겐과 같은 전자 끌어 당기는 경우는 큰 값의 χ_i를 가지게 된다. 대표적인 χ_i 값이 표 **5-7**에 주어졌다.

^{31}P NMR

^{31}P 핵은 ^{1}H와 ^{13}C 처럼 ½의 스핀을 가진다. 인 원소에서 ^{31}P는 유일한 동위원소이다. 더욱이 ^{31}P 화학적 이동은 화학 구조에 매우 민감하고 화학적 이동 범위가 넓다. 이러한 특징의 결과로 ^{31}P NMR 분광학은 포스핀과 인을 포함하는 리간드의 착화합물 연구에 넓은 응용 범위를 가진다. 최근의 리뷰 논문은 인을 함유하는 리간드를 가지는 전이금속 착화합물에 ^{31}P와 ^{13}C NMR의 응용에 대한 스펙트럼 분석을 포함하는 여러 가지 예들을 제공하고 있다.

5-4 플러렌(fullerene) 리간드

현대 화학에서 가장 매력적인 연구 중의 하나는 벅민스터플러렌(buckminster-fullerene) C_{60}의 합성과 지오데스틱 돔 형태를 갖는 플러렌(버키볼(buckyball)) 유도체에 관한 것이다. 1985년 Kroto, Smalley 공동 연구자들에 의해 기체상에서 합성되어 처음으로 보고되었고, 뒤이어 관련된 많은 화학종이 합성되었다. C_{60}와 C_{70}

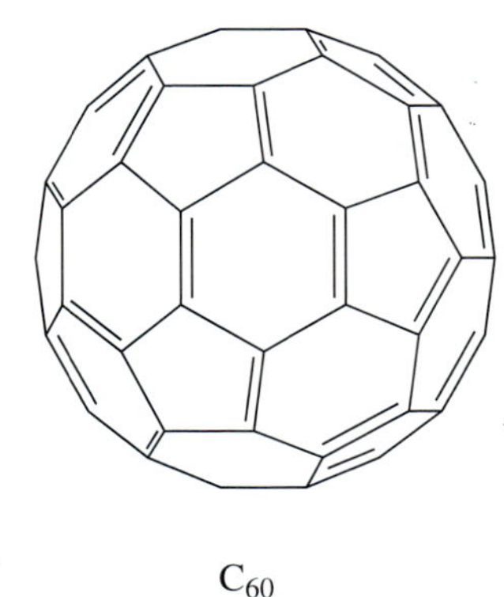

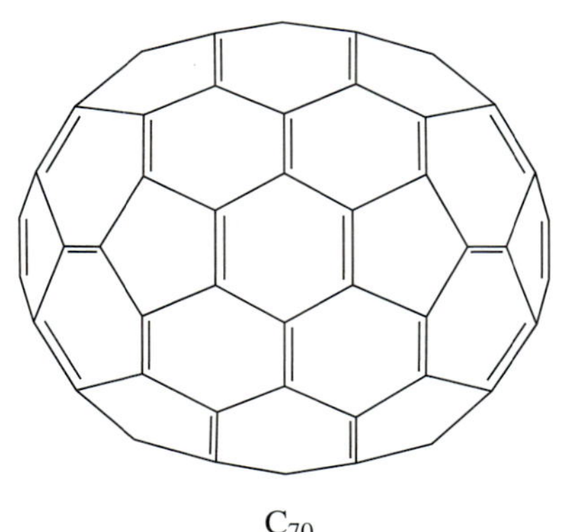

그림 5-14
C_{60}와 C_{70}

의 구조들은 그림 **5-14**에 나타내었다. 그 이후 이에 대한 연구가 광범위하게 진행되었으며, 플러렌을 금속에 배위시키려는 시도가 많이 이루어졌다.

5-4-1 플러렌의 구조

원형 플러렌 C_{60}는 접합된 오각 및 육각 탄소 고리로 이루어져 있으며, 각 육각 고리는 탄소의 육각과 오각 고리에 의해 교대로 둘러 쌓여져 있으며 각 오각 고리는 5개의 육각에 의해 접합되어 있다. 이러한 구조 문양의 결과 각각의 육각은 주발의 바닥과 같다. 이 고리에 의해 접합되고 육각에 의해 연결된 3개의 오각은 전체 구조를 강제로 굽게 만든다(같은 면에 6개의 육각으로 둘러 쌓인 접합된 흑연과는 달리). 모델을 조립함으로써 가장 잘 보여질 수 있는 이 현상은 급기야 자신의 주위를 구부려 돔(dome) 구조에 다다르게 하여 축구공(그것의 표면에 오각과 육각의 동일한 배열을 갖는) 구조를 만든다. 이 구조에서 모든 60개의 원자가 동일한 환경으로 하나의 단일 ^{13}C NMR 공명을 보여준다.

비록 C_{60}의 모든 원자가 동일하다고 하지만, 그것의 결합은 그렇지 않다. 두 가지 형태의 결합이 있는데(모델을 사용하여 가장 잘 보여지는), 2개의 육각 고리의 접합 영역과 오각과 육각 고리의 접합 영역에서의 결합이다. C_{60} 착화합물의 X-선 결정학 연구는 2개의 육각 고리의 접합 영역에서 C–C 결합 거리는 오각과 육각 고리의 접합 영역에서 상응하는 결합 거리와 비교하면 더 짧은 거리인 135 pm이다. 이것은 육각 고리의 접합 영역에 있는 π 결합의 정도가 더 크다는 것을 의미한다.

육각 고리가 2개의 오각(반대쪽으로)과 4개의 육각 (C_{60}에서와 마찬가지로 5개의 육각으로 접합된 각각의 오각형과 같이)에 둘러싸여 있는 것은 70개의 탄소를 갖는 약간 크고 장방향의 구조를 만들어 낸다. C_{70}는 종종 C_{60} 합성의 부산물로 얻어지고 플러렌 중에서 가장 안전한 것에 속한다. C_{60}와는 다르게 C_{70}에는 5개의

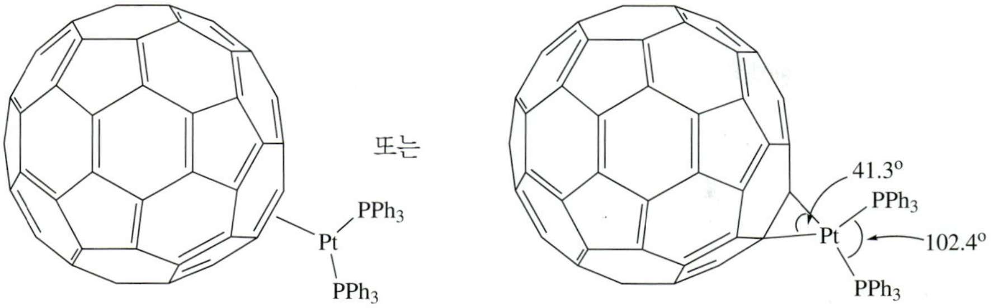

그림 5-15
백금의 플러렌 착화합물

^{13}C NMR 공명을 보여주며, 5가지의 형태의 탄소가 존재한다.

5-4-2 플러렌-금속 배위 화합물

플러렌과 금속의 다양한 유형의 화합물이 알려지긴 했지만, 여기서는 플러렌 자체가 리간드로 작용하는 것에만 집중하도록 한다. 리간드로서 C_{60}는 전자가 부족한 알켄(혹은 아렌)과 매우 유사하게 거동하며 다이합토(dihapto) 방식으로 결합한다. 이런 유형의 결합은 C_{60}가 금속에 리간드로서 작용하는 합성된 첫 번째 착화합물, 그림 **5-15**에서 예시된 $[(C_6H_5)_3P]_2Pt(\eta^2\text{–}C_{60})$에서 관찰되었다.

플러렌 착화합물의 일반적인 합성 경로는 전형적으로 금속에 약하게 배위된 다른 리간드를 치환시키는 것이다. 금속에 약하게 배위된 리간드의 예는 에틸렌(식 **5.14**)과 CH_3CN (식 **5.15**)을 지닌 아래 화합물이다.

$$[(C_6H_5)_3P]_2Pt(\eta^2\text{–}C_2H_4) + C_{60} \longrightarrow [(C_6H_5)_3P]_2Pt(\eta^2\text{–}C_{60})\ (\text{그림 } \mathbf{5\text{-}15}) \qquad \mathbf{5.14}$$

$$3Cp^*Ru(CH_3CN)_3{}^+X^- + C_{60} \longrightarrow \{[Cp^*Ru(CH_3CN)_2]_3C_{60}\}^{3+} + 3X^- \quad (X^- = O_3SCF_3{}^-) \qquad \mathbf{5.15}$$

C_{60} 리간드는 그림 **5-16**에 보여준 것처럼 2개의 육각 고리 접합 영역에서 탄소–탄소 결합과 관련된 전형적인 다이합토 방식으로 금속에 결합한다. 이러한 탄소–탄소 결합은 더욱 짧아지고, 오각과 육각 고리의 접합 영역에서의 결합보다 π 결합 성격을 더 띠게 된다. 이러한 유형의 결합 형태를 그림 **5-16**에서 보여주고 있다.

플러렌의 금속과의 결합은 결합하고 있는 자리에서 뒤틀림이 일어나게 된다(그림 **5-16**). 이것은 알켄이 금속과 결합할 때 일어나는 현상과 유사하다. 금속 *d* 전자 밀도가 알켄의 π* 궤도함수에 주개됨으로써 알켄의 C=C 결합에 붙어있는 4개의 치환체는 뒤로 젖혀지게 된다. 이와 유사하게 금속의 *d* 전자 밀도가 플러렌의 비어있는 반결합성 궤도함수에 줄 수 있어 뒤틀림의 원인이 된다. 이 효과는 결합을 이루고 있는 두 개의 탄소 원자를 C_{60} 표면으로부터 조금 멀어지게 한다. 또한, 탄소 원자들 사이의 결합 거리는 이러한 상호작용 결과로서 조금 길어진다. 이러한

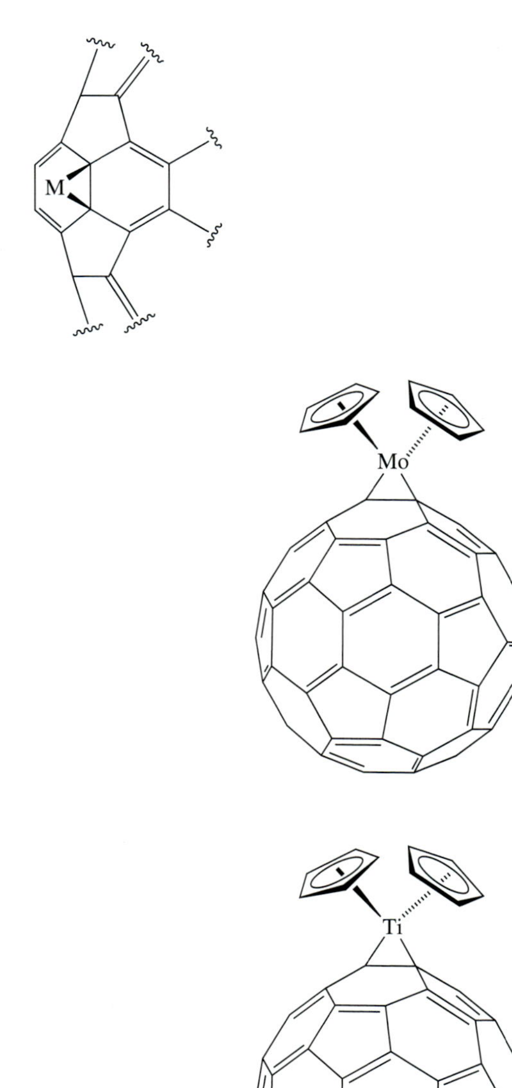

OC—Fe····CO (O C, C O)

Ph3P—Rh····PPh3 (O C, H)

그림 5-16

C_{60}의 금속과의 결합

C–C 결합 길이의 증가는 제4장에서 논의되는 에틸렌이나 다른 알켄이 금속에 결합할 때 일어나는 탄소–탄소 결합 길이 증가와 유사하다.

어떤 경우에는 한 개 이상의 금속이 플러렌 표면에 결합하게 된다. 특별한 예는 그림 **5-17**에 예시된 $[(Et_3P)_2Pt]_6C_{60}$이다. 이 구조에서 여섯 개의 $(Et_3P)_2Pt$ 단위는

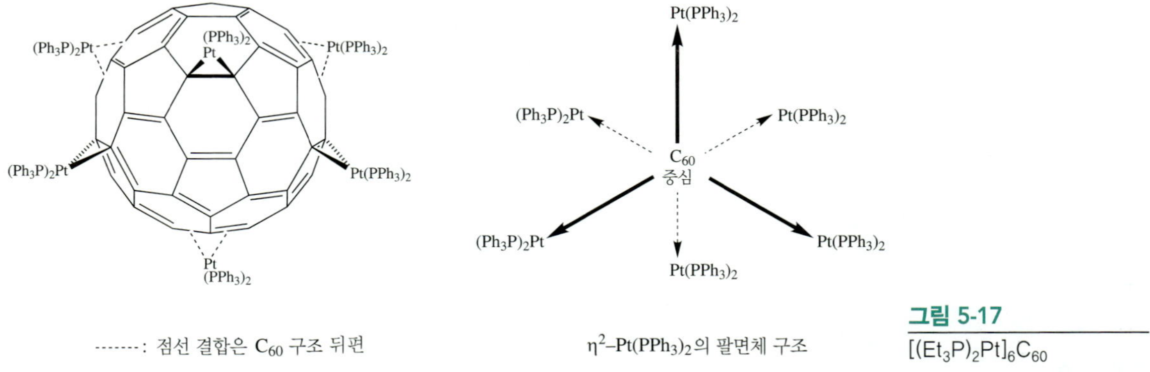

그림 5-17
$[(Et_3P)_2Pt]_6C_{60}$

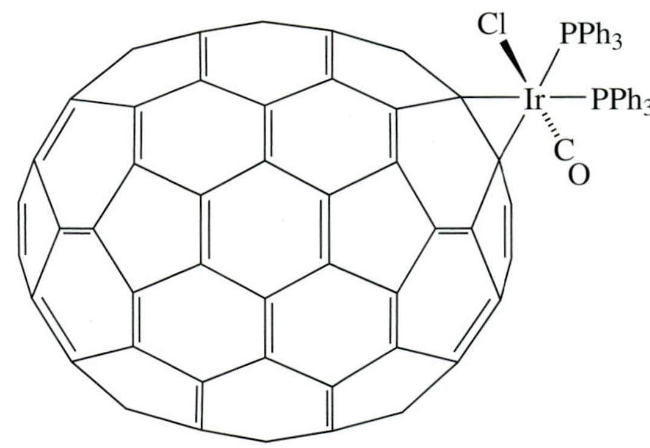

그림 5-18
$(\eta^2\text{–}C_{70})Ir(CO)Cl(PPh_3)_2$

C_{60} 주위에 팔면체 구조로 배열되어 있다. 각각의 백금은 일반적인 결합 형태인 두 개의 육각 고리 위치에 있는 두 개의 탄소에 결합되어 있으며, 이 두 개의 탄소는 C_{60} 표면쪽으로부터 조금 밖으로 튀어나와 있다.

비록 C_{60} 착화합물들이 매우 광범위하게 연구되고 있지만 다른 플러렌의 몇 가지 착화합물도 합성되고 있다. 하나의 예가 그림 **5-18** 보여준 $(\eta^2\text{–}C_{70})Ir(CO)Cl(PPh_3)_2$이다. 알려진 C_{60} 착화합물에서와 마찬가지로 금속과의 결합은 두 개의 육각 고리 접합 영역에서 일어난다. C_{70} 리간드는 금속쪽으로 위치하고 있는 축을 따라서 길어진 장방형이다.

C_{60}의 오각 및 육각 고리가 함께 펜타합토 또는 헥사합토 리간드로서 작용할 수 있을 것인가? $Ru_3(CO)_{12}$와 C_{60}를 환류 온도까지 온도를 높이면 그림 **5-19**에 같이, 모든 루테늄이 플러렌 하나의 육각 고리에 배위된 생성물이 형성된다. C_{60}는 고리에 있는 C–C 결합 길이는 교대로 길고 짧기 때문에 완전한 η^6–로 분류될 수 없으며, 이 화합물은 $(\mu_3\text{–}\ \eta^2\text{:}\eta^2\text{:}\eta^2\text{–}C_{60})Ru_3(CO)_9$으로 표시될 수 있다.

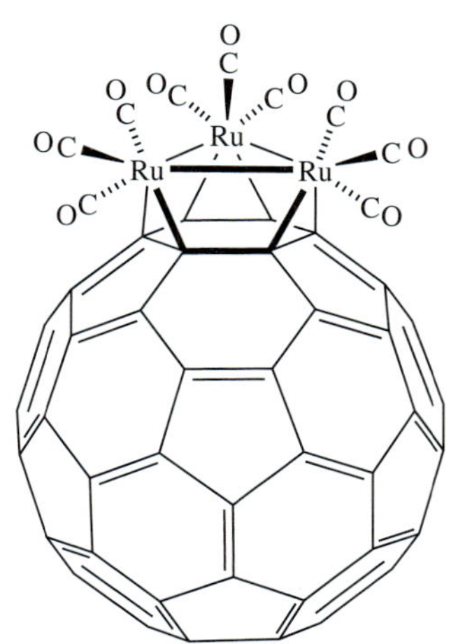

그림 5-19
$(\mu_3-\eta^2:\eta^2:\eta^2-C_{60})Ru_3(CO)_9$

5-5 질량 스펙트럼

앞선 기술과 연관된 기술에 꾸준한 발전과 새로운 유형의 질량 분광기의 등장과 함께 질량분광법은 유기금속 분자들을 연구하는데 매우 유용한 분석법이 되고 있다. 어떤 경우에는 상대적으로 온화한 이온화 기술을 통하여 분자의 "지문(fingerprint)"인 손상되지 않은 분자 이온 스펙트럼을 얻을 수 있다. 다른 경우에 있어서 리간드가 쉽게 해리되어도 여전히 유용한 정보를 줄 수 있는 분자 조각(molecular fragment)들의 스펙트럼을 얻을 수 있다. 카보닐 착화합물이 이 범주에 속한다. 여전히 다른 경우에 있어서는 구조들이 재배열되거나, 토막 이온으로 빠르게 쪼개져서 스펙트럼을 분석하는데 어려움을 주기도 한다. 또한, 경우에 따라서는 화합물이 충분한 휘발성이 없어서 쉽게 이온화되지 않거나 빨리 분해하여 질량 스펙트럼을 전혀 보여주지 못한다.

여기서의 목적은 질량분광학 방법에 초점이 맞추는 것이 아니라 이 분석법이 유기금속 화합물을 규명하기 위하여 사용될 때 발생할 수 있는 상황 유형에 대해 몇 가지 설명을 제공하는 것이다. 유기금속 화합물을 포함하는 배위 결합 화합물의 질량분광학에서 사용되는 기술 몇 가지를 사용할 수 있다. 질량분광학은 자장 내에서 중성인 분자보다 이온 작용력에 의존하기 때문에 이온화 기술의 선택이 가장 중요하게 고려되어야 할 사항이다. 가장 일반적인 이온화 기술들이 표 **5-8**에 요약되어 있다.

5-5-1 토막내기 과정(fragmentation)

유기금속 화합물은 이온화가 전자 충격과 같은 고에너지 과정에 의해 일어나면 질량분석 과정에서 토막(fragmentation)이 형성된다. 가장 일반적인 토막 생성의 유

표 5-8 질량분광학에서 이온화 기술

종류	이온화 기술	특징
전자 충격(EI)	전자 방출에 의한 전자선과 분자의 충돌	"강한" 조건에서 토막을 형성함; 시료는 증발되어야 함
고속 원자 충돌법(FAB)	중성 원자 광선과 고체 시료의 충돌	EI보다는 토막이 적게 형성됨; 스펙트럼은 고체 매트릭스로부터 피크를 포함할 수 있음
정상 압력하의 이온화(API)		정상 압력에서 시료 용액에 계속적인 분무
전자분무 이온화(ESI)	높은 전압이 전기적으로 전하된 작은 방울을 생성함	아주 온순한 조건, 토막이 적게 형성됨; 분자량이 큰 시료에 유용함
정상 압력하의 화학이온화(APCI)	코로나 방전에 의해서 생성된 플라즈마가 기체상 이온–분자 반응을 야기함	온순한, 토막이 적게 형성됨
매트릭스 보조 레이저 탈착이온화(MALDI)	시료를 포함한 고체 매트릭스에 적용된 UV 레이저 펄스	온순한 기술, 토막이 적게 형성됨; 큰 생체 분자에 광범위하게 사용됨

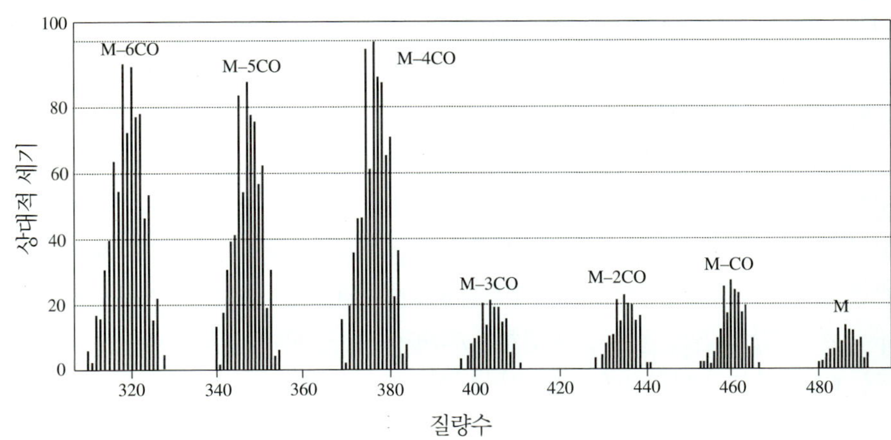

그림 5-20
$(\eta^5:\eta^5\text{–}C_{10}H_8)Mo_2(CO)_6$의 질량 스펙트럼

형은 하나 이상의 리간드를 잃는 것이다. 예를 들면, 카보닐 착화합물은 전형적으로 토막 생성이 일어나서 연속적으로 하나 이상의 카보닐을 잃는 스펙트럼을 생성한다. 이러한 현상은 28 질량 단위만큼 차이가 나는 유사한 봉우리 무리를 나타내는 스펙트럼으로부터 쉽게 인지된다. 하나의 예로서, 플발렌(fulvalene) 착화합물 $(\eta^5:\eta^5\text{–}C_{10}H_8)Mo_2(CO)_6$의 전자 충격 스펙트럼이 그림 **5-20**에서 예시되었다. Mo_2의 동위원소 패턴과 일치하는 한 무더기의 봉우리인 어미 분자 이온(parent molecular ion)이 488 Da에서 나타난다. 한 개의 CO를 잃음으로써 질량 28의 감소를 초래한다. 이 예에서 뭉치 토막은 모든 가능한 수의 카보닐을 잃는 것이 나타난다. 6개의 모든 카보닐 리간드를 잃은 Mo_2에 풀발렌 질량 더한 토막 봉우리를 보여주며, 풀발렌의 질량과 일치하는 질량 128의 매우 작은 봉우리도 스펙트럼에 나타난다.

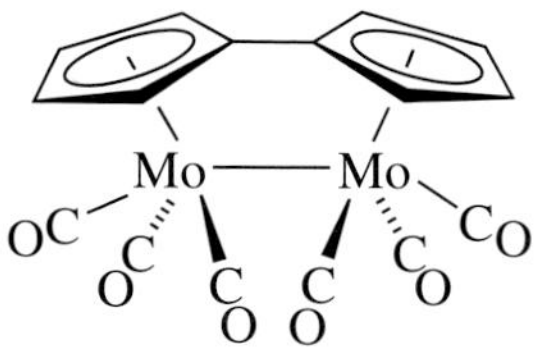

5-5-2 동위원소 패턴(isotope patterns)

유기금속 화합물의 질량분석 스펙트럼에서 장점은 종종 많은 금속의 특징적인 동위원소 패턴을 얻을 수 있다는 것이다. 예를 들면, 그림 **5-21**에 예시된 Mo의 패턴과는 뚜렷하게 다른 그림 **5-20**에서 한 무더기의 봉우리들은 Mo_2의 동위원소 패턴과 유사하다.

원소들의 동위원소 분포는 여러 가지 자료로부터 이용할 수 있다. 이러한 자료는 IUPAC에서 출판되었고 개정된 값들이 주기적으로 출판되고 있으며 온라인 상에서도 이용 가능하다. 또한, 현대적인 질량분광기는 동위원소 분포에 근거한 모사 스펙트럼을 계산하는 프로그램이 갖추어져 있다. 질량분석 모사 프로그램은 온라인으로도 이용이 가능하다.

특별히 약하게 결합되거나 해리가 잘 되는 리간드는 질량분광 분석 동안에 잃어버릴 수 있으며, 예를 들면, 포스핀, N_2, H_2 및 η^2–C_2H_4 같은 리간드이다. 고리 π 계도 잃어버릴 수 있으나, 그 정도는 덜 하다. 예를 들면 그림 **5-20**에 풀발렌 리간드는 금속에 붙어 있는 채로 남게 되지만 CO 리간드는 떨어져 나간다. η^5–Cp와 CO 리간드 둘 다를 포함하는 착화합물에서 사이클로펜타디엔일 리간드는 CO보다도 전이금속에 붙어 있어 남아 있는 정도가 훨씬 강한 것을 보여 주고 있다.

때때로 리간드 자체가 토막날 수도 있다. 예를 들면, 다음에 예시된 다이티오레이트–다리 결합 착화합물의 전자 충격 스펙트럼은 *m/z* 534에 중심을 두고 있는 한 무더기의 어미 분자 이온은 미량만을 보여 주지만, 다이티오레이트로부터 에틸렌이 떨어져 나간(28의 질량) 분자 이온에 해당하는 478의 강한 무더기 봉우리를 가지고 있으나, 메틸 사이클로펜타디에닐 리간드가 떨어져 나간 분자 이온에 해당하는 봉우리는 찾을 수 없다.

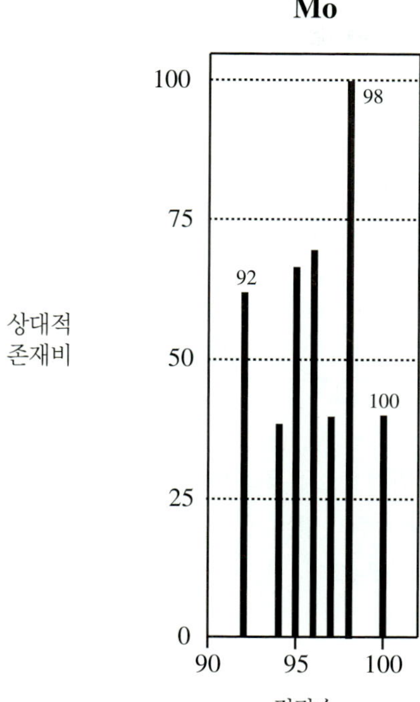

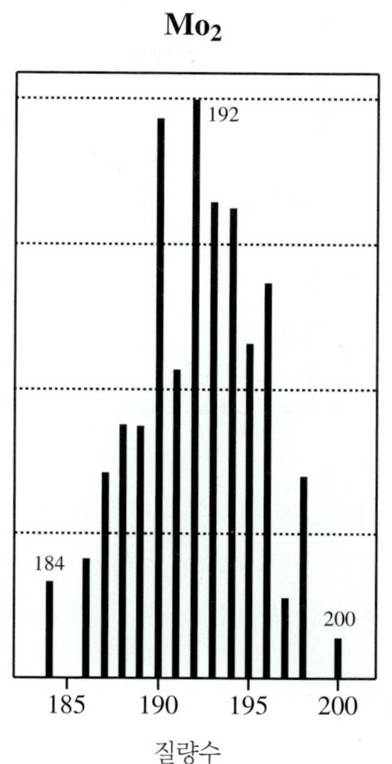

그림 5-21
Mo과 Mo_2의 동위원소 패턴

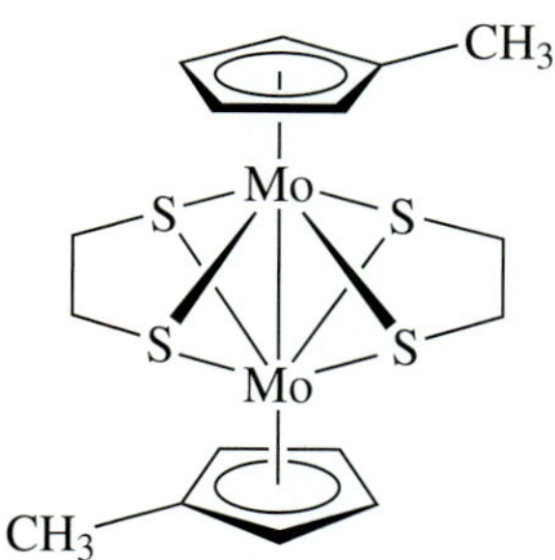

5-5-3 분자 이온 관찰

일반적인 분자 이온화 방법이 성공적이지 못할 때, 전자분무(electrospray) 또는 정상 압력하의 화학 이온화(APCI, atmospheric pressure chemical ionization)와 같은 상대적으로 "온화한" 이온화 방법은 토막 생성이 거의 없거나 일어나지 않는 어미 분자 이온(parent molecular ion)을 생성해 낼 수 있다. 이러한 방법은 여러 가지 상황

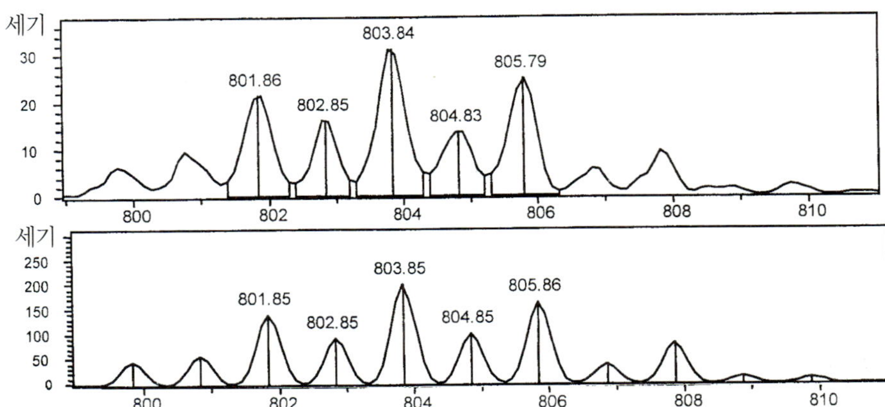

그림 5-22
[Cp(*tfd*)W(μ-S)$_2$W(=O)Cp] ACPI 스펙트럼 (위: 실제 스펙트럼; 아래: 분자식과 동위원소 분포에 근거한 계산 모사 스펙트럼)

에서 분자 질량을 측정할 수 있는 방법이다. 일반적으로 유용하게 사용되어지고 있는 전자 충격(electron impact) 스펙트럼에서는 보여주지 않는 한 화합물 [Cp(*tfd*)W(μ-S)$_2$W(=O)Cp]의 APCI 스펙트럼의 한 예가 그림 **5-22**에 나타나 있다.

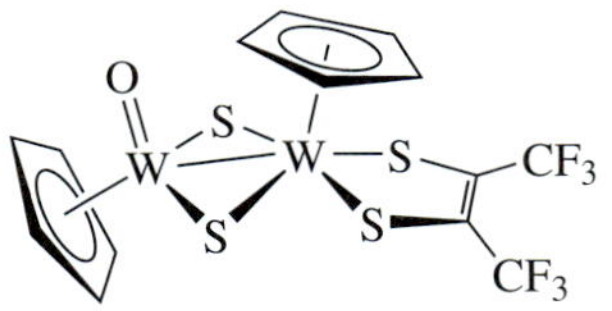

[연습 문제]

5-1 다음 화합물의 제1주기 전이금속을 찾으시오.

a. $H_3CM(CO)_5$
b. $M(CO)(CS)(PF_3)(PPh_3)Br$
c. $(CO)_5M{=}C(OCH_3)C_6H_5$
d. $(\eta^5{-}C_5H_5)(CO)_2M{=}C{=}C(CMe_3)_2$
e. $M(CO)_5(COCH_3)$

5-2 아래 화합물의 금속을 찾으시오.

a. 제3주기 전이금속 **M**:

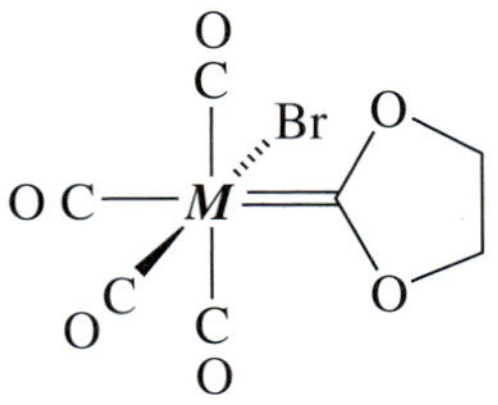

b. 제2주기 전이금속 **M′**:

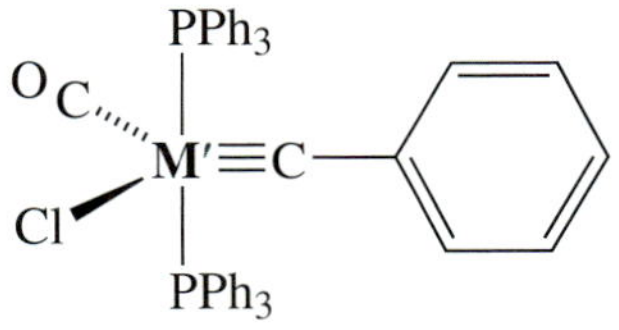

5-3 화합물 $(\eta^4-C_4Ph_4)Fe(CO)(PR_3)_2$과 $[(\eta^4-C_4Ph_4)Fe(CO)(PR_3)_2]^+$ ($R = OCH_3$) 중에서 더 긴 Fe–P 결합을 가지고 있는 것은 어느 것인가? 그 이유를 설명하시오.

5-4 다이페닐포스피노에테인(diphenenylphosphinoethane)(표 **5-4**)이 $W(CO)_6$와 반응하여 2000 cm^{-1} 근처에 4개의 적외선 띠를 갖는 생성물을 형성한다. 이 생성물의 적절한 구조를 예측하시오.

5-5 착화합물 $Ir(CO)Cl(PEt_3)_2$는 H_2와 반응하여 적외선 분광법에서 2개의 Ir–H 신축 띠를 갖고, 단일 ^{31}P NMR 공명을 갖는 생성물을 형성한다. 이 생성물의 구조를 제시하시오.

5-6 화합물 $NaMn(CO)_5$는 $H_2C{=}CHCH_2Cl$과 반응하여 **A**+**B**의 생성물을 형성한다. 화합물 **A**는 18전자 규칙을 따르고 3개의 뚜렷한 자기환경이 다른 양성자들을 가진다. 물에 녹는 화합물 **B**는 수용액에서 $AgNO_3$와 반응하여 빛에 노출시키면 회색으로 변화는 흰 침전물을 형성한다. 열을 가하면, **A**는 기체 **C**를 발생시키고 두 가지의 뚜렷한 자기환경이 다른 양성자를 갖는 **D**로 변한다. 화합물 **A** ~ **D**를 확인하시오.

5-7 톨루엔 용액에서 $[\eta^5-C_5(CH_3)_5]Ru(PR_3)_2Br$은 H_2와 25 °C에서 반응하여 꼭지점에 $\eta^5-C_5(CH_3)_5$ 리간드를 갖는 사각뿔 생성물을 형성한다. ^1H NMR은 $\delta = -6$ ppm에서 2개의 봉우리를 보여주나 N–H 커플링 또는 수소 원자 간의 결합을 형성하는 단서가 없다 [$PR_3 = P(isopropyl)_2(C_5H_5)$].

a. 생성물의 타당한 구조를 제안하시오.

b. 유사한 반응을 통하여 이수소(dihydrogen) 착화합물을 합성하고자 가정한다면, 어떤 유형의 포스핀을 반응물로 사용하는 것이 적합한가? 그 이유를 제시하시오.

5-8 화학식 *trans*–$Rh(CO)ClL_2$ (L=phosphine)을 갖는 착화합물에서 다음 포스핀들 중에서 대응하는 착화합물에 대하여 IR의 카르보닐 신축 띠의 에너지가 감소하는 순으로 나열하라.

PPh_3, $P(t\text{-}C_4H_9)_3$, $P(p\text{-}C_6H_4F)_3$, $P(p\text{-}C_6H_4Me)_3$, $P(C_6F_5)_3$.

5-9 포스핀 리간드, $P(OMe)_3$, $P(OEt)_3$, $P(O^iPr)_3$에 대한 Tolman의 원뿔각(cone angle)은 각각 107°, 109°, 그리고 130°이다. 그러나 캠브리지 구조 데이터베이스(CSD, Cambridge Struture Database)에서 이러한 리간드를 갖는 착화합물의 결정구조를 조사하면 평균각은, 124°, 125°, 그리고 137°를 나타낸다. 왜 Tolman의 원뿔각이 이들 리간드의 입체 요건보다도 다소 작은지를 설명하시오.

5-10 화합물 $[\eta^5\text{–}C_5Me_5]Cr(CO)_2]_2$은 18전자 규칙을 따른다. 이 화합물을 자외선에 노출시키면 다음 특징을 갖는 **X**가 형성된다.

1788 cm^{-1}에서 단일 IR 띠
단일 ^1H NMR 공명

a. Cr 원자들 간의 결합차수는?
b. **X**의 구조를 제안하시오.

5-11 문헌에서 유일한 예일 수 있는 반응에서 양이온 **1**은 $HB(sec\text{-}C_4H_9)_3^-$(잠재적 하이드라이드 공급원(source))과 반응하여 주황색의 **2**를 형성한다. 다음 데이터는 **2**에 대해 보고된 것이다.

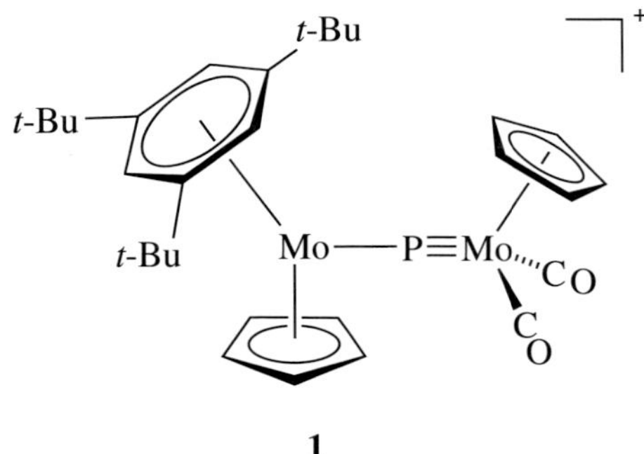

1

IR:	1920, 1857 cm^{-1}에서 강한 띠
^1H NMR:	화학적 이동(상대 면적):
	5.46 (2)
	5.28 (5)
	5.15 (3)
	4.22 (2)
	0.7~2.0 (2)
	1.31 (27)

^{13}C NMR: 236.9 ppm에서 공명,
7개의 추가적인 봉우리와 32.4와
115.7 ppm 사이에 한 무더기의 봉우리.

화합물 **2**의 구조를 제안하시오.

5-12 전이금속 Ir 착화합물 **A**는 C_{60}와 반응하여 다음 분광학적 특징을 갖는 검정색 고체 잔유물 **B**를 생성하였다. 질량 스펙트럼: M^+ (m/z = 1056); ^1H

NMR: δ 7.65 (다중선, 2H), 7.48 (다중선, 2H), 6.89 (삼중선, 1H, J = 2.7 Hz), 그리고 5.97 ppm (이중선, 2H, J = 2.7 Hz); IR: ν_{CO} = 1998 cm^{-1}.

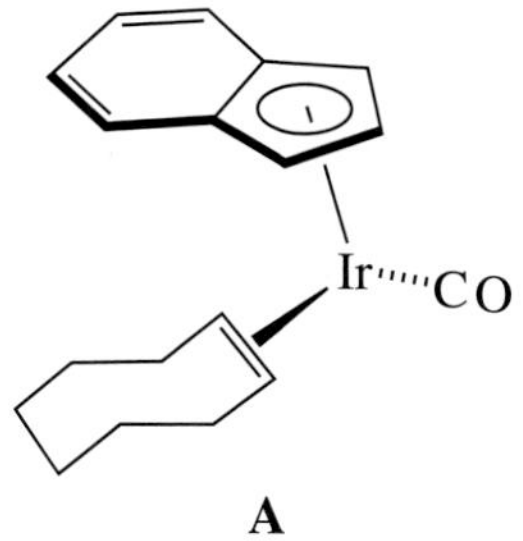

A

a. **B**의 구조를 제안하시오.

b. **A**의 신축 진동수는 1954 cm^{-1}로 보고되었다. Ir의 전자 밀도는 **A**에서 **B**로 어떻게 변하는가? 이를 설명하시오.

c. **B**가 PPh_3와 반응할 때, C_{60}와 마찬가지로 새로운 화합물 **C**가 빠르게 형성되었다. **C**의 구조는 무엇인가?

d. **B**를 CH_2=CH_2와 반응시켰을 때, C_{60}와 마찬가지로 새로운 화합물 **D**가 형성되었다. 그러나 **D** 형성의 반응속도는 **C**의 형성 반응속도보다 훨씬 느렸다. **D**의 구조는 무엇인가? 생성물 **D**가 **C**보다 훨씬 느리게 형되는 이유를 설명하시오.

제6장

유기금속 반응 I

금속에서 일어나는 반응

Organometallic Reactions I

Reactions That Occur at the Metal

전이금속과 유기 리간드의 다양성은 유기금속 화합물에 대한 화학을 매우 다양하게 만들고, 유기 전이금속 화합물의 반응을 이해하는 것은 매우 도전적인 일이다. 지난 40년 동안 유기금속 반응 메카니즘에 대한 연구가 많이 진행되어왔다. 이러한 연구로부터 좋은 소식은 유기금속 화합물이 상대적으로 적은 종류의 반응으로 일어난다는 것이다. 이러한 유형의 많은 것들은 유기화학과 직접적인 평행선상에 있다. 따라서, 이번 장과 다음 장에서는 반응의 기본적인 종류에 대해서 논의하면서 그러한 유사점을 알아낼 것이다. 이러한 반응 유형의 종합적인 이해는 촉매순환 주기에 관한 주제나 유기금속화학을 유기합성에 적용하는 주제를 알아가는데 도움을 줄 것이다.

제6장에서의 반응은 리간드가 아닌 주로 금속에서 발생하는 것을 중심으로 하고, 리간드에서 주로 발생하는 반응은 제7장에서 논의될 것이다.

표 **6-1**에서는 유기금속 반응의 중요한 종류 몇 가지를 보여준다. 반응과 역반응이 다른 이름을 가질지라도 이러한 반응의 몇 가지는 완전히 같기도 한 것을 알아야 한다(예를 들어 산화성 첨가 반응과 환원성 제거 반응). 이러한 반응 과정에서의 전자의 개수와 산화수의 변화를 생각해보아라.

6-1 리간드 치환

리간드 치환 반응은, 예를 들면, 촉매 순환 과정에서 첫 단계(그리고 마지막)에서 일어나는 일반적인 반응 유형이다. 이러한 반응은 유기화학의 탄소 원자에 발생하

표 6-1 유기전이금속 화합물의 일반적인 반응

반응 유형	도식적 예	M의 Δ 산화 상태	M의 Δ 배위수	Δ e^- 개수	절
리간드 치환 반응	$L'' + L_nML' \longrightarrow L_nML'' + L'$	0	0	0	**7-1**
산화성 첨가 반응	$L_nM + X\text{-}Y \longrightarrow L_nM(X)(Y)$	+2	+2	+2	**7-2**
환원성 제거 반응	$L_nM(X)(Y) \longrightarrow L_nM + X\text{-}Y$	−2	−2	−2	**7-3**
1,1-삽입 반응[a]	$L_nM(Y){-}\overset{1}{X}{=}Z \longrightarrow L_nM{-}\overset{1}{X}({=}Z){-}Y$	0	−1	−2	**8-1-1**
1,2-삽입 반응[a]	$L_nM(Y)(\overset{1}{X}{=}\overset{2}{Z}) \longrightarrow L_nM{-}\overset{1}{X}{-}\overset{2}{Z}{-}Y$	0	−1	−2	**8-1-1**
친핵성 첨가 반응[b]	$L_nM(Y)(X{=}Z) + Nuc{:}^- \longrightarrow [L_nM\text{–}X\text{–}Z\text{–}Nuc]^-$	0[c]	0	0	**8-2**
친핵성 탈취 반응[b]	$L_nM{-}C(=O)R + Nuc\text{–}H \longrightarrow L_nM\text{–}H + Nuc{-}C(=O)R$	0	0	0	**8-3**
친전자성 첨가 반응[b]	$L_nM\text{–}X{=}Z + E^+ \longrightarrow [L_nM{=}X\text{–}Z\text{–}E]^+$	0	0	0	**8-4**
친전자성 탈취 반응[b]	$L_nM\text{–}X\text{–}Z\text{–}Y + E^+ \longrightarrow L_nM^+{-}(X{=}Z) + E\text{-}Y$	0	0	0	**8-4**
π- 및 σ-결합 위치 전환[d]	$R{-}C{=}C{-}R' + R{-}C{=}C{-}R'$ 또는 $X{-}Y + W{-}Z \longrightarrow R{-}C{=}C{-}R + R'{-}C{=}C{-}R'$ 또는 $X{-}W + Y{-}Z$				**11-1과 11-4**

[a]반전 반응, *이탈* 또는 제거 반응으로 불리고 이 또한 가능하다.
[b]일반적인 반응이 아니다; 몇 가지 다양성이 존재한다.
[c]합토 결합성의 변화에 의존한다; 예로 X=Z는 η^3으로부터 η^2로 되면서 $2e^-$ 환원 반응이 일어난다.
[d]여기서 산화 상태, 배위수, 그리고 e^- 개수는 적용되지 않는다. 특히 금속 화합물이 촉매로 작용하는 π-결합 전환에서는 적용되지 않는다.

는 다양한 치환 반응과 비교된다. 반응식 **6.1**에서 일반적인 반응을 보여준다.

$$L_nML' + L'' \longrightarrow L_nML'' + L' \qquad \textbf{6.1}$$

유기금속 화합물의 리간드 치환 반응의 많은 부분에서는 리간드 치환을 하기 위하여 트라이알킬(trialkyl) 또는 트라이아릴포스핀(triarylphosphine)의 금속 카보닐을 가진다. 두 개의 주요 메카니즘 경로는 회합(**A**)과 해리(**D**)가 발생하는 치환 반응에 의해 나타난다.

회합 (A):

$$L_nML' + L'' \xrightarrow[\text{느림}]{} L_nML'L'' \xrightarrow[\text{빠름}]{} L_nML'' + L'$$

해리 (D):

$$L_nML' \underset{\text{느림}}{\rightleftharpoons} L_nM + L' \xrightarrow[\text{빠름}]{L''} L_nML''$$

A 경로는 기질과 들어오는 리간드(L″)를 포함하는 두 분자의 속도-결정 단계에 의해 나타난다. 16-전자 화합물은 보통 **A** 메카니즘에 의해 리간드 치환 반응이 일어난다. 일반적으로, 18-전자 화합물의 **D** 메카니즘은 다른 리간드가 금속에 결합하기 전에 기존의 리간드 하나가 떨어져야 하는데, 그 순간이 속도 결정 단계로 나타난다. 회합과 해리 반응에 정확하게 맞는 예가 있을지라도 몇몇의 리간드 치환 반응이 그 예로는 딱 들어맞지 않는다. 이러한 반응의 경로는 **A**와 **D**의 메카니즘 경계 사이에 있는 것 같다. 이러한 메카니즘은 교환(I)이라고 부르고 특징적으로 $\mathbf{I_a}$(회합 교환), $\mathbf{I_d}$(해리 교환)으로 표기된다. 예를 들어 $\mathbf{I_a}$는 *속도-결정 단계에서 배위수의 증가를 가지는 교환*을 나타낸다. 탄소의 S_N2 치환 반응과 같이 **I** 경로는 중간체를 감지할 수 없다. **D**로부터 **I**를 거쳐 **A**까지의 경로 스펙트럼은 유기화학에서 알려진 S_N1–S_N2와 유사하다.

또 다른 특징적인 리간드 치환 반응은 세 개의 금속과 연관성을 가지는 반응성 순서로 Cr, Mo, W 또는 Ni, Pd, Pt가 있다. 2-주기 전이금속 화합물은 보통 1- 또는 3-주기 원소들보다는 반응성이 더 좋다. 이러한 경향성을 가지는 이유는 명확하지 않지만 원자의 공유 반지름(예를 들어 Cr < Mo ~ W; 리간드 사이에서 입체적 과밀은 주기율표 아래로 갈수록 감소된다), 핵 전하(Cr < Mo < W; 들어오는 리간드는 핵 전하가 높은 금속일수록 더 끌어당긴다), M–L 결합 에너지(M–CO: Cr < Mo < W; 결합 해리 에너지, M–L 결합이 약할수록 치환 반응이 더 용이하다)의 효과가 존재할 것이다. 앞의 두 요소는 더 무거운 원자를 선호하고 마지막 요소는 더

가벼운 원소를 선호한다. 지금까지 알아본 내용과 제6장에서 다루어질 다른 가능성 있는 증거들을 고려해 볼 때, 중간 삼연체 원소를 가지는 착화합물이 가장 반응성이 좋다.

6-1-1 *트랜스* 영향과 *트랜스* 효과

좀 더 자세한 치환 반응들의 메카니즘 유형을 살펴보기 전에 *트랜스 효과(trans effect)*라고 알려진 리간드 치환 반응 과정에 대한 요소를 살펴 보아야 한다. 이것은 오래 전부터 알려져 왔고 사각평면형 전이금속 화합물에서 특히 *트랜스* 위치에서 우세하게 치환 반응이 일어나는 것을 말한다. 열역학적과 동역학적으로 이 경향성을 입증한다. 반응이 화합물의 바닥 상태에 영향을 주는 요소로써 주로 조절될 때, *트랜스* 효과는 더 정확하게 *트랜스 영향(trans influence)*으로 일컬어진다. 전이금속 에너지에 영향을 주는 요소가 생성물을 조절하는 반응은 *동역학적 트랜스 효과(kindtic trans effect)*와 관련 있다. 몇 년에 걸쳐 이러한 두 개의 현상은 *트랜스* 효과로 묶어지게 되었다. 이번 절에서는 생성물에 관여하는 두 가지 요소를 *트랜스* 영향과 동역학적 *트랜스* 효과로 세분화하고 각각에 대하여 논의할 것이다.

트랜스 *영향*

하이드라이드와 알킬과 같이 σ 결합을 강하게 하는 리간드나 금속에 강하게 결합하는 CN^-와 CO, PR_3와 같은 π 받개 리간드는 *트랜스* 위치에 있는 금속–리간드 결합을 약하게 한다. 바닥 상태에서 이것은 열역학적 특징이고 *트랜스 영향*이라 불린다. 사각평면형 백금 화합물의 연구는 이러한 리간드가 *트랜스*에 위치한 그룹의 금속–리간드 결합을 약하게 하는 것을 설명하였다. 이들에 대한 연구는 강한 *트랜스* 영향의 요소를 가지는 리간드가 전자기 스펙트럼 적외선 영역에서 이것의 *트랜스* 리간드의 M–L 신축 진동을 감소시키는 것을 보여 준다(즉, M–L 결합이 약해지는 것을 나타낸다).

더 나아가 NMR 연구는 많은 트라이알킬포스핀 백금 화합물의 커플링 상수 J_{Pt-P}를 측정하였다. 트라이알킬포스핀은 그림 **6-1a**와 **b**에서 보여지는데 Cl보다 *트랜스* 영향이 크고 더 큰 커플링 상수(J_{Pt-P})를 반영하고, IR Pt–Cl 신축 진동(ν_{Cl-Pt})이 PEt_3가 *트랜스*에 있을 때보다 Cl이 *트랜스*로 있을 때 더 작게 나타난다. *cis* 이성질체에서 더 큰 커플링 상수는 리간드–금속 결합의 더 큰 *s* 특성을 나타낸다. 반면에 메틸 기(그림 **6-1c**)는 Cl보다 더 큰 *트랜스* 효과를 가지고 메틸 기가 포스핀에 *트랜스*로 있을 때 1719 Hz라는 작은 J_{Pt-P}를 나타낸다. 그리고 Cl에 *트랜스*로 포스핀이 있을 때 4179 Hz라는 동등한 J_{Pt-P}를 나타낸다.

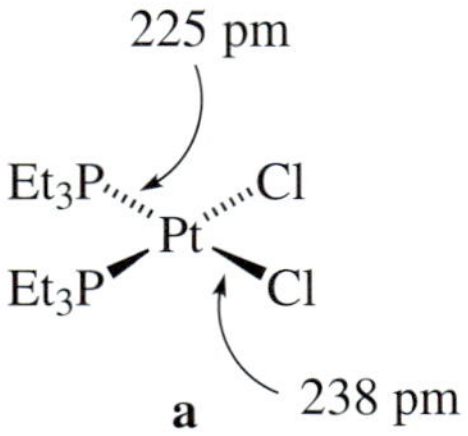

225 pm
Et_3P Cl
Pt
Et_3P Cl
238 pm
a

ν (Pt-P) = 442과 427 cm^{-1}
ν (Pt-Cl) = 303과 281 cm^{-1}
J (Pt-P) = 3520 Hz

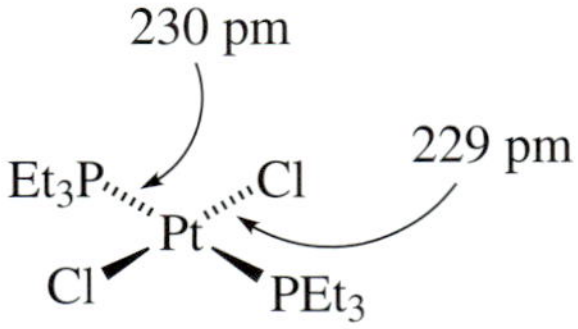

230 pm
229 pm
Et_3P Cl
Pt
Cl PEt_3
b

ν (Pt-P) = 415 cm^{-1}
ν (Pt-Cl) = 341 cm^{-1}
J (Pt-P) = 2400 Hz

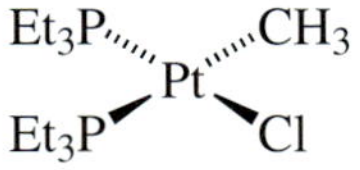

Et_3P CH_3
Pt
Et_3P Cl
c

J (Pt-P, PEt_3 CH_3에 대해 *트랜스*) = 1719 Hz
J (Pt-P, PEt_3 Cl에 대해 *트랜스*) = 4179 Hz

그림 6-1
Pt(Ⅱ) 화합물의 스펙트럼 및 구조적 특징

메틸 기는 강한 σ 결합 리간드이기 때문에 Pt–P 결합의 σ 결합 성질을 감소시키므로 짝이음 상수(coupling constant) 또한 감소된다. 일반적으로 포스핀은 높은 *트랜스* 영향을 가지는 것은 강한 σ 주개임과 동시에 금속으로부터 π 받개이기 때문이다. 그러므로 포스핀에 *트랜스* 위치의 결합을 약하게 만든다.

강한 σ 전자 주개 능력을 가지는 리간드를 그들의 영향이 작아지는 순서로 대략적으로 정렬하자면 다음과 같다.

$$H^- > PR_3 > SCN^- > I^-, CH_3^-, CO, CN^- > Br^- > Cl^- > NH_3 > OH^-$$

동역학적 트랜스 효과

트랜스 위치로 다가오는 그룹에 대한 어떤 리간드의 경향성이 동역학적 조절하에서 반응과 함께 나타난다. 이러한 경우는 *동역학적 트랜스 영향*(*kinetic trans effect*)으로 알려져 있다. 속도 결정 단계에서 바닥 상태와 전이상태 사이의 에너지가 다르기 때문에 반응은 다가오는 리간드에 *트랜스*인 리간드의 영향을 받는다. 금속에서 리간드로의 π 주개 영향뿐만 아니라 σ 주개 영향도 중요하다. 예를 들어 리간드가 강한 π 받개 결합을 백금과 형성할 때 전하는 금속으로부터 감소된다. 바닥 상태의 에너지의 영향은 상대적으로 적지만 전이상태 에너지는 중요하다. 왜냐하면 사각평면형의 Pt 화합물이 리간드 치환 반응을 하는 동안 전이상태에서 삼각쌍뿔 구조로 배위수가 늘어날 것이라 예상되기 때문이다(**6-1-2**절). 처음부터 기질에

존재하는 π 결합 리간드는 금속으로부터 d_{xz} 궤도함수를 통해 전이상태, **1**을 안정화시키는데 기여할 수 있다.

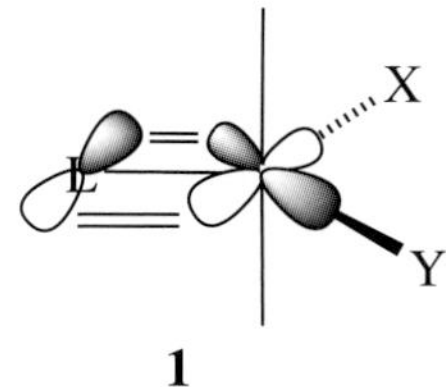

1

전반적으로 이러한 효과는 강한 π 받개 리간드에 *트랜스* 위치의 반응속도를 증가하는 효과를 나타낸다.

C_2H_4, CO > CN^- > NO_2^- > SCN^- > I^- > Br^- > Cl^- > NH_3 > OH^-

σ 주개와 π 받개 효과가 더해졌을때 *트랜스* 효과는 다음과 같이 나열되는 순서를 갖는다.

CO, CN^-, NO, C_2H_4, > PR_3, H^- > CH_3^-, S=C$(NH_2)_2$ > Ph^- > NO_2^-, SCN^-, I^-, > Br^- > Cl^- > Py, NH_3, OH^-, H_2O

위의 순서에서 *트랜스* 효과가 가장 큰 리간드는 강한 π 받개이자 강한 σ 주개이다. 나열 순서가 낮을수록 리간드는 강한 σ도 아니고 π 결합하는 능력을 가지지도 않는다. *트랜스* 효과는 백금 화합물에서 매우 큰–속도를 가질 수 있고, 강한 *트랜스* 효과 리간드 화합물과 약한 *트랜스* 효과 리간드 화합물 사이에는 10^4 만큼의 치환 속도 차이가 날 수 있다. 표 **6-2**는 R 기가 다양할 때 *트랜스*-Pt$(PEt_3)_2$(Cl)R에서 피리딘(Py)에 의한 염소기(Cl)의 치환 반응의 상대적인 속도를 나타낸 것이다.

트랜스 효과의 성질을 알아보기 위해서, 바닥 상태를 불안정화(실제로 *트랜스* 영향)시키며, 전이상태를 안정화(*동역학적 트랜스 효과*)시키는 리간드의 영향에 관한 연구가 실행되어야 한다. 알킬 기와 하이드라이드와 같은 그룹은 π-받개 궤도함수를 가지지 않고 배위적으로 포화되지 않은 사각평면형 화합물을 포함하는 회합 반응에서 삼각쌍뿔 전이상태를 효과적으로 안정화할 수 있는 금속에 π 결합을 형성하지 않는다. 아마도, 이러한 리간드는 M–X의 결합 에너지를 낮추고 반응물을 불안정화하게 하는 것만 효과적이다. CO나 포스핀과 같은 리간드는 π 결합을 통하여 삼각쌍뿔 전이상태를 안정화할 수 있다. 또한 강한 σ 주개를 통해 바닥 상태에서 M–X 결합 에너지를 감소시킬 수 있다. 때때로 우세한 효과를 결정하는 것은 어렵다. 그러나 그림 **6-2**는 발생 가능한 상황을 요약 정리한 것이다. 모든 것을 고려해 볼 때 다른 리간드에 대한 *트랜스* 리간드의 선택적 불안정화 현상은 리간드의 영향에 대한 이유가 동역학적 또는 열역학적인

표 6-2 *트랜스*-$Pt(Cl)(R)(PEt_3)_2$ + Py → [*트랜스*-$Pt(Py)(R)(PEt_3)_2]^+$ + Cl^- 반응에 대한 25°C에서 속도적 *트랜스* 리간드의 효과

R	*k* ($M^{-1}s^{-1}$)
H^-	4.2
CH_3^-	6.7×10^{-2}
Ph^-	1.6×10^{-2}
Cl^-	4×10^{-4}

것과 관계없이 *트랜스* 효과라고 부른다.

팔면체 화합물에서 *트랜스* 효과는 다소 다르다. 그 이유는 각각의 *s* 특성이 작고 사각평면에 비해 팔면체에서는 상대적인 큰 과밀에 의한 입체적 영향 때문이다. 그러나 일반적으로 *트랜스* 효과는 속도-결정 해리 동안 전이금속 상태를 안정화 하는 리간드의 능력과 연관이 있다. 팔면체 Cr 화합물의 연구는 *트랜스* 효과가 다소 비슷하게 위에 보이는 것과 같은 일반적인 경향을 따른다고 제시한다.

반응식 **6.2**와 **6.3**은 두 개의 예를 제공하는데 *트랜스* 효과를 이용하는 합성 방법을 보여 준다. 반응식 **6.2**는 Cl이 NH_3보다 *트랜스* 효과가 더 큰 것을 보여주고 PEt_3는 반응식 **6.3**과 같이 Cl보다 더 큰 *트랜스* 효과를 가진다.

$$[Pt(NH_3)_4]^{2+} \xrightarrow{Cl^-} [Pt(Cl)(NH_3)_3]^{+} \xrightarrow{Cl^-} trans\text{-}Pt(Cl)_2(NH_3)_2 \qquad \textbf{6.2}$$

$$[Pt(PEt_3)_4]^{2+} \xrightarrow{Cl^-} [Pt(Cl)(PEt_3)_3]^{+} \xrightarrow{Cl^-} cis\text{-}Pt(Cl)_2(PEt_3)_2 \qquad \textbf{6.3}$$

기본문제 6-1

반응식의 화살표 왼쪽 구조를 시작 물질로 사용하여 오른쪽 구조의 합성 경로를 제시하라. 합성 경로에 대하여 합당한 시약을 사용해도 된다.

a. PtI_4^{2-} ⟶ Pt(Py)(I)(I)($AsPh_3$) (Py와 $AsPh_3$가 서로 *트랜스*)

b. $[Rh(CO)_2(\mu\text{-}Cl)]_2$ ⟶(2 단계) 2 Rh(PPh_3)(CO)(Cl)(PPh_3) (PPh_3 두 개가 서로 *트랜스*)

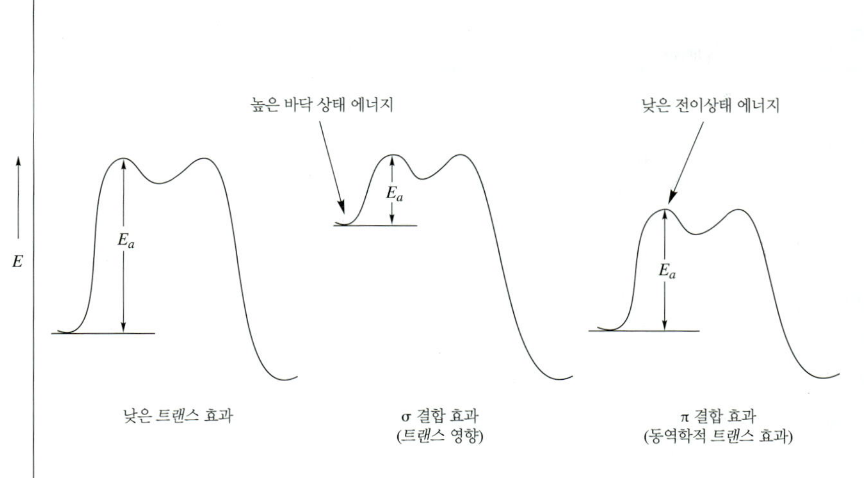

그림 6-2
활성화 에너지와 *트랜스* 효과 (중간체에 대한 에너지의 곡선 깊이와 상대적으로 두 개의 큰 높이를 가진 곡선은 구체적인 반응물에 대해 다양할 수 있다.)

6-1-2 회합적 치환 반응

배위적으로-불포화된 16-전자 화합물은 전형적으로 회합 치환 반응(associative substitution)이 일어난다. 메카니즘은 들어오는 리간드와 16-전자 화합물이 배위수가 포화되는 18-전자 중간체 형태로 되는 느린 두 분자 단계(bimolecular step)이다. 중간체는 빠르게 이탈기로 나가면서 치환된 16-전자 화합물이 생성한다. 이것은 반응식 **6.4**에 나타난다.

$$ML_4 + Y \xrightarrow{k_1} ML_4Y \xrightarrow{k_2\ (\text{빠름})} ML_3Y + L \qquad \textbf{6.4}$$

두 개 항의 속도 법칙은 위에 나타난 메카니즘에 대한 것이고 일반적인 형태는 다음과 같다.

$$\text{반응속도} = k_s[ML_4] + k_1[ML_4][Y]$$

k_s는 친핵성으로 작용할 수 있는 용매 때문에 발생한다. 보통 용매는 반응에 과량으로 존재하기 때문에 첫 번째 형태를 *유사* 일차 반응(*pseudo* first order)이라고 부른다. 유기화학에서 S_N2 반응에 대한 것과 동일한 속도 법칙이다. 이러한 반응은 전형적으로 활성 엔트로피가 음의 값으로 나타나고 회합 반응 특성을 지지하는 추가적인 정보를 제공한다.

전이상태 이론과 활성 부피

반응속도 연구를 통해 얻을 수 있는 활성 엔탈피($\Delta H^{\ddagger}$)와 활성 엔트로피($\Delta S^{\ddagger}$)는 반응의 메카니즘에 대한 유용한 정보를 제공한다. 이 둘은 활성화된 복합체의 전이상태를 반응물과 평형을 이루는 별개의 독립체로서 다루는 전이상태 이론(또한 절대적인 속도 이론으로 알려진)으로부터 구해진다. $\Delta H^{\ddagger}$의 크기는 Arrhenius 방정식 $E_a = \Delta H^{\ddagger} + RT$에 따라 E_a와 동일하다. 이것의 크기는 반응물이 전이상태로 진행됨에 따른 결합 에너지의 변화를 통해 측정된다. 활성 엔트로피는 반응이 전이상태로 진행에 따른 변화를 나타낸다. $\Delta S^{\ddagger}$가 큰 음의 값이면 전이상태로 가는 경로의 숫자가 증가됨을 암시한다. 그 예로는 같은 두 분자의 변형을 통한 Diels–Alder 반응이 있다. $\Delta S^{\ddagger}$에 대하여 양의 값을 가지는 반응은 전이상태의 경로가 큰 무질서도를 가지게 됨을 나타낸다. 예를 들어 S_N1과 같은 해리적 반응은 큰 값의 $\Delta S^{\ddagger}$가 나타난다.

회합 또는 해리적 반응의 성질을 측정하는 또 다른 방법은 활성화 부피 변화($\Delta V^{\ddagger}$)가 있다. 아래의 반응식은 속도상수(k_p 또는 k_{obs})와 제시된 압력 사이의 근사적 관계를 보여 준다.

$$\ln k_p \approx \ln k_o - \Delta V^{\ddagger}P/RT,$$, 여기서 k_o는 압력이 0인 상태에서의 속도상수

용액의 부피 변화의 측정은 압력의 큰 변화를 필요로 하기 때문에 $\Delta V^{\ddagger}$ 측정을 위해서 특별한 장치를 필요로 한다. k_{obs} 대 P의 그래프를 도시하면 기울기로부터 $\Delta V^{\ddagger}$를 결정할 수 있다. 압력의 증가와(압력의 증가는 결합을 형성하는 전이상태의 압축(compaction)을 돕는다.) k_{obs}가 증가함에 따라 $\Delta V^{\ddagger}$는 음의 값을 갖게 되며, 반면에 해리 반응은 압력이 증가하지 않는다. $\Delta V^{\ddagger}$는 압력이 증가함에 따라 양의 값을 갖기 때문에 k_{obs}는 감소해야만 한다. $\Delta V^{\ddagger}$의 측정은 전이상태 구조에 대한 정보를 얻는 일반적인 방법이 되고 있다.

회합 치환 반응은 일반적으로 Ni(II), Pd(II), Pt(II), Ir(I) 및 Au(III)와 같은 사각평면형 d^8 금속 화합물에서 알려져 있다. 이들 화합물의 치환 반응에 대한 철저한 조사가 이루어져 왔다. S_N2 반응의 경우 치환 반응속도는 친핵성(SCN^-과 PR_3와 같은 *무른* 친핵체는 특히 금속 중심이 *무른*[예로 Pt(II)]일 때 효과적이다), 이탈기 능력(M–L 결합 세기의 기능 또는 Brøsted–Lowry 염기 세기; 약한 염기일수록 더 좋은 이탈기), 용매 그리고 *트랜스* 효과에 의해 결정된다.

유기화학에서의 S_N2 반응과는 다르게 사각평면형 화합물의 회합 치환 반응은 일반적으로 위치 배열이 *보존(retention)*되며 반전이 일어나지 않는다. 그림 **6-4**는 위쪽으로부터 혹은 아래쪽으로부터 들어오는 친핵체 **Y**(또는 용매)의 공격으로 인해 사각평면뿔이 만들진 후 재배열을 통해 삼각쌍뿔이 생성되는 반응을 나타낸다. *트랜스*-방향 리간드, $\mathbf{T_d}$, 삽입되거나 이탈하는 리간드, **X**와 **Y** 모두는 삼각쌍뿔의 적도면 치환기이다. 결국 이탈기가 떠나고 마지막 생성물은 $\mathbf{T_d}$에 들어오는 *트랜스*

산과 염기의 굳기와 무른 정도의 개념

굳은 산과 굳은 염기 그리고 무른 산과 무른 염기의 개념은 몇 가지의 설명을 필요로 한다. *Lewis* 산 또는 염기의 굳은 정도 또는 무른 정도에 대하여 살펴볼 것이다. 굳은(hard) 산은 작은 크기를 가지고, 큰 양전하를 가지며, 전자구름이 크게 뒤틀리지 않는(불-변극성) 경향을 가지고 있다. 굳은 산의 예로는 H^+, Al^{3+}, 또는 BF_3가 있다. 정반대 개념으로 무른(soft) 산은, 전하에 비해 크기가 크며 편극성을 가지는 전자구름을 가진다. Hg^{2+}, Tl^+ 그리고 낮은 원자가 전이금속과 같은 화학종들은 전형적으로 무른 산의 특징을 갖는다.

굳거나 무른 염기는 전자가 부족한 것 대신에 전자가 많은 화합물이란 것만 제외하면 대응되는 산과 비슷하다. 굳은 염기로는 F^-, OH^-, 또는 NH_3이 있으며, I^-, R_2S, CO 및 R_3P와 같은 화학종은 무른 염기의 예이다. 산과 염기의 무른 정도를 가정할 때 좋은 규칙 중 하나는 무른 정도는 주기율표에서 아래로 내려갈수록 증가한다는 것이다. 굳은 산과 굳은 염기는 서로 강한 전기 화학적 인력을 가지기 때문에 쉽게 반응한다. 무른 산과 무른 염기는 좀 복잡한 이유를 통해 빠르게 반응하는 경향이 있다. 그림 **6-3**은 무른 산과 염기가 서로 반응을 잘하는 것을 보여주며, 그 이유로는 이들 궤도함수가 적절한 대칭을 가진다고 가정하였을 때 염기의 HOMO(가장 높게 차지하는 궤도함수)는 산의 LUMO(가장 낮게 점유되지 않은 분자 궤도함수)에 에너지적으로 가깝게 위치하기 때문이다. HOMO는 두 개의 전자가 채워져 있고 LUMO는 전자가 비어 있어 두 개의 궤도함수 사이에서 상호작용은 이중으로 점유된(doubly occupied) 결합 궤도함수와 빈 반결합 궤도함수를 형성한다. 전반적으로 두 개의 궤도함수의 상호작용은 에너지를 상당하게 낮춘다. 산이 굳은 산이고(LUMO가 에너지적으로 매우 큰) 염기 또한 굳은 염기라면(HOMO의 에너지에서 상대적으로 낮은) 이러한 상황이 적용될 수 없다. HOMO와 LUMO가 에너지적으로 매우 떨어져 있어 에너지의 낮아짐이 적다면 그들 사이의 효과적인 상호작용은 무시할 수 있을 것이다.

Lewis 산 또는 염기의 "굳은 성질"또는 "무른 성질"을 정량화하기는 어렵다. Brønsted–Lowry 산의 세기로 접근할 경우에도 pK_a 값을 측정할 수 없다. R. G. Pearson은 원자 혹은 화학종의 이온화 전위와 전자 친화도 차이의 절반을 경도(hardness)로 정의하여 산, 염기에 대한 절대적인 굳기(absolute hardness)의 정도를 보고하였다. 그는 산 또는 염기의 계산된 굳기 수치가 실험적 특성과 일치하는 많은 사례를 보여주었다.

리간드를 가지는 사각평면형 화합물이다. 반응식 **6.2**와 **6.3**은 전형적인 회합 리간드 치환 반응이다.

회합성 치환 반응의 18-전자 시스템

18-전자 규칙은 배위수가 포화된 18-전자 착물이 **A** 메카니즘을 통해 치환 반응을 하도록 한다. 이러한 기존의 지혜에 대한 예외는 금속 착물이 한쌍의 전자를 한 리

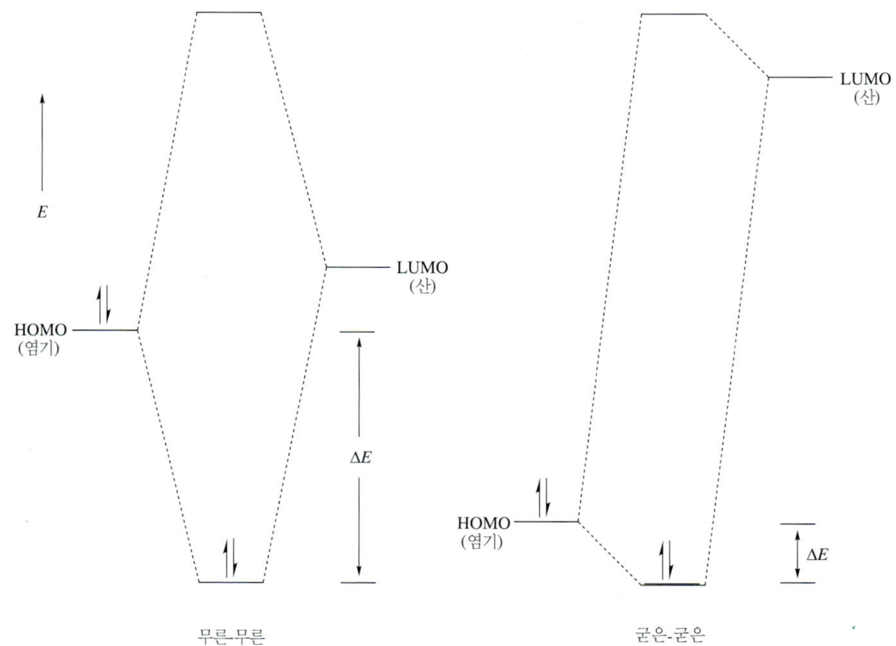

그림 6-3
무른 산과 무른 염기 또는 굳은 산과 굳은 염기 사이의 HOMO – LUMO 상호작용

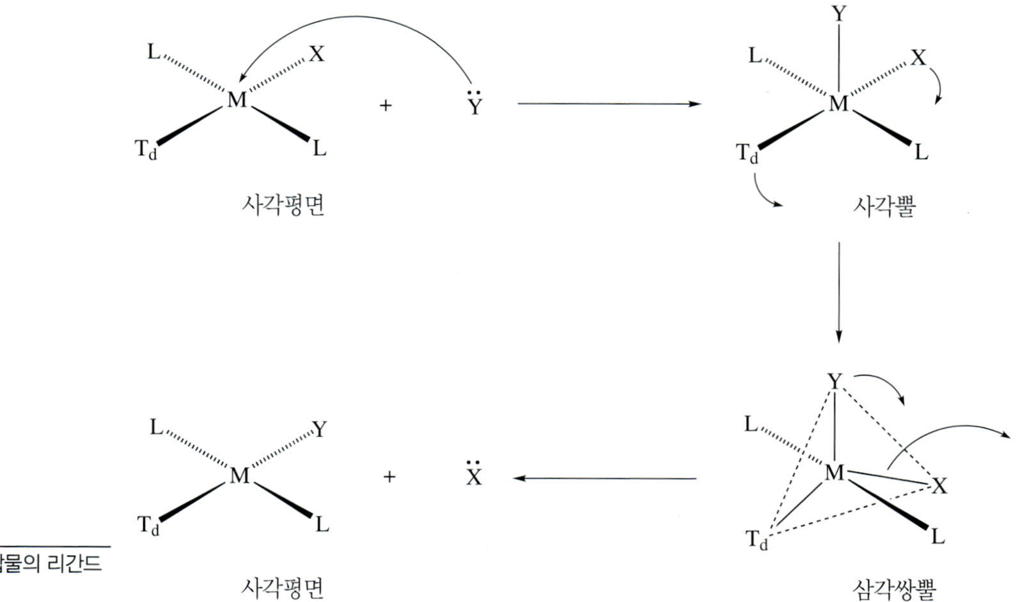

그림 6-4
사각평면 착화합물의 리간드 치환

간드쪽으로 비편재화시킬 수 있다면 18-전자 착물은 회합성 치환 반응을 할 것이라고 가정한 Basolo에 의해 만들어졌다.

예를 들어, 반응식 **6.5**는 18-전자 몰리브덴(molybdenum) 착물이 포스핀(phosphine) 리간드에 의하여 치환되는 반응을 보여주며, 이 반응은 출발 착물과 이미 **6-1-2**절에서 설명한 16-전자 사각평면형 착화합물의 회합성 치환 같이 들어오는 리간드에 의하여 반응속도가 결정된다. 이 반응에서 속도 결정 단계는 들어오는 포스핀 리간드가 결합하는 것과 동시에 η^6에서 η^4로의 아렌 리간드의 합토수의 변화를 포함하는 것을 명심해라.

PPh_3 / 느림 / OC / Mo / PPh_3 / OC / C / O / PPh_3 / PPh_3 / PPh_3 / OC / Mo / PPh_3 / OC / PPh_3 / C / O / + PhH

6.5

이러한 변화는 들어오는 리간드가 결합할 때 배위권의 전자수가 보존되도록 한다. 이와 유사한 트리엔–몰리브덴(molybdenum) 착화합물의 연구를 통해 18-전자 η^4-(triene)$Mo(CO)_3(PR_3)$를 분리하였으며 η^4–아렌 착화합물은 분리되어 고체 상태에서 확인하였다.

반응식 **6.6~6.9**는 18-전자 착물의 치환 반응의 예이며, 하나의 리간드에서 전자의 분배(contribution)가 발생하다. 반응식 **6.6**은 나이트로실기(nitrosyl)의 선형의 3-전자(18 e^- 착물)에서 굽은형의 1-전자(16-e^- 착물)로의 재배열을 보여준다. 이것은 포스핀이 공격하여 18-e^- 착물 $Co(CO)_3(PR_3)(NO)$를 형성하도록 하며 결국 CO가 생성물에서 떨어져나간다. 전체적인 반응속도는 다음과 같은 순서를 가지는 $PEt_2Ph \sim PPh_3 > P(OPh)_3$ (**5-3**절) 포스핀의 친핵성 또한 관련이 있다.

$$Co(CO)_3NO + PR_3 \longrightarrow Co(CO)_2(PR_3)(NO) + CO \qquad \textbf{6.6}$$

반응식 **6.7**은 η^5에서 η^1–Cp로의 변화를 포함하고, 반응식 **6.8**은 η^5에서 η^3–인데닐(indenyl)로의 고리 "미끄러짐(slippage)"을 보여준다. 이러한 감소는 η^6–벤젠에의 금속 화합착물에서 발생하는 η^6에서 η^4로의 변화와 η^5–Cp일 경우 η^5에서 η^3로의 변화에 비하여 매우 빠르게 발생한다. "인데닐 리간드 효과(indenyl ligand effect)"는 방향족이 아닌 η^4–벤젠이나 η^3–Cp에 비하여 η^3–인데닐 기(완전한 하나의 방향족)의 공명 안정화가 반응성을 향상시킨 것으로 Basolo에 의하여 정의되었다. 이러한 효과를 가장 잘 반영한 예는 철(iron)에 테트라졸(tetrazole) 리간드가 결합하여 전자가 재배열되는 반응으로 반응식 **6.9**에서 보여준다. 테트라졸 리간드는 L_2에서 X_2로 변하고 다시 L_2로 되돌아간다. $\Delta H^{\ddagger}$는 6.9 kcal/mol이고 $\Delta S^{\ddagger}$는 –31.4 eu로 회합성 메카니즘의 빠른 반응속도를 보여준다.

+ 2 PMe3 **6.7**

η[5]–indenyl PPh3 느림 빠름 + CO **6.8**

PMe3 + CO **6.9**

기본문제 6-2

a. 반응식 **6.6**의 출발 물질의 구조를 제안하시오.

b. 반응식 **6.9**의 각각 착물의 전자수를 계산하시오.

6-1-3 해리성 치환 반응

D 메카니즘은 배위수가 감소한 중간체를 형성하며, 반응식 **6.10**과 **6.11**에 제시된 것과 같이 18-전자 착물의 대표적인 반응 경로이다.

$$ML_6 \underset{k_{-1}}{\overset{k_1}{\rightleftharpoons}} ML_5 + L \qquad \textbf{6.10}$$

$$ML_5 + Y \xrightarrow{k_2} ML_5Y \qquad \textbf{6.11}$$

정상 상태 근사치를 이용한 반응속도 메카니즘은 다음과 같다.

$$반응속도 = \frac{k_1 k_2[ML_6][Y]}{k_{-1}[L] + k_2[Y]}$$

이탈기(L)의 농도는 들어오는 친핵체에 비해서 상대적으로 묽거나, k_{-1}이 작다면 반응속도식은 유기화학에서 제한적인 S_N1 반응과 같이 줄일 수 있다.

$$반응속도 = k[ML_6]$$

그러나 리간드의 해리를 통해 형성된 16-전자 중간체는 반응성이 좋고 배위수가 포화(coordinative saturation)될 때 선택성이 적다. 또한, k_{-1}는 종종 k_2과 비교되며, 들어오는 리간드가 더 진한 농도를 가지지 않으면 더 복잡한 반응속도식을 가진다. 금속 카보닐 착화합물의 리간드 치환 반응 속도는 낮은 원자가(valent)의 금속 중심에서 다른 중성의 리간드(포스핀(phosphines), 알켄(alkenes), 그리고 아민(amines))이 치환되는 메카니즘에 중요한 정보를 제공한다. **D** 메카니즘에서 발생하는 치환 반응의 대표적인 예는 반응식 **6.12**에서 보여준다.

$$Cr(CO)_6 + PPh_3 \xrightarrow[130°C]{} Cr(CO)_5PPh_3 + CO \quad \textbf{6.12}$$

상대 속도

다양한 ML_6 착물(카보닐 착물이 가장 많이 연구되었음)의 치환 속도는 금속과 리간드에 따라 많은 차이를 보인다. 18-전자 $[V(CO)_6]^-$는 용융 PPh_3에 의한 치환 반응에 영향을 거의 받지 않는다. 6족의 육배위 착물의 k_1는 10^{-12}에서 10^{-3} sec^{-1}사이 값을 갖는다.

6-1절에서 언급한 두 번째 주기의 착화합물은 해리성 메카니즘에 의한 리간드의 치환 반응에서 첫 번째나 세 번째 주기의 착화합물에 비해 빠른 반응속도를 가진다. 이러한 경향은 6족 착물을 통해 잘 연구되었으며, 주로 d^9과 d^{10}에서 관찰된다. 금속 카보닐 $M(CO)_6$(M = Cr, Mo 및 W)의 반응속도는 M–C 결합 에너지의 순서 W > Mo > Cr와 일치하지 않는다. 이 순서는 6족의 금속 카보닐의 M–C 결합 힘 상수(force constant)의 계산 값과 비례한다.

입체 효과

입체 효과는 리간드 치환에 영향을 준다. 반응식 **6.13**의 반응속도는 여러 종류의 포스핀 리간드(PR_3)를 통해 측정되었으며, 치환 반응 속도는 입체 크기가 큰 포스핀에 의하여 가속화된다. 포스핀(또는 포스파이트(phosphite)) 리간드의 원뿔각

(**5-3**절 참고)과 CO의 치환속도는 잘 일치하며, 이러한 결과를 표 **6-3**에 보여준다.

$$cis\text{-}Mo(CO)_4(PR_3)_2 + CO \longrightarrow Mo(CO)_5(PR_3) + PR_3 \qquad \textbf{6.13}$$

시스(cis) 효과

$M(CO)_5X$의 화학식을 가지는 팔면체 착물은 X 리간드(6족과 7족 금속 착화합물에 대해 잘 연구되었음)의 *시스*(*cis*) 위치에 치환된 CO를 잃는 경향성을 가진다. *시스* 불안정화 현상은 *시스* 효과라고 말한다. 팔면체 착물에서 카보닐 기를 잃는 것은 X의 *시스*(**a**) 또는 *트랜스*(**b**) 위치의 CO에 따라 **a**과 **b**(그림 **6-5**)의 두 개의 정사각형의 피라미드 형태의 중간체를 형성한다.

표 6-3 리간드 (L)의 CO에 의한 70℃에서 이동 속도

L	원추 각 (°)	속도 상수 (sec^{-1})	$\Delta H^‡$ (kcal/mol)	$\Delta S^‡$ (eu)[a]
포스핀				
PMe_2Ph	122	<1.0 x 10^{-6}		
$PMePh_2$	136	1.33 x 10^{-5}		
PPh_3	145	3.16 x 10^{-3}	29.7	14.4
$PPhCy_2$[b]	162	6.40 x 10^{-2}	30.2	21.7
포스파이트				
$P(OPh)_3$	128	<1.0 x 10^{-5}		
P(O-*o*-tol)$_3$[c]	141	1.60 x 10^{-4}	31.9	14.4

[a]eu = cal/mol-K.
[b]Cy = cyclohexyl.
[c]*o*-tol = *ortho*-toluyl (*o*-methylphenyl).

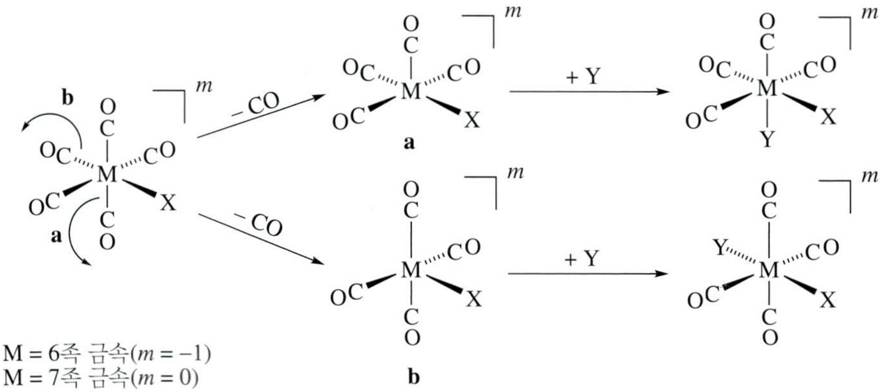

그림 6-5
$M(CO)_5X$ 착물의 치환 반응의 중간체

계산의 결과는 할로겐(약한 σ 주개와 π 받개)과 같은 리간드가 b보다는 a에서 기하구조를 안정화시키는 것을 보여준다. 그러므로 Hammond 가설(아래에 나와 있는)의 결과에 따르면 b로 가는 전이상태보다 a로 가는 전이상태가 더 안정하다. 할로겐(할로겐은 좋은 σ 주개이거나 π 받개 능력을 가진다)의 전기적 성질을 가지지 않는 *시스* 리간드가 존재할 때는, *시스* 불안정화에 대한 선호가 감소한다. 실제로, CO보다 강한 π 받개($F_2C = CF_2$와 같은) 리간드는 *트랜스* 위치의 CO을 쉽게 잃게 한다.

Hammond 가설

메카니즘은 반응물에서 생성물이 생성되는 동안 결합이 끊어지고 생성되는 현상을 설명한다. 구조의 속도 결정 단계를 포함하는 전이상태를 이해하는 것은 중요하다. 이러한 지식은 화학자들이 다른 치환기가 반응속도에 미치는 영향과 생성물에 대한 기여(만약 2개 이상의 생성물이 있다면)를 예측하거나, 반응물에서 생성물로의 변형에 관한 입체 화학의 역할을 이해하는데 도움이 된다.

만약 불안정한 중간체나 반응물, 생성물이 될 수 있는 화학종의 전후 구조와 에너지 상태를 알고 있다면 Hammond 가설의 적용은 어떤 상황에서 전이상태의 구조를 알려준다. George Hammond에 의하여 제안된 이론은 "전이상태와 불안정한 중간체 같은 두 상태가 반응 과정 동안 연속적으로 발생하고 거의 비슷한 에너지를 가진다면, 두 상태의 상호 변환은 분자 구조의 재배열이 작은 경로를 따를 것이다."라고 발표하였다.

그림 **6-6**의 세 가지 경우를 살펴봄으로써 이 이론을 설명할 수 있다. 그림 **6-6a**는 배위-에너지 반응 도표에서 큰 발열성의 전체 반응 또는 한 단계를 나타낸다. 반응물의 에너지는 전이상태의 에너지와 비슷하다. 이러한 경우, 전이상태는 배위된 반응물에서 빨리 나타나고 출발물질의 구조는 전이상태의 구조와 비슷하다고 말할 수 있다. 그림 **6-6b**는 반대 경우로 흡열 단계가 발생한다. 전이상태는 반응 경로에서 늦게 나타나고 생성물과 유사하다. 기질이 분해되어 이탈기와 카보양이온(carbocation) 중간체를 생성하는 S_N1 반응에서 발생하는 이온화 단계가 가장 좋은 예이다(반응식 **6.14**).

$$(CH_3)_3\text{–}Br \longrightarrow (CH_3)_3C^+ + Br^- \qquad \textbf{6.14}$$

마지막 경우인 그림 **6-6c**는 전이상태가 반응물이나 생성물 보다 더 높은 에너지를 가지는 것을 보여준다. 이러한 경우, 반응물이나 생성물 구조의 기능으로 전이상태를 조심스럽게 설명할 수 있다.

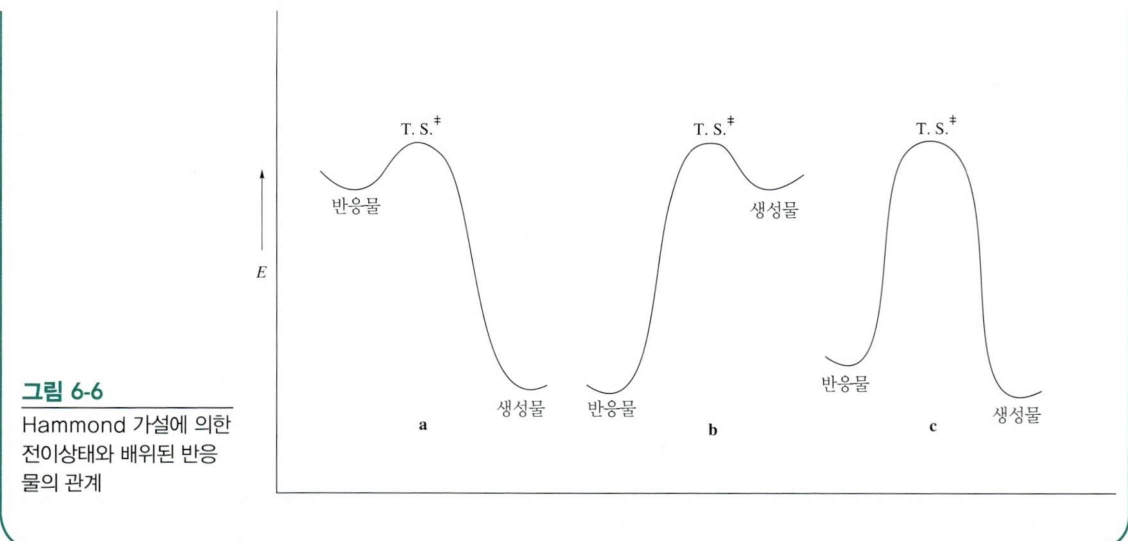

그림 6-6
Hammond 가설에 의한 전이상태와 배위된 반응물의 관계

다른 리간드

특정한 리간드의 치환 반응 속도는 리간드 종류에 의하여 결정된다. CO 또는 아렌과 같은 탄소-주개 L-타입 리간드는 기본 상태에서 중성이기 때문에 쉽게 분해된다. 그러나 Cp과 같은 L_nX 기는 라디칼과 이온 상태에서 불안정하기 때문에 거의 분해되지 않는다.

ML_5 및 ML_4 착화합물

8족과 9족의 금속을 포함하는 ML_5 d^8 시스템은 낮은 에너지 장벽을 가지고 사각뿔(square pyramidal) 구조와 삼각쌍뿔(trigonal bipyramidal) 구조 형태로 상호 변화가 발생하기 때문에 일반적으로 삼각쌍뿔 구조를 형성한다. 이러한 이성질체화의 기능은 생성물의 입체 화학에 근간으로 한 결론을 다소 의미가 없게 만든다. 그럼에도 불구하고, 많은 ML_5 착물들에서 치환 반응이 일어나고 동적 요소는 **D** 메카니즘을 종종 입증한다. 반응식 **6.15~6.17**은 ML_5의 치환 반응의 예이다.

$$Ru(CO)_4PPh_3 + PPh_3 \longrightarrow \textit{trans}\text{-}Ru(CO)_3(PPh_3)_2 + CO \quad \Delta S^{\ddagger} = +14 \text{ eu} \tag{6.15}$$

$$(CO)_4Fe(CH_2{=}CHPh) + CO \longrightarrow Fe(CO)_5 + CH_2{=}CHPh \quad \Delta S^{\ddagger} = +13 \text{ eu} \tag{6.16}$$

$$Me(C{=}O)Co(CO)_4 + PPh_3 \longrightarrow Me(C{=}O)Co(CO)_3PPh_3 + CO \quad \Delta S^{\ddagger} = +3.2 \text{ eu} \tag{6.17}$$

d^{10} ML_4 착화합물의 해리성 치환 반응은, 특히 M = Ni(반응식 **6.18**)과 관련하여 연구가 잘 되어 있다.

$$Ni(CO)_4 + {}^{14}CO \xrightarrow[-10\ ^{\circ}C]{} Ni(CO)_3({}^{14}CO) + CO \qquad \textbf{6.18}$$

출발 착화합물의 기하학적 구조는 항상 사면체(tetrahedral) 구조를 형성한다. Ni(-CO)$_4$는 포스핀과 반응하여 일치환과 이치환의 착화합물을 형성한다. 치환된 착화합물은 포스핀 리간드의 영향을 안정화시켰기 때문에 Ni(CO)$_4$보다 추가적인 리간드 교환 반응이 느리다.

ML_4 (L = PR_3) 착화합물이 리간드 해리 반응을 통해 ML_3가 되는 속도는 원추각과 관련이 있다. 이미 논의하였듯이, 포스핀과 같은 원뿔각(cone angle)을 가지는 포스파이트 리간드와 비교하였을 때, 해리 반응은 더 느리다. 이것은 포스핀에 비하여 포스파이트는 좋은 π-받개이고 바닥 상태에서 금속이 안정하기 때문이다. 10족 d^{10} ML_4의 일반적인 치환 속도 Pd > Pt ~ Ni 순으로 빠르다.

배위수가 포화된 화학종으로부터 리간드의 치환은 기존에 연구된 내용에서 벗어난다. 즉, *반응성은 속도 결정 단계에서 리간드를 잃고 반응성이 좋은 16-전자 중간체를 생성하면서 향상된다*. Hammond 가설에 따르면, 이 중간체는 속도 결정 단계에서 생성되는 전이상태와 매우 유사하다. 중간체는 새로운 친핵체와 결합하여 치환 반응을 완결한다.

6-1-4 교환 경로

배위수가 포화된 18-전자 착물이 리간드 치환 반응에서 배위수와 전자수가 증가 하는 것은 예상되지 않는다. 제6장의 앞부분에서 교환(**I**) 경로는 리간드 치환 반응의 가능성 있는 메카니즘이라고 설명하였듯이, **I** 경로와 같은 반응이 일어나면 배위수가 포화된 반응물로부터 생성물이 만들어질 때 배위수가 증가한다는 근거가 있다. 이 반응은 반응식 **6.19**에 설명하였다.

$$ML_6 + L' \underset{}{\overset{K_{diff}}{\rightleftharpoons}} ML_6{\cdot}L' \underset{k_{-3}}{\overset{k_3}{\longrightarrow}} ML_5L' + L \qquad \textbf{6.19}$$

가장 잘 연구되어진 교환 경로는 **I**(**I**$_\mathbf{d}$, 분해 교환)과 **D** 메카니즘이 경쟁적으로 발생한다(도식 **6.1**).

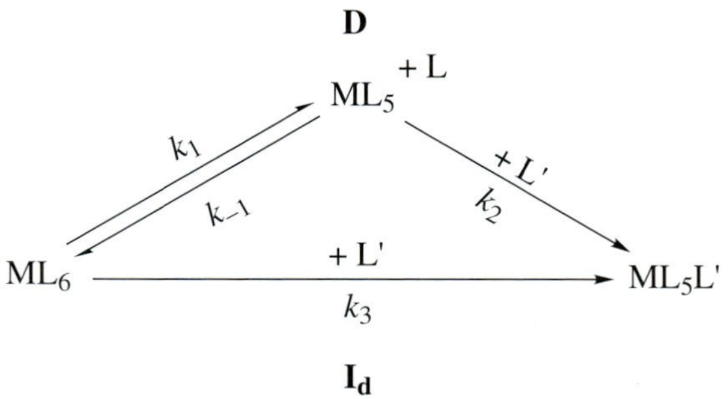

도식 6.1
D과 I_d의 경로

$\mathbf{I_d}$ 메카니즘(반응식 **6.19**)에서 기질과 L′이 결합하여 ML_6과 L′이 약하게 결합되어 있는 "케이지(cage)" 착물(ML_6·L′)을 형성하고 "케이지" 안에 용매 분자가 갇혀 있다. ML_6L'는 속도 결정 단계를 거친 후 이탈기, L을 빠르게 잃는다. 도식과 정류상태 근사법(steady-state approximation)에 따른 속도 규칙은 다음과 같이 설명할 수 있다.

$$\text{반응속도} = K_{diff}k_3[ML_6][L']$$

$\mathbf{I_d}$ 메카니즘은 전이상태 **2**를 통해서 설명할 수 있다.

$$[L'\cdots\cdots ML_5\cdots\cdots\cdots\cdots L]$$
$$\mathbf{2}$$

들어오는 리간드와 해리되는 리간드가 약하게 배위하고 있을 때가 속도 결정 단계이다. $\mathbf{I_d}$ 메카니즘은 전이상태에서 해리되는 리간드의 M–L 결합이 끊어지고, 금속에 들어오는 리간드 L′그룹이 매우 약한 결합을 형성하는 $\mathbf{I_a}$과 확실히 구별된다. 중간체 ML_6·L′과 ML_6L'를 분리하는 것은 많은 문제가 있기 때문에 이러한 메카니즘의 증거를 찾는 것은 매우 어렵다. 사실, 이러한 중간체를 발견하는 것은 불가능하기 때문에 화학자들은 **I** 메카니즘의 존재 가능성을 제안하였으며, 특히 관측 속도와 리간드의 농도 사이에 발견된 선형 관계는 이 제안을 뒷받침한다.

속도론적인 증거는 어떤 조건에서 **D**와 ML_6·L′의 경로(도식 **6.1**)의 경쟁이 일어날 수 있다는 것을 암시한다. L이 아민(amines), 포스핀(phosphines), 나이트릴(nitriles)일 때, 이차항의 속도 법칙이 적용되는 것이 실험적으로 밝혀졌다.

$$\text{반응속도} = k_1[ML_6] + k_3[ML_6][L']$$

이 식에서 k_1는 속도를 결정하는 분해 반응(반응식 **6.10**)의 속도 상수를 나타내고 k_3는 $\mathbf{I_d}$ 과정의 속도 결정 단계(반응식 **6.19**)의 속도 상수를 나타낸다. 표 **6-4**는 **D**와 $\mathbf{I_d}$치환이 동시에 일어나는 것으로 보이는 6족 금속 착화합물의 몇 가지 예를 보

표 6-4[a] $M(CO)_6$의 치환된 리간드와 PBu_3의 활성화 파라미터

M	$\Delta H_1^{\ddagger b}$	$\Delta S_1^{\ddagger c}$	$\Delta H_3^{\ddagger}$	$\Delta S_3^{\ddagger}$
Cr	40.2	22	25.5	−15
Mo	31.6	6.7	21.7	−15
W	39.9	14	29.2	−6.9

[a]R. J. Angelici and J. R. Graham, *J. Am. Chem. Soc.*, **1966**, *88*, 3658 and R. J. Angelici and J. R. Graham, *Inorg. Chem.*, **1967**, *6*, 2082.
[b]kcal/mol.
[c]Entropy units (eu), cal/mol-K.

여준다. $\mathbf{I_d}$ 경로에서 활성화 엔탈피, $\Delta H_3^{\ddagger}$는 완전히 해리되는 과정에 해당하는 엔탈피, $\Delta H_1^{\ddagger}$에 비해 더 작다는 것을 명심하라. 또한, 두 경로의 $\Delta S^{\ddagger}$항은 완전히 다르다—완전히 해리되는 과정은 매우 큰 양의 활성화 엔트로피를 보이는 반면 $\mathbf{I_d}$ 경로에서 $\Delta S^{\ddagger}$는 반응물에서 생성물로 갈 때 증가하는 전이상태에서 예측할 수 있듯이 음의 값을 가진다.

표 **6-4**의 수치는 두 경로의 활성화 엔탈피가 M = Mo일 경우에 가장 낮다는 것을 타나내며, 이 장에서 이미 이유가 논의되었던 바와 같이 리간드 치환 반응의 일반적인 속도가 1, 3 주기 < 2 주기로 나타나는 경향성과 일치한다.

$\mathbf{I_d}$ 과정이 일어나는 것으로 보이는 다른 경우를 나타낸 도식 **6.2**는 다이엔(diene)이나 트라이엔(triene)과 같은 폴리합토(polyhapto) 리간드를 포함하는 착화합물의 치환을 포함한다. 정류 상태 근사법(steady-state approximation)을 두 중간체, **A**와 **B**에 대해서 적용시키면 다음과 같은 속도 법칙을 얻을 수 있다.

$$\text{반응속도} = \{k_1k_2[\mathrm{M(CO)_4(다이엔)}][\mathrm{L}]/(k_{-1} + k_2[\mathrm{L}])\} + k_3[\mathrm{M(CO)_4(다이엔)}][\mathrm{L}]$$

$k_2[\mathrm{L}]$이 크면(들어오는 리간드의 농도가 크다), 속도 법칙이 다음과 같이 간소화되어 **D**와 $\mathbf{I_d}$의 경로 모두에 부합한다.

$$\text{반응속도} = k_1[\mathrm{M(CO)_4(다이엔)}] + k_3[\mathrm{M(CO)_4(다이엔)}][\mathrm{L}]$$

이러한 반응의 자세한 예로, 폴리합토(polyhapto) 리간드인 1,5-사이클로옥타테트라엔(cod)를 사용한 반응 **6.20**에 나타내었다.

$$(\mathrm{cod})\mathrm{Mo(CO)_4} + 2\ \mathrm{AsPh_3} \longrightarrow (\mathrm{AsPh_3})_2\mathrm{Mo(CO)_4} + \mathrm{cod}$$
$$\Delta H_1^{\ddagger} = 25.0\ \text{kcal/mol} \qquad \Delta S_1^{\ddagger} = 2.2\ \text{eu} \qquad \Delta H_3^{\ddagger} = 16.0\ \text{kcal/mol}$$
$$\Delta S_3^{\ddagger} = -16.0\ \text{eu} \qquad \mathbf{6.20}$$

$\Delta S_1^{\ddagger}$는 **D** 경로의 활성화 엔트로피를 나타내고 $\Delta S_3^{\ddagger}$는 $\mathbf{I_d}$ 경로의 활성화 엔트로피를 나타낸다.

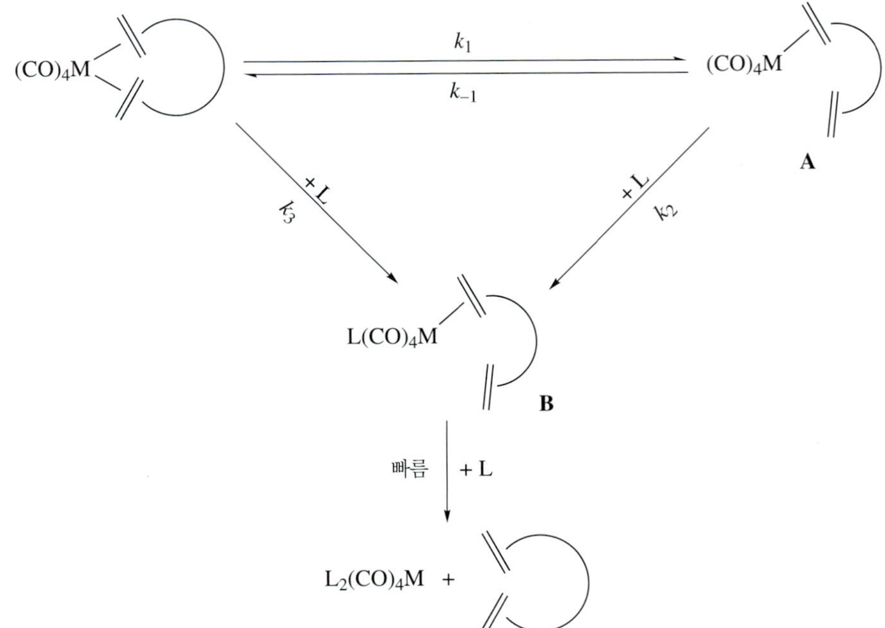

도식 6.2
기질과 폴리헵토 (polyhapto) 리간드를 포함하는 치환 반응

$\mathbf{I_d}$과 $\mathbf{I_a}$의 메카니즘 사이는 가느다란 줄이 있는 것과 같다. $(CO)_5$W-CyH 결합 분해 에너지와 비교하였을 때 더 낮은 값을 갖는 $\Delta H^{\ddagger}$, 음의 값을 갖는 $\Delta S^{\ddagger}$와 테트라하이드로퓨란(tetrahydrofuran)과 퓨란(furan)의 전기적 작용과 입체 성질과 리간드의 농도에 의해서도 반응속도가 바뀌기 때문에 메틸화되거나 메틸화되지 않은 테트라하이드로퓨란 또는 퓨란과 $W(CO)_5$(cyclohexane)의 반응(반응식 **6.21**)은 $\mathbf{I_a}$ 경로가 작동하는 증거가 된다. 싸이클로헥세인(cyclohexane) 용매 리간드가 금속에 매우 약하게 붙어 텅스텐 착화합물은 실제로 배위적으로 불포화되게 만들 것이라 여길 수도 있겠지만, 실제로 Schultz는 이러한 금속–용매 착물에 용매 리간드가 약하게 결합(결합 분해 에너지는 10~15 kcal/mol)되어 있으며 많은 촉매순환주기에서 배위수가 불포화된 화학종이 존재한다는 것을 밝혔다. 이러한 화학종과 반응은 나노- 또는 피코 초 단위의 다양한 분광학적 방법으로 연구할 수 있다.

$W(CO)_5$(cyclohexane) + L ⟶ (cyclohexane) $W(CO)_5L$ + cyclohexane

L = (2,5-R-tetrahydrofuran) 또는 (2,5-R-furan) R = H, CH_3

6.21

반면에 $CpMn(CO)_2$(cyclohexane)과 L(cyclopentane, THF, furan, pyrrolidine)의 반응(반응식 **6.22**)은 메카니즘적으로 규정되지 않았지만 $\mathbf{I_d}$ 경로로 가장 잘 설명할 수 있다. 빠른 속도론적인 방법은 다른 리간드의 전기적, 입체 성질의 비율에 큰 영향이 없었으며, A-유형의 반응($\Delta H^\ddagger$는 리간드와 상관없는 값이다)이 예상되지만 그럼에도 리간드 농도에 대하여 1차 종속적이었다는 것을 증명하는데 사용되었다. $\Delta S^\ddagger$는 조사된 모든 리간드에서 음의 값을 갖지만 큰 값을 갖지는 않는다.

$Cp(CO)_2Mn$(cyclohexane) + L → $Cp(CO)_2MnL$ + cyclohexane

L = (cyclopentene), (THF: O), (furan: O) 또는 (pyrrolidine: N–H)

6.22

6-1-5 17-전자 착화합물

용해된 PPh_3와의 반응성이 아주 낮은 18-전자의 $V(CO)_6^-$와는 달리 17-전자 화합물인 $V(CO)_6$는 –70°C에서 PPh_3와 빠르게 반응한다. $(MeCp)Mn(CO)_3$는 140°C에서 3일 동안 PPh_3과의 치환 반응이 일어나지 않는 반면, 전자 하나가 산화된 $[(MeCp)Mn(CO)_3]^+$은 $P(OEt)_3$와 천 분의 일 초(millisecond) 내에 반응한다. 같은 화합종의 18전자에 비하여 17전자 화합종은 리간드 치환 반응이 매우 빠르게 진행한다. 제5족, 7족 금속의 치환 반응은 해리 또는 라디칼 반응도 가능하지만, 최근에 회합성 메카니즘(associative mechanism)의 증거들이 나타났다.

예를 들면, $V(CO)_6$의 포스핀 치환 반응의 반응속도 경향은 포스핀의 친핵성에 따라 다음과 같다.

$$PMe_3 > PBu_3 > P(OMe)_3 > PPh_3$$

만약 반응 메카니즘이 **D**(dissociative) 경로를 따른다면, 친핵성이 변화함에 따라 반응속도의 영향이 적을 것으로 예상되며, S_N1 유기 반응과 유사할 것이다. 반응속도의 경향은 포스핀의 입체적, 전기적 성질을 반영할 것이다. 트라이알킬 포스핀은 트라이아릴 포스핀이나 포스핀에 비해 전자가 풍부하여 좋은 σ 염기(σ 주개)이다. 입체적 효과도 반응속도에 영향을 준다. 회합성(A) 메카니즘의 경우 ML_7(19전자)의 중간체 또는 전이상태가 입체적으로 장애를 받게된다. 이러한 이유로 σ 염기도가 비슷한 포스핀에서 PMe_3가 PBu_3보다 반응이 빠르다. 또한 친핵도에 상관없이 $\Delta S^\ddagger$ 음의 값을 갖는 **A** 메카니즘과 일치한다. 끝으로, 수명이 짧은 19전자 화학종은 전기화학적으로 생성되며 기하학적 구조는 이론적으로 계산되어진다. 19전자

표 6-5 리간드 치환 반응의 특성

메카니즘	기질 형태	반응속도 법칙[a]	$\Delta S^{\ddagger}$ ($\Delta V^{\ddagger}$)	입체 화학
A	16-e⁻ 사각평면[b]	2차	음	보존
D	18-e⁻[c,d]	1차	양	확실치 않음
I_d	18-e⁻[c]	착화합물	음	확실치 않음
I_a	18-e⁻[c]	착화합물	음	확실치 않음

[a]제한적인 경우

[b]17-전자 화학종 또한 화합 치환 반응 가능.

[c]다른 기하구조; 팔면체가 가장 일반적임.

[d]19-e⁻-전자 화학종은 해리 치환 반응.

화학종의 치환 반응은 **D** 메카니즘을 보여준다.

반응식 **6.23**은 17-전자 화학종의 치환 반응이 회합성 리간드 치환 반응의 예이며, 17-전자 화학종은 바로 이합체로 변환한다.

$$(CO)_5Mn{-}Mn(CO)_5 \xrightarrow{h\nu} \underset{(17\ e^-)}{2\cdot Mn(CO)_5} \xrightarrow{PPh_3} \underset{(17\ e^-)}{Mn(CO)_4(PPh_3)} + CO$$

$$2\ Mn(CO)_4(PPh_3) \longrightarrow [Mn(CO)_4(PPh_3)]_2 \qquad \textbf{6.23}$$

표 **6-5**는 **6-1**절에서 논의되었던 리간드 치환 반응의 형태와 특성을 요약한 것이다.

6-2 산화 첨가 반응

산화 첨가(oxidative addition, OA) 반응과 이 반응의 역반응인 환원 제거(reductive elimination, RE) 반응은 촉매 순환(제8장)과 합성 반응에서 매우 중요한 역할을 한다. 광범위한 관점에서, OA는 상대적으로 산화 상태가 낮은 금속 화합물에 두 그룹 X–Y가 금속에 첨가되는 것이다. 이러한 결과는 출발 물질에 비하여 산화수, 배위수, 중심금속의 전자 수가 2 증가하게 된다. 반응식 **6.24**는 산화 첨가 반응(OA)과 환원 제거(RE) 반응의 기본적인 변화를 나타낸 것이다.

$$\underset{(\text{산화 상태} = 0)}{L_nM} + X{-}Y \underset{RE}{\overset{OA}{\rightleftharpoons}} \underset{(\text{산화 상태} = +2)}{L_nM(X)(Y)} \qquad \textbf{6.24}$$

유기화학에 배경 지식이 있는 독자는 Grignard 시약을 형성하는 반응식 **6.25**

가 산화 첨가 반응이라는 것을 쉽게 인식할 수 있다. 금속에 마그네슘 페닐 기와 브롬이 첨가되어 페닐 마그네슘 브롬을 형성한다. 이때 금속의 산화수가 0에서 +2로 변한다. 중간 또는 후기 전이금속과 비교하여 제 1, 2 족 금속은 반응이 일어나기 전에 금속에 리간드가 첨가되는 OA 반응을 할 수 있다.

$$\text{Ph-Br} + \text{Mg(0)} \xrightarrow[\text{에터}]{} \text{Ph-Mg(II)-Br} \quad \textbf{6.25}$$

산화 첨가 반응은 금속 화합물의 전자가 16개이거나 이보다 적을 때 일어난다. 18-전자 화합물에도 첨가가 일어날 수도 있지만, 반응식 **6.26**에서와 같이 리간드의 해리가 먼저 일어나야 한다.

$$[\text{Ir(CO)}_3\text{L}_2]^+ \underset{}{\overset{\text{H}_2}{\rightleftharpoons}} [\text{IrH}_2(\text{CO})_2\text{L}_2]^+ + \text{CO} \quad \textbf{6.26}$$

L = $PMePh_2$

이핵 화학종의 산화 첨가 반응은 금속의 산화수가 1 증가하게 된다. 반응식 **6.27**은 이러한 예를 보여준다.

$$(\text{CO})_5\text{Mn–Mn(CO)}_5 + \text{Br}_2 \longrightarrow 2\ \text{BrMn(CO)}_5 \quad \textbf{6.27}$$

끝으로, 산화 첨가 반응이 분자내(intramolecular)에서 일어나는 것을 반응식 **6.28**에 나타내었다. 이러한 형태의 분자내 첨가 반응을 *고리금속화(cyclometallation)* 반응 또는 좀 더 구체적으로 *오쏘금속화(orthometallation)* 반응이라고 한다.

$$\text{Ph}_2\text{P(C}_6\text{H}_5\text{)–Ir(Cl)(PPh}_3)_2 \longrightarrow \text{Ph}_2\text{P(C}_6\text{H}_4\text{)Ir(H)(Cl)(PPh}_3)_2 \quad \textbf{6.28}$$

기본문제 6-3

반응식 **6.26**과 **6.28**이 산화 첨가 반응임을 설명하시오.

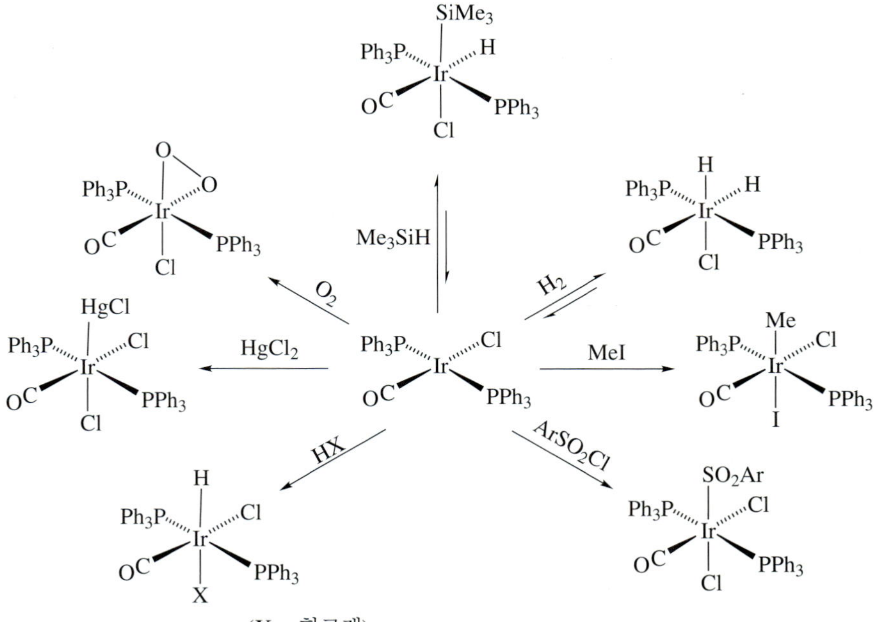

도식 6.3
Vaska 화합물의 산화 첨가 반응

(X = 할로겐)

산화 첨가(OA) 반응에 대한 첫 번째 상세한 연구는 도식 **6.3**의 중앙에 나타낸 Vaska 화합물로 잘 알려진 16-전자 사각평면형 구조인 Ir 화합물에 대해 L. Vaska에 의해서 수행되어졌다. 도식 **6.3**은 여러 종의 다른 분자가 Ir 화합물과 반응하는 것을 보여준다. 반응 메카니즘 경로와 다른 화합물과의 반응 결과의 생성물은 다양하다. 이러한 몇 가지 반응 메카니즘에 대해서 논의하고 유기화학 영역에서의 반응과의 유사성에 대해서 설명하고자 한다.

6-2-1 3-중심 협동 첨가

H_2 첨가

Vaska 화합물(도식 **6.3**)에 이원자 수소 첨가는 3-중심 협동 첨가 반응(3-center concerted)의 좋은 예로, 두 개의 수소 원자와 금속이 삼환 고리를 형성하는 전이 상태의 신 첨가(syn addition) 반응이다. 알켄의 수소화 균일 촉매 반응의 초기 단계인(제8장 참조) Wilkinson 촉매의 H_2 첨가(반응식 **6.29**)도 잘 알려진 예 중의 하나이다.

$$\mathrm{RhCl(PPh_3)_3} + \mathrm{H_2} \longrightarrow \mathrm{RhCl(H)_2(PPh_3)_3} \qquad \textbf{6.29}$$

Vaska 화합물에 이원자 수소를 첨가하는 것은 열역학적으로, 이원자 수소의 결합 에너지(104 kcal/mol)와 두 개의 Ir–H 결합이 형성될 때 방출하는 에너지(총 120 kcal/mol)를 비교하면 가능하다는 것을 알 수 있다. 왜냐하면 이 반응은 회합성(associative) 형태이며, 엔트로피의 변화는 음의 값을 가지며, 실험값으로 $\Delta_r S° =$ –30 eu이다. 따라서 자유 에너지 변화($\Delta rG° = -7$ kcal/mol, 25°C)는 음의 값을 가지며, 이 반응이 조건에 따라 가역적으로 일어날 수 있음을 의미한다.

사각평면형 착화합물에 H_2가 첨가되는 반응속도에 관한 연구가 수행되었으며, 상온에서 여러 종류의 방향족 용매에서 다음과 같은 이분자 반응속도식이 측정되었다.

$$\text{반응속도} = k_{obs}[(PPh_3)_2(CO)(Cl)Ir][H_2]$$

$\Delta H^‡$ 값(10~12 kcal/mol)은 작으며 활성화 엔트로비는 음의 값($\Delta S^‡ = -20 \sim -23$ eu)을 가지며 자유에너지가 감소하는 반응으로 산화 첨가 반응의 반응 결정 단계와 초기 전이상태(Hammond 가정에 의하면)를 암시한다.

이원자 수소 첨가 반응에 대한 이론적인 연구가 적용된 분자 궤도함수에서는 금속 배위 화합물의 궤도함수와 H_2의 상호작용을 보여주고 있다. 사각평면형 분자에 관한 계산 연구에서 이원자 수소가 금속에 평행으로 접근할 때, H–H 결합의 깨어짐과 두 개의 M–H 결합이 형성되는 과정이 가장 밀접하게 연계되어 있음을 보여준다. 사각평면 형태가 각을 이루는 기하 형태인 **3**과 같이 뒤틀릴 때, 금속 배위 화합물에 이원자 수소가 접근하며 전이상태를 형성하는 경로의 에너지 준위가 낮아지게 하는 두 가지 중요한 상호작용인 것이다.

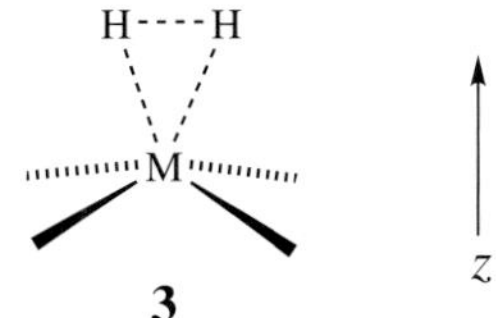

3

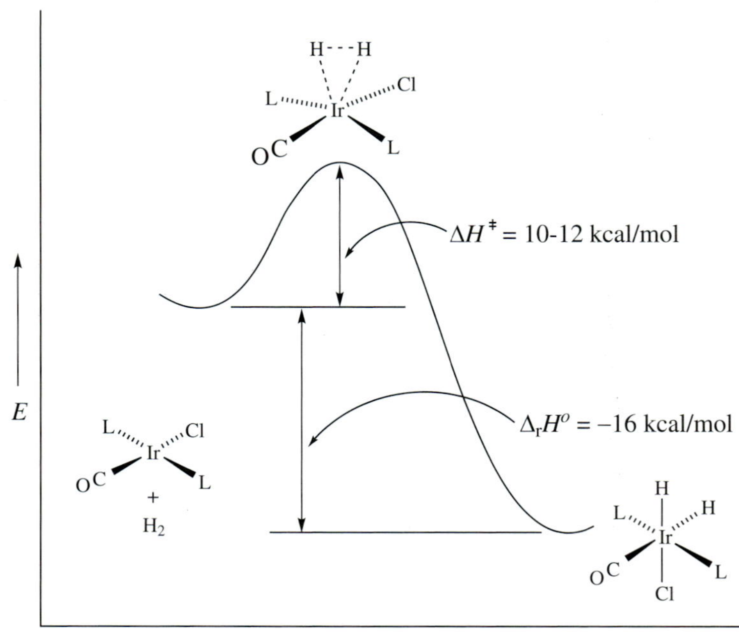

그림 6-7
Vaska 화합물에 H_2가 첨가되는 반응이 진행됨에 따른 에너지 준위

1. H_2의 σ 결합 궤도함수(최고 점유 분자 궤도함수, HOMO)의 대칭성이 같은 궤도함수와 금속의 최저 비점유 분자 궤도함수(LUMO, d_{z^2} 또는 d_σ 궤도함수)간의 σ 결합 형태의 상호작용을 한다.
2. 최고 점유 분자 궤도함수(HOMO)가 d_{xz}(또는 d_π) 궤도함수와 비슷해짐에 따라, 같은 대칭성을 갖는 H_2의 σ^*와 결합 상호작용을 하게된다.

5-2-1절과 **5-2-2**절에서 논의한 바와 같이, H_2의 궤도함수와 금속 LUMO가 그림 **6-8**에서와 같이 상호작용을 하며, 이 상호작용은 결합 궤도함수를 이룬다. 두 번째 상호작용은 금속의 HOMO와 H_2의 σ^* 궤도함수 간에 일어난다. 이것은 금속으로부터 H_2의 역결합(back-bonding)을 형성하며 H–H 결합을 약화시킨다. 금속 배위 화합물에 수직 방향의 접근(그림 **6-9**)은 분자 궤도함수 이론(MO 이론)에 의하면 전이상태의 에너지 준위가 높은 것으로 보인다.

이제, 주개–받개 리간드 결합 상호작용을 잘 이해하고 있으리라 생각된다(제5장에서 전통적인 이수소화 화합물과 비전통적인 이수소–금속 배위 화합물을 분류하는 기준선이 매우 미묘하다는 것을 상기해보시오). 반응식 **6.30**과 **6.31**은 이원자수소의 산화 첨가 반응의 또 다른 예가 된다.

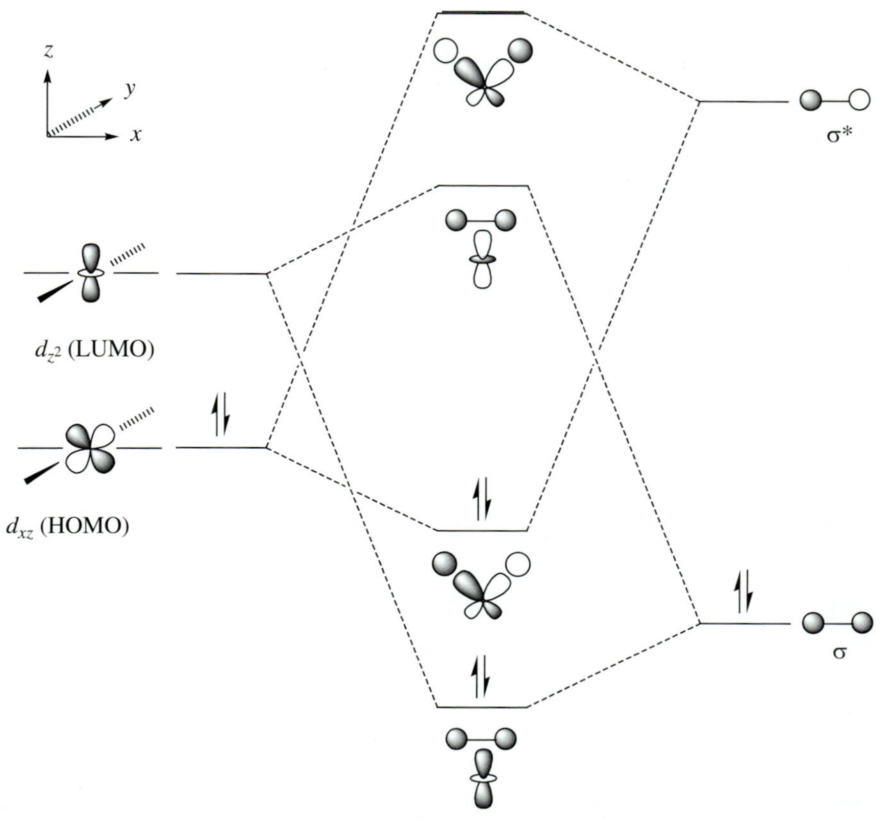

M H$_2$

그림 6-8
H_2 분자 궤도함수와 경계 궤도함수의 상호작용

OC, TPPMS, Ir, TPPMS, Cl $\xrightarrow[H_2O]{H_2}$ H, OC, TPPMS, Ir, TPPMS, H, Cl

TPPMS: Ph_2P–C_6H_4–SO_3^- K^+

6.30

(dppe)Ir(CO)Br + H_2 ⇌ [H, H, Ph_2P, Ir, Br, PPh_2, CO] → [H, OC, Ph_2P, Ir, H, PPh_2, Br]

4 5 6

6.31

그림 6-9
금속 화합물에 H_2의 수직 방향 접근

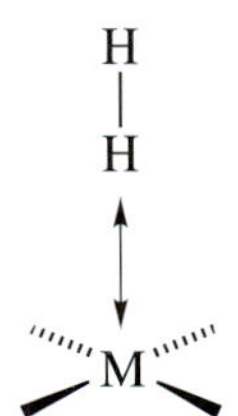

화학식 **6.30**은 유기금속 반응에서 친환경 용매인 H_2O의 사용(**8-1-5**절에서 친환경 화학(green chemistry)에 대해 좀 더 논의한다.)이 증가하는 것을 보여주는데, 생성물은 H_2의 신 첨가(syn addition)의 결과이며 유기 용매를 사용한 결과와 동일하다. 인에 TPPMS(triphenylphosphine *m*-monosulfonate) 기가 치환되면 포스핀 리간드와 Ir 착화합물이 물에 녹을 수 있게 한다.

착화합물 **4**에 H_2를 첨가하면 **5**를 형성하는 것(반응식 **6.31**)은 흥미로운 반응이다. 처음에는, 착화합물 **5**가 P–Ir–CO 축에 평행한 방향으로 H_2가 반응속도론적 요인으로 첨가되는 것으로 생각되었다. 열역학적으로 더 안정한 부분입체 이성질체(diastereomer) **6**을 형성하기 위하여 가역적 반응으로 H_2를 잃은 후에 P–Ir–CO 축에 평행인 H_2의 산화 첨가가 일어나는 자리 옮김(rearrangement)이 착화합물 **5**에서 일어난다. 이에 대한 좀 더 상세한 연구결과는 착화합물 **5**로부터 **6**으로의 자리옮김 반응은 착화합물 **4**와 **5** 사이의 이분자(bimolecular) 반응임을 보여준다.

기본문제 6-4

a. 착화합물 **5**는 P–Ir–CO 축상으로 평행 방향으로 H_2가 첨가된 것이고, 착화합물 **6**은 P–Ir–Br 축상으로 평행 방향으로 H_2가 첨가된 결과임을 보이시오.

b. 착화합물 **6**이 **5**보다 안정한 이유를 설명하시오.

C–H의 첨가

C–H 결합이 금속에 분자내 또는 분자간 OA되는 것은 엄밀히 말해 대칭적 첨가가 아니지만, H–H 결합과 전기적으로 비슷한 형질을 지닌 산화제의 C–H 결합에서 일어나는 반응이다.

$$L_nM \; + \; R\text{–}H \longrightarrow L_nM(R)(H)$$

또는 R = alkyl, aryl, vinyl, alkynyl

L_nM(H–C, 고리) ⟶ L_nM(H)(C, 고리)

6.32

*C–H 결합 활성화(C–H bond activation)*라고도 불리는 OA에 대한 연구는, 최근 20년간 활발히 이루어졌다. 이러한 노력은 C–H 결합(특히 분자내 첨가)이 전이금속에 첨가되는 많은 반응을 알게 해주었고, 이와 관련한 메카니즘에 대해 이해할 수 있게 해 주었다. C–H 활성화는 비교적 다양하고, 반응성이 적은 유기 분자(예를 들면 methane, ethane, benzene)와 금속을 직접 결합할 수 있게 해주기 때문에 중요하다. 이렇게 형성된 C–M 결합의 변형은 일반적인 유기 반응을 통해 도입하기 어려운 작용기를 가지는 탄화수소(예를 들면 CH_4의 CH_3OH 전환과 같은)를 만들 수 있게 해준다. 다음 장에서는 이러한 변형의 몇 가지 예를 살펴볼 것이다. 또한, C–H 결합 활성화에 이은 변형이 전이금속의 촉매 작용을 통해 이루어진다면 그 과정은 화학적으로 선택적이고, 경제적이고, 환경친화적일 것이다.

분자내 C–H 활성화는 아마도 금속과 C–H 그룹을 한 분자내에 가지는 분자의 유리한 엔트로피 효과 때문에 분자간 C–H 활성화보다 많이 보고되어 졌다. 그러나 최근에는 다양한 분자간 C–H 활성화가 보고되고 있다. 몇 가지 이유로, 첨가의 형태에 관계없이 C–H 활성화는 본질적으로 H_2의 OA보다 어렵다.

표 **6-6**은 전이금속–수소 결합이 일반적으로 M–C 결합보다 더 강하며(항상 훨씬 강한 것은 아니다), 이 두 가지 종류의 결합은 일반적으로 주기율표의 밑으로 갈수록 강해지는 것을 나타낸다. 그 이유는 H–H 결합 에너지(BDE = 104 kcal/mol)와 C–H 결합 에너지(BDE ≤ 105 kcal/mol)는 거의 비슷하며, 일반적으로 생성된 첨가 생성물 $L_nM(H)(H)$는 $L_nM(R)(H)$보다 더 큰 에너지를 가지기 때문이다. 따라서 첨가 생성물 $L_nM(H)(H)$를 생성하는 과정이 열역학적으로 더 유리하다.

H_2가 접근할 때보다 C–H 결합이 금속에 접근할 때 입체 장애가 더 크다. 그러므로 이러한 입체 장애는 C–H 활성화가 H_2의 OA보다 열역학적으로 이루어지기 어렵게 만드는 원인으로 여겨진다. 실제로 많은 연구 결과들은 수소와 이차 또는 삼차 탄소와의 결합보다 일차 알카인 탄소와 수소의 결합이 더 쉽게 금속에 첨가된다는 사실을 보여준다.

분자 궤도함수 관점을 통해, H_2 첨가에 대한 분석과 비슷하게 C–H OA를 분석할 수 있다(그림 **6-8**). 그러나 C–H 결합 궤도함수의 비대칭성은 금속의 비어 있는 d_{z^2}과 같은 궤도함수나 $\sigma(H_2)$ 궤도함수보다 대칭성이 적은 *dsp*-혼성 궤도함수($d\sigma$)와 겹침을 형성한다(그림 **6-10**). 또한, 금속의 채워진 d_{xz}와 같은 궤도함수(d_π)와 C–H σ^* 궤도함수의 상호작용(역결합; back-bonding)은 σ^* 궤도함수가 비대칭이고, 금속을 향하지 않으며, H_2의 궤도함수보다 덜 구형이기 때문에 약하다. 따라서 전반적으로 C–H 결합은 H–H 결합보다 약한 σ 주개와 π 받개로 작용한다.

표 6-6 실험적으로 얻어진 M–H와 M–C 결합 해리 에너지(kcal/mol)와 비교한 C–H 결합과 C–C 결합

		C–H 85 → 105 (H–allyl → CH_3–H)			
Ti–H[c]	45	$Cp(CO)_3Cr$–H	62	$(CO)_4Co$–H	66
$Cp^*_2(H)Zr$–H	78	$Cp(CO)_3Mo$–H	69	$Cp(CO)_2Rh^+$–H	69
$Cp^*_2(H)Hf$–H	80	$Cp(CO)_3W$–H	72	$(CO)(PPh_3)Cl_2Ir$–H	59
		C–C 75 →93 (C–allyl → C–Ph)			
Ti–CH_3[c]	42	Cr–CH_3[c]	34	Co–CH_3[c]	42
$Cp^*(CH_3)_2Zr$–CH_3	66	$Cp(CO)_3Mo$–CH_3	48	Rh^+–CH_3[c]	34
$Cp^*(CH_3)_2Hf$–CH_3	70	W^+–CH_3[c]	53	Ir^+–CH_3[c]	75

[a]데이터 출처 J. Uddin, C. M. Morales, J. H. Maynard, and C. R. Landis, *Organometallics*, **2006**, *25*, 5566.
[b]별도로 명시되어 있지 않다면 298 K에서 측정.
[c]0 K에서 이온 빔 질량분석기를 이용하여 측정.

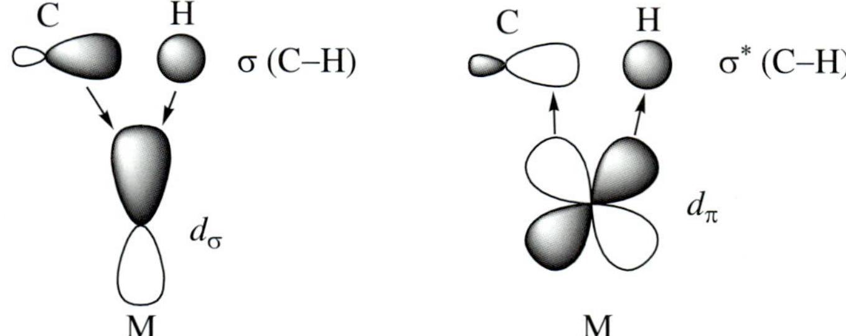

그림 6-10
금속과 C–H 분자의 경계 궤도함수 간의 상호작용

위에 나타낸 간단한 MO 분석에 따라, H_2의 첨가와 유사한 C–H 활성화의 가장 간단한 메카니즘은 한 단계로 이루어지며, 금속 배위 화합물에 C–H 결합이 삼-중심 첨가이다. 그러나 계산과 실험은 좀 더 복잡한 형태를 제시한다. C–H 결합이 σ-착화합물 중간체 형태의 금속에 접근하면 삼-중심 전이상태의 중간체를 형성하고, 첨가생성물을 형성한다(도식 **6.4**). 만약 다른 *탄화수소* 그룹이 이미 금속에 붙어있다면, 환원성 제거 반응을 통해서 R 그룹의 교환이 일어날 수 있다(**6-3**절). 다른 메카니즘적 경로 또한 가능하며, 그 중 하나를 도식 **6.4** σ-결합 복분해(metathesis)에 나타내었다. 이 메카니즘은 금속의 산화 상태의 변화가 필요하지 않다는 것에 주목

$$L_nM-CH_3 \xrightarrow{R\text{-}H} \underset{\sigma\text{-배위 화합물}}{L_nM(CH_3)(\eta^2\text{-}R\text{-}H)} \rightarrow \underset{\text{OA-RE}}{[L_nM(CH_3)(R)(H)]^{\ddagger}} \rightarrow L_nM(R)(H)(CH_3) \xrightarrow{RE} L_nM-R + CH_4$$

$$L_nM-CH_3 \rightarrow \underset{\sigma\text{-결합 복분해}}{[L_nM\cdots R\cdots H\cdots CH_3]^{\ddagger}} \rightarrow L_nM-R + CH_4$$

도식 6.4
C–H 활성화의 메카니즘적인 경로

할 필요가 있다. 두 번째 경로는 OA 메카니즘이 불가능한 d^0 앞 전이금속 착화합물에서 일어나지만, 중간부터 뒷 전이금속과 연관된 몇몇 C–H 활성화의 메카니즘적인 가능성이 제안되어오고 있다. 시그마 결합 복분해는 매우 중요하고 핵심적인 유기금속 화학 반응이므로 제10장에서 다시 논의하게 될 것이다.

반응식 **6.33**에서 보여준 반응은 분자내 C–H 활성화(금속 고리화)에 이어 네오펜테인(neopentane)의 환원성 제거(**6-3**절 참고)의 전형적인 예이다. 최근의 다른 예는 분자내의 아릴 C–H와 알킬 C–H 활성화 간의 경쟁을 입증하도록 설계되었는데, 흥미롭게도 이 경우 아릴 C–H의 첨가는 배제되고, 알킬 C–H가 금속에 첨가가 일어났다. 비록 다른 실험과 이론적인 연구는 분자내, 외 C–H 활성화의 선호도는 C–H (sp^2 아릴 또는 바이닐) > I° C–H (sp^3) > II° C–H (sp^3) > III° C–H (sp^3) > I° C–H (sp^3 알릴 또는 벤질)순으로 나타나며 이러한 경향은 C–H 결합 해리 에너지를 감소시키는 경향과 비례한다. 입체적 과밀(steric crowding)의 완화로 크기가 큰 *tert*-뷰틸 그룹의 C–H 결합이 아릴 C–H 그룹보다 더 잘 반응하는 것과 같은 일반적이지 않은 선호도를 설명할 수 있다.

$$(Et_3P)_2Pt(CH_2CMe_3)_2 \underset{}{\overset{-PEt_3}{\rightleftharpoons}} (Et_3P)Pt(CH_2CMe_3)_2 \overset{\text{분자 OA}}{\rightleftharpoons} (Et_3P)Pt(H)(CH_2CMe_3)(\text{metallacycle}) \xrightarrow[PEt_3]{RE} (Et_3P)_2Pt(\text{metallacycle}) + Me_4C$$

산화 상태:	+2	+2	+4	+2
전자수:	16	14	16	16

6.33

1) $Ag_2O/CH_2Cl_2/25\ ^{\circ}C$
2) $[IrCp^*Cl_2]_2$

(전이 중간체)

방향족 C–H 활성화

알리아파틱 C–H 활성화

+ HCl

6.34

1982년과 1983년에 세 연구 그룹에서 독립적으로 전자가 풍부한 16전자 Ir(I) 착화합물과 Rh(I) 착화합물에 비슷한 알케인 C–H가 첨가되는 직접적인 분자간 C–H 활성화가 일어나는 새롭고 흥미로운 연구 결과가 보고되었다. 반응식 **6.35**, **6.36**과 **6.37**은 이러한 결과를 보여준다. 예들은 우선 빛에 의해 활성화된 H_2의 환원성 제거 또는 중성 리간드의 이탈에 의해 반응성이 크고 전자가 풍부한 16전자 착화합물을 형성한다. 이러한 현상은 Ir과 Rh 착화합물뿐만 아니라 낮은 산화수의 Ru, Pt과 Os 착화합물에서도 쉽게 나타난다.

$h\nu$

+ H_2

6.35

$h\nu$

+ CO

6.36

$CH_3CH_2CH_3$ / $h\nu$/−50° C → + H_2

6.37

최근 Bergman의 그룹은 도식 **6.5**에 나타낸 것과 같이 Ir(I) 착화합물만큼 전자가 풍부하지 않은 Ir(III) 착화합물을 이용한 C–H 활성화로 연구 영역을 확장하였다. 시작 물질은 약하게 배위되어 있는 리간드($CF_3SO_2^-$,triflate로 알려져 있으며 약어로는 OTf)를 쉽게 잃고 16-전자를 가진 반응성이 큰 중간체를 형성한다. 시작 물질에 존재하는 CH_3리간드는 환원성 제거 반응을 통해 CH_4로 제거되며, 이는 마지막 단계가 1,2-제거 반응인 전체 반응의 추진력이 된다. 6주기 전이금속이 가장 강력한 M–C와 M–H 결합 형태를 만드는 경향이 있기 때문에 Ir(III)의 전자가 풍부하지 못함에도 불구하고 반응은 강력한 M–C 결합을 형성한다(표 **6-6**을 보라). 이것이 반응의 또 다른 추진력이다. 초기의 산화성 첨가 생성물은 관찰되지 않지만 그것의 존재는 얻어진 생성물의 특징에 의해 예측된다. 자세한 실험과 이론적인 조사는 OA 후에 Ir(V) 중간체를 형성하고 CH_4 형태로 환원성 제거가 일어나는 메카니즘을 보여준다. 이를 대신할 σ 결합 복분해에 관련된 복분해는 아마 일어나지 않을 것이다.

기본문제 6-5

첫 번째 단계에서 가해진 탄화수소가 에테인(ethane) 대신 벤젠일 때 도식 **6.5**의 최종 생성물의 구조를 제안하라.

보통, 분자 간 C–H OA는 다음과 같은 조건에서 유리하다. (1) 금속 착화합물이 배위 불포화 상태일 경우 (2)금속 착화합물이 비교적 입체적으로 과밀한 상태일 경우 (3) 금속이 두 번째 주기 혹은 이보다 더 유리한 세 번째 주기일 경우 (4) 전자가 풍부한 PR_3리간드가 금속에 배위된 경우 이때, 포스핀의 R 그룹은 금속 고리화를 하지 않아야 한다(예를 들면 R=CH_3). (5) 금속이 σ* C–H 결합의 반결합 궤도함수와 상호작용을 할 수 있는 채워진 궤도함수를 가지는 경우. C–H 활성화는 매우 왕성한 연구가 이루어지고 있는 분야이며, 주요 목표는 이 반응이 특정한 C–H 결합과 전이금속 착화합물과 관련된 촉매 작용에서 특별한 역할을 하도록 하는 것이다. 위의 반응은 화학양론적이지만 다음 장에서는 전이금속이 촉매로 작용하는 C–H 활성화의 예에 대하여 논의할 것이다.

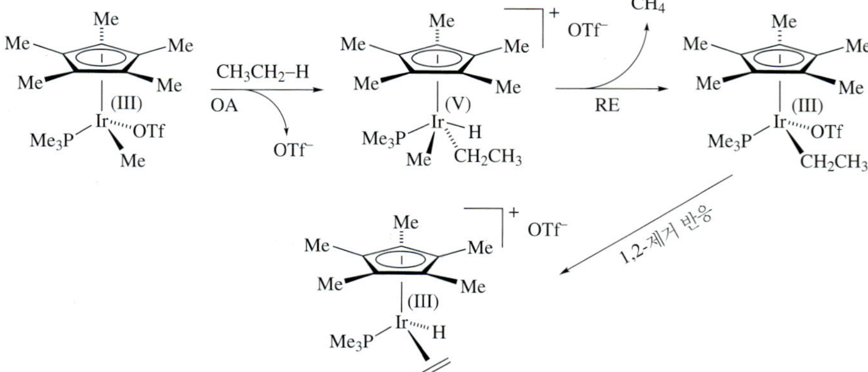

도식 6.5
Ir(III) 착화합물의 C–H 활성화

C–C 첨가

C–H 첨가처럼 C–C 결합의 금속 산화 첨가는 실험실이나 산업적으로도 매우 중요하다. 만약 금속 착화합물이 특정 알카인의 C–C 결합을 OA을 통해 반응시키는 데에 이용될 수 있다면, 일반적으로 반응성이 없는 탄소 원자를 선택적으로 기능화시킬 수 있을 것이다. 일단 M–C 결합이 형성되면 다양한 작용기로의 전환이 가능하다. 긴 탄화수소 사슬의 촉매를 통한 C–C 결합의 활성은, 원유를 적은 에너지와 효과적인 방법으로 가솔린을 정제할 수 있게 해줄 것이다. 유감스럽게도 포화탄화수소와 같은 스트레인이 없는(unstrained) C–C 결합은 일반적으로 반응성이 적은 C–H 결합처럼 쉽게 OA되지 않는다. 사실 C–C 결합의 활성화는 잘 일어나지 않는 것은 당연하다. 그 이유는 단단한 C–C 결합을 끊고 한 개가 아닌 두 개의 M–C 결합을 형성하여 OA를 하기 때문이다. 더욱이 C–C 결합이 금속 배위 화합물에 접근할 때에는 C–H 결합에 비해 더 큰 입체 장애가 발생하게 된다. 결국, C(sp^3)–C(sp^3) 결합과 금속의 궤도함수의 상호작용은 C(sp^3)–H가 금속 착화합물에 접근하는 경우와 같거나 비슷할 수 없다. C–C OA의 예는 대부분 적어도 한 개 이상의 큰 스트레인을 가지는 고리 탄화수소의 비교적 약한 C–C 결합과의 반응이다. 고리 스트레인의 완화는 반응의 추진력이며 뒤에 이러한 예를 몇 가지 나타내었다.

Zeise의 이합체로 알려진 백금 착화합물과 큰 스트레인의 다리 결합을 가지는 바이싸이클로[1.1.0] 뷰테인 반응은 안정한 결정성 화합물 plativabicyclo[1.1.1] pentane (**7**) (반응식 **6.38**)을 생성한다.

+ $[PtCl_2(H_2C{=}CH_2)]_2$ → $[PtCl_2(C_4H_6)]_n$ (− $H_2C{=}CH_2$) → 피리딘 (2 당량) → Py, Py, Cl, Cl, Pt **7**

6.38

싸이클로프로페인의 C–H 결합이 Rh 착화합물에 더해져 RE를 통해 H_2를 방출한 다음 rhodacyclobutane으로 재배열되는 반응을 반응식 **6.39**에 나타내었다. 금속사각고리는 몇몇 알켄 고분자중합과 복분해 반응의 중간체로 형성되어진다고 여겨진다; 이러한 화합물들은 제10장에서 다시 다룰 것이다.

$$(Cp^*)(PMe_3)RhH_2 + \text{C}_3\text{H}_6 \xrightarrow[-H_2]{h\nu} (Cp^*)(PMe_3)Rh(H)(C_3H_5) \longrightarrow (Cp^*)(PMe_3)Rh(C_3H_6)$$

6.39

Bergman은 도식 **6.5**에 나타낸 Ir(III) 착화합물을 사용하여 직접적인 C–C 활성화가 일어나는 것을 입증할 수 있었다(반응식 **6.40**).

C–C 결합 활성화 RE

6.40

비록 C–H 결합 활성화가 C–C 결합의 OA보다 더 안정한 첨가를 일으키며, 두 가지 형태의 활성화가 선택성이 있는 계에서 항상 선호되는 반응이라고 생각되지만 항상 그런 것은 아니다. 최근 10~15년 간 C–C 결합 활성화가 발견되었고, 그 중 몇몇은 C–C 결합의 스트레인과는 관계없이 일어났다. 다음의 두 경우는 C–C 결합 활성화가 C–H의 OA와 경쟁할 뿐만 아니라 더 선호된다는 것을 보여준다. 반응식 **6.41**은 Rh 착화합물이 첫 번째 생성물을 만드는 아릴 C–H 결합의 OA의 과정을 보여준다. 오랜 가열 시간은 C–C 결합 활성화에 의해 열역학적으로 더 안정한 형태의 금속오각고리를 형성한다.

+ Cp*Rh(PMe$_3$)(Ph)(H) —(65 °C/12 h, −Ph–H)→ ⇌ (85 °C/5 일)

6.41

Milstein과 동료들은 세 자리 구조 **7a**, **7b**에 나타난 PCP(두 개의 인 원자와 한 개의 탄소 원자가 금속에 결합된 형태)라고 불리는 일반적인 세 자리 집게 리간드(pincer ligand)를 포함하는 Rh과 Ir 착화합물의 OA와 RE 반응에 대해서 연구해 왔다. 이러한 리간드는 비교적 높은 온도에서도 쉽게 분해되지 않으며, Y와 Z 그룹에 여러 종류의 헤테로 원자를 치환함으로써 매우 다양한 입체적, 전기적 성질을 가진다. 도식 **6.6**에서 사용된 특정한 *t*-BuPCP 리간드의 인에 결합된 *tert*-뷰틸 그룹의 큰 입체 크기는 치환된 벤젠을 금속 가까이로 가져와 벤질 자리의 C–H 결합과 아릴–CH_3결합의 OA의 직접적인 비교가 가능하게 해준다.

7a Y, Z = P, N, S

7b

심지어 실온에서도 C–C 결합 활성화를 통해 화합물 **8**과 **9**(C–H 활성화)가 생성된다. 생성물 **9**를 계속 반응시키면 몇 시간 후엔 생성물 **8**을 만든다. 이 실험은 C–H와 C–C 활성화의 반응속도론적 장벽(kinetic barrier)이 매우 비슷하며, 전체적 반응은 열역학적으로 C–C 활성화를 선호한다는 것을 보여준다.

지금까지 논의한 화학양론적 C–C OA 반응과 더불어 C–C 결합을 활성화시키는 촉매 사이클 측면에서 촉매적 변환(catalytic transformation)의 많은 예가 있다. 이 예들은 합성 화학에 매우 유용하다.

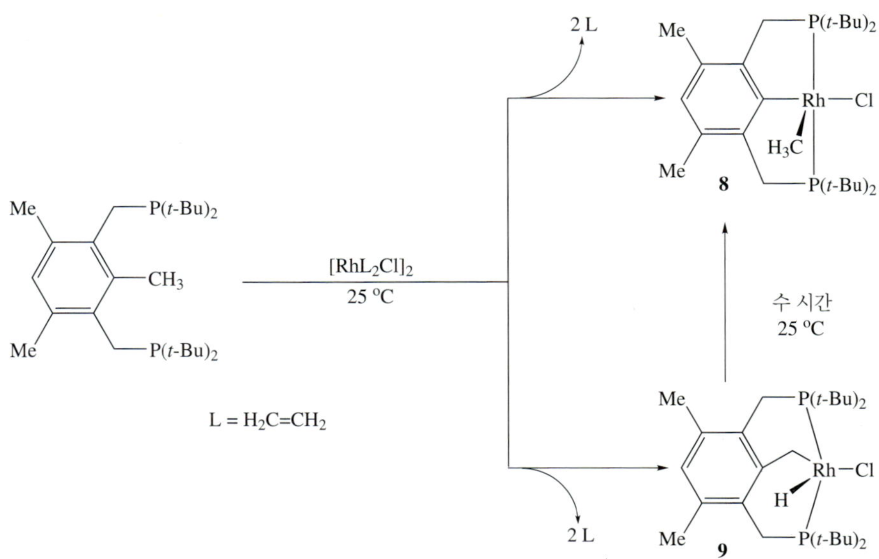

도식 6.6
PCP-Rh 착화합물을 이용한 C–C 결합 활성화

기본문제 6-6

비교적 스트레인이 적은 $C(sp^3)–C(sp^3)$ 결합이 같은 금속에 더해지는 반응을 반응식 **6.41**과 도식 **6.6**에 표현된 반응과 열역학적으로 비교하였을 때 더 선호될 것이라는 것에 대한 이유 두 가지를 제안하시오.

6-2-2 극성 산화성 첨가 반응 경로

X_2의 첨가 반응

일반적으로, Rh(I) 또는 Ir(I)과 같은 d^8의 사각평면 착화합물에 대한 할로겐 X_2 (X = Cl 또는 Br, I)의 OA는, 아래 반응식 **6.42**와 같이 *트랜스* 삽입으로 일어난다.

$$trans\text{-}Ir(PPh_3)_2(CO)(Cl) + X_2 \longrightarrow trans\text{-}Ir(PPh_3)_2(CO)(Cl)(X)_2 \qquad \mathbf{6.42}$$

이것은 두 단계 과정의 메카니즘으로 이루어져 있다. 상대적으로 전자가 많은 금속이 X_2(유기화학에서 이중 결합에 할로겐 삽입과 비슷함)로부터 X^+를 떼어내면, 남아있는 X^-가 양전하를 띠고 있는 금속 배위 화합물을 포획한다. 흥미롭게도, 할로겐이 d^8 삼각쌍뿔 구조 착화합물(M = Fe 또는 Ru, Os; L = 포스핀)을 공격할 때 입체 화학의 결과는 *시스* 형태이다(반응식 **6.43**). 이 반응도 명백하게 두 단계 메카니즘의 결과이다. 착화합물은 할로겐을 공격하여 팔면체 양이온 착물을 형성한 뒤, 중성 리간드를 잃고 외부권 할로겐화물 이온의 붕괴(collapse)로 마침내 *시스* 입체화학을 지니게 된다.

$$M(L)_2(CO)_3 + X_2 \longrightarrow [M(L)_2(CO)_3X]^+X^- \xrightarrow{-CO} cis\text{-}M(L)_2(CO)_2X_2 \qquad \mathbf{6.43}$$

기본문제 6-7

반응식 **6.43**에서, *트랜스*-다이할로 이성질체가 아니라 *시스*-다이할로 생성물이 나타나는 이유를 쓰시오. [힌트: **6-1-1**을 참조]

R–X의 산화성 첨가 반응

R이 알킬 기(특히 CH_3)일 때, 금속 착화합물은 알킬 기나 아실 할로겐화물을 공격하는 친핵체의 역할을 할 수 있다. 일반적으로 16-전자 사각평면 착화합물에서 나타나는 이러한 반응은 지금까지 많이 연구되어 왔다. 첫 단계로 이탈기의 친핵성 치환 반응이 일어나면(항상 그렇지는 않지만), 보통 이탈기와 치환된 금속 착화합

물의 결합이 연이어 나타난다. 전형적인 예시가 도식 **6.3**(**6-2**절)에 나타나 있듯이, 여기서 CH_3I는 Vaska 화합물에 첨가된다. 또 다른 예로는 반응식 **6.44**에 나타나 있듯이, CH_3I의 산화성 첨가 반응이 있는데, 이는 Monsanto 아세트산 합성에서 중요한 단계로 나타난다(제8장에서 다루어질 것임).

$$CH_3I + [Rh(CO)_2(I)_2]^- \longrightarrow Rh(CH_3)(CO)_2(I)_3^-$$

CH3
I, CO, Rh, OC, I, I

6.44

금속에 R–X를 첨가하는 반응은 종합적인 영향을 받는다. 일부 아실 화합물 [R(C=O)–X]은 OA가 쉽게 진행되지만, 일반적으로 OA가 진행되는 방식에 적절한 기질의 유형은 R이 벤질과 알릴, 메틸 기일 때로 제한된다. 이러한 기질 중에서 S_N2 치환 반응 또는 친핵성 아실 치환 반응에서도 가장 반응성이 좋은 기질이 존재한다. S_N2 경로를 연상시키는 OA 반응의 다른 특징으로는 아래와 같다.

- 이차 반응속도론(금속 착화합물에 관하여 일차, 알킬 할로겐화물에서 일차);
- 이탈기 속도에 의존: X = CF_3SO_3 > I > 토실레이트 ~ Br > Cl;
- 음값의 활성화 엔트로피(–40에서 –50 eu);
- 포스핀 리간드가 존재하거나 전자를 더욱 더 방출하도록 변형될 때의 속도 증가(예를 들어, PMe_3 또는 PEt_3)
- 용매에 의존(극성 용매일수록 속도는 빨라짐);
- 금속에 결합되어 있는 리간드 부피 증가에 따른 속도 지연;
- 예를 들어 **10**과 같이 이탈기의 친핵성 치환 반응 후에 예상되는 결과인 이온성 중간체의 분리.

$$CpIr(CO)(PPh_3) + R\text{–}I \longrightarrow [CpIr(R)(CO)(PPh_3)]^+ I^-$$

R = Me, Benzyl

10

이러한 근거로 유기화학에서 S_N2 치환 반응 메카니즘이 강력하게 연상되지만, 이 메카니즘적 퍼즐로부터 빠진 하나는 기질의 탄소 원자에서 입체 화학의 설명이다.

R = D 또는 CH_3; L = PPh_3; L^* = PEt_3; X= Br 또는 Cl

도식 6.7
팔라듐 착화합물의 입체특이성 반응

S_N2 경로에 대한 가장 설득력 있는 증거로는 이탈기를 가지고 있는 탄소에서 배열의 반전을 분명하게 증명하는 것이다. 약 30년 전까지, R–X의 OA에서 배열의 반전에 관한 명백한 예가 부족했다. 이와 같은 결함을 보완하기 위해서, Stille와 연구진은 팔라듐 착화합물 위로 치환되는 벤질 할로겐화물의 OA에 관하여 자세한 연구를 하였고, 이를 통해 처음으로 금속에 의해서 기질의 배열 반전이 일어난다는 확실한 예를 보여 주었다.

도식 **6.7**은 Stille 그룹에 의해서 실행된 반응들을 나타내며, 이 연구가 진행되기 전까지 OA를 제외한 모든 단계의 입체 화학이 수립되어 졌었다. 그러므로 배열의 반전은 **11** 또는 **12**를 만들어내는 첫 번째 단계에서 나타난 것이 틀림없다. (1) **13** 또는 **14**로 진행되는 다음 반응은 카보닐 삽입(7장에서 더욱 자세히 논의될 것임)으로 배열의 보존이 나타난다고 알려져 있다. (2) 메타놀리시스(methanolysis)로 불리우는 마지막 단계는 입체 중심 탄소에서 결합의 방해 없이 진행된다. 도식 중앙의 반응을 통한 대체 진행은 카보닐화된 착화합물, **15**를 나타내는데, 이는 알킬 할로겐화물과 반응하여 이미 금속에 카보닐 리간드를 가지고 있는 중간체를 생성한다. 카보닐 삽입과 관련된 재배열은 이동 알킬 그룹의 배열 보존을 야기하고 곧이어, 메타놀리시스를 통해 같은 생성물 **16**을 얻을 수 있다. 반응 시작 물질인 알킬 할로겐화물의 광학적 순도와 절대 배열을 **16**의 것과 비교하였을 때, 입체 중심은 명백하게 반전된 것으로 나타났다. 또한 이러한 연구로 벤질 할로겐화물의 반응성 순서가 $PhCH_2Br$ > $PhCH_2Cl$ > $PhCHBrCH_3$ > $PhCHClCH_3$인 것이 밝혀졌다. 이미 예상하였듯이, 이는 Br이 Cl보다 더 좋은 이탈기이며, 일차 기질이 이차 기질보다 더 빠르게 반응한다는 S_N2 반응과 일치한다. 또한, Stille은 전자가 더 많은 금속일수록 반응이 빠르다고 보고하였는데, 역시 S_N2 경로와 일치한다.

지난 10년 동안, 높은 수준의 분자 궤도함수 계산(주로 DFT 수준)을 사용하여 다양한 전이금속 착화합물에 대한 CH_3I의 OA 경로가 보고되어 왔다. 이러한 연구는 S_N2 메카니즘이 가장 낮은 에너지 경로인 것을 나타내면서 Stille 그룹의 업적을 뒷받침하는 증거를 제공한다.

아릴 할로겐화물과 같은 비활성 C–X 결합에서 OA가 쉽게 일어나는가? 촉매 순환 주기에서 아릴 C–X 결합의 OA가 첫 단계인 유용한 합성적 변형이 있다. S_N2 경로는 아릴 할로겐화물에서 유용하지 않기 때문에, 다른 방식의 첨가 반응이 일어나야한다. 특히 Ar–X가 L_2Pd (L = 포스핀)에 OA되는 것에 관한 유익한 연구들이 보고되어 왔는데, 이는 위에서 언급하였듯이, 촉매 순환 주기와 관련되어 있다. 이러한 연구는 L 리간드 중 하나가 해리된 후 OA가 나타난다고 밝혔다. 그리고 계산으로도 실험적인 업적을 증명하였을 뿐만 아니라, OA를 수반하는 단계가 C–H와 C–C의 삽입 반응에서 볼 수 있는 삼-중심 협동 단계와 더욱 비슷하다고 제안하였다.

6-2-3 라디칼 경로

라디칼 중간체를 포함하는 메카니즘 경로는 S_N2 형태의 극성 산화성 첨가 반응을 동반하는 것으로 보인다. 어떤 조건에서는 이러한 경로가 반응물과 생성물 사이에서 우세한 경로라 할 수 있다. *d* 궤도함수에 홀수 전자를 갖는 금속 착화합물들은, Co(II)와 Rh(II)을 포함하여, 라디칼 산화성 첨가 반응에 좋은 후보이다. 예를 들어, 이핵 착화합물인 $(CO)_5Mn–Mn(CO)_5$는 라디칼을 동반하는 경로를 통해 Br_2와 반응하여 $BrMn(CO)_5$를 형성한다. 여기서 각각의 Mn 원자는 전자 한 개가 더 산화된 산화 상태로 변하게 된다. 마찬가지로 d^8 Vaska 착물과 같은 *d* 궤도함수에 짝수 전자를 갖는 착화합물들도 R–X의 OA 동안에 라디칼 메카니즘을 통해 반응을 진행 할 수 있다.

지금부터 라디칼 경로의 두 가지 형태—사슬과 비사슬 메카니즘—에 대해 알아보도록 하자. 비록 다른 메카니즘도 가능하지만, 이 두 경로만이 잘 알려져 있다. 이는 다수의 금속 배위 화합물에 공통되는 OA 경로의 예시를 제시할 뿐만 아니라, 메카니즘을 설명하는데 몇 가지 유용하고 일반적으로 적용 가능한 기법을 소개한다. 그러나 금속 착화합물이 어떤 특별한 경로로 진행할 것인지 예측하기 위한 이상적인 지침서는 없다.

Vaska 착화합물과 같은 이리듐 착화합물은 라디칼 사슬 경로를 통해 반응식 **6.45**와 같이 R–X의 OA가 진행될 수 있다.

$$\text{Init}\cdot + \text{Ir(I)} \longrightarrow \text{Init–Ir(II)}$$
$$\text{Init–Ir(II)} + \text{R–X} \longrightarrow \text{Init–IrX} + \text{R}\cdot$$

$$\text{R}\cdot + \text{Ir(I)} \longrightarrow \text{R–Ir(II)}$$
$$\text{R–Ir(II)} + \text{R–X} \longrightarrow \text{R–Ir–X} + \text{R}\cdot \qquad \textbf{6.45}$$

라디칼 경로에 대한 근거로는 산소나 과산화물과 같은 라디칼 개시제와 UV 영역의 빛이 반응을 가속화시키는 것을 들 수 있다. 그 밖에, R 그룹에 대한 반응성 순서는 III° > II° > I°으로, 이는 직접적인 치환 메카니즘과는 불일치하지만 알킬 라디칼의 안정성과는 일치한다. 입체 장애가 있는 페놀과 같은 라디칼 개시제는 입체 장애가 있는 알킬 할로겐화물의 반응속도를 지연시키지만, R이 메틸 기, 알릴 기, 벤질 기일 때는 반응을 지연시키지 않는다. 입체 이성질체적으로 순수한 알킬 할로겐화물을 사용할 때, OA는 알킬 이리듐 착물의 입체 이성질체를 1:1 혼합물로 나타나고, 중간체 라디칼 R·을 형성하는 것도 일치한다.

입체 화학적 탐침

반응의 입체 화학적 결과는 메카니즘 경로에 대해서 더 많은 것을 제안할 수 있다. 만약 입체 화학이 분명하게 정의되어 있는 분자 조각이 반응물에 결합되고, 이것의 반응이 진행되는 동안 화학 반응에 영향을 주지 않은 채 유지될 수 있다면, 분광학적 방법을 통한 생성물의 입체 화학 확인은 간단해 질 수 있다.

예를 들어, 두 개의 일차 알킬 브롬화물, **17**과 **18**(그림 **6-11**),은 부분입체 이성질체 관계이다. 전자는 *erythro*라 불리며 후자는 *threo*라 불린다. 이러한 명칭은 단당인 에리트로(erythrose)와 트레오(threose), **19**와 **20**에서 유래하였다. 브롬화물이 결합된 탄소에서 나타날 수 있는 입체 화학적 결과로는 보존 또는 반전, 라세미화가 있는데 이는 광학적으로 활성인 화합물을 사용하지 않고도 NMR 분광법으로도 쉽게 확인할 수 있다. 따라서 이러한 브롬화물은 유용한 탐침(probe) 역할을 할 수 있다. **18**(R = D, R* = *tert*-뷰틸)을 시작으로, OA 과정에서 배열의 보존이 일어난다면, 입체 화학적 결과로 **21**을 예상할 수 있다. 이러한 생성물의 배열은 부피가 큰 *tert*-뷰틸 기가 금속에 *안티*(*anti*) 배열일 때 가능하다. 배열의 반전은 **22**를 생성할 것이다. **21**과 **22**는 두 개의 이웃 수소인 H_1과 H_2사이의 짝지음 상수를 측정하거나 카플

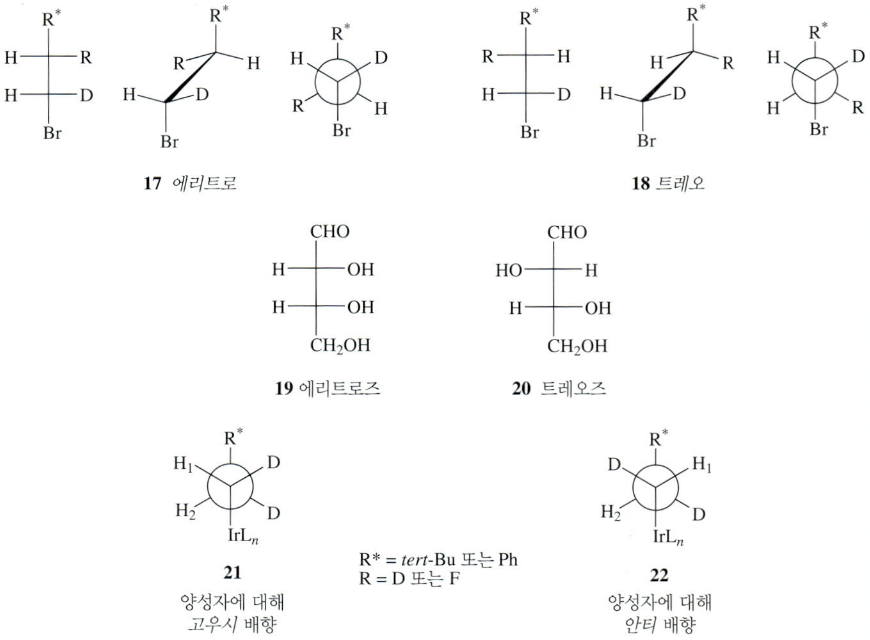

17 *에리트로* **18** *트레오*

19 에리트로즈 **20** 트레오즈

21 양성자에 대해 *고우시* 배향

$R^* = tert\text{-}Bu$ 또는 Ph
R = D 또는 F

22 양성자에 대해 *안티* 배향

그림 6-11
입체 화학적 탐침

러스(Karplus) 관계를 적용함으로써 구분할 수 있다. 마지막으로, 라세미화가 나타난다면, 각각 **17** 또는 **18**에서 반응이 시작하였더라도 동등한 몰량의 **21**과 **22**가 존재하기 때문에 생성물의 NMR 스펙트럼은 같을 것이다.

R이 플루오린이고 R^*가 페닐 기로 변형시킨 **17**과 **18**도 탐침(probe)으로 사용된다. 수소와 비슷한 플루오린도 1/2의 스핀을 가지며, 이웃의 수소와 짝지음을 한다. 플루오린–수소 짝지음 상수는 수소들끼리의 짝지음 상수보다 훨씬 크다. 카플러스 관계를 사용하면 상대적으로 더 쉽게 안티와 고우시 배향을 알 수 있다.

라디칼 중간체를 포함하는 또 다른 메카니즘으로는 반응식 **6.46**에 요약되어 있듯이 비-사슬 메카니즘이 있다.

$$M(PPh_3)_3 \rightleftharpoons M(PPh_3)_2 + PPh_3$$
$$M(PPh_3)_2 + R\text{–}X \rightleftharpoons \cdot M(X)(PPh_3)_2 + R\cdot \text{ (느림)}$$
$$\cdot M(X)(PPh_3)_2 + R\cdot \longrightarrow RM(X)(PPh_3)_2 \text{ (빠름)}$$
$$M = Pd, Pt \qquad \textbf{6.46}$$

라디칼 중간체를 포함하는 메카니즘은 두 가지 관측에 의해 제안되었다. 첫 번째로, R에서 입체 무작위화(stereorandomization)가 일어난다. 예를 들어 R이 카이

표 6-7 산화 첨가 반응 경로

메카니즘 형태	ML_n에 첨가되는 화학종	반응 단계	탄소의 입체 화학	금속의 새로운 리간드의 입체 화학
3-중심 협동[a]	H–H, C–H, C–C, Ar–X, Vinyl–X	일단계	보존	*시스*
극성	X–X	이단계	N/A	*트랜스*
S_N2-와 유사함	Me–X, Allyl–X, Benzyl–X	이단계	반전	*트랜스* (일반적으로)
리디칼	R–X (R≠Ar, vinyl, Me, allyl, benzyl)	다단계	라세미화	다양함

[a]다른 협동 메카니즘도 가능하다(**6-2-1**절 참조).

랄이며 *S*-이성질체에서 반응이 시작되더라도, 생성물, $RMXL_{n-1}$은 라세미이다. 두 번째로, R의 구조에 따라 반응속도는 R = III° > II° > I° 순으로 감소한다. 이것은 알킬 할로겐화물의 안정도 순서와 일치하기 때문에 라디칼 중간체의 존재를 알려 준다. 반면에, 사슬 메카니즘이 라디칼 포착제나 개시제 첨가에 의해서 속도가 변하지 않는다는 점에서 비-사슬 메카니즘과 구분할 수 있다.

반응 조건에 미묘한 변화는 메카니즘 변형을 일으키기 때문에 산화성 첨가 반응을 메카니즘으로 설명하기에는 복잡하다. 대칭적 추가(H_2)나 양성 비금속(C–H 또는 C–C)을 포함하는 비극성 결합을 가지는 것은 삼-중심 협동 과정에 의해 첨가 반응이 진행되는 듯하다. 한편, 대칭적이거나 비대칭적인[예를 들어, C–O 또는 C(sp^3)–X, H–X, X–X] 음성 비금속을 포함하는 것은 극성 또는 라디칼 경로를 통해 OA가 진행된다. 지금까지 메카니즘 유형에 기초하여 분류한 OA 반응들의 특징을 표 **6-7**에 요약하였다.

6-3 환원성 제거 반응

RE는 OA의 반대이며, 산화 상태와 배위 수, 전자수는 보통 두 단위씩 감소한 것으로 계산된다. 미시적 가역성의 원리에 따르면, RE에 대한 메카니즘적인 경로는 OA와 반대(이 원리는 산맥의 가장 낮은 경로가 여행의 방향과는 상관없이 같아야 한다는 발상과 일치함)일 뿐 정확하게 같다. 반응식 **6.47**은 백금 착물로부터 RE를 통해 silylalkyne을 얻는 예를 보여준다. 여기서 RE는 삼-중심 협동 전이상태를 통해서 진행되는데, M–Si와 M–C(알키닐 기) 결합은 끊어지고 새로운 Si–C 결합 형성이 시작된다.

PhMe$_2$P, PhMe$_2$P, Pt, Ph, SiPh$_3$ → PhMe$_2$P, PhMe$_2$P, Pt, Ph, SiPh$_3$ (‡) → PhMe$_2$P, PhMe$_2$P, Pt, Ph, SiPh$_3$ **6.47**

비록 S_N2 방식으로 할로겐화물이 CH_3 리간드를 공격하여 알킬 할로겐화물과 제거된 금속 착화합물을 생성하지만, 이 도식적인 반응은 RE로 여겨질 수 있다. **6-2-2**절에 이 반응의 역반응이 있다.

Br:$^-$ C—PdL$_3$ (+) → Br—C + :PdL$_3$ **6.48**

착화합물은 부피가 큰 리간드(리간드가 제거되어야 입체 장애가 해소되기 때문), 금속의 낮은 전자 밀도(높은 산화 상태)와 리간드(CO 또는 P(OR$_3$))가 떨어져 나간 금속 조각을 안정화시킬 수 있는 작용기를 가질 경우 환원성 제거 반응이 유리해진다. 그러나 RE을 하기 쉬운 착화합물은 종종 불안정하기 때문에 OA보다 연구하기 어려운 부류에 속한다. 이러한 반응은 8~10족에 속하는 d^6 백금(IV)과 팔라듐(IV), 로듐(IV), 이리듐(IV)뿐만 아니라, d^8 니켈(II)과 팔라듐(II)과 같은 후전이금속(late transition metal) 착화합물에서 쉽게 나타나는 것으로 보인다. 마찬가지로 구리 삼연체(Cu 또는 Ag, Au) 착화합물들도 RE을 하는 경향을 가지며, 실제로 d^8의 금(III) 착화합물이 처음으로 관찰되었다.

화학자들은 C–C 결합을 생성하는 새로운 방법을 찾으려고 노력하기 때문에, RE가 그 업적을 성취할 수 있는 가장 좋은 방법 중 하나로 눈에 띈다. 두 개의 탄소 조각을 가지고 있는 전이금속 배위 화합물의 RE를 수반하는 탄소–탄소 결합 방법은 주로 합성에 Grignard 반응을 이용한 C–C 결합 생성 대신 사용해 왔다. 보통 촉매 순환 주기의 마지막 단계가 두 개의 다른 탄소 조각이 결합하도록 고안되어 있기 때문에, RE는 상업적 또는 생물학적 중요성을 가지는 여러 가지 분자 합성의 전반적인 과정의 한 부분이다. 이 내용은 제8장에서 살펴보게 될 것이다. RE은 탄화수소를 생성, R–R′(R = 알킬 또는 아릴, R′ = 알킬 또는 아릴, 바이닐) 할 뿐만 아니라, 다음 유형의 결합을 가지는 화합물에 대한 합성 경로를 제공한다: R–H(R = 알킬, 아릴)과 RC(=O)–H(알데하이드), R(C=O)–R′(케톤), R–X(알킬 할로겐화물).

6-3-1 *시스*-제거

합성에 유용한 대부분의 환원성 제거 반응은 반응식 **6.49**에서 제시하는 삼-중심 과정(OA의 삼-중심의 과정의 역 과정)을 통해 일어난다.

$$L_nM\begin{smallmatrix}Y\\Z\end{smallmatrix} \longrightarrow \left[L_nM\begin{smallmatrix}Y\\ \vdots\\Z\end{smallmatrix}\right]^{\ddagger} \longrightarrow L_nM\text{—}\begin{smallmatrix}Y\\ |\\Z\end{smallmatrix} \longrightarrow L_nM + \begin{smallmatrix}Y\\ |\\Z\end{smallmatrix}$$

η^2–σ 착화합물 **6.49**

이러한 메카니즘은 두 개의 이탈기 Y와 Z가 *시스* 형태로 금속에 붙어있고, 이탈기 원자에서 입체 화학의 보존이 되는 것으로 알려져 있다. 금과 팔라듐 착화합물에서 알케인의 RE에 대한 이론적인 연구는 대칭을 통한 *시스*-1,1 제거가 일어나며, 이탈기가 각각 *시스* 형태로 결합된 3배위수를 가진 Y-형태(Au 혹은 Pd)의 활성화된(activated) 착물이나 과도기(transient) 중간체 **23** 혹은 T-모양의 (Pd) 중간체 **24**로부터 일어남을 보여준다. T, Y 형태의 화학종은 전형적으로 포스핀(phosphine)과 같은 리간드 해리 이전에 형성된다.

d^8의 RE를 위해서, 10족의 금속이 포함된 $L_nM(R)(R')$ 형태의 16-e⁻ *시스*-다이하이드로카보닐 착화합물에 대한 연구가 주로 이루어졌으며, 3개의 타당한 메카니즘적 경로가 있다.

1. L 리간드(일반적으로 포스핀) 한 개의 손실을 통해 14-e⁻ 착화합물(T 혹은 Y 형태)이 만들어지며, R–R′을 형성하는 일련의 환원성 제거 반응(이전 단락 참고);
2. L 리간드의 손실이 없는 16-e⁻착화합물로부터의 R과 R′의 직접적인 손실;
3. 16-e⁻에 대한 L 리간드의 회합 후 R–R′의 형성.

열역학적 관점에서 메카니즘 **3**이 가장 타당하며, 메카니즘 **2**, 그리고 **1** 순으로 뒤따른다. 메카니즘 **3**은 입체 장애를 증가시키며, 따라서 이러한 메카니즘을 통한 2주기와 3주기의 전이금속 착화합물의 RE는 니켈을 포함하는 착화합물에 비해 선호되지 않는다. *시스*-$NiMe_2L_n$ (n = 1,2,3)에 대한 계산은 RE의 활성화 에너지 장벽이 메카니즘 **1**에서 가장 낮으며, 메카니즘 **3**과 **2** 순이다.

메카니즘 **2**의 흥미로운 변화 중 하나는 제7장에서 소개된 이동 삽입과 유사하다는 점이다. 이러한 반응은 $L_2Pd(R)(R')$ 착화합물로부터 알킬 그룹과 포화되지 않은 탄화수소 그룹이 제거될 때 발생하는 것으로 여겨지며, 여기서 R은 알킬이며 R′은 바이닐(vinyl)이나 알릴(allyl)이다. 실험적 결과와 계산은 Pd–알킬 결합이 Pd–C(sp^2) 결합보다 먼저 깨지는 것을 제안한다. 또한 삼-중심 전이상태는 상대적으로 전자가 풍부한 알킬 그룹과 다른 이탈기의 상대적으로 전자가 부족한 sp^2-혼성 탄소의 중요한 결합을 보여준다. 반응식 **6.50**은 이러한 반응의 예를 보여준다.

$(PhEt_2P)_2Pd(CH_3)(C_6H_4\text{-}Y) \longrightarrow [\text{삼-중심 전이상태}, \delta^-, \delta^+]^\ddagger \longrightarrow Pd(PEt_2Ph)_2 + H_3C\text{–}C_6H_4\text{–}Y$

6.50

기본문제 6-8

반응식 **6.50**에서 페닐 그룹의 *파라* 위치의 어떠한 종류의 치환기(Y)가 RE의 속도를 증가시킬 것인가? 전자 주는(eletron danating) 치환기인가, 전자 끄는(electron withdrawing)치환기인가? 이유를 간단히 설명하시오.

이전의 확정적인 연구결과는 RE가 발생하기 위해서 반드시 *시스* 관계가 필요하다는 것을 보여준다. 반응식 **6.51**은 *시스*-제거와 일치하는 실험적 증거를 보여준다. *시스*-에틸 착화합물은 곧바로 뷰테인을 형성하며, 여기서 *트랜스*-이성질체는 쉽게 1,2-제거를 통해 에텐(ethene)과 에틸다이하이드리팔라듐 착화합물 **25**를 형성하며, 결국 RE를 통해 에테인을 만든다.

$$L\text{–}Pd(Et)(L)\text{–}CH_2\text{–}CH_3 \longrightarrow L_2Pd + CH_3\text{–}CH_2\text{–}CH_2\text{–}CH_3$$

$$Et\text{–}Pd(L)(L)\text{–}CH_2\text{–}CH_3 \longrightarrow H_2C{=}CH_2 + \underset{\mathbf{25}}{L\text{–}Pd(Et)(L)\text{–}H} \longrightarrow L_2Pd + CH_3\text{–}CH_3$$

L = 포스핀

6.51

Stille와 동료들의 중요한 연구는 RE의 메카니즘에 대한 일관된 정보를 제공한

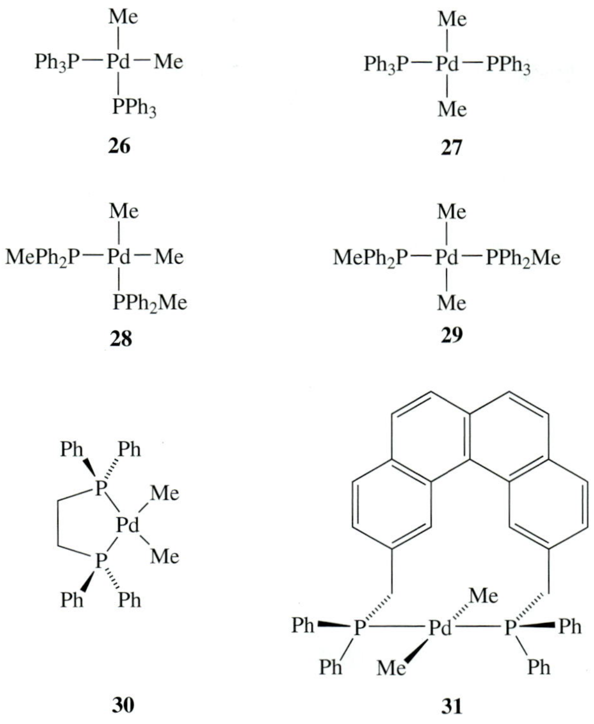

그림 6-12
환원성 제거 반응 연구를 위해 사용된 Pd(II) 착화합물

표 6-8 60 ˚C에서 *시스* 착화합물 RE의 상대적인 속도

cis-착화합물	*k* (sec^{-1})
26	1.041×10^{-3}
28	9.625×10^{-5}
30[a]	4.78×10^{-7}

[a]80 °C에서 수행.

다. 이러한 연구는 그림 **6-12**에 제시한 팔라듐 착물을 통해 정립되었으며, 이탈기의 입체 화학적 관계는 반드시 *시스*로 나타난다. 이러한 화합물의 환원성 제거 속도가 측정되었으며, *시스* 시리즈에 대한 속도가 표 **6-8**에 나타나 있다. 두 개의 *트랜스* 화합물 **27**, **29**는 환원성 제거가 일어나기 전에 반드시 *시스* 이성질체로 이성질화(isomerize)되며, RE의 전체적인 속도는 느려진다. Ph_3P의 첨가는 *시스* 착화합물의 반응속도를 느리게 만든다. Stille의 그룹의 보고에 따르면 환원성 제거가

일어나기 전에 빈 배위 자리를(반응식 **6.25**) 용매 분자(Solv)가 채워주는 것과 함께 리간드의 해리가 (메카니즘 **1**) 필요하기 때문이다. *시스* 착화합물의 반응성의 순서는 킬레이트 효과(**28 > 30**)와, 포스핀 리간드의 알킬 기 치환에 따른 전자 밀도의 증가를 (**26 > 28**) 반영한다. 극성 용매는 *트랜스*와 *시스* 이성질화를 돕고(5-배위종의 유사 회전을 통해) 환원성 제거의 속도를 증가시키는 것으로 여겨지며, 반응식 **6.53**에 나타난 것과 같이 환원된 배위 착화합물을 안정화시켜 준다.

6.52

6.52

트랜스 화합물의 하나인 *TRANSPHOS* 리간드가 치환된 **31**는 *시스* 형태로의 이성질화가 어렵기 때문에 100 °C에서도 환원성 제거를 하지 않는다. 양쪽자리성 리간드가 킬레이트 효과 때문에 이성질화를 보존시키는 것뿐만 아니라, *TRANSPHOS* 그룹의 경직성(rigidity)은 첫 단계의 포스핀 해리를 불가능하게 만든다.

비록 **31**이 환원성 제거를 하지는 않지만, 메틸 아이오다이드를 첨가하면 즉각적으로 에테인이 생성된다. 이것은 메틸 아이오다이드가 Pd(II)와 OA를 통해 **32**를 생성하고, **32**는 인접한 *시스* 메틸 그룹의 RE을 하는 것을 제안한다. CD_3I와 **31**이 CD_3–CH_3만 생성되는 관찰은 이러한 가설을 뒷받침함과 동시에 *시스*-제거의 총괄적인 개념(아래 보이는 **32**를 통하여)을 제시한다.

32

교차 실험

교차(crossover) 실험은 메카니즘 경로가 분자간에 일어나는지 분자내에서 일어나는지를 결정하는 유용한 방법이다. 이러한 종류의 실험에서 같은 반응종의 두 가지 형태가 사용된다. 표시가 되지 않은 것과 원래의 화합물에 동위원소로 표시가 된 것(예를 들면 수소 대 중수소). 만약 반응이 분자내에 일어난다면 생성물은 표지 원자가 섞여 있을 것이고, 부분적으로 표지가 되어 있을 것이며, 분자간 경로는 표지 원자가 섞이지 않을 것이다. Stille의 그룹에 의해 수행된 교차 실험은(반응식 **6.54**) 다음과 같다. 같은 당량의 **26**, **28** 또는 **30**과 6개가 중수소로 치환된 화합물에 반응시켰을 때 *오직 에테인과 CD_3CD_3만이 생성되었다*. 교차 화합물의 부재와, 오직 분자간 경로를 통해 형성된 것으로 여겨지는 화합물만이 존재한다는 결과는 RE가 현재 잘 받아들여지고 있는 *시스* 이탈기를 포함하는 일련의(concerted) 분자간 반응이라는 관점을 강하게 뒷받침한다.

t-Bu–C≡C–Pt(PPh₃)₂(C(CH₃)=CH₂) →(Δ) t-Bu–C≡C–C(CH₃)=CH₂ + Pt(PPh₃)₂

$$t\text{-Bu}C{\equiv}C\text{–}Pt(PPh_3)_2(C(CH_3){=}CH_2) \xrightarrow{\Delta} t\text{-Bu}C{\equiv}C\text{–}C(CH_3){=}CH_2 + Pt(PPh_3)_2 \quad \textbf{6.55}$$

또 다른 예는 반응식 **6.55**에 소개되어있는 것과 같이 바이틸 기 교차-짝이음 반응에서 RE가 일어난 후 *트랜스*에서 *시스*가 생성되는 해리성 이성질화이다. 여기서도 마찬가지로, 포스핀은 제거 속도를 느리게 한다.

$$(Ph_3P)_2PtAr_2 \xrightarrow{PPh_3} \underset{\mathbf{33}}{(Ph_3P)_3PtAr_2} \longrightarrow (Ph_3P)_3Pt + Ar\text{–}Ar \quad \textbf{6.56}$$

비록 RE의 해리성 경로는 매우 일반적인 것으로(8~10 족 금속의 경우 확정적이다) 여겨지지만, 몇몇의 경우는 RE가 일어나기 위해서 포스핀의 해리를 필요로 하지는 않는다. 포스핀의 첨가는 반응식 **6.56**처럼 *시스*-Pt(II) 화합을 형성하는 바이아릴(Ar= Ph 혹은 CH_3Ph)의 RE의 속도를 증가시켜 준다. 첨가된 포스핀은 Pt와 배위하여 5-배위 활성 착물(5-coordinate activated complex)이나 *시스*-다이아릴 삼각쌍뿔 종 **33**으로 재배열이 가능한 중간체를 형성할 수 있다. 이러한 5-배위 종의 RE는 치환기가 *시스* 형태일 때 쉽게 일어난다.

$$(Ph_3P)_2PtAr_2 \xrightarrow{PPh_3} (Ph_3P)_3PtAr_2\ (\mathbf{33}) \longrightarrow (Ph_3P)_3Pt + Ar{-}Ar \qquad \mathbf{6.56}$$

Pd(II) 착물의 RE의 해리(메카니즘 **1**) 성질과 Pt(II)로의 명확한 회합 경로(메카니즘 **3**)의 차이를 살펴보아야 한다. 팔라듐은 Pt나 Ni에 비하여 18-전자 착화합물을 형성하려는 경향이 적은 것으로 여겨진다. 따라서 **26**과 같은 16-전자 Pd(II) 착물은 일반적으로 리간드의 첨가를 통해 전자를 얻기 전에 해리가 일어난다.

6-3-2 이탈기의 입체 화학

이탈하는 탄소에서 입체 중심의 입체 화학을 결정할 수 있을 때, RE 단계에서의 입체 중심의 보존이 관찰된다. 반응식 **6.57**에서 보여주는 예처럼 Milstein과 Stille은 Pd(II)를 이용한 RE 이전에 OA에서 배열에 알짜 반전(net inversion)을 관찰하였다. 이러한 경로는 첫째, OA 단계를 통해 **35**를 형성하는 **34** 배열의 반전(inversion)과 둘째, **36**을 생성하는 RE 단계에서 배열의 보존이 필요하다. 반응식 **6.58**은 sp^2 중심에서 일어나는 RE 단계의 입체 중심의 보존의 발생에 대한 예를 보여준다.

$$PhCHDBr\ (\mathbf{34},\ R\text{-}(-)) + L_2PdMe_2 \xrightarrow[\text{(반전)}]{OA} L_2PdMe_2(Br)(CHDPh)\ (\mathbf{35}) \xrightarrow[\text{(보존)}]{RE} PhCHDMe\ (\mathbf{36},\ R\text{-}(-)) + PdL_2(Me)(Br) \qquad \mathbf{6.57}$$

L = PPh_3

$$\mathbf{37} + Bu_3Sn{-}CH{=}CH{-}Ph\ (\mathbf{38}) \xrightarrow{L_nPd(0)} \text{product} \qquad \mathbf{6.58}$$

via L_2Pd intermediate, L = PPh_3

이러한 반응은 Pd-촉매를 통한 **37**과 **38**의 짝지음 반응의 마지막 단계를 나타내며, **37**과 **38**은 RE 메카니즘을 통하여 Pd에 결합한다.

6-3-3 C–H 제거

C–H 제거의 예는 점진적으로 많은 문헌에 보고되고 있으며, C–H RE 제거에 대한 연구는 미시적 가역성 규칙(principle of microscopic reversibility)의 장점을 가지는 C–H 활성화 경로를 설명하는데 도움을 준다. d^8 로듐과 이리듐 착화합물에 대한 연구는 이러한 경우의 RE가 협동하는 분자간 반응이며, 서로 *시스* 관계에 있는 탄소와 수소의 손실을 포함한다는 것을 나타낸다. 이러한 경우에 새로운 C–H 결합이 생성되기 전에 현재는 잘 알려진 반응속도 결정 단계인 포스핀 리간드 이탈 과정(메카니즘 **1**)이 일어난다. 간단하게, 금속의 전자 밀도가 효과적으로 감소(RE를 통한 낮은 산화 상태 필요)하고, 안정하지 않은 입체 화학적 배열을 제공하는 포스핀의 이탈을 관찰할 수 있다. 그러므로 이러한 불안정한 배열의 RE는 에너지적으로 유리하다. 반응식 **6.59**와 **6.60**은 C–H 제거의 두 가지 예를 제시한다.

RhL_3Cl + RCHO —OA→ **39** ⇌(−L) **40** ⇌ **41** —RE→ $RhL_2(CO)(Cl)$ + R–H

L = PMe_3

6.59

$HRh(PMe_3)_3Cl(CH_2COCH_3)$ ⟶ $Rh(PMe_3)_3Cl$ + $H–CH_2C(O)CH_3$

6.60

반응식 **6.59**에서 관찰되듯이, 알데하이드의 OA는 *시스*-하이드리도아실로듐 배위 화합물 **39**를 생성한다. 가열하면 리간드가 해리되어 **40**을 생성하며, 이동 삽입(7장에서 논이됨)을 통하여 **41**이 만들어진다. **41**의 *시스*-하이드리도알킬 착화합물로의 이성질화는 C–H가 제거된 착화합물을 생성하는 최종 RE 단계의 마지막 직전에 나타날 것이다. 그러한 반응은 올레핀 수소 포밀 첨가(hydroformylation)으로 알려진 산업적 과정의 촉매로 응용된다(**8-2**절). 반응식 **6.60**은 새로운 C–H 결합을 생성하는 간단한 RE를 보여준다.

기본문제 6-9

반응식 **6.59**에 나타난 **41**이 $RhL_2(CO)Cl$로 전환되는 메카니즘을 제안하시오. [힌트: L이 손실되어 5배위수의 중간체가 형성된 후 L이 첨가되는 메카니즘을 참고하시오.]

M–C와 M–H 결합의 깨어짐과 C–H 결합 형성의 시기에 관심을 가진다. 반응식 **6.61**은 일반적으로 받아들여지며 현재 친숙한 경로인 삼-중심 전이상태 후 η^2–C–H 금속 배위 화합물 **42**를 거쳐 알케인과 환원된 금속을 만드는 RE를 통한 C–H 결합의 형성을 보여준다.

$$L_nM(R)(H) \longrightarrow [L_nM\cdots(R)(H)]^{\ddagger} \longrightarrow L_nM—(\eta^2\text{-}R–H)\ (\mathbf{42}) \longrightarrow L_nM + R–H \qquad \mathbf{6.61}$$

6-3-4 이핵 환원성 제거

RE는 반응식 **6.62**에처럼 두 개의 착화합물이 반응할 때에도 이루어질 수 있다.

$$M'–X + M–Y \longrightarrow M'–M + X–Y \qquad \mathbf{6.62}$$

매우 잘 알려진 반응 중 하나인 **6.63**은 2당량의 $HCo(CO)_4$의 반응으로부터 수소를 형성한다.

$$2\ HCo(CO)_4 \longrightarrow H_2 + Co_2(CO)_8 \qquad \mathbf{6.63}$$

몇몇의 이러한 종류의 제거가 알려졌으며, 다양한 메카니즘이 제안되었다. 이러한 반응에 대한 세부적인 연구에 대한 내용은 이 책에서 다루지 않지만, 그것들이 발생한다는 것을 인지해야 한다.

[연습 문제]

6-1 구조 **1**은 CO의 리간드 치환을 통해 오직 *mer*-2를 생성하며, 재배열을 통해 *fac*-2를 얻는다. **1**과 $P(CD_3)_3$의 반응은 **3**을 생성하며, $SiMe_3$ 그룹의 *트랜스* 위치에서만 리간드 치환이 일어난다. **1**의 X-선 분석은 H의 *트랜스* 위치의 Ru–P 결합 다음으로 긴 Ru–P 결합은 $SiMe_3$ 그룹의 *트랜스* 자리에 위치한다.

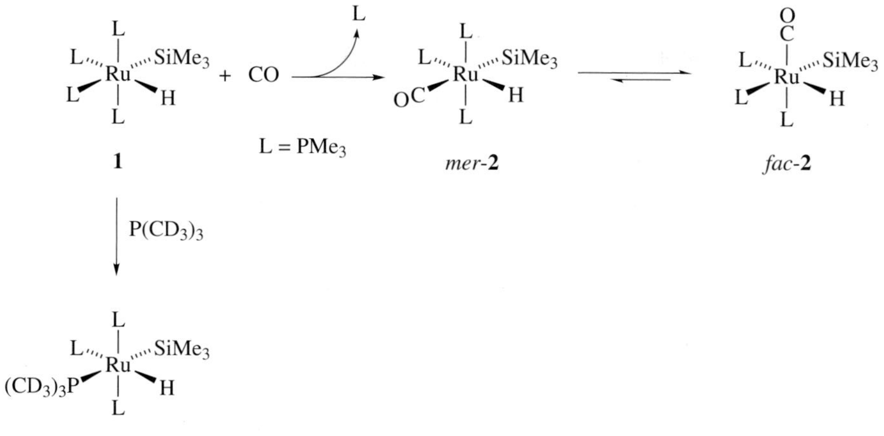

$$L_3Ru(SiMe_3)(H)L \ (\mathbf{1}) + CO \xrightarrow{-L} mer\text{-}\mathbf{2} \rightleftharpoons fac\text{-}\mathbf{2}$$

L = PMe$_3$

$\mathbf{1} \xrightarrow{P(CD_3)_3} \mathbf{3}$

a. SiMe$_3$ 그룹의 *트랜스* 효과와 *트랜스* 영향은 포스핀과 비교하였을 때 어떻게 작용하는가? 설명하시오.

b. *mer*-2에서 *fac*-2로의 재배열의 추진력(driving force)는 무엇인가?

6-2 아래에 주어진 데이터를 고려할 때 열거된 σ 탄소 주개 리간드($CH_{3-n}R_n$)의 *트랜스* 영향에 대하여 어떠한 정보를 주는가? 그러한 경향의 이유는 무엇인가?

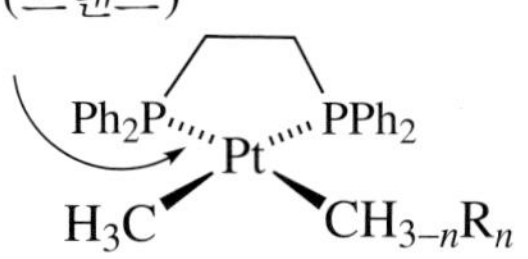

J_{Pt-P} (트랜스)

리간드	*n*	$J_{Pt\text{-}P}$ *(트랜스)*
CH_3	0	1794 Hz
$CH_2(COCH_3)$	1	2346 Hz
$CH(COCH_3)_2$	2	2948 Hz
$C(COCH_3)_3$	3	4124 Hz

6-3 *시스*-$[M(CO)_2X_2]^-$ 착화합물(M = Rh, Ir 및 X = Cl, Br, I)에 대한 CO(^{13}C으로 표시됨)의 치환 속도가 측정되었으며 결과는 아래의 도식에 나열되었다.

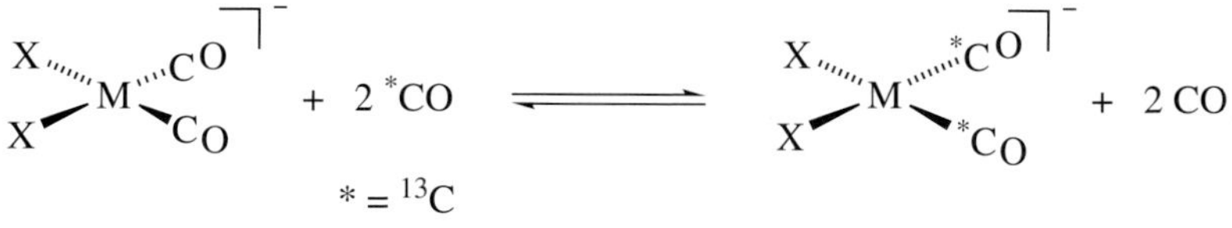

$$[X_2M(CO)_2]^- + 2\,{}^*CO \rightleftharpoons [X_2M({}^*CO)_2]^- + 2\,CO$$

$* = {}^{13}C$

M	*X*	*k (L/mol-s at 298 K)*	*ΔH‡*	*ΔS‡ (eu)*	*ΔV‡ (cm³/mol)*
Ir	Cl	1100	3.7	–32	–21
	Br	13,000	3.2	–29	
	I	99,000	3.0	–26	
Rh	Cl	1700	4.2	–30	–17
	Br	30,000	2.7	–29	
	I	850,000	2.4	–23	

a. 위의 데이터는 CO 치환의 메카니즘 경로에 대한 어떠한 정보를 제공하는가?

b. Cl에서 I로 갈수록 치환 속도가 증가하는 이유가 무엇인가?

c. Rh 착물이 Ir 착물에 비하여 치환 속도가 빠른 이유는 무엇인가?

6-4 일련의 실험을 통해서, *시스*–$Mo(CO)_4L_2$ (L= 포스핀)의 몇몇 포스핀의 해리 속도가 측정되었다. 각각의 경우의 전체 반응은 아래의 반응식과 같다.

$$cis\text{-}Mo(CO)_4L_2 + CO \longrightarrow Mo(CO)_5L + L$$

반응속도 데이터:	*포스핀*	*속도 상수 (s⁻¹)*
	PMe_2Ph	$< 1.0 \times 10^{-6}$
	$PMePh_2$	1.3×10^{-5}
	PPh_3	3.2×10^{-3}

반응속도에 대한 경향을 설명하시오.

6-5 PEt_3와 $Mo(CO)_6$가 반응하였을 때 최종 착화합물로 *fac*-$Mo(CO)_3(PEt_3)_3$가 얻어진다. 세 번의 치환 이후에 더 이상 치환이 일어나지 않는다. 이러한 현상이 일어나는 두 가지 이유에 대하여 기술하시오. 생성물의 입체 화학에 대하여 설명하시오. [힌트: 왜 *mer*-이성질체가 생성되지 않는가?]

6-6 아래의 키랄(chiral) Mn 착화합물은 아래의 반응식과 같이 라세미화(racemization)를 거친다.

$$CpMn(NO)(PPh_3)(C(O)Ph) \xrightarrow[t_{1/2} = 21\text{분},\ 반응속도 \propto 1/[PPh_3]]{PhMe/25\ ^\circ C} CpMn(NO)(PPh_3)(C(O)Ph) + CpMn(NO)(PPh_3)(C(O)Ph)$$

PPh_3의 농도에 반비례하는 메카니즘을 제안하시오.

6-7 아래의 반응을 고려하시오(M = Nb, Ta).

$$(\eta^5\text{-ind})M(CO)_4 \xrightarrow{PBu_3} (\eta^5\text{-ind})M(CO)_3(PBu_3) + CO$$

$$(\eta^5\text{-Cp})M(CO)_4 \xrightarrow{PBu_3} (\eta^5\text{-Cp})M(CO)_3(PBu_3) + CO$$

π-리간드에 관계없이 Nb 착물은 Ta 착물보다 빠른 리간드 치환 반응을 한다. Nb–, Ta–Cp 착화합물의 리간드 치환 활성의 엔트로피는 양 혹은 약간의 음의 값을 가지지만, 두 착물 모두 인데릴(ind) 착화합물을 형성하면 큰 음의 값을 가진다. 또한, 리간드 치환 속도는 인데릴 착화합물이 Cp 착화합물에 비하여 일반적으로 빠르다.

Cp–M 착화합물과 Ind–M 착화합물 간의 다른 속도를 설명하는 리간드 치환 반응의 메카니즘적인 경로를 제안하시오.

6-8 아래 전이금속 착화합물의 산화 상태와 원자가 전자수를 나타내시오.

a. $Ir(CO)(PPh_3)_2Cl$

b. $(\eta^5\text{–}C_5H_5)_2TaH_3$

c. $[Rh(CO)_2I_2]^-$

d. $(\eta^5\text{–}C_5H_5)(CH_3)Fe(CO)_2$

e. $CH_3C(=O)Co(CO)_3$

6-9 착화합물 **4**와 **5**를 형성하는 단계적인 메카니즘을 제시하시오.

$$Cp^*W(NO)(H)(\kappa^2\text{-}PPh_2C_6H_4) \xrightarrow[45\ ^\circ C/4\ 시간]{XS\ PMe_3} Cp^*W(NO)(PMe_3)(PPh_3)\ (\mathbf{4}) + Cp^*W(NO)(H)(PMe_3)(C_6H_4PPh_2)\ (\mathbf{5})$$

6-10 Shilov 연구팀은 분자간 C−H 결합 활성을 처음으로 입증하였다. CH_4이 CH_3OH로 되는 반응에서 Pt(IV) 착화합물은 정량적으로 반응하며 Pt(II) 착화합물은 촉매로 작용하는 경우를 생각해 보자.

이 반응은 대규모 산업적 용량으로 유용할 수 있지만, 값비싼 Pt 착화합물이 정량적으로 반응하는 것은 비경제적이다. 이 반응이 발견된 1972년 이후, Shilov는 정량적으로 반응하는 Pt(IV) 산화제를 값싼 것으로 대체하는 연구에 집중하였다. 이 연구가 진행하는 과정에서, Shilov C−H 결합 활성의 메카니즘이 밝혀졌다. 다음의 도식은 촉매 순환 주기를 보여준다.

$$CH_4 \ + \ PtCl_6^{2-} \ \ H_2O \xrightarrow[H_2O/120\ ^\circ C]{PtCl_4^{2-}\ (cat.)} CH_3OH \ + \ PtCl_4^{2-} \ + \ 2\ HCl$$

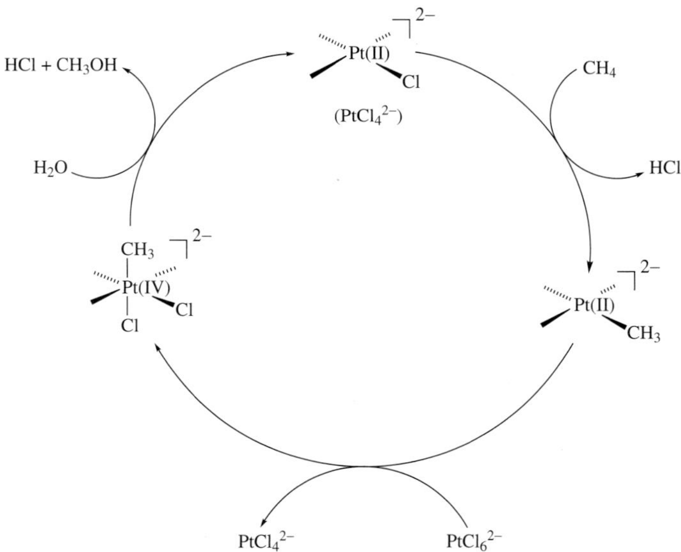

각각의 단계에서 변환이 어떻게 일어나는지 설명하는 상세한 메카니즘을 제안하시오.

제 7 장

유기금속 반응 II

리간드 변환 반응

Organometallic Reactions II

Reactions Involving Modification of Ligands

리간드가 금속에 배위되면 여러 가지 현상이 일어난다. 제7장에서는 리간드 변환이 일어나는 반응에서 가장 빈번히 볼 수 있는 반응에 대하여 논의한다. 이러한 변환은 제8장에서의 촉매 순환 과정의 일환이 된다. 전이금속에 배위된 리간드에서의 반응은 유기화학자에게도 관심을 불러 일으키는데, 이러한 반응은 일반적인 탄소에 기반을 둔 반응에서는 일어나기 힘들거나 또는 불가능한 반응이기 때문이다. 제7장에서는 이러한 가능성의 기반을 논의하고 제8, 9, 10장에서 응용에 적용할 것이다. 이러한 논의는 (1) 금속과 다른 리간드 결합 사이의 리간드 삽입과 탈삽입 반응 (2) 리간드에 친핵성 또는 친전자체 공격 반응의 두 영역으로 논의한다.

7-1 삽입과 탈삽입 반응

반응식 **7.1**과 **7.2**는 M–Y 결합 사이에 리간드의 삽입 과정을 설명하고 있다. 첫 번째는 1,1-삽입이고, 두 번째는 1,2-삽입 반응이다. 이들의 역반응은 탈삽입(deinsertion), 밀어내기(extrusion), 또는 제거(elimination) 반응으로 불리 운다.

$$L_nM(Y)-\underset{1}{X}=\underset{2}{Z} \longrightarrow L_nM-\underset{1}{X}(=\overset{2}{Z})-Y$$

1,1-삽입 **7.1**

$$L_nM(Y)-(X_1{=}Z_2) \longrightarrow L_nM-\underset{1}{X}-\underset{2}{Z}-Y$$

1,2-삽입

7.2

7-1-1 1,1-삽입: "CO 삽입"(알킬 이동 삽입 반응)

삽입, 탈삽입 반응으로 가장 많이 연구된 것은 금속–알킬(또는 아릴) 결합 사이에 1,1-CO 삽입 반응이다. 이 반응은 여러 촉매 반응에서 주요한 과정으로 여겨진다. 1,1 이라는 수자는 CO의 번호를 의미하는데, CO 리간드를 1 위치라고 하면 삽입은 금속과 알킬 리간드 결합 사이에서 일어나기 때문에 1,1-삽입이라 한다. 반응식 **7.3**은 Pd–C 사이에 CO 리간드 삽입을 보여주며, 도식 **6.7**에서 한 과정으로 보여준바 있다.

$$\text{(Ph)(R)(H)C}-\text{Pd}(\text{PPh}_3)_2-\text{Br} \xrightarrow[\text{(배열 보존)}]{\text{CO}} \text{(Ph)(R)(H)C}-\text{C}(=\text{O})-\text{Pd}(\text{PPh}_3)_2-\text{Br}$$

7.3

전형적인 카보닐 삽입 반응으로 가장 심도 있게 연구된 것은 $(CH_3)Mn(CO)_5$의 CO 삽입 반응으로 반응식 **7.4**에서 보여주고 있다.

$$CH_3-Mn(CO)_5 + CO \longrightarrow CH_3-C(=O)-Mn(CO)_5$$

7.4

이 반응을 살펴보면 겉보기에 CO가 $Mn–CH_3$ 결합 사이에 직접 삽입된 것으로 보이며, "CO 삽입"이라는 표현이 적합한 것으로 보인다. 그러나 다른 메카니즘은 단순한 CO 삽입이 아닌 다른 반응 단계로 진행되는 것을 암시한다. 다음 3가지 메카니즘이 제시 되었다.

*메카니즘 **1**: CO 삽입*

금속–탄소 결합 사이에 직접적인 CO 삽입

*메카니즘 **2**: CO 이동*

CO 이동에 의한 분자간 CO 삽입. 이 반응은 5배위 중간체를 형성하여 빈 배위 자리에 CO가 들어온다.

*메카니즘 **3**: 알킬 기의 이동*

이 경우에는 CO가 이동하는 것이 아니고 알킬 기가 이동하고 알킬 기의 *시스* 위치에 CO가 위치한다. 5배위 중간체의 빈 배위 자리에 CO가 이동한다.

이들 메카니즘을 그림 **7-1**에 나타내었다. 메카니즘 ***2***, ***3***에서는 이동 그룹에 가장 가까운 위치인 *시스* 위치에 분자내 이동(intramolecular migration)이 일어나는 것으로 생각된다.

메카니즘 1:

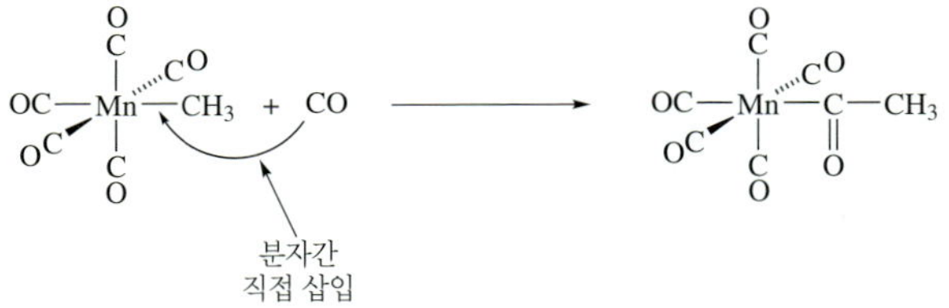

$(CO)_5Mn{-}CH_3 + CO \longrightarrow (CO)_5Mn{-}C(=O){-}CH_3$

분자간 직접 삽입

메카니즘 2:

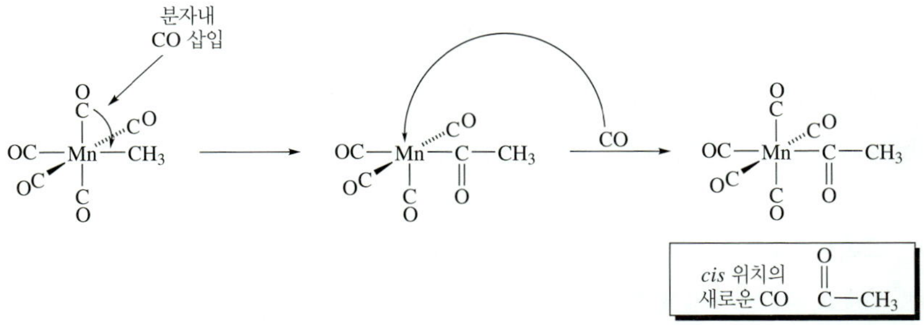

분자내 CO 삽입

$(CO)_5Mn{-}CH_3 \longrightarrow (CO)_4Mn{-}C(=O){-}CH_3 \xrightarrow{CO} (CO)_5Mn{-}C(=O){-}CH_3$

cis 위치의 새로운 CO $C(=O){-}CH_3$

메카니즘 3:

분자내 CH_3 이동

$(CO)_5Mn{-}CH_3 \longrightarrow (CO)_4Mn{-}C(=O){-}CH_3 + CO \longrightarrow (CO)_5Mn{-}C(=O){-}CH_3$

cis 위치의 새로운 CO $C(=O){-}CH_3$

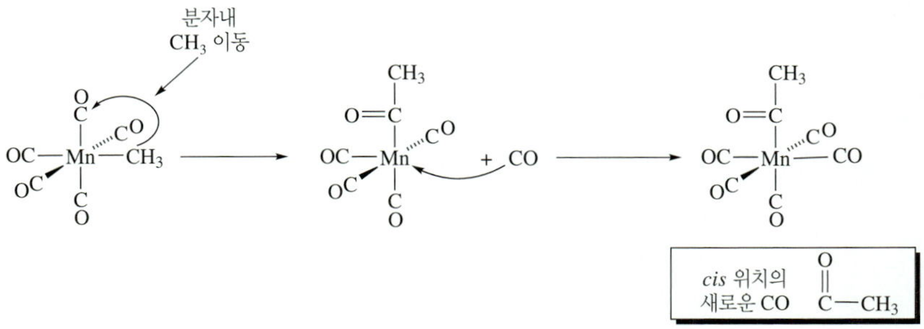

그림 7-1
CO 삽입 반응의 가능한 메카니즘

실험적인 증거가 이들 메카니즘을 평가하는데 사용된다.

I. $CH_3Mn(CO)_5$와 ^{13}CO를 반응시키면 ^{13}CO 리간드로 표지된 생성물만이 얻어지며, $[CH_3C(=O)]$에서 ^{13}C의 동위원소가 포함된 생성물은 전혀 발견되지 않는다.

II. 아실 위치의 탄소가 ^{13}C로 치환된 $CH_3{}^{13}C(=O)Mn(CO)_5$를 출발 물질로 역반응(reverse reaction) (가열하면 쉽게 일어남)이 진행될 때, 생성물 $CH_3Mn(CO)_5$에서 ^{13}C이 표지된 ^{13}CO는 CH_3의 시스 위치에만 자리한다. 이 반응에서 ^{13}CO는 역반응 과정에서 해리되지 않는다.

$$CH_3-\overset{\overset{\displaystyle O}{\|}}{\underset{*}{C}}-Mn(CO)_5 \xrightarrow[\Delta]{} CH_3-Mn(C^*O)(CO)_4 + CO$$

$$* = {}^{13}C$$

III. 아실 기에 대하여 시스 위치에 ^{13}CO가 표지된 화합물을 출발 물질로 역반응을 진행시키면, CH_3에 대하여 ^{13}C의 위치가 *시스*, *트랜스* 생성물의 비가 2:1이다. 또한 약간의 ^{13}CO 리간드가 역반응에서 해리된다.

각 메카니즘에 대한 실험적인 결과에 대하여 검토해 보자. 첫 번째 메카니즘 ***1***은 실험 **I** 결과에 따라 배제된다. 왜냐하면 ^{13}C의 직접적인 삽입은 아실 기에 ^{13}C이 포함된 생성물이 생성되어야 한다. 메카니즘 ***2,3***은 위의 실험 결과에 부응한다.

실험 **II**에 결과에 따라 제6장에서 논의한 미시적 가역성(microscopic reversibility)의 원리가 적용된다. 망간 아실 화합물에 ^{13}C이 표지된 카보닐 리간드가 있다고 가정(그림 **7-2**)한다. 메카니즘 ***2***에서 카보닐이 이동이 정반응이라면, 역반응은 금속에 직접적으로 결합되어 있는 CO 리간드의 해리가 일어나 빈 배위 자리를 형성하고, 이 빈자리에 아실 기의 ^{13}C이 표지된 CO가 이동한다. *트랜스* 위치에 이 이동이 일어날 가능성이 적기 때문에, 아실 기에 대하여 *시스* 위치에 ^{13}CO가 표지된 생성물만이 형성한다. 만약 메카니즘 ***3***에서와 같이 알킬 기가 이동한다면, 역반응은 금속에 직접 결합되어 있는 CO 리간드의 해리가 일어난 후에, 아실 기의 알킬 기가 빈자리로 이동한다. 왜냐하면 *트랜스* 위치로 알킬 기가 이동하는 것이 쉽지 않기 때문에 모든 생성물은 알킬 기에 *시스* 위치에 ^{13}CO가 표지된 것만이 형성된다. 메카니즘 ***2,3***은 *시스* 위치의 아실 기에 ^{13}CO가 표지될 수 있기 때문에, 두 메카니즘은 실험 **II**의 결과와 일치한다.

메카니즘 2과 메카니즘 3 비교:

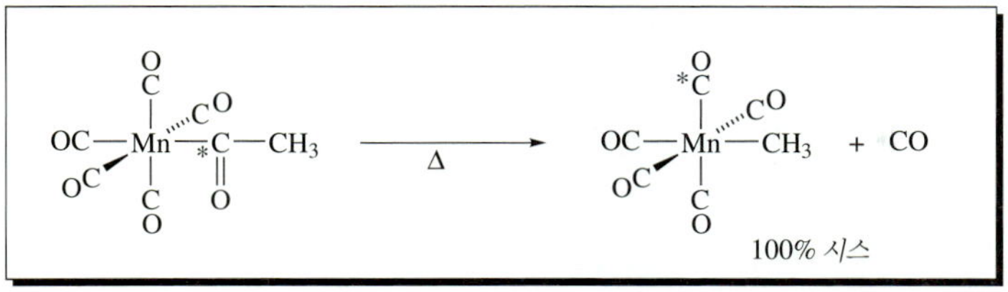

$$(CO)_4Mn{-}{}^{*}C(=O){-}CH_3 \xrightarrow{\Delta} cis{-}(CO)_4({}^{*}CO)Mn{-}CH_3 + CO$$

100% *시스*

메카니즘 2:

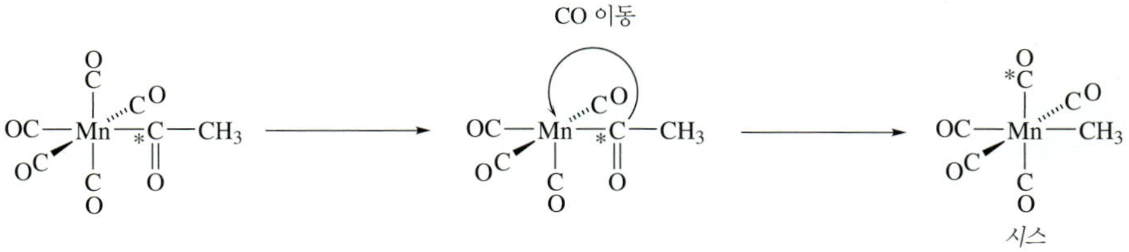

CO 이동

시스

메카니즘 3:

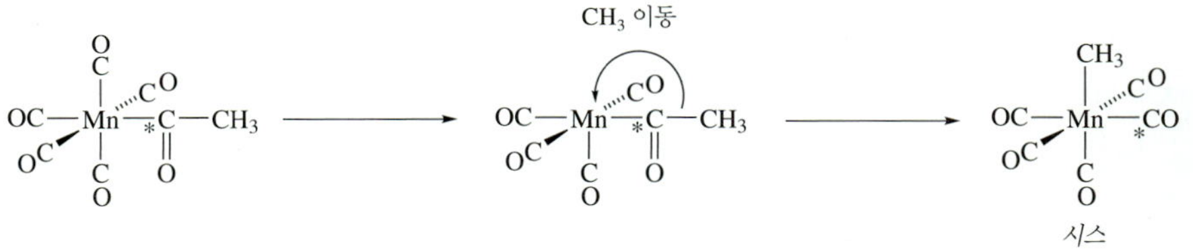

CH_3 이동

시스

그림 7-2
실험 II와 관련된 CO 이동과 알킬 이동의 역반응에 대한 메카니즘

기본문제 7-1

메카니즘 1에 의하여 $CH_3{}^{13}C(=O){-}Mn(CO)_5$를 가열하면 메카니즘 1에 의해 *시스* 생성물이 형성되지 않음을 보이시오.

미시적 가역성(microscopic reversibility)이 적용되는 세 번째 실험(그림 **7-3**)은, 메카니즘 *2*와 *3* 중에서 맞는 것을 선택할 수 있게 해준다. CO 이동의 메카니즘 2에서 아실 기에 시스 위치 ^{13}CO가 이동하는 것으로부터 시작되어 빈자리에 아실 기의 CO가 이동하게 된다. 이 결과 25%의 생성물은 ^{13}CO가 표지되지 않으며, 75% 생성물은 알킬 기에 *시스* 위치에 ^{13}CO가 표지된 생성물이 얻어진다(그림 **7-3**). 반면에 알킬 이동 메카니즘 *3*은 25%의 생성물은 ^{13}C가 표지되지 않으며, 50%는 알킬 기의 *시스* 위치에 ^{13}CO가 표지되며, 25%는 알킬 기의 *트랜스* 위치에 표지된다. 실험에 의해서 얻어진 *시스*, *트랜스* 생성물의 비의 결과는 메카니즘 *3*을 지지하며, 알킬 이동 메카니즘이 지속적으로 받아들여지고 있다.

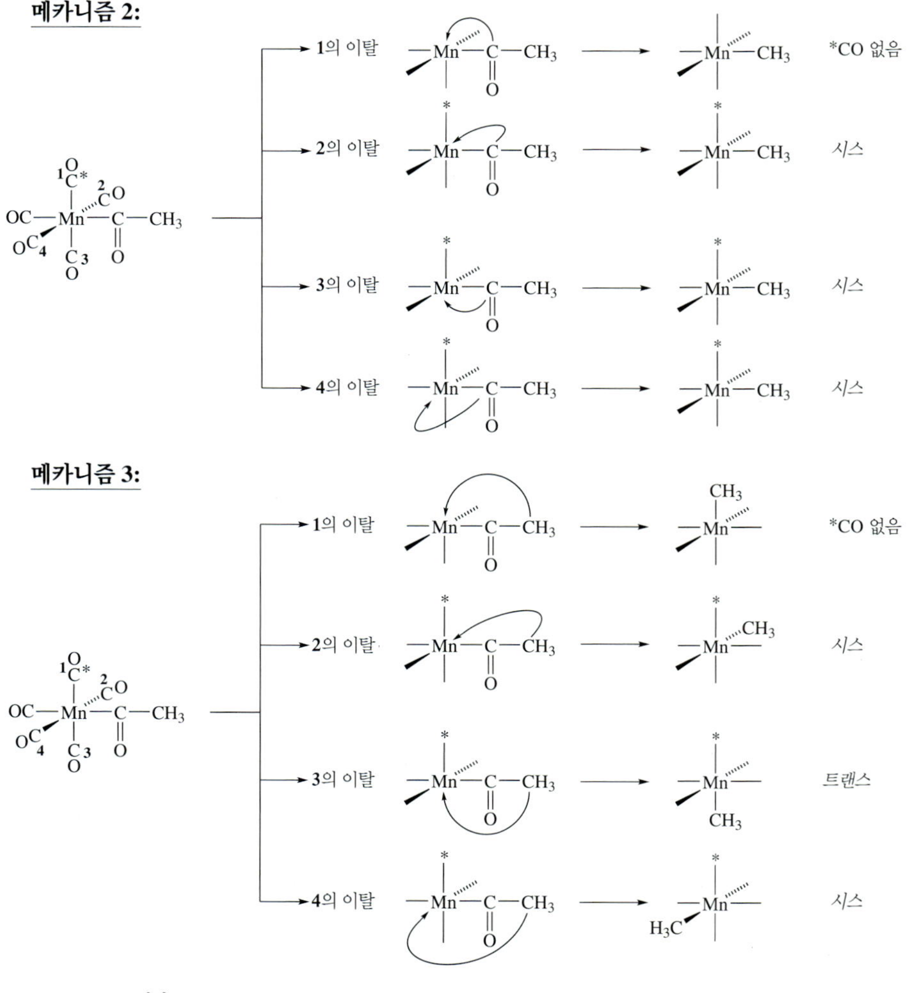

그림 7-3
실험 III과 관련된 CO 이동과 알킬 이동의 역반응에 대한 메카니즘

이들 메카니즘에 대한 한 가지 추가적인 논의가 필요하다. 메카니즘 ***2***, ***3***에서 중간체로 사각뿔(square pyramid) 구조로 가정하였으며, 삼각쌍뿔형(trigonal bipyramid) 구조와 같은 다른 구조를 가지지 않는다는 가정이다. 동위원소가 표지된 $CH_3Mn(CO)_5$와 포스핀과의 반응 연구에서도 사각뿔 중간체의 형성을 지지하는 결과를 얻었다.

입체 화학적 표지물은 이 반응의 과정에 대한 정보를 제공할 수 있다(**6-2-3** 절 참조). *트레오* 철 착화합물과 포스핀 반응(반응식 **7.5**)에서 트레오 이동 삽입 생성물(95% 입체 선택성)은 알킬 기가 이동 중심의 배열 보존(retention of configuration)되는 쪽으로 이동한 것을 보여준다. 이러한 입체 선택성은 유기 반응

기본문제 7-2

cis-$CH_3Mn(CO)_4(^{13}CO)$가 PR_3 ($R = C_2H_5$)와 반응할 때 생성물의 분포를 예측하시오.

에서 알킬 기가 카보 양이온(carbocation) 중심으로 이동할 때 관찰되는 것으로 알려져 있다.

7.5

만약 CO 삽입이 알킬 기가 CO쪽으로 이동하는 것이라면, 배열 중심은 유지되지 않고 금속의 모든 리간드가 다른 생성물이 얻어질 것이다. $CH_3Mn(CO)_5$의 연구에서는 알킬 기의 이동과 배위되지 않은 CO가 금속에 결합할 때, 금속의 배위 공간이 바뀌었는지를 판단하는 것은 불가능하다. 도식 **7.1**에서 보여준 유사 사면체 철 화합물은 CO 삽입–탈삽입 반응의 메카니즘을 알아내는데 입체 화학적 표지물(sterochemical probe)로 유용하게 사용될 수 있다. 만약 알킬 기가 이동한다면, 생성물 **1**을 예측할 수 있고, CO가 이동한다면, 거울상(enantiomeric) 생성물 **2**가 얻어질 것이다. 생성물 **1**이 되기 위해서는 금속을 중심으로 반전 배열이 일어나야 하며, 생성물 **2**가 되기 위해서는 배열의 보존(retention)이 일어나야 한다. 이 반응이 나이트로메테인 용액에서 진행되면 95% ee의 생성물이 얻어지고, 배위 능력이 있는 용액인 핵사메틸포스포아마이드(HMPA)나 아세토나이트라일에서 진행되면 **1**, **2**가 얻어진다. 아세토나이트라일 용액에서는 **1**보다는 **2**가 더 많이 생성되는 것이 관찰되었다. 안타깝게도 이 결과는 알킬 기 이동에 의한 금속의 입체 화학이 상충되는 것이다(연습 문제 **7-3** 참조). 도식 **7.1**에서 설명한 실험 결과가 나이트로메테인 용액에서 알킬 기의 이동인지 또는 배위성이 강한 용액에서 CO 이동에 의한 것인지 확실하지 않다. 또한 반응 조건에 따라 알킬 기 이동에 따른 중간체의 입체 배열이 고정되어 있지 않을 수 있어서, 금속 배위 배열이 보존되거나 반전된 화합물을 형성할 수 있다.

다른 고려사항

전이금속 화합물에서 CO 삽입 반응이 잘 일어나는 경향은 3주기~4주기>5주기 순인데, 주기율표에서 같은 족의 아래로 내려갈수록 M–C 결합 강도가 증가하는

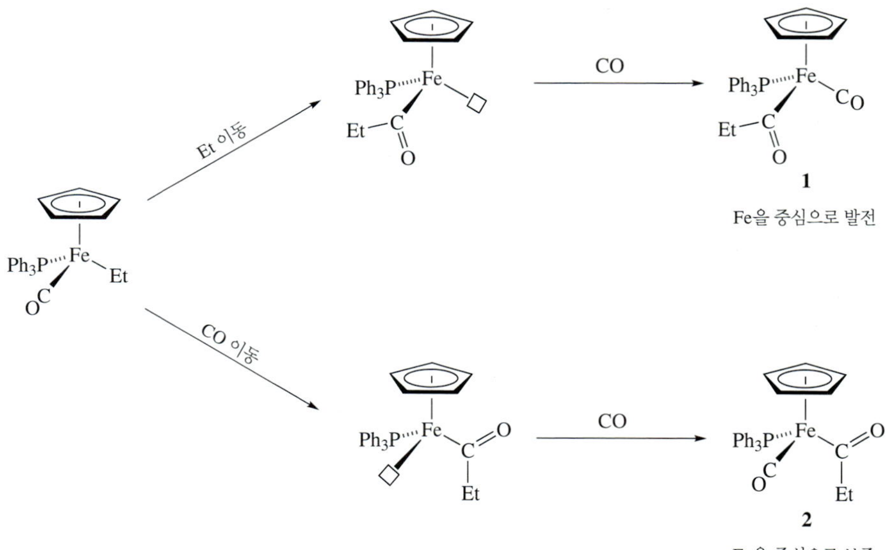

도식 7.1
키랄 철 배위 화합물의 CO 삽입 반응 연구

경향이 반영된 것이다. 이러한 결과는 삽입 반응 메카니즘이 CO 이동보다는 알킬 기의 이동 메카니즘이라는 것을 지지하는 것이다. M–H 결합 사이에 CO가 삽입되는 것이 M–C 사이에 삽입되는 것보다 덜 수월한 것은 M–C보다 M–H 결합 세기가 크다는 것을 반영하는 것이다.

Lewis 산의 존재하에서 CO 삽입이 증가하는데, 반응속도의 증가뿐만 아니라 삽입 반응의 경로를 바꾼다. Lewis 산의 역할은 CO 리간드와 착화합물(카보닐 탄소를 양성으로 만들어 상대적으로 전자가 풍부한 알킬 기의 공격을 증진시킴)을 형성하여 알킬 기 이동 후 생성된 불포화 아실 착물을 안정화하는 것이다. 반응식 **7.6**에서 $AlBr_3$가 알킬 카보닐 착화합물에서 CO 삽입을 증진시키는 역할을 보여주며, 실제로 이 반응은 배위되지 않은 CO가 없는 조건에서 일어난다.

$$(OC)_5Mn{-}CH_3 \xrightarrow{AlBr_3} (OC)_4Mn(\cdots Br{-}AlBr_2{-}O{=}C(CH_3)) \qquad \textbf{7.6}$$

최근에 DFT 최고 수준의 계산 연구에서 CO 삽입 반응에서 알킬이 이동하여 두 중간체인 **3**, **4** 구조가 반응 경로를 따라 존재하는 것이 확인되었다.

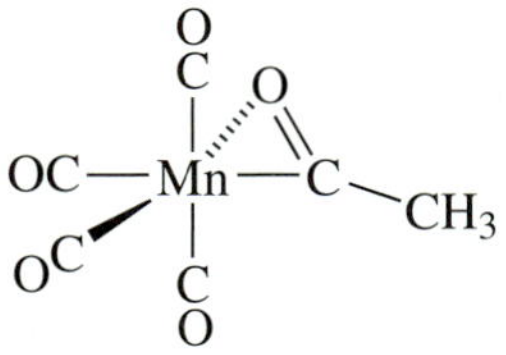

3

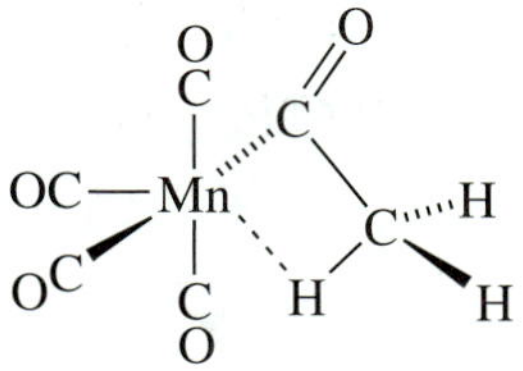

4

중간체 구조 **3**은 금속에 카보닐의 산소가 η^2 결합을 하여 배위수가 포화된 상태이다. 이러한 착화합물은 특히 앞 전이금속에서의 CO 삽입 반응에서 중요한 역할을 하는데, 앞 전이금속은 친산소 원자(oxophilic)이기 때문이다. 광반응 조건에서 $CH_3Mn(CO)_5$의 CO 삽입 반응에서도 η^2 착화합물이 검출되었다. 중간체 구조 **4**는 금속과 C–H 간에 아고스틱(agostic) 결합이 있는 배위가 불포화된 착화합물이며, 아고스틱 상호작용은 비어 있는 배위 자리를 안정화시킨다.

겉으로 보기에는 CO 삽입이라는 단어가 CO 삽입 반응 단계가 포함된 것으로 보이지만, CO 삽입 단계가 포함되지 않았다. 유기화학에서 1,2-알킬 옮김(1,2-alkyl shift)이 전자 밀도가 높은 알킬 탄소가 상대적으로 전자 밀도가 낮은 탄소로 이동하여(배열이 유지되는) 탄소양이온(carbocation)을 안정화시키는 것과 유사하다. 상세한 연구를 통하여 겉으로 보이는 반응 결과가 상세한 연구를 통하여 다르게 판명되는 반응이 많다. 다른 모든 반응에서와 같이, 이 반응에서도 메카니즘 연구를 수행할 때 가능한 모든 메카니즘을 고려하여야 한다. 어떠한 메카니즘도 확연히 증명될 수 없으며, 실험적 데이터에 근거한 가능한 메카니즘을 제안하는 것이다. 그렇지만 카보닐 삽입에 대한 대부분의 연구 결과는 알킬 기가 카보닐 리간드로 이동하며, 이동 중심의 배열이 유지되는 것을 보여준다.

기본문제 7-3

착화합물 **A** [$\nu(CO) = 1670\ cm^{-1}$]가 30 °C 벤젠 용액에서 이성질체 **B** [$\nu(CO) = 2040\ cm^{-1}$]로 변환한다. 이성질체 **B**의 가능한 구조를 그리시오.

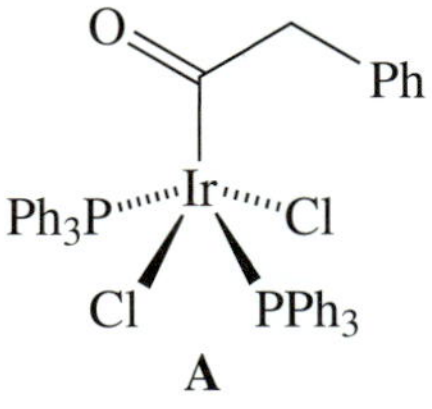

A

7-1-2 1,2-삽입과 이탈 반응(β-제거 반응)

M–H 결합에서 1,2-삽입 반응

알켄과 알킨은 M–H 결합에서 1,2-삽입 반응이 일어난다. 탄소의 이중 또는 삼중 결합을 이루는 개수를 보면 다음과 같으며, 삽입 반응에 대한 반응식은 아래와 같다.

$$L_nM(H)(\eta^2\text{-}C_1{=}C_2) \longrightarrow L_nM{-}C_1{-}C_2{-}H$$

또는

$$L_nM(H)(\eta^2\text{-}C_1{\equiv}C_2) \longrightarrow L_nM{-}C_1{=}C_2{-}H$$

1,2-삽입 반응은 1,1-CO 이동 삽입 반응에서와 같이 알켄 또는 알카인에서 하이드리드가 β 위치로 이동함으로 일어나는 것과 같이 생각할 수 있다.

1,2-삽입 반응으로 쓰이는 유기 반응에서 알켄이 알킬보레인으로 바뀌는 하이드로붕소화(hydroboration)가 있다(반응식 **7.7**). 알칼리성 H_2O_2 존재하에 알킬보레인은 연속적으로 알코올을 생성한다.

$$Me_2C{=}CH_2 \xrightarrow{H{-}BH_2} Me_2CH{-}CH_2BH_2 \xrightarrow[OH^-]{H_2O_2} Me_2CH{-}CH_2OH \qquad \textbf{7.7}$$

유기화학자들의 관점에서 하이드로붕소화는 B–H 결합이 C=C 또는 C≡C 결합으로 바뀌는 *syn* 첨가 반응이라고 생각한다.

제5장에서 1,2-삽입의 역반응, 1,2-제거 또는 β-제거 반응이라고도 알려진 반응으로 삽입을 통하여 금속 알킬이 생성되는 것을 보았다. 반응식 **7.8**에서 삽입–제거 반응을 나타낸다. 앞 과정(1,2-삽입 반응)에서 빈자리를 만들고 또한 가역적(β-제거 반응) 경로를 위해 빈자리가 필요하다.

$$H_2C{=}CH_2 / L_nM{-}H \rightleftharpoons [H_2C{=}CH_2 \cdots L_nM{\cdots}H] \rightleftharpoons L_nM(\square){-}\overset{\alpha}{C}H_2{-}\overset{\beta}{C}H_2{-}H \rightleftharpoons L_nM(\square){-}CH_2{-}CH_3$$

$$\underset{\beta\text{-제거}}{\overset{\text{삽입}}{\rightleftharpoons}} \qquad \textbf{7.8}$$

메카니즘에 대한 실험적인 증거와 계산적 결과는 알켄(또는 알카인) 탄소와 M–H 결합은 거의 동일 평면상에 있다고 보여준다. 금속 알켄 화합물은 이러한 구조를 가지고 1,2-삽입 반응이 일어난다. 삽입 반응은 4개의 중심 전이금속 상태를 거쳐 진행된다. 그리고 M–H 와 C–C π 결합이 동시에 깨짐으로 발생하며, 뿐만 아니라 M–C σ 결합과 알켄(또는 알카인)에 2-위치 C–H 결합의 형성이 일어난다. 결과는 에텐이 삽입한 선형의 화합물 $L_nM(CH_2CH_3)$이 생성된다. 가역적 반응 즉 β-제거 반응은 열린 결합 자리를 가진 금속–알킬 화합물로부터 같은 경로를 따른다. 유기리간드의 합토수(hapticity)는 삽입 반응으로 η^2에서 η^1으로 감소되고 β-제거 반응에서 η^1에서 η^2로 증가된다.

반응식 **7.9**에서 결합이 생성되고 깨지면서 측정된 에너지(표 **6-6** 참조)를 분석한 것에 따르면 일반적으로 삽입 반응은 발열성(그러나 그렇게까지 높지는 않음)이다.

$$\underset{\text{M}}{\overset{\text{H}}{|}} \;+\; \text{C}{=}\text{C} \longrightarrow \text{M}\overset{\square}{\overset{|}{-}}\text{C}-\text{C}-\text{H} \qquad \textbf{7.9}$$

결합 에너지:

깨지는:		***형성되는:***	
M–H:	65–80 kcal/mol	M–C:	40–70 kcal/mol
π-C=C:	50–60 kcal/mol	C–H:	90–100 kcal/mol
총:	115–140 kcal/mol	총:	130–170 kcal/mol

$$\Delta_r H = -15 \sim -30 \text{ kcal/mol}$$

삽입 반응의 $\Delta_r S$는 음의 값이고 반응의 자유 에너지는 다소 음의 값을 가질 것이다. 이것은 물론 가역적 반응(β-제거 반응)에서는 양의 $\Delta_r S$ 값과 양의 $\Delta_r H$이 되면서 $\Delta_r G$ 값이 다소 양의 값을 가질 것이라는 것을 의미한다. 기본적으로 열역학적으로는 삽입과 이탈 반응 두 반응은 자유 에너지 장벽으로 대처할 수 없기 때문에 촉매 과정에 대한 요소가 있을 수밖에 없다. 실험적 결과와 이론 연구에서 보면 1,2-삽입 반응은 3주기로부터 5주기 전이금속 화합물로 갈수록 에너지 장벽이 더 크다. 아마도 M–H 결합의 세기가 증가되는 것이 이유가 될 것이다.

전이금속 알킬 화합물은 동역학적(kinetically)으로 불안정하며 빠르게 β-제거 반응이 일어난다. 반응식 **7.10**에서 다이뷰틸백금 화합물의 분해 과정을 보여준다. β-제거 반응이 먼저 일어나고 이미 잘 알고 있는 환원성 제거 반응이 일어난다.

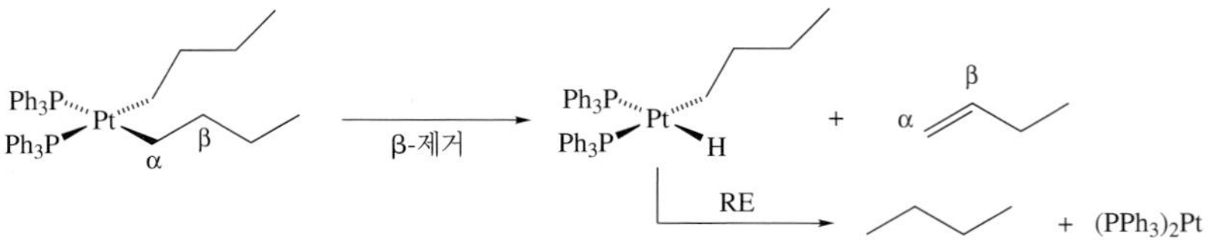

7.10

발생하는(특히 1,2 삽입 반응이 일어난 후에) β-제거 반응을 억제하는 경향을 띠게 하거나 중지시키기 위한 몇 가지 방법이 있다. 분명한 것은 β-수소 원자가 없다면 제거 반응은 일어날 수 없다. 전자를 끄는 원자 예를 들어 플루오르 같은 원자가 있으면 α- 또는 β-알킬 자리에 위치하게 된다(반응식 **7.11**). M–C에서 σ 결합이 더 강해짐으로써 β-제거 반응이 더 적게 발생한다.

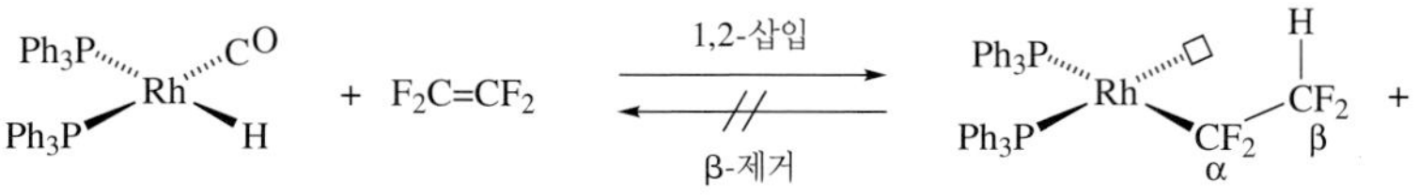

7.11

기본문제 7-4

알킬 리간드의 α- 또는 β-자리에 C–F 결합은 금속 알킬 화합물의 M–C 결합을 더 강하게 하는지를 설명하시오.

동등하게 포화된 금속–알킬 화합물은 β-제거 반응이 일어나지 않는다. 특히 용액 상태로 CO이나 PR_3 같은 L-유형 리간드가 과량으로 있으면, 다른 경우로는 리간드가 Cp 또는 2개의 공여 원자에 의해 금속 이온에 킬레이트된 바이덴테이트 포스핀 착화합물 형태를 이루고 있으면 제거가 되지 않고 결합 자리가 제공된다.

금속에 C–C 결합이 있는 금속 알킬에서 β-수소는 제거 반응이 일어나지 않기에 동일 평면상(coplanar)에 있게 되고 느리게 반응한다. 예를 들어 사이클로펜테인백금(**5**)은 동역학적으로 다이뷰틸 화합물보다 10^4 정도 안정하다.

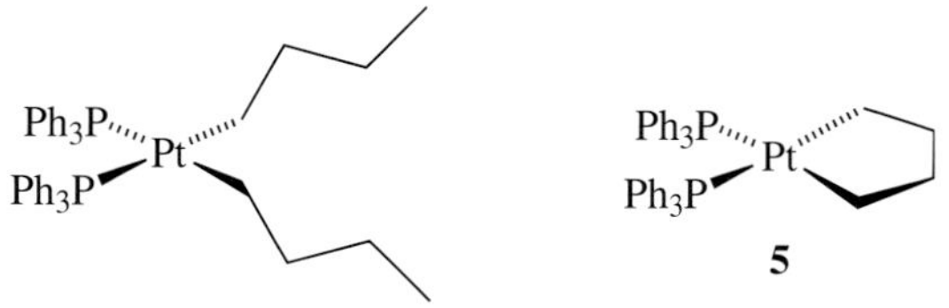

5

반응식 **7.12**는 로듐 화합물로 인한 β-제거 반응은 CO의 이탈 과정에 의해서 진행되는 것을 보여준다. 제거 반응의 입체적 화학은 전형적인 *syn* 반응이다. 이면각(dihedral angle) ϕ은 C(β)–H 결합과 M–C(α) 결합으로 0°이다. β-제거의 입체 화학과 유사한 유기 반응으로 Cope 반응은 알켄 합성에서 유용하게 쓰인다. 반응식 **7.13**에서 아민 산화물과 β-수소가 동일 평면상이 되는 *신*(*syn*) 반응이 나타나 있다.

$\phi = 0°$ O RhCl₂L₂ H Me Ph H Ph → Rh(CO)Cl₂L₂ H Me Ph H Ph → 결합 회전 → H Rh(CO)Cl₂L₂ Ph Ph Me H → Ph, Ph, Me, H Z (90%) + E (10%)

threo-**6** **7**

L = PPh₃

$\phi = 0°$ O RhCl₂L₂ H Ph Ph H Me → Rh(CO)Cl₂L₂ H Ph Ph H Me → 결합 회전 → H Rh(CO)Cl₂L₂ Ph Me Ph H → Me, Ph, Ph, H E (100%)

erythro-**6** **7***

7.12

Me Me Me₂N H O: → Δ → Me Me + Me₂N–OH

7.13

로듐 화합물의 제거 반응은 β-수소의 *syn* 반응과 금속–탄소의 *syn* 반응을 설명하는 입체 화학적 증거가 된다. *threo*-아실로듐 화합물 **6**에서 CO의 1,1-이탈 반응으로 시작되어 *threo*-알킬로듐 **7**이 만들어진다. β-제거 반응은 ((Z)-1-1methyl-1,2-페닐에텐)을 90%의 수율로 합성하게 한다(10%로 *E*-이성질체가 합성된다). *erythro* 이성질체로 반응하게 되면 CO(**7***를 생성할 수 있는)의 1,1-이탈 반응과 제거 반응으로 *E*-알켄만 형성되게 한다. β-제거 반응의 *syn* 입체적 화학의 결과는 미시적 가역성 원리 때문에 1,2-삽입 반응으로의 *syn*-구조와 별반 다르지 않다. 그러므로 금속 화합물은 입체 특이적 삽입으로 인한 형태를 제공하거나 이탈 반응이 일어나게 한다.

반응식 **7.14**는 삽입과 제거 반응 사이에 평형을 Ru(II) 화합물에 있는 전자가 풍부한 트라이알킬 포스핀 리간드로부터 어떠한 이동을 나타낼 수 있는지를 설명한다. 알킬 화합물은 양의 전하를 띠지만 전자가 풍부한 포스핀은 그것을 안정화시키며, 포스핀 중 하나가 손실되면서 β-제거를 하기 위해 필요한 열린 결합 자리를 만드는 것은 중성 화합물에서 보다 어렵다는 것을 의미한다.

$$\text{Me}_3\text{P}-\text{Ru}(\eta^6\text{-C}_6\text{H}_6)(\text{C}_2\text{H}_4) \xrightarrow[2)\ \text{NH}_4\text{PF}_6]{1)\ \text{H}^+} [\text{Me}_3\text{P}-\text{Ru}(\eta^6\text{-C}_6\text{H}_6)(\text{H})(\text{C}_2\text{H}_4)]^+\text{PF}_6^- \xrightleftharpoons{\text{1,2-삽입}} [\text{Me}_3\text{P}-\text{Ru}(\eta^6\text{-C}_6\text{H}_6)(\text{C}_2\text{H}_5)]^+\text{PF}_6^- \xrightleftharpoons{\text{PMe}_3} [\text{Me}_3\text{P}-\text{Ru}(\eta^6\text{-C}_6\text{H}_6)(\text{PMe}_3)(\text{C}_2\text{H}_5)]^+\text{PF}_6^- \quad \textbf{7.14}$$

1,2-삽입 반응에서 합성으로 유용한 반응의 하나로 하이드로지르코화(hydrozirconation)가 있고 반응식 **7.15**에 나타나 있다. Schwartz의 시약으로 잘 알려져 있는 물질을 시작으로 하여 1-알켄이 알킬 지르코늄 화합물 **8**로 형성되는 반응을 쉽게 한다. 이러한 d^0 Zr(IV) 화합물은 안정하고 몇 가지 유용한 합성 화학을 하게 한다. 그러나 이것은 합성 반응에서 매우 가치가 있는 중간체로 작용하기도 한다. β-제거 반응의 추진력이 되기도 하는데 β C–H 결합에서 비결합성 σ 궤도함수로 d 전자를 줄 수 있는 금속의 능력으로 보여진다. 이러한 궤도함수에 전자가 채워지므로 C–H 결합을 약하게 하고 제거 반응이 발생한다. 그러므로 Zr의 d전자 부족은 β C–H 결합의 σ* 궤도함수에 역공여를 할 수 있고 **8** 화합물이 동역학적으로 안정한 이유를 보여준다. 또한 앞-전이금속 착화합물은 중-, 후-전이금속 착화합물에 비하면 M–H 결합에서 일어나는 1,2-삽입 반응은 더 발열성이다. 그 이유는 반응에서 M–H 결합 에너지의 차이로 인한 것이고 생성물의 M–C 결합 에너지는 (계산된 값으로 20 kcal/mol 대 후-전이금속의 30 kcal/mol) 더 작다. 이것은 $\Delta_r G$ 값을 더욱 음의 값이 되게 한다.

$$\text{Cp}_2\text{Zr(H)(Cl)} + \text{CH}_2{=}\text{CH}(\text{CH}_2)_3\text{CH}_3 \longrightarrow \underset{\mathbf{8}}{\text{Cp}_2\text{Zr(Cl)}\text{CH}_2\text{CH}_2(\text{CH}_2)_3\text{CH}_3} \quad \textbf{7.15}$$

하이드로지르코화는 *syn*-첨가 반응으로 Zr–H 결합이 C=C 또는 C≡C 결합이 되게 한다(반응식 **7.16**). 더 작은 입체 장애 때문에 첨가 반응은 위치 선택성(regiospecific)을 가지고 지르코늄에 덜 치환된 자리에 결합하는 경향(하이드로붕소화 반응과 같은)을 가진다. 알켄과 알킨의 이성질화는 1-알킬과 1-알켄닐 화합물이 있고 삽입과 이탈 반응의 변환이 일어나게 되었을 때도 최소의 입체 장애를 가지는 화합물이 형성된다.

$$\text{C}_4\text{H}_9{-}\text{C}{\equiv}\text{C}{-}\text{H}_a + \text{Cp}_2\text{Zr(H}_b\text{)(Cl)} \longrightarrow (\text{C}_4\text{H}_9)(\text{H}_b)\text{C}{=}\text{C}(\text{H}_a)(\text{Zr(Cp)}_2\text{(Cl)}) \quad \textbf{7.16}$$

반응식 **7.17**과 **7.18**은 지르코늄 알킬이 친전자체(**7-4-1**절 참조)에 의한 예를 들어 양성자 산 또는 할로겐 원소(X_2) 깨짐 반응이 일어난다. 탄화수소 또는 알킬

기본문제 7-5

앞 전이금속의 M–H 결합에서 알카인의 1,2-삽입 반응은 알켄의 삽입 반응보다 더 발열 반응이 일어난다. 그러한 이유를 설명하시오[힌트: 절 **6-2-1**].

기본문제 7-6

다음의 반응의 메카니즘을 제시하시오.

$$L_nZr–H + (E)\text{-2-butene} \longrightarrow L_nZr–CH_2CH_2CH_2CH_3$$

(알켄닐) 할로겐화물이 된다. 금속에 결합되어 있는 탄소에서 유기 생성물이 발생한다.

tert-Bu—C≡C—H_a + $Cp_2Zr(H_b)(Cl)$ ⟶ (*tert*-Bu)(H_b)C=C(H_a)(Zr(Cp)$_2$(Cl)) —(D_2O, D_2SO_4)⟶ (*tert*-Bu)(H_b)C=C(H_a)(D) **7.17**

C_4H_9—C≡C–H —($Cp_2Zr(H)(Cl)$)⟶ C_4H_9(H)C=C(H)(Zr(Cp)$_2$(Cl)) —(I_2)⟶ C_4H_9(H)C=C(H)(I) **7.18**

M–C 결합에서 1,2-삽입 반응

금속과 탄소 원자 사이에 C=C 결합의 삽입 반응은 탄소 사슬을 길게 형성하는데 매우 중요하다. 반응식 **7.19**에 따라서 10,000 Da 이상의 질량을 가지는 거대 분자를 얻는다.

$$L_nM–R \;+\; H_2C{=}CH_2 \longrightarrow L_nM–CH_2–CH_2–R$$

R = 알킬 **7.19**

이러한 분자들은 폴리프로필렌 또는 큰 밀도를 가지는 폴리에틸렌과 같은 플라스틱류로 변환한다. 화학자들은 M–C 결합을 가진 유사체에 "보편적으로" C=C의 삽입 반응을 포함하는 1,2 M–H 삽입 반응의 중합(polymerization) 반응은 중요한 단계라고 한다.

M–H 삽입 반응에서 더 음의 $\Delta_r G$ 값을 가질지라도 M–C 삽입 반응은 동역학적으로 덜 선호되어짐을 보였다. M–C 삽입 반응의 계산에 의하면 M–H 삽입 반응보다 더 높은 동역학적 장벽을 나타내고, 이러한 장벽은 주기율표에서 아래로 갈수록 증가한다. 왜 이러한 일이 발생하는가? 1,2-삽입 반응에서 수소 이동 또는 C=C 결

합의 β-자리에 탄소(카르보음이온)의 이동(비어있는 π^* 궤도함수에 의해 나타난)이 있음으로 M–H(또는 M–C) 결합이 깨어지고 C–H(또는 C–C) 결합이 형성되는 반응이 필요하다. 구 모양의 수소 1*s* 궤도함수(두 개의 전자에 의해 채워진)는 자연스럽게 적절한 금속 궤도함수와 그 사이에 연속적 겹쳐짐이 일어나고 β-자리에 sp^3 궤도함수(또한 중복으로 겹쳐져 있는)가 생긴다(구조 **9**). 반면에 탄소의 이동으로 인해 sp^3 궤도함수(또한 이중적으로 겹쳐져 있는)의 환경은 이러한 연속 겹침이 일어나 어렵게 된다(구조 **10**). 이러한 내용은 C–H와 C–C 결합의 활성화를 비교한 **6-2-2**절에서 매우 비슷하게 논의되었다.

열역학(thermodynamic)과 동역학(kinetic) 효과로 인해 1,2-삽입은 M–H와 M–C 결합에서 매우 어렵게 한다. 특히 세 번째 주기와 네 번째 주기 전이금속뿐 아니라 다섯 번째 주기 전이금속 순으로 삽입이 어렵다.

또한 M–C 결합에서 1,2-삽입에 대한 동역학적 장벽이 상대적으로 높아 삽입 반응으로 인한 생성물의 삽입 β-제거 반응은 빠르게 일어날 수 없다. 그러나 보고된 바에 따르면 M–H 결합에 C=C의 삽입 반응의 예가 몇 가지가 있다. "전통적인" 방법으로 일어나는 C=C 삽입 반응의 가능성을 보기 위해 실험적 핵심 단계에 대하여 논의할 것이다.

약 30년 전 Bergman이 도식 **7.2**에 대하여 보고하였다. **A**라고 표시되어 있는 코발트 화합물은 금속과 CD_3 그룹 사이에서 에틸렌 삽입 반응을 통해 프로필 코발트 화합물 중간체 **B**로 합성된다. β-제거 반응과 연속적인 환원성 제거 반응을 통해 최종적으로 CD_3–CH=CH_2와 CHD_3를 만들고 "전통적인" 방법으로 인한 직접 삽입 반응의 결과이다. 또다른 대체 메카니즘은 도식 **7.2**에서 수소 원자가 중수소로 치환된 Co 화합물을 시작 물질로 하여 CD_4와 CD_2=CH–CH_3를 형성하는 초기 α-제거 반응 단계가 포함된다.

기본문제 7-7

헥사듀테로다이메틸 코발트 화합물과 에텐을 시작 물질로 하여 CD_4와 CD_2=CH–CH_3을 형성하는 도식 **7.2**의 대체 메카니즘을 설명하시오.

M–C 결합에 C=C 삽입 반응 메카니즘은 입체 화학적으로 M–H 결합에서와 유사하다(즉, 이중 결합쪽으로 M–C의 *syn* 첨가 반응). 또한 R 그룹(반응식 **7.19**)이

"전통적" 메카니즘:

$*PPh_3 = d_{15}\text{-}PPh_3$

대체 메카니즘:

도식 7.2

M–C 결합에 C=C의 삽입 반응

입체 중심(stereogenic center)을 이루게 되더라도 입체 화학 배열 유지되어야 한다. 반응식 **7.20**은 C=C 삽입 반응의 입체 특이성이 있는 예 중의 하나, 금속과 R 그룹은 다른 과정이 일어나는 것이 아니고 R의 형태를 유지하는 *syn* 첨가 반응이다.

7.20

도식 **7.3**에서 일련의 반응은 C=C 삽입 반응에 대한 큰 입체 특이성(stereospecificity)을 보여준다. (*Z*)-1-페닐-1-프로펜은 최종적으로 (*Z*)-1,2-다이페닐프로펜

$$PhHgOAc + Pd(OAc)_2 \xrightarrow[\text{(금속-금속 교환)}]{} PhPdOAc + Hg(OAc)_2$$

Ph–Pd–OAc + (Z)-1-페닐-1-프로펜) → AcO–Pd(Ph)–(η²-alkene) —(1,2-삽입)→ —(C–C-결합 회전)→ —(β-제거)→ → (Z)-1,2-다이페닐-1-프로펜 + L_nPd

도식 7.3
Pd–Ph 결합에 C=C의 삽입 반응

을 90% 수율로 생성시킨다. (*E*)-1-페닐-1-프로펜을 가지고 거의 대부분이 (*E*)-1,2-페닐-1-프로펜으로 변환된다. 마지막 단계는 β-제거 반응이고 *syn* 입체 화학으로 진행되며 C=C 삽입 반응도 마찬가지로 *syn* 반응이다.

기본문제 7-8

도식 7.3에서 *Z*-이성질체 대신에 (*E*)-1-페닐-1-프로펜을 가지고 시작해서 *E*-다이페닐프로펜 형태를 *syn* C=C 삽입 반응와 *syn* β-제거 반응의 결과로 갖게됨을 보이시오.

반응식 **7.21**은 또 다른 반응(Rh 화합물에서 촉매로 쓴 경우와 라디칼 스캐빈저(scavenger)의 사용으로 비닐 그룹의 폴리머화를 막기 위한 반응)으로 M–C 결합의 C=C 삽입 반응을 하였음을 설명하고 있다. 도식 **7.4**는 C=C 삽입 반응을 한 Rh에 발생할 수 있는 두 개의 가능한 C–C 결합 중 하나에 대하여 산화성 첨가 반응하는

경로 **a**: 1,2-결합에 OA
경로 **b**: 2,3-결합에 OA
$L_nRh(I)$ (OA) (RE)
(경로 **a**) or (경로 **b**)
11

도식 7.4
케톤의 순환 과정의 Rh-촉매

기본문제 7-9

도식 **7.4**에서 화합물 **11**의 메카니즘을 보이시오.

촉매 과정 메카니즘을 보여준다. ^{13}C을 사용한 실험을 통해서 로다사이클 중간체 **11**이 참여하지 않는 경로 **a**가 올바른 메카니즘이라고 제시되었다.

$[(norbonadiene)(dppp)Rh(I)]PF_6$ (5 mol%)
m-xylene/135 °C
(10 mol% BHT, 라디알 스캐빈저)
81%

7.21

유기금속화학 분야의 연구에서 M–C의 C=C 삽입 반응 메카니즘은 활발히 연구되어지는 분야이다. 이 반응은 제10장에 금속-촉매 폴리머화 반응에서 다시 언급될 것이다.

SO_2의 1,1- 및 1,2-삽입

SO_2는 다양한 방법의 M–C 결합에 삽입되어 **12~15**와 같은 구조를 형성한다. 그러나 무른 금속은 황과 결합하고 단단한 금속은 산소와 결합하기 때문에 황 또는 산소와 금속의 결합은 금속의 무른 정도에 영향을 받아 *S*-sulfinate **12**와 *O*-sulfinate **13**

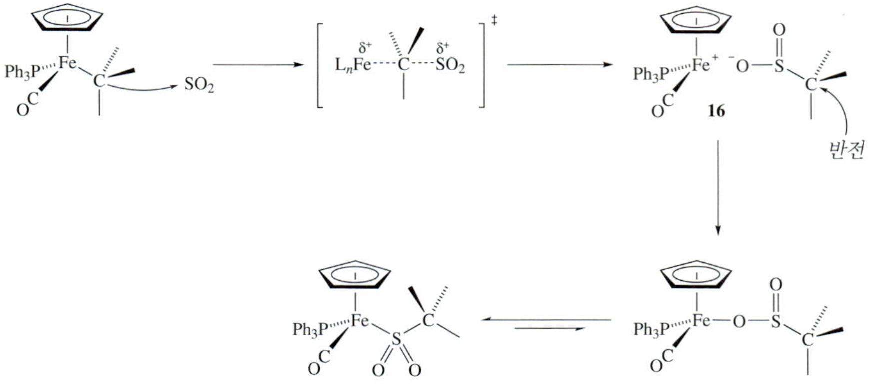

도식 7.5
SO_2 삽입 반응 메카니즘

S-Sulfinate

O-Sulfinate

의 구조만 형성된다(**6-1-2**절 참고). 대부분의 전이금속은 *S*-sulfinate 구조를 형성한다. 그러나 티타늄(titanium)과 지르코늄(zirconium) 착화합물은 굳은(hard) 금속이기 때문에 *O*-sulfinate 삽입 생성물을 형성한다. 1,1-삽입 반응에 의해 **12**과 같은 구조가 형성되고, 1,2-삽입 반응에 의해 **13**과 같은 구조가 형성된다.

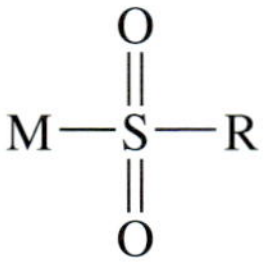

12 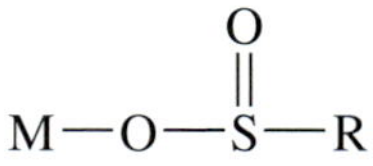 **13** 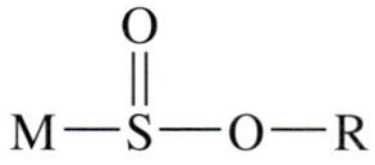 **14** 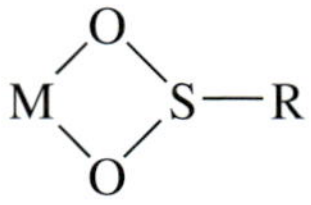 **15**

SO_2 삽입 반응 메카니즘은 18-전자 철(iron) 착화합물을 형성하는데 널리 사용된다. 도식 **7.5**는 삽입 반응의 일반적인 메카니즘이다. SO_2는 친전자체 역할을 하는 루이스 산(Lewis acid)으로 금속을 공격하지 않는다.

반응은 우선 유기화학의 친핵성 반응에 대응되는 S_E2 경로를 통해 진행되는데, 금속에 결합되어 있는 탄소에 의해 배열의 반전이 일어난다(α-탄소). 단단하거나 약한 이온 쌍의 친전자성 공격 반응이 일어난 후, 탄소의 입체 화학 배열이 보존되는 **16**이 형성된다. **16**의 분해는 *O*-sulfinate를 생성한다. *O*-sulfinate는 반응속도론적 생성물이고 열역학적으로 안정한 *S*-sulfinate 구조를 형성하기 위해 재배열된다. 반응속도는 금속과 결합한 탄소에 결합된 치환기에 의해 영향 받는다. 거대한 알킬 기는 반응속도를 감소시키고 입체 구조적으로 복잡한 전이상태를 형성하는 단계를 포함한다. 전자를 당기는 성질을 가진 치환체는 α-탄소와 결합하여 탄소의 친핵성을 낮추어 반응속도를 감소시킨다.

반응식 **7.22**과 **7.23**는 SO_2 삽입 반응을 포함하는 철 착화합물을 입체 화학적으로 설명한다. 반응식 **7.22**의 *트레오*(*threo*) 철 착화합물은 삽입 반응에 의해 높은 입체 특이성을 가지는 *에리트로*(*erythro*) *S*-sulfinate의 형성을 보여준다. CO 삽입과는 다르게, 금속 중심에서 배열의 보존이 일어난다. 반응식 **7.23**는 반응물과 삽입 반응에 의해 생성된 생성물의 입체 화학적 연관성을 보여준다. 삽입 반응의 입체 특이성은 90% 이상이 금속 중심에서의 보존이다. 반응식 **7.24**과 **7.25**는 SO_2 삽입 반응의 추가적인 예이다.

$C(CH_3)_3$, H, D, H, D, $CpFe(CO)_2$ + SO_2 → $C(CH_3)_3$, D, H, H, D, $O{=}S(=O)$–$Fe(Cp)(CO)_2$

트레오 *에리트로* **7.22**

+ SO_2 (*l*) → **7.23**

+ SO_2 (1 기압) $\xrightarrow{CH_2Cl_2}$ R = Ph, Me **7.24**

+ SO_2 (<1 기압) $\xrightarrow{CD_2Cl_2}$ $\xrightarrow{CH_3CN}$ $^{+}$ ^{-}OTf **7.25**

SO_2 삽입 반응은 다양한 종류의 전이금속 착화합물과 함께 일어나며, CO 삽입 반응과 같이 일반적인 반응이다. 그러나 CO와 다르게 SO_2 탈삽입 반응(desulfination)은 일반적이지 않다. SO_2는 18-전자 착화합물과 반응하기 때문에 동일하게 포화된 삽입 착화합물은 알킬(alkyl)기 이동에 의해 리간드를 잃게 된다. 이 반응은 잘 일어나지 않으며 이러한 반응이 일어나면 상당한 분해가 발생한다.

다른 몇몇 작은 분자들은 “삽입 반응”에 의해 M–C 결합을 형성한다. 예를 들면 R–NC(아이소나이트릴(isonitrile)의 C 원자의 1,1-삽입), NO(N 원자의 1,1-삽입), 그리고 CO_2(1,2-삽입)가 있다. 다른 삽입 반응은 본 교재의 범위를 벗어나는 것이기 때문에 논의하지 않는다.

7-2 리간드의 친핵성 첨가 반응

친핵체는 도식 **7.6**에 나타난 다양한 방법으로 적어도 하나의 불포화 리간드(CO, 알켄, 폴리엔, 아렌)가 치환된 유기금속 배위 화합물을 공격한다. 경로 **a**는 이미 6장에서 설명한 친핵체의 금속 공격 반응을 보여준다. 이온성 결합에서 그리나드(Grignard) 시약과 같은 주요한 유기금속 화합물이나 R–Hg–Cl과 같은 공유 결합 화합물의 알킬 기, 알케닐 기, 알카닐 기 및 아닐 기의 이동은 친핵체의 금속 공격 반응(4개의 전이상태를 통해) 의 금속 교환 반응에서 중요하다. 이러한 반응은 **5-1** 절에서 논의하였다. 경로 **b**는 치환 대신 금속과 친핵성 리간드 사이에서 발생하는 불포화 리간드의 *syn* 삽입 반응이 일어나는 친핵체의 금속 공격 반응을 보여준다. 이것은 이미 제7장에서 간단하게 설명하였다. 앞의 두 개의 경로와는 다르게, 경로 **c**는 친핵체의 리간드 공격 반응을 보여준다. 이 반응은 친핵성 반응을 고려해야 한다. 이러한 방법은 금속 없이 불가능했던 다양한 합성의 변형 가능성을 제공해 준

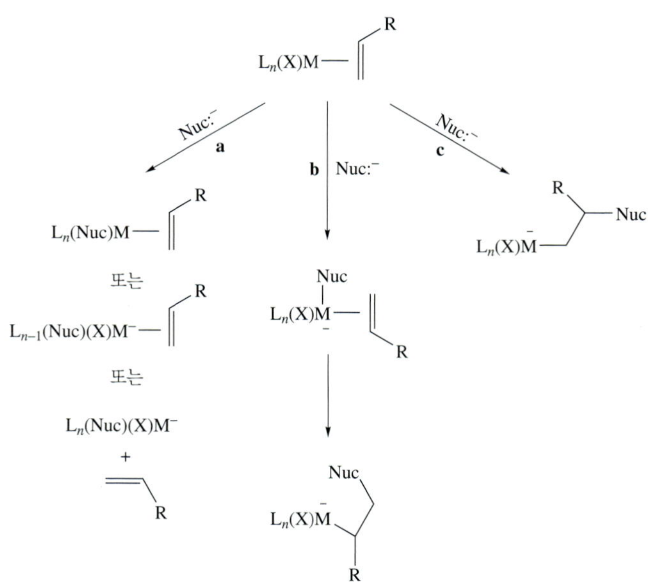

도식 7.6
친핵체와 금속 착화합물의 반응

다. 경로 **c**는 π 리간드의 합토수(hapticity)가 하나 감소하고, 전체적인 착화합물의 전하가 음전하를 띠는 것을 보여준다.

경로 **c**는 유기금속화학에서 나타나는 *umpolung* 현상으로 설명된다. *Umpolung*는 독일어인데 영어로 번역하면 "reversal of polarity" (극성 반전)이다. 유기화학 영역에서 *umpolung*의 예로는 친전자체인 CH_3I를 다이타이엔(dithiane)에 첨가하여 케톤(ketone)을 형성하는 반응으로 반응식 **7.26**로 설명된다.

R–CHO + HS–(CH₂)₃–SH (BF_3) → 2-R-1,3-dithiane (C–H) → BuLi → 2-R-1,3-dithiane carbanion → CH_3–I → 2-R-2-CH_3-1,3-dithiane → $Hg(II)/H_2O$ → R–CO–CH_3

[탄소에 친핵성 공격] 헤미타이오아세탈 [탄소에 친전자성 공격]

7.26

전반적인 변화는 친전자체가 카보닐 기의 탄소를 공격하는 것으로 설명할 수 있다. 일반적으로 탄소는 전자가 부족하기 때문에 친핵체가 카보닐 기의 탄소(반응식 **7.26**의 첫 번째 단계를 나타낸다)를 공격한다. 헤미타이오아세탈(hemithioacetal)의 카보닐 기를 바꾸고 상대적으로 산성인 양성자를 제거하기 위해 카보닐 기의 탄소는 친전자체가 아닌 친핵체가 된다.

알켄, 폴리엔, 아렌 및 CO는 전자가 풍부하기 때문에 친핵체와 반응하지 않는다. 금속과 이러한 π 리간드의 착화합물은 (특히 전자를 끌어당기는 성질을 가진 리간드가 존재하거나 상대적으로 높은 산화 상태일 경우 금속의 전자가 부족하다) 금속 착화합물의 전자 밀도를 감소시킨다. 리간드의 착화합물은 착화합물을 형성하기 전 상태보다 전자가 부족해진다. 친핵체의 공격은 금속에 결합한 상태를 유지하거나 β-제거 반응이나 산화적 분해와 같은 다양한 방법으로 금속에서 떨어질 수 있도록 해준다(**7-4-1**절).

친핵체의 불포화 리간드 공격 반응의 경향성은 금속의 전자 밀도(전기 양성적인 금속과의 착화합물은 중성인 금속에 비해 반응성이 좋다), 금속의 배위 포화 정도 (불포화 금속의 공격 반응 확률이 높다), 그리고 CO와 같은 리간드를 끌어당기는 π-전자의 존재(공격 반응이 일어난 후 금속의 증가한 전자를 끌어당긴다)에 의해 영향을 받는다.

7-2-1 CO과 카벤(carbene) 리간드의 첨가 반응

반응식 **7.27**부터 **7.29**는 카보닐 기와 카벤 리간드의 친핵성 반응을 보여준다. 반응식 **7.27**에서 $NaBEt_3H$는 카보닐 기에 수소화물을 이동시켜 Pt–formyl 착화합물을 생성한다. 반응식 **7.28**을 보면 $Fe(CO)_5$의 CO 리간드는 OH^-의 공격으로 CO_2를 유리시킨다. 이 반응은 철을 촉매로 사용하는 "수성 가스 이동 반응"에서 중요한 단계로 CO와 H_2O의 혼합물로부터 H_2를 생산하는데 이용된다. 반응식 **7.29**는 I^0 아민의 공격으로 생성된 Fischer 카벤 착화합물과 NRH_2에 의해 치환된 OMe을 보여준다. 이 반응은 아민 친핵체가 탄소를 공격하여 정사면체형 중간체를 형성하는 유기화학의 가아민 분해(aminolysis) (반응식 **7.30**과 비교)와 유사하다. 이탈기로 작용하는 알코올(또는 알콕사이드(alkoxide))로 치환된 생성물이 얻어지기 때문에 중간체의 생성은 어렵다. 이러한 반응에서 카벤 착화합물은 카복실산 유도체로 작용한다.

$$\text{(naphthyl-CH}_2\text{P}(t\text{-Bu})_2)_2\text{Pt—CO} \xrightarrow[\text{THF}]{\text{NaBEt}_3\text{H}} \text{(naphthyl-CH}_2\text{P}(t\text{-Bu})_2)_2\text{Pt—C(=O)H} \qquad \textbf{7.27}$$

$$(CO)_4Fe—C{\equiv}O + :OH^- \longrightarrow [(CO)_4Fe—C(=O)—OH]^- \longrightarrow (CO)_4\bar{F}e—H + CO_2 \qquad \textbf{7.28}$$

$$(CO)_5Cr{=}C(OCH_3)(Ph) + :NH_2R \longrightarrow (CO)_5\ddot{C}r^-—C(OCH_3)(Ph)—\overset{+}{N}H_2R \longrightarrow (CO)_5Cr{=}C(NHR)(Ph) + CH_3OH \qquad \textbf{7.29}$$

$$O{=}C(OCH_3)(Ph) + RNH_2 \longrightarrow O{=}C(NHR)(Ph) + CH_3OH \qquad \textbf{7.30}$$

7-2-2 π-리간드의 첨가 반응

π 탄화수소(hydrocarbyl) 리간드의 친핵성 첨가 반응의 예는 다양하다. 위치 선택화학(regiochemistry)에서 양이온성 금속 착화합물의 첨가 반응은 Davies, Green, 그리고 Mingos(DGM)에 의해 일련의 규칙으로 정리되고 연구되어져 왔다. 이러한 규칙은 반응속도론적 지배하에서 반응이 진행될 때 다양한 π-리간드와 친핵체의 결합을 예측하는데 사용된다. 아래에 규칙을 정리해 놓았다.

1. 친핵성 공격 반응은 *짝수*로 배위된 폴리엔보다 *홀수*로 배위된 폴리엔에서 우선적으로 일어난다.
2. 친핵성 첨가 반응은 *닫힌* 폴리엔보다 *열린* 배위된 폴리엔에서 더 잘 일어난다.
3. *짝수*, *열린* 폴리엔의 친핵성 첨가 반응은 말단 부분에서 선호적으로 일어

나고, 금속이 강한 전자를 끌어당기는 성질을 가지고 있으면 *홀수*, 닫힌 폴리엔도 말단 부분에서 공격 반응이 일어난다.

그림 **7-4**는 DGM 구조 분류에 따른 금속 M에 결합한 리간드의 예를 보여준다. DGM은 합토수(hapticity)와 전자수에 따라 리간드를 *홀수* 또는 *짝수*, 중성으로 구분한다. η^3–allyl (3 e^-)는 *홀수*, *열린* 리간드이고 η^4–cyclohexadienyl (4 e^-)은 *짝수*, *열린* 리간드이다. 첫 번째 규칙에 대한 두 개의 규칙을 간단하게 정리했다.

1. *짝수*보다 *홀수*
2. *열린* 리간드보다 *닫힌* 리간드

그림 **7-5**는 친핵성 공격 반응성에 따른 다양한 리간드의 순서를 규칙 1과 규칙 2를 적용한 반응성을 보여준다.

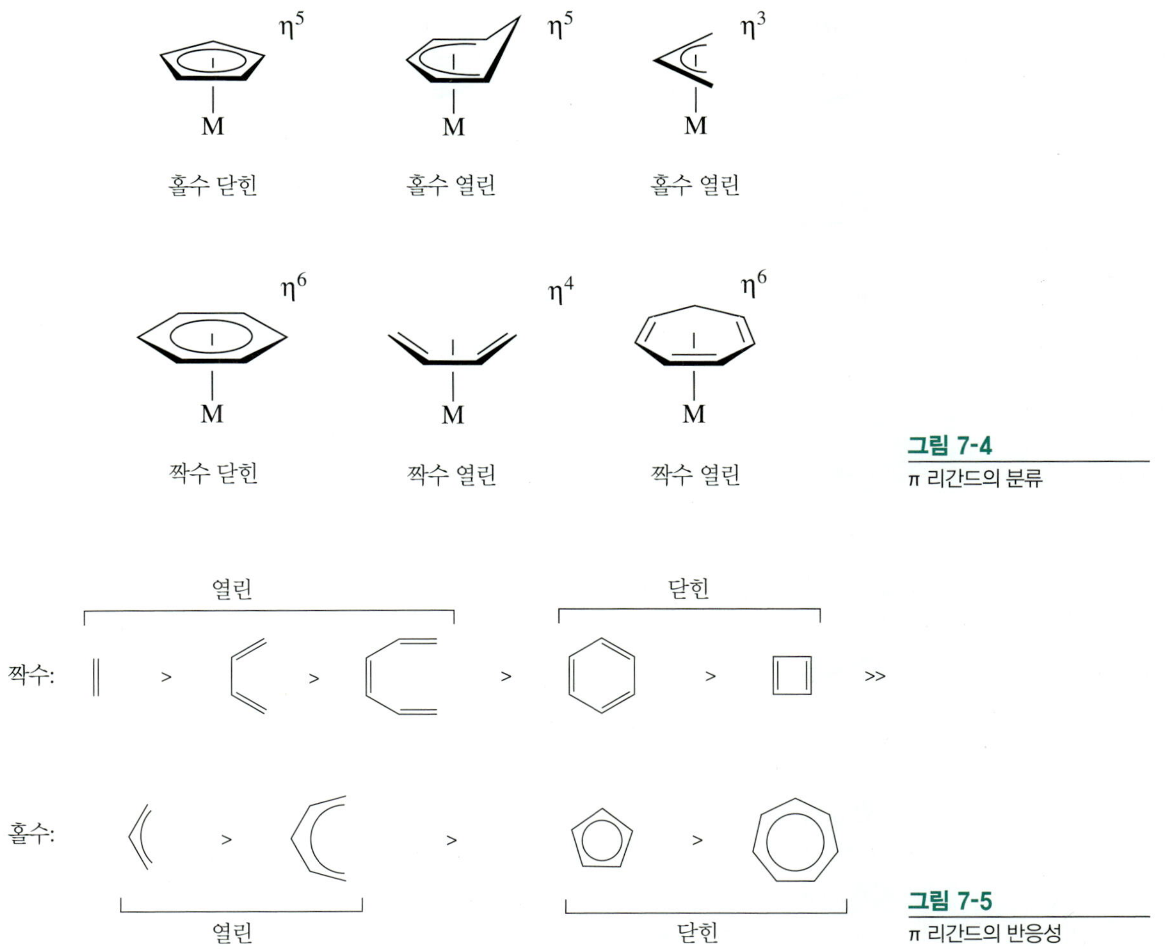

그림 7-4
π 리간드의 분류

그림 7-5
π 리간드의 반응성

반응식 **7.31**부터 **7.34**는 규칙을 따르는 π-리간드로 치환된 양이온성 착화합물의 예를 보여준다.

$PPhMe_2$ **7.31**

MeO^- **7.32**

MeS^- **7.33**

CN^- **7.34**

DGM과 다른 여러 연구자는 이 규칙의 설명하기 위해 노력했다. 규칙 1은 반응에서 전하로 설명된다. 금속과 결합한 π 리간드의 궤도함수를 고려해보자(그림 **7-6**). *짝수* 리간드의 HOMO는 두 부분에 위치해 있다. 금속이 매우 전자가 부족하다면 위의 두 개의 전자가 리간드의 HOMO에서 금속으로 이동할 것이다. 리간드의 알짜 전하는 +2만큼 높아진다. *홀수* π 리간드는 하나의 전자가

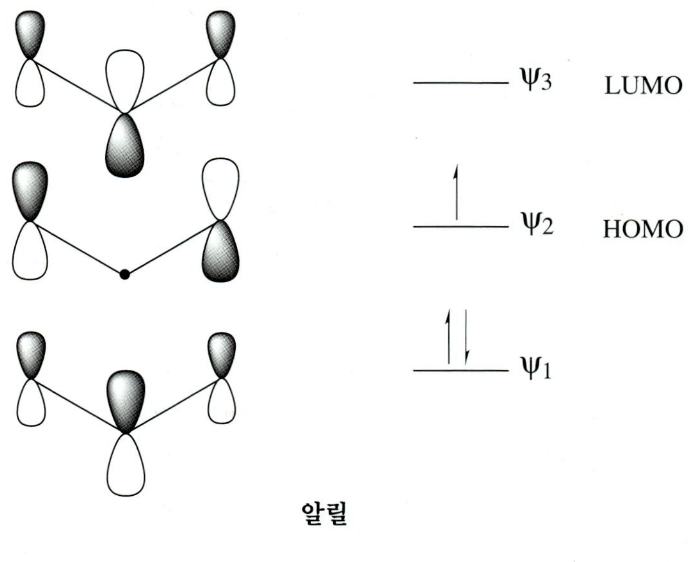

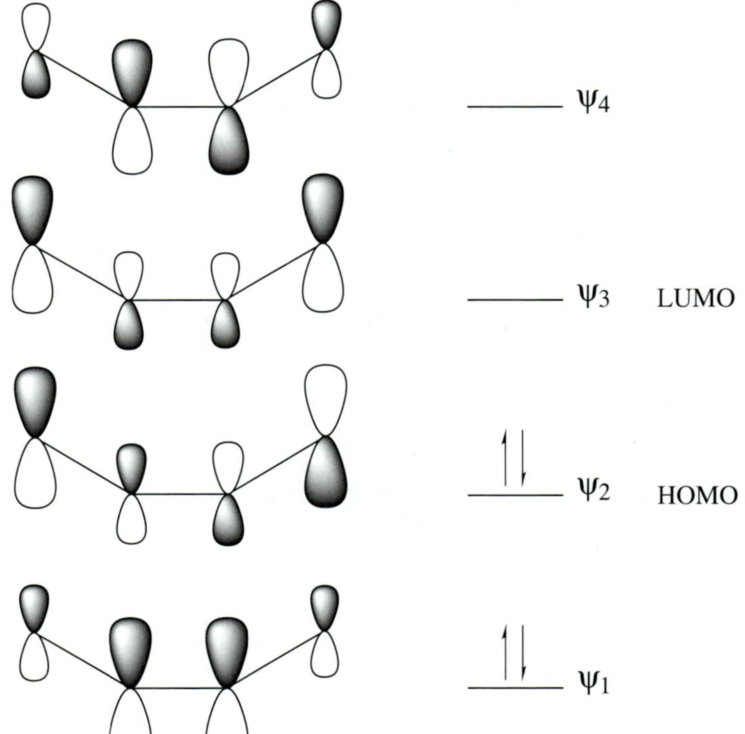

그림 7-6
알릴과 1,3-뷰타다이엔의 π-MO

리간드의 HOMO에 위치해 있다. *홀수* 리간드와 결합한 전자는 리간드와 금속에 의한 것이다. 하나의 전자가 리간드에서 금속으로 이동하고, 리간드의 알짜 전하는 최대 +1이 될 것이다. *짝수*와 *홀수* π 리간드 착화합물은 최대 하나의 음전하를 가지는 *홀수* 리간드보다 더 많은 음전하를 가진다(또한 친핵체의 공격이 더 쉬워진다).

규칙 2는 *열린* 리간드는 *닫힌* 리간드보다 친핵체의 공격을 받기 쉽다는 것이다. DGM에 의해 확실하게 증명되지 않았지만, 고리형, *닫힌* 폴리엔은 대칭되기 때문에 고리의 양전자를 분배할 수 있기 때문에 타당하다고 여겨진다. 그 결과, *닫힌* 리간드는 같은 수의 π 전자를 가진 *열린* 리간드에 비해 양전하를 적게 가진다.

에텐과 벤젠 리간드의 반응성 비교를 통해 *닫힌* 리간드보다 *열린* 리간드의 반응성이 좋다는 것을 알 수 있다. DGM의 첫 연구가 발표된 이후, Bush과 Angelici는 반응속도론적 지배하에서 반응이 일어날 때 친핵체에 의해 공격받는 리간드의 경향성과 힘의 상수 k_{co}^*의 영향 사이의 관계에 대해 다음과 같이 설명하였다.

전자를 끌어당기는 성질을 가지는 금속 중심의 양전하는 카보닐 기에서 π 리간드의 작용과 같은 영향을 준다. 카보닐 기의 IR 신축 진동수(더 정확하게 힘의 상수 *k*)는 카보닐 기와 금속의 전기적 상호작용을 나타낸다. 전자가 부족한 금속(π-acid와 결합한 금속)은 카보닐 기에 영향을 주지 않는다. 또한, 루이스(Lewis) 구조 **17**은 착화합물의 실제 구조에 상당한 영향을 준다.

$$L_nM-\overset{\delta^+}{CO}$$

17

더 강하게 전자를 끌어당기는 성질을 가지는 금속 부분은 금속에 대해서 σ 주개로 작용한다. C–O 결합의 삼중 결합 성격과 힘의 상수는 증가할 것이다. Bush과 Angelici는 π 리간드를 포함하는 다양한 양이온성 착화합물의 다양한 친핵체의 첨가 반응의 경향성을 분석했다. 힘의 상수 k_{co}^*는 π 리간드가 같은 수의 카보닐 기에 의해 치환될 때 효과적이다. 예를 들어, $[(C_2H_4)Rh(PMe_3)_2Cp]^{2+}$는 $[(CO)Rh(PMe_3)_2Cp]^{2+}$와 상응되며, $[(\eta^6\text{–benzene})Mn(CO)_3]^+$는 $[Mn(CO)_6]^+$에서 팔면체의 한 면에 세 개의 CO 리간드가 치환된 것으로 간주한다. 평면 배열의 $[Mn(CO)_6]^+$에서 세 개의 CO 리간드와 일치하는 $[(CO)Rh(PMe_3)_2Cp]^{2+}$ 및 $[(\eta^6\text{–benzene})Mn(CO)_3]^+$과 같다. Bush과 Angelici는 아민이나 포스핀과 같은 독특한 종류의 친핵체의 첨가 반응은 k_{co}*이 문턱 값(threshold) 이하로 떨어지면 착화합물이 생성되지 않는다는 것을 발견했다. 한 가지 흥미로운 결과는 포스핀과 같은 독특한 종류의 친핵체의 첨가 반응에서 k_{co}^{*}의 문턱 값은 금속에 에텐과 같은 *열린* 리간드가 결합하였을 경우 벤젠과 같은 *닫힌* 리간드가 결합하였을 경우보다 낮다는 것이다. 즉, 다양한 종류의 금속과 결합한 에텐 리간드는 벤젠 리간드보다 다양한 친핵체의 공격을 받기 쉽다는 것이다. 친핵성 첨가 반응은 반응속도론적, 열역학적 요인에 의해 영향을 받기 때문에 이러한 분석 결과를 추론하는데 주의를 기울여야 한다. 그러나 이 방법은 첨가 반응에서 벤젠이나 에텐을 포함하는 (또는 둘다) 리간드 착화합물을 예측하는 유일한 방법이다. 첨가 반응이 일어날 경우, 규칙 2과 같이 에텐은 벤젠보다 우선적으로 반응한다.

규칙 3은 위치 선택 화학에서 친핵체 공격 반응으로 간주된다. *짝수 열린* 리간드는 리간드의 말단 위치에서 친핵체의 공격 반응이 일어난다. 1,3-뷰타다이엔을 보자. 뷰타다이엔의 LUMO(Ψ_3)는 궤도함수의 중간보다 말단 위치에서 더 큰 로브(lobe)를 가진다(그림 **7-6**). 친핵체(상당히 약하다면)는 궤도함수의 가장 큰 로브(lobe)에 결합할 것이다.

규칙 3은 *홀수, 열린* 리간드를 적용함으로써 더 복잡해진다. 금속에 결합되어 있는 풍부한 전자에 의해 말단 또는 내부 위치에서 공격 반응이 일어난다. 일반적으로 공격 반응은 η^3–알릴 리간드의 말단 위치의 탄소에서 일어난다. 그러나 $[Cp_2Mo(\eta^3\text{–allyl})]^+$ (반응식 **7.35**) 및 $[Cp^*(PMe_3)Rh(\eta^3\text{–allyl})]^+$ (반응식 **7.36**) 과 같이 전자가 풍부한 금속 착화합물은 C-2에서 첨가 반응이 일어나 금속 고리 함유 화합물을 생성한다.

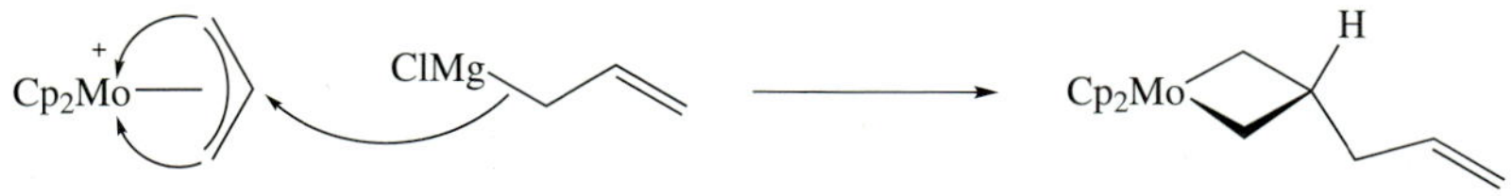

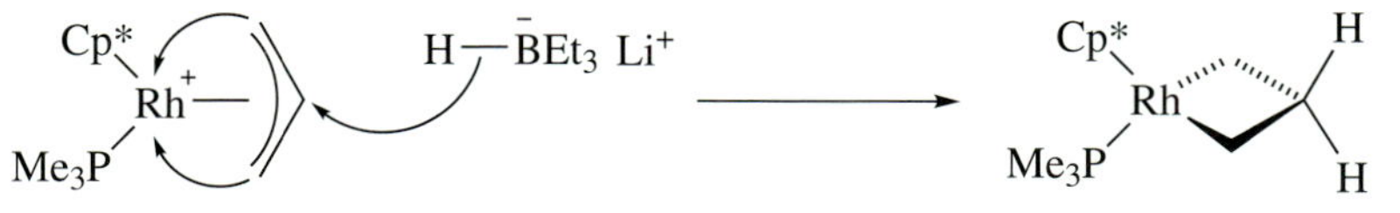

위치 선택 화학에서 이러한 차이는 그림 **7-6**의 아릴의 분자 궤도함수로 설명된다. 전자가 풍부한 금속의 LUMO는 ψ_3이고, C-2 위치에 큰 로브(lobe) (또는 매우 부족한 전자 밀도)를 가진다. 이러한 경우 친핵체는 아릴 리간드의 중간 위치의 탄소에 결합한다. 반대로 전자가 부족한 금속의 LUMO는 ψ_2이고, 말단 위치의 탄소에 MO와 큰 로브(lobe)를 가진다. 친핵체도 같은 위치의 탄소에 결합한다.

반응식 **7.36**의 위치 선택 화학 첨가 반응은 매우 흥미롭다. $LiEt_3BD$가 프로튬(protium) 대신 사용되면 듀테륨(deuterium)의 아릴 리간드 C-2 위치에 *syn* 형태로 Cp^*가 결합한다. 다양한 예를 통해 친핵체의 첨가 반응은 금속에 *anti* 형태로 π 리간드가 결합하는 것을 알 수 있다. *Anti* 형태가 *syn* 형태보다 입체 장애의 영향을 덜 받기 때문에 *anti* 형태의 첨가 반응이 일어나는 것은 당연한 것이다.

기본문제 7-10

반응식 **7.36**에서 듀테륨(deuterium)에 Cp^* 리간드가 *syn* 형태로 결합하는 이유를 메카니즘으로 설명하시오.

최근 양이온의 η^3–allyl–pd 착화합물의 실험적, 계산적 연구를 통해 π-받개 리간드만큼 긴 아릴 리간드의 말단 위치에서 친핵체 공격 반응이 일어나는 것을 확인하였다. σ-주개 리간드가 아릴 리간드에 전자 밀도를 제공해 주는 팔라듐(palladium)과 결합하였을 경우 주로 C–2 위치에서 공격 반응이 일어난다. 반응식 **7.37**과 **7.38**에 그 결과를 정리해 놓았다.

98% 2% **7.37**

< 1% > 99% **7.38**

$R_1 = H$ 또는 CH_3
$R_2 = OCH_3$ 또는 CH_3

18

아릴 리간드가 대칭이 아닐 경우 양이온의 $(PR_3)_2Pd(\eta^3–R_1–R_2–allyl)$ 착화합물 **18**(아릴 기의 한쪽 끝은 두 개의 CH_3 기 또는 하나의 OCH_3 기로 치환)은 입체 구조적으로 크지 않은 R_1과 R_2로 치환된 말단 위치에서 공격 반응이 잘 일어나는 것을 보

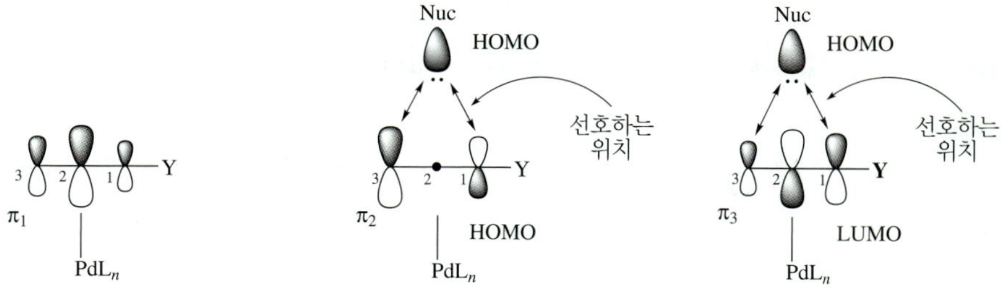

그림 7-7
비대칭적인 아릴 리간드의 π-MO

여준다. 용매 효과를 고려하였을 경우, DFT 계산을 사용하여 얻은 ($PR_3 = PH_3$) 착화합물의 이론적인 결과는 실험적 결과와 유사하다. 그림 **7-7**는 C-1 위치에서 하나 또는 그 이상의 전자를 제공하는 그룹(Y)으로 치환되었을 경우 비대칭적인 아릴 리간드의 π MO를 보여줌으로써 입체 화학적인 설명을 보여준다. 착화합물의 점유 π_2 MO (HOMO) 는 C-3 위치에서 상대적으로 큰 로브(lobe)를 보여준다. 이것은 C-1 위치와 비교하였을 경우 전자가 풍부한 리간드와 결합 유도하지 않았다는 것을 의미한다(친핵체가 C-1 위치를 공격하면 반발 상호작용을 최소화한다). 더 중요한 점은, LUMO (π_3) 는 C-3 위치보다 C-1 위치에 더 큰 로브(lobe)를 가지는데, 이것은 C-3 위치보다 C-1 위치에서 더 강한 HOMO (친핵체) – LUMO (π_3) 상호작용한다는 것을 의미한다. 이 두 상호작용을 종합하여 보면 C-1 위치에서 친핵체 치환 반응이 더 잘 일어난다.

η^2-π 리간드

η^2–알켄, 알카인 리간드에 다양한 친핵체들이 첨가되는 반응은 많이 연구되었으며, 리간드가 철이나 팔라듐과 착화합물을 형성하는 경우 특히 많이 연구되어 왔다. 반응식 **7.39**는 η^2–π 리간드에 외부 친핵체가 공격할 때의 일반적인 입체 화학을 나타내었다. 아민과 (*E*)-,(*Z*)-2-뷰텐닐 철 착화합물($CpFe(CO)_2$그룹은 Fp로 약칭하고, “fip”으로 발음한다.)의 반응을 철저히 분석한 결과 입체 화학은 완전한 *안티*(*anti*)로 나타났다.

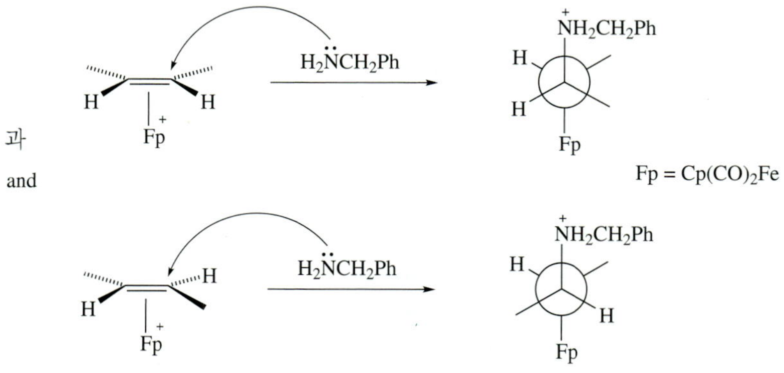

과
and

$Fp = Cp(CO)_2Fe$

7.39

또한 연구결과 알킬 기가 치환된 알켄에서 위치 선택성이 낮지만, 리간드가 스티렌(styrene)일 때는 높다는 것을 보여준다(반응식 **7.40**).

$$\text{Me-CH=CH}_2\text{(}\eta^2\text{-Fp}^+\text{)} \xrightarrow{\text{LiCH(CO}_2\text{Me)}_2} \text{FpCH}_2\text{CH(Me)CH(CO}_2\text{Me)}_2 + \text{(MeO}_2\text{C)}_2\text{HCCH}_2\text{CH(Me)Fp} \quad 2:1$$

과

$$\text{Ph-CH=CH}_2\text{(}\eta^2\text{-Fp}^+\text{)} \xrightarrow{\text{LiCH(CO}_2\text{Me)}_2} \text{FpCH}_2\text{CH(Ph)CH(CO}_2\text{Me)}_2 \quad 100\%$$

7.40

비대칭 η^2–알켄에 첨가되는 반응은 일반적으로 더 많이 치환된 탄소에서 나타나며, 용매 수은 첨가(solvomercuration)로 알려진 유기화학 반응과 유사하게 나타나는 것으로 보여 진다 (반응식 **7.41**). 알켄 리간드 공격에 대한 Hückel 이론을 확장하여 적용시킨 계산적인 분석 결과 η^2-착화합물(**19**)에서 η^1-착화합물(**20**)을 생성하는 쪽으로 "미끄러짐(slippage)"이 일어난다. Δ 부분이 η^2(Δ=0)에서 η^1(Δ=0.69)로 미끄러짐이 일어나는 부분이다. 계산은 알킬 그룹과 같은 주게 치환기가 더 많이 치환된 위치를 공격할 때와 더 적게 치환된 위치를 공격하는 에너지를 비교해 보았을 때 두 에너지가 비슷하다는 것을 보여준다. 반면에 페닐 그룹에서 약간의 전자 끌기는 공명을 통하여 η^1-착화합물(**21**)에서 발생하는 양전하를 안정화시킬 수 있다. 그러므로 공격은 오직 벤질 자리에서만 첨가가 일어난다.

$$\text{Me}_2\text{C=CH}_2 + \text{Hg(OAc)}_2 \longrightarrow [\text{Me}_2\text{C}\cdots\text{CH}_2(\text{HgOAc})]^+ \longrightarrow [\text{Me}_2\text{C}^{\delta+}\cdots\text{CH}_2\text{Hg}^{\delta+}\text{OAc}] \xrightarrow{\text{ROH}} \text{Me}_2\text{C(OR)CH}_2\text{HgOAc}$$

7.41

19: η^2-alkene–ML_n 20: Δ, ML_n 21: δ^+, H, Ph, H, H, ML_n

19 **20** **21**

비록 친핵성 첨가 반응에서 Pt–알켄 착화합물은 일반적으로 Pd 착화합물만큼 반응성이 크진 않지만, 이 반응에서 백금(platinum)은 유용한 촉매 역할을 할 수 있다. 다음 고리화 반응은 Pt–PPP–pincer 착화합물(**21**)이 매개 운반되는데, 고리화의 각 단계는 마르코프니코프(Markovnikov) 첨가를 보여준다(식 **7.42**). 이 반응은 입체 선택적인 반응이며, 콜레스테롤(cholesterol) 생합성의 주요 반응인 스쿠알렌 에폭사이드(squalene epoxide)를 라노스테롤(lanosterol)로 고리화시키는 반응을 모방한 것이다.

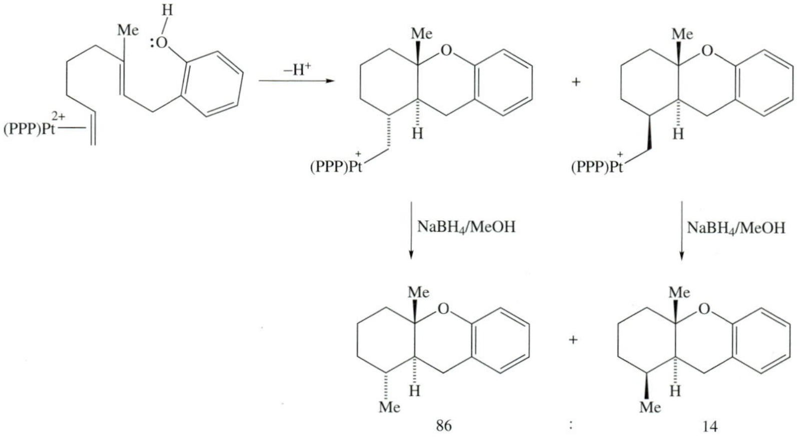

Me
H
:O
(PPP)Pt 2+
$-H^+$
Me
O
H
(PPP)Pt +
+
NaBH₄/MeOH
NaBH₄/MeOH
Me
86
:
14

7.42

기본문제 7-11

반응식 **7.42**에 나타낸 다중 고리화 반응의 순차적인 메카니즘을 제안하시오. 각 고리 닫힘 단계는 C=C 결합의 마르코니코프(Markovnikov) 첨가를 수반하는가? 이를 설명하시오.

η³-알릴 리간드

다양한 친핵체들은 η³-알릴 리간드에 첨가될 수 있는데 좋은 친핵체는 일반적으로 ⁻:CH(COOR)와 같은 안정한 탄소 음이온이나 1차 아민과 2차 아민을 포함한다. MeMgBr이나 MeLi와 같은 불안정한 친핵체들은 금속을 먼저 공격하는 경우가 많으며 그 다음 π-알릴과 환원성 제거를 통해 조합된다. Tsuji-Trost 반응은 팔라듐과 착화합물을 형성한 η³-알릴 리간드에 안정한 탄소 음이온이 첨가된 뒤 치환이 이뤄진 알켄이 떨어져 나오는 것이 특징이다. Tsuji-Trost 반응은 새로운 C-C 결합 형성에 매우 유용한 방법이며, 논문을 통해 이 반응의 많은 응용이 보고되었다. 반응식 **7.43**은 안정한 엔올 음이온(enolate)이 알릴아세트산 음이온(allyl acetate)에 첨가되는 Pd 촉매 첨가 반응의 예를 나타내었다. 촉매 싸이클의 초기 단계에서 Pd(0) 착화합물에 알릴아세트산 음이온이 산화성 첨가되고 뒤이어 η¹-에서

η^3-알릴로 이성질체를 만든다. 그 다음 친핵체가 η^3-알릴 리간드의 말단 위치를 공격하여 결합을 형성한다.

$CH_3C(O)\ddot{C}H^{-}CO_2Me$ + Me_3Si–CH=CH–CH(OAc)Ph $\xrightarrow[\text{PBu}_3\text{/THF/25 °C}]{\text{5 mol\% Pd(0)}}$ Me_3Si–CH=CH–CH(Ph)–CH(CO_2Me)C(O)CH_3 83%

경유로 (Me_3Si, Ph, η^3-알릴–L_nPd–OAc)

7.43

π–아렌 리간드

π–아렌 착화합물들은 *극성 반전*의 유용성을 입증할 흥미로운 가능성을 제공한다. 6족(특히 Cr) 금속 아렌 화합물은 합성 유용성을 위해 특히 많이 연구되고 활용되고 있다. 전이금속과 아렌은 착화합물을 형성하더라도 아렌의 방향족성을 유지하지만, 이 결합은 금속뿐만 아니라 금속에 결합된 아렌의 탄소 원자의 반응성과 그 주위의 원자들의 반응성을 강화시킨다. 그림 **7-8**은 금속 착화합물 형성에 의한 반응성의 변화를 보여준다.

M=Cr일 때 아렌과 아렌에 이웃한 양성자의 산도, 아렌의 전자 밀도, 입체 장애에 큰 영향이 나타난다. 표 **7-1**에 나타내었듯이 금속은 *파라*–NO_2 아렌 그룹과 비교할만한 아렌의 전자 끌기 효과를 나타낸다. 뷰틸리튬과 같은 강염기를 사용하는

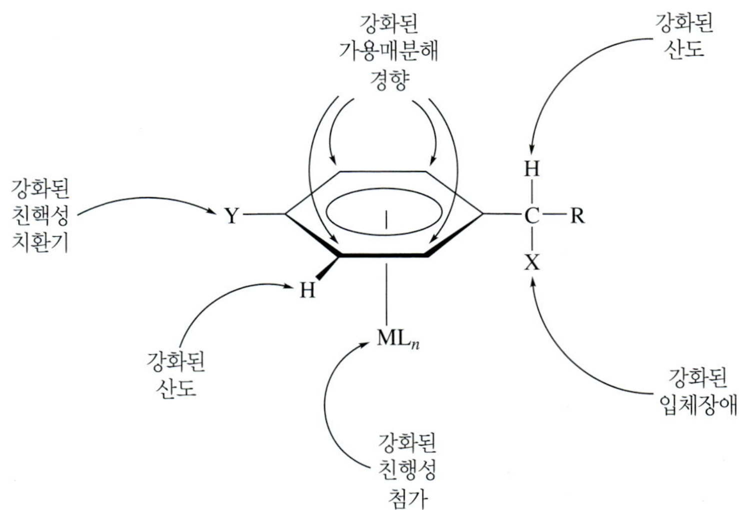

그림 7-8
금속–아렌 착화합물의 각 부분의 반응성

표 7-1 착화합물을 형성하지 않은 유사체와 비교한 크롬 아릴카르복실산의 산도

산	pK_a	산	pK_a
PhCOOH	5.68	$PhCH_2COOH$	5.54
$(PhCOOH)Cr(CO)_3$	4.77	$(PhCH_2COOH)Cr(CO)_3$	5.02
p-NO_2–C_6H_4–COOH	4.48	*p*-NO_2–C_6H_4–CH_2COOH	5.01

고리의 금속화는 착화합물을 형성하지 않은 아렌에서 필요로 하는 온도보다 훨씬 더 낮은 온도인 –78℃에서도 일어난다.

아렌의 친핵성 방향족 치환 반응은 착화합물을 형성하지 않은 아렌에서 일반적으로 강한 친핵성이 필요한 반응이지만, 착화합물을 이룬 아렌에서 금속의 전자 끌기 효과는 친핵성 방향족 치환 반응의 반응성을 증진시킨다. 반응식 **7.44**에 나타낸 메톡사이드와 클루오르아렌 크로뮴 착화합물이 반응하여 메톡시아렌을 생성하는 반응은 착화합물을 형성하지 않은 1-나이트로-4-클루오르벤젠에 메톡사이드가 치환되는 것과 비슷한 수준으로 나타난다. 유기화학에서 착화합물을 형성하지 않은 아렌의 친핵성 치환과 마찬가지로 배위된 아렌의 친핵성 치환은 Meisenheimer 착화합물로 알려진 σ 착화합물 중간체를 거쳐서 만들어진다.

OCH_3
Cl
Cl CH_3O^- OCH_3 + Cl^-
$Cr(CO)_3$ $Cr(CO)_3$ $Cr(CO)_3$
23

7.44

착화합물을 형성하지 않은 아렌의 친전자성 치환 반응에서 좋지 않은 이탈기가 치환기로 있을 때 그 치환기의 지향 효과(directing effect)가 뒤집히는 경향이 있다. 예를 들어 반응식 **7.45**에서 전자 주개인 OCH_3 그룹은 주로 *메타* 위치에 결합을 유도하는 반면에 반응식 **7.46**에서 전자 끌개인 CF_3 그룹은 주로 *파라* 위치에 결합을 유도한다. 이 반응의 마지막 단계에서는 아렌–금속의 결합이 산화분해된다.

OCH_3
1) $LiCH_2CO_2Et$
2) I_2
EtO_2CCH_2
OCH_3
$Cr(CO)_3$
o : *m* : *p* = 4 : 96 : 0

7.45

$Cr(CO)_3$–$C_6H_5CF_3$ $\xrightarrow[\text{2) } I_2]{\text{1) LiY}}$ Y–C_6H_4–CF_3

$o : m : p = 0 : 30 : 70$

Y = :C⁻(CN)(Me)–O–CH(CH₃)–O–CH₂CH₃

7.46

공격에 의한 입체 화학은 금속에 *anti*로 친핵성 첨가가 일어나게 한다는 것을 되새겨라.

지향기(directing group)가 있을 경우와 반응이 속도론적일 경우 금속 아렌 착화합물의 LUMO에 대한 조사는 첨가의 위치 선택 화학에 대한 이론적 설명을 뒷받침한다. 만약 아렌 착화합물의 LUMO와 염기의 HOMO의 에너지가 상당히 가깝다면 LUMO의 계수를 조사하는 것은 방향족 고리의 공격 방향을 예측할 수 있게 해준다. 치환기가 전자 주개일 때 LUMO는 그림 **24**와 같이 *오쏘*와 *메타* 위치에서 높은 비율을 보인다. 그러나 치환기가 전자 끌개일 때는 그림 **25**와 같이 1과 4 위치에서 높은 비율을 나타난다. 비율이 큰 위치는 친핵체의 HOMO lobe와 더 많이 겹치기 때문에 친핵체의 공격을 예측할 수 있다. 이 분석은 반응이 속도론적으로 일어나고, 입체 장애(steric hindrance)가 크게 작용하지 않는 조건에서 적용된다.

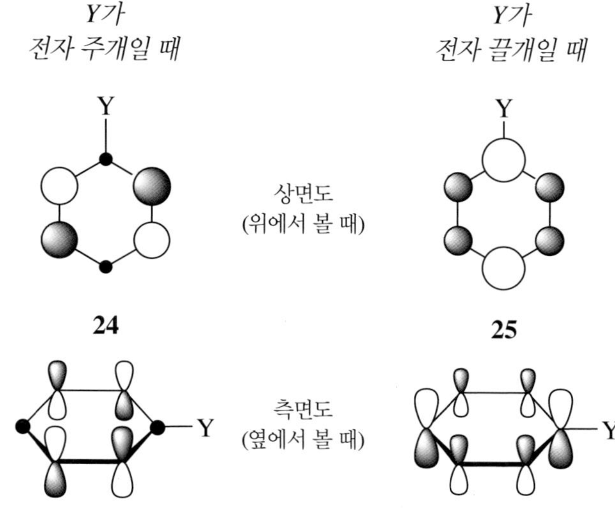

반응식 **7.47**에서 **7.49**까지는 고리 π 리간드의 친핵성 첨가의 다른 예를 나타내었다. 반응식 **7.47**에서 루이스 산이 참여한 리간드가 치환되어 만들어진 Mn–아렌 양이온 착화합물(cationin Mn–arene complex)은 다양한 알콕사이드와 아민과 친핵체에 의해 친핵성 치환 반응을 일으킨다. 반응식 **7.48**에서, 메틸리튬(methyllithium)은 몰리브덴 η^4–다이엔(diene) 착화합물을 공격하여 η^3–알릴 중간체를 만든다. 친전자체인 트리틸 양이온(trityl cation (PH_3C^+))은 수소(hydride)를 떼어내어 금속 화학종에 메틸 기가 *anti* 형태로 붙은 생성물을 얻을 수 있다. 말로네이트(malonate)와 같은 안정한 카보 음이온(carbanion)과 η^6–트라이엔일 Mn 착화합물이 반응하면 η^5–펜타다이엔일 착화합물이 생성되며, 이 또한 금속에 대해 *anti* 형태로 반응한다(반응식 **7.49**). 뒤의 두 경우에서 π 리간드(단위당 착화합물의 전하는 더 음으로 하전되며 한 개당 π 리간드의 합토수(hapticity)는 감소한다)에 친핵성 첨가 반응을 동반하는 전형적인 패턴을 분명하게 보여준다는 것에 주목하라.

PhBr + $BrMn(CO)_5$ —($AlCl_3$, Δ)→ [$(\eta^6$-$C_6H_5Br)Mn(CO)_3]^+$ —(Me_2NH)→ [$(\eta^6$-$C_6H_5NMe_2)Mn(CO)_3]^+$ **7.47**

[CpMo(CO)$_2$(diene)]$^+$ + CH_3Li → CpMo(CO)$_2$(allyl, H, H_3C) —(Ph_3C^+)→ [CpMo(CO)$_2$(diene)]$^+$ + Ph_3CH **7.48**

[$(C_7H_7)Mn(CO)_3]^+$ + $:\bar{C}H(CO_2Me)_2$ → $CH(CO_2Me)_2$, H, $Mn(CO)_3$ **7.49**

7-3 친핵성 떼기

친핵체는 리간드에 단순한 첨가할 수도 있지만, 리간드의 전체 혹은 일부와 함께 제거되는 방식으로 리간드를 공격하는 경우도 있는데, 이러한 반응을 *친핵성 떼기 (nucleaphilic abstraction)*라고 한다.

친핵체에 의한 알킬 기 떼기는 비교적 드문데, 이는 떨어지는 금속들이 좋지 않은 이탈기이기 때문이다. 그러나 만약 금속 부분이 먼저 산화된다면 금속에 붙은 탄소의 알킬 리간드를 친핵성 공격하는 것은 훨씬 더 쉬워진다. 산화는 이탈하는 금속 화학종을 원래보다 적게 만들고, **M–C** 결합을 약화시킨다. 할로겐인 Br_2과 I_2는 **M–C** 결합을 쪼개는 효과적인 시약이다. 산화에 인해 진행되는 친핵성 떼기 반응의 예는 식 **7.50**에 나타내었다.

7.50

반응은 금속에 붙어있는 입체 중심에서 배열 형태의 뒤집힘과 함께 일어난다는 것에 주목하라. 반응에서 할로겐에 어떤 초기 기능이 있었는지 명확하지 않지만 도식 **7.7**에 두 개의 가능한 반응 전개를 내타내었다. 경로 **a**에서는 할로겐이 메탈에 산화적으로 첨가되어 양이온성의 착화합물을 만든다. 그 다음 남아있는 친핵성 할로겐 이온이 착화합물의 알킬 그룹의 α-탄소를 공격하여 배열 형태를 반전시킨다(RE와 함께 α–탄소에 머무르는 배열 형태도 가능하다는 것에 유의하라). 반면에 경로 **b**는 첨가 없이 금속의 산화가 일어난 후 X^-가 친핵성 공격을 한다.

만약 첫 단계에서 금속에 X^+(X_2로부터 나온)가 첨가된다면 유기화학의 C=C 결합에 할로겐이 첨가되는 반응과 유사하게, 친전자성 과정에 의한 할로겐 절단이 일어나는 과정을 생각해 볼 수 있다. 할로겐이 알켄에 첨가될 경우 친전자체인 할로겐이 알켄을 공격하여 할로늄 이온(halonium ion)이 만들어지고, 여기에 친핵체인 X^-가 공격하는 두 단계로 진행된다(반응식 **7.51**). 종종 친핵체나 친천자체라고 부르는 것이 제멋대로라고 느껴질 수 있는데, 이는 언급할 각각의 반응을 표현하는 관점에 따라 명칭이 달라지기 때문이다. 친전자성 과정에 대한 더 자세한 내용은 **7-4**절에서 다룰 것이다.

n, *n*+1, *n*+2로 금속의 서로 다른 산화 상태를 나타낸다.

도식 7.7
삽입 산화적으로 진행되는 친핵성 떼기의 경로

7.51

도식 **6.7**에 기재된 반응 중 반응식 **7.52**은 친핵성 떼기의 중요한 예를 보여준다. 여기서 CH_3OH는 σ–아실 기를 공격하는 친핵체로 작용한다. 그 결과 만들어진 중간체는 메틸 에스터(methyl ester)와 Pd 착화합물로 나눠진다.

7.52

도식 7.8
삽입 σ–아실–Pd 착화합물의 친핵성 떼기

σ–리간드의 친핵성 떼기는 합성적에서 매우 유용하며, 특히 금속이 Pd일 때 더욱 유용하다. 도식 **7.8**은 금속에서 화학양론적이거나 촉매적으로 반응하는 것으로 보이는 반응의 순서를 나타내었다. 팔라듐은 σ–M–C 형태의 착화합물을 쉽게 형성할 수 있는데, σ–M–C 형태의 착화합물은 CO을 쉽게 삽입할 수 있고, σ–acyl–Pd 결합을 다양한 친핵체를 이용해서 절단할 수 있다. 첫 번째 단계는 Pd(0) 착화합물에 바이닐(vinyl)이나 알킬 할라이드(alkyl halide)의 OA를 수반한다(L_nPd는 도식 **7.8**에 나타내었다). CO의 이동 삽입은 상응하는 메틸 에스터(methyl ester)를 내놓기 위해 MeOH로 친핵성 떼기를 거쳐 σ–아실 착화합물을 형성한다. 분자간 친핵성 떼기는 다양한 선형 아실 유도체를 만들 수 있고, 분자내 공격은 락톤(lactone)이나 락탐(lactam)과 같은 고리 화합물을 만들 수 있기 때문에 이 반응과정은 합성에서 많은 응용 가능성을 갖는다.

친핵성 떼기의 또 다른 예는 금속 카보닐 착화합물의 카보닐 이탈 반응에 널리 쓰이는 트라이메틸아민 *N*-옥사이드(Me_3NO)이다(반응식 **7.53**). 이리듐 다이하이드라이드 착화합물은 CO가 떼어지지만, 이와 유사한 모노하이드라이드 착화합물에서는 하이드라이드가 추출된다. 이 반응을 반응식 **7.54**에 나타내었다.

$$L_nM{=}C{=}O + {:}\bar{O}{-}\overset{+}{N}Me_3 \longrightarrow L_n\bar{M}{-}C({=}O){-}O{-}\overset{+}{N}Me_3 \longrightarrow L_nM + CO_2 + NMe_3$$ **7.53**

$$[IrH_2(PPh_3)_2(CO)(NCCH_3)]^+ ClO_4^- \xrightarrow{Me_3N{-}O/CH_3CN} [IrH_2(PPh_3)_2(H_3CCN)(NCCH_3)]^+ ClO_4^- + CO_2 + Me_3N$$

과

$$[IrH(PPh_3)_2(CO)(NCCH_3)_2]^{2+}\ 2\,ClO_4^- \xrightarrow{Me_3N{-}O} [Ir(PPh_3)_2(CO)(NCCH_3)]^+ ClO_4^- + Me_3NOH^+ ClO_4^- + CH_3CN$$ **7.54**

반응식 **7.55**는 강한 친핵체에 의해서 아렌 리간드로부터 H^+를 친핵성 떼기되는 것으로 볼 수 있다. 이 변화는 Brønsted–Lowry 산–염기 반응으로 설명할 수도 있다. 금속 화학종의 전자 끌기 성질 때문에 관점에 관계 없이 반응은 손쉽게 진행된다.

$$(C_6H_5{-}H)Cr(CO)_3 + BuLi \longrightarrow (C_6H_5{-}Li)Cr(CO)_3 + BuH$$ **7.55**

친핵성 떼기의 마지막 예는 메틸 기가 Fischer 카벤 착화합물로부터 제거되는 반응이다. 제9장에서 볼 수 있듯이 일반적으로 친핵체는 카빈 탄소에 결합하기 때문에 흔치 않은 반응이다. 그러나 이 경우에 떼기를 하는 물질의 입체적 크기는 반응의 경로를 떼기보다는 첨가되는 쪽으로 유도한다. 음전하를 띤 금속 카보닐 착화합물은 S_N2 메카니즘을 통해서 메틸 그룹을 공격하는 친핵체 역할을 한다. 만약 메틸 기가 에틸 기로 치환된다면 반응은 70배 더 느려진다. 이를 통해 S_N2 치환 반응을 추측할 수 있다.

$$(OC)_5W{=}C(OR)(Ph) + [Mn(CO)_4(PPh_3)]^- \longrightarrow (OC)_5W{=}C(O^-)(Ph) + R{-}Mn(CO)_4(PPh_3)$$

R = Me, Et **7.56**

7-4 친전자성 반응

유기금속화학에서 금속 착화합물과 전자가 부족한 화학종(친전자체, E^+) 사이의 반응은 일반적이며 이는 합성 화학에 유용하다. 금속 착화합물과 E^+의 상호작용을 설명하는 몇 가지 가능성이 있는데 그 중 일부는 이미 앞에서 다루었다. 예를 들어, S 쪽이 전자가 부족한 SO_2 (반응식 **7.22**) 삽입은 친전자체가 금속에 붙어있는 탄소를 공격함으로써 시작된다.

입체 화학에서 친전자체는 몇 가지 요소에 따라 금속 착화합물을 공격할 것이다. 만약 반응이 경계 궤도함수의 상호작용에 의해 지배를 받는다면, 착화합물에 대한 공격의 의미는 금속 HOMO의 전자 밀도로 설명된다. HOMO의 중요한 로브(lobe)는 리간드나 금속, 또는 둘 모두에서 나타날 수 있다. 입체 화학에서의 공격은 금속 화학종의 입체 장애나 심지어 용매의 성질에 따라 달라질 수 있다. 특정 금속 착화합물을 공격하는 친전자성 공격에 관한 광범위한 연구는 일반적인 경향, 즉 친전자체가 어떻게 반응하는지 예측할 수 있는 기초를 밝혀냈다. 친핵성 공격에 대한 몇 가지 잘 정의된 예들 중, E^+가 배위된 리간드와 직접적 또는 간접적으로 상호작용하는 반응의 주요 경로를 설명하는데 중점을 둘 것이다. 즉, 전체 또는 한 부분의 친전자성 화학종을 배위된 리간드에 첨가하는 첨가 반응과 비슷한 방법으로 E^+가 리간드 전체 또는 부분을 공격하여 금속 착화합물로부터 떼어내는 떼기 반응 사이를 구분 짓는다.

친전자체

친전자체 용어는 루이스 산과 동의어이다. "세기"에 근거하여 친전자체를 구분 짓는 것은 사실상 불가능하지만 아래에 묘사된 세 가지 유형에 따라 루이스 산을 정의하는 것은 유용하다.

1. Hg(II), Tl(I), Ag(I), Ce(IV), Pt(IV), Au(III), 및 Ir(V)와 같은 *금속* 친전자체—대부분 금속 친전자체는 한 가지 산화 상태 또는 그보다 더 낮은 산화 상태를 가질 수 있다.
2. R_3O^+, PH_3C^+, R–X, 또는 $(NC)_2C{=}C(CN)_2$와 같은 *유기* 친전자체
3. X_2, SO_x, CO_2, NO_x^+, 또는 H^+와 같은 *비금속* 친전자체

각각의 분류된 친전자체는 전이금속 착화합물도 공격할 수 있다. 지금부터는 앞서 논의했던 것을 생각하면서 세 가지 분류의 예들을 살펴보자.

7-4-1 금속–탄소 σ 결합 분해

유기금속화학에서 σ 결합된 탄화수소 리간드를 금속으로부터 제거하기 위해 친전자체(예를 들어, H^+또는 X_2)를 사용하는 것은 일반적이다. 이러한 반응은 전체 리간드의 친전자성 떼기로 여겨진다. 도식 **7.9**는 몇 가지 가능한 떼기 타입의 경로를 도식화하였다. 입체 화학적 결과로 보존(retention)과 반전(inversion), 라세미화(racemization)가 있으며, 이는 금속의 성질과 입체 장애, 착화합물에 HOMO가 있는 E^+의 성질, 용매의 성질에 영향을 받는다.

- SO_2 삽입에 관한 논의를 통해 알 수 있듯이, 경로 **a**와 **b**는 S_E2 메카니즘을 나타낸다. 입체 화학의 반전(inversion, 경로 **a**) 또는 보존(retention, 경로 **b**)은 금속에 결합되어 있는 입체 중심에서 일어날 수 있다.
- 경로 **c**는 산화성 첨가 반응(OA)이며, 이는 몇몇 반응의 중간체인 **26**과 **27**을 형성한다.
- 중간체 **26**에서 시작하는 경로 **d**는 리간드 해리 반응으로, 이를 통해 만들어진 안정한 탄소양이온은 친핵성 포획에 의해 라세미 생성물이 된다.
- 경로 **e** 또한 중간체 **26**에서 시작되며, RE를 통해 배열의 보존(retention)을 예상할 수 있다.
- 마찬가지로 **27**로부터 보존(경로 **f**)과 함께 RE가 나타나지만, 직접적인 친핵성 S_N2 치환 반응(경로 **g**)은 배열의 반전(inversion)을 가지는 생성물을 만들어 낸다(반응식 **7.50**).
- 경로 **h**는 단전자 메카니즘에 의한 것이라 예상되는 금속의 산화 과정을 나타낸다. 친전자성 분해도 이러한 조건에서 일어나는 것처럼 보이지만, 실제로 실험적인 근거를 찾기가 어렵다. 그 메카니즘에 관한 논의는 여기서는 다룰 수 있는 수준을 넘어선다.

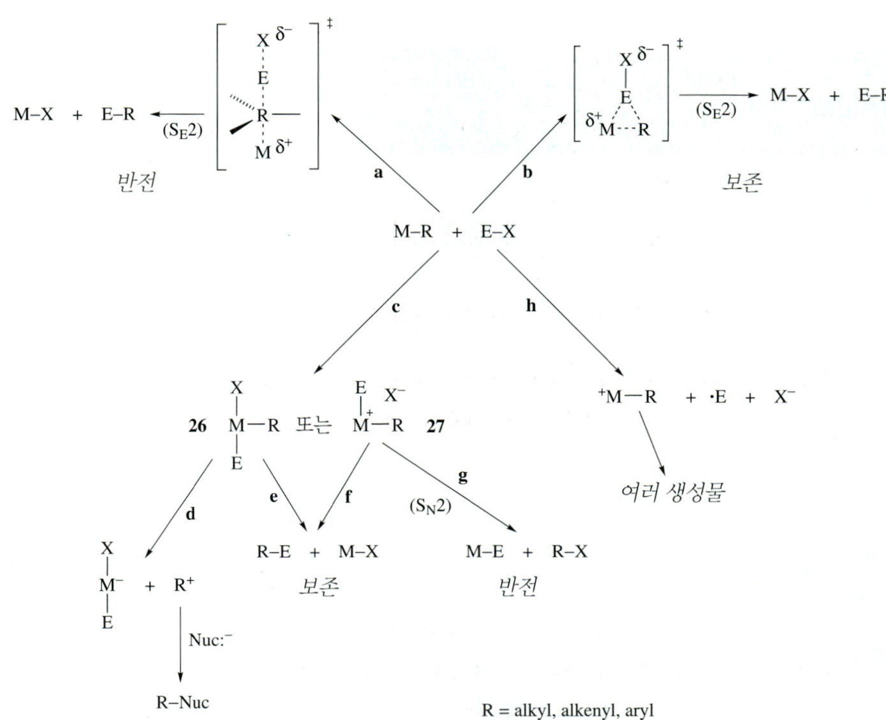

도식 7.9
σ-결합된 M–C 탄화수소 리간드의 친전자 떼기 반응 경로

표 7-2 친전자 떼기 경로의 특징

반응 경로	반응 경로	입체 화학
a	S_E2	반전
b	S_E2	보존
c	OA	여러 입체 화학 가능
d	여친핵체 포획 후 리간드 해리	라세미화
e	RE	보존
f	RE	보존
g	S_N2	반전
h	여라디칼	여러 가지 가능

표 **7-2**는 메카니즘의 종류와 각 경로의 입체 화학적 성질을 요약하였다.

H^+에 의한 분해

σ M–C 결합을 분해하기 위한 방법으로 가양성자 분해 반응(protonolysis)을 하거나 Brønsted–Lowry 산을 사용한다. 금속에 결합되어 있는 입체 중심에서 항상 관찰되는 입체 화학은 배열의 보존이다. 반응식 **7.57**과 **7.58**은 두 가지 가양성자 분해를 나타내며, 중수소로 치환된 산을 사용하여 입체 화학의 증거를 보여 주고 있다. 이 반응은 경로 **c**를 거쳐 경로 **f**, 즉, 금속의 양성자 첨가 반응 후 환원성 제거 반응(RE)이 일어나는 것으로 여겨진다.

Me–(cyclohexyl)–$Fe(CO)_2Cp$ —DCl→ Me–(cyclohexyl)–D **7.57**

Ph_3P, Br, PPh_3–Ni–(CH=CH–Ph) —D_2SO_4→ D–CH=CH–Ph **7.58**

반응식 **7.57**과 **7.58**에 있는 금속과는 다르게, 반응식 **7.59**에 있는 금속은 앞전이 d^0 금속이다. 이와 같은 금속에서는 OA–RE 경로가 불가능한데, 그 이유로는 d^0 금속에서 전자를 제거하기가 어렵기 때문이다. 그러나 가양성자 분해 반응은 입체 화학의 보존과 함께 다시 일어난다. 이 반응에 대한 메카니즘은 아마도 3-중심 전이상태인 **28**을 포함하는 S_E2, 경로 **b**를 수반하는 듯하다. 즉, *이 같은 메카니즘은 HOMO가 M–C σ 결합에 위치하며 산화성 경로가 불가능하기 때문에 앞전이금속과 관련된 친전자성 분해에 대해 일반적인 것으로 보인다.*

$Cp_2Zr(Cl)$–CH=CH–$C(CH_3)_3$ —D_2SO_4→ [$Cp_2(Cl)Zr$⋯D(OSO_3D)⋯C]‡ (**28**) → D–CH=CH–$C(CH_3)_3$ + $Cp_2ZrCl(OSO_3D)$ **7.59**

할로겐에 의한 분해

친전자성 분해에서 두 번째 중요한 방법으로 할로겐에 의한 분해가 있다. 이미 반응식 **7.50**에서 한 가지 예를 보았고, 또 다른 예는 반응식 **7.60**에 있다.

(Ph, H, D, H, D, $CpFe(CO)_2$) —Cl_2→ [(Ph, H, D, H, D, $CpFe(CO)_2Cl$)]$^+$ Cl^- → (Ph, H, D, H, D, Cl) **7.60**

이 반응에서는, σ–탄화수소 리간드의 β 탄소에 결합되어 있는 작용기에 따라 다소 다른 입체 화학 결과가 나타난다. β 작용기가 페닐 기라면 배열의 보존이 관찰되지만, *t*-뷰틸 기로 치환되면 금속에 결합되어있는 탄소에서 배열의 반전이 나타나면서 분해가 일어난다. 도식 **7.10**은 이 두 가지 반응과 관련된 입체 화학을 자세히 설명하고 있다.

Threo–Fe 착물에 X^+의 첨가에 의해 시작된 반응은 **29**를 생성한다. 만약 R 기가 *t*-뷰틸 기라면, X^-는 α-탄소를 공격하여 *erythro*-할로겐화 알킬(경로 **g**, 도식 **7.9**)을 생성한다. R 기가 페닐 기로 바뀐다면, X^-의 공격은 배열의 보존과 함께

FeCp(CO)$_2$
H D
H D
R
트레오
R = Ph, *tert*-Bu
X^+(X_2로부터)
X
FeCp(CO)$_2$
$]^+$ X^-
H D
H D
R
29
RE (경로 **e**)
X
H D
H D
R
32
R = *tert*-뷰틸
R = 페닐
X^-
S_N2 (경로 **g**)
X
D H
H D
R
30
erythro
X:$^-$
H D
H D
+
\+ Cp(CO)$_2$FeX
31
X = Br, I
X
H D
H D
R
32
트레오

도식 7.10
금속–할로겐 결합 깨어짐에 대한 가능한 입체 화학

기본문제 7-12

만약 **31**이 반응의 중간체라면 $CpFe(CO)_2CD_2CH_2Ph$의 할로겐 분해는 동일한 양의 두 가지 다른 구조 이성질체(constitutional isomer)를 생성할 것이다. 그 이성질체를 나타내시오.

threo-할로겐화 알킬, **32**를 생성한다. R 기가 페닐 기일 때, 배열의 보존이 어떻게 나타나는지 설명하기 위해서는 두 가지 경로를 고려해야 한다. 먼저, RE는 배열의 보존과 함께 진행된다는 것을 통해 직접적인 환원성 제거 반응(경로 **e**, 도식 **7.9**)이 **32**를 생성하는 것이다. 다른 가능성으로는 일반적으로 페노니엄 이온(phenonium ion)으로 알려진 대칭적으로 다리 연결된 탄소양이온, **31**을 통해 진행되는 것이다. X^-가 **31**에 있는 두 개의 알킬 탄소 중 하나를 공격함으로써 *threo*-할로겐화 알킬을 생성하는데, 다리 연결된 페닐 기의 입체 뭉치는 원래 금속 조각이 결합되어 있던 쪽으로 공격을 유도하여 배열보존이 되도록 한다.

유기화학 영역에서 페노니엄 이온에 대한 증거는 더 많이 있다. 반응식 **7.60**과 같은 경우, 다음 실험을 통해 **31**의 존재에 대한 실험적인 증거가 된다. 즉, X_2에 의한 $CpFe(CO)_2CD_2CH_2Ph$의 유사한 분해는 XCD_2CH_2Ph와 XCH_2CD_2Ph가 1:1이 되는 혼합물을 형성하도록 한다. 만약 반응이, 한 스텝 협동 RE에 의해서만 일어난다면 하나의 이성질체만이 관찰되었을 것이다. 이 같은 간단한 예를 통해, 반응이 협동 RE로는 일어나지 않는다는 것을 알았다. 대신 배위되지 않은 탄소양이온을 통한 반응이 진행되어 RE에서 예상한 것과 같은 입체 화학적 결과를 가져다주는 것이다. 이런 경우는 메카니즘을 제안하기에 주의 깊은 실험 과정이 필요하다.

기본문제 7-13

화합물 **31**에서 X^-가 두 알킬 자리를 공격할 때 생성되는 할로겐화 알킬 사이의 입체 화학 관계를 설명하시오. 도식 **7.10**에는 한 가지 할로겐화 알킬 이성질체(구조 **32**)가 나타나 있다.

가할로겐 분해(halogenolysis) 반응 중 보존과 반전 사이의 이분법은 다수의 σ 금속–알킬 기와 금속–알켄닐 기(alkenyl) 착화합물에서 나타난다. 용매의 극성과 입체 장애, HOMO의 성격과 같은 요인은 입체 화학 결과에 직접적인 영향을 미치지만, 앞 전이금속일 때는 다소 일관된 입체 화학 결과가 나타난다. 가양성자 분해 반응과 마찬가지로, 할로겐 분해는 배열의 보존(경로 **b**, 도식 **7.9**)과 함께 S_E2 메카니즘으로 나타난다. 반응식 **7.61**과 **7.62**는 각각 σ–알킬 기와 σ–알켄닐 기 Zr 착화합물에 대한 경로를 나타낸다.

C(CH3)3 H D D H Cp2ZrCl —Br2→ C(CH3)3 H D D H Br

7.61

Cp2Zr(Cl) H Bu + N–X (succinimide) → X Bu + X Bu

98 : 2

X = Cl, Br

7.62

금속 이온에 의한 분해

지금부터 알아 볼 세 번째와 네 번째 σ M–C 분해 방법은 금속 이온을 사용하는 것이다. 가장 면밀하게 연구된 금속 이온으로는 Hg(II)이 있으며, 이는 가역적으로 알킬 기과 알켄닐 기, 아릴 기를 다양한 전이금속으로 이동시키는 기능으로 잘 알려져 있다. σ M–C 결합 분해를 수반하는 입체 화학에 관한 연구는 Fe과 Mn, W, Wo, Co를 포함한 다수의 착화합물에 대해서 수행되어지고 있다. 입체 화학 결과를 근거로 하였을 때, 배열의 보존을 동반하는 경로는 흔하지만 분해에 대해서는 단 하나의 적합한 경로가 없다. 지금부터 이와 관련된 몇몇 연구에 초점을 맞출 것이다.

도식 **7.11**에서, HgX_2 (X=Cl 또는 Br, I)와 $CpFe(CO)_2R$의 반응에 의한 생성물은 R 기의 성질에 의존하는 듯하였다. 마찬가지로 이탈된 유기 작용기의 입체 화학 역시 R 기의 성질에 의존한다. 도식은 메카니즘의 처음 두 단계에서 HgX_2의 개입을 참작하여 다음과 같은 3차 속도식이 관찰되었다.

$$\text{반응속도} = k[L_nFeR][HgX_2]^2$$

탄화수소 리간드가 I° 알킬 기이면 반응은 전반적으로 배열의 보존이 계속되어 RHgX와 L_nFeX를 생성한다. R 기이가 III° 또는 벤질 기라면 입체 화학 결과로 라세미화가 나타나고 RX와 L_nFeHgX가 그 생성물이다. 분명히 이 같은 예에는 두 가지 경로가 적용된다. 경로 **e**(도식 **7.9**와 **7.11**)는 환원성 제거 반응 경로를 통해 보존을 일으키고, R 기가 탄화수소를 안정화시킬 수 있는 작용기로 치환될 때는 경로 **d**(도식 **7.9**와 **7.11**)가 HgX_3^-으로부터 X^-를 잡을 수 있는 배위되지 않은 R^+를 생성하는 역할을 한다.

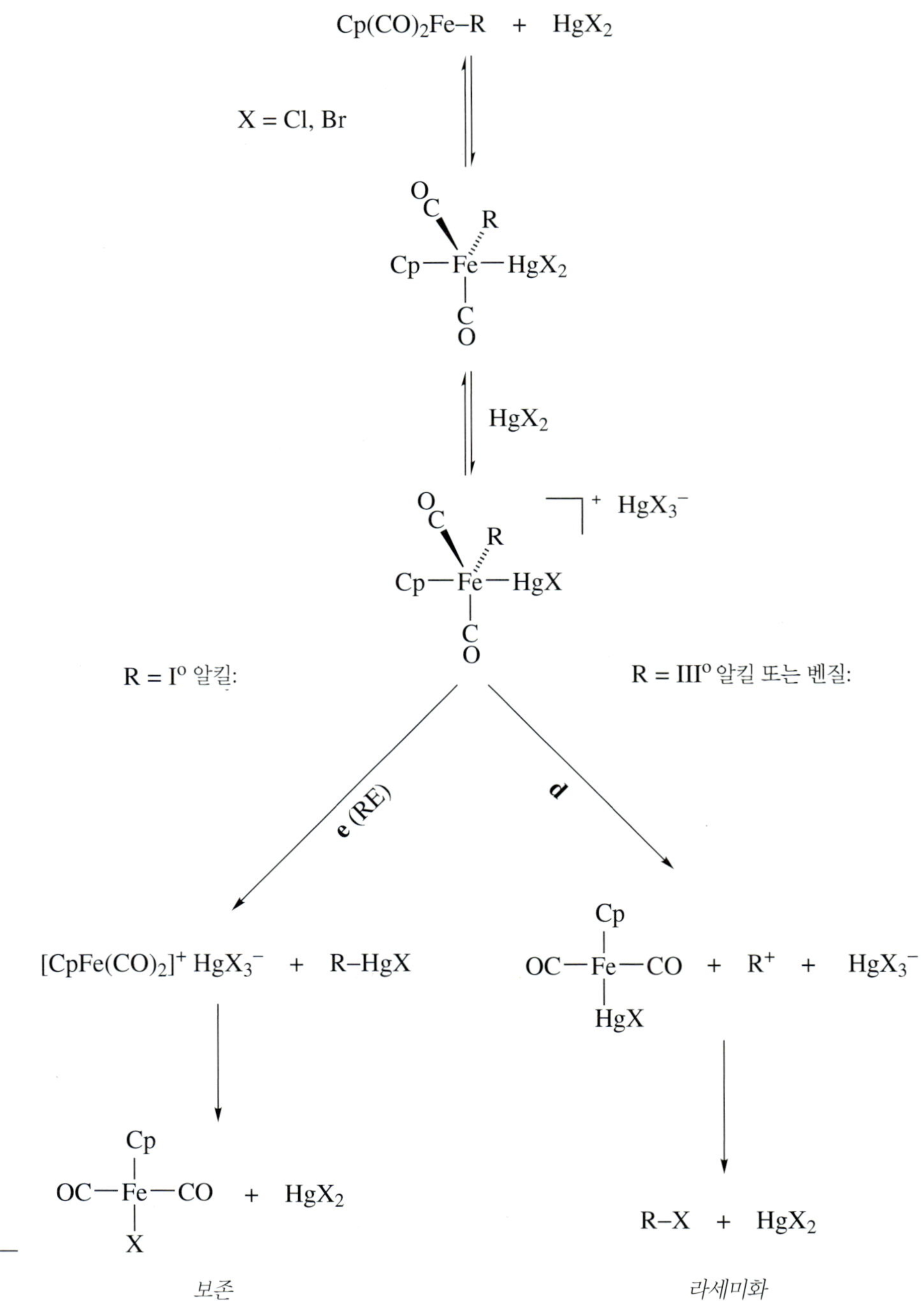

도식 7.11
Hg(II)에 의한 Fe–C 결합 깨짐

다음 반응식은 Hg(II)염에 의한 친전자성 분해의 실제 예를 보여준다. 두 가지의 철 착화합물(R=*t*-뷰틸 기와 페닐 기) 분해는 보존과 함께 반응식 **7.63**에 나타나 있다. R 기가 페닐 기일 때, 페노니엄 이온이 형성되어 도식 **7.10**에 나타나 있듯이 배열의 보존이 일어난다. 그러나 Hg(II)를 포함하는 이차 속도식은 경로 **e**를 분명하게 보여주고 있다. 반응식 **7.64**의 *트랜스*–$CpW(CO)_2(PEt)_3$(알킬) 착화합물 역시 배열의 보존과 함께 분해가 진행된다.

R, H, D, H, D, $Fe(CO)_2Cl$ —$HgCl_2$→ R, H, D, H, D, HgCl

R = *tert*-Bu, Ph **7.63**

Cp, OC, W, CO, Et_3P, H, D, H, D, Ph —$HgCl_2$→ [Cp, OC, W, CO, Et_3P, HgCl, H, D, H, D, Ph]$^+$ Cl^- ⟶ Cp, OC, W, Cl, Et_3P, CO + HgCl, H, D, H, D, Ph **7.64**

반면, Mn 착화합물(반응식 **7.65**) 또는 Co 착화합물(반응식 **7.66**)의 Hg(II) 분해에는 배열의 반전이 나타나는데 이는 S_E2 메카니즘(경로 **a**, 도식 **7.9**)을 통하는 것으로 생각된다. 금속 주위의 입체 장애—특히 크기가 큰 두자리 리간드(bidentate)를 가지고 있는 Co 착화합물의 경우—역시 Hg(II) 분해가 배열의 반전을 일으키는 이유로 생각된다. Co 착화합물과 관련하여 전이상태, **33**이 제안되었다.

CO, OC, PEt_3, Mn, OC, CO, H, D, H, D, Ph (*트레오*) —$HgCl_2$→ HgCl, D, H, H, D, Ph (*에리트로*) + CO, OC, PEt_3, Mn, OC, CO, Cl **7.65**

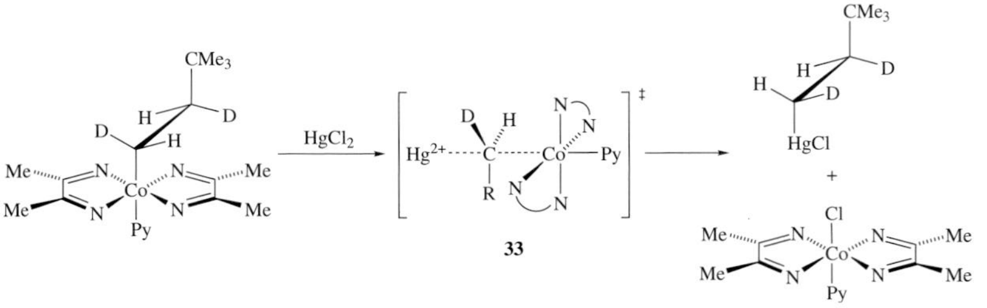

7.66

비록 친핵성 분해가 금속으로부터 σ 결합된 탄화수소 리간드를 제거하기 위한 중요한 방법으로 여겨지지만, 이 과정에 대한 적절한 경로는 다양하다. 이 같은 떼기의 입체 화학 과정에 관하여 몇 가지를 일반화할 수 있다. 예를 들어, 앞 전이금속이 포함될 때 모든 친전자체의 배열 보존 또는 가양성자 분해(protonolysis) 반응 동안의 보존이 있다. 그러나 대부분 분해의 입체 화학은 예측하기 어렵고, 이는 서로 밀접한 관계가 있는 다수의 요소들에 따라 의존한다.

7-4-2 π 결합된 리간드의 첨가와 떼기

단일 올레핀(monoolefin)과 아렌(arene)과 같은 π 리간드에 대한 친핵체의 공격에 대한 많은 논의를 **7-2-2**절에서 하였다. 이러한 반응에서, 합토수($\eta^n \rightarrow \eta^{n-1}$)와 전체 전하($+n \rightarrow +n-1$)는 한 단위에 의해 바뀌는 경향을 보인다. 친전자체의 경우도 이와 비슷한 현상이 일어나며, 합토수와 전체 전하의 변화는 친핵체의 반응에서 발견되는 것과 정 반대로 일어난다. 비록 π 결합을 포함하는 리간드에 대한 친핵성 공격에 비해 친전자성 공격에 관한 문헌은 많지 않지만, 이러한 반응에 관한 많은 예들이 존재한다.

첨가

반응식 **7.67**에서 친전자체의 공격은 β 위치에서 발생하며, 카벤(carbene) 화합물을 중간체로 형성한다; 뒤이어 CH_3I가 이탈되어 acyl–Re 화합물이 최종 화합물로 형성된다.

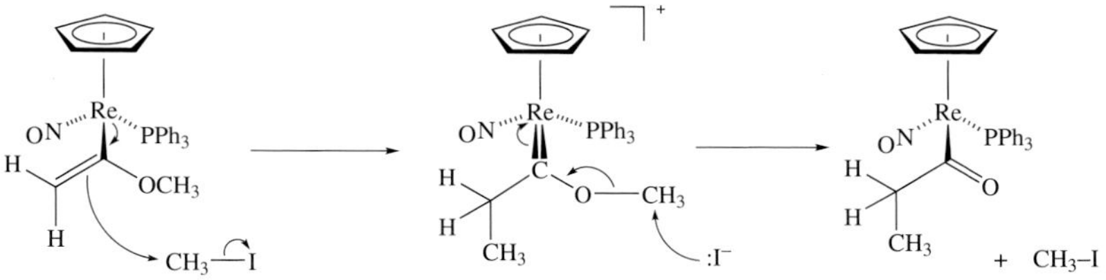

7.67

이러한 반응의 조금 더 최근의 예가 식 **7.68**에 나타나 있다. 여기에서 입체 장애가 큰 Cp^*와 Tp(구조 **34**)리간드는 친전자성 반응을 유도한다. Cp^*와 Tp루테늄 바이닐리덴(vinylidene) 화합물 모두 바이닐리덴의 β 위치에 H^+가 친전자성 첨가 반응을 하면 카바인(carbyne) 화합물이 형성된다. 반면에 메틸 트리플레이트를 사용하면, 결과적으로 Cl을 잃고 CH_3Cl을 형성한다. 이러한 가능한 방식의 반응을 친전자 떼기(electrophilic abstractioin)라고 하였으며 위의 반응은 "CH_3^+"에 의한 Cl의 친전자 떼기 반응이다. Cp^*와 Tp 리간드의 입체 장애는 금속이 직접 공격 당하거나 바이닐리덴의 β 위치에 부피가 큰 친전자체의 공격을 막는다.

$[L^*(Ph_3P)(Cl)Ru{\equiv}C{-}CH_2Ph]^+ BF_4^-$ ←(HBF_4)— $L^*(Ph_3P)(Cl)Ru{=}C{=}CHPh$ —(MeOTf)→ $L^*(Ph_3P)(TfO)Ru{=}C{=}CHPh$ + CH_3Cl

L* = Cp* 또는 Tp **7.68**

34

반응식 **7.69** 은 η^1–allyl 화합물의 γ 위치의 첨가 반응을 입증하였으며 [Fe(알켄)]$^+$화합물의 친핵성 첨가 반응(식 **7.39**와 **7.40** 참고)의 역반응을 나타내었다. 이 반응의 합성 유용성은 식 **7.70**에 소개되어 있으며, 여기서 철 화합물은 α,β가 불포화된 다이에스터(α,β-unsaturated diester)에 짝지은 첨가(conjugate addition)를 한다. 결과적으로 생성된 η^2–π 리간드는 탄소 음이온의 분자간 친핵성 첨가를 통하여 치환된 형태의 사이클로펜테인(cyclopentane)을 만들며, 이러한 분자는 여러 다른 분자들로 전환될 수 있을 것이다.

$Fp{-}CH_2CH{=}CH_2$ (α, β, γ) + $CH_3{-}C(=O){-}Cl$ —(Ag^+)→ $Fp^+{-}(\eta^2\text{-}CH_2{=}CH{-}CH_2C(=O)CH_3)$ + AgCl **7.69**

7.70

5-1-4절에서 처음으로 소개되었던 비교적 드문 8족의 카바이드(carbide) 화합물은 친전자 첨가를 하며, Ru와 Os화합물 간에 약간의 반응성 차이가 있다. 도식 **7.12**는 금속 카바이드가 카바인(carbyne) 화합물(**9-4**절에서 보게 될 것이다)을 생성하는 친전자 첨가 반응을 소개하고 있다. 화합물 **35**와 **36**은 모두 MeOTf와 반응하여 메틸화 반응을 수행하며, 이러한 반응은 카바이드 탄소가 부분 음전하를 가지기 때문에 놀라운 일이 아니다. 두 화합물은 강한 양성자 산(protic acid)과 반응하지만, Ru 카바이드는 카바이드 탄소에 양성자가 첨가되어(protonation) 재배열된 화합물을 생성한다. 그러나 단적인 예로 Os 카바이드는 HOTf와 반응하여 친전자 첨가 화합물 **37**을 만든다. 아실륨 이온($R–C{\equiv}O^+$)의 친전자 첨가는 입체 장애와 카바이드 탄소의 루이스 염기도에 영향을 받는다. 화합물 **35**는 아세틸 클로라이드나 피발로일 클로라이드(pivaloyl chloride)와 반응하지 않는다. 화합물 **36** 역시 피발로일 클로라이드와 반응하지 않지만, 벤조일 클로라이드(benzoyl chloride)와는 반응하여 카바이드 탄소에 친전자 첨가된 화합물을 생성한다. Johnson과 그의 동료들은 피발로일 클로라이드의 반응성 부족에 대하여 큰 입체 규모(steric bulk)와 높은 루이스 염기도를 가진 Ru 카바이드보다 더 큰 Os 카바이드의 반응성으로 설명하였다.

반응식 **7.71**은 친전자체("Et+")의 카보닐 산소(η^4–dienone 리간드의 가장 전자가 풍부한 위치)에 대한 공격을 보여주며, η^5 합토수를 가지는 화합물을 생성한다.

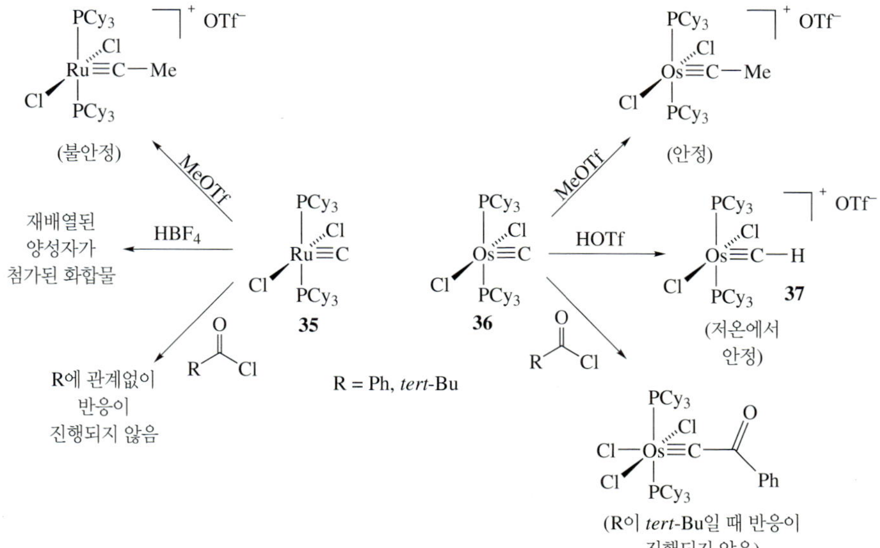

도식 7.12
제8족 카바이드 화합물의 친전자 첨가 반응

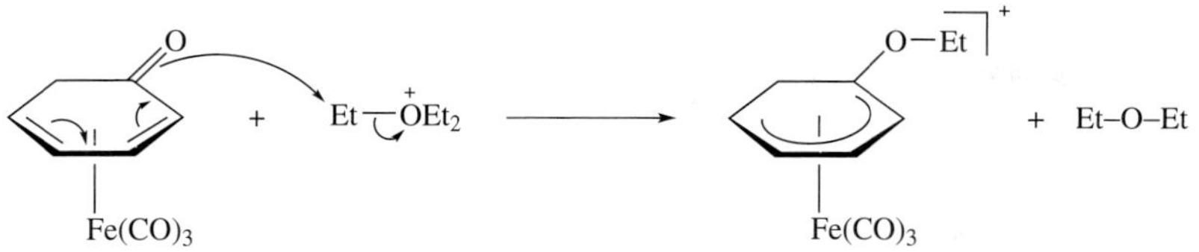

7.71

마지막으로 Cp 리간드에 대한 강한 루이스 산인 $B(C_6F_5)_3$의 친전자 첨가 반응은 η^4–Cp Re 화합물 **38**을 형성한다. η^4–Cp 고리의 C–H 결합의 산화성 첨가 반응(분자간 C–H 결합 활성)은 식 **7.72**에서 보여주는 것처럼 쯔비터(zwitter) 이온성의 레늄 이수소음이온(dihydride)을 형성한다.

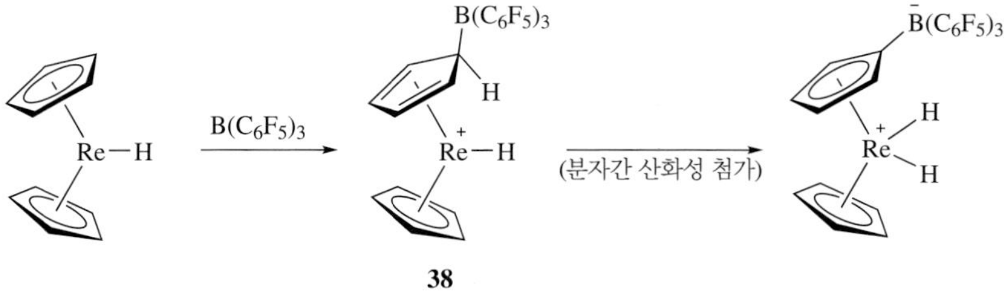

(분자간 산화성 첨가)

38

7.72

떼기

일부 σ결합 탄화수소나 배위된 π 리간드에서 친전자성 떼기가 일어난다. 이러한 반응에서 trityl 양이온인, Ph_3C^+는 일반적으로 친전자체로 사용된다. 화학식 **7.73**은 β 위치의 알킬 리간드의 떼기를 통해 η^2–알켄 화합물을 생성하는 유용한 합성 방법을 제시한다.

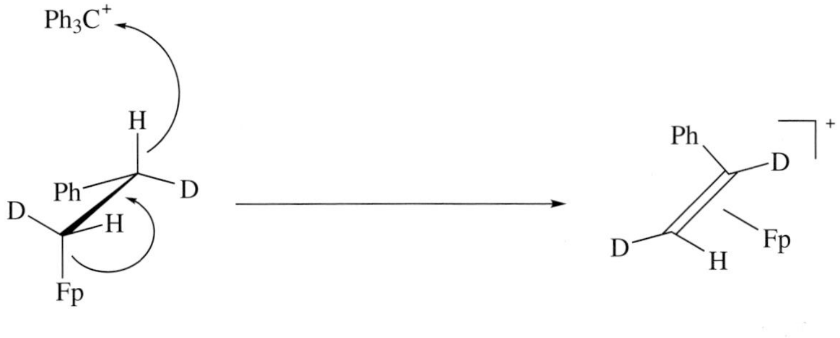

과

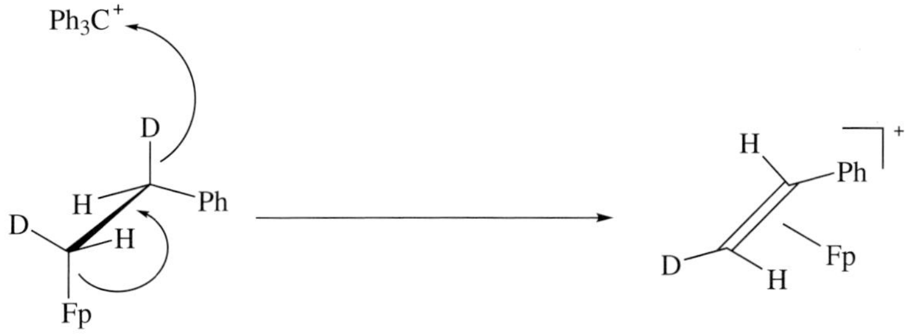

7.73

β 위치에 중수소가 치환된 리간드의 사용을 통해 보여주듯이 이러한 반응은 입체 특이적(stereospecific)이다. 이러한 화합물의 형성은 유기 화합물의 E_2 경로와 유사한 *안티* 제거(*anti* elimination)를 필요로 한다. 다만, 염기에 의해 제거가 일어나는 유기 유사체와(organic analog)는 달리 친전자체에 의해서 떼기가 일어난다는 차이가 있다. 식 **7.73**과 같은 반응에서 trityl 양이온이 수소음이온(hydride)을 떼는 물질로 사용되는 것은 놀랄만한 것은 아니다. 양이온은 비교적 안정하며(trityl 염은 구매 가능) 쉽게 다룰 수 있다. Trityl 양이온은 입체 크기 때문에 금속을 직접 공격하지 않는다. 결국 반응은 엔탈피 변화의 관점에 따라 열역학적으로 안정한 방향으로 진행된다.

Ph_3C^+에 의한 η^3–allyl–Mo 화합물의 수소음이온의 떼기는 식 **7.74**에 나타내었으며 한 단위의 합토수 감소를 가져온다.

OC Mo OC H_2C H η^3 $\overset{+}{C}Ph_3$ → $[$OC Mo OC$]^+$ η^4 + $Ph_3C–H$

7.74

비록 앞으로 공부할 장에서 다른 종류의 반응들을 배우게 되겠지만, 리간드 치환, 산화성 첨가, 환원성 제거, 삽입, 제거 및 리간드에 대한 친핵성과 친전자성 공격은 모든 유기금속화학을 아우르는 근본적인 과정을 포함한다. 이러한 반응의 이해는 다른 화학 분야에 대한 유기 전이금속 화학의 많은 응용을 인식하도록 할 것이다. 제8장에서는 산업적으로 유용한 분자들을 합성하는 과정에서 촉매로 사용되는 유기금속 화합물의 역할에 대하여 알아볼 것이다. 이러한 변환(transformation)에 포함되는 각각의 단계는 전형적으로 6장과 7장에서 배웠던 기본적인 반응이다.

[연습 문제]

7-1 다음 반응의 생성물을 예측하시오.

a. *cis*-$Re(CH_3)(PR_3)(CO)_4$ + ^{13}CO → [모든 생성물의 구조를 그리시오.]

b. *trans*-$Ir(CO)Cl(PPh_3)_2 + CH_3I \rightarrow$ **A** ; **A** + CO → **B**

c. $CH_3Mn(CO)_5 + SO_2 \rightarrow$ [어떠한 기체도 발생하지 않음]

d. η^5–$CpFe(CO)_2(CH_3) + PPh_3 \rightarrow$

e.

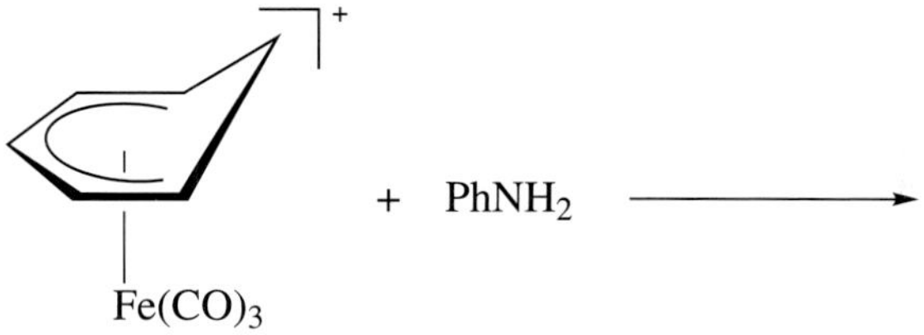

$$[(\eta^5\text{-}C_6H_7)Fe(CO)_3]^+ + PhNH_2 \longrightarrow$$

Fe(CO)3

7-2 다음 평형식의 생성물의 구조를 예측하시오(참고: 생성물은 18-전자 규칙을 만족한다).

$$[(\eta^5\text{–}Cp)Rh(CH_2CH_3)(PMe_3)(S)]^+ \rightleftharpoons \quad + \ S$$

(S = THF와 같이 약하게 배위되어있는 용매)

7-3 다음 반응의 생성물을 예측하고, 예상되는 생성물의 상대적인 분포도(relative distribution)와 각각의 구조를 명확히 밝히시오.

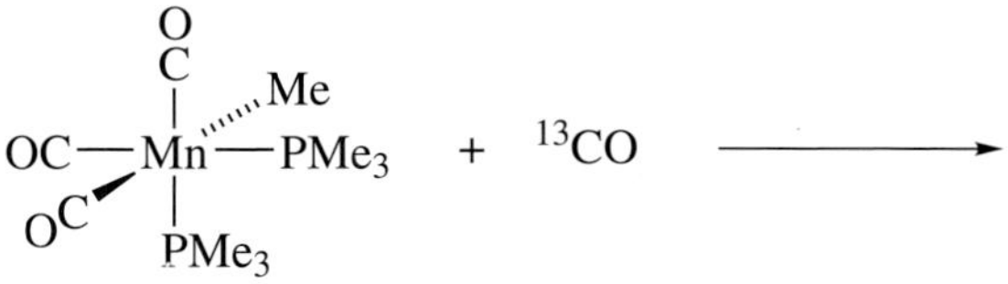

$$Mn(CO)_3(Me)(PMe_3)_2 + {}^{13}CO \longrightarrow$$

7-4 ^{13}C이 표지된 분자는 열에 의한 CO의 손실을 보여준다. 생성물을 예측하시오(메카니즘은 제시된 것과 반대로 진행된다).

a. 직접 CO 삽입
b. 분자내 CO 이동
c. 분자내 CH_3 이동

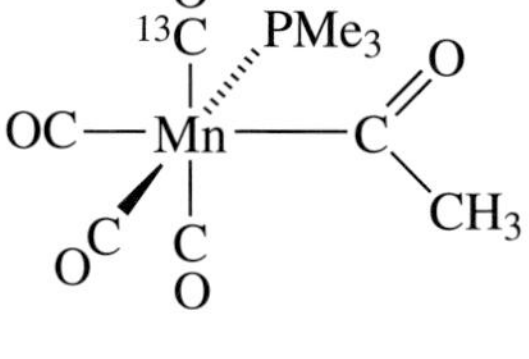

$$Mn(CO)_3({}^{13}CO)(PMe_3)(C(O)CH_3)$$

7-5 다음 변환(transformation) 반응의 메카니즘을 제안하시오.

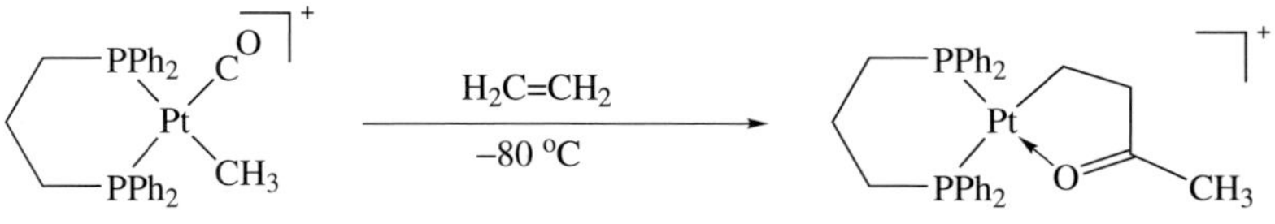

$$[Pt(PPh_2CH_2CH_2CH_2PPh_2)(CO)(CH_3)]^+ \xrightarrow[-80\ ^\circ C]{H_2C=CH_2} [Pt(PPh_2CH_2CH_2CH_2PPh_2)(CH_2CH_2C(=O)CH_3)]^+$$

7-6 $[(\eta^6\text{–}C_6H_6)Mn(CO)_3]^+$의 카보닐 띠는 2026과 2080 cm^{-1}에서 나타나고 하나의 ^1H NMR에서 한 개의 공명을 δ 6.90 ppm에서 가지고 있다. 이 화합물은 PBu_3와 반응하여 화합물 **5**를 생성하며, 1950과 2028 cm^{-1}에서 적외선 띠를 나타내고 δ 6.03(상대 면적=1), 5.50 (2), 4.40 (1), 3.40 ppm (2)에서 ^1H NMR 신호(signal)가 나타나며 신호는 뷰틸 그룹과 일치한다. 화합물 **5**는 광화학적으로(photochemically) **6**으로 전환되고, 1950과 1997 cm^{-1}에서 적외선 띠가 나타나며 δ 6.42 ppm에서 뷰틸 그룹과는 다른 하나의 신호를 보인다. **5**의 구조를 제안하시오.

7-7 아래의 변환을 참고하시오. CH_2Cl_2가 용매로 사용될 때 **7**이 우세하게 형성된다. 톨루엔과 다이에틸 에테르를 용매로 사용하면 **7**과 **8**의 혼합물이 합성되며, **7**이 주도적으로 형성된다. 연구자들은 7장의 S_E2와는 다른 SO_2 삽입 메카니즘을 추정하였다.

a. 이 반응의 대체할 수 있는 단계별 메카니즘을 제시하시오. [힌트: Pd 화합물 출발 물질의 어떤 위치가 SO_2와 결합하기에 유리한가?]

b. 화합물 **7**의 형성의 경로로 S_E2 메카니즘은 적합하지 않은가?

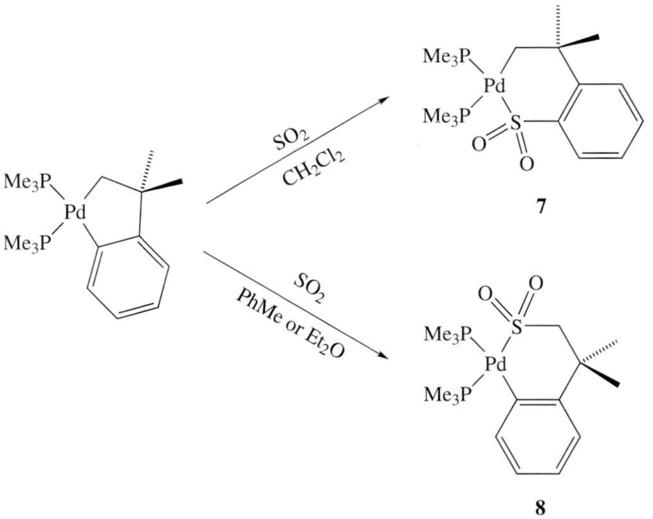

Me3P, Pd, Me3P — SO_2 / CH_2Cl_2 → Me3P, Pd, Me3P, S, O, O — **7**

SO_2 / PhMe or Et_2O → O, O, S, Me3P, Pd, Me3P — **8** + 7

7-8 아래에 보여주는 각 단계별 반응을 따르시오. 각 단계에서 일어나는 기본적인 유기금속 반응의 종류를 나타내시오.

PdX_2L_2 + CO → $Pd(CO)LX_2$ → (HO–CH₂CH₂–C≡C–H) LX_2Pd–C(=O)–O–CH₂CH₂–C≡C–H]⁻ → LX_2Pd–CH=(α-methylene lactone)]⁻ → (H^+) $LX_2Pd(H)$–CH=(lactone) → $PdLX_2$ + H_2C=(α-methylene-γ-butyrolactone)

7-9 다음 반응의 메카니즘을 제안하시오.

(COD)Pd(Me)Cl → (R–C≡C–R, R = CO_2Me) [Pd(Cl) dimer, 2]

7-10 다음 변환의 메카니즘을 제안하시오. [힌트: 메카니즘은 6, 7장에 설명하고 있는 단계들을 포함하고 있다.]

$[CpRu(PPh_3)_2(=C=CH_2)]^+$ → (PPh_3, CH_3CN/Δ) $CpRu(PPh_3)$(vinyl-$\overset{+}{P}Ph_2$-C_6H_4) + PPh_3

제8장

균일 촉매 반응

촉매 반응에서 전이금속 착화합물의 활용

Homogeneous Catalysis

The Use of Transition Metal Complexes in Catalytic Cycles

많은 반응이 열역학적으로는 유리하지만 실온에서 매우 느리게 일어난다. 몇 가지 예가 반응식 **8.1~8.3**에 제시되어 있다.

수성 가스 이동 반응(water gas shift reaction):

H_2O (g) + CO (g) ⟶ H_2 (g) + CO_2 (g)

$\Delta_R G^o = -6.9$ kcal/mol **8.1**

알켄 수소-첨가 반응(alkene hydrogenation):

$CH_3CH{=}CH_2$ (g) + H_2 (g) ⟶ $CH_3CH_2CH_3$ (g)

$\Delta_R G^o = -20.6$ kcal/mol **8.2**

글루코스 대사 반응(glucose metabolism):

$C_6H_{12}O_6$ (글루코스) + 6 O_2 (g) ⟶ 6 H_2O (l) + 6 CO_2 (g)

$\Delta_R G^o = -688$ kcal/mol **8.3**

*촉매*는 위에 제시된 반응들뿐만 아니라 셀 수도 없는 많은 반응의 속도를 극적으로 증가시킨다. 이런 반응들 중에는 자유 에너지 값을 음수로 갖지 못하는 것들도 있다. 몇몇 변환 반응에서 전이금속 배위 화합물이 촉매로 작용하는 예를 제8장에서 살펴볼 것이다. 이 반응들 중에는 산업적으로 유용한 것들도 있다. 전이금속 촉매들은 제6장과 제7장에서 논의되었던 대부분의 반응성을 보여준다. 우리는 제8장에서 다양한 촉매 순환 과정(catalytic cycle)을 접하게 될 것이다. 전이금속이 관련된 그 밖의 촉매 반응들은 제10장에 기술되어 있다.

8-1 균일 촉매 반응의 기본 개념

Berzelius는 약 150년 전에 촉매 작용(또는 촉매 반응, catalysis) 현상을 인지하였다. 20세기가 들어설 때까지 열역학 원리들이 개발되고 평형 개념이 확립되자, 촉매는 생성물들과 반응물들의 평형 분포(equilibrium distribution)에 영향을 주지 않으면서 반응속도를 증가시키는 물질이라는 것을 과학자들이 인식하게 되었다. 촉매가 반응물이나 생성물의 자유 에너지 값을 바꾸지 않으면서 반응속도를 증가시킬 수 있는 정확한 이유는 오랫동안 미스터리로 남아 있었다. 그러나 최근 수십 년 동안에 반응속도론, 입체 화학 연구, 분광학 같은 방법으로 마침내 촉매 반응의 메카니즘 경로들을 밝힐 수 있었다. 촉매가 반응물들과 상호작용하여 비촉매 반응 경로의 활성화 에너지보다 현저하게 낮은 활성화 에너지를 갖는 반응 경로를 제공한다는 점은 이제 분명하다. 그림 **8-1**은 이런 현상을 묘사해주고 있으며, 실선은 비촉매 반응을, 점선은 촉매 반응을 표시한다.

촉매는 기본적으로 촉매 순환 과정에서 반응물(기질, substrate)과 결합하여, 기존의 결합을 깨거나 새로운 결합을 형성한 다음, 생성물을 해리시킨다(도식 **8.1**). 각각의 촉매 순환 과정에서 촉매가 재생되어 또 다른 순환 과정에 들어갈 수 있다. 화학자들은 각 촉매 반응을 *전환*(turnover)라고 부른다. 효율적인 촉매는 수백~수천 번의 전환에 참여할 수도 있다. *전환 수*(turnover number, TOF)는 촉매 1 mol 당 생성물 분자로 변환되는 반응물 분자들의 총 개수로 정의된다. 활성 자리(active site) 한 개를 갖고 있는 균일 촉매인 경우에만 이런 정의가 유효하다. 촉매가 두 개 이상의 활성 자리를 갖고 있다면, 각각의 활성 자리에 대하여 *전환수*(TOF)가 계산된다. *전환 빈도*(turnover frequency)는 단위 시간당 전환수로 정의된다. 반면, 화학량적(stoichiometric) 반응에서는 생성물 분자당 "촉매"(사실은 반응물)의 전환수(TOF) 값은 *1*일 뿐이다.

8-1-1 선택성

열역학 법칙에 의하면, 변환 반응이 평형에 도달하도록 충분한 시간이 주어진다면, 비촉매 반응의 생성물 분포와 촉매 반응의 생성물 분포가 반드시 똑같아야 한다. 그러나 촉매는 초기 생성물 분포에 영향을 줄 수 있기 때문에, 열역학적으로 덜 안정한 생성물이 형성될 수도 있다. 화학자들은 이런 현상을 *선택성*(selectivity)이라고 부른다. 촉매는 화학 선택성(chemoselectivity), 위치 선택성(regioselectivity), 입체 선택성(stereoselectivity) 등의 여러 종류의 선택성을 나타낸다. 반응식 **8.4**는 입체 선택성의 일례를 보여준다. 이 반응에서 수소-첨가 반응이 반응물의 한 작용기에만 선택적으로 일어난다. 이론적으로는 수소-첨가 반응이 페닐 고리, C=C 결

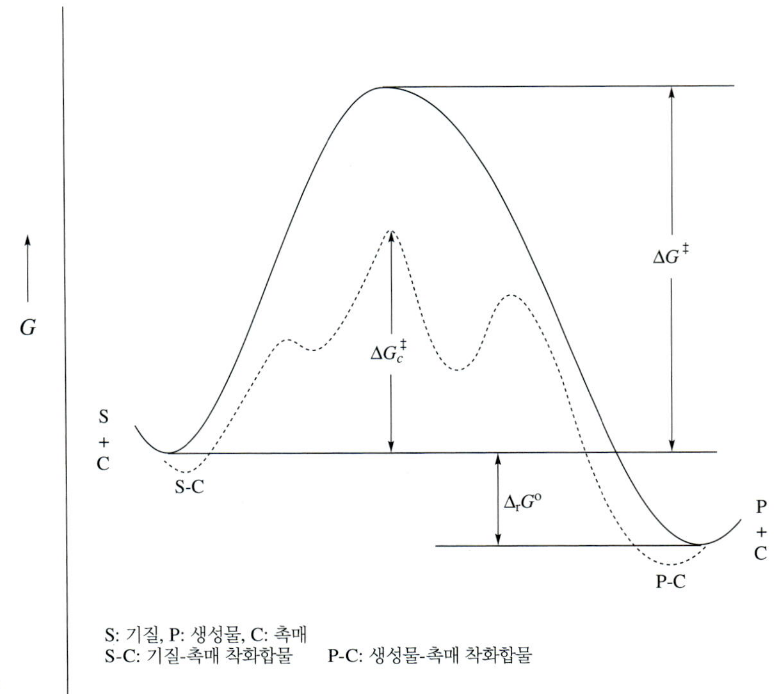

그림 8-1
촉매 반응과 비촉매 반응에서 반응 진행에 따른 에너지 변화량

합, 또는 나이트로(NO_2) 작용기에 일어날 수 있지만, Rh 촉매가 존재하면 H_2가 알켄 그룹에만 첨가된다.

NO_2 $\xrightarrow[(PPh_3)_3RhCl]{H_2}$ NO_2 (80% 수율) **8.4**

반응식 **8.5**에 나타나 있는 것처럼, 수소-포밀 첨가 반응에서 위치 선택성을 볼 수 있다. 이 반응에서 두 위치 이성질체 중 하나가 주도적으로 형성된다. Co 촉매를 변형시켜 가지달린 생성물 비율보다 사슬형(anti-Markovnikov) 생성물의 비율을 증가시킬 수 있다.

도식 8.1
C=C 이중 결합의 이성질화(isomerization) 반응의 촉매 순환 과정의 도식

$$\text{R-CH=CH}_2 \xrightarrow[\text{HCo(CO)}_4]{\text{CO/H}_2} \text{R-CH}_2\text{-CH}_2\text{-CHO} + \text{R-CH(CHO)-CH}_3$$

주생성물 부생성물 **8.5**

이중 치환된(disubstituted) 알카인의 수소-첨가 반응에서 Lindlar 촉매의 위치-선택성을 볼 수 있다(반응식 **8.6**). 이런 촉매는 두 입체 이성질체 중에서 한 입체 이성질체의 형성을 촉진한다. 이 반응에서는, *Z* 알켄이 *E* 알켄보다 선택적으로 형성된다.

$$CH_3CH_2—C{\equiv}C—CH_2CH_3 \xrightarrow[\text{Pd/CaCO}_3\text{/퀴놀린}]{H_2} (CH_3CH_2)HC{=}CH(CH_2CH_3) \quad \textbf{8.6}$$

촉매는 또한 반응물과의 초기 결합(binding)에서 선택성을 나타낸다. 효소는 특히 이성질체 쌍 중에서 하나에 선택적으로 결합하는 능력을 잘 보여준다. 결합된 이성질체는 반응하고, 남아있는 이성질체는 비활성이다. 예를 들면, 물이 입체-선택적으로 휴마릭 산(fumaric acid)(*E* 이성질체)에 첨가될 때, 휴마라제(fumarase)

라고 불리는 효소가 촉매로 작용한다. 나머지 휴마릭 산(Z 이성질체)은 휴마라제 효소에 결합하지 못한다.

$$HO_2C(H)C{=}C(H)CO_2H \xrightarrow[\text{휴마라제}]{H_2O} HO_2C{-}C(H)(OH){-}CH_2{-}CO_2H \quad \textbf{8.7}$$

(*S*)-말레이 산

8-1-2 균일 촉매 반응과 불균일 촉매 반응 비교

지금까지 많은 촉매 반응을 접해 보았을 것이다. 유기화학에 익숙한 사람은 반응식 **8.2**가 알켄의 수소-첨가 반응이고, 이 반응이 비활성 지지체 위에 촉매량(catalytic amount, 미량) 정도 축적된 Pd 또는 Pt 존재하에서만 빠른 속도로 진행되는 것을 알 것이다. 알코올과 카복실산으로부터 에스터를 합성하는 반응에는 H_2SO_4 또는 HCl 부류의 무기산(mineral acid)이 촉매로 작용한다(반응식 **8.8**).

$$C_6H_5C(=O)OH + CH_3CH_2OH \underset{H^+}{\rightleftharpoons} C_6H_5C(=O)OCH_2CH_3 + H_2O \quad \textbf{8.8}$$

화학자들은 앞 반응에 관련된 촉매를 *불균일* 촉매(*heterogeneous* catalyst), 반응식 **8.8**에 있는 촉매를 *균일* 촉매(*homogenous* catalyst)라고 부른다. 불균일 촉매는 반응 매체(medium, 용매)에서 반응물들의 상(phase)과는 다른 상으로 존재하며, 전형적으로 액체나 기체 반응물들의 반응 혼합물에서 고체 형태로 존재한다. 반면에 균일 촉매는 반응 매체에 용해되어 다른 반응물들과 같은 상으로 존재한다. 화학 산업에서 전이금속 촉매들을 균일 촉매 반응의 촉매로 활용하려는 시도가 증가하고 있으며, 불균일 촉매는 역사적으로 주도적인 촉매로 작용하여 왔다.

표 **8-1**이 균일 촉매와 불균일 촉매의 주된 차이점들을 요약해주고 있다. 뒤에 논의될 균일 촉매들은 전이금속들을 함유하고 있다.

촉매 조성 및 활성 자리의 속성

불균일 촉매의 활성 자리는 구별되지 않은 분자 개체들이기 때문에 이것을 규명하기가 어렵다. 금속 원자들이 축적되어 있는 고체 지지체 물질(실리카 젤, 제올라이

표 8-1 균일 촉매와 불균일 촉매의 주된 차이점

특성	균일 촉매	불균일 촉매
1. 촉매 조성 및 활성 자리의 속성	분명하게 정의된 활성 자리를 가진 개별적인 분자	구별되지 않은 분자 개체들: 활성 자리가 분명하게 정의되지 않음
2. 반응 메카니즘 규명	표준 방법으로 비교적 정확하게 규명	매우 어려움
3. 촉매 성질	용이한 변형, 비교적 높은 선택성, 빈약한 열 안정성, 온화한 반응 조건에서 작용	어려운 변형, 비교적 낮은 선택성, 높은 열 안정성, 격렬한 반응 조건에서 작용
4. 생성물로부터 촉매 분리의 용이성	대부분의 경우 어려움	비교적 쉬움

트)의 응집체(aggregate)들이 활성 자리일 수 있다. 촉매 표면 위의 모든 자리가 똑같은 활성, 물리적 또는 화학적 특성을 갖지는 않는다. Auger 분광학, 전자 분광학(electron spectroscopy), 주사 터널링 현미경법(scanning tunneling microscopy) 등의 화학 분석 기법들이 이와 같은 촉매 표면의 속성을 규명하기 위하여 사용되어 왔다. 오늘날까지 많은 진전이 있었지만, 불균일 촉매 작용을 완전하고 설득력 있게 이해하려면 훨씬 더 많은 정보가 얻어져야 한다.

반면에, 균일 촉매는 개별적인 분자이기 때문에, NMR, IR 등의 표준 분광법으로 비교적 쉽게 규명될 수 있다. 활성 자리는 금속과 리간드로 구성되어 있다.

반응 메카니즘 규명

불균일 촉매의 활성 자리의 조성을 규명하기 어렵기 때문에 촉매를 포함하고 있는 반응 메카니즘을 밝히는 일은 문제점이 많을 수 있다. 이와 대조적으로, 균일 촉매 반응 분야는 반응 메카니즘 규명에 유용한 기법들을 많이 개발하였기 때문에 최근 수십 년 동안 빠르게 발전하고 있다. 균일 촉매 반응의 메카니즘을 밝히기 위해서는 통상적인 방법들을 이용하여 일련의 단일(elementary) 단계 반응의 각각을 연구하여야 한다. 각 단계가 속도론적으로나 열역학적으로 타당하다고 밝혀져야 한다. 이런 일은 여러 촉매 순환 과정을 포함하는 반응에 대해서는 매우 어렵지만, 불균일 촉매 반응 중에 일어나는 일을 정확히 규명하는 일만큼 어렵지는 않다.

촉매 성질: 변형 용이성, 선택성, 열적 안정성, 반응 조건

균일 촉매는 전형적으로 유기금속 배위 화합물이기 때문에, 비교적 쉽게 촉매를 변형시켜 선택성을 증가시킬 수 있다. 포스핀이 균일 촉매 리간드로 사용되는 경우를 쉽게 접할 수 있는데, 포스핀은 촉매 반응 경로에 지속적으로 영향을 줄 수 있는 다양한 입체-전자적(streoelectronic) 성질들을 제공하기 때문이다.

균일 촉매는 일반적으로 불균일 촉매보다 열적으로 훨씬 덜 안정하지만, 균일 촉매 반응은 더 온화한 온도와 반응 조건에서 진행된다. 만일 불균일 촉매가 하는 일만큼 할 수 있는 충분히 활성적인 균일 촉매가 발견된다면, 에너지가 굉장히 절약되고 초기 자본이 적게 들기 때문에(고압과 고온에서 가동되는 공장을 세우는 것은 돈이 무척 많이 든다), 점점 더 많은 산업계 종사자들이 균일-촉매 공정을 사용하게 될 것이다.

반응 생성물들로부터 분리 용이성

균일 촉매는 불균일 촉매와 비교해서 단점 하나를 갖고 있는데, 반응 생성물들로부터 균일 촉매를 분리하는 것은 무척 어렵다는 것이다. 생성물의 순도를 높이고, 또한 사용된 Pd나 Rh 같은 귀금속을 보존하기 위하여 촉매 회수는 매우 중요하다.

8-1-3 효소: 균일 촉매일까 불균일 촉매일까?

실험실이나 산업에서 접하는 촉매들과 자연에 존재하는 촉매(즉, 효소)을 비교하지 않고는 촉매에 대한 논의가 아직 완결되지 않는다. 효소는 세포의 수용액 매체에 녹아있거나 세포벽에 결합되어 있는 단백질이다. 용해성 효소는 용해도를 제외하곤 균일 전이금속 촉매와 비슷하게 작용한다. 효소는 최소한 한 개의 활성 자리(그림 **8-2**)를 갖고 있으며, 기질이 이 자리에 결합하여 생성물로 변환된다. 효소의 아미노산 서열을 바꾸면, 효소의 촉매 효율성을 극적으로 바꿀 수 있다. 효소는 활성 자리와는 멀리 떨어진 자리에 기질 이외의 리간드들을 결합시킬 수 있다. 이러한 촉매-리간드 결합은 단백질 구조의 형태를 변화시켜 활성 자리의 속성을 바꿀 수 있다. 이런 유형의 결합이 촉매 활성의 전제 조건이 될 수도 있다. 이와 비슷하게, 알짜 촉매 반응에 직접 참여하지 않는 리간드(예를 들면, 포스핀)를 바꾸거나 변형시키면, 전이금속 촉매의 활성을 현저하게 바꿀 수 있다.

효소의 활성 자리는 전이금속 착화합물과 같은 개별적인 분자가 아니고, 펩타이드(peptide) 내에서 서로 멀리 떨어져 있는 여러 아미노산의 작용기들로 구성되어 있다. 아미노산들의 고분자 사슬이 접혀져야(folding) 이 작용기들이 가까이 위치 할 수 있다. 효소는 전이금속 착화합물에 비해서 광대한 표면적을 가진 커다란 분자며, 다른 세포 개체들과 복합적인 상호작용을 한다.

세포막에 느슨하게 붙어있는 효소를 균일 촉매와 불균일 촉매의 혼성(hybrid)

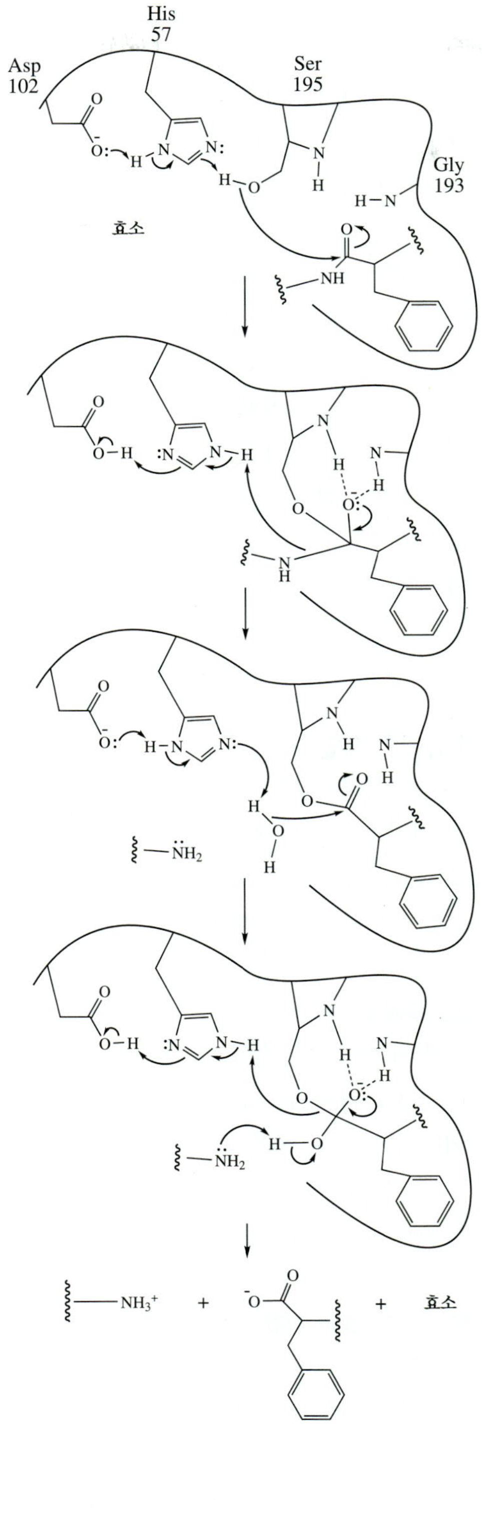

그림 8-2

효소의 활성 자리에서 일어나는 아마이드 가수분해의 Chymotrypsin 촉매 반응의 도식이라고 볼 수 있다. 세포막은 촉매-활성적인 개체들(효소들)을 지지해주는 넓은 표면적을 제공해준다. 그러나 대부분의 불균일 촉매에서 발견되는 금속 결정성 물질들과는 대조적으로, 효소는 개별적인 분자(비록 거대하지만)이다.

흥미롭게도, 전이금속 촉매 반응의 가장 활발한 연구 분야들 중 하나가 세포막-결합된 효소를 닮은 혼성 촉매의 활용이다. 전이금속 착화합물이 실리카(silica), 알루미나(alumina), 또는 유기 고분자 같은 고체 지지체에 결합하는 것에 대한 많은 연구가 보고되어 왔다. 이러한 촉매 시스템들은 균일 촉매와 불균일 촉매의 장점 둘 다 갖고 있다. 균일 매체에서의 연구를 바탕으로, 전이금속 착화합물을 쉽게 변형시켜 선택성을 증가시킬 수 있다. 다른 한편으로는, 착화합물이 고체 지지체에 결합되어 있기 때문에 수월하게 분리될 수 있다. 이러한 혼성 촉매들이 좋은 전망을 갖고 있지만, 산업적 이용은 아직 무르익지 않았다. 이러한 촉매들의 활성 자리는 결합 표면으로부터 "침출(bleeding 또는 leaching)"되는 경향을 갖고 있다. 이러한 침출 현상은 시간이 지나면서 활성을 낮추고, 만일 활성 자리가 귀금속을 포함하고 있으면 엄두를 못 낼만큼의 경비가 든다.

8-1-4 전이금속의 독특한 적합성

비록 많은 화학종이 유용한 균일 촉매(예를 들면, H^+, OH^-, Al^{3+}, 이미다졸) 역할을 하고 있지만, 전이금속 배위 화합물이 가장 높은 선택성을 보여주는 이유는 무엇일까? 다음 몇몇 단락에서의 논의들을 통해 우리가 이미 접해보았던 개념들을 상기시키면서, 이러한 중요한 질문들에 대한 해답을 얻을 수 있을 것이다.

다양한 리간드들이 전이금속에 결합한다

다양한 리간드가 금속에 배위할 수 있으며, 이 리간드를 X-유형 또는 L-유형으로 분류할 수 있다는 것을 제3~5장이 보여주었다. 사실상 전이금속은 주기율표에 있는 어떠한 다른 원소와도 결합하며, 거의 모든 유기 분자와 결합한다. 리간드는 촉매 공정에 직접적으로 포함되거나 또는 입체적 전자적 효과를 배위 화합물에 가하여 간접적으로 촉매 작용에 영향을 줄 수 있다.

전이금속은 많은 방식으로 리간드들에 결합하는 능력을 갖고 있다

제3~5장에서 다양한 리간드가 전이금속에 어떻게 결합하는지를 살펴보았다. 금속은 d, s, p 궤도함수를 이용하여 금속–리간드와 σ 결합과 π 결합을 형성할 수 있다. 예를 들면, 알릴(allyl) 같은 리간드는 η^1 또는 η^3 양식으로 결합할 수 있다. 이러한 합토-결합성(haptacity)은 촉매 순환 과정 중에 바뀔 수 있으며, 이런 변화의 용이성 때문에 리간드를 쉽게 변형시킬 수 있다. 카보닐(carbonyl) 리간드는 말단(terminal) 또는 다리(bridging) 결합 방식으로 금속에 결합할 수 있다. 메틸 또는 수소음이온(hydride) 같은 리간드는 금속의 전자 밀도에 따라 음이온성, 중성(라디칼), 또는 양이온성 화학종으로 반응할 수 있다. 끝으로, 금속–리간드 결합 세기가 중간 정도이기 때문에 (30~80 kcal/mol), 금속–리간드 결합이 쉽게 형성되거나 깨질 수 있다. 촉매 순환 과정이 진행되기 위해서 이런 현상이 반드시 필요하다.

다양한 산화수가 사용 가능하다

산화성-첨가 반응이나 환원성-제거 반응으로 리간드가 금속에 배위되거나 제거될 때, 금속의 산화수(산화 상태)가 바뀐다. 특히 주족 금속에 비해 *d* 원자가-전자들을 갖고 있는 전이금속은 대체로 여러 산화수를 이용할 수 있다. 8족~10족 원소들은 특히나 빠르고 가역적인 2-전자 변화(18 전자 $\rightleftharpoons$ 16 전자) 경향성을 지니고 있기 때문에 이 원소들이 균일 촉매 반응에 포함되는 것이 놀랄만한 일이 아니다.

전이금속 착화합물은 여러 기하구조를 보여준다

배위수에 따라 전이금속 착화합물은 다양한 구조를 가질 수 있다. 전이금속 착화합물은 흔히 사각평면, 정팔면체, 정사면체, 사각뿔, 또는 삼각쌍뿔 구조를 갖는다. 이런 기하구조 내의 금속에 결합된 리간드의 거동에 대한 정보는 이미 많이 알려져 있다. 예를 들면, 사각평면 내에서 특정한 리간드의 *트랜스* 위치에 있는 리간드가 특정한 리간드의 해리성을 높여주어, 특정한 리간드가 금속으로부터 수월하게 해리한다. 만일 리간드의 해리가 효율적인 촉매 반응에 필요하다면, (1) 사각평면 착화합물이 생성물 경로에 있는 중간체들 중 하나가 되도록 촉매 순환 과정을 고안하고, (2) 이탈기(leaving group)의 *트랜스* 위치에 높은 *트랜스* 효과를 가진 지향성 작용기(directing group)를 갖는 것이 바람직하다. 또 하나의 중요한 점은 환원성-떼어내기 반응이 핵심 단계 과정을 포함하는 것이다. 환원성-떼어내기 반응이 일어나기 위해서는 두 이탈기가 서로 *시스* 배향을 가져야 한다는 것을 제6장에서 보았다. 만일 중간체가 수월하게 형성되고, 이 중간체 내의 두 이탈기가 *시스* 배향을 갖는다면, 촉매 반응이 성공적으로 이루어질 것이다.

전이금속 착화합물은 잘 정의된 기하구조를 갖고 있기 때문에, 입체-특이적 또는 입체-선택적 리간드 상호작용에 대하여 "주형(template)" 역할을 할 수 있다. 알킬의 카보닐 작용기로의 이동 반응이 탄소 배열이 보존되면서 일어나고, 환원성-떼어내기 반응이 두 이탈기의 배열의 보존을 포함한다는 것을 알고 있다. 이런 방식으로, 전이금속 착화합물은 효소가 촉매로 작용하는 입체-특이적 반응을 모방해 낼 수 있다.

전이금속 착화합물은 "알맞은(correct)" 안정성을 지니고 있다

금속과 리간드를 변화시킴으로써 전이금속 착화합물이 너무 높지도 너무 낮지도 않은 반응성을 가진 중간체 역할을 할 수 있도록 디자인할 수 있다. 촉매 전환(turnover)이 일어나기 위해서는 촉매 순환의 각 중간체가 충분히 높은 반응성을 가져야 다음 단계로 진행할 수 있지만, 아주 높은 반응성을 가져서는 안 된다. 왜냐하면 반응이 다른 경로로(예를 들면 분해 또는 다른 결합 방식) 일어날 수도 있기 때문이다.

지금까지 전이금속과 촉매로서의 전이금속 착화합물의 독특한 적합성을 살펴보았으며, 이제 균일 전이-금속 촉매 반응 몇 개를 논의해보자.

8-1-5 촉매 작용과 녹색(green) 화학

6-2-1절에서 유기금속화학의 녹색화학적인 면들이 이미 논의된 적이 있다. 특히, H–H, C–H, C–C 결합 활성화의 환경-친화적 특성들이 논의되었다. 이 절에서는 녹색화학과 유기금속화학의 관계성에 초점을 맞추기로 한다. 녹색화학은 "화합물의 디자인, 제조, 응용에서 유해한 물질의 사용이나 생성을 줄이거나 제거하는 원리들의 활용"이라고 정의된다. 녹색화학 12개의 목표 중에서 원자 경제성(atom economy: 반응물들의 원자들 중에서 되도록이면 많은 원자들이 원하는 생성물에 들어가는 것)을 최대화하는 것이 가장 큰 목표다. 그밖의 목표들로 (1) 유해한 물질 사용을 줄임, (2) 재생 가능한 공급 원료(feedstock)를 화학 공정에 이용 (최소한 우리의 생애 동안에는, 석유는 재생 가능한 자원이 아니다), (3) 물을 용매로 이용하거나 용매를 전혀 사용하지 않음, (4) 유용하고, 비독성이며, 생분해성인 물질 생산, (5) 가능하면 화학량적 양 대신 촉매를 사용하는 것이 있다.

전이금속 화합물은 "녹색(green)" 반응 및 공정들의 촉매 반응에서 핵심 역할을 하며, 특히 원자 경제성을 최대화하고 있다. 화학 산업이 녹색화학을 제고하는데 선도적 역할을 해 왔으며, 몇몇 개발된 예를 제8장과 그 이후 장에서 보게 될 것이다.

8-2 수소 포밀 반응

전이금속의 균일 촉매 반응들 중에서 수소 포밀(hydroformylation) 반응은 세 가지 점에서 두드러진다. 이 반응은 (1) 오늘날까지도 사용되는 가장 오래된 공정이고,

(2) 전이-금속 균일 촉매 반응들 중에서 가장 대량으로 물질을 생산하는 반응이며, (3) 거의 100% 원자 경제성을 갖고 진행되는 녹색 공정이다. 수소 포밀 반응은 이미 반응식 **8.5**에 제시되어 있다.

1938년 독일 Ruhrchemie 회사의 Otto Roelen이 코발트가 촉매로 반응하는 수소 포밀 반응(*oxo* 반응이라고도 알려져 있음)을 발견하였다. 독일인들은 제2차 세계대전 동안 이 반응을 이용하여 알켄, H_2, CO로부터 알데하이드를 생산하였다. 그러나 1950년대 중반에 이르기도 전에 수소-포밀 첨가 반응이 범세계적으로 대규모 산업 공정이 되었다. 수소 포밀 반응으로 생산물을 생산하는데 두 가지 주요 인자가 추진력으로 작용하였다: (1) 석유 산업으로부터 나오는 1-alkene의 즉각적인 사용 가능성과 (2) 플라스틱 생산량의 대규모 증가로 가소제(plasticizer)의 수요 증가(가소제는 수소 포밀 반응으로 제조됨). 도식 **8.2**에서 Co가 촉매로 작용하는 수소 포밀 반응의 원래의 응용 부분들 중에서 몇몇을 묘사하고 있다. 이 반응이

프로펜:

CO/H_2, $HCo(CO)_4$ → (부탄알) + (2-메틸프로판알)

H_2O (알돌 축합 반응으로 형성됨)

H_2, Ni 또는 Pd 촉매 → OH (1-부탄올)

H_2, Ni 또는 Pd 촉매 → 2-에틸-1-헥산올

C_7~C_9 알켄:

CO/H_2, $HCo(CO)_4$ → (옥탄알) + (2-메틸헵탄알)

H_2 → 1-옥탄올

C_{11}~C_{15} 알켄:

$$CH_3(CH_2)_{10}CH{=}CH_2 \xrightarrow[HCo(CO)_3(PBu_3)]{CO/H_2} CH_3(CH_2)_{10}CH_2CH_2CH_2OH$$

도식 8.2
수소 포밀 반응으로 생산되는 산업적으로 유용한 화합물

경제적으로 중요하고 균일 전이-금속 촉매 반응의 전형적인 역할을 하기 때문에, 이 반응을 좀 더 상세히 논의할 것이다.

프로필렌(CH_2=CH_2-CH_3)은 수소 포밀 반응의 가장 흔한 공급 원료이며, 뷰탄올과 2-메틸프로판올로 변환될 수 있는데, 뷰탄알이 훨씬 더 가치 있는 생성물이다. 뷰탄알은 별도 단계에서 불균일 촉매로 수소-첨가 반응하여 유용한 용매인 1-뷰탄올로, 또는 알돌 축합 반응과 뒤이은 수소-첨가 반응으로 2-에틸-1-헥산올로 변환될 수 있다. 2-에틸-1-헥산올을 이용하여 프탈릭 산의 다이에스터를 합성할 수 있다. 이 다이에스터가 견고한 플라스틱인 폴리비닐클로라이드(polyvinyl chloride, PVC) 제조에 가소제로 사용된다. 수소 포밀 반응은 C_7~C_9 알켄을 탄소 원자 하나를 더 가진 알데하이드들로 변환시키며, 알데하이드는 수소-첨가 반응하여 직선형-사슬 알코올들로 변환된다 (이 알코올들도 유용한 가소제들이다). 탄소 12~16개를 함유한 알코올도 탄소 원자 하나 적게 가진 알켄들의 (수소-포밀)–(수소 첨가) 반응으로 합성될 수 있다. 이 알코올들은 계면 활성제(합성 세제)의 원료다.

8-2-1 수소 포밀 반응의 Co 촉매 반응

도식 **8.3**에서 Heck과 Breslow가 제안한 수소 포밀 반응의 Co 촉매 반응의 순환 과정을 보여주고 있다. 이 메카니즘은 코발트 유기금속 화합물 모형(model)에 대한 연구로부터 제안되었다. 제시된 순환 과정은 전이-금속 촉매 반응의 뛰어난 예다. 왜냐하면 이 순환 과정이 (1) 선구 촉매(precatalyst)가 활성 촉매로 변환되는 단계를 포함하고 있고, (2) 유기금속화학의 기본 반응들을 포함한 여러 간단한 일분자(monomolecular) 및 이분자(bimolecular) 단계들로 구성되어 있고, (3) 16-전자 및 18-전자 규칙의 유효성을 실증하고 있으며, (4) 적합한 기하구조를 가진 중간체들을 보여주고 있기 때문이다. 그러나 수소 포밀 반응의 Co 촉매 반응의 각 단계에 대한 속도론 및 열역학 변수들에 대하여 완전하게 이해되지는 않았다는 점을 간과해서는 안 된다. 이제부터 각 단계를 살펴보고, 이것과 촉매 순환 과정 또는 물질 사이의 관계를 살펴본 후, 수소 포밀 반응의 메카니즘에 대한 최근 연구 성과들 중 일부를 논의할 것이다.

단계 a

실제 촉매-활성 화학종은 16-전자 착화합물인 $HCo(CO)_3$다. 이 화학종은 $Co_2(CO)_8$과 CO와 H_2 1:1 혼합물(합성 가스, synthesis gas)과의 반응으로 합성되는 **18-**전자 $HCo(CO)_4$ (**1**)로부터 생성된다. 때때로 착화합물 **1**은 별개의 단계에서 합성되어 합성 가스 존재하에서 알켄에 도입되기도 한다. 이런 과정을 거치면, 수소 포밀 반응을 좀 더 낮은 온도(보통 90~120 ℃보다는 낮은 90~120 ℃)에서 진

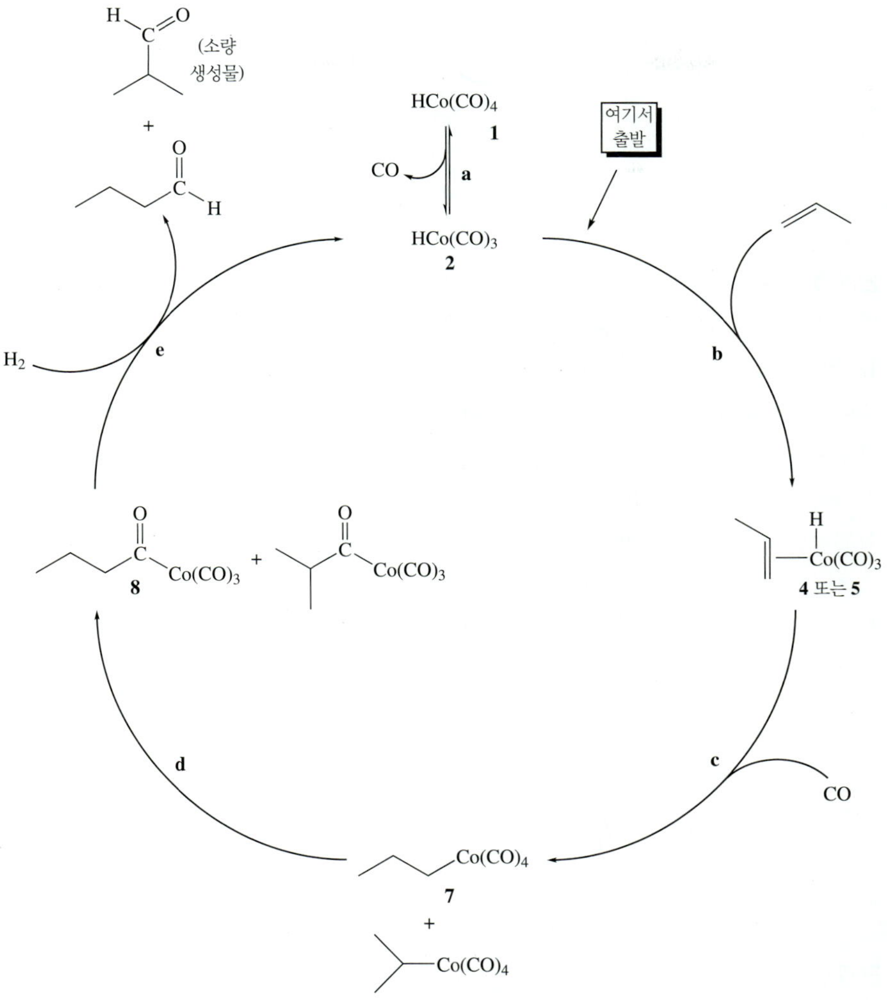

도식 8.3
수소 포밀 반응에 대한 Heck-Breslow 메카니즘

행시킬 수 있다. 활성 촉매를 형성하는 해리 단계는 비교적 높은 활성화 에너지로 일어나며, 높은 CO 농도에서는 반응속도가 억제된다(전체 수소 포밀 반응의 속도 식에서 CO는 음의 차수 $n(0 > n > -1)$ 값을 갖는다). 그러나 촉매 순환 과정에 있는 $HCo(CO)_3$와 중간체들을 안정화시키기 위해서, 이 반응은 매우 높은 압력(200~300 bar)에서 진행된다. 따라서 수소 포밀 반응이 적정한 속도로 일어나기 위한 충분한 $HCo(CO)_3$의 형성과 촉매 중간체의 안정성 사이의 균형을 이 반응이 잘 보여주고 있다. 계산 연구 결과에 의하면, $HCo(CO)_3$의 구조가 **3**(축-방향 CO 제거)보다는 **2**(수평-방향 CO 제거)일 가능성이 높다.

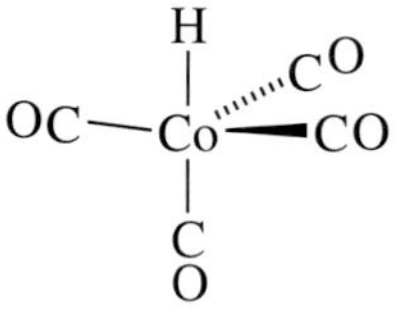

1 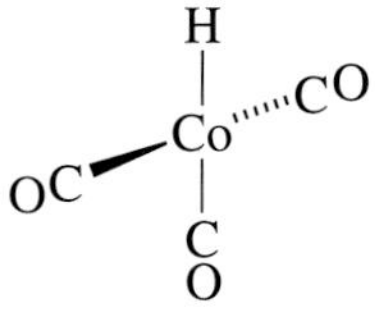 **2** 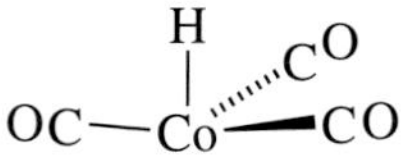 **3**

단계 b

다음 단계에서 알켄이 활성 착화합물 **2**에 결합하여 여러 개의 구조를 가질 수 있는 18-전자 hydrido-alkene 착화합물을 형성하는데, 그 중에서 두 개가 **4**와 **5**로 제시되어 있다. Jiao와 공동 연구원의 DFT-B3LYP 수준의 이론적 계산 결과에 의하면, 구조 **5**가 1,2-삽입 단계(단계 **c**)에 꼭 필요한 기하구조(Co, H, 이중 결합 **C** 원자들이 동일-평면에 있음)임에도 불구하고, 구조 **4**가 구조 **5**보다 약 4 kcal/mol만큼 더 안정하다(아마도 작은 입체 장애 때문에). 그러므로 단계 **a**와 **b**는 해리성(D) 메카니즘으로 진행되는 리간드 치환 단계다.

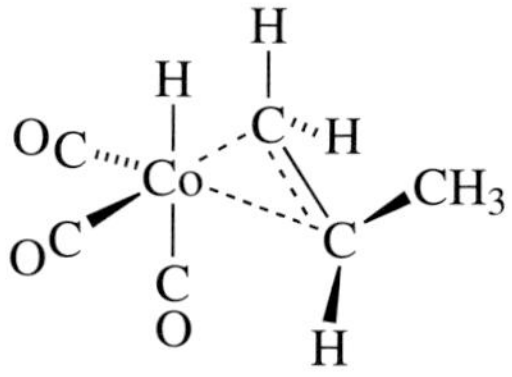

4 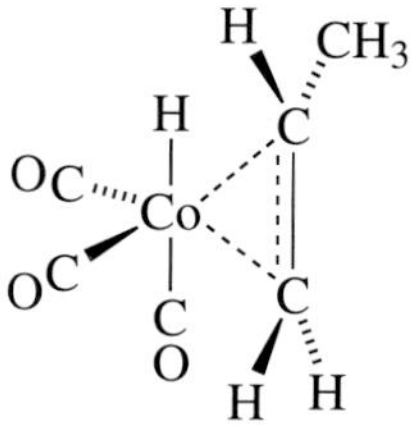 **5**

단계 c

알켄이 배위되면, 가역적인 1,2-삽입 반응이 용이하게 일어난다. 삽입 반응은 초기에 16-전자 착화합물 **6**을 형성하며, 이 착화합물은 아고스틱(agostic) 수소를 갖고 있다. 고농도 CO는 단계 **c**를 재빨리 완결시켜 18-전자 중간체 **7**을 만들어낸다. **6**과 **7**의 구조들은 "*반*-마르코니코프(*anti*-Markovnikov)" 삽입 결과물이며, 이것으로부터 가지-달린(branched) 알데하이드보다는 직선형 알데하이드가 생성될 것이다.

직선형 알데하이드가 가지-달린 알데하이드보다 더 잘 합성되는 원동력은 아마도 이 반응의 발열성(exothermic) 때문이다. Jiao의 계산에 의하면, 18-전자 가지-달린 중간체 **7′**는 중간체 **7**보다 약 2 kcal/mol만큼 덜 안정하다. 이러한 차이가 궁극적으로 가지-달린 알데하이드보다는 직선형 알데하이드가 형성되는 반-마르코니코프 삽입 반응을 일으킨다. 비록 β-떼어내기 반응이 가능할지라도, 반응 용기

내에 존재하는 고압의 CO가 중간체 **7**을 안정화시켜, 떼어내기 반응에 꼭 필요한 빈(vacant) 배위 자리를 생성하는 CO 해리를 예방해준다.

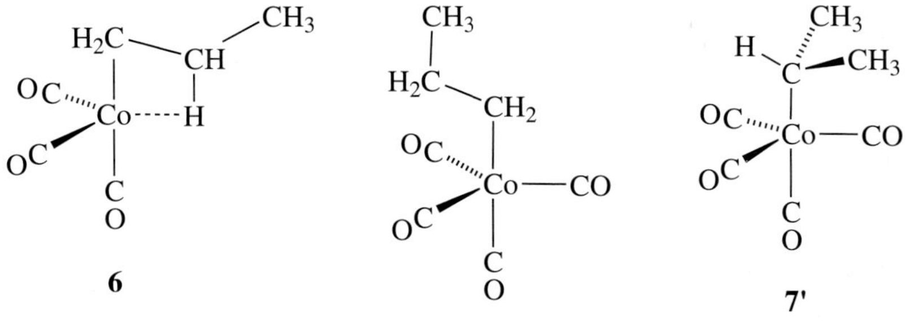

단계 d

단계 **d**는 CO-삽입 반응이며, 이 반응은 알킬 작용기가 CO로 이동하는 소위 1,2-이동 반응이다(반응식 **8.9**). 이론적 계산 결과에 의하면 재배열 과정은 낮은 활성화 에너지를 가진 흡열 반응이다. 높은 CO 부분 압력 조건에서 CO가 16-전자 알킬 η^2–카보닐 착화합물 **8**에 반드시 가역적으로 첨가되어 $[(RCO)Co(CO)_4]$가 형성되어야 한다. IR 분광법으로 이 반응을 추적하였을 때, 이 화학종만 유일하게 검출되었다. 수소가 첨가되어 촉매 순환의 최종 생성물인 알데하이드 혼합물이 생성되기 위한 단계가 이제 설정되었다.

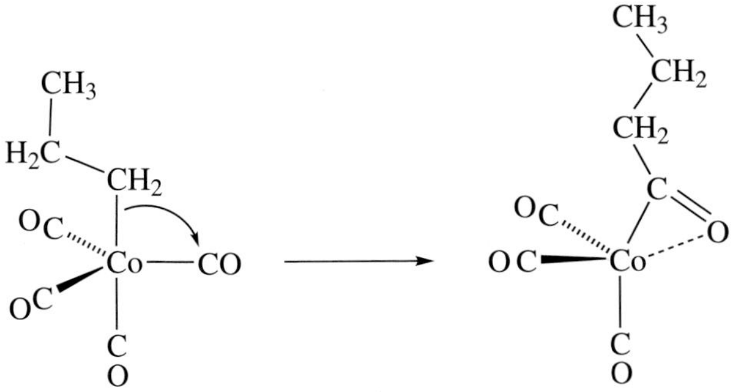

단계 e

경로 두 개가 단계 **e**에 대해서 제안되었으며, 단계 **e**가 촉매 순환 과정의 속도-결정 단계일 수도 있다(H_2 농도에 1차인 관찰된 수소 포밀 반응의 전체 속도식이 이것을 지지해 준다). 반응식 **8.10**에서, 원래 제안된 바와 같이 산화성-첨가 반응과 뒤 이은 환원성-떼어내기 반응의 순차를 잘 보여주고 있다. Heck과 Breslow 연구 결과 이후, 반응식 **8.11**에 기술된 이분자(bimolecular) 과정이 제안되기도 하였다.

H_2 → + $HCo(CO)_3$

8 **9** **8.10**

$$\mathbf{8} + HCo(CO)_4 \longrightarrow Co_2(CO)_7 \xrightarrow{H_2} HCo(CO)_3 + HCo(CO)_4 \quad \mathbf{8.11}$$

비록 아실(acyl) 코발트 착화합물과 $HCo(CO)_4$의 반응을 포함하는 이분자 과정이 화학량적(stoichiometric) 조건에서 일어날 수도 있지만, 요구되는 두 코발트 착화합물의 낮은 농도 때문에(촉매 반응 조건에서), 반응식 **8.11**이 나와 있는 과정이 촉매 과정이라는 것에 대한 반대 주장이 있을 수 있다. IR 분광법을 이용한 연구 결과에 의하면, $HCo(CO)_4$가 높은 농도로 존재하더라도, D_2/H_2 혼합물이 존재하는 촉매 반응 조건에서 H_2가 알데하이드 환원성-떼어내기 반응의 주된 수소 원자 공급원이다.

(산화성 첨가, OA)–(환원성 떼어내기, RE) 과정이 통상적인 방식으로 일어나는가는 여전히 논쟁거리다. 왜냐하면 이론적 계산 결과, H_2가 곧바로 **8**에 첨가되어 다이하이드라이드 **9**를 생성하는 반응에는 꽤 높은 활성화 에너지가 필요하기 때문이다. 최근 이론적 계산 결과에 의하면, 만일 η^2-dihydrogen 착화합물 **10**이 형성된다면(반응식 **8.12**), 더 낮은-에너지 반응 경로가 가능해 보인다. 화학종 **10**이 일단 형성되면, Co–C(카보닐) 결합 주위로 결합 회전이 일어난 뒤에 η^2–H_2 착화합물이 다이하이드라이드 **11**로 변환된다. 그 다음에 착화합물 **11**은 발열성 환원성-떼어내기 반응에 의하여 $HCo(CO)_3$와 주생성물인 직선형 알데하이드를 만들어낸다. 단계 **e**에 대한 이론적 계산을 입증해 줄 수 있는 상세한 실험이 아직 더 진행되어야 한다.

8 $\xrightarrow{H_2}$ 10 ⟶ 11 ⟶ + $HCo(CO)_3$

8.12

특히, 5개 이상의 탄소를 가진 알켄으로부터 알데하이드와 알코올을 합성하기 위하여 위에 기술된 원래의 수소 포밀 첨가 공정이 여전히 이용된다. 그러나 이 공정이 실제로 운용될 때, 다음과 같은 문제점들이 나타난다.

1. 직선형 알데히드와 가지-달린 알데히드의 비(ratio)가 겨우 약 4:1이고, 직선형 이성질체가 가지-달린 이성질체보다 더 가치가 있기 때문에, 이런 점을 개선하는 일이 경제적 관점에서 중요할 것이다.
2. 활성 촉매가 불안정하고, 이것의 분리 및 재생이 어렵다.
3. 공정에 필요한 CO의 높은 부분압 때문에, 공장을 세우고 운용하는데 경비가 많이 든다.

8-2-2 포스핀-치환된 착화합물의 수소 포밀 촉매 반응

PBu_3 또는 두-고리(bicyclo) 3차 포스핀 **12**(촉매에 열적 안정성을 부여하여, PBu_3가 첨가될 때보다 더 높은 온도로 촉매를 가열할 수 있기 때문에 이용되었음) 같은 3차 포스핀이 첨가되면, 수소 포밀 반응이 100 bar(반응이 보통 200~300 bar에서 일어남)보다 낮은 압력에서 일어날 수 있다는 것을 1968년 Shell Oil 회사의 Slaugh와 Mullineaux가 보고하였다. 비록 *포스핀-치환된* 촉매가 수소 포밀 첨가 반응에서 $HCo(CO)_3$만큼 활성적이지 못했지만, 더 좋은 수소-첨가(hydrogenation) 반응 촉매였다. 그러하여 수소 포밀 단계와 수소-첨가 단계가 한 단계로 조합될 수 있었다(H_2/CO = 2:1 비를 사용하여). 더욱이, 직선형 알데히드와 가지-달린 알데히드의 비가 9:1로 높아졌다. 마지막으로 *포스핀-치환된* 촉매 $HCo(CO)_3(PR_3)$가 원래의 촉매보다 더 안정하다는 것이 밝혀졌고, 알코올 생성물로부터 이 촉매를 분리하는 것이 더 쉬웠다. 그러나 Shell 공정의 유리한 점은 어느 정도 줄어들었다. 왜냐하면, 수소 포밀 반응이 더 높은 온도(160~200 ℃)에서 일어나야만 하고, 수소-첨가 반응을 촉진하는 촉매의 효율성 때문에 약간의 알켄(약 15%)이 곧바로 상응하는 알케인으로 변환되기 때문이다.

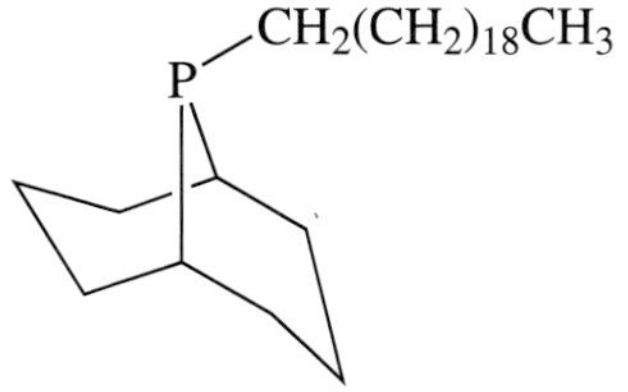

12

가지-달린 생성물보다 직선형 생성물을 더 많이 생성하는 변형된 촉매의 높은 선택성은 주로 입체적 인자 때문이다. 전이상태 구조 **13**과 **14**에 나타나 있는 것처럼 PBu_3 또는 포스핀 **12**의 커다란 입체적 덩치가 (CO의 입체적 덩치에 비해서) 알켄의 Co–H 결합으로의 삽입 과정에 영향을 주는 것이 틀림없다. 구조 **13**은 직선형 알데하이드나 알코올을 형성하는 1,2-삽입 반응이 일어난다는 것을 잘 보여준다. 포스핀 리간드는 알켄의 R 그룹과 반대 방향을 향하고 있다. 구조 **14**에서는 R 그룹과 포스핀 리간드가 똑같은 면에 있기 때문에 훨씬 더 많은 입체적 장애가 나타난다.

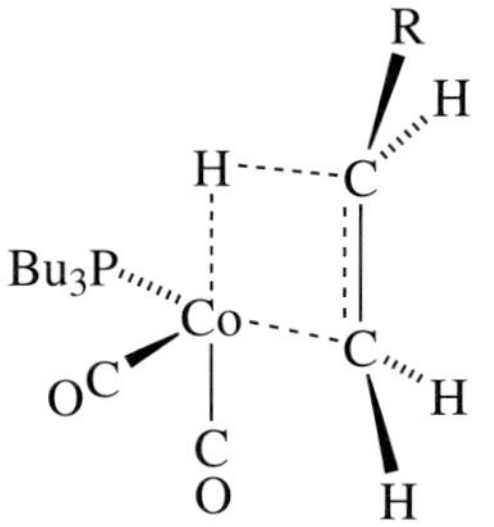

13 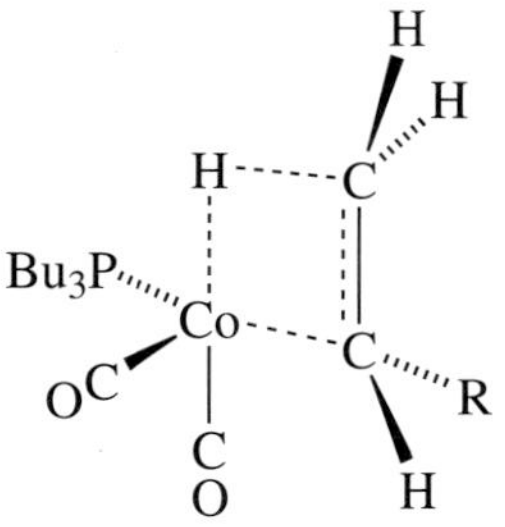 **14**

다양한 포스핀을 통해 수행한 연구 결과에 의하면, 전자적(electronic) 인자들 역시 포스핀-치환된 착화합물의 촉매 반응의 속도와 배향에 중요한 역할을 할 수도 있다. σ-주개인 포스핀은 의심할 바 없이 Co에 전자 밀도를 제공하고, CO 리간드들이 이 전자 밀도를 취하여 촉매를 안정화시킨다. 촉매 순환 과정의 핵심 중간체들을 밝혀내기 위해서, 포스핀-치환된 착화합물의 수소 포밀 반응이 체계적으로 조사한 결과, 원래의 촉매 반응에 있는 아실-Co 또는 알킬-Co 착화합물 대신, 포스핀-치환된 Co 카보닐 화학종들만 관찰되었다. 속도 결정 단계가 다른 시기(아마도 알켄이 배위할 때)에 일어난다 점만 제외하면, 촉매 순환 과정 내 단계들이 (단계 1

에서 CO 해리가 일어나는) 원래의 과정의 단계들과 유사하다고 가정할 수 있다. Shell 공정 및 관련된 포스핀-치환된 촉매 반응들은 C_{12}~C_{16} 합성세제용 알코올의 대규모 산업적 생산에 계속 이용되고 있다.

8-2-3 로듐 착화합물의 수소 포밀 촉매 반응

한-자리 리간드

수소 포밀 촉매 반응에 알맞은 코발트 촉매가 개발됨에 따라, 적당한 촉매 역할을 할 수 있는 상응하는 로듐 촉매를 개발하려는 연구 또한 진행되었다. H_2와 CO가 존재하는 적합한 조건에서, Rh–CO 뭉치(cluster) 화합물로부터 $HRh(CO)_4$가 형성된다. 이 Rh–H 화합물은 수소 포밀 반응의 촉매이지만, 알켄의 수소–첨가 반응의 좋은 촉매이기도 한다. 하지만 수소 포밀 반응 생성물들의 가지-달린 이성질체에 대한 사슬형 이성질체의 비가 낮았다. 포스핀이 첨가될 경우, 수소 포밀 반응이 1기압과 비교적 낮은 온도에서 일어날 수 있다는 것을 1960년 몇몇 연구진이 발견하였다. 적절한 포스핀을 사용하고 다른 반응 매개변수들을 조절하면, 알켄 출발물질이나 알데하이드를 수소-첨가 반응시키지 않고도 사슬형 이성질체와 가지-달린 이성질체의 비를 높일 수 있었다. 1960년 Union Carbide 회사는 수소 포밀 반응에 최초로 포스핀-치환된 로듐 촉매를 산업적으로 이용하였다.

$Rh–PR_3$ 촉매는 코발트 촉매보다 많은 유리한 점을 제공한다. 로듐 착화합물들은 코발트 착화합물들보다 100~1000배 정도 높은 활성을 갖고 있기 때문에, 반응에 훨씬 적은 양이 사용된다. 반응 압력(15~25 bar)과 온도(80~120 ℃)가 코발트-기반 공정의 반응 압력과 온도보다 현저하게 낮기 때문에, 적은 비용으로 공장을 가동할 수 있어서 공장 건설의 초기 비용이 비교적 낮다. 만일 탄화수소 출발 물질이 1-alkene들로만 구성되어 있다면, 15:1의 직선형 이성질체와 가지-달린 이성질체의 비가 얻어진다. 비싼 촉매를 꼼꼼하게 회수할 필요가 있음에도 불구하고 직선형 알데하이드가 원하는 생성물이라면, 수소 포밀의 $Rh–PR_3$ 촉매 반응은 분명히 최적의 공정이다. 만일 알코올이 목표 화합물이라면, 포스핀-치환된 Co 촉매가 선호된다. 왜냐하면 Co-촉매 반응에서는 수소 포밀 반응과 수소 첨가 반응이 한 반응 용기에서 일어나기 때문이다.

도식 **8.4**가 $Rh–PR_3$ 촉매 반응의 단계들을 보여주고 있다. 활성 촉매의 선구 물질은 포스핀에 대한 CO 농도에 따라 $HRh(CO)_2(PR_3)_2$ 또는 $HRh(CO)(PR_3)_3$이다.

포스핀-치환된 Co 공정에 쓰이는 PBu_3와 달리, Rh-기반 촉매 반응에 쓰이는 최적의 포스핀은 PPh_3 등의 아릴 포스핀이다. PBu_3는 Rh에 전자 밀도를 지나치게 잘 제공하여, 촉매 중간체들이 너무 안정하여 촉매 반응이 효과적으로

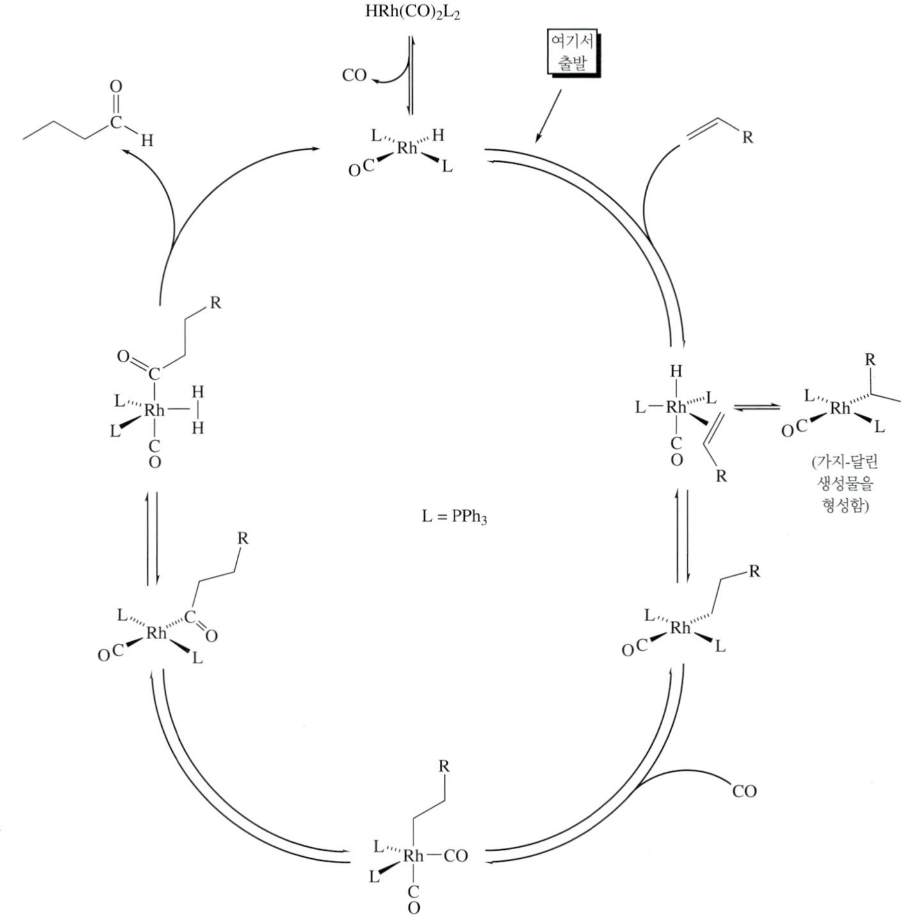

도식 8.4
포스핀-치환된 Rh 화합물의 수소 포밀 반응의 촉매 반응 순환

진행되지 못한다. 트라이아릴 포스핀 PAr_3가 입체적으로나(1,2-삽입 단계에서 직선형 생성물의 형성을 유도함) 전자적으로나(전자 밀도를 금속에 제공하여 CO 리간드를 안정화시킴) 알맞은 조합을 갖고 있는 것 같다. 연구 결과에 의하면 속도–결정 단계는 아실-로듐 중간체의 수소-첨가 반응일 가능성이 높지만(수소 포밀의 Co 촉매 반응에서처럼), 이런 외관상 (산화성 첨가)–(환원성 떼어내기) 단계에 대한 메카니즘이 완전히 이해되지는 않고 있다. 직선형 알데하이드에 대한 선택도는 알켄의 배위와 삽입 시기에 결정된다고 DFT-수준의 이론적 연구 결과물들이 제안하였다.

기본문제 8-1

Rh–PR_3 촉매 반응에서 포스핀 농도가 증가하면, 반응속도는 느려지지만 직선형 이성질체와 가지-달린 생성물의 비는 높아진다. 이 현상을 설명하시오.

1980년, Ruhr Chemie(현재는 Celanese) 회사와 Rhone–Poulene 회사가 물에 잘 녹는 Rh–PR_3 촉매를 사용하는 포밀-첨가 반응을 개발하였다. 이 촉매의 포스핀 리간드는 아릴 치환기의 *메타(meta)*-위치에 설폰산(sulfonic acid) 작용기가 도입된 triphenylphosphinetrisulfonate(tppts, 화합물 **15**)이다. 이 촉매 반응은 18 bar 압력과 85~90 ℃ 온도의 온화한 조건에서 진행되는 두-단계 공정이며, 촉매는 수용액 상에 남고, 알데하이드 생성물은 유기 상으로 들어간 뒤 쉽게 분리된다. 두 개의 상(two phase)을 가진 이 반응은 높은 비율의 직선형 알데히드를 생성할 뿐만 아니라, 촉매의 손실을 최소화시키는 장점을 갖고 있다. 한 개의 상에서 일어나는 촉매 반응에서는 촉매 분리가 필요한 반면, 두 개의 상에서 일어나는 촉매 반응에서는 형성되는 생성물로부터 촉매가 이미 분리되어 있다. 그러나 수용액 상에서 알켄의 용해도가(특히 C_5 이상의 알켄) 매우 낮기 때문에, 이 촉매 반응은 프로펜과 1-뷰텐 같은 작은 분자량의 알켄에 한정된다.

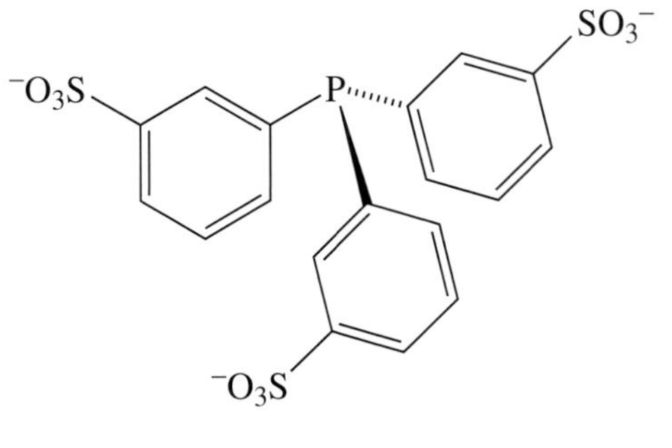

SO_3^-

^-O_3S

P

^-O_3S

15

두-자리 리간드

지난 20년 동안, 수소 포밀의 Rh 촉매 반응의 연구는 두-자리 포스핀(phosphine) 리간드와 두-자리 포스파이트(phosphite) 리간드를 이용하는 것에 초점이 맞추어졌다. 이런 리간드가 사용되면 가지-달린 알데하이드에 대한 사슬형 알데하이드의 비가 높아진다. 원뿔각(cone angle, β_n)과 전자 인자(χ)뿐만 아니라, 두-자리 리간드와 관련된 *소위 물림각(bite angle)*이라 불리는 또 하나의 매개변수(parameter)가 있다. 물림각은 P–M–P 결합각이며, 분자 역학(molecular mechanics) 계산법으로 결정된다.

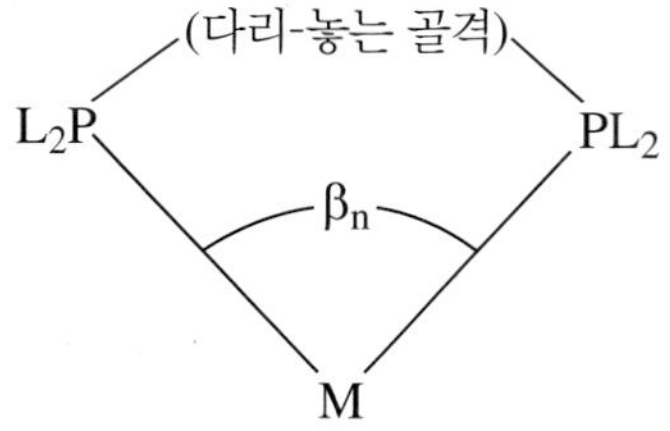

(다리-놓는 골격)
L_2P PL_2
β_n
M

16

이런 계산에는 잠재적 오류가 발생할 수 있는데, 이는 특정한 리간드에 대한 β_n 값이 금속과 분자 역학 계산에 이용된 역장(force field)의 함수로 변하기 때문이다. 금속 원자가 고정되고, 똑같은 역장이 계산에 사용되면 관련된 두-자리 포스핀 리간드와 포스파이트 리간드 계열의 β_n 값들이 자체-일관성(self-consistence)을 가질 수 있을 것이다.

가지-달린 알데하이드에 대한 직선형 알데하이드의 비를 현저하게 높인 초창기 두-자리 리간드들 중 하나는 2,2′-bis[(diphenylphosphino)methyl]-1,1′-biphenyl이었으며, 이것은 BISBI 두문 약어로 표시된다(화합물 **17**).

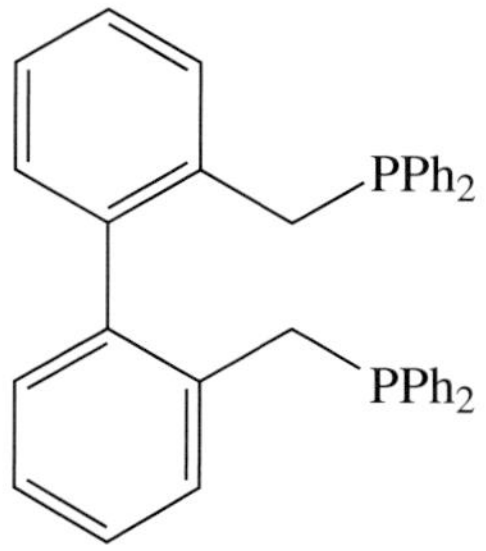

PPh_2
PPh_2

17

Rh–BISBI 촉매를 사용하는 1-헥센의 수소 포밀 반응에서, Casey는 가지-달린 알데하이드 대 직선형 알데하이드 비율이 66:1인 것을 관찰하였다. 1-알켄의 수소 포밀 반응에서 Rh–dppe 촉매가 사용되면, 이 비율이 겨우 2.6:1일 뿐이다. BISBI의 βn은 113～120°인 반면, dppe은 85°로 매우 작다.

이런 위치-선택성(regioselectivity)에 대한 설명은 알켄이 결합된 Rh–bisphosphine 촉매의 입체 화학과 관련이 있다. 수소 포밀 반응에서 Rh 촉매 반응이 Co 촉매 반응보다 직선형 생성물 대 가지-달린 생성물 비율을 더 높인다는 것을 앞에서 살펴보았다. 이런 현상은 촉매 순환 과정에서 알켄의 배위–삽입 단계에서 비롯되므로, 전자적 입체적 인자들이 입체 화학(stereochemistry)에 따라 반응의 선택성에 상당한 역할을 한다. Rh–bisphosphine–alkene 착화합물에 대하여 2개의 삼각쌍뿔 구조가 가능하며, 이들은 아래에 *a–e*(꼭대기–수평 방향(apical–equatorial) 이성질체 **18**)와 *e–e*(수평 방향–수평 방향 이성질체 **19**) 기호로 표기된다.

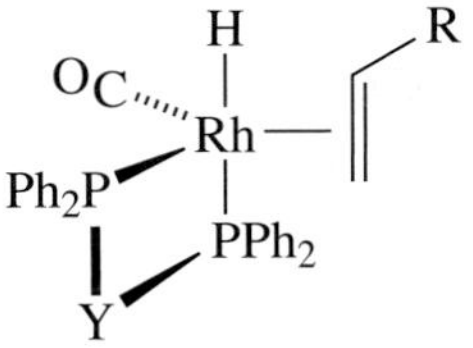

H R
OC Rh
Ph_2P PPh_2
Y

18 (*a-e*)

Ph_2 H R
P Rh
Y P
Ph_2 C O

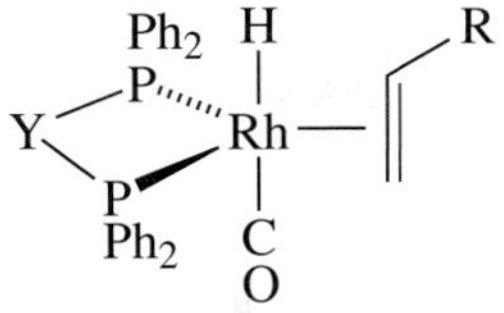

19 (*e-e*)

Y = 다리-놓는 골격

연구 결과에 의하면, 물림각이 클 때 두-자리 리간드는 금속에 *e–e* 방식으로 결합한다. 삼각쌍뿔 구조에서는 두 수평 방향 리간드가 형성하는 결합각이 120°일 것으로 예상되기 때문에, *e–e* 결합 방식이 큰 물림각을 가진 리간드에 나타날 가능성이 높다. 반면에 두 리간드가 *a–e* 방식으로 결합할 때는, 결합각이 90°일 것으로 예상되므로, 대략 90°의 물림각을 가진 두-자리 리간드는 *a–e* 결합 방식을 취할 것이다. *e–e* 비스포스핀(bisphosphine) 착화합물은 상응하는 *a–e* 비스포스핀 착화합물보다 입체 혼잡도(congestion)가 있다고 제기되었다. 이러한 혼잡도는 덜 혼잡한 전이상태로 합성물들을 유리하게 만들어주어, 직선형 알데하이드가 더 용이하게 합성된다. van Leeuwen이 일련의 비스포스핀 리간드들을 합성하였으며, 그 중 하나가 화합물 **20**이다. 큰 물림각 값과 직선형 대 가지-달린 이성질체 비율 사이에 강력한 상관관계를 van Leeuwen은 관찰하였다. 촉매–알켄 착화합물이 *e–e* 입체 이성질체로 많이 존재할수록 직선형 알데하이드가 더 많이 형성될 가능성이 있다고 보여진다.

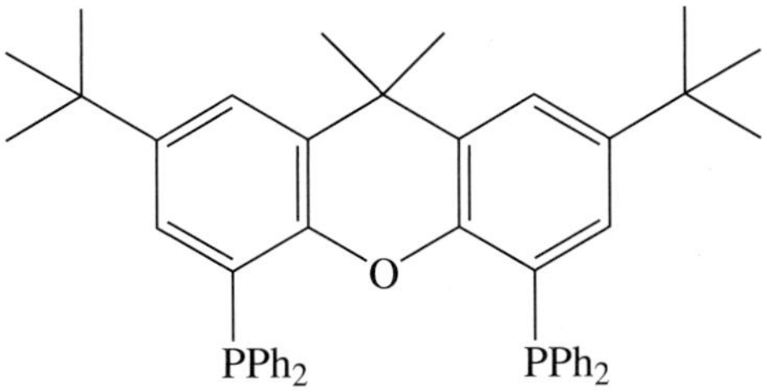

O
PPh_2 PPh_2

20

그러나 현 시점, 수소 포밀 반응에서 물림각이 로듐 촉매의 위치 선택성에 미치는 영향을 완전히 이해하기 위해서는 아직 연구가 더 수행되어야 한다. 예를 들면, 치환기를 갖고 있는 화합물 **21** 같은 DIPHOS 리간드가 사용될 때, 전자적 효과는 직선형-대-가지달린 이성질체 비를 결정하는데 핵심 역할을 한다는 연구 결과가 보고되었다. 삼각쌍뿔 구조인 Rh 착화합물의 수평-방향 자리에 전자-끌기 포스핀이 결합되어 있고, 꼭짓점 자리에 전자-풍부한 포스핀이 결합되어 있으면, 직선형 생성물 형성이 분명하게 선호된다.

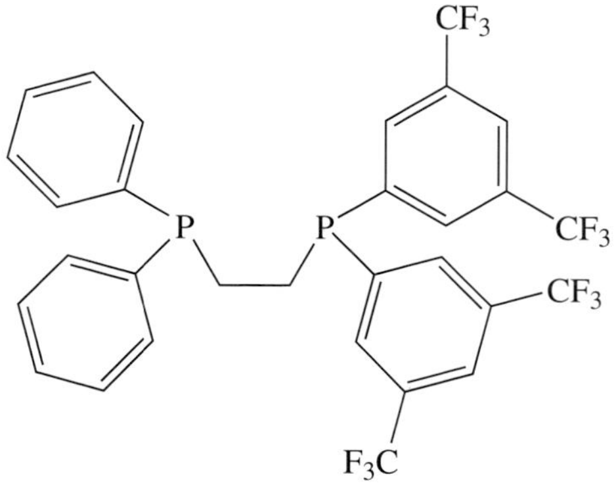

21

기본문제 8-2

주된 삼각쌍뿔 Rh 착화합물이 포스핀 하나는 수평-방향 위치에, 나머지 포스핀은 꼭짓점에 갖고 있다고 가정했을 때 DIPHOS 리간드 **21**이 리간드 **A**로 치환되면, 직선형-대-가지달린 이성질체 비가 어떻게 바뀌겠는가? 왜 그렇게 바뀌는지를 설명하시오.

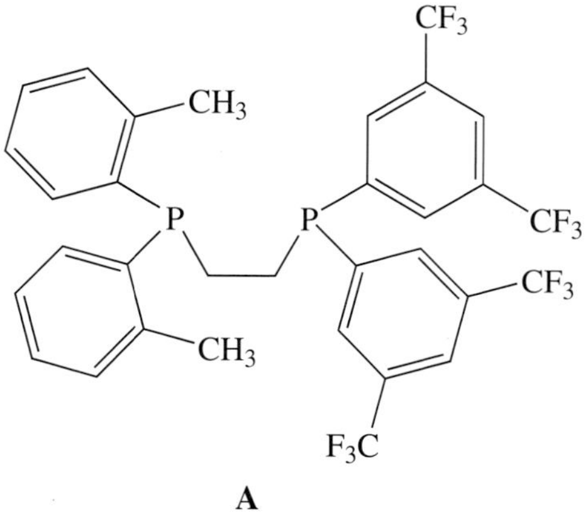

A

비스포스핀 리간드들 외에도, 생성물 내 직선형-대-가지달린 이성질체 비와 전환 빈도(TOF, Trun over frequency)를 제고하는 비스포스파이트(bisphosphite) 리간드를 심도 있게 탐색하였다. 최근 산업 분야에서, 1995년 Union Carbide 회사의 화합물 **22**와 **23** 같은 입체적 장애가 매우 큰 비스포스파이트를 사용하는 공정 개발을 예로 들 수 있다.

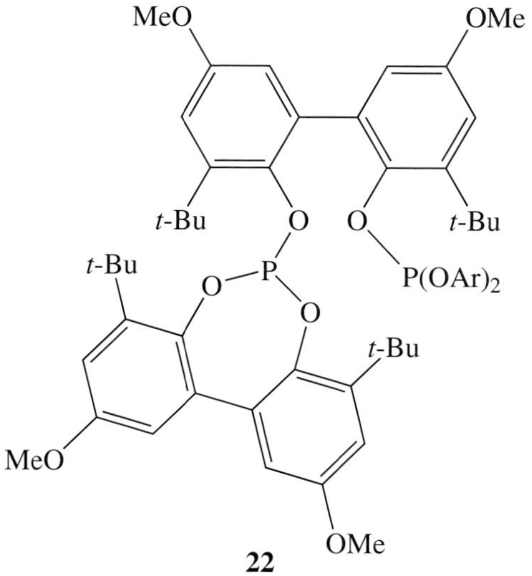

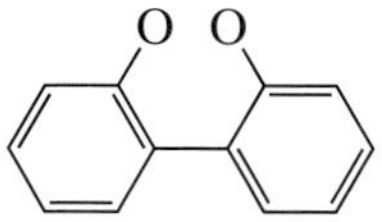

이 리간드를 사용하면, 프로펜의 수소 포밀 반응이 100 ℃ 온도와 20 bar보다 낮은 압력에서 일어나고, 촉매 순환 반응당 직선형-대-가지달린 이성질체 비가 10:1이 되고, 프로펜의 생성물 전환률이 90%가 된다. 이것은 매우 뛰어난 성과라고 볼 수 있다.

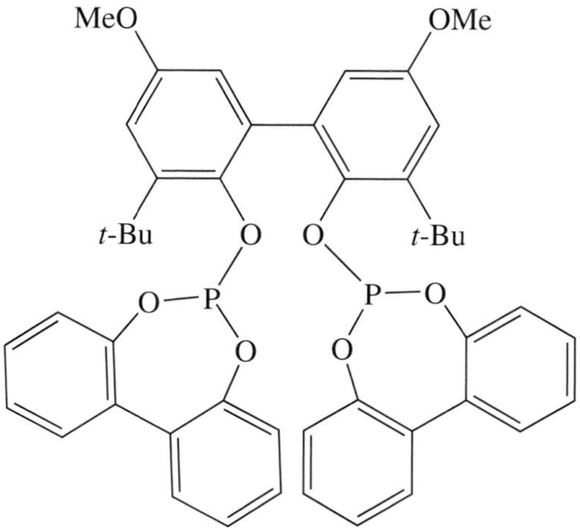

8-2-4 수소 포밀 반응의 그 밖의 면들

다른 금속들도 수소 포밀 반응의 촉매 역할을 할 수 있다. 이런 금속의 전체 효과는 Co와 Rh 촉매와의 대비 다음과 같다.

	Rh >	Co >	Ir >	Ru >	Os >	Mn >	Fe >	Cr, Mo, W, Ni, Re
상대적 반응성:	10^4–10^3	1	10^{-1}	10^{-2}	10^{-3}	10^{-4}	10^{-6}	< 10^{-6}

수소 포밀 반응의 메카니즘과 리간드 효과에 대한 체계적 연구는 유기금속 화학자에게는 계속해서 흥미로운 연구 분야가 될 것이다. 잘 알려진 약의 녹색 합성(green synthesis)에서 수소 포밀 반응이 활용되는 예가 제8장의 뒷부분에 제시되어 있다. 수소 포밀 반응에서 비스포스핀과 비스포스파이트 리간드가 사용되면, 높은 카이랄성 알데하이드가 합성될 가능성이 높아질 것이다.

8-3 Wacker–Smidt 아세트알데하이드 합성

아세트알데하이드(acetaldehyde 또는 ethanal)는 산업적으로 중요한 알데하이드 중 하나이다. 아세트알데하이드는 산화 반응으로 아세트산으로 변환되거나, 생성된 아세트산이 후속 반응으로 탈수되어 아세트산 무수물(acetic anhydride)로 변환된다. 아세트알데하이드는 원래 아세틸렌의 수화(hydration) 반응으로 합성되었으며(반응식 **8.13**), 이 반응은 용이하고 높은 수득률을 보여준다. 출발 물질로 아세틸렌(acetylene)에 관련된 문제들 때문에 이 합성법은 더 이상 사용되지 않는다. 아세틸렌은 탄화수소 가스를 높은 온도로 가열하고 전기 아크(arc) 방전을 하여 합성되며, 아세틸렌을 합성하기 위한 모든 공정은 에너지가 많이 든다. 아세틸렌은 또한 열역학적으로 불안정하고, 폭발을 방지하기 위해서 매우 조심스럽게 다루어져야만 한다.

$$HC{\equiv}CH + H_2O \xrightarrow[Hg(II)]{H^+} H_2C{=}CHOH \rightleftharpoons CH_3{-}C({=}O)H \qquad \textbf{8.13}$$

그러므로 더 싸고 덜 유해한 출발 물질로부터 알데하이드를 생산하기 위하여 공정개발이 되었다. 화학양론적 양의 $PdCl_2$ 존재하에서 아세트알데하이드가 에틸렌(ethylene)과 물로부터 합성된다는 것은 오래 전부터 알려져 있었다(반응식 **8.14**). 그러나 1950년대에 이르러서야 독일의 Wacker Chemie 회사의 Smidt가 산업적으로 실용성 있는 공정을 개발하였다. Wacker–Smidt 알데하이드 합성법은 반응식 **8.14~8.16**의 조합이다. 이런 조합으로 Pd를 *촉매로*(catalytic) 효율적으로 사용할 수 있고, 값이 비싸지 않은 $CuCl_2$, HCl 및 O_2 화합물로 Pd를 일정한 산화 상태로 유지시켜 준다.

$$CH_2{=}CH_2 + PdCl_2 + H_2O \longrightarrow CH_3{-}C({=}O)H + Pd(0) + 2\,HCl \qquad \textbf{8.14}$$

$$Pd(0) + 2\,CuCl_2 \longrightarrow PdCl_2 + 2\,CuCl \qquad \textbf{8.15}$$

$$2\,CuCl + 2\,HCl + 1/2\,O_2 \longrightarrow 2\,CuCl_2 + H_2O \qquad \textbf{8.16}$$

$$CH_2{=}CH_2 + 1/2\,O_2 \longrightarrow CH_3{-}C({=}O)H$$

전체 반응은 O_2의 에틸렌 산화 반응이다. 촉매가 *원반응용액*(in situ)에서 또는 별도의 반응기에서 재생되느냐에 따라, 이 공정은 한 단계 또는 두 단계로 운용된다. 한-

단계 반응은 에틸렌, Pd(II), $CuCl_2$, HCl 존재하에 순수한 O_2를 이용한다. 두-단계 반응은, 한 반응기에서는 반응식 **8.14**에 기술된 화학 반응을 이용하고, 또 하나의 반응기에서는 반응식 **8.15**와 **8.16**에 설명된 화학 반응을 이용한다. 두 공정 모두 장단점을 갖고 있으며, 미국과 유럽에서 알데하이드를 산업적으로 생산하는데 같은 생산 비용으로 사용되었다. 생산량 측면에서, Wacker–Smidt 공정을 전이-금속 균일 촉매 반응의 경제적인 예라고 할 수 있다. 또한 이 공정은 바이닐 아세테이트 합성에 사용되어 왔다(반응식 **8.17**). 바이닐 아세테이트는 중합되어 폴리비닐 아세테이트 필름이 된다.

$$CH_2{=}CH_2 + Cu(OAc)_2 + KCl + KOAc \xrightarrow[PdCl_2]{O_2} CH_2{=}CH{-}OAc + H_2O \qquad \textbf{8.17}$$

Wacker–Smidt 공정은 Wacker 산화, Wacker 반응, 또는 Wacker 공정으로 알려지게 되었으며 매우 성공적이었다. 그렇지만 이 공정의 사용 추세가 지난 10년 동안에 최소 두 가지 이유로 감소하고 있다. 첫째, 공장이 부식 환경을 견뎌내도록 건설되어야 하기 때문에 공장 건설과 유지에 많은 비용이 든다. 둘째, 합성되어진 가스로부터 곧바로 아세트산을 생성하는 또 다른 공정이 개발되어 Wacker–Smidt 공정의 자리를 빼앗았다. 새로운 공정으로 Rh과 Ir 균일 촉매를 사용하며, **8-5**절에 기술되어 있다.

알데하이드를 합성하기 위한 Pd-촉매 공정이 산업적으로는 더 이상 중요하지 않게 되었다. 그러나 리간드의 치환, π 리간드에 친핵성 공격, 1,2-삽입 같은 많은 유기금속의 기본 반응이 포함되어 있기 때문에, 이 공정의 메카니즘은 흥미롭다. 촉매-반응 메카니즘의 상세한 부분들에 대한 광범위한 탐색이 진행되어, Wacker 공정뿐만 아니라 다른 유기 팔라듐 반응에 대한 유용한 정보가 밝혀졌다. 더욱이 합성 화학자들이 Wacker 공정에 관련된 화학을 이용하여 말단 알켄을 메틸 케톤으로 변환시켰다.

도식 **8.5**는 Wacker 공정의 촉매 순환 과정을 보여주고 있다. 또한 Cu(II)와 O_2가 Pd 촉매 순환과 어떻게 연관되어 있는가를 보여준다. 이 도식는 Wacker 공정에서 보여지는 속도식과 부합한다.

$$\text{반응속도} = \frac{k[CH_2{=}CH_2][PdCl_4^{2-}]}{[H^+][Cl^-]^2}$$

알데하이드 형성에 대한 경로가 아직까지 완전히 명확하지는 않다. 하나의 어려운 점으로는 Pd–alkene과 Pd–alkyl 중간체들의 불안정성에 있다. 두 화학종은 짝을 지어 촉매 Pd(II)와 함께 반응한다. Wacker 공정 조건과 완전히 일치하지는 않은 조건에서 Pd 착화합물에 대한 몇몇의 실험이 보고된 것을 보게 될 것이다. 그럼에도 불구하고, 이 실험들은 간접적이지만 유용한 정보를 제공하였다. 좀 더 최근에, Henry와 공동 연구원들은 동일한 조건에서 산업 공정에서 일어나는 실험을 수행하였다. 이 연구로 촉매 순환 과정에서 물의 역할을 알 수 있었다. 최근에는 이론적

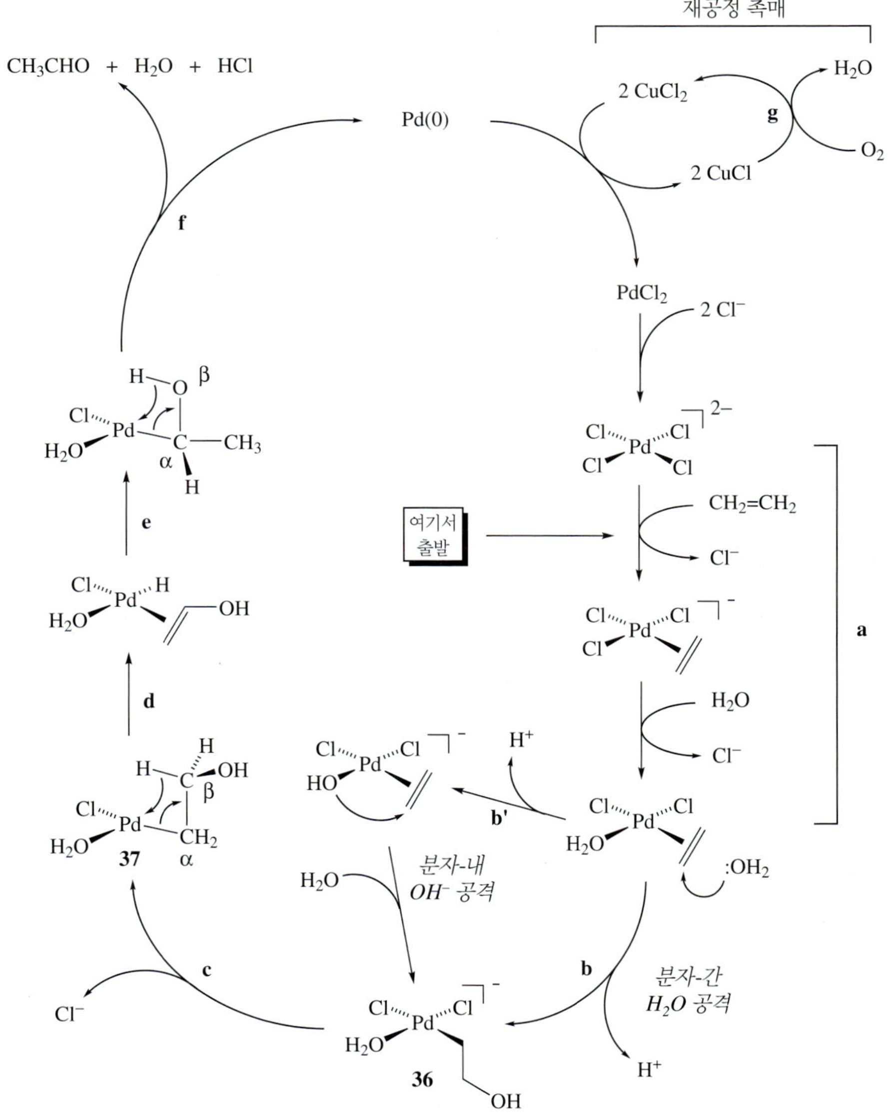

도식 8.5
Wacker–Smidt 알데하이드 합성의 촉매 반응 순환

계산 연구로 촉매 순환 과정의 대부분 측면들을 이해하기 위해서 힘을 쏟고 있다. 이러한 연구는 몇몇의 촉매 단계에 대한 기존 가정들에 의문을 제기하는 놀라운 결과들을 제공하였고, 이는 뒷부분에서 설명할 것이다.

단계 a

반응 경로에 있는 첫 번째 주 반응은 두 단계로 구성되어 있으며, 두 Cl^- 이온이 알켄과 H_2O로 치환된다. 이 반응에서 알켄은 친핵성 공격을 받을 것이다.

단계 b

친핵체 H_2O가 배위된 알켄을 공격하는 메카니즘은 여러 해 동안 불분명하였다. 친핵체가 Pd의 외부로부터 *트랜스* 방향으로 알켄을 공격해서 하이드록시알킬팔라듐 착화합물을 생성하겠는가? {즉, *anti*(금속과 반대 방향) 공격, 경로 **b**, 도식 **8.5**} 아니면 분자내 알켄이 *시스* 위치에 있는 금속–OH 결합으로 1,2-삽입 반응하겠는가? {즉, *syn* (금속과 같은 방향) 공격, 경로 **b′**, 도식 **8.5**} 화학자들이 현재는 속도 법칙이 Cl^-와 $CuCl_2$의 농도에 의존한다는 것을 알고 있지만, 관찰된 속도 법칙은 두 메카니즘 어느 것에도 부합할 수 있었다.

이런 질문에 답하기 위하여, 연구자들이 최상의 실험들을 고안하였다. Stille과 Divakaruni가 보고한 연구 결과에 의하면(반응식 **8.18**), *cis*-dideuterioethylene (H)(D)C=C(D)(H)가 $CuCl_2$ 존재하에서 하이드록시–팔라듐 첨가(hydroxylpalladiation) 반응한 뒤, 뒤이은 CO-삽입 반응으로 락톤(lactone) **24**를 생성하였다. 락톤 **24**에 있는 중수소(deuterium) 원자들이 서로 *트랜스* 배향을 갖고 있다. 이 현상은 배열 반전(inversion)이 일어난다는 것을 의미한다(**7-1** 절). CO-삽입 반응에서 배열은 유지(retention)되면서 일어나는 것으로 알려져 있기 때문에, H_2O가 공격하는 동안에 배열의 반전이 일어난 것이 틀림없다. 이런 실험 결과는 친핵체가 π 리간드를 공격할 때 예상되는 결과와 한치의 오차도 없다(**7-2-1** 절).

H_2O: D C=C D H H PdCl$_2$ D C=C D H H → $-H^+$ → HO D C–C D H H –Pd– → CO → HO D C–C D H H C=O –Pd– ⇌ H D C–C D H H–O: C=O –Pd– → $L_nPd(II)$ + H D D–C–C–H O–C=O **24**

8.18

Bäckvall과 Åkermark는 친핵체가 Pd–(*trans*-dideuterioethylene) 착화합물을 *안티*(*anti*) 공격하는 것에 관한 연구 결과를 발표하였다(반응식 **8.19**). 높은 농도의 Cu(II)와 Cl^-의 존재하에서, 산화성 절단(oxidative cleavage, **7-4-1** 절) 반응 후의 최종 생성물이 알데하이드가 아닌 chlorohydrin **25**이었다. Chlorohydrin을 염기로 처리하였더니, 중수소 두 개가 *시스* 배향을 갖는 dideuterioethylene oxide **26**을 얻을 수 있었다. 이런 결과는 다시 한 번 외부 친핵체의 공격과 부합한다.

H_2O:

$PdCl_4^-$ / H_2O — H_2O–Pd–Cl — $-H^+$ — *산화성 깨짐에 의한 반전* $CuCl_2$/LiCl — OH^-

26 **25** **8.19**

이 두 실험에도 불구하고, 하이드록시-팔라듐 첨가(hydroxylpalladiation) 반응에서 *syn*-분자-내 반응이 일어난다는 것을 확신시켜주는 증거가 있다. Henry와 Francis는 실험을 고안하여 Wacker 공정의 반응속도론과 입체 화학을 정밀하게 조사하였다. 알릴(allylic) 알코올 **27**이 케톤으로 산화되지 못하게 고안된 실험에서, 알릴 알코올로부터 얻을 수 있는 입체 이성질체가 두 개라는 것을 도식 **8.6**에서 보여주고 있다. Cl^- 농도가 Wacker 공정 조건 정도로 낮았을 때는, 화합물 **28**이 얻어졌다. 이 화합물은 배위된 OH 리간드가 분자내 *syn*-공격했다는 것을 보여준다. Cl^- 농도가 Bäckvall 반응 조건 정도로 높았을 때는, 화합물 **29**가 얻어졌다. 이 화합물은 외부 H_2O가 분자간 *anti*-공격했다는 것을 보여준다.

기본문제 8-3

(1) 반응식 **8.19**의 상세한 부분(반응 조건 등)을 채워서, *trans* dideuterioalkene 착화합물이 *threo*-**25**로 된 후 *cis*-dideuterioethylene oxide **26**으로 어떻게 변환되는지를 보여라. (2) $CuCl_2$가 Pd–C 결합을 산화성-절단한 후, 원래 Pd에 결합되어 있던 탄소(α 탄소)의 입체 화학(배열)은 어떻게 되는가? (3) 만일 분자-내 1,2-삽입 반응이 대신 일어난다면, *cis*-dideuterioethylene oxide **26**의 입체 화학(배열)은 어떻게 되는가?

도식 8.6
OH 리간드의 분자내 *syn*-공격과 외부 H_2O의 분자간 *anti*-공격

기본문제 8-4

입체 화학적 성과물들이 도식 **8.6**에 제시된 것들임을 증명하시오.

Henry는 알릴 재배열(높은 Cl^- 농도)과 산화(낮은 Cl^- 농도) 두 반응에 모두 적합한 카이랄 알릴 알코올(F와 D 동위원소로 치환된 알릴 알코올)을 갖고 Wacker 반응을 연구하였다. 실험 결과들이 도식 **8.7**에 나타나 있다.

친핵체가 *syn* 공격만 하는 경로를 조사하기 위하여, Henry는 출발 물질로 **30a**와 **30b**를 이용하고, Pd에 결합된 페닐(Ph) 리간드를 친핵체로 이용하였다. Henry는 이를 통해 Cl^- 농도가 낮거나 (**31a**) 높거나 (**31b**) 무관하게 카이랄 중심의 배열이 보존된다는 것을 발견할 수 있었다. H_2O (**32**와 **33**) 또는 CH_3OH (**34**와 **35**)를 친핵체로 사용하여 실험 결과물들의 입체 화학(배열)을 결정하기 위해서, 그는 이것을 기준 시스템으로 이용하였다. 높은 Cl^- 농도에서는, 외부 친핵체 H_2O 또는 CH_3OH의 *anti*-첨가(공격) 반응이 일어났다. 이것은 카이랄 중심의 입체 화학의 반전으로 입증되었다. 낮은 Cl^- 농도에서는 (산업 공정의 조건), 분자-내 *syn*-공격 반응이 일어나 카이랄 중심의 입체 화학이 보전되었다.

기본문제 8-5

도식 **8.7**에서 높은 Cl^- 농도에서는 H_2O의 *anti* 공격과 낮은 Cl^- 농도에서는 OH의 *syn* 공격하는 입체 화학이 부합한다는 것을 확인하시오.

그리하여 하이드록시-팔라듐 첨가 반응과 관련된 입체 화학의 현안은 해결되었으며, 입체 화학은 Cl^- 농도에 의존하는 것으로 여겨진다.

단계 c, d, e

이 단계들은 β-제거와 2,1-삽입 반응을 표시하며, 이 반응으로 Pd가 좀 더 다중-치환된 탄소에 결합하게 된다. 16-전자 중간체 **36**으로부터 Cl^-이 해리되어 14-전자 중간체 **37**이 되는 과정(단계 **c**)이 β-제거 반응(단계 **d**)보다 먼저 일어날 수도 있다. β-제거(단계 **e**) 반응이 일단 일어나면, 배위되어있던 엔올(enol)이 배위되어 있던 자리에서 떨어져 엔올–케토 양성자-자리-이동(tautomerization) 현상으로 알데하이드가 된다는 것을 생각할 수도 있을 것이다. 그러나 Wacker–Smidt 반응이 D_2O에서 수행되면, 알데하이드에 D가 삽입되지 않는다. 따라서(리간드 해리)–(양성자-자리-이동) 가능성을 배제할 수 있다.

기본문제 8-6

만일 엔올이 D_2O 용매에서 단계 **c** 후에 해리된다면 중수소(D)가 알데하이드 안으로 편입되는 현상이 왜 예상되는 이유는 무엇인지 설명하시오.

단계 f

단계 **f**는 α-OH 작용기로부터 양성자가 β-제거되어 알데하이드가 형성되는 마지막 단계를 나타낸다. 이와 동시에 HCl 환원성-제거 반응으로, 금속의 산화수가 +2 → 0으로 낮아지는 것으로 추측된다.

단계 g

촉매 순환의 마지막 단계는 Cu(II)에 의한 Pd(II) 촉매의 재생이다. 형성된 Cu(I) 화학종은 순수한 O_2(단일 과정) 또는 공기(두–단계 과정) 반응을 통해 Cu(II)로 다시 산화된다.

이론적 연구들

Wacker 반응은 최근의 수많은 이론 연구의 초점이었다. 이것들 중에서 가장 결정적인 것은 Goddard와 공동 연구원들의 연구 결과였다. 이들은 DFT 계산법을 통해 전(entire) 촉매 순환 과정을 연구하였으며, 이 연구 결과로 핵심 메카니즘 단계들에 대한 것들을 알 수 있었다.

(R)-(Z)-**30a** → $[Cl^-] = 0.1\ M$, *syn* 공격 → (R)-**31a**

(S)-(Z)-**30b** → $[Cl^-] = 2.5\ M$, *syn* 공격 → (S)-(Z)-**31b**

(R)-(E)-**32** → $[Cl^-] = 0.1\ M$, *syn* 공격 → (R)

(R)-(Z)-**33** → $[Cl^-] = 2.5\ M$, *anti* 공격 → (S)-(Z)

(R)-(Z)-**34** → $[Cl^-] = 0.1\ M$, *syn* 공격 → (R)

(S)-(Z)-**35** → $[Cl^-] = 2.5\ M$, *anti* 공격 → (R)-(Z)

도식 8.7
Wacker 반응에서 재배열과 산화 반응의 입체 화학적 결과물

예를 들면, β-제거(단계 **f**)에 대한 활성화-에너지 장벽 값이 전체 공정에 대해서 관측된 활성화-에너지 장벽 값($\Delta H^{\ddagger}$ = 19.8 kcal/mol)의 약 2배였으며, 이 계산 값은 반응 중에 β-제거 과정이 일어날 수 없다는 것을 알려준다. 추가 연구 결과로 β-제거 과정의 에너지 장벽 값보다 훨씬 낮은 에너지 장벽 값을 갖는 대체 전이상태(화합물 **38**)가 발견되었다. 이 전이상태의 에너지 장벽 값 또한 19.8 kcal/mol보다 작았다. 이 전이상태는 β-제거 대신 환원성 떼어내기와 유사한 과정을 보여준다. 이 전이상태에서, H_2O 분자는 HCl의 환원성 떼어내기와 Pd로부터 아세트알데하이드의 해리를 도와준다.

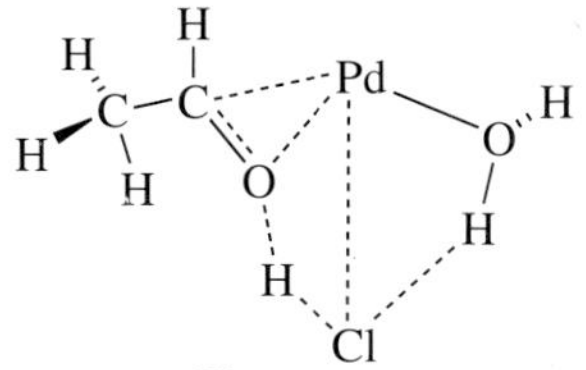

38

캘리포니아 공대 연구진은 Wacker 공정의 반응 생성물과(즉, 낮은 [Cl^-]에서는 알데하이드, 높은 [Cl^-]에서는 chlorohydrin) 속도 법칙들이(즉, 낮은 [Cl^-]에서는 [H^+]와 [Cl^-]^{2}에 반비례, 높은 [Cl^-]에서는 [H^+]에 0(영) 차이고 [Cl^-]에 −1차) 반응 조건에 따라 왜 다른가를 알아보기 위해서 연구를 하였다. 만일 반응식 **8.20**에 있는 반응이 일어난다면 배위된 OH 리간드가 *syn* 공격하는 반응을 포함한 경로 **b′**과 **c**가 제안하는 메카니즘만 타당한 활성화 에너지를 가질 수 있다고 보고하였다.

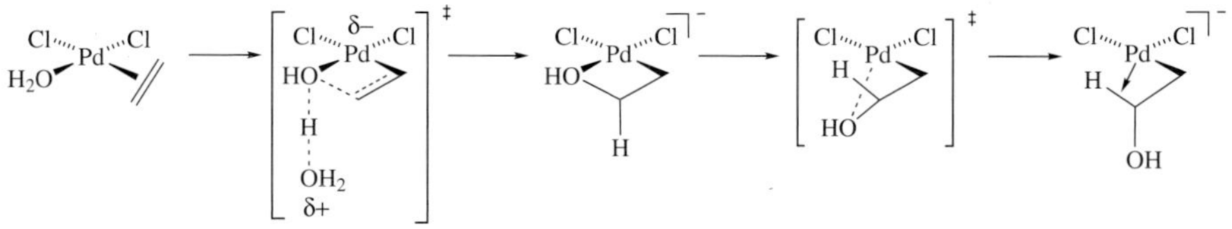

39 **40** **41** **37′**

8.20

도식 **8.5**에 있는 화합물 **37**이 형성되는 대체 반응(alternative pathway) 경로에서는, 첫 번째 전이상태 **39**의 에너지를 낮추는데 물 분자의 도움이 필수적이다. 두 번째 장벽은 중간체 **40**이 두 번째 전이상태 **41**을 거쳐서 **37′**으로 이성질화하는 속도-결정 단계를 포함한다. 이것은 낮은 [Cl^-]에서의 속도 법칙과 부합한다.

도식 **8.5**에 있는 단계 **a**에서, 외부 H_2O의 공격 또한 가능하다. 이 단계에서, 물이 직접적으로 중간체 $[PdCl_3(CH_2{=}CH_2)]^-$를 공격하여(속도-결정 단계, *anti*

기본문제 8-7

Goddard 연구진이 제안한 메카니즘이 낮은 [Cl$^-$]에서의 Wacker 반응의 속도 법칙과 왜 부합하는가?

공격), 전이상태 **42**를 거쳐서 화합물 **43**을 형성한다. 화합물 **43**은 앞에 기술된 경로를 따라서 알데하이드 또는 chlorohydrin으로 변환된다(반응식 **8.21**).

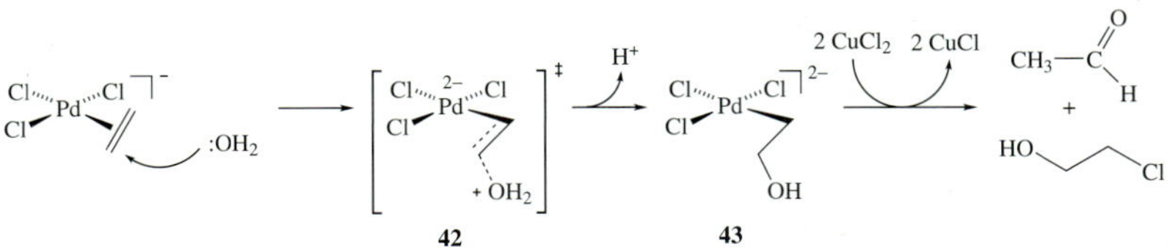

8.21

현재까지의 계산 및 실험 연구 결과 덕분에 Wacker 공정의 상세한 부분들이 10~20년 전보다 훨씬 분명해졌다. 물론 추가 연구로 촉매 순환 과정의 상세한 부분들이 더욱 정교해질 것이라는 것은 의심의 여지가 없다.

8-4 수소-첨가 반응

H_2를 C=C, C≡C, 또는 C=O 결합 같은 다중 결합에 첨가시키는 반응은 실험실과 산업 현장에서 중요한 합성 과정이다. 이 반응은 대개 불균일 촉매 존재하에 진행된다. 그러나 뒤에 나오는 절에서는, 온화한 조건에서 C=C 결합과 같은 다중 결합의 포화(saturation)를 촉진할 수 있는 균일 촉매들의 활용에 대하여 논의할 것이다. 비록 균일-촉매 수소-첨가(hydrogenation) 반응이 수소-포밀 첨가 반응과 같은 규모로 산업 현장에서 이용되고 있지는 않지만(수소-포밀 첨가와 뒤이은 수소-첨가 반응에 쓰이는 포스핀-치환된 Co 촉매들은 예외임), 정밀 화학 제품과 전문 의약품 합성에 점점 더 많이 활용되고 있다. 카이랄 리간드가 금속에 배위되어, 생성물들이 입체-선택적으로 합성되는 데 이 반응이 이용된다.

8-4-1 Monohydride 중간체를 포함한 수소-첨가 반응

균일-촉매 수소-첨가(hydrogenation) 반응에는 주된 반응이 두 가지가 있다. 한 반응에는 하이드라이드 리간드 한 개를 함유한 monohydride(M–H)가 관여하고, 또 한 반응에는 하이드라이드 리간드 두 개를 함유한 dihydride(MH_2)가 관여한다. M–H 메카니즘을 먼저 간결히 논의한 후에 MH_2 메카니즘이 좀 더 상세히 논의할 것이다.

반응식 **8.22**와 **8.23**에 나와 있는 알켄의 수소-첨가 반응에 $RuCl_2(PPh_3)_3$와 이와 관련된 Ru(II) 착화합물들이 좋은 촉매 역할을 하며, 내부(internal) 이중 결합에 비해 말단(terminal) 이중 결합에 높은 선택성을 보여준다.

H_2, $HRu(Cl)(PPh_3)_3$, 25 °C/1 bar **8.22**

H_2, $HRu(Cl)(PPh_3)_3$, 25 °C/1 bar + **8.23**

반응식 **8.24**는 한 화합물에 카보닐 작용기와 C=C 결합 둘 다 존재할 때, Ru–H 촉매의 화학 선택성을 보여준다. 이 반응에서 수용성 Ru 촉매가 사용되면 두-상(two-phase) 용매 시스템에서 카보닐이 알코올로 환원될 수 있다. Ru–H 촉매는 극성 이중 결합의 수소-첨가 반응에 자주 이용된다.

O, H, H_2 (20 bar), Ru–H (촉매)/PhMe/H_2O/35 °C, CH_2OH

Ru–H 촉매: $RuCl_3$/ P, SO_3Na, NaO_3S, SO_3Na **8.24**

활성 촉매 화학종은 16-전자 착화합물 $HRuCl(PPh_3)_3$ **44**로 예상되며, 반응식 **8.25**가 이것의 형성을 보여준다. 반응은 H_2가 $RuCl_2(PPh_3)_3$에 첨가되어, 이수소화 착화합물이 아닌(dihydride 착화합물 내 Ru은 비교적 불안정한 +4 산화수를 갖는다) 이수소 착화합물의 형성하여 시작된다. 반응 혼합물에 있는 NEt_3가 양성자 스펀지로 작용하여 HCl을 포획하고 활성 화학종의 형성을 가속시킨다. 여기서 HCl은 M–H 결합과 M–Cl 결합의 불균일 결합 분해(heterolytic bond cleavage)로 형성된다.

$Ru(Cl)_2(PPh_3)_3$ $\xrightarrow{H_2}$ [PPh_3, Cl, Cl, Ru, Ph_3P, Ph_3P, H, H] → $H–Ru(Cl)(PPh_3)_3$ **44** + HCl $\xrightarrow{Et_3N}$ Et_3NHCl **8.25**

여기서 출발

44

45

46

H_2

도식 8.8

C=C 결합의 수소-첨가 반응에 대한 Ru 촉매 작용

기본문제 8-8

Dihydroegn 착화합물이 HCl과 화학종 **44**로 변화되는 반응의 메카니즘과 (반응식 **8.25**) 도식 **8.8**의 마지막 단계의 메카니즘을 제안하라.

빈 배위 자리를 갖고 있는 모노하이드라이드 **44**가 알켄에 배위하여 화학종 **45**를 형성하고, 이것은 1,2-삽입 반응하여 ruthenium–alkyl 착화합물 **46**으로 변환된다. 최종적으로, H_2가 불균일 결합 분해를 일으켜서 촉매가 재생되고 알케인이 생성된다(도식 **8.8**).

8-4-2 Dihydride 중간체를 포함한 수소-첨가 반응

Dihydride (MH_2) 중간체를 포함한 촉매 시스템들 중에서 현재까지 가장 잘 연구되고, 합성적으로 유용한 것은 Rh(I)-기반 촉매 시스템들이다. $RhCl(PPh_3)_3$가 대기압에서 알켄의 수소-첨가 반응의 촉매로 작용한다는 것을 1965년 Wilkinson이 (또한 거의 동시에 Coffey가 독자적으로) 발견하였다. 이 발견은 유기금속 화학 사에 기념비적인 사건이었다. 이 획기적인 업적(breakthrough)은 촉매 메카니즘 연구를 활성화하였다. 특히 Rh(I) 착화합물을 이용하는 수소-첨가 균일 촉매 반응의 메카니즘 규명과 합성 유용성에 대한 연구가 대단하였기 때문에, 오늘날 $RhCl(PPh_3)_3$가 "Wilkinson 촉매"로 알려져 있다.

반응식 **8.26**에서 Wilkinson 촉매를 이용하여 수소-첨가 반응하는 예를 보여준다. H_2 대신 D_2의 사용함으로써 Rh-촉매 반응에서 전형적인 *같은-방향* 첨가(*syn* addition)의 입체 화학을 확인할 수 있다.

D_2 (1 bar), $Rh(Cl)(PPh_3)_3$/25 °C

8.26

(1) 뜨거운 에탄올에서 $RhCl_3{\cdot}xH_2O$를 과량의 PPh_3와 반응시키거나(반응식 **8.27**), (2) Cl-다리-놓인 dialkene 착화합물을 합성한 뒤 이것을 PPh_3와 반응시켜(반응식 **8.28**) 촉매를 합성할 수 있다. 두 번째 합성법 사용하면, PPh_3 외에 다른 포스핀을 Rh에 배위시킬 수 있다.

$$RhCl_3(H_2O)_3 + 4\,PPh_3 + CH_3CH_2OH \xrightarrow[\text{EtOH/80 °C}]{} Rh(Cl)(PPh_3)_3 + PPh_3{=}O + CH_3CHO + 2\,HCl + 3\,H_2O$$

8.27

$$[Rh(cyclooctene)_2(\mu\text{-}Cl)]_2 + 6\,PPh_3 \longrightarrow 2\,Rh(Cl)(PPh_3)_3 + 2\,cyclooctene$$

8.28

표 **8-2**에 의하면 알켄의 C=C 결합 주위의 입체적 장애가 수소-첨가 반응속도에 영향을 줄 수 있다.

흥미롭게도 가장 작은 입체적 혼잡도를 가진 에틸렌에 수소가 첨가되는 속도가 단일-치환된(monosubstituted) 알켄과 이중-치환된(disubstituted) 알켄에 수소가 첨가되는 속도에 비해 매우 느리다. 이런 현상은 아마도 에틸렌이 촉매 순환 공정에서 Rh에 강하게 배위하여 뒤이은 수소-첨가 반응을 억제하기 때문일 것으로 예상 된다 (도식 **8.9**의 단계 ***f***).

사람들 대부분이 생각하고 있는 Wilkinson 촉매의 수소-첨가 반응에 대한 메카니즘을 도식 **8.9**가 나타낸다. 반응들의 내부 순환 과정(다이아몬드 모양의 점선 상

표 8-2 25 °C에서, C=C 결합의 수소-첨가 Wilkinson 촉매 반응에서 상대적 반응속도[a]

기질	k x10[2] (L/mol/sec)
cyclohexene	31.6
1-hexene	29.1
2-methyl-1-pentene	26.6
(*Z*)-4-methyl-2-pentene	9.9
(*E*)-4-methyl-2-pentene	1.8
1-methylcyclohexene	0.6
3,4-dimethyl-3-hexene	< 0.1

[a]F. H. Jardine, J. A. Osborne, and G. Wilkinson, *J. Chem. Soc. A*, **1967**, 1574.

자로 둘러싸여 있음)이 Helpern과 Tolman의 연구 결과에 바탕을 둔 촉매 단계들을 표시하고 있다. 화합물 **52**~**55**는 실재 촉매 과정에 참여하지 않을 뿐만 아니라, 이런 중간체들이 쌓이게 되면 전체 반응이 오히려 느려질 수도 있다는 것을 보여주었다. 이 연구는 촉매 메카니즘 결정을 하려는 화학자에게 의미 있는 교훈을 준다. 즉, 용이하게 분리해 낼 수 있는 화합물들은 좋은 중간체들이 아니다. Helpern은 속도론 및 분광학 연구를 면밀하게 수행하여, 화학종 **48**~**51**이 촉매 순환 과정의 좋은 중간체들이라는 것을 보여주었다. 이제 촉매 순환 과정의 핵심 단계들 중 몇 가지를 살펴보고, 이것들이 전체 수소-첨가 과정에 어떻게 상응하는지 살펴보자.

단계 a와 b

화학종 **47**이 리간드-해리 반응하여 14-전자 화학종 **48**이 된 후, H_2 산화성–첨가 반응을 하는 것은 언뜻 보기에 타당하지도 않고 반드시 필요해 보이지도 않는다. 그 이유는 이 단계가 흡열 반응이고, 16-전자와 18-전자 중간체들을 (**47** → **52** → **49**, 단계 **f**와 **g**) 포함하는 반응도 쉽게 일어날 수 있기 때문이다. 하지만 Halpern은 화학종 **48**을 실제로 분리해내지는 못했지만, H_2가 화학종 **48**에 첨가되는 속도가 화학종 **47**에 첨가되는 속도보다 10,000배 크다고 추산하였다. 몇 년 후, Wink와 Ford가 화학종 **48**을 과도기(transient) 중간체로서 생성하여 분광학적으로 관찰하였다. 그들은 또한 H_2-첨가 반응속도를 측정하여, 이것이 Halpern의 추산 값에 가깝다는 것을 발견하였다.

화학종 **48**에 있는 포스핀 리간드들의 입체 화학에 대한 의문이 있다. 이 리간드들은 서로 *시스*일까? 또는 *트랜스*일까? Brown이 수행한 연구 결과에 의하면, 포스핀 리간드들이 서로 *시스*이고, 이 배향이 촉매 순환 과정 내내 지속된다. 그러나 최

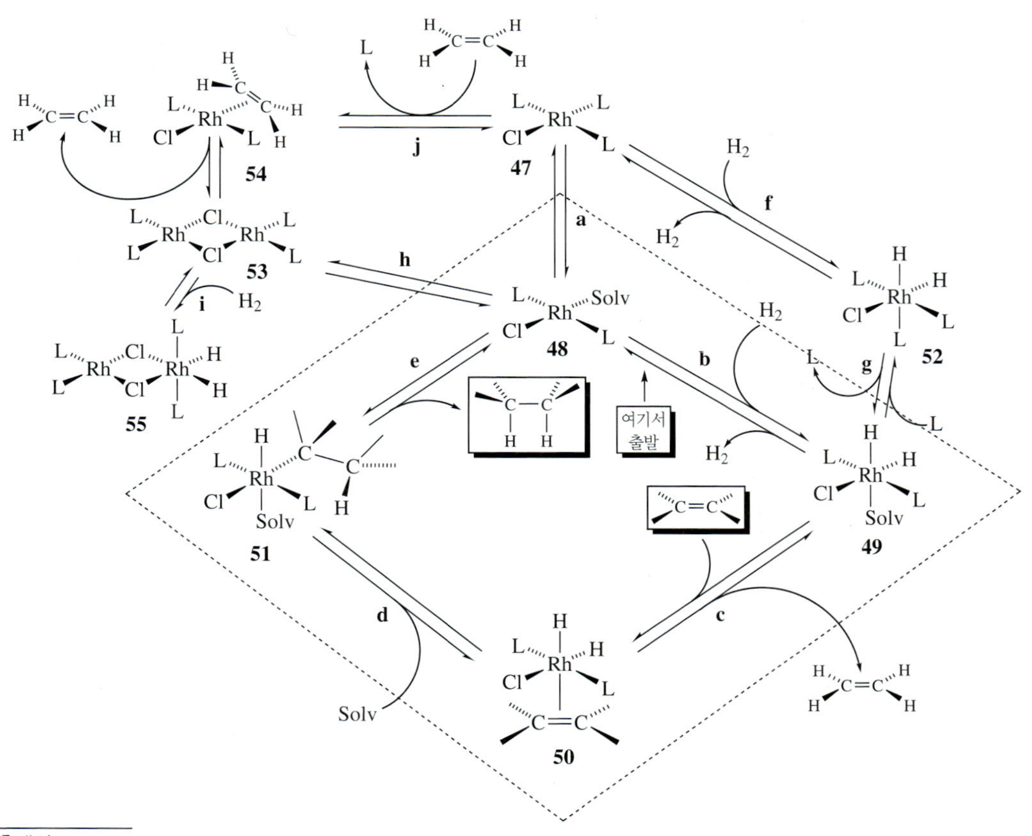

도식 8.9
Wilkinson 촉매의 수소-첨가 반응에 대한 메카니즘

핵심 단계: **a**, **b**, **c**, **d**, **e**

L = PPh_3; Solv = EtOH, THF

저 바탕 집합을(minimal basis set) 사용한 *순수-이론적*(*ab initio*) MO 계산 결과에 의하면, 만일 *시스* 배향이 뒤에 나오는 중간체들과 연관되어 있을 때, 속도-결정 단계가 단계 **d**보다는 단계 **e**에서 일어나며, 이 현상은 Halpern의 결과와 부합하지 않는다. PH_3보다 덩치 큰 포스핀과 큰 분자량의 알켄을 갖고 이론적 계산을 다시 한다면, *시스* 포스핀들을 포함하는 반응 경로가 나올 수도 있을 것이다. 또한, 촉매 순환 과정의 중간체들에 있는 포스핀 리간드들이 *시스–트랜스* 이성질화 반응을 할 수도 있을 것이다.

화학종 **48**이 이합체화(dimerization)하여 화학종 **53**이 된 후, 수소-첨가 반응하여 화학종 **55**가 되는 반응이 일어나는 것으로 보인다(단계 **h**와 **i**). 그러나 착화합물 **55**는 촉매 순환 과정에 선뜻 참여하지 않는다. 정상적인 수소-첨가 반응 조건에서는, 화학종 **48**이 매우 빠르게 반응하여 화학종 **49**을 생성한다.

단계 c

단계 **c**는 알켄 리간드가 dihydride **49**에 배위하는 단계이다. 용매가 dihydride **49**의 Rh에 매우 약하게 배위한다고 가정하면, 알켄의 배위로 18-전자 화학종 **50**이 형성되는 것은 당연히 용이할 것이다. 하지만 ethylene 같이 강하게 배위하는 알켄은 화학종 **47**에 배위하여 화학종 **54**를 생성하는 것을 선호한다는 것은 반드시 짚고 넘어가야 한다. 화학종 **54**는 안정한 착화합물이며, 촉매 반응에 참여한다.

단계 d

이 단계가 속도-결정 단계며, 사실은 기본 단계 두 개의 조합이다. 첫째, 알켄이 1,2-삽입 반응하여 화학종 **56**을 형성하고(반응식 **8.29**, 화학종 **56**~**59**는 일그러진 사각피라미드 구조를 갖고 있다고 생각할 수 있다), 이 화학종에서 알킬과 하이드라이드 리간드들이 *트랜스* 배향을 갖는다. 환원성-떼어내기 단계 **e**가 일어나기 위해서는 이 두 리간드가 반드시 서로 *시스* 배향을 가져야 하므로 이성질화 과정이 일어나야만 한다. 이성질화 과정이 어떻게 일어나는지 명확히 알려져 있지 않지만, PPh_3 대신 PH_3로 치환된 모형에 대한 *순수-이론적* 계산 결과, 타당한 이성질화 과정은 반응식 **8.29**에 따라 일어난다. 이 반응에서 화학종 **57**이(만일 L = PPh_3면, 화학종 **56**이) 순차적으로 hydride-이동 반응과 chloride-이동 반응을 하여(두 반응 모두 낮은 활성화 에너지를 갖고 있다) 화학종 **58**을 형성한다. 이 반응은 에틸 그룹에서 Rh–C 결합 회전이 일어나서 화학종 **59**가(만일 L = PPh_3면, 화학종 **51**이) 형성되기 전에 일어나야만 한다. 관찰된 1차 동위원소 효과($k_{obs}^{Rh-C}/(k_{obs}^{Rh-D}$ = 1.15) 값은 M–H 결합 깨짐이 속도-결정 단계에 포함되어 있다는 추가적인 증거를 제시한다.

56: R = Ph
57: R = H

58

59: R = H
51: R = Ph

8.29

기본문제 8-9

제6장에 있는 *시스* 효과와 *트랜스* 효과를 바탕으로 화학종 **57**이 화학종 **59**로 재배열되는 것이 에너지적으로 왜 타당한지 설명하시오.

단계 e

하이드라이드 리간드와 알킬 리간드가 *시스* 배향을 갖고 있기 때문에, 환원성 반응이 수월하게 일어나게 되어, 알케인을 생성하고 화학종 **48**이 재생된다. 환원성-떼어내기 반응이 원자 배열이 보존되면서 일어난다는 것을 알고 있다. 위의 결과와 1,2-삽입 중에 Rh과 H의 *syn* 첨가 현상이 결합되면, 궁극적으로는 H 원자 두 개는 같은 면에 첨가되는 현상이 일어난다.

용매 효과를 무시할 경우 L = PPh_3인 조건에서, 촉매 순환의 각 단계에 대한 MO 계산 값들이 Halpern이 제안한 메카니즘이 타당하다는 것을 증명해준다. 우리는 Halpern 메카니즘을 비롯한 모든 촉매 과정의 메카니즘을 유념하여 볼 필요가 있다. 그 이유는 알켄, 용매, 또는 포스핀 리간드가 바뀌면, 반응 경로나 속도-결정 단계가 바뀔 수 있기 때문이다 (단계 **a**와 **b**에 관련된 위의 논의 부분을 살펴볼 것).

8-4-3 양이온성 수소-첨가 촉매

Rh 촉매

Wilkinson 촉매 발견은 수소-첨가 반응성을 높이는 새로운 촉매 개발을 촉진하였으며, 이 촉매들은 일반적으로 LnM^+(M = Rh 또는 Ir) 화학식을 갖고 있다. Schrock과 Osborn이 최초로 Rh 계열 촉매들을 보고하였으며, 반응식 **8.30**에서 이 화합물들의 합성법을 나타내었다. 양이온성 Rh(I) 촉매 **60**은 THF 또는 아세톤 같은 용매와 상호작용하여 12-전자 화학종인 불포화(unsaturated)된 비스포스핀 중간체 **61**을 형성한다. 이 중간체가 활성 촉매로 간주된다. 촉매 순환 반응은 알켄의 배위로 시작하고, H_2의 산화성-첨가 반응이 뒤따른다.

Rh, Ph_2P, PPh_2 (**60**) → ($2\ H_2$, THF 또는 아세톤) → Solv, Solv, Rh, Ph_2P, PPh_2 (**61**) +

60 **61** **8.30**

양이온성 Rh 촉매들이 알켄을 알케인으로 환원시키고, 알카인을 *시스*-알켄으로 변환시키고, 케톤을 알코올로 변형시키는데 약간 이용되지만, 이것들의 가장 중요한 기능은 C=C 결합의 비대칭 수소-첨가 반응을 촉진시키는 것이었다. Knowles는 Parkinson 질환 치료제 L–DOPA **62**의 산업적-규모 합성에 대한 연구로 노벨상을 수상하였으며, 이 합성법의 핵심 단계가 반응식 **8.31**에 제시되어 있다. 이수소-첨가 반응을 통한 환원 과정은, 놀라운 입체 선택성을 나타내며, 약 94% 거울상 초과량(ee = enatiomeric excess) *S*-이성질체를 생성한다. 비스포스핀 리간드 DIPAMP **63**의 인 원자들이 두 개의 입체 중심을 갖고 있으며, 촉매 순환 반응 중에 카이랄 환경을 제공한다.

H CO_2H AcO OMe HN Me O $\xrightarrow[\text{[Rh(DIPAMP)]}^+]{H_2}$ AcO OMe CO_2H H HN Me O

MeO Ph Ph OMe *P: :P*

63

*: 입체 중심

HO OH CO_2H H HN Me O

62 **8.31**

Ir 촉매

Ir이 주기율표에서 Rh 아래에 있기 때문에, 수소-첨가 촉매로서의 Ir의 거동이 Rh의 거동과 비슷할 것이라고 예상할 수도 있다. 그러나 예상과는 달리, Wilkinson 촉매 $RhCl(PPh_3)_3$의 Ir 유사체 $IrCl(PPh_3)_3$는 C=C 결합을 포화시키는데 효과적이지 못하다. 그 이유는 포스핀은 Rh보다 Ir에(3주기 전이금속을 대표하는) 더 강하게 결합하기 때문이다. 그러므로 촉매-활성 화합물인 $IrCl(PPh_3)_2$는 쉽게 형성되지 않는다. 반면에, 양이온성 Ir 착화합물은 Wilkinson 촉매보다 훨씬 더 활성적인 수소-첨가 촉매다. Crabtree가 초기에 개발한 양이온성 Ir 촉매는 일반식 (COD)Ir(L)(L′)을 갖고 있으며, 단일-치환된(monosubstituted) 알켄이나 이중-치환된(disubstituted) 알켄의 포화-반응만큼 빠르게 사중-치환된(tetrasubstituted) 알켄의 포화 반응을 촉매-작용을 할 수 있다. 겉보기에는 H_2와 CH_2Cl_2 같은 비배위성(non-coordinating) 용매 존재하에서, COD 리간드가 cyclooctane으로 변환되면서 활성적인 과도기(transient) 12-전자 화학종 "$Ir(L)(L')^+$"이 형성된다(반응식 **8.32**).

$$[(COD)Ir(Py)(PCy_3)]^+ \xrightarrow[CH_2Cl_2]{2\,H_2} [(CH_2Cl_2)_2Ir(Py)(PCy_3)]^+ + \text{cyclooctane}$$

8.32

양전하를 갖고 있는 이 불포화 착화합물은 비교적 굳은 Lewis 산이기 때문에 알켄이나 수소뿐만 아니라 알코올 같은 극성 리간드와도 결합한다. $[Ir(COD)(py)(PCy_3)]PF_6$가 enone **64**의 수소-첨가 반응에 촉매로 작용할 때 나타나는 놀라운 입체 선택성을 반응식 **8.33**이 보여준다. 두 고리의 접합 부분에서 메틸 그룹이 H에 대해서 *트랜스* 배향을 갖는 이성질체에 대한 높은 선호도는 아마도 중간체 **65**의 형성에 기인한다. 이 중간체에서 수소, 알켄, 그리고 알코올이 동시에 금속에 배위하고 있다. 극성 그룹이 C=C 결합 가까이 위치할 때, 이와 같은 높은 입체 선택성이 흔히 나타난다.

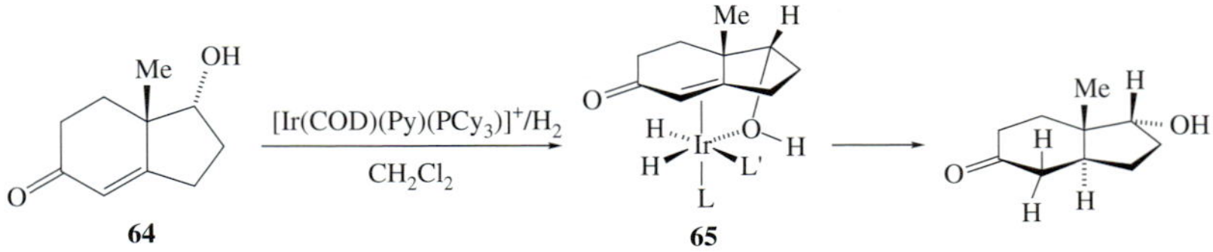

$[Ir(COD)(Py)(PCy_3)]^+/H_2$, CH_2Cl_2

64 **65** **8.33**

수소-첨가 Ir 촉매 반응의 범위를 향상시키려는 최근 연구 개발은 Ir 착화합물을 쯔비터 이온성(zwitterionic)으로 만들어주는 리간드 합성을 포함하고있다. 이와 같은 목적으로 합성된 착화합물들 중 한 가지가 화학종 **66**이다. 이 착화합물이 알짜 전하 0(영)을 갖고 있지만, Crabtree 촉매처럼 금속은 여전히 양이온성을 지니고 있다. 실험 결과에 의하면, Crabtree 촉매와는 전혀 다르게 화학종 **66**은 벤젠이나 헥세인 같은 비극성 용매에 녹는다. 화학종 **66**은 styrene의 수소-첨가 촉매 반응에서 Crabtree 촉매만큼 활성적이지 못하지만, P–N 리간드 구조를 변형시켜 이 화합물의 활성을 높일 수 있는 가능성이 있다.

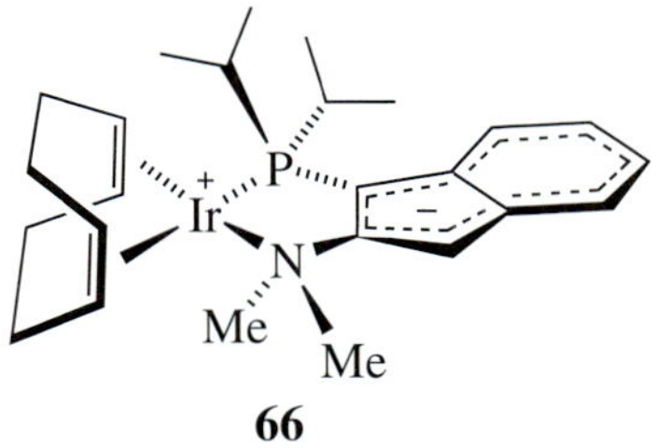

66

Crabtree 촉매가 발견된 이래, 가장 집중적인 연구 분야는 비대칭(asymmetric) 수소-첨가 반응성을 높이는 Ir 촉매 개발이었다.

8-5 메탄올 카보닐화(카보닐-첨가) 반응

8-5-1 Rh-촉매 카보닐화 반응

아세트산은 산업적으로 대량 생산된다. 아세트산은 몇몇 산업 공정에서는 그 자체로 쓰이기도 하지만, 생산된 아세트산 대부분은 아세트산 무수물(acetic anhydride)로 변환된다. 아세트산 무수물은 셀룰로오스 아세테이트(cellulose acetate)

필름 제조와 아스피린 합성에서 중요한 아세틸화(acetylating) 시약으로 사용된다. 오랫동안 Wacker 공정은 아세트산의 주된 생산 공정이었다. 불균일 촉매 반응으로 합성 가스로부터 CH_3OH를 쉽게 얻을 수 있기 때문에(반응식 **8.34**), 메탄올 C–O 결합에 CO를 곧바로 삽입하는 방법을(반응식 **8.35**) 개발하려는 시도가 활발히 진행되었다. 만일 알맞은 촉매가 발견된다면, 이런 공정은 전적으로 합성 가스에 기반을 두게 될 것이다. 메탄올의 직접적 카보닐화(direct carbonylation) 반응은 이제 현실이 되었으며, 오늘날 세계에서 생산되는 아세트산과 아세트산 무수물 거의 대부분이 이 공정의 결과물이다.

$$2\,H_2 + CO \longrightarrow CH_3OH \qquad \textbf{8.34}$$

$$CH_3{-}OH \xrightarrow{\;C\equiv O\;} CH_3{-}C({=}O){-}OH \qquad \textbf{8.35}$$

1960년대 중반에 독일 화학 회사 BASF가 $CO_2(CO)_8$과 HI 혼합물을 촉매로 쓰는 메탄올 카보닐화 반응을 개발하였다. 불행하게도 BASF는 CH_3COOH를 산업적으로 이용 가능할 정도로 빠르고 많은 양을 생산하기 위하여 210 ℃ 온도와 700 bar 압력이 필요하였다. 몇 년 뒤, Monsanto 회사가 메탄올로부터 직접 아세트산을 합성하는 연구에서 대단한 성취를 이루었다고 발표하였다. Rh–HI 시스템은 필요한 촉매 활성을 제공하여 180 ℃ 온도와 30~40 bar 압력에서 아세트산을 효과적으로 단일 생성물로 합성하였다. 또한 필요한 촉매의 몰 농도가 Co-촉매 공정의 몰 농도보다 약 100배 정도 낮았다. Monsanto 회사가 톤 단위의 공정을 완성시키자 모든 예전 공정들이 순식간에 더 이상 쓸모 없게 되었다. 이는 로듐의 화학 반응성이 코발트의 화학 반응 특성보다 탁월함을 다시 한번 확인시켜 준다.

도식 **8.10**은 메탄올 카보닐화 반응의 촉매 순환 과정을 보여준다. 이 촉매 반응은 실제로는 두 개의 순환 과정이 맞물려 있다. 한 순환 과정은 Rh을 포함하고, 나머지 순환 과정은 CH_3OH로부터 CH_3I를 생성하도록 고안되어 있다. 이 촉매 반응의 활성 촉매는 $[Rh(CO)_2I_2]^-$ **67**이다. 카보닐화 전체 반응은 CO 농도에는 무관하지만, Rh과 CH_3I 농도에는 다음과 같이 의존한다.

$$\text{속도} = k[\mathbf{67}][CH_3I]$$

이 속도식은 CH_3I가 화학종 **67**에 산화성-첨가되는 것이 속도-결정 단계라는 것과 부합한다(단계 **a**). 이 단계에서 음으로 하전된 강한 친핵체 **67**이 CH_3I의 I^-를 S_N2

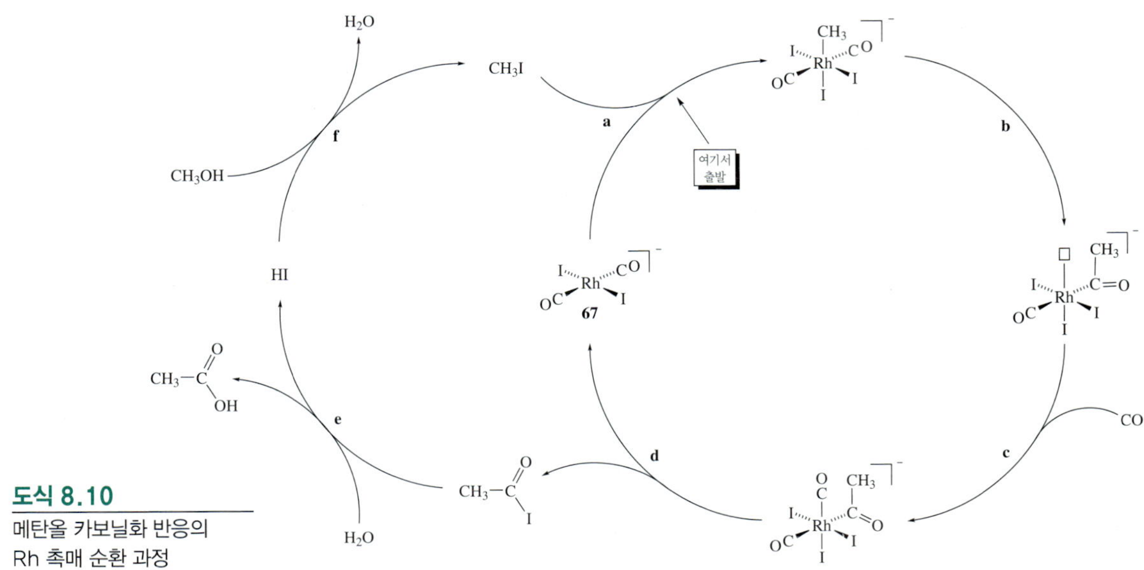

도식 8.10
메탄올 카보닐화 반응의 Rh 촉매 순환 과정

방식으로 치환한다. CH_3I의 산화성 첨가 이후, 용이한 카보닐 삽입(단계 **b**), CO 리간드 배위(단계 **c**), 그리고 환원성-떼어내기 반응이 차례로 일어나서 화학종 **67**이 재생되고 CH_3COCl이 생성된다. CH_3COCl은 뒤이어 빠르게 가수분해 반응하여 아세트산이 된다(단계 **e**). 마지막 단계의 부산물 HI는 CH_3OH와 반응하여 CH_3I를 만듦으로써(단계 **f**), 새로운 촉매 순환 과정이 일어날 수 있게 해준다.

기본문제 8-10

2-Propanol의 카보닐화 반응(butanoic acid와 2-methylpropanoic 혼합물이 형성됨) 속도가 에탄올의 카보닐화 반응속도보다는 조금 빠르지만, 1-propanol의 카보닐화 반응속도보다는 7배까지 빠르다. 만일 산화성-첨가 반응이 여전히 속도-결정 단계라면, 2-propanol이 출발 물질일 때, 이 단계의 메카니즘에 대해서 무엇을 말할 수 있는가?[힌트: **6-2-3**절을 볼 것]

아세트산 무수물이 아세트산보다 화학 산업에 더 유용하기 때문에, 별도의 공정으로 아세트산을 생산하지 않으면서 아세트산 무수물을 직접 만들고자 하는 경제적인 동기가 있었다. 1980년대 초까지, Eastman Chemicals 회사는 Halcon Chemical Company 회사와 공조하여 Monsanto 공정과 비슷한 기술로 아세트산 무수물을 생산하는 공정을 개발하였다. 1991년 이래로, Eastman이 운용하는 공장 설비(plant)가 매년 500,000톤(500,000,000 kg)을 웃도는 아세트산 무수물을 생산하여 왔다. Eastman–Halcon 공정은 형식적으로는 메틸 아세테이트의 C–O 결합에 CO를 삽입하는 것이다(반응식 **8.36**).

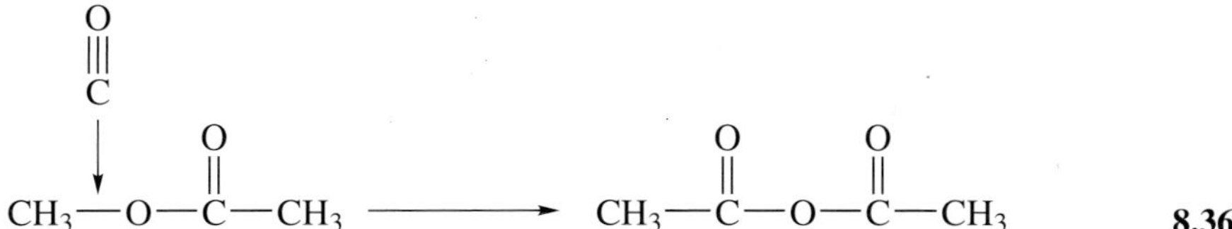

8.36

도식 **8.11**을 살펴보면, 이 공정을 잘 이해할 수 있다. 도식 **8.11**은 도식 **8.10**과 흡사하다. 괄호 안에 있는 시약들은 Monsanto 회사의 메탄올 카보닐화 반응에 관련된 시약들이다. E–H(Eastman Chemicals 회사와 Halcon Chemical Company 회사) 공정은 메탄올 대신에 메틸 아세테이트를 출발 물질로 쓰고, 마지막 단계에서 H_2O 대신 아세트산으로 CH_3COCl을 처리한다.

두 카보닐화 반응의 유사성에도 불구하고, 확연한 차이점도 있다. 첫 번째 차이점은 충분한 양의 Rh이 **67** 형태를 유지하도록, E–H 공정에는 H_2 환원 분위기(atmosphere)가 필요하다는 것이다. 두 번째 차이점은 E–H 공정은 양이온성 촉진제(promoter)를 쓴다는 것이다. 면밀한 연구 결과에 의하면, Li^+은 이 공정에 가장 좋은 양이온이며, 낮은 농도에서 카보닐화 반응의 전체 반응속도에 중요한 역할을 한다. 도식 **8.11**의 3번째 순환 과정은(이 과정 역시 아세트산 무수물을 만들어내며, 핵심 중간체들은 굵은 글씨체로 표시되어 있음), Eastman Chemicals 회사의 연구 결과를 기반으로 하며 전체 반응에서 Li^+ 이온의 역할을 보여준다.

8-5-2 Ir-촉매 카보닐화 반응

메탄올 카보닐화 분야의 가장 최근 발전은 Ir 촉매 사용이다. 1996년 BP Chemicals 회사의 *Cativa* 공정이라는 명칭으로 도입된 Ir-촉매 아세트산 생산 방법은 최근, 세계적으로 이용되고 있다. 이 촉매 순환은 *음이온성(anionic)* 촉매 순환이라고 불리며, 도식 **8.12**에 나타나 있다. 이 촉매 순환은 Rh-촉매 카보닐화 반응과 매우 비슷하다. Ir-촉매 카보닐화 반응의 메카니즘을 연구했던 Foster를 비롯한 그 밖의 연구자들의 연구 결과는, CH_3I가 음이온성 $[Ir(CO)_2I_2]^-$ 대신에 중성의 $Ir(CO)_3I$ 또는 $Ir(CO)_2I$로 산화성-첨가 반응하는 또 하나의 순환 과정인 소위 *중성*(neutral) 촉매 순환을 한다는 것을 밝혀내었다. 화학자들은 산업적 규모 조건에서는 음이온성 순환 과정이 일어난다고 생각하고 있다.

Cativa 공정에 상응하는 단계(단계 **a**)는 Rh-촉매 카보닐화 반응의 속도-결정 단계인 CH_3I의 $[Ir(CO)_2I_2]^-$로의 산화성-첨가 반응보다 수백 배 빠르다. 반면에, $[MeIr(CO)_2I_3]^-$에 대한 이동성 CO-삽입 반응은 느리다. 하지만 중성 중간체 $MeIr(CO)_3I_2$가 먼저 형성된다면, 이 반응이 훨씬 더 빠르다는 것을 연구 결과들이 보여준다. 이 과정은 I^- 제거를 필요로 하며 매우 느리다(단계 **b**). 즉, I^- 해리가

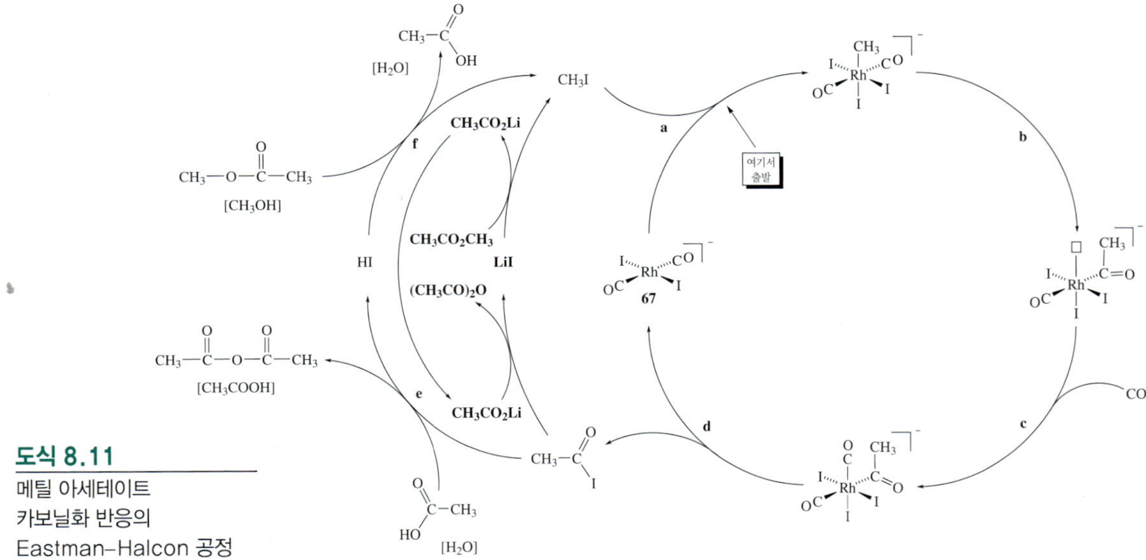

도식 8.11
메틸 아세테이트 카보닐화 반응의 Eastman–Halcon 공정

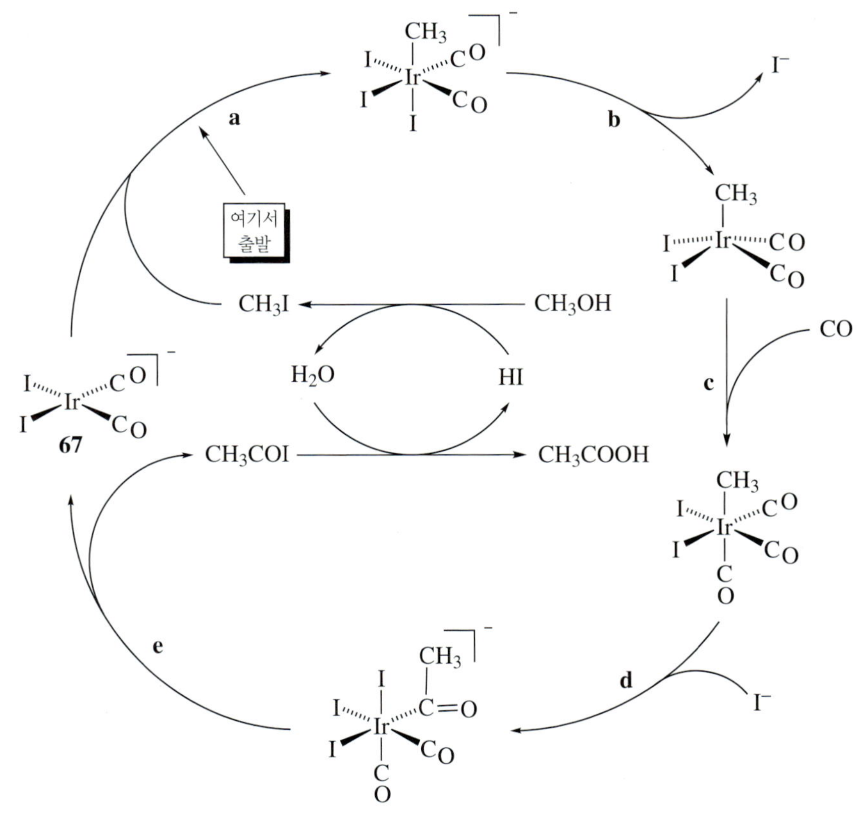

도식 8.12
Ir-촉매 카보닐화 반응의 음이온성 촉매 순환

바로 전체 촉매 순환 과정의 속도를 결정(bottleneck)한다. 이 저해 현상을 해결하지 못하면, Ir-촉매 카보닐화 반응을 산업적 규모로 이용하는 것은 실현가능성이 낮다.

반응 혼합물에 첨가될 수 있는 촉진제의 발견으로 획기적인 성과가 나타났다. 이와 같은 촉진제가 $Ru(CO)_3I_2$다. 이 촉진제는 $[MeIr(CO)_2I_3]^-$로부터 I^-를 제거하는 방식으로(반응식 **8.37**) 반응을 촉진하는 것처럼 보인다. I^-를 제거하는 단계 **c**와 **d**의 속도를 높이는 효과가 있다. 단순하게 Zn, Cd, Hg 아이오딘 화합물이 작용하듯이, 몇몇의 다른 전이-금속 카보닐-아이오딘 착화합물도 유사하게 작용할 것이다. 연구 결과에 의하면, 아이오딘-첨가 촉진제는 CH_3I 생성에 필요한 여분의 I^-를 촉매 공정에 제공한다.

8.37

통상적인 Rh-촉매 카보닐화 반응에 비해서 Cativa 공정은 다음과 같은 유리한 점들을 제공한다.

- 이 공정은 본질적으로 조금 더 안정한 촉매 시스템이다(Ir–리간드 결합이 대개 더 강하다).
- 이 공정은 낮은 농도의 H_2O를 이용하기 때문에 수성-가스(water-gas) 이동 반응을 최소화시킬 수 있고(반응식 **8.1**을 보라), 생성물을 더 쉽게 분리해 낼 수 있다.
- IrL_3 형태로 촉매 반응에 참여하기 전에, Ir 촉매가 Rh 촉매보다 더 넓은 범위의 조건에서 존재할 수 있다.

Monsanto공정, E–H공정, Cativa공정은 전이금속 화학을 촉매 반응에 적용시키는데 성공한 사례들이다. 이 공정들은 균일 전이-금속 화합물을 이용하여 저비용, 고효율, 고선택성으로 값진 물질들의 합성을 가능케 한다. 의문의 여지 없이 기초 유기금속 반응의 유형들을 이해하기 위하여 이전에 수행되었던 기본 연구들은 이 촉매 공정들뿐만 아니라 이미 논의하였던 다른 공정들에 대한 난해한 것들을 해결하는데 도움을 주었다. 이 촉매 공정들과 제8장의 후반부와 뒷장에서 논의될 촉매 공정들은, 실제 적용되는 기초 반응 유형들뿐만 아니라, 과학적 탐구로도 중요한 경제적 의미를 갖는 실용적 응용에 어떻게 적용하게 되는가를 생생하게 보여준다.

8-6 수소-사이아나이드 첨가 반응

수소-사이아나이드 첨가(hydrocyanation) 반응은 HCN을 이중 결합에 첨가하는 반응이다. 1971년, Dupont 회사는 2당량의 HCN이 *반*-마르코니코프 규칙(*anti*-Markovnikov)으로 1,3-뷰타다이엔에 첨가되어 아디포나이트라일을 만들어내는 새로운 공정을 보고하였다(반응식 **8.38**). 이 공정에 Ni(0) 트라이알릴포스파이트 ($P(OAr)_3$) 착화합물이 촉매로 작용한다.

또는

$$\text{CH}_2{=}\text{CH-CH}{=}\text{CH}_2 + 2\,\text{H-CN} \xrightarrow{\text{Ni[P(OAr)}_3]_4} \text{NC-CH}_2\text{-CH}_2\text{-CH}_2\text{-CH}_2\text{-CN} \qquad \textbf{8.38}$$

아디포나이트라일은 매우 중요한 화합물이다. 이것은 불균일 촉매 조건에서 수소-첨가되어 1,6-헥세인다이아민을 산출하거나 가수분해되어 아디프산(adipic acid)을 생성하기 때문이다. 두 생성물 모두 폴리아마이드(polyamide) 나일론 66을 생산하는데 쓰인다. 이 폴리아마이드는 오늘날 이용되는 가장 흔한 나일론 중합체들 중 하나이다(도식 **8.13**).

도식 8.13
아디포나이트라일의 나일론 66로 변환

수소-사이아나이드 첨가 반응의 메카니즘은 이미 접해본 일반적인 유형의 유기금속 반응들을 이용하는 촉매 순환들 중 하나의 예가 된다. 사실, 이 메카니즘의 상세한 것들에 대한 탐구는 우리가 오늘날 타당하다고 받아들이는 기초 유기금속 반응들과 촉매 순환에서 중요하고도 기본적인 개념들의 발전과 나란히 진행되었다.

1,3-뷰타다이엔의 수소–사이아나이드 첨가 반응은 세 단계로 일어나며, 반응식 **8.39**가 첫 번째 단계를 보여준다. 이 단계는 목표로 하는 3-펜텐나이트라일과 가지-달린 이성질체 2-메틸-3-뷰텐나이트라일의 2:1 혼합물을 생성한다. 1,3-뷰타다이엔인 3-펜텐하이트라일 **68**은 HCN의 1,4-첨가 반응으로 형성되며, 2-메틸-3-뷰텐나이트라일 **69**는 마르코니코프 규칙으로의 HCN의 1,2-첨가 반응으로 형성된다.

HCN, Ni(0) 촉매 → CN (**68**) + CN (**69**)

2 : 1 **8.39**

그 다음 단계에서는 평형 형성과 화합물 **69**가 화합물 **68**로 이성질화되는 과정이 필요하며, 원하는 생성물과 원하지 않는 생성물의 비가 9:1이다. 이 때 Ni 촉매가 반응에 쓰인다. 최종적으로, 세 번째 단계는 두 개의 변환 과정으로 구성되어 있다. 속도론-제어 조건에서는 화학종 **68**이 먼저 4-펜텐나이트라일 **70**으로 이성질화되며, 다행스럽게도 열역학적으로 더 안정한 2-펜텐나이트라일 **71**은 많이 생성되지는 않는다. 화합물 **70**은 *반*-마르코니코프 규칙으로 두 번째 수소-사이아나이드가 첨가 반응한다(반응식 **8.40**). 전체 공정에서 마지막 단계인 Ni-촉매 반응 단계에서, Ph_3B 같은 Lewis 산이 첨가되어 직선형 생성물이 가지-달린 생성물보다 더 많이 형성되도록 도와준다.

CN (**68**) → Ni(0) 촉매 → CN (**70**) → HCN, Ni(0) 촉매/BPh_3 → NC–CN (mostly) + CN, CN (**72**)

CN (**71**) (반응속도론적으로 우세하지 않음)

8.40

> **기본문제 8-11**
>
> 화합물 **68** 형성이 화합물 **69** 형성보다 왜 유리한가? 화합물 **68**이나 **70**이 화합물 **71**보다 왜 덜 안정한가?

1,3-뷰타다이엔(CH_2=CH–CH=CH_2)을 화합물 **68**로 변환시키는 촉매 반응의 상세한 부분들은 특허 소유권자의 정보로 남아있고, 에텐(CH_2=CH_2)이 수소-사이아나이드 첨가 반응하여 프로펜나이트라일을 형성하는 촉매 반응에 대하여 상세한 연

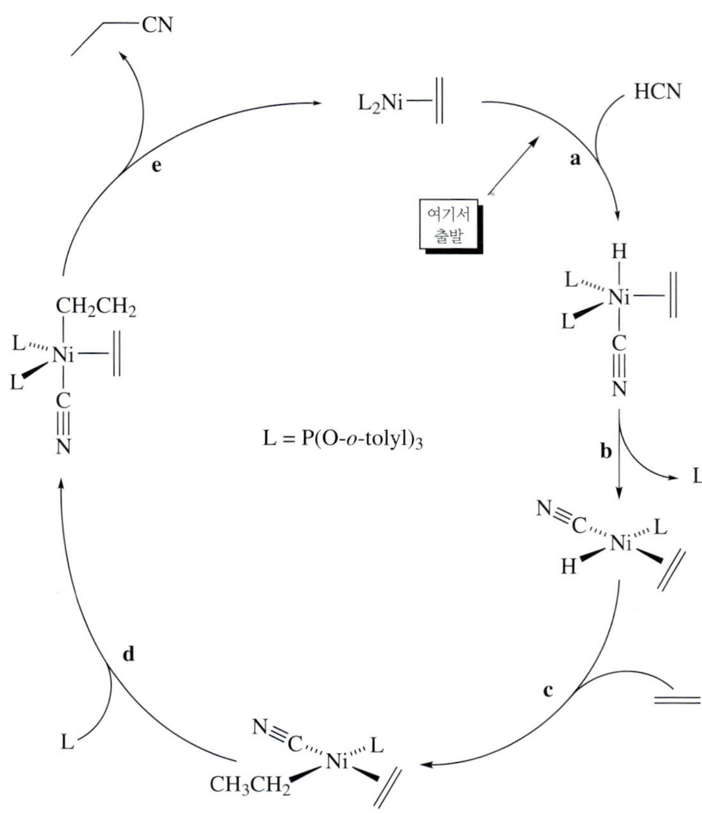

도식 8.14
에텐의 수소-사이아나이드 첨가 반응의 촉매 순환 과정

구가 보고되어 왔다. 뷰타다이엔 촉매 반응도 대부분 측면에서 이 촉매 반응과 비슷할 것으로 보인다. 도식 **8.14**는 프로펜나이트라일을 형성하는 촉매 반응의 주요 단계들을 보여준다. 리간드 L은 전형적으로 P(O-*o*-tolyl)$_3$ 같은 포스파이트(phosphite)며, P(O-*o*-tolyl)$_3$는 원뿔각 141°를 갖고 있다. 이와 같은 큰 원뿔각이 선구 촉매(precatalyst) NiL_4로부터 L의 해리를 촉진하고, 마지막 단계(단계 **e**)에서의 환원성-제거 반응을 도와준다. 포스파이트는 또한 비교적 큰 χ 값을 가지고 있기 때문에, 환원성-제거 반응 후에 형성되는 전자-풍부한 Ni(0) 착화합물을 안정화시키는데 도움을 준다.

단계 **a**에서, HCN은 산화성-첨가 반응을 통해 18-전자 착화합물을 만들어낸다. 단계 **b**와 **c**에서, 포스핀 리간드가 해리되고, 에텐이 Ni–H 결합으로 삽입한다. 과량의 에텐이 삽입 반응의 추진력으로 작용한다. 연구 결과에 의하면, 단계 **e**가 일어나기 전에 L이 배위하여(단계 **d**) 18-전자 중간체가 만들어져야 한다. 이런 과정은 비교적 드문 회합성(associative) 메카니즘에(**6-3** 절을 보라) 의한 환원성-제거 반응에 해당한다. 포스핀 1당량을 더 첨가하면, (1) 입체적 장애가(환원성-제거 반응으로 완화됨) 증가할 뿐만 아니라, (2) 전자-끌기 리간드의 첨가 효과로 환원성-제거 반응 후에 형성되는 전자-풍부한 Ni(0) 착화합물이 안정화된다는 것을 연구자들이 밝혀내었다.

도식 **8.15**는 에텐의 수소–사이아나이드 첨가 촉매 반응과 매우 비슷한 촉매 과정들을 보여준다. 이 촉매 과정은 1,3-뷰타다이엔이 화합물 **68**이나 **69**로 변환한다는 가정 하에 있다. 그러나 이 촉매 순환 과정의 중간체들은 η^2-뷰타다이엔 착화합물들과 η^2-알릴 착화합물들로 구성되어 있으며, 이 착화합물들은 다이엔의 C=C 결합이 Ni–H 결합에 삽입하여 형성된다.

화합물 **69**가 화합물 **68**로 이성질화하는 과정은 화학자에게 흥미롭다. 프랑스 연구진은 Ni(II) 착화합물 **73**을 이용하여 이성질화 과정을 연구하였다. $Ni(COD)_2$, **69**, 그리고 dis(diphenylphosphino)butane (dppb)을 반응시켜 Ni(II) 착화합물을(분리해내지 않고, *in situ*) 생성하였다. 촉매량만큼의 Ni(II) 착화합물 **73** 존재하에서, **69** → **68** 이성질화 반응은 97%의 변환률과 화합물 **68**의 형성에 대하여

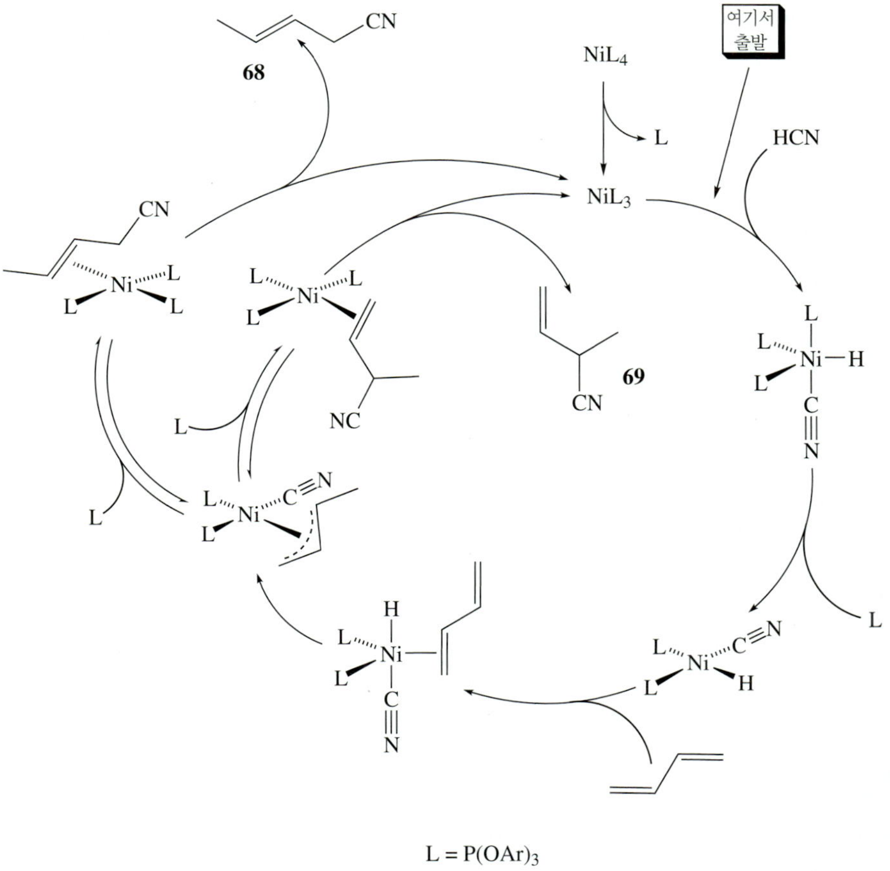

L = $P(OAr)_3$

도식 8.15
1,3-뷰타다이엔의 수소-사이아나이드 첨가 반응의 촉매 순환 과정

83%의 선택성을 갖고 일어났다. 또한 수행한 DFT–B3LYP 계산 결과들이 도식 **8.16**에 나타나있는 촉매 순환 과정을 지지하였다. 리간드 dppb는 고급 수준의 계산이 가능하도록 PH_3로 치환되었다. 값으로 얻어졌다. 단계 **b**와 **e**는 각각 C–CN 결합 끊어짐(비교적 드문 C–C 결합 활성화, **6-2-1**절을 보라)과 결합 형성(환원성 제거)을 표시한다. 비록 도식 **8.16**에 있는 화학이 실제 반응 조건에서 일어나는

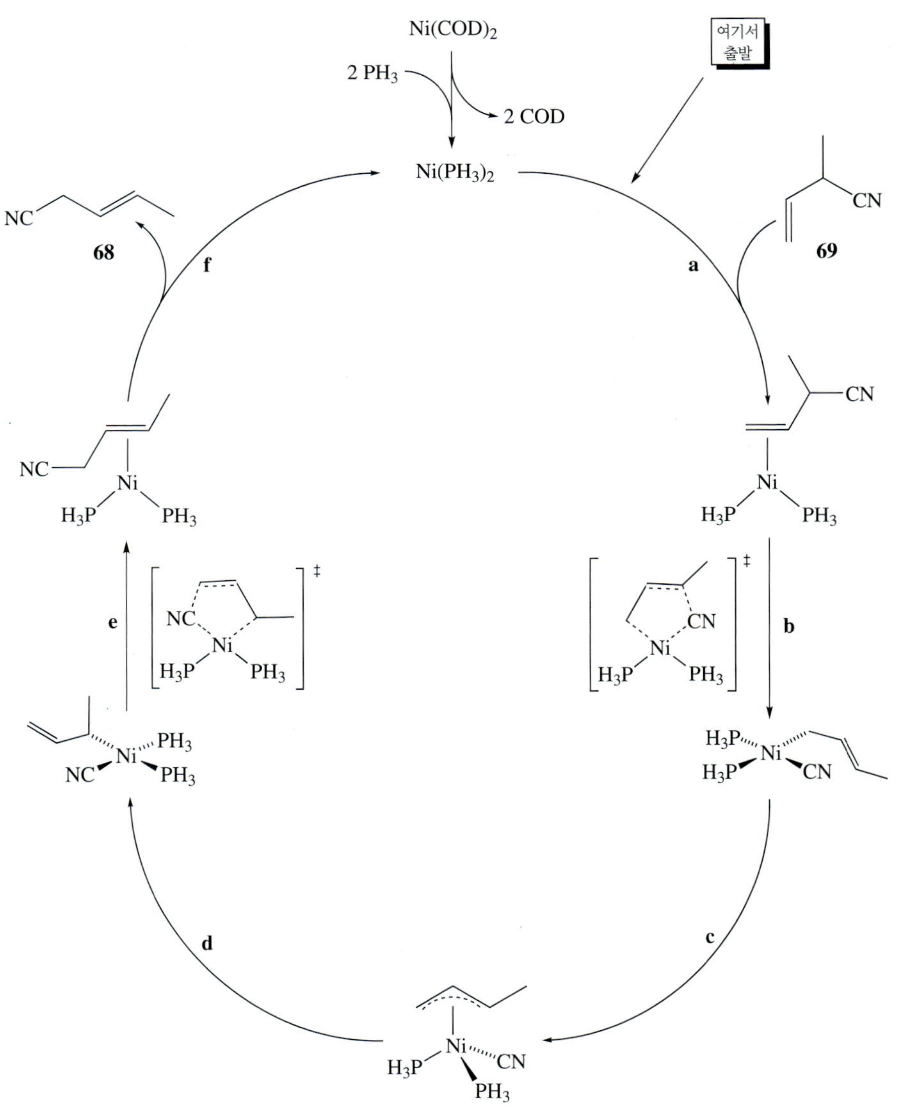

도식 8.16
화합물 **69**가 화합물 **68**로 이성질화되는 반응의 촉매 순환 과정

Dupont 공정의 메카니즘을 완벽하게 나타내지는 못할지라도, 온화한 조건에서 일어날 수 있는 Ni(0)-촉매 이성질화 반응에 타당한 설명을 제공한다.

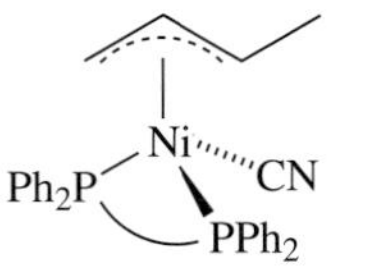

Ph_2P Ni CN PPh_2

73

연구 결과에 의하면, 두-자리 포스핀 및 포스파이트 리간드들은 화합물 **69** 대비 화합물 **68**에 대한 선택성을 향상시켰다. 약 109° 정도의 물림각을 갖고 있는 이런 리간드들은 반응식 **8.41**와 같이 형성된 사각평면 Ni(II) 착화합물들을 불안정하게 만드는 것 같다. 두 번째 HCN 산화성-첨가 반응 후에 형성되는 다이사이아노–Ni(II) 착화합물들이 촉매 활성적인 화학종으로 재생되어질 수 없기 때문에 그러한 반응들이 반드시 억제되어야 한다. COD–Ni(0) 착화합물과 두-자리 리간드 **74**의 조합은 1,3-뷰타다이엔을 화합물 **68**과 **69**로 (**68/69** = 97.5/2.5) 변환시키는 촉매 반응에서 특히 성공적이라는 것이 증명되었다.

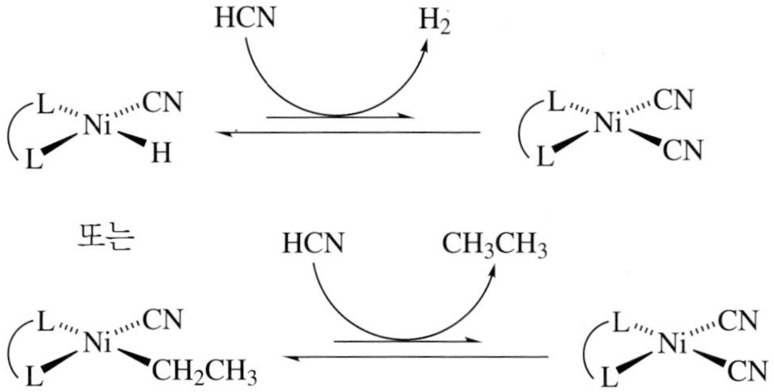

HCN H_2

(L)Ni(CN)(H) ⇌ (L)Ni(CN)(CN)

또는 HCN CH_3CH_3 **8.41**

(L)Ni(CN)(CH_2CH_3) ⇌ (L)Ni(CN)(CN)

(L L : PPh_2 O PPh_2

74

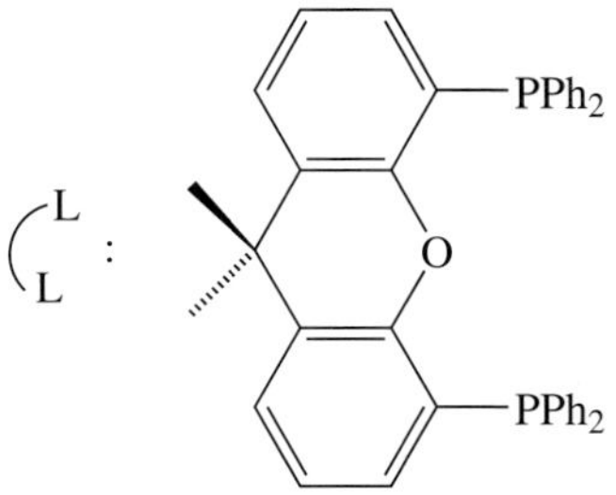

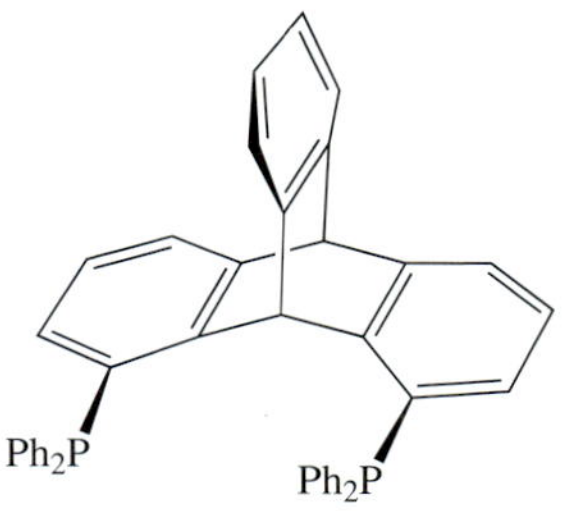

기본문제 8-12

약 110° 정도의 물림각을 갖고 있는 두-자리 포스핀 리간드가 금속에 배위되면 사각평면 Ni(II) 착화합물들이 왜 불안정하게 되는가?

1,3-뷰타다이엔의 수소-사이아나이드 첨가 반응의 마지막 단계들에서, 추측컨대 도식 **8.14**의 촉매 순환 과정과 비슷한 과정을 따라, 화합물 70으로 이성질화 반응이 일어난 다음, 남아있는 HCN이 C=C 결합으로 반-마르코니코프 규칙으로 첨가된다. 이 마지막 단계들에서 BPh_3 같은 Lewis 산 촉진제의 역할은 불분명하다. BPh_3는 아마도 CN 리간드의 질소에 결합함으로써(도식 **8.17**), Ni로부터 CN–BPh_3를 해리하여 양이온성 Ni–H 착화합물 **75**를 형성하고, 착화합물 **75**가 기질 **68**과 결합하여 착화합물 **76**을 형성한다. 1,2-삽입과 β-제거 반응들이 순환 과정을 형성하여 화합물 **70**을 생성한다. 입체적으로 부피가 큰 리간드 CN–BPh_3는 입체적으로 좀 더 밀집된 화합물 **77**보다 입체적 장애가 적은 착화합물 **78**의 형성을 유리하게 해주고, 마지막 단계에서 아디포나이트라일이 환원성-제거 반응의 결과물로 형성된다.

8-7 특수 (기능) 화학 제품

유기금속화학이 지난 수십 년 동안 발달함에 따라, 전이금속 착화합물이 고효율, 고선택성 촉매 역할을 할 수 있다는 것이 분명해졌다. 이런 촉매는 반응의 화학 선택성뿐만 아니라 결합 선택성과 입체 선택성까지도 제어할 수 있다.

질환으로 인한 고통을 덜어주거나 안전하게 농업 해충을 제어해 줄 수 있는 새로운 화합물들에 대한 요구는 계속해서 증가하고 있다. 이 화합물들 중 많은 것들이 카이랄성이며, 때때로 여러 입체 중심을 가지고 있다. 대부분 단 한 개의 거울상이성질체나 부분입체 이성질체만이 활성을 갖고 있다. 약이나 살충제의 50%가 쓸모없고 때때로 인간이나 환경에 유독하기 때문에, 라세미 변형(racemic modification) 과정이 받아들여지지 않는다. 의약품과 농업용 화학 제품의 화학 산업이나 특히 제조업은 최근 이러한 특수 화합물들의 합성에서 핵심 단계들의 선택성을 제어할 수 있는 균일

도식 8.17
1,3-뷰타다이엔의 수소-사이아나이드 첨가 반응의 최종 단계들

촉매 개발에 초점을 맞추고 있다. 이러한 선택성 촉매를 고안하는데 촉매 물질 비용과 연구개발비가 많이 들지만, 성공적인 결과에서 오는 이익은 엄청날 수도 있다.

비선택성 반응은 쓸모없는 폐기물(waste product)들을 생성하여, 때때로 이것들을 버리는 비용이 원래의 출발 물질들의 값보다 더 들기 때문에 이런 연구에서는 선택성이 훨씬 더 중요해진다. 또한, 이 폐기물들은 대부분의 경우 유독하다. 화학 반응이 종결할 때 모든 혹은 거의 모든 원자들을 원하는 생성물에 들어가게 하는 것이 지속 가능한 접근법이라고 녹색화학의 원자 경제성 원리가 요구하고 있다. 균일 전

이금속 촉매들을 활용하면, 원자 경제성(atom economy)을 최대화하여 세 가지 유형 모두의 선택성을 높이고 폐기물 생성을 최소화하여 많은 이득을 얻을 수 있다. **8-7**절에서 세 가지 유형의 예를 볼 것이다. 여기서 균일 촉매 반응은 생물학적으로 중요한 분자들을 산업적 규모로 합성하는 데 중요한 역할을 한다.

8-7-1 이부프로펜(Ibuprofen)

이부프로펜은 세계에서 가장 유용한 일반(처방전 없이 살 수 있는) 약들 중 하나다. 비스테로이드성(nonsteroidal) 소염제로 분류되는 이부프로펜은 때때로 "비타민 I"라고 불리며, 1960년 영국에 있는 Boots Pure Drug Company 회사에 의해서 개발되어 통증을 완화시키고 염증을 줄이는 데 쓰였다. Boots 공정은 안타깝게도 원자 경제성 40%를 갖고 있는 6-단계 반응이었다. 다시 말하면, 출발 물질들의 60%가 회수할 수 없는 폐기물이 되어버린다. Boots 공정의 기존 특허들이 만료되자, Boots 회사는 Hoechst–Celanese 회사와 공동 연구를 수행하여 훨씬 더 효율적인 공정을 개발하였다. 1990년 초기에 이 공동 연구는 도식 **8.18**에 있는 고효율 3-단계 공정을 만들어냈다.

단계 **a**는 Friedel–Crafts 아실화(acylation) 반응이며, 이 반응에서 HF가 촉매 겸 용매로 작용한다. 비록 HF가 매우 유독하지만, 대용량으로 사용될 수 있고 완전하게 재생될 수 있으며 부산물 아세트산은 재순환될(recycle) 수 있다. 단계 **b**에서, 불균일 촉매 반응으로 카보닐 기가 100% 원자 경제성을 갖고 수소-첨가 반응하여 상응하는 알코올 **80**을 만들어낸다. 숯 위에 코팅된 Pd나 Raney–Ni 촉매를 쓸 수도 있다. 단계 **c**는 우리가 앞서 **8-5** 절에서 보았던 알코올의 카보닐화 반응의 뛰어난 예다. 메탄올 카보닐화 반응처럼 이 반응도 100% 원자 경제성을 갖고 있다. 새 공정 전체의 원자 경제성은 77%이며, 이 공정으로 해마다 이부프로펜 3500톤이 생산된다. 그러나 아세트산의 재순환이 고려된다면, 원자 경제성이 100%에 가깝다.

O O
O
HF
a
O
b
H_2 Ni(0) 또는 Pd/c
CO
$PPh_3/HCl/PdCl_2$
c
79
O OH
80
OH

도식 8.18
Boots–Hoechst–Celanese 이부프로펜 합성 공정

단계 **c**가 포함되어 있는 균일 촉매 공정이 다음 논의의 초점이 될 것이다. Rh이나 Ir 대신 Pd를 함유한 촉매가 사용되었지만, 촉매 공정 단계들이 메탄올 카보닐화 촉매 공정들과 매우 비슷한 점에 주목하라. 도식 **8.9**는 개략적으로 촉매 순환 과정을 보여준다.

선구 촉매는 $PdCl_2(PPh_3)_2$며, 이 화합물은 환원 반응 조건에서 $Pd(CO)(PPh_3)_2$로 변환된다. 촉매가 생성되면, 단계 **d**와 **e**를 포함하고 있는 2차 순환 과정에서 생성되는 벤질클로라이드 **81**이 촉매 순환 과정에 들어가 산화성-첨가된다(단계 **a**).

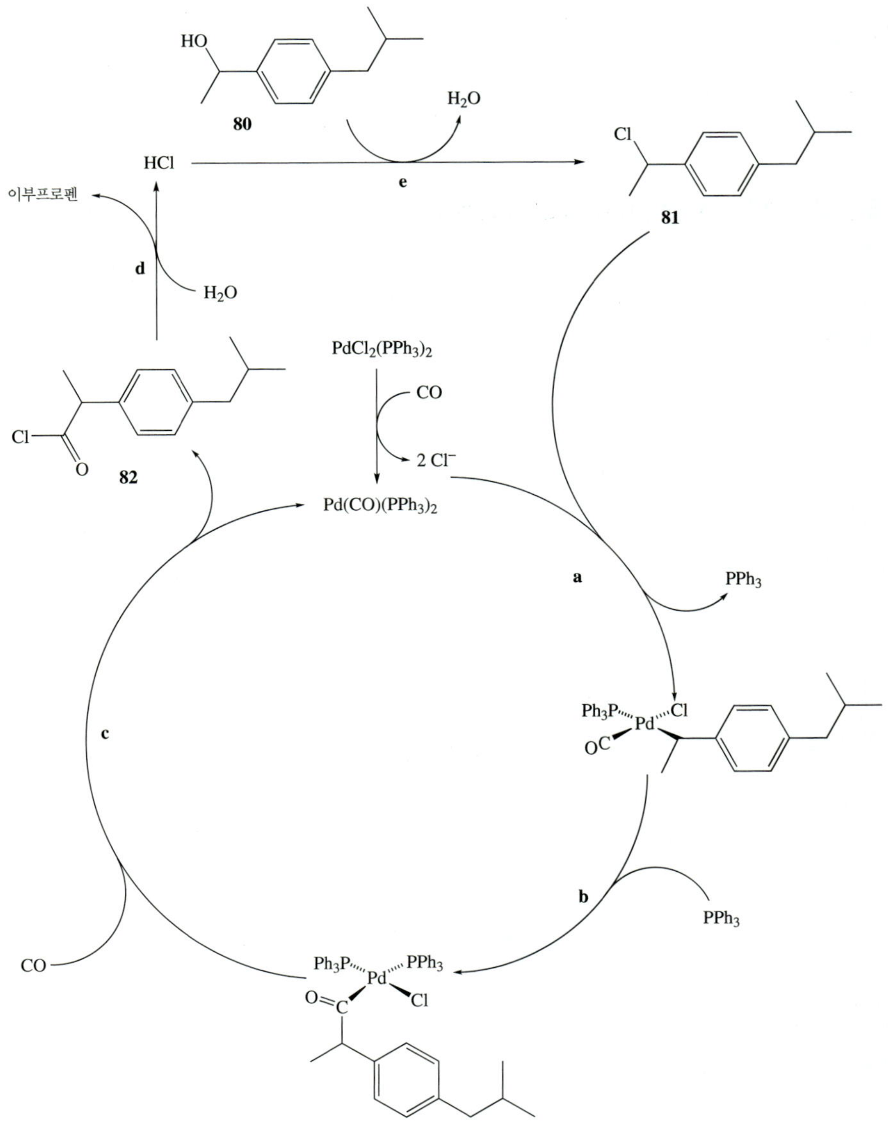

도식 8.19

Boots–Hoechst–Celanese 이부프로펜 합성의 카보닐화 단계에 대한 촉매 순환 과정

이동성 CO-삽입 반응이 일어난 뒤(단계 **b**), 환원성-제거 반응이 일어나서 촉매를 재생하고 acid chloride **82**를 만들어낸다(단계 **c**). 화합물 **82**는 가수분해하여 이부프로펜과 HCl을 생성하고, HCl은 알코올 **80**과 반응하여 벤진클로라이드 **81**을 만들어낸다.

이부프로펜은 입체 중심을 갖고 있으며, (*S*)-이부프로펜이 활성을 가진 거울상 이성질체라는 것을 여러 연구들이 보여주었다. (*S*)-이부프로펜의 카이랄 합성은 대규모 합성에 알맞으며, 인도의 Cheminor Company 회사에 의해 개발되었다. 그러나 그 후에 포유동물의 조직에 있는 라세미(racemic) 이부프로펜에 대한 생화학적 연구들이 *R*-입체 이성질체를 *S*-입체 이성질체로 변환시킬 수 있는 이성질화 효소(isomerase)가 몸 안에 있다는 것을 보여주었다. 이성질화 효소 발견 이래로, 카이랄 이부프로펜 생산에 대한 관심이 시들해져 버렸다. 라세미 이부프로펜은 현재 손쉽게 구할 수 있는 약의 유일한 형태다.

8-7-2 (*S*)-메톨라클로르(Metolachlor)

(*S*)-메톨라클로르는 상표명 Dual and Bicep 제초제들의 활성 성분이다. 이 제초제들은 미국에서 널리 사용되고 있으며, 스위스 Ciba–Geigy(이제는 Novartis) 회사에 의해 개발되었다. Aryl–N 결합 가까이에 있는 입체적 장애가 이 결합의 회전을 제한한다. 이 제한된 회전은 *회전-장애 이성질 현상*(atropisomersim)이라 불리는 입체 이성질 현상을 일으켜서 aryl–N 결합 주위에 a*R* 배열과 a*S* 배열을 만들어낸다. 또한 입체 중심은 아미노(amino) 곁사슬에 있는 질소 다음에 있는 탄소에 있다. 가능한 이성질체 4개 모두 그림 **8-3**에 나와 있다.

카이랄 축(a*R* 또는 a*S* 배열)과 무관하게, 위치 *1*에서 *S*-배열을 가진 이성질체들만 활성을 가진 제초제들이라는 것이 밝혀졌다.

도식 **8.20**은 (*S*)-메톨라클로르((*S*)-metolachlor) 합성의 마지막 핵심 단계들을 보여주고 있다. Novartis 연구원들은 초기에 이민 **83**을 아민 **84**로 변환시키는 수소-첨가 반응의 비대칭 균일 촉매 반응에 대한 새로운 조건들을 정하는데 집중하였다.

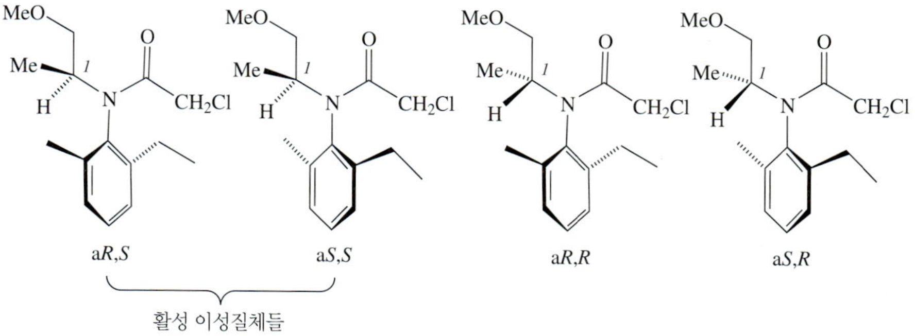

MeO Me H 1 N O CH_2Cl — a*R*,*S*

MeO Me H 1 N O CH_2Cl — a*S*,*S*

MeO Me H 1 N O CH_2Cl — a*R*,*R*

MeO Me H 1 N O CH_2Cl — a*S*,*R*

활성 이성질체들

그림 8-3
메톨라클로르의 입체 이성질체들

도식 8.20
(*S*)-메톨라클로 합성의 최종 단계들

Novartis 연구원들이 양이온성 Ir 촉매가 가장 알맞다고 정하기까지 약 20년 동안의 노력이 들어갔다. 카이랄성이 수소-첨가 반응 중에 도입되려면, H_2가 C=N 결합으로 첨가되는 동안 카이랄 환경이 유지되어야 한다. L–DOPA 합성에 쓰이는 DIPAMP 같은 카이랄 비스포스핀 리간드들이 금속에 배위되어 반드시 그러한 카이랄 환경을 제공해야 한다. 결국 가능한 리간드에 대한 연구는 비스포스핀 **85**에 집중되었다. 페로센(ferrocene)-기반 리간드는 *Josiphos* 리간드라고 불리며, 또한 *xyliphos*라고 알려져 있다. 이민 **83**의 비대칭 수소-첨가 반응에 대해서 개발된 최종 반응 조건들을 반응식 **8.42**가 상세히 보여주고 있다.

(*S*)-메톨라클로르의 제초제로서의 궁극적인 성공과는 무관하게, 핵심 단계인 비대칭 수소화 단계의 개발은 산업 규모의 전이금속 균일 촉매 반응에 큰 성공을 이루었다. 이 공정은 생산량 측면에서(생산 용량이 10,000톤/년) 비대칭 촉매 반응의 가장 중요한 응용이라고 여겨진다. 이 공정은 매우 높은 전환 빈도(TOF > 10^6/시간)와 매우 우수한 10^6:1의 촉매/기질 비율을 갖고 있다. 이 공정의 거울상 초과량이 약 80% 정도지만, 산업에서 최종적으로 적용하기에 충분하다. 그러나 조금 낮은 TOF와 촉매/기질 비율로는 더 높은 거울상 초과량(enantiomeric excess)을 얻을 수 있다.

$$\mathbf{83} \xrightarrow[\text{[Ir-}\mathbf{85}]^+/\text{HOAc/I}^-/50\ ^\circ\text{C/4 h}]{\text{H}_2\ (80\ \text{bar})} \mathbf{84}$$

85: Xyliphos (Josiphos) **9.42**

Et$_2$NH / Li → 86; Rh[(S)-(−)-BINAP]* / THF → 87; H_2O →; ZnBr$_2$ / Δ →; H_2 / Ni(0) → 88

88
(−)-Menthol

* 활성 촉매: Rh[(S)-(−)-BINAP][THF]$_2^+$ ClO_4^-

89
(S)-(−)-BINAP

90
(R)-(+)-BINAP

도식 8.21
(−)-멘톨의 카이랄 합성

8-7-3 (−)-멘톨(menthol)

(−)-멘톨 **88**은 향기의 주요 성분이며, 식품 첨가제와 감기 치료제로 사용된다. 천연 자원으로부터 이것을 얻을 수 있지만, 일본의 Takasago Perfumery 회사의 연구원들은 도식 **8.21**에 있는 **88**의 합성 경로를 개발하였다. 이 공정은 매년 3000~4000톤 규모로 가동되며, 현재 세계 (−)-멘톨 공급량의 약 1/3을 제공한다. 합성의 핵심 단계는 (*E*)-바이닐아민 **86**이 입체-선택적으로 엔아민 **87**로 이성질화하는 반응이다. 이 단계는 3번-위치에 카이랄성을 유도하며, 여기서 촉매는 [Rh(*S*)-(−)BINAP(COD)]ClO_4이다. (*S*)-(−)BINAP (**89**)는 현재 잘 알려져 있는 카이랄 리간드다. (R)-(+)BINAP 이성질체 구조 또한 도식 **8.21**에 나타나있다.

86 → **87** 이성질화 반응에 포함되어 있는 이중-결합 이동은 매우 중요한 반응이며, 산업적 규모 실험과 실험실 규모 실험 모두에서 유용하다. 이 반응의 메카니즘은 많이 연구되었다. 반응식 **8.43**과 **8.44**가 이중-결합 이동에 대한 두 주요 경로들을 기술하고 있다. 반응식 **8.43**은 M–H 삽입과 β-제거 단계들을, 반응식 **8.44**는 π-알릴 중간체를 거치는 1,3-H 이동 반응을 포함하고 있다. Takasago 연구원들은

결합 이동에 대하여 세 번째 메카니즘을 제안하였다. 이 메카니즘은 반응식 **8.45**에 제시되어 있고, 그들은 이것에 대해 "질소에 의해 촉발된(nitrogen triggered)"라는 용어를 만들게 하였다.

8.43

8.44

8.45

도식 **8.22**가 질소가 촉발시킨 경로를 기술하고 있다. 단계 **a**와 **b**가 활성화된 Rh–BINAP 착화합물 **91**을 제공한다. 단계 **a**는 용매(EtOH 또는 THF)와 기질의 회합성 치환 반응을 나타내고, 단계 **b**는 이미니윰 착화합물을 형성하는 β-제거 반응을 나타낸다. 입체 화학적 핵심 단계인 **c**에서, 수소가 3번-위치(탄소)에 첨가되어 엔아민 착화합물을 만들어낸다. 단계 **d**에서, 새로운 알릴 아민 한 분자가 착화합물에 첨가될 때, η^3–엔아민 리간드가 η^1–리간드로 바뀐다. 특히 단계 **d**에서, 질소가 Rh의 활성화에 핵심 역할을 하며, 이 단계가 전체 순환 과정의 속도-결정 단계이다. 단계 **e**에서 엔아민이 생성되고, 활성 촉매 **91**이 재생된다.

(–)-멘톨 합성에서 이중-결합 이동은 입체-특이적이다. C-1 탄소의 수소 원자들이 중수소로 치환된 바이닐 아민을 이용한 연구에 의하면, 반응식 **8.46**에 기술되어 있는 바와 같이, C-1에서 C-3로의 양성자 이동 반응은 동일-면 이동(suprafacial shift)이다. BINAP 리간드의 카이랄성(chirality)과 화합물 **86**에 있는 삼중-치환된(trisubsituted) 이중 결합이 화합물 **87**의 C-3에 있는 메틸 기의 입체 화학을 어떻게 제어하는지를 반응식 **8.47**에서 보여주고 있다.

기본문제 8-13

다음 변환 반응의 생성물을 예측하시오. 생성물의 예측되는 입체 화학을 표시하시오.

$\xrightarrow{Rh[(+)\text{-}BINAP]^+}$

도식 8.22
이중-결합 이동의 Rh–BINAP 촉매 반응

$Rh[(S)\text{-}(-)\text{-}BINAP]^+$ **8.46**

$Rh[(S)\text{-}(-)\text{-}BINAP]^+$

$Rh[(R)\text{-}(+)\text{-}BINAP]^+$

$Rh[(S)\text{-}(-)\text{-}BINAP]^+$

(*Z*)-**86** (*S*)-**87** (*E*)-**86** (*R*)-**87**

R = **8.47**

생물체의 이중 결합 활동

Rh 촉매 이성질화 반응은 자연계에서 콜레스트롤과 터멘의 생합성에서 발견될 수 있는 이중 결합 이동을 모방한 반응이라는 것을 인식하는 것은 흥미로운 일이다. 반응식 **8.48**은 이 생합성과정에서 볼 수 있는 다이메틸아릴 다이포스페이트(**93**)과 아이소펜틸 다이포스페이트(**92**)가 가역적으로 변환하는 것을 나타낸다. 이 반응의 입체 화학은 정확하지는 않다.

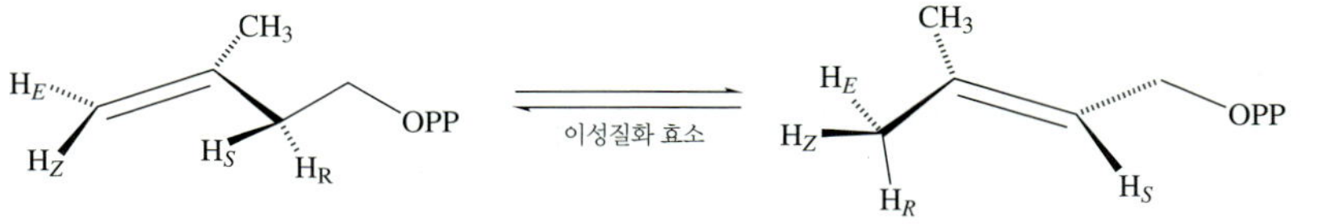

CH_3, H_E, H_Z, H_S, H_R, OPP — **92** ⇌ (이성질화 효소) **93**

OPP = diphosphate **8.48**

(–)–멘톨의 Takasago 합성에서 Rh-촉매 이성질화 단계는 효율이 높다. 촉매 선구 물질의 변형으로 인해(여전히 BINAP과 이것의 유도체들을 기반으로 함), 거울상 초과량은 99%로, TON은 400,000까지(만일 촉매 재순환이 일어난다면) 상승하였다. 이성질화 단계는 또한 (+)-*cis*-*p*-methane-3,8-diol **94**의 선구 물질을 생성하는데 유용하다. 화합물 **94**는 오늘날에 가장 흔한 고체로 된 곤충 퇴치제(repellant) DEET를 대체할 것으로 전망되는 물질이다.

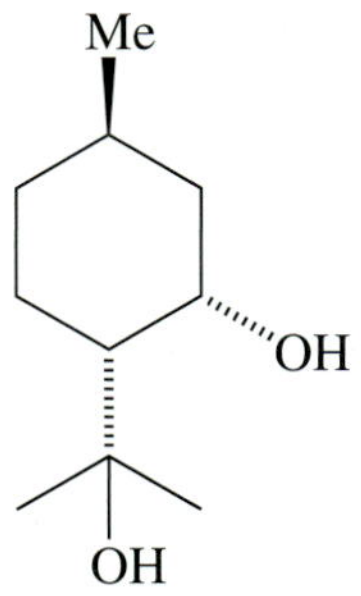

Me, OH, OH

94

이부프로펜(ibuprofen), (*S*)-메톨라클로르((*S*)-metolachlor) 및 (–)-멘톨 합성은 입체 선택적인 반응을 위하여 용해성 전이금속 착물을 촉매로 사용한 것들 중 몇 개를 나타낸 것이다. 이 단계는 생물학적으로 중요한 화합물들을 실험실에서 또는 공장 규모로 합성하는데 핵심 단계들이다.

[연습 문제]

8-1 착화합물 $Rh(H)(CO)_2(PPh_3)_2$는 탄소 하나 적게 가진 알켄으로부터 펜탄알(pentanal)을 합성하는 반응에 촉매로 작용할 수 있다. 이 합성에 대한 메카니즘을 제안하시오. 제안된 메카니즘에서 각 단계의 반응 유형을 표시하고, 촉매 화학종들을 밝히시오.

8-2 Co-촉매 수소-포밀 첨가 반응 중에 CO 농도를 높이면 반응속도를 느리게 할 뿐만 아니라, 출발 알켄의 C=C 결합의 탄소들 이외의 탄소에 포밀기(CHO)가 첨가되는 반응 경향을 억제 할 수 있다(즉, 이중 결합의 이성질화(이동)가 촉매 순환 과정 중에 일어나지 않는다). 이 현상을 설명하시오.

8-3 도식 **8.22**의 단계 **e**에 대한 메카니즘을 제안하시오. 이 변환 반응은 두 개 이상의 단계로 구성되어 있다. 제안한 경로에 있는 각 화학종에 대하여 전자 개수를 고려 하시오.

8-4 Heck olefination 반응과 연관된 촉매 순환 과정이 아래에 제시되어 있다. 문자로 표시된 각 단계를 유기금속 반응의 기본 유형들 중 한 가지로 명명하시오.

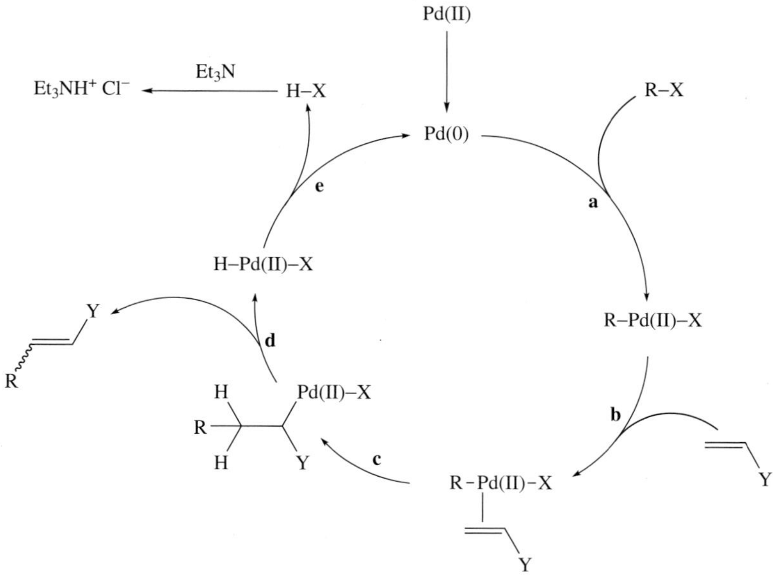

8-5 다음 변환 반응은 제8장에 기술되어 있는 Wacker 공정을 연상시킨다.

$$+ \ CuCl_2 \ + \ LiCl \xrightarrow{Pd(II)(\text{촉매})}$$

이 반응에 대한 촉매 순환 과정이 아래와 같이 제안되었다. 단계들 중 하나는 **7-1-2**절에 기술되어 있는 비교적 드문 반응 유형이다. 이 촉매 순환 과정의 4개의 주요 변환 반응들에서 각각의 일어나는 반응에 대한 내용을 상세히 기술하시오. $CuCl_2$의 역할은 무엇인가?

8-6 탄화수소 화합물의 선택적 작용기화(functionalization)의 촉매 반응은 유기금속화학의 가장 중요한 목표들 중 하나이다. 광화학 조건에서 Rh이 촉매로 작용하여 벤젠이 벤즈알데하이드(benzaldehyde)로 변환되는 반응에 대한 논문이 보고되었다.

$$\mathrm{Ph{-}H + CO \xrightarrow[\text{Rh(PMe}_3)_2\text{(CO)Cl}]{h\nu} Ph{-}C(=O){-}H}$$

촉매 순환 과정의 첫 번째 단계가 Rh 착화합물의 광활성화(photoactivation)라고 가정하고, 위 변환 반응의 가능한 메카니즘을 제안하시오.

8-7 메탄올 카보닐화의 Ir-촉매 반응(Cativa 공정)의 단계 **b**(도식 **8.12**)에 대한 또 하나의 반응 촉진제는 $[PtI_2(CO)]_2$이다. 먼저 이 Pt 화합물의 구조를 그린 후 이것이 도식 **8.12**에 있는 단계 **b**의 촉진 결과에 어떻게 작용 할 수 있는지 보이시오. 촉진 과정 중 Pt 착화합물은 어떻게 되겠는가? [힌트: (다아이오도)-(다리-놓인) Ir–Pt 착화합물이 가장 먼저 형성된다.]

8-8 알켄의 Wacker 공정(산화)의 흥미로운 반응이 아래에 나타나 있다.

O O D N O D Me i-Pr Ox — $PdCl_2/CuCl/O_2$, MeOH/DME → O OMe D Ox OMe Me D

이 변환 반응에 대한 메카니즘이 제안되었으며, 이 메카니즘의 마지막 두 단계가 아래에 제시되어 있다.

O Ox Me MeO Pd D D Cl ⇌ O Ox Me MeO D D PdCl — MeOH → Pd(0) + $H^+ + Cl^-$ — O OMe D Ox OMe Me D

이 마지막 두 단계에 대하여 좀 더 상세하고 단계적인 메카니즘을 제안하시오. 이 단계들은 어떤 종류의 유기금속 반응을 보여주는가?

8-9 Pd-촉매 아마이드화(amidation) 반응으로 모노아민 산화 효소(monoamine oxidase) 억제제(inhibitor)인 Lazabemide가 65%로 합성된다. 이 변환 반응이 Lazabemide의 **8-**단계 합성 반응을 대체하였다. 첫 번째 단계가 pyridyl chloride의 산화성-첨가 반응이라고 가정하고, 이 아미노카보닐화(aminocarboylation) 반응에 대한 촉매 순환 과정을 제안하시오.

Cl, N, Cl + H_2N, NH_2 —CO, $L_nPd(0)$→ Cl, N, C, O, H, N, $\overset{+}{N}H_3\ Cl^-$

Lazabemide

제9장

전이금속-카벤과 전이금속-카바인 착화합물

구조, 합성, 반응

Transition Metal-Carbene and-Carbyne Complexes:
Structure, Preparation, and Chemistry

이치환된(disubstituted) 탄소 원자가 금속에 직접 결합하여 금속과 탄소 사이에 형식적인(formal) 이중 결합을 형성할 수 있다. 제3~5장에서 논의되었던 대부분의 리간드들과 비교해서, 이러한 이가(divalent) 탄소 리간드는 다른 구조와 결합 특성들을 가질 뿐만 아니라 다른 화학을 보여준다. 이런 리간드를 포함한 착화합물을 *금속-카벤(metal-carbene)* 착화합물이라고 부른다. *금속-카벤 착화합물*은 **1**과 같은 일반적인 구조를 갖는다. 여기서 X와 Y는 알킬, 아릴, H 또는 이종핵 원자(O, N, S, 할로겐)이다. Fischer와 Maasböl이 1964년에 최초의 카벤 착화합물(**2**, M=W)을 보고하였으며, 그 이후 화학자들은 이 흥미로운 화합물들에 대하여 많은 것을 알게 되었다(금속-카벤 착화합물의 도입 부분은 **5-1-2**절에 있음).

$L_nM{=}C(X)(Y)$ **1** $\qquad (CO)_5M{=}C(OCH_3)(R)$ **2**

$R = CH_3$, Ph

금속-카벤 착화합물은 다양한 반응을 하며, 몇몇 반응은 복잡한 유기 분자의 합성에 유용하다. 또한 이 착화합물은 제10장에 나오는 *상호교환*(*metathesis*)과 *고리-열림 상호교환 중합*(*ring-opening metathesis polymerization*) 반응의 중간체다. 제9장에서 카벤 착화합물의 구조, 합성, 및 반응이 논의된다. 제10장에서는금속–카벤 착화합물 화학을 이용한 유기 합성의 응용이 다루어질 것이다.

9-1 금속–카벤 착화합물의 구조

“카벤(carbene)”은 일반적 구조 **3**(X와 Y는 구조 **1**에서와 똑같음)과 같이 배위되지 않은 이치환된(disubstituted) 탄소 화합물로부터 이름 붙여졌다. 중심 탄소가 8개의 전자를 지니고 있지 않기 때문에, 배위되지 않은 카벤은 전자가 부족하여 반응성이 매우 높다. 이것은 매우 큰 반응성을 갖고 있기 때문에, 정상적으로는 비활성인 알케인의 C–H 결합에 삽입되거나(반응식 **9.1**) 알켄과 반응하여 사이클로프로페인(cyclopropane)을 형성한다(반응식 **9.2**). 사이클로프로페인 합성법은 유용한 변환 반응이다.

$$:C(X)(Y)$$

3

$$CH_3-CH_2-CH(H)-CH_2-H \xrightarrow{:CH_2} CH_3-CH_2-CH(CH_2H)-CH_2-H + CH_3-CH_2-CH_2-CH_2-CH_2-H \qquad \textbf{9.1}$$

$$\text{(H)(H}_3\text{C)C=C(H)(CH}_3\text{)} \xrightarrow{:CCl_2} \text{cyclo-[CCl}_2\text{–C(H)(H}_3\text{C)–C(H)(CH}_3\text{)]} \qquad \textbf{9.2}$$

전이금속–카벤 착화합물은 일반적으로는 자유 카벤(free carbene)으로부터 합성되지 않는다. 또한, 전이금속–카벤 착화합물은 자유 카벤을 만들어내지도 않는다. 하지만 금속–카벤을 자유 카벤과 금속 토막의 조합이라고 생각하는 것이 유용하다. 카벤 착화합물들의 구조를 논의하기 전에, 배위되지 않은 자유 카벤에 대한 약간의 정보를 논의하기로 하자.

자유 카벤은 두 개의 다른 전자 상태(단일항(singlet)과 삼중항(triplet))에 존재한다. 두 전자 상태가 **4**와 **5**에 제시되어 있다. 단일-항 상태는 고립 전자쌍 1개를 갖고 있는 반면, 삼중-항 상태는 홀 전자 2개를 갖고 있다.

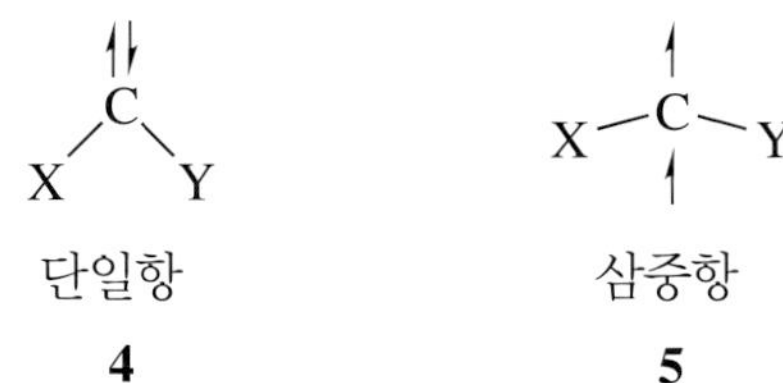

편재된(localized) 혼성 궤도함수 개념을 이용하여, 자유 카벤의 단일항 상태를 sp^2 혼성 궤도함수와 이에 수직인 전자가 채워지지 않은 2*p* 궤도함수를 갖고 있는 굽은 분자 **6**으로 생각할 수 있다. sp^2 혼성 궤도함수 세 개 중에서 하나는 전자 두 개를 갖고 있고 비결합성(nonbonding)이다. 삼중-항 카벤은 실제로는 이중 라디칼(diradical)이며, 덜 굽은 화학종이다. 이 카벤은 전자 한 개가 채워진(singly occupied) 2*p* 궤도함수 두 개와 치환체들과 결합하는데 참여하는 *sp* 혼성 궤도함수 두 개를 갖고 있다.

그림 **9-1**은 자유 카벤의 분자 궤도함수를 보여주고 있다. 그림 **9-1**의 오른쪽에 있는 단일항 상태에는, 두 개의 분자 궤도함수 MO-1과 MO-2와 비교적 낮게 위치한 전자가 채워지지 않은 분자 궤도함수 MO-3가 있다. HOMO인 MO-2는 sp^2 혼성 궤도함수를 닮았으며, LUMO인 MO-3는 2*p* 궤도함수를 닮았다. 만일 MO-2와 MO-3의 에너지 차이가 작으면, 두 궤도함수는 한 개의 전자가 채워진 궤도함수로 되려는 경향이 있으며, 삼중항 상태로 존재하게 된다(그림 **9-1**의 왼쪽). 만일 에너지 간격이 넓어지면, 카벤의 바닥 상태가 전자가 두 개 채워진(doubly occupied) MO-2와 전자가 채워지지 않은 MO-3로 이루어져서, 단일-항 상태가 만들어진다.

탄소에 결합된 치환체 X와 Y의 속성에 따라, 자유 카벤은 바닥 상태에서 단일-항 또는 삼중항 구조를 갖는다. 일반적으로 X와 Y가 알킬이나 H이면, 바닥 상태는 삼중항으로 존재한다. 반면에 X와 Y가 N, O, S 또는 할로겐이면, 단일항이 바닥 상태다. 그림 **9-2**는 Cl 같은 이종핵(hetero) 원자 치환체의 영향을 보여준다. 그림 **9-2**의 왼쪽에 있는 MO는 그림 **9-1**의 왼쪽에 있는 MO와 똑같다. Cl 원자가 자유 카벤(이 경우에 $:CH_2$)과 반응하여(즉, 궤도함수들이 상호작용하여) :CHCl을 생성하는 것을 상상해 보자. 이런 혼합은 MO-3 에너지를 극적으로 낮추어 MO-3′이

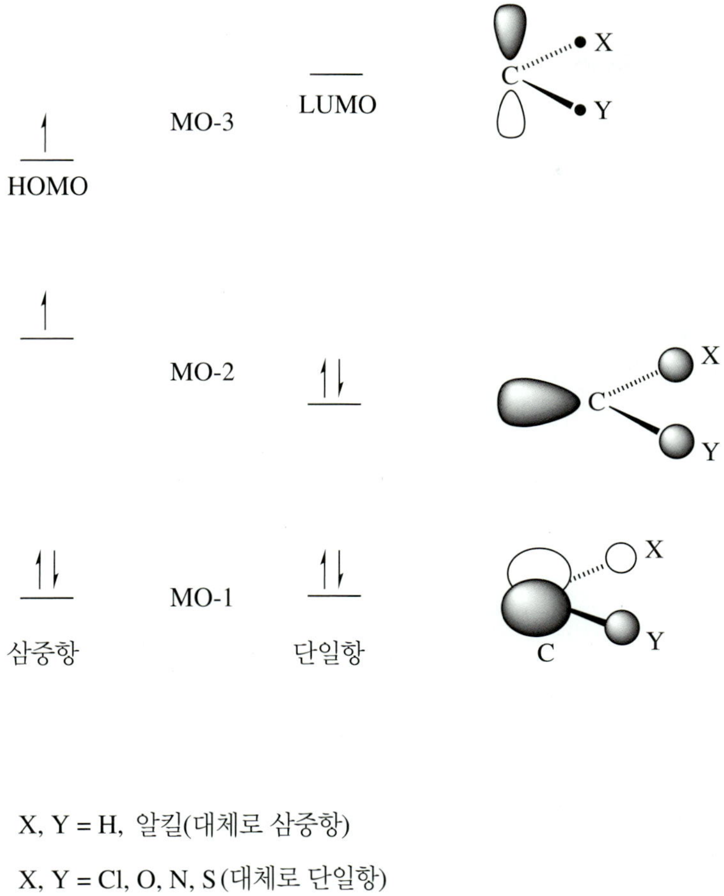

MO-3 LUMO

HOMO

MO-2

MO-1

삼중항 단일항

X, Y = H, 알킬(대체로 삼중항)

X, Y = Cl, O, N, S (대체로 단일항)

그림 9-1
삼중-항과 단일-항
자유 카벤의 분자 궤도함수

라고 불리는 새로운 π MO를 만들어낸다. Cl의 전기음성도 때문에, MO-2는 미미하게 낮아져서 MO-2′라고 지정된 새로운 σ MO가 된다. 이 결과, MO-2′(HOMO)와 MO-3′*(LUMO) 사이의 에너지 간격은 상당히 커진다. 이 간격은 충분히 크기 때문에, Cl이 탄소에 결합되면, 홀 전자를 갖고 있지 않은 단일항이 바닥 상태가 된다. 이 효과는 N, O, S 및 할로겐 원소들 같은 모든 이종핵 원자에 대해서 일반적으로 나타난다. 수소 원자나 알킬 기 같은 치환체들은 탄소와 비슷한 전기음성도를 갖고, 전자가 채워진 π 궤도함수를 갖고 있지 않다. 따라서 σ MOs를 낮추고, π MOs는 높이는 상호작용이 일어나지 않아서, 삼중항이 나타난다.

두 유형의 자유 카벤이 있는 것과 같이, 기본적으로 두 유형의 금속–카벤 착화합물이 있다. 자유 카벤과 마찬가지로, 두 변종의 금속–카벤 착화합물들은 치환체 X와 Y의 속성에 따라 결정된다. $C_{카벤}$에 결합되어 있는 두 치환체 중 하나가 이종핵 원자이면, 그 결과 화합물은 *Fischer* 카벤 착화합물이다(화학종 **2**). 첫 번째

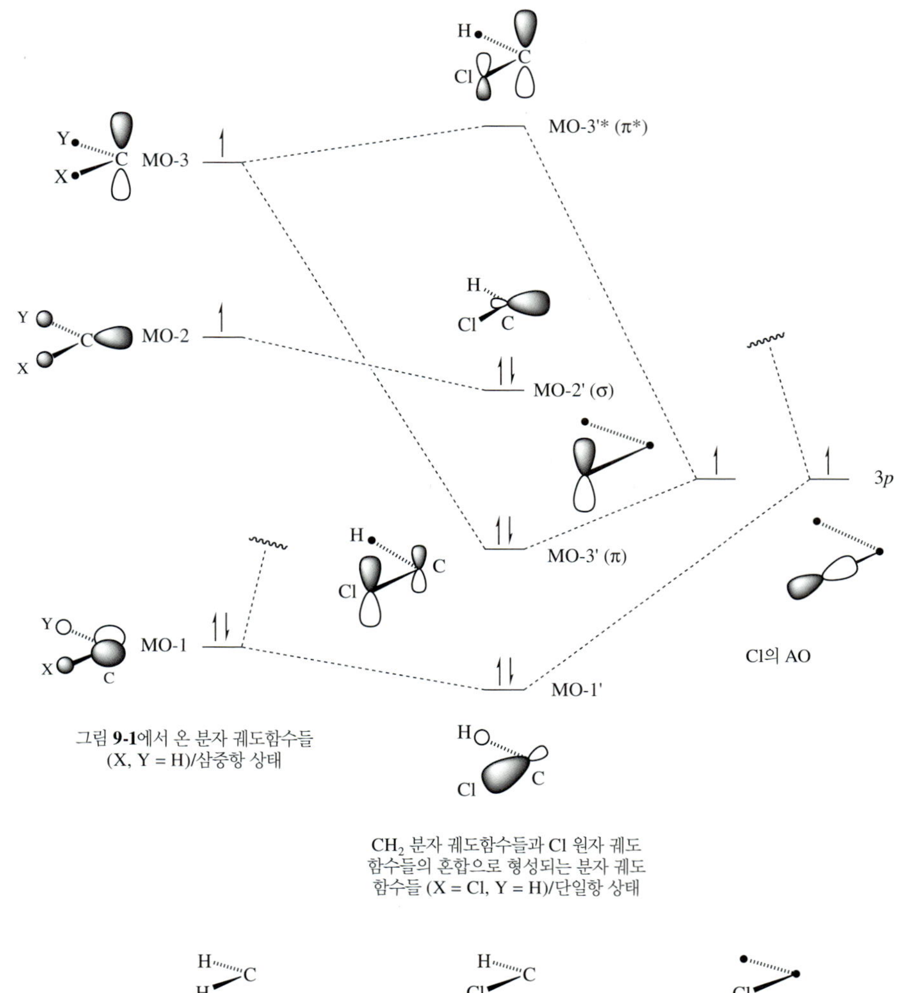

그림 9-2

이종핵 치환체가 자유 카벤의 전자 상태에 미치는 영향

Fischer 카벤이 보고된 지 몇 년 후에, Schrock은 $C_{카벤}$에 결합되어 있는 치환체 X와 Y가 H 또는 알킬인 화학종을 발견하였다. 그 이후, 이러한 금속–카벤 착화합물은 *Schrock* 카벤 착화합물 또는 *알킬리덴(alkylidene)*으로 알려지게 되었다. 화학종 8이 Schrock-유형 카벤 착화합물의 예를 보여준다. 특히 지난 20여 년 동안, 세 번째 유형의 금속–카벤 착화합물이 중요해졌다. 이 유형에서는 금속이 *N*-(이종핵 고리) 카벤(*N*-heterocyclic carbene, NHC)에 결합한다. 화학종 **9**가 이러한 NHC–금속 착화합물의 일반화된 예를 잘 보여준다. $C_{카벤}$이 두 개의 이종핵 질소 원자에 결합되어 있다는 점에서, NHC–금속 착화합물은 Fischer 카벤과 유사하다. 금속–NHC 착화합물의 독특한 성질들은 **9-1-1**에서 논의될 것이다.

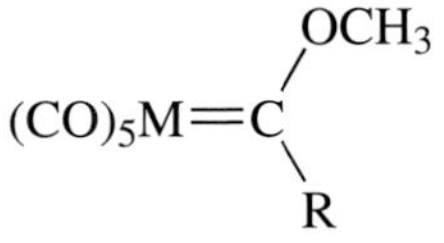

$(CO)_5M{=}C(OCH_3)R$

2
(Fischer 카벤 착화합물)

R = CH_3, Ph

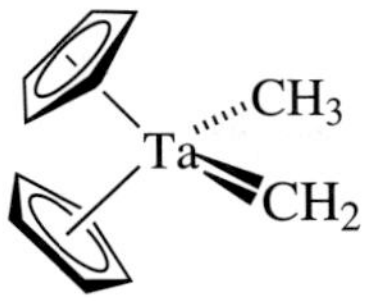

$Cp_2Ta(CH_3)(=CH_2)$

8
(Schrock 카벤 착화합물)

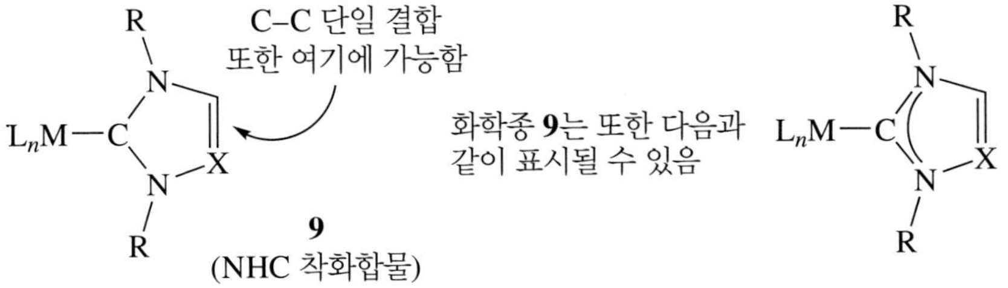

C–C 단일 결합 또한 여기에 가능함

L_nM—C

9
(NHC 착화합물)

X = C 또는 N
R = 알킬, 아릴 또는 사이릴

화학종 **9**는 또한 다음과 같이 표시될 수 있음

표 9-1 Fischer-카벤, Schrock-카벤, NHC-금속 착화합물의 비교[a]

특성	Fischer	Schrock (알킬리덴)	금속–NHC 착화합물
전형적인 금속(산화수)	중간부터 뒤 전이금속 [Fe(0), Mo(0), Cr(0)]	앞부터 중간 전이금속 [Ti(IV), Ta(V)]	일정하지 않음
$C_{카벤}$에 결합된 치환체	최소한 한 개의 전기음성적인 이종핵 원자(예: O 또는 N)	H 또는 알킬	질소 원자 두 개 (빈번하게 고리의 일부분)
금속에 결합된 리간드	좋은 π 받개	좋은 σ 또는 π 주개 (예: Cp, Cl, O-alkyl, PR_3)	일정하지 않음
전자 총계	18 e^-	10～18 e^-	일정하지 않음, 착화합물이 대개 배위적으로 포화되어 있음
전형적인 화학적 거동	$C_{카벤}$에 친핵체 공격	$C_{카벤}$에 친전자체 공격	$C_{카벤}$이 대개 반응성을 보이지 않음. NHC 리간드는 보통 구경꾼 리간드 역할을 함
리간드 유형	L	X_2	L
M–C 결합차수	1–2	2	약 1

[a]이 표는 제한적인 경우에 적용된다. 많은 금속-카벤 착화합물은 세 가지 유형에 속하지 않는 것도 존재한다.

세 유형의 카벤 착화합물은 여러 면에서 다르다. **9-3**절에서 논의되겠지만, Fischer-카벤 착화합물의 $C_{카벤}$은 친핵성 공격을 받는 경향이 있어서, Fischer-카벤 착화합물은 *친전자성*이라고 기술된다(반응식 **9.3**). 반면에 Schrock-카벤 착화합물의 $C_{카벤}$은 친전자성 공격을 받는 경향이 있어서, Schrock-카벤 착화합물은 *친핵성*이다(반응식 **9.4**). 이러한 화학적 거동 때문에, Fischer-카벤 착화합물을 *친전자성 금속–카벤 착화합물*이라 부르고, Schrock-카벤 착화합물을 *친핵성 금속–카벤 착화합물*이라 부르는 것이 더 적당하다. 화학 문헌에서 이 두 유형의 이름들을 자주 볼 수 있다. 금속–NHC 착화합물은 반응성 면에서 Fischer-카벤 및 Schrock-카벤과는 분명히 다르다. 이 착화합물의 $C_{카벤}$은 비교적 낮은 반응성을 갖고 있기 때문에, NHC 리간드는 주로 구경꾼(또는 보조, 지지) 리간드 역할을 한다. 표 **9-1**에서 세 카벤 착화합물 유형의 차이점을 요약하였다. 표 **9-1**이 항상 타당한 것은 아니며, 때때로 세 개의 기본 유형으로 구분하는 것이 어려울 수 있다. **9-3-3**절에서는 잘 구분되지 않는 경우에 대하여 논의할 것이다.

$$(OC)_5W{=}C(OMe)(Ph) \;+\; :Nuc^- \longrightarrow (OC)_5\overset{-}{W}{-}C(OMe)(Ph){-}Nuc \qquad \textbf{9.3}$$

$$Cp_2(CH_3)Ta{=}CH_2 \;+\; E^+ \longrightarrow Cp_2(CH_3)\overset{+}{Ta}{-}CH_2{-}E \qquad \textbf{9.4}$$

금속–카벤의 구조를 이해하기 위한 몇몇 시도들이 있었다. 아마도 가장 간단하고 친숙한 것이 공명 이론이다. 구조 **10~13**은 금속–카벤의 몇몇 가능한 공명 구조를 나타낸다. 실험 및 계산 결과에 의하면, 구조 **10~12**가 Fischer-카벤 착화합물에 중요한 기여를 하는 것으로 여겨진다.

$$\underset{\textbf{10}}{L_nM{=}C(X)(Y)} \longleftrightarrow \underset{\textbf{11}}{L_n\ddot{\bar{M}}{-}\overset{+}{C}(X)(Y)} \longleftrightarrow \underset{\textbf{12}}{L_n\ddot{\bar{M}}{-}C({=}\overset{+}{X})(Y)}$$

$$\updownarrow$$

$$\underset{\textbf{13}}{L_n\overset{+}{M}{-}\ddot{\bar{C}}(X)(Y)}$$

예를 들자면, $(CO)_5Cr{=}C(OH)(H)$의 Cr–C 결합 주위로 회전에 대한 에너지 장벽의 계산값은 1 kcal/mol이다. 카벤 착화합물 **14**에서, C–N 결합 주위로 회전하는 것에 대한 에너지 장벽 값은 상당히 더 크다(25 kcal/mol이다). 더욱이, C–N 결합 길이는 sp^2-혼성 탄소에 단일 결합으로 붙어있는 질소에 대해 예상되는 값보다 현저하게 짧아서, 구조 **12** 또는 **14b**에 포함된 결합이 C=N 이중 결합임을 암시한다.

$$(CO)_5Cr{=}C(NMe_2)(Me) \longleftrightarrow (CO)_5\overset{-}{Cr}{-}C(={}\overset{+}{N}Me_2)(Me)$$

14a **14b**

그러나 공명 이론은 Fischer-카벤 착화합물 내 M–C 결합의 참된 속성에 대하여 오도할 수도 있다. π 결합이 존재하기 때문에, 회전각에 무관하게 M–C 결합 주위로 회전 에너지 장벽이 낮다는 것이 밝혀졌다. 형식적인 M=C 이중 결합의 존재와 낮은-회전-에너지 장벽 사이의 외관상 모순을 분자 궤도함수 이론이 더 잘 설명해 준다.

이러한 설명은 친핵성(Schrock) 금속–카벤에 대해서는 무척 달라지는데, 구조 **10**과 **13**이 전체 구조에 가장 많은 기여를 하는 것처럼 보인다. 다양한 Ta–카벤 착화합물들의 M–C 회전 에너지 장벽에 대한 온도 의존(temperature-dependent) 측정값들이 이런 관점을 지지해준다. 측정된 값들은 12~21 kcal/mol 범위에 있으며, 상당한 이중 결합 특성을 가리키는 것처럼 보인다.

금속 카벤 착화합물의 결합성과 구조를 이해하기 위한 또 하나의 접근 방법은 금속과 탄소 원자의 편재된 궤도함수들의 상호작용을 이해하는 것이다. 친전자성 카벤 착화합물을 단일-항 자유 카벤이 금속에 결합한 결과물로 볼 수 있다(그림 **9-3a**). 자유 카벤은 자신의 전자가 채워진 sp^2 궤도함수를 통하여(MO-2, 그림 **9-1**) 전자가 채워지지 않은 금속의 p 또는 d_{z^2} 궤도함수에 σ 주개로 거동할 수 있을 뿐만 아니라, 금속의 d 궤도함수로부터 전자가 채워지지 않은 $2p$ 궤도함수로의(MO-3, 그림 **9-1**) 역제공(back-donation)으로 π 받개로 거동할 수도 있다. 카벤이 더 좋은 σ 주개이면서 더 약한 π 받개라는 점을 제외하면(이런 조건에서는, M–$C_{카벤}$ 결합이 M–CO 결합보다 약하다), 이런 기술은 CO 리간드의 결합성과 완전히 유사하다. 그러므로 Fischer 카벤에 있는 탄소는 형식적으로 **L-유형 리간드**며, 금속에 전자 2개를 제공한다. 따라서 자유 카벤이 금속에 배위할 때, 금속의 산화수는 변하지 않는다.

그림 **9-3b**는 Schrock 카벤 형성을 잘 보여주고 있다. 여기서, 삼중-항 자유 카벤이 금속과 상호작용하여 금속–탄소 이중 결합을 형성한다. 왜냐하면 탄소의 전자 한 개가 채워진 $2p$ 궤도함수 두 개와 금속의 전자 한 개가 채워진 궤도함수 두

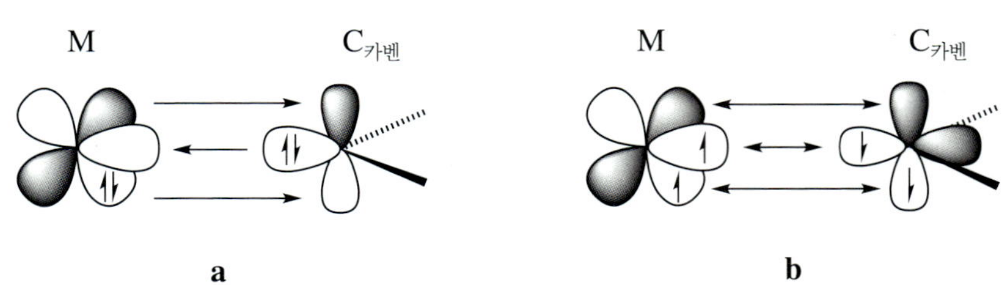

그림 9-3
(a) 단일항 자유 카벤과 금속 사이의 상호작용; (b) 삼중항 자유 카벤과 금속 사이의 상호작용

개가 전자 한 개씩 기여하여 σ 결합 한 개와 π 결합 한 개를 형성하기 때문이다. 높은 산화수의 앞 전이금속(early transition metal)들이 전형적으로 포함되어 있기 때문에, 탄소 토막을 σ 주개이면서 π 주개로 볼 수 있다. 이 카벤 리간드는 총 4개의 전자를 금속에 공여한다(중성 리간드 방식으로는 여전히 전자 두 개). 그러므로 Schrock 카벤 탄소는 **X_2-유형** 리간드며, 금속의 산화수를 +2만큼 바꾼다.

이론 계산 결과에 의하면, 착화합물 **15**는 Fischer-카벤 착화합물이고, 착화합물 **16**은 Schrock-카벤 착화합물이다.

$$(CO)_5Cr{=}C(NMe_2)(Me) \longleftrightarrow (CO)_5\ddot{Cr}^{-}{-}C({=}\overset{+}{N}Me_2)(Me)$$

14a **14b**

그림 **9-4a**가 카벤 토막과 적절한 금속 궤도함수들 사이의 상호작용을 보여주고 있다. 간결하게 표현하기 위해서, 이종핵 원자와의 상호작용(그림 **9-1**)이 제외된 형태로 자유 카벤 궤도함수들이 제시되어 있다. 이 상호작용의 핵심적 특징은, 카벤 리간드의 전자가 채워진 MO-2로부터 금속의 전자가 채워지지 않은 d_{z^2} 궤도함수로의 σ 제공(donation)과 금속의 전자가 채워진 π-결합성 d_{yz}로부터 카벤 리간드의 전자가 채워지지 않은 MO-3으로의 역제공(back-donation)이다. 금속과 리간드 둘 다 현저한 에너지 차이의 경계 궤도함수(frontier orbitals)를 갖고 있기 때문에, 모든 전자들이 쌍을 이룬다.

금속이 나이오븀(Nb)일 때, 금속의 두 경계 궤도함수 d_{yz}와 d_{z^2}의 에너지들이 가까워져서, 삼중항 자유 카벤의 상응하는 궤도함수들과 대등해지며, 그림 **9-4b**에서 이러한 상호작용을 보여준다(중요한 궤도함수 상호작용만 나타나 있다). 친전자성 카벤 착화합물의 전자들보다, M–C 결합의 전자들이 금속과 $C_{카벤}$ 사이에 훨씬 더 균등하게 분포되어 있다. 공명 개념 관점에서, 구조 **10**이 특정한 Schrock 카벤 착화합물의 전체 구조에 큰 비중으로 기여한다는 것을 의미한다.

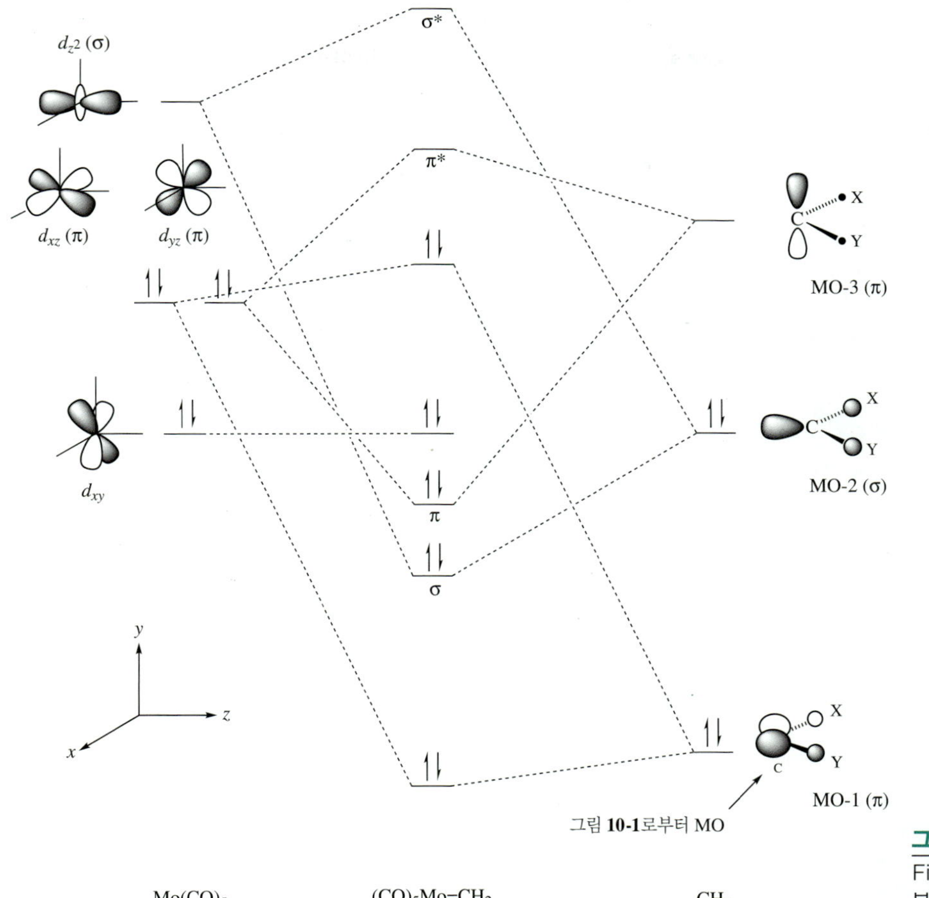

그림 9-4a
Fischer-카벤 착화합물의 분자 궤도함수

9-1-1 NHC 착화합물

NHC 착화합물은 일반적으로 구조 **9** 형태를 가지며, 외견상 Fischer 카벤 착화합물과 관련되어 있다. 왜냐하면 이종핵 원자들이 $C_{카벤}$의 이웃한 두 위치를 차지하기 때문이다. 그러나 NHC 착화합물들은 많은 독특한 성질을 지니고 있기 때문에, 별개의 부류로 취급되는 것이 필요하다. NHC-금속 착화합물들은 1968년에 문헌에 처음으로 보고되었다(화합물 **17**과 **18**). 그러나 최초의 자유 NHC 카벤 **20**이 보고된 1991년까지는(반응식 **9.5**), 이 화합물에 대한 관심이 많지 않았다. 놀랍게도, 자유 카벤 **20**은 열적으로 안정하고 200 °C를 초과하는 녹는점을 가진 결정성 고체이며, 이것의 구조가 X-선 결정학으로 밝혀졌다. 이 화합물은 습기와 공기에 민감하다. 자유 카벤 **20**이 발견된 이래, 많은 연구가 이것의 화학에 대하여 수행되었으며, 최근에는 이것과 관련된 자유 카벤들의 연구도 활발하다.

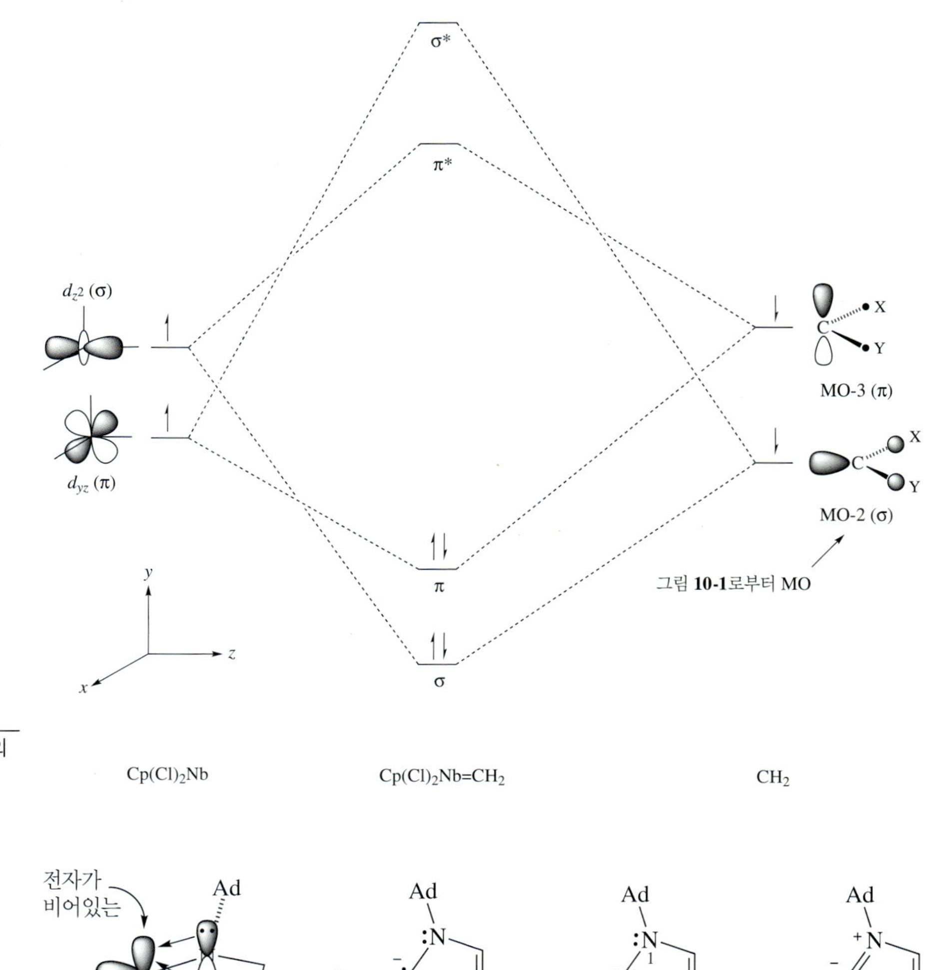

그림 9-4b
Schrock-카벤 착화합물의 분자 궤도함수

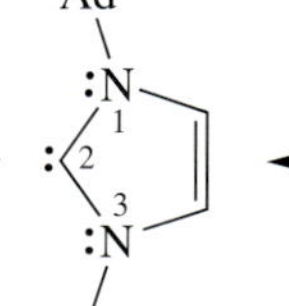

그림 9-5
NHC 카벤에서 π 제공

자유 카벤 **20**은 안정하다. 왜냐하면 인접한 두 질소 원자에 있는 고립 전자쌍들이 $C_{카벤}$(고리에서 2번 위치)의 전자가 없는 2*p* 궤도함수와 상호작용하여 전자 밀도를 π 방식으로 매우 효과적으로 제공할 수 있기 때문이다(그림 **9-5**). 크기가 큰 *N*-아다멘틸 그룹들이 전자 밀도를 질소 원자들에게 제공하여, $C_{카벤}$에 π-전자 밀도를 제공하는 질소 원자들의 능력을 향상시킨다. 그러나 *N*-아다멘틸 그룹들의 입체적 크기가 더 주도적인 역할을 할 것이다. 자유 카벤의 일반적 성질인 전자-결핍성과 친전자성 대신, NHC는 비교적 전자가 풍부하고 친핵성

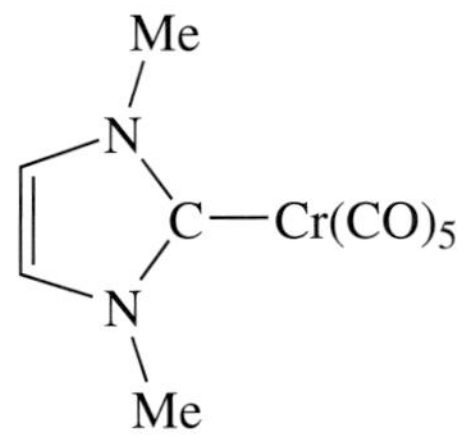

17

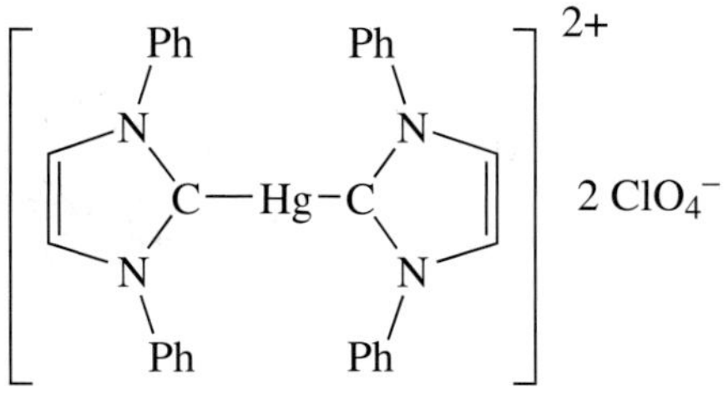

18

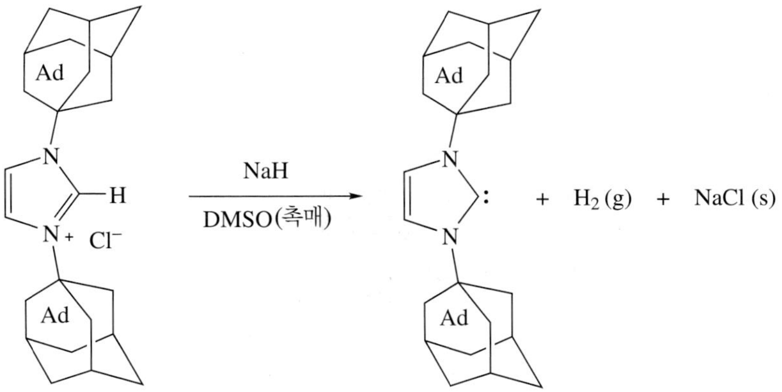

19

20

9.5

이다. 그리하여 NHC는 매우 효과적인 σ 주개인 동시에 비교적 약한 π 받개다. 왜냐하면 $C_{카벤}$의 sp^2와 $2p$ 궤도함수 둘 다 전자가 채워져 있기 때문이다. NHC **20**의 어미 imidazolium 이온 **19**의 pK_a 값은 약 **20**이므로, NHC **20**은 비교적 강한 염기인 동시에 강한 친핵체다.

NHC를 효과적인 L-유형 리간드로 만드는 것은 이러한 강한 친핵성이며, 이것의 전자적 입체적 성질은 포스핀의 성질에 필적할만하다. 그림 **9-6**이 가장 흔히 볼 수 있는 NHC들을 보여주고 있으며, 이것들은 전이금속 착화합물에서 리간드로 쓰인다.

질소 원자들에 결합된 치환기들과 고리에 결합된 치환기들을 변형시킬 수 있다. 연구 결과에 의하면, 이런 치환기들이 바뀌어도 NHC의 전자적 성질은 거의 변하지 않지만, NHC의 입체적 성질은 크게 변할 수 있다. 일반적으로, NHC는 가장 전자가 풍부한 포스핀보다도 더 강한 전자 주개다. NHC의 입체적 윤곽(profile)은 포스핀의 입체적 윤곽과 다르다. NHC는 납작한 부채 모양의 리간드가 되려는 경향을 보이며, 질소 원자들의 치환기들이 금속을 향하고 있다. 그러나 대부분의 포

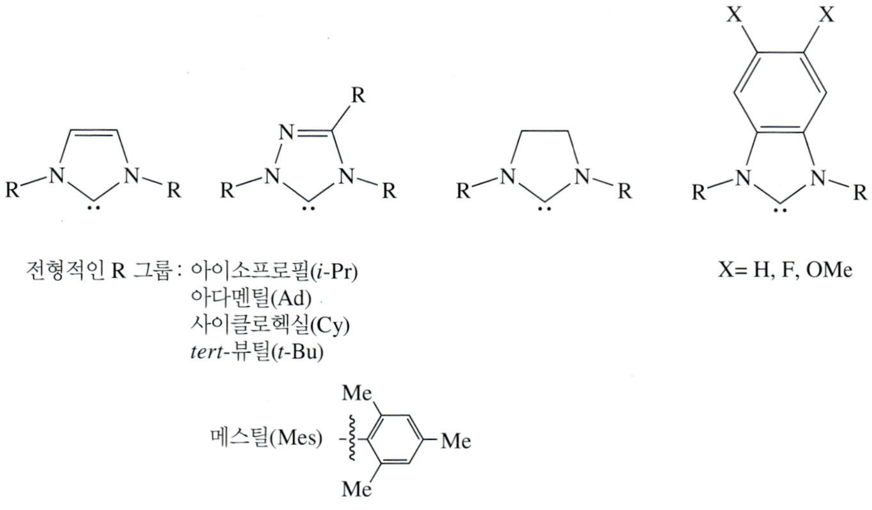

그림 9-6
몇몇 중요한 NHC 카벤

기본문제 9-1

질소 원자들에 결합된 치환기들이나 고리에 결합된 치환기들을 변형시킬 때, 포스핀 경우에 비해서, χ 값이 크게 변할 가능성이 낮은 이유는?

스핀의 치환기들은 금속으로부터 멀어지는 방향을 취한다. NHC들의 입체적 효과를 정량화하려는 노력들이 있었지만, 확정적이고 간편하며 누구에게나 수용될 수 있는 θ(원뿔각, cone angle) 값과 같은 매개변수를 사용할 수 있으려면, 더 많은 연구가 수행되어야 한다.

금속–NHC 착화합물의 결합 특성은 Fischer-카벤 착화합물이나 Schrock-카벤 착화합물의 결합 특성과는 상당히 다르다. 이론적 계산 결과에 의하면, 금속–리간드 역결합은 무척 적으며, 결합성은 거의 전적으로 비교적 전자가 풍부한 $C_{카벤}$으로부터 금속으로의 σ-제공에 기인한다. 항상 그런 것은 아니지만, 금속–NHC 결합이 이중 결합보다는 단일 결합에 가까우며, 금속–NHC 착화합물의 결합은 금속–$C_{카벤}$ 단일 결합으로 나타내는 것이 타당하다고 대부분의 화학자들이 생각한다. **9-1**절에서 논의되었던 공명 이론에 의하면, 금속–NHC 착화합물은 구조 **12**에 가장 가까울 것이다.

금속–NHC 착화합물은 유기 합성에서 점점 더 많이 이용되고 있다. 2세대 Grubbs 촉매라고 알려진 화합물 **21**은 C=C 결합을 형성하는, 이 화합물들 중에서 가장 잘 알려져 있다. 이 촉매는 금속-NHC 착화합물인 동시에 알킬리덴(alkylediene)이다. 제10장에서 C=C 결합 형성에서 화합물 **21**과 이것과 관련된 착화합물의 역할을 살펴볼 것이다.

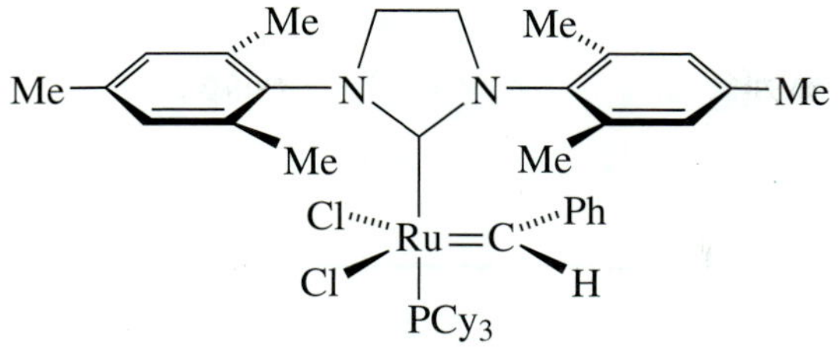

21

9-2 금속–카벤 착화합물의 합성

9-2-1 Fischer–카벤(친전자성) 착화합물

여러 가지 방법으로 Fischer-카벤 착화합물을 합성할 수 있으며, 기본적으로 두 종류로 분류할 수 있다.

A. 기존의 카벤이 아닌(non-carbene) 리간드의 치환이나 변형

B. 기존의 카벤 리간드의 변형

이 절에서, 유형 A의 합성 경로에 초점을 맞춘다. 존재하는 카벤 리간드를 변형시켜 새로운 카벤을 생성하는 것은 카벤 반응의 예이므로, 유형 B의 논의를 **9-3**절까지 미루기로 하자.

Fischer-카벤 착화합물을 합성하기 위한 일반적 방법들은 다음과 같다.

친핵체가 카보닐 리간드를 공격하여 카벤 착화합물 합성

Fischer와 Maasböl이 최초의 금속–카벤 착화합물을 합성할 때의 방법을 반응식 **9.6**이 보여주고 있다. 탄소 음이온이 카보닐 리간드의 탄소를 공격한 뒤, 뒤이어 메틸화(methylation, 메틸 첨가) 반응이 일어나서 카벤이 생성된다.

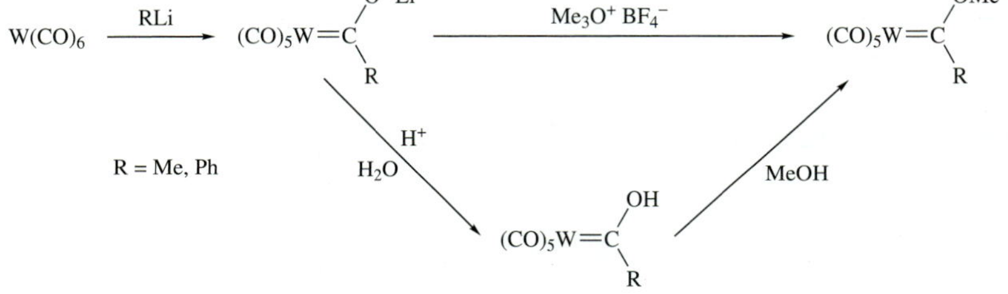

$W(CO)_6 \xrightarrow{RLi} (CO)_5W{=}C(O^- Li^+)R \xrightarrow{Me_3O^+ BF_4^-} (CO)_5W{=}C(OMe)R$

$(CO)_5W{=}C(O^- Li^+)R \xrightarrow{H^+,\ H_2O} (CO)_5W{=}C(OH)R \xrightarrow{MeOH} (CO)_5W{=}C(OMe)R$

R = Me, Ph

9.6

다른 탄소 음이온성 그룹(RLi, R = 알킬, 아릴, silyl)과 *O*-알킬화 시약을 이용할 수 있기 때문에, 이것은 다양하게 이용될 수 있는 반응이다. Mo, Mn, Rh, Fe, Cr 같은 금속–카보닐 착화합물들이 이러한 변환 반응을 한다.

기본문제 9-2

실리콘-함유 카벤 **22**의 합성 방법을 제안하시오.

$$(CO)_5Mo{=}C(OEt)(SiPh_3)$$

22

고리 카벤 착화합물 합성

반응식 **9.7**에서 합성된 고리(cyclic) 카벤 착화합물 **23**은 원래의 Fischer-카벤 착화합물과 유사하며, 고리는 유기 합성에서 활용도가 높은 합성 방법을 제공한다.

$(CO)_nM$–$CH_2CH_2CH_2Br$ (CO) + I^- → (−CO) → $(CO)_{n-1}M(I)$–C(O)–$CH_2CH_2CH_2Br$ → $(CO)_{n-1}M(I){=}$ (2-oxacyclopentylidene) **23** + Br^-

M = Mo, *n* = 2
M = Fe, *n* = 1

9.7

첫 번째 단계에서 음이온성 아실 착화합물이 형성되고, 뒤이은 Br^-의 분자내 S_N2 반응을 통해 금속–카벤 착화합물 **23**이 형성된다.

기본문제 9-3

반응식 **9.7**의 첫 번째 단계의 메카니즘을 제안하시오.

N-*치환된(N-substituted) 카벤 착화합물 합성*

질소가 Fischer-카벤 착화합물의 탄소에 직접 결합된 형태가 일반적이다. 반응식 **9.8**과 **9.9**는 이런 유형의 카벤 착화합물들의 예이다. 첫 번째 단계에서 아마이드(amide)가 카보닐 리간드들 중 하나를 공격하고, 뒤이어 알킬화(alkylation, 알킬 첨가) 반응이 일어난다.

$$\mathrm{Cr(CO)_6} \xrightarrow[\text{2) } \mathrm{Et_3O^+\,BF_4^-}]{\text{1) } \mathrm{Et_2NLi}} \mathrm{(CO)_5Cr{=}C(OEt)(NEt_2)} \qquad \mathbf{9.8}$$

아이소나이트릴 형태

$$\left[\begin{array}{c}\mathrm{Et_3P(Br)_2\overset{-}{Pt}{-}C{\equiv}\overset{+}{N}{-}Me} \\ \updownarrow \\ \mathrm{Et_3P(Br)_2Pt{=}C{=}N{-}Me}\end{array}\right] \longrightarrow \mathrm{Et_3P(Br)_2Pt{=}C(\overset{-}{N}Me)(\overset{+}{Y}(R){-}H)} \longrightarrow \mathrm{Et_3P(Br)_2Pt{=}C(N(H)Me)(Y{-}R)} \qquad \mathbf{9.9}$$

$\mathrm{R{-}\ddot{Y}{-}H}$ Y = O, S, N

반응식 **9.9**에서, R–Y–H가 아이소나이트릴(R–N≡C) 리간드의 전자-결핍 탄소를 공격한 뒤에, 양성자–이동 반응이 뒤따른다. 이 반응에서 친핵성을 조절할 수 있다. 왜냐하면 입체적 장애를 갖고 있지 않은 아민(Y = N), 알코올(Y = O), 싸이올(Y = S)이 아이소나이트릴 탄소를 공격하여 상응하는 다이아미노(diamino), 아미노알콕시(aminoalkoxy), 아미노싸이오(aminothio)를 생성할 수 있기 때문이다. 비록 Pd와 Pt 착화합물이 주로 많이 연구되어 왔지만, 많은 금속–아이소나이트릴 착화합물들이 이러한 반응을 한다.

9-2-2 (친핵성) Schrock–카벤 착화합물

친전자성 카벤 착화합물의 알려진 합성법 개수에 비해서, 친핵성 카벤 착화합물(알킬리덴)의 합성법은 개수가 상대적으로 적다. 일반적으로 이 착화합물들은 자신을 안정화시켜 주는 이종핵 치환기들을 갖고 있지 않기 때문에, 상응하는 Fischer-카벤 착화합물보다 더 큰 반응성을 갖는다. 알킬리덴(alkylidene)의 선구 물질(precursor)은 알킬이며, 반응식 **9.10**에 나타난 바와 같이, α-H 떼어내기로 상응하는 카벤을 합성할 수 있다.

$$\mathrm{L_n\overset{+}{M}{-}\overset{\alpha}{C}HR(H)} \xrightarrow{:\mathrm{B^-}} \mathrm{L_nM{=}CHR} + \mathrm{BH} \qquad \mathbf{9.10}$$

이 합성과 관련된 문제점은 경쟁적으로 일어나는 빠른 부반응인 β-떼어내기(**7-1-2**절) 반응이다. 앞으로 보게 되겠지만, 알킬리덴은 α-떼어내기 반응으로 합성된다. 다른 합성 방법의 예로 다리걸친 알킬리덴의 분해와 자유 카벤 선구 물질의 금속 공격을 들 수 있다.

α-H 떼어내기

Schrock과 공동 연구원들은 Ta과 Nb을 포함한 5족 알킬리덴 화합물들을 합성하고 이것들의 특성을 규명하였다. 도식 **9.1**은 최초의 알킬리덴 착화합물 합성법들 중 몇 개를 보여주고 있다. 여기서 핵심 반응은 C_{α}에 결합되어 있는 수소를 떼어내어(α-떼어내기) M=C 결합을 형성하는 것이다. 모든 경우에, β-H가 없기 때문에, β-떼어내기 반응이 일어나지 않는다.

합성법 1. 이 합성법의 제 1단계에서, 10-전자 화학종 **24**가 네오펜틸리튬과 리간드-치환 반응을 통해 테트라알킬클로로 착화합물 **25**를 생성한다. 중간체 **25**는 추가 네오펜틸리튬과 직접 반응해서 [M(neopentyl)$_5$]를 거쳐 화합물 **27**을 생성하거나, 분해되어 Cl 리간드가 neopentyl 리간드로 치환된다. 반응 경로와 무관하게, 알케인(2,2,-dimethylpropane)과 알킬리덴이 생성물로 얻어지기 때문에 이러한 반응은 매우 흥미롭다. 반응식 **9.11**이 이 반응이 어떻게 일어나는지를 보여준다.

(Me$_3$CCH$_2$)M(Cl)(CH(H)CMe$_3$)(CH$_2$CMe$_3$) **25** ⟶ (Me$_3$CCH$_2$)M(Cl)=CH–CMe$_3$ **26** + CH$_3$–CMe$_3$

경유하여 (Me$_3$CCH$_2$)M(Cl)···H–C(H)CMe$_3$ (CH$_2$CMe$_3$) **38**

9.11

크기가 큰 네오펜틸 리간드 중 하나가 이탈되어 입체 장애가 줄어드는 것이 이 반응의 추진력이다. 화합물들에 포함된 5족 금속(M(V), d^0)은 전자가 부족하기 때문에, 네오펜틸 리간드의 α-위치에 있는 수소는 어느 정도 아고스틱(agostic)(화학종 **38**, **5-2-3**절을 참조)하다. 이때, α C–H 결합은 이미 약해져 있어서, 수소가 알킬로 이동하는 과정에 많은 에너지가 필요하지 않게 된다.

합성법 2. 다이네오펜틸 착화합물 **28**이 Cp$^-$ 이온과 반응하면, Cl 리간드가 Cp 리간드로 치환되는 동시에 알케인이 방출되어 화합물 **29**가 형성된다. Cp 리간드의 큰 입체 크기가 α-떼어내기 반응을 일으켜서 알케인을 방출시킨다. 두 번째 Cp–Cl 치환 반응으로 18-전자 화합물 **30**이 형성된다, 화합물 **32**가 **33**으로 변환되는 반응도 이와 유사하며, 벤질(benzyl) 리간드도 α-떼어내기 반응을 하는 것을 알 수 있다.

PMe$_3$의 입체 크기 및 전자적 성질 때문에, 화합물 **28**은 화합물 **31**로 변환될 수 있다. 이합체(dimer) **31**의 금속은 각각 **14** 전자를 갖고 있으며, 강한 σ 주개인 포스핀 리간드가 이러한 전자 결핍을 완화시켜 준다. 또한 포스핀 리간드는 상당한 입체적 크기를 갖고 있기 때문에, 포스핀 리간드가 금속에 배위되면, 입체 장애가 충분히

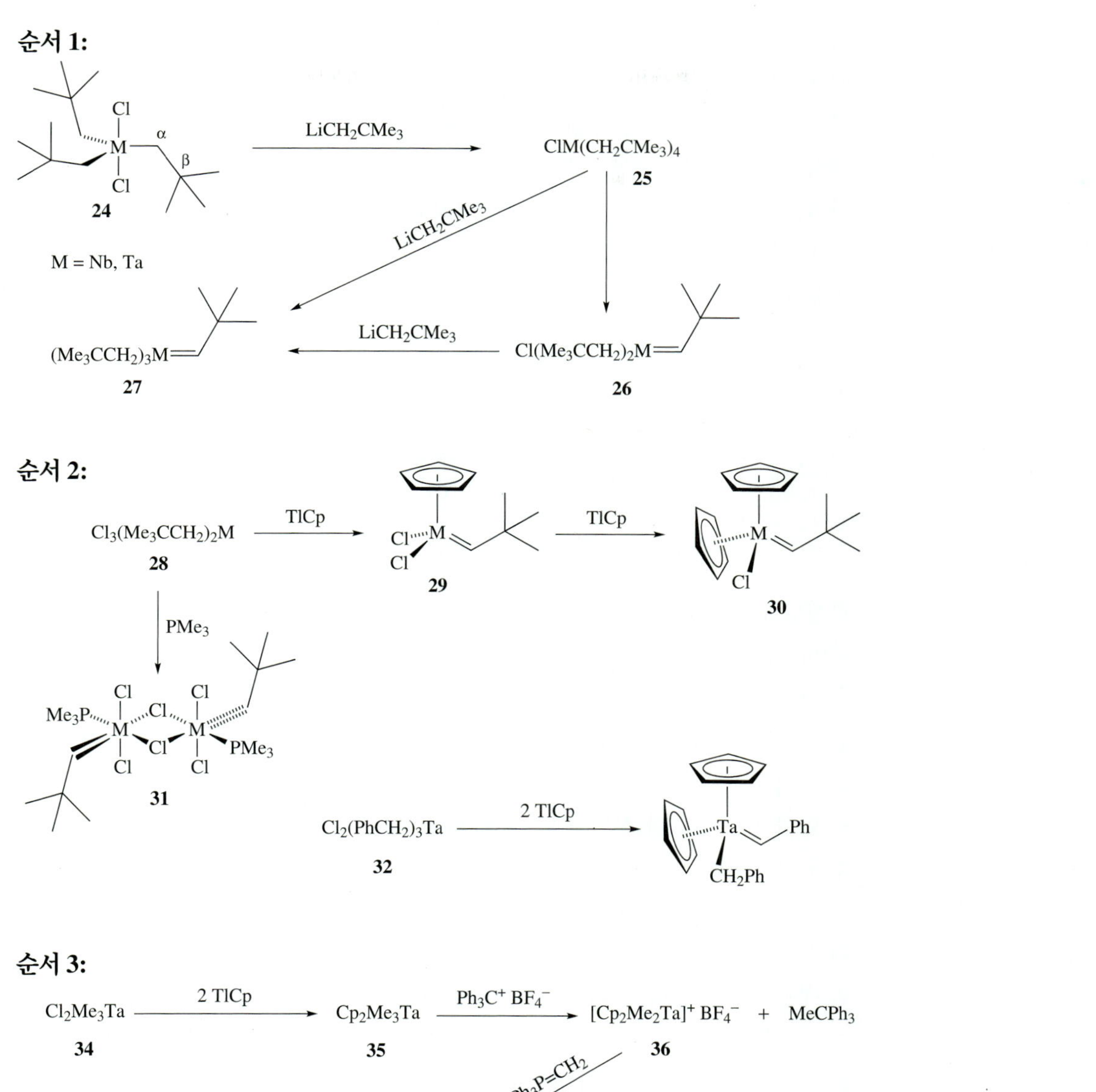

도식 9.1
5족 원소 Schrock 카벤 착화합물 합성

커져 분자-내 α-떼어내기 반응이 일어난다. 화합물 **31**(일부분이 구조 **39**로 제시되어 있음)의 X-선 구조는 흥미롭다. 금속–$C_{카벤}$–Cβ 결합각은 161.2°이다. 이 결합각은 sp^2 알킬리덴 α-탄소에 대한 예상 결합각 120°보다 훨씬 크다. 또한 금속–$C_{카벤}$–H 결합각은 120°보다 훨씬 작은 84.8°다. Ta–Cα 결합 길이는 189.8 pm 밖에 되지 않으며, 이 결합 길이는 다른 Ta–카벤 착화합물들에서 발견되는 Ta=C 결합 길이들(평균값 = 204 pm)보다 상당히 짧다. 구조 **40**은 이런 관찰 값들에 대한 가능한 설명을 잘 제시하고 있다. 겉보기에 입체 장애는 금속–$C_{카벤}$–Cβ 결합각을 sp^2–혼성 탄소에 예상되는 결합각보다 크게 한다. 14-전자 Ta의 전자 결핍은 여분의 전자 밀도는 α-수소와 Ta의 전자가 없는 *d* 궤도함수 사이에 아고스틱 상호작용을 일으킨다. 따라서, Ta과 탄소 사이의 결합은 3-중심 6-전자 결합이다.

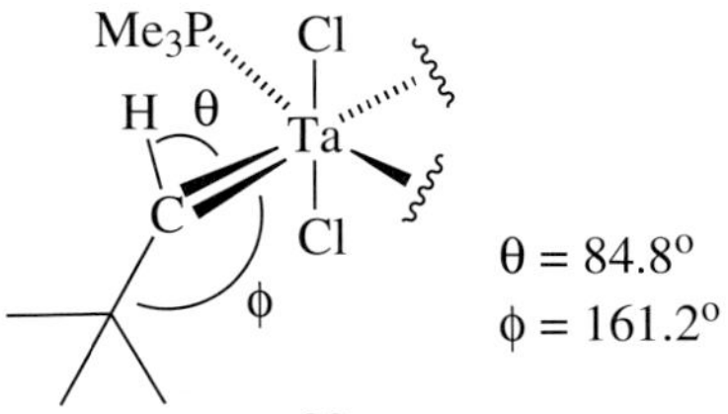

Me_3P Cl H θ Ta C Cl ϕ

θ = 84.8°
ϕ = 161.2°

39

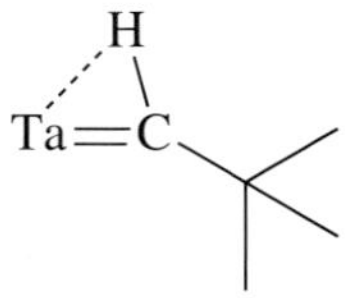

H Ta═C

40

합성법 3. 도식 **9.1**에 있는 마지막 합성법은 출발 물질 **34**로부터 생성되는 메틸리덴(methylidene) 착화합물 **37**의 합성 과정을 상세하게 설명하고 있다. 화합물 **35**의 반응과 유사한 α-떼어내기 반응을 관찰하려는 노력은 성공하지 못했으며, 분해 반응만 관찰되었다. 그러나 trityl(Ph_3C^+) 양이온을 써서 화합물 **35**로부터 메틸 기를 떼어내는 소위 친전자성 떼어버리기(abstraction) 반응으로 tantalonium 염 **36**을 합성할 수 있었다. Schrock은 tankatorium 염과 phosphonium 염 사이의 유사성을 알아내었다. Phosphonium 염은 Wittig 반응에서 일라이드(ylide)의 선구 물질이다. Phosphonium 염 내 α-탄소에 결합되어 있는 수소들은 비교적 산성이기 때문에, α-탄소에 결합되어 있는 치환기들의 속성에 따라 다양한 염기로 이 수소들을 떼어버릴 수 있다. Schrock은 화합물 **36**에 있는 메틸 수소(α-수소)를 강한 염기로 제거할 수 있다고 예측하였다. 인(phosphorus) 일라이드, $(CH_3)_3P=CH_2$를 비롯한 다른 염기들을 이용하여 Schrock의 예측을 확인할 수 있었으며, 엷은 녹색의 결정성 메틸리덴 **37**이 합성되었다.

α-떼어내기 반응을 포함한 좀 더 최근 반응이 반응식 **9.12**에 나타나 있다. 이 반응에서는, Ag(I) 염의 사용은 알킬리덴 형성을 유도한다. 먼저 Ti가 d^0 상태로 산화되고, 뒤이어 α-떼어내기 반응과 알케인 환원성-떼어내기 반응이 일어난다. 바나듐과 나이오븀 착화합물들에서도 유사한 화학 반응이 일어난다.

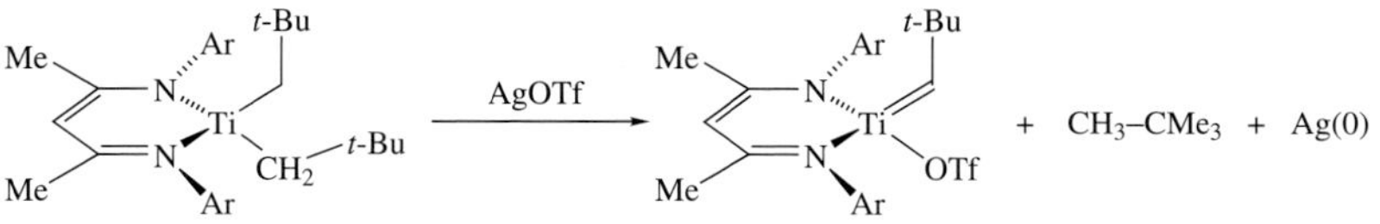

Me Me N N Ar Ar Ti *t*-Bu CH_2 *t*-Bu —AgOTf→ Me Me N N Ar Ar Ti *t*-Bu OTf + CH_3–CMe_3 + Ag(0)

9.12

다리걸친 알킬리덴 착화합물의 분해 반응

또 다른 하나의 알킬리덴 착화합물 합성법은 4족 금속, 특히 Zr을 포함한다. 바이닐(vinyl) Cp_2Zr 착화합물 **41**이 diisobutylaluminum hydride로 처리되면, 다리걸친(bridged) 알킬리덴 **42**가 형성된다. 알킬리덴 착화합물 **42**에서 알킬리덴 그룹이 Zr과 Al 사이에 공유(μ-결합)된다(반응식 **9.13**). 수소-붕소 첨가(hydroboration) 반응과 유사한 방식으로, dialkylaluminum hydride의 Al–H 결합이 바이닐 C=C 결합에 첨가되며, Zr에 결합되어 있는 Cl 리간드는 전자-부족 Al에 Lewis 염기로 작용한다.

Cp_2Zr CH=CHCH$_3$ H Cl: Al **41** → Et CH Cp_2Zr Al Cl **42**

9.13

화합물 **42**가 먼저 PPh_3로, 그 다음에 hexamethylphosphoramide(HMPA)로 처리되면 알킬리덴 **43**이 형성된다. 화합물 **42**의 경우와 마찬가지로, 포스핀 리간드는 전자-결핍 Zr(IV) 착화합물에 좋은 리간드다. 포스핀 리간드가 먼저 Zr과 결합하고, 그 다음에 HMPA(높은 극성 분자인 동시에 Lewis 염기)가 Al을 공격한다(반응식 **9.14**). 뒤이은 분해 반응(토막 내기, fragmentation)을 통해 알킬리덴과 Al–HMPA 착화합물이 형성된다.

42 $\xrightarrow{Ph_3P}$ Cp_2Zr(Ph$_3$P)–CH(Et)–Al(Cl) + :O=P(NMe$_2$)$_3$ → $Cp_2(PPh_3)Zr{=}CH{-}Et$ **43** + HMPA-AlCl(i-Bu)$_2$

9.14

가장 유명한 Ti-카벤 착화합물들 중 하나는 메틸리덴(methylidene) 화합물인 **44**이다. Schrock-카벤 착화합물 합성 중에 화합물 **44**가 짧은 시간 동안 중간체로 존재할지 모르지만, 너무 반응성이 높아서 분리해내거나 분광학적으로 관찰할 수 없다. 그러나 관련된 화합물 두 개가 합성되었다. 하나는 $Cp_2TiCH_2(PEt_3)$며, 포스핀이 Ti에 전자를 제공하여 착화합물을 안정시킨다. 또 다른 하나는 화합물 **44**의 선구 물질이며, Tebbe 시약으로 알려져 있다(화합물 **45**, 반응식 **9.15**).

$Cp_2Ti{=}CH_2$

44

Cp_2TiCl_2 + 2 $AlMe_3$ ⟶ CH_4 + $Cp_2Ti(\mu\text{-}CH_2)(\mu\text{-}Cl)AlMe_2$

45 **9.15**

반응식 **9.15**는 Al 화합물을 이용하여 다리걸친 알킬리덴을 형성하는 또 하나의 예를 보여준다. Al 화합물은 매우 활성이 큰(4족 금속)–카벤 착화합물을 안정화시켜 준다. 합성 반응에서 Tebbe 시약이 유용하게 사용되는 것을 **9-3-2**절에서 볼 수 있을 것이다.

자유 카벤 선구 물질이 금속을 직접 공격

반응식 **9.16**에 나타나 있는 바와 같이, 다이아조알케인(diazoalkane) RR′C=N=N (R,R′ = H, 알킬, 아릴)은 열적 또는 광화학적으로 유도되는 N_2 해리 과정을 거쳐 자유 카벤의 선구 물질 역할을 할 수 있다.

$$\left[RR'C{=}\overset{+}{N}{=}\ddot{N}^{-}: \longleftrightarrow RR'\overset{-}{\ddot{C}}{-}\overset{+}{N}{\equiv}N: \right] \xrightarrow{h\nu} RR'C: \; + \; :N{\equiv}N:$$

9.16

전이금속 착화합물은 대개 자유 카벤과 직접 반응하지 않지만(금속–NHC 착화합물 합성은 예외, **9-2-3**절), 7~9족 낮은 원자가(low-valent) 금속 착화합물은 특이하게도 다이아조알케인과 반응하여 알킬리덴을 형성한다. 반응식 **9.17**은 이 반응의 예를 보여준다. 착화합물이 불포화되어 있거나 치환성(labile) L-유형 리간드를 지니고 있어야만 반응이 일어날 수 있다. 이 반응에서 중간체가 자유 카벤일 가능성은 낮다.

$$L_nM \; + \; RCHN_2 \xrightarrow{\Delta} L_{n-1}M{=}C(R)H \; + \; L \; + \; N_2\,(g)$$

9.17

반응식 **9.18**은 이러한 유형의 금속–카벤 합성의 좋은 예이다. 이 반응식은 다양한 아조알케인들과 Os 착화합물이 반응하는 것을 보여준다. **9-3-3**절에서 더 많은 아조알케인 반응들을 접할 것이다.

$$\mathrm{OsCl(NO)(PPh_3)_3} \xrightarrow{\mathrm{RCHN_2}} \mathrm{Cl(NO)(PPh_3)_2Os{=}C(R)(H)} + \mathrm{N_2\,(g)} + \mathrm{PPh_3}$$

R = H, Me, *p*-tolyl **9.18**

기본문제 9-4

적절한 Ir 착화합물로부터 $(NO)(PMe_3)_3Ir{=}C(H)(Me)$를 합성하는 방법을 제안하시오.

9-2-3 금속–NHC 착화합물 합성

금속–NHC 착화합물을 합성하는 다양한 방법이 있지만, 몇 가지만 이 절에서 논의하기로 한다. 이 착화합물을 합성하기 위해서 가장 많이 사용되는 방법은 다음과 같다: (1) NHC 이합체의 C=C 결합으로 금속 삽입, (2) 금속 착화합물과 보호된(protected) 형태의 NHC의 반응, (3) 금속 착화합물 존재하에 Brønstead–Lowry 반응을 통한 NHC 생성, (4) 자유 카벤과 금속 착화합물의 직접 반응 등이 있다.

NHC 이합체의 C=C 결합으로 금속 삽입

NHC 이합체의 C=C 결합 절단(scission)으로 금속–NHC 착화합물을 합성하는 것은 일반적이며 메카니즘적으로 흥미로운 방법이다. 반응식 **9.19**가 착화합물 **46**의 합성 과정을 보여준다.

$$\mathrm{Mo(CO)_6} + \text{(NHC dimer, N-R)} \longrightarrow \mathrm{(CO)_5Mo{=}C(NR)_2}\ (\mathbf{46}) + \text{NHC:}$$

R = Me, Et **9.19**

이 반응의 그럴듯한 메카니즘이 도식 **9.2**에 제시되어 있다. 이 메카니즘은 여러 기본 유형의 유기금속 반응의 연속적인 단계들로 구성되어 있다. 6족 원소 Cr, Mo, W뿐만 아니라, Ru, Os 과 Ir도 이 반응을 한다.

금속 착화합물과 보호된 형태의 NHC의 반응

NHC 선구 물질 **47a**와 **47b**를 이용하여 해당되는 자유 카벤을 생성할 수 있다. 왜냐하면 알코올과 클로로폼($CHCl_3$)이 탄소로부터 수월하게 제거될 수 있기 때문이다

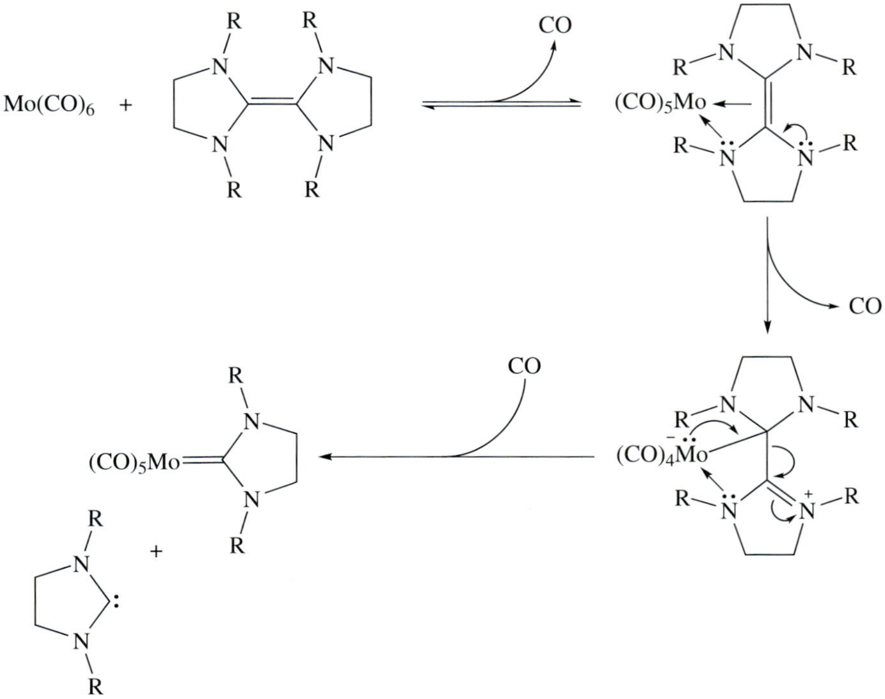

도식 9.2
알켄 절단에 대한 가능한 메카니즘 경로

(반응식 **9.20**). 선구 물질을 합성하여 분리한 다음에 이것을 금속 착화합물들과 반응시키거나, 금속 존재하에서 선구 물질을 분리해내지 않고(*in situ*) 생성시킬 수 있다.

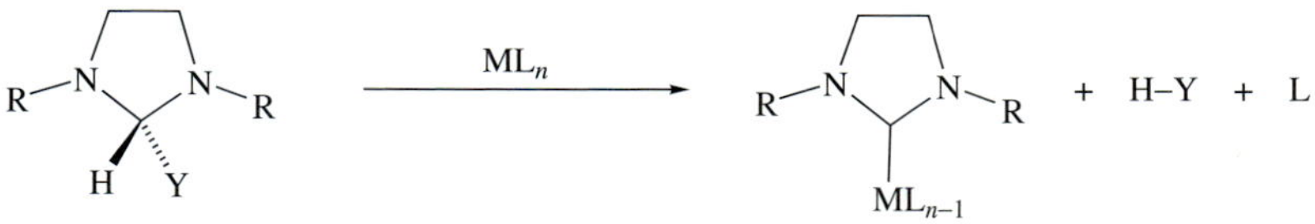

47a: Y = OR' (R' = 알킬)
47b: Y = CCl_3

9.20

Grubbs와 공동 연구원들이 이 방법을 어떻게 이용하여 화합물 **21**을 생성하였는가를 반응식 **9.21**이 보여준다. 앞에서 언급한 바와 같이, 화합물 **21**은 2세대 Grubbs 촉매다. 이 반응에서, NHC 선구 물질이 상응하는 이미다졸리엄(imidazolium) 염으로부터 분리해 내지 않고 바로 생성되었다.

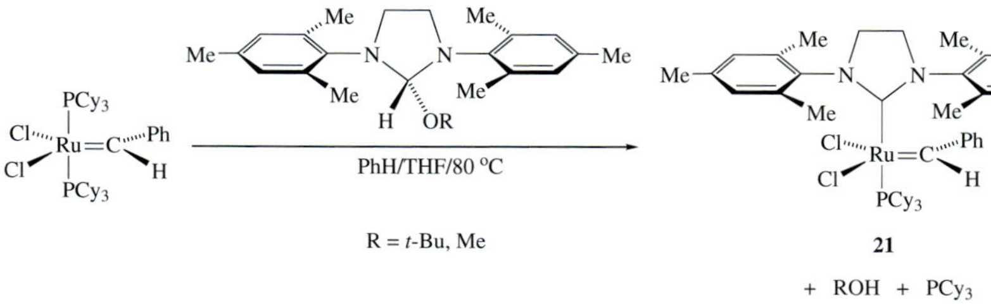

PhH/THF/80 °C

R = *t*-Bu, Me

21

+ ROH + PCy_3

9.21

상응하는 아졸리엄(azolium) 염으로부터 NHC 생성

외부 염기를 써서 이미다졸리엄(imidazolium) 또는 트라이아졸리엄(triazolium) 염의 수소를 떼어내어 상응하는 NHC를 생성한 뒤, 이것을 이미 존재하고 있는 금속과 바로 반응시킬 수 있다. 반응식 **9.22**와 **9.23**이 이 방법을 잘 보여주고 있다.

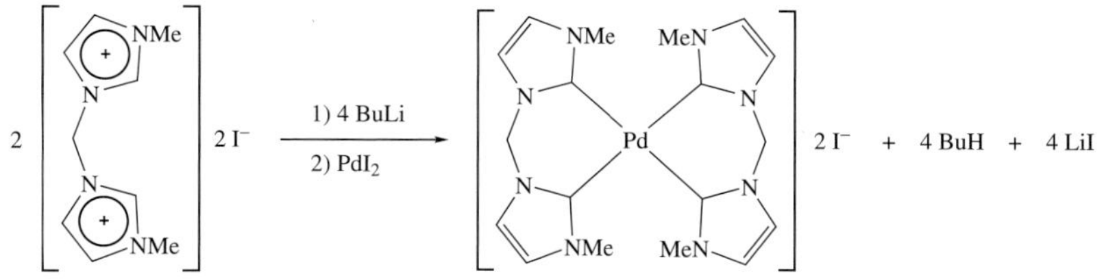
2
NMe
N
2 I⁻
1) 4 BuLi
2) PdI₂
NMe
MeN
Pd
2 I⁻ + 4 BuH + 4 LiI

9.22

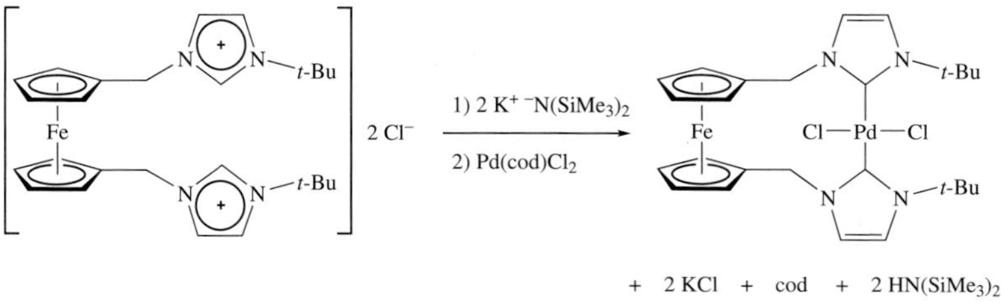
N
N
t-Bu
Fe
2 Cl⁻
1) 2 K⁺ ⁻N(SiMe₃)₂
2) Pd(cod)Cl₂
Cl—Pd—Cl
+ 2 KCl + cod + 2 HN(SiMe₃)₂

9.23

Acetoxy 또는 alkoxy 같은 염기성 리간드가 때때로 아졸리엄 염의 양성자 이탈(deprotonation) 반응을 일으킬 수 있다. 반응식 **9.24**가 위 반응(NHC 제자리 생성과 뒤이은 배위)의 변환을 보여준다.

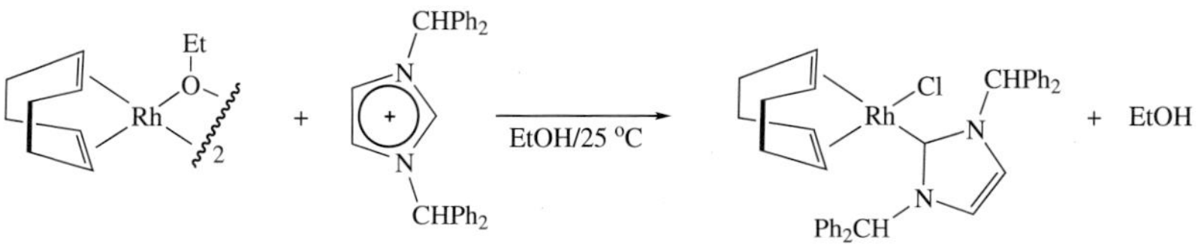
Et
O
Rh
2
+
CHPh₂
N
EtOH/25 °C
Cl
Rh
CHPh₂
Ph₂CH
+ EtOH

9.24

자유 카벤과 금속 착화합물의 반응

자유 카벤은 금속과 강하게 결합하기 때문에, 금속–NHC 착화합물 합성에 과량의 NHC를 반드시 쓸 필요는 없다. 이런 현상은 금속–포스핀 착화합물 합성과는 대조를 이룬다. 금속–포스핀 착화합물 합성에는 성공적인 합성을 위하여 과량의 포스핀이 사용되어 진다. NHC와 적합한 금속 착화합물의 간단한 조합에 대한 수많은 예들이 있으며, 반응식 **9.25**가 그 한 예를 보여준다.

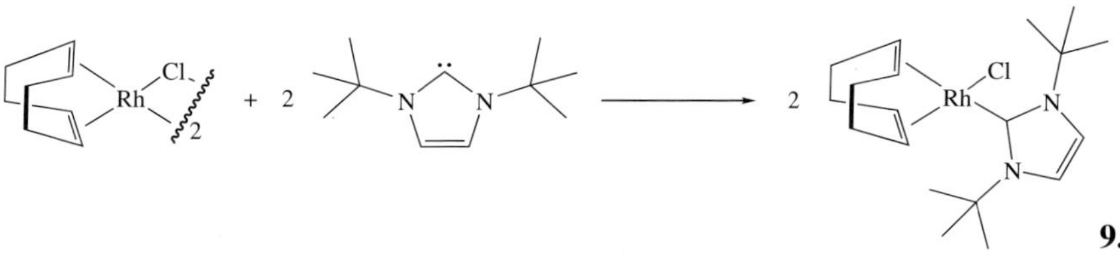
Cl
Rh
2
+ 2
N
2
Cl
Rh
N

9.25

높은 원자가 앞 전이금속은 전자 밀도를 NHC 리간드로 역제공(back-donation)할 가능성이 낮기 때문에, 이런 금속과 강한 σ-주개인 동시에 약한 π-받개인 NHC 사이에 착화합물이 형성될 수 있다는 것이 타당해 보인다. 반응식 **9.26**이 보여주듯이, 이런 착화합물의 합성은 실제로 가능하다.

$TiCl_4$

$TiCl_4$

9.26

9-3 금속–카벤 착화합물의 반응

금속–카벤 착화합물은 친핵체, 친전자체, 산화제 및 양성자성(protic) 산이 공격할 수 있는 여러 자리를 지니고 있으며, 이 자리들이 그림 **9-7**에 제시되어 있다. 앞으로 전개될 논의는 친핵체가 $C_{카벤}$(자리 **a**), $C_{카벤}$에 결합되어 있는 치환기들(자리 **b**와 **c**), 그리고 금속(자리 **d**)을 공격하는 것에 초점이 맞추어진다. 친전자체가 자리 **a**와 **d**를 공격하는 것 또한 논의될 것이다.

금속–카벤 착화합물의 반응성에 관련된 주의 사항

9-1절에서 언급한 바와 같이, $C_{카벤}$(자리 **a**)의 반응성을 바탕으로 카벤 착화합물들을 분류하는 것이 편리하다. Fischer-카벤 착화합물은 자리 **a**에 친핵체 공격을 받는 반면에, Schrock–카벤 또는 알킬리덴 착화합물은 친전자체 공격을 받는다. 이러한 분류법은 대부분의 경우에 적용될 수 있는 유용하고 일반적인 방법이지만, 이 반응 패턴에 예외들이 있다. 예를 들면, 우리는 $C_{카벤}$에 친핵체의 공격을 받는 알킬리덴들을 접하게 될 것이다. 이런 반응은 금속–카벤 착화합물들이 온갖 반응성들을 가지고 있다는 것을 보여준다. 금속의 산화수, 착화합물의 전체 전하, 주기율표에서 금속의 위치 및 리간드의 전자적 성질 모두 금속–카벤 착화합물에게 영향을 줄 수 있기 때문에, Fischer-카벤 착화합물과 Schrock–카벤 착화합물의 반응 패턴의 경계 구분은 때때로 불분명하다.

9-3-1 친핵성 반응

자리 a

위에 표현된 주의 사항에도 불구하고, Fischer-카벤 착화합물이 겪는 가장 흔한 반응은 친핵체의 $C_{카벤}$ 공격이다. 이런 반응이 일어난다는 것은 사실 흥미롭다. 왜냐

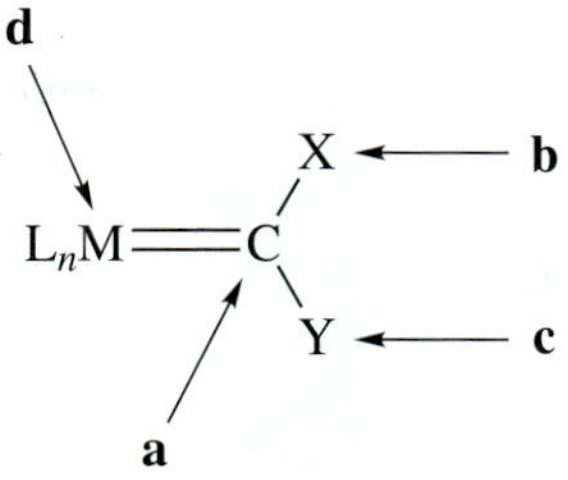

$L_nM{=}C(X)(Y)$ — a, b, c, d

그림 9-7
전이금속 카벤 착화합물의 반응 자리들

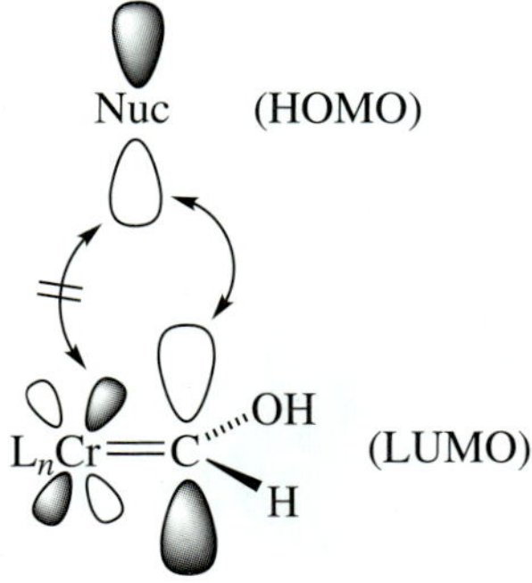

그림 9-8
친핵체가 Fischer-카벤 착화합물을 공격할 때, 경계 궤도함수들의 상호작용

하면 부분 전하 계산 값들이 CO 리간드 탄소가 카벤 리간드 $C_{카벤}$보다 더 높은 양전하를 갖는다고 나타나기 때문이다. 그러나 경계(frontier) 궤도함수 이론을 적용시키면, Fischer-카벤 착화합물의 친전자성에 대한 핵심을 이해할 수 있다. 친전자성 카벤 착화합물은 대개 비교적 낮은 에너지 LUMO를 갖고 있으며, 이 LUMO에서 $C_{카벤}$은 큰 로우브(lobe)를 갖고 있고, 금속은 훨씬 작은 로우브를 갖고 있다. 따라서 친핵체의 HOMO와 $C_{카벤}$에 있는 카벤 LUMO 사이에 훨씬 강한 결합성 겹침이 일어난다. 친핵체의 $(CO)_5Cr{=}C(H)(OH)$ 공격에 대해서 그림 **9-8**이 이러한 개념을 보여준다.

Fischer-카벤 착화합물의 LUMO(준경험적(semiempirical) MO 이론으로 결정되었음)가 methyl acetate(그림 **9-9a**) 같은 에스터의 LUMO나 아세톤(그림 **9-9b**) 같은 케톤의 LUMO와 닮았다는 것을 주목할 필요가 있다. 사실, Fischer-카벤 착화합물과 카보닐 화합물 사이의 유사성은 유기화학에 이미 친숙한 사람에게는 당연히 유용하다. 두 유형의 화합물들은 겉보기에 아주 다른 구조를 가진 것같이 보이지만, 이것들의 반응성은 여러 면에서 비슷하다.

반응식 **7.29(7-2-1**절)이 이미 Fischer-카벤 착화합물에 대한 친핵성 공격의 예와 이것과 가아민 분해(aminolysis) 반응 사이의 유사성을 보여준 적이 있었다.

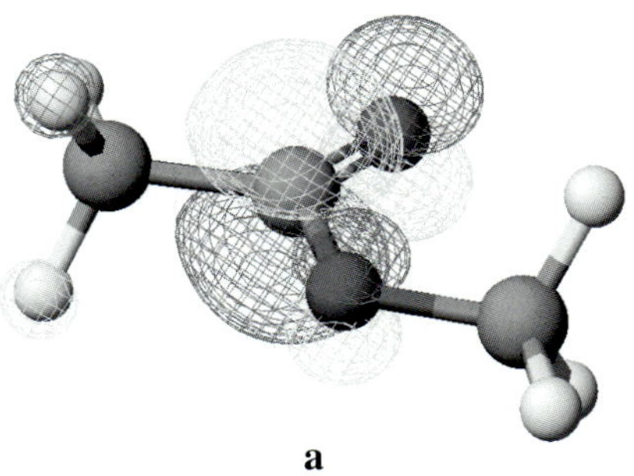

a

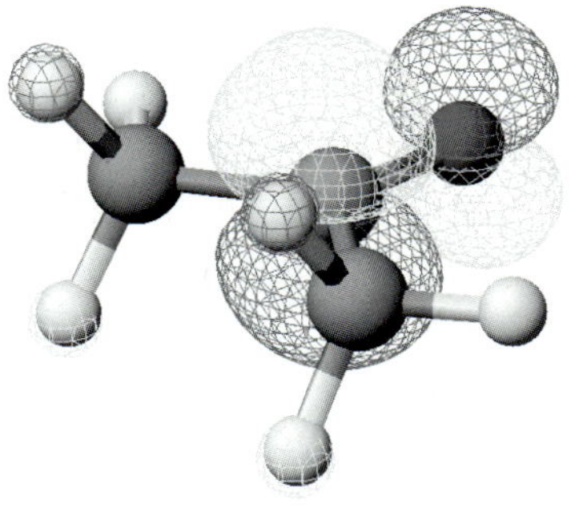

b

그림 9-9
(a) 메틸아세테이트(methyl acetate)의 LUMO와 (b) 아세톤의 LUMO

$$(CO)_5Cr{=}C(OCH_3)(Ph) + :NH_2R \longrightarrow (CO)_5\bar{C}r{-}C(OCH_3)(Ph){-}\overset{+}{N}H_2R \longrightarrow (CO)_5Cr{=}C(NHR)(Ph) + CH_3OH$$

$$\updownarrow$$

$$(CO)_5\bar{C}r{-}C(Ph){=}\overset{+}{N}HR \quad \mathbf{48}$$

9.29

$C_{카벤}$에 있는 치환기들의 교환 반응의 추진력은 C–O보다 더 강한 C–N 결합의 형성이다. **9-1**절의 공명 구조 **11**과 유사한 화합물 **48**이 $C_{카벤}$과 이종핵 원자 사이에 상당한 이중 결합 특성을 보여준다. 양으로 전하된 질소가 양으로 전하된 산소보다

더 안정하기 때문에, 산소 대신에 질소를 함유하고 있는 화합물 **48**이 더 중요하다.

Fischer는 카벤의 가아민 분해 반응(특히 반응식 **9.29**에 나와 있는 반응)에 대한 속도론 실험을 수행하여 다음과 같은 속도식을 끌어냈다.

반응속도 = $k[MeNH_2][HX][Y][$카벤$]$
여기서, HX = 양성자 주개(예를 들면, 아민 또는 양성자성 용매)
Y = 양성자 받개(예를 들면, 아민 또는 용매)

이 속도식은 도식 **9.3**에 제시되어 있는 메카니즘과 부합한다.

1단계는 수소에 결합된 중간체 **49**의 형성이며, 이 중간체에서 $C_{카벤}$은 굉장히 큰 양이온 특성을 갖고 있다. 2단계에서, Y 존재하에 아민의 분자간 공격으로 정사면체 중간체 **50**이 형성되며, 이 중간체는 생성물들로 분해된다. 이 반응은 입체적 장애에 민감하다. 친핵체가 암모니아나 1차 아민이면 반응이 빠르며(카복실산 에스터의 가아민 분해 반응보다 매우 빠름), 2차 아민이면 반응이 훨씬 느리다. 아민과 관련된 실제 반응 차수는 용매에 따라 달라진다. 헥세인 같은 비양성자성(aprotic) 용매에서는 아민의 반응 차수가 3차인 반면, 메탄올 같은 양성자성 용매에서는 아민의 반응 차수가 1차와 2차의 혼합 차수다.

$(CO)_5Cr{=}C(OMe)R'$ ⇌(HX) $(CO)_5\bar{C}r{-}C^+(OMe\cdots H{-}X)R'$ (**49**) ⇌(RNH_2/Y) $(CO)_5\bar{C}r{-}C^+(OMe\cdots H{-}X)R'$ + $R{-}\ddot{N}H{-}H\cdots Y$

⇅

$(CO)_5\bar{C}r{-}C(OMe\cdots H{-}X)(R')({-}\overset{+}{N}(R)(H){-}H\cdots Y)$ (**50**) ⟶ $(CO)_5Cr{=}C(NH{-}H)R'$ + MeOH + HY + X

도식 9.3
Fischer 카벤 착화합물의 가아민 분해 반응

반응식 **9.27**에 나와 있는 바와 같이, 싸이올(thiol)과 싸이올레이트(thiolate)는 *O*-치환된 Fischer 카벤과 유사하게 반응한다.

$$(CO)_5M{=}C(OMe)(R) + R'SH \longrightarrow (CO)_5M{=}C(SR')(R) + MeOH$$

M = Cr, W; R = Me, Ph; R' = Me, Et, Ph **9.27**

반응식 **9.28**에 나와 있는 바와 같이, 유기 리튬(organolithium) 화합물이 탄소 친핵체를 제공하는 역할을 하여 $C_{카벤}$의 치환기들을 교환시켜 알킬리덴을 생성한다. 이 반응은 Li에 결합된 수소를 지니고 있지 않은 탄소를 가지는 리튬 시약에 한정된다. 그렇지 않으면, 재배열(반응식 **9.29**)이 일어나서 알켄이 형성된다.

$$(CO)_5W{=}C(OMe)(Ph) \xrightarrow[-78\ ^{\circ}C]{PhLi} (CO)_5\overset{-}{W}{-}C(OMe)(Ph)_2 \xrightarrow[-78\ ^{\circ}C]{HCl} (CO)_5W{=}C(Ph)_2 + MeOH \qquad \textbf{9.28}$$

$$(CO)_5W{=}C(OMe)(Ph) \xrightarrow[2)\ HCl/-78\ ^{\circ}C]{1)\ MeLi/-78\ ^{\circ}C} (CO)_5W{=}C(CH_2{-}H)(Ph) + MeOH \xrightarrow{25\ ^{\circ}C} (CO)_5W{-}(\eta^2\text{-}CH_2{=}CHPh) \qquad \textbf{9.29}$$

자리 b와 c

유기화학에서, 카보닐 화합물은 카보닐 탄소가 친핵체의 공격을 받을 뿐만 아니라, C=O 그룹 옆에 있는 결합 다음에 있는 탄소(α 탄소)에서도 반응을 겪는다. 카보닐 작용기의 전자-끌기 성질 때문에, α 탄소에 붙어있는 수소는 산성을 띠게 된다. Fischer-카벤 착화합물에서, $C_{카벤}$의 α 위치에 있는 수소도 유사하게 산성을 띠게 된다. 이런 반응성은 합성적으로 유용하다. α-수소를 떼어내면 탄소 음이온을 형성할 수 있다. 이 음이온은 D^+, R^+ 또는 $R{-}C{=}O^+$ 같은 친전자체와 반응하는 엔올산 염(enolate)과 유사하며, 마지막 두 친전자체와의 반응은 새로운 카벤을 만들어낸다. 반응식 **9.30**은 특성적인 중수소-첨가(deuteration) 반응을, 반응식 **9.31**은 알릴 브롬화를 이용한 알킬화(alkylation) 반응을, 반응식 **9.32**는 알돌 축합(aldol condensation) 반응을 보여준다.

$$(CO)_5Cr{=}C(OMe)(CH_3) \xrightarrow[2)\ DCl]{1)\ BuLi} (CO)_5Cr{=}C(OMe)(CH_2{-}D) \qquad \textbf{9.30}$$

$(CO)_5Cr{=}C$ (oxacyclic carbene) → 1) BuLi, 2) prenyl bromide → 9.31

$(CO)_5Cr{=}C(OMe)CH_3$ → 1) BuLi, 2) PhCHO → $(CO)_5Cr{=}C(OMe)CH_2CH(O^-)Ph$ → $(CO)_5Cr{=}C(OMe)CH{=}CHPh$

양성자 첨가 반응 후 H_2O 제거

9.32

기본문제 9-5

화합물 **A**로부터 스피로-고리(spirocyclic) 카벤 **B**를 합성하는 방법을 제안하시오.

$(CO)_5W{=}C$ (**A**) → $(CO)_5W{=}C$ (**B**)

자리 d

카보닐(CO)은 친전자성 카벤 착화합물들에서 가장 흔하게 발견되는 리간드다. 대개 해리성(dissociative) 치환 경로로(**6-1-2**절 참조), 카보닐 리간드는 다른 리간드로 쉽게 치환된다. 반응식 **9.33**은 포스핀을 이용한 리간드 치환 반응을 보여주고 있다. 포스핀은 가장 전형적으로 사용되는 친핵체다. 흥미롭게도, 이 반응은 두 개의 메카니즘 경로를 보여준다. 즉, (1) CO가 해리성 반응으로 PR_3로 치환되는(SN_1과 유사함) 메카니즘과 (2) 속도-결정 단계에서 PR_3가 $C_{카벤}$을 공격하여 정사면체 중간체(화합물 **50**의 인(phosphorus) 유사체)를 형성하고, 뒤이은 재배열 과정으로 반응식 **9.33**에 있는 생성물이 만들어지는 메카니즘이다(S_N2와 유사함).

$$(CO)_5M{=}C(OMe)R' \xrightarrow{PR_3} cis\text{-} + trans\text{-}(CO)_4(R_3P)M{=}C(OMe)R'$$

M = Cr, Mo, W; R' = Ph, Me; R = Me, Et, Bu, Ph

9.33

카벤 리간드를 갖고 있지 않은 경우와 비교해서, Cr–CO 착화합물 내의 카벤 리간드가 CO 해리에 속도론적 자극을 제공한다는 것을 주목할 필요가 있다. 반응식

표 9-2[a] **Cr 착화합물들의 리간드 해리에 대한 속도 매개변수들**

L	k_{rel}	ΔH (kcal/mol)
=C(OMe)(Me)	240,000	27.6
CO	11	38.7
$P(Cy)_3$[b]	1	40.4

[a]F. J. Brown, *Prog. Inorg. Chem.* **1980**, *27*, 1 (특히 45쪽).
[b]Cy = cyclohexyl.

9.34에 따라 Cr 착화합물들에서 CO가 해리되는 경향에 대한 카벤 리간드의 효과를 표 **9-2**에 나타내었다.

이와 같은 CO 리간드의 높은 치환성(lability)의 추진력은 아마도 $C_{카벤}$에 결합되어 있는 이종핵 치환체가 공명 현상을 통하여 금속에 전자를 주는 능력일 것이다(CO가 해리되면 금속의 전자가 부족해진다).

$$(CO)_5CrL \;+\; PCy_3 \xrightarrow[\text{데케인/59 °C}]{} (CO)_4CrL(PCy_3) \;+\; CO \qquad \textbf{9.34}$$

9-3-2 친전자성 반응

어떤 금속–카벤 착화합물은, 특히 앞 전이금속을 함유한 알킬리덴은, 친핵체로 거동하여 전자-결핍 화학종과 $C_{카벤}$에서 반응한다. 그림 **9-10**이 가상적인 Schrock-유형 카벤 $F_3Nb{=}CH_2$의 HOMO(DFT로 결정되었음) 모습을 잘 보여준다. $C_{카벤}$에 있는 높은 전자 밀도가 쉽게 친전자체 공격을 당하는 위치라는 것에 주목하자. 공명 이론에서 보면, Schrock 카벤 착화합물은 매우 큰 음전하 밀도를 $C_{카벤}$에 갖고 있으며, 전체 구조에 가장 크게 기여한다. 다시 한번 강조하지만, 알킬리덴이 인일라이드(phosphorus ylide)처럼 거동한다고 생각하는 것이 유용하다.

이제부터의 논의는 $C_{카벤}$(자리 **a**)에서 일어나는 친전자성 반응에 집중될 것이다. 반응식 **9.35**, **9.36**, **9.37**이 알킬리덴 반응의 몇몇 예를 제공한다.

$$Cp_2(CH_3)Ta{=}CH_2 \;+\; AlMe_3 \longrightarrow Cp_2(CH_3)\overset{+}{Ta}{-}CH_2{-}\overset{-}{Al}Me_3 \qquad \textbf{9.35}$$

$$Cl(NO)(PPh_3)_2Os{=}CH_2 \;+\; AlMe_3 \xrightarrow{HCl} Cl_2(NO)(PPh_3)_2OsCH_2H \qquad \textbf{9.36}$$

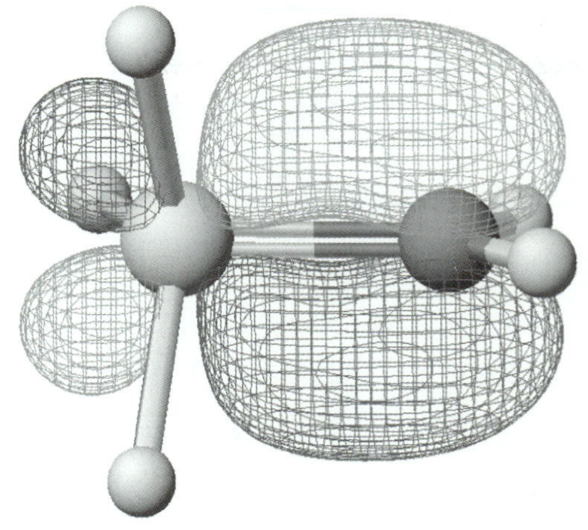

그림 9-10
$F_3Nb{=}CH_2$의 HOMO

$$Cp_2(CH_3)Ta{=}CH_2 + CD_3I \longrightarrow [Cp_2(CH_3)(I)Ta{-}CH_2{-}CD_3] \longrightarrow ICp_2Ta{-}\underset{CH_2}{\overset{CD_2}{\|}} + CH_3D \qquad \mathbf{9.37}$$

반응식 **9.35**에서, Ta–카벤 착화합물은 Lewis 염기이며($C_{카벤}$이 중심임), Lewis 산 $AlMe_3$와 결합한다. 반응식 **9.36**에서, Os 착화합물 내 금속은 비교적 전자가 풍부하고 이종핵 원자 치환체를 갖고 있지 않은 탄소에 결합되어 있다. $AlMe_3$는 금속에 직접 배위되어 HCl로 양성자–첨가 반응하거나, HCl과 반응하여 $AlMe_3Cl^-H^+$를 형성한 뒤 이것이 양성자를 $C_{카벤}$에 첨가한다. 그러므로 알킬리덴은 친핵성 Schrock 카벤으로 거동한다. 반응식 **9.37**에서, Ta–카벤 착화합물 내 $C_{카벤}$이 초기에 S_N2 치환 반응으로 친전자체와 반응한다.

기본문제 9-6

반응식 **9.37**에 몇 단계가 빠져있다. 이 단계들을 제시하시오. 이 단계들은 중간체로부터 최종 생성물로의 변환 과정을 보여주어야 한다.

Fischer 카벤 착화합물은 4-중심 금속 함유 고리(metallacycle) 중간체 **51**을 거치며 다중 결합과 반응한다. 알켄 *상호교환*(*metathesis*) 반응으로 알려진 알킬리덴과 알켄의 반응은 제10장에서 논의될 것이다. 아래에 제시된 예는 Fischer 카벤 착화합물과 C–N과 C=O 같은 극성 다중 결합의 반응이다.

$$L_nM{=}CR_2 + Y{=}CR'_2 \longrightarrow \begin{matrix} L_nM - CR_2 \\ | \quad\quad | \\ Y - CR'_2 \end{matrix}$$

51

기본문제 9-7

알킬리덴이 친핵체로 거동한다는 가정하에, C=O를 함유한 유기 화합물이 $LnM=CR_2$와 반응할 때 화학종 **51** 같은 금속-함유-고리가 어떻게 형성될 수 있는지 보여주시오.

Ta 알킬리덴이 벤조나이트릴(PhC≡N)과 반응하여 *E*와 *Z* 이성질체들의 혼합물 **53**을 만들어내는 것을 반응식 **9.38**이 보여준다. 이 반응은 중간체 금속-함유-고리 **52**를 거쳐서 진행되는 것으로 추측된다. 마지막 단계의 추진력은 아마도 앞 전이금속 Ta이 탄소보다는 전기음성도가 큰 질소에 결합하는 선호도일 것이다.

$$Cl_2(Cp)Ta{=}CHCMe_3 + Ph{-}C{\equiv}N \longrightarrow \underset{\mathbf{52}}{Cl_2(Cp)Ta(CH(CMe_3))(N{=}CPh)} \longrightarrow \mathbf{53}: Cl_2(Cp)Ta{=}N{-}C(Ph){=}CH(CMe_3)\ (E) \text{ 또는 } (Z) \quad \mathbf{9.38}$$

9-2-2절에서, 다리걸친 메틸리덴 착화합물인 Tebbe 시약의 합성을 논의하였다. 이 시약은 인 일라이드(Wittig 시약)처럼 C=O 그룹을 알켄으로 변환시킨다. 카보닐 그룹의 말단 알켄으로의 변환이 어쩌면 활용성에 제한을 주는 것처럼 보일 수도 있다. 그러나 알데하이드와 케톤으로 제한되는 일라이드의 반응성과는 상대적으로, Tebbe 시약은 에스터, 싸이오에스터(thioester), 그리고 아마이드 같이 다양한 카보닐 화합물들과 반응한다. Tebbe 시약과 에스터가 반응하여 알켄이 형성되는 것을 반응식 **9.39**에 나타내었다.

$$\text{(benzofuran-2(3H)-one)}{=}O + Cp_2Ti(\mu\text{-}CH_2)(\mu\text{-}Cl)AlMe_2 \longrightarrow \text{(2,3-dihydrobenzofuran)}{=}CH_2$$

Wittig 반응:

$$\text{(cyclohexanone)}{=}O + CH_2{=}PPh_3 \longrightarrow \text{(cyclohexane)}{=}CH_2 + O{=}PPh_3 \quad \mathbf{9.39}$$

그러나 Tebbe 시약의 사용에는 불리한 점이 있다. Tebbe 시약은 공기와 습기에 민감하며 발화성(pyrophoric)을 가진다. 더욱이 Tebbe 시약의 사용 결과로 나오는 생성물은 알루미늄 염에 오염되어 있다. $AlEt_3$를 이용하여, Tebbe 시약의 반응 범위를 에틸리덴(ethylidene) 같은 더 많은 탄소를 함유한 알켄 형성까지 확장하려는 노력은 성공하지 못했다. 다행스럽게도 최근 연구 결과에 의하면, 다이메틸타이타노센(화합물 **54**, 현재 Petasis 시약으로 알려져 있음)은 공기와 물의 존재하에서도 비교적 안정하고 발화성을 갖고 있지 않다. 화합물 **54**는 Cp_2TiCl_2와 MeMgCl로부터 쉽게 합성된다(반응식 **9.40**). 화합물 **54**를 가열하면 $Cp_2Ti{=}CH_2$가 생성되고 뒤이어 카보닐 화합물들과 반응하여 Al-오염이 안 된 메틸리덴을 형성한다. 반응식 **9.41**이 이런 과정의 예를 보여준다.

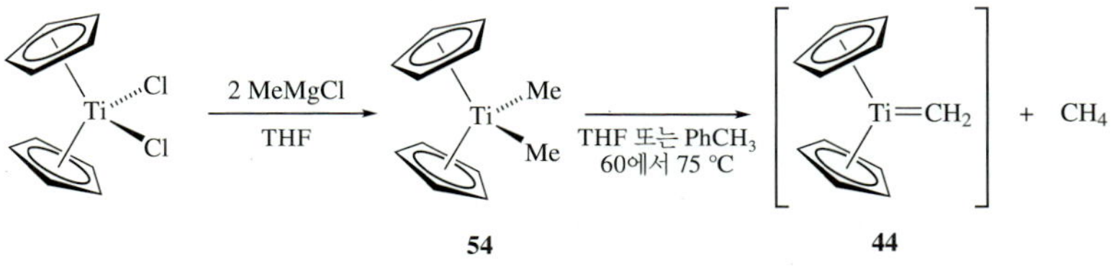
Ti
Cl
Cl
2 MeMgCl
THF
Ti
Me
Me
THF 또는 PhCH3
60에서 75 °C
Ti=CH2
+ CH4
54
44

9.40

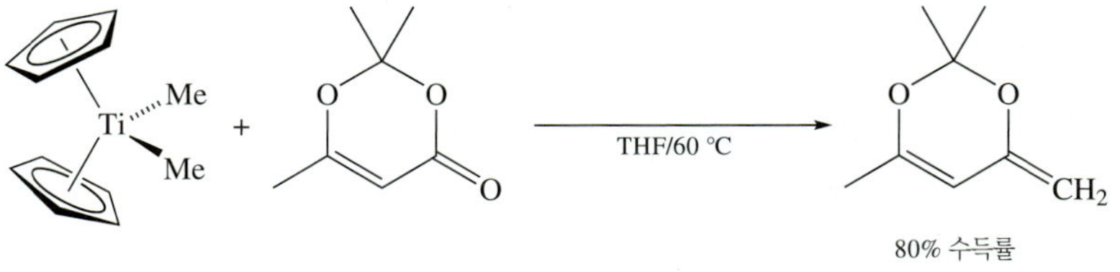
Ti
Me
Me
+
O
O
O
THF/60 °C
O
O
CH2
80% 수득률

9.41

기본문제 9-8

Petasis 시약이 가열되어 $Cp_2Ti{=}CH_2$가 형성되는 과정의 메카니즘을 제안하시오.

Petasis 시약의 활용도는 메틸리덴-첨가(methylidenation) 반응을 훨씬 넘어서, 락톤(lactone) 카보닐 그룹을 벤질리덴(benzylidene)으로 변환시킬 수 있다는 것을 반응식 **9.42**가 보여준다.

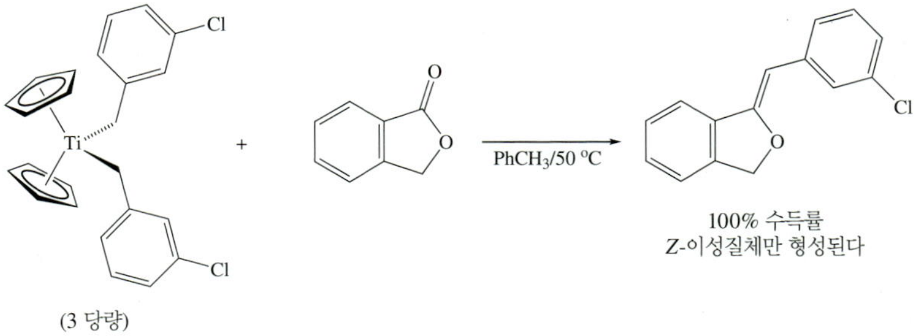
Cl
Ti
Cl
(3 당량)
+
O
O
PhCH3/50 °C
Cl
O
100% 수득률
Z-이성질체만 형성된다

9.42

9-3-3 중간 전이금속부터 뒷 전이금속의 Fischer-카벤 착화합물과 알킬리덴의 반응성

앞 전이금속-알킬리덴 착화합물들은 $C_{카벤}$의 친핵성을 포함해서 잘 정의된 반응성들을 갖고 있지만, 중간 전이금속부터 뒷 전이금속의 알킬리덴과 Fischer-카벤 착화합물들은 앞전이 화합물들과는 때때로 다른 반응성들을 갖고 있다. 이 절에서 이런 반응성들 중 몇 개를 살펴볼 것이며, 어떤 반응성들은 현대 유기 합성 방법에 지대한 영향을 미친다. 이 화합물들의 반응성과 전통적인 Fischer-카벤 착화합물의 반응성을 비교해볼 것이다.

합성

가장 일반적인 합성 방법들 중 하나가 반응식 **9.16**에 이미 제시되었다. 이 합성법에서, 다이아조알케인이 자유 카벤의 선구 물질로 쓰인다. 다이아조알케인은 광학적 또는 열적으로 자유 카벤으로 분해되며, 생성된 자유 카벤은 낮은 원자가의 중간 전이금속부터 뒷 전이금속의 착화합물과 반응하여 알킬리덴을 만들어낸다. 비록 이 합성법이 일반적이기는 하지만, 불안정한 다이아조 화합물을 다루는데 어려움이 따른다.

Milstein과 공동 연구원들은 최근 일반적인 금속 알킬리덴 합성법을 개발하였다(도식 **9.4**). 황에 결합되어 있는 탄소(일라이드 탄소)가 핵심 단계 **c**에서 금속으로 이동되며, 이 과정은 일라이드-교환(transylidation) 반응이라고 불린다.

이 방법은 이전에 보고된 방법보다 몇 가지 유리한 점을 갖고 있다. 첫째, 황 일라이드는 쉽게 합성된다. 또한 R 그룹을 바꾸면, 여러 다른 일라이드가 생성되며, 이에 따라 다양한 알킬리덴을 합성할 수 있다. 둘째, sulfonium 염부터 알킬리덴까지의 모든 반응 단계들이 매우 온화한 조건에서 한 반응 용기 내에서 일어난다. 셋째, Milstein 연구진이 Ph_2S 부산물을 재활용할 수 있다는 것을 실증하였기 때문에, 전체 변환 반응은 높은 원자 경제성(atom economy)을 보여준다. 반응식 **9.43**은 Grubbs의 1세대 촉매 **55**의 거의 정량적인 합성을 보여주고 있다. 이 반응을 후에 제10장에서 다시 논의하게 될 것이다.

$$Ru(PPh_3)_3Cl_2 \xrightarrow[-30\ ^{\circ}C]{Ph_2S{=}CHPh} Cl_2(PPh_3)_2Ru{=}C(H)Ph \xrightarrow[25\ ^{\circ}C]{PCy_3} Cl_2(PCy_3)_2Ru{=}C(H)Ph \quad \mathbf{55}$$

(96% 총괄 수득률) **9.43**

반응성 범위

9-3절 앞부분에 기술된 바와 같이 금속-카벤 착화합물들은 친핵체와 친전자체와의 반응에서, 특히 $C_{카벤}$에서 온갖 반응성들을 나타낸다. 이종핵-원자 치환기들을

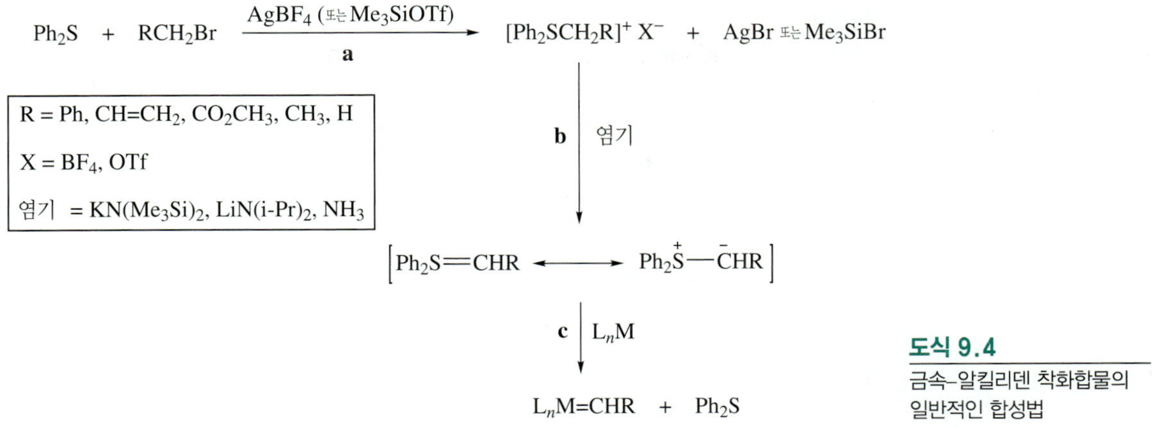

도식 9.4
금속-알킬리덴 착화합물의 일반적인 합성법

갖고 있지 않은 중간(7~9족) 전이금속의 카벤 착화합물은, 다른 리간드의 속성, 금속의 산화수 그리고 착화합물의 총 전하에 따라 친전자성 거동을 보일 수도 있다. 아래에 수록되어 있는 몇몇 관찰된 것들로부터 반응성 패턴을 파악할 수 있다.

1. $[Cl(NO)(PPh_3)_2Os{=}CH_2]$는 친전자체 H^+와는 반응하지만(반응식 **9.36**) CH_3I와는 반응하지 않는다. 이것은 친전자체들에 대한 비교적 작은 반응성을 나타낸다. 반면, $[I(CO)_2(PPh_3)_2Os{=}CH_2]^+$는 친핵체들과 쉽게 반응한다.
2. $[(CO)_2(PPh_3)_2Ru{=}CF_2]$는 친전자체들과는 반응하지만, $[Cl_2(CO)(PPh_3)_2Ru{=}CF_2]$는 친핵체와 반응하지만 친전자체와는 전혀 반응하지 않는다.
3. $[Cp(NO)(PPh_3)Re{=}CH_2]^+$와 $[Cp(CO)_2Re{=}C(H)(alkyl)]$은 친전자체와 친핵체들 모두와 반응한다.
4. $[Cp(CO)_3M{=}CH_2]^+$(M = Cr, Mo, W)는 친핵체와는 반응하지만 친전자체와는 반응하지 않는다. 물론, 이 금속들을 함유한 메틸렌 착화합물은 친핵성이다.

총 전하가 7~9족 금속의 카벤 착화합물의 반응성을 결정하는데 중요하다는 것이 관찰 1에 나타나 있다. 즉, 양전하가 추가되면, Os 착화합물이 친전자성을 가진다. 관찰 2에서 비교된 Ru 착화합물은 산화수가 다른 Ru 금속을 갖고 있으며(카벤 리간드가 L-유형 리간드라는 가정하에), $[(CO)_2(PPh_3)_2Ru{=}CF_2]$는 Ru(0)을 함유한 친핵성 착화합물인 반면, $[Cl_2(CO)(PPh_3)_2Ru{=}CF_2]$는 Ru(II)을 함유한 친전자성 착화합물이다. 관찰 3에 기술된 Re 착화합물은 친핵성과 친전자성의 중간 성질을 갖고 있다. Cp와 포스핀 리간드의 전자 주기 성질과 착화합물의 총 양전하가 겉보기에 균형을 이루고 있기 때문에, 이 Re-카벤 착화합물이 두 반응성 모두를 갖는다. 관찰 4에 의하면, 정상적으로는 친핵성인 6족 금속카벤 착화합물들의 총괄 전하를 +1 증가시키면, 이 착화합물을 친전자성으로 만들 수 있다. 위에 기술된 관찰들을 바탕으로 볼 때, $C_{카벤}$ 자리의 반응성에 가장 큰 영향을 주는 인자는 착화합물의 총괄 전하다. 전하가 더 양의 값을 가질수록 화학종은 더 친전자성이 된다.

친전자성 반응성을 보여주는 또 하나의 알킬리덴의 예는 양이온성 Fe 화학종이며, 다양한 친핵체가 $C_{카벤}$을 공격한다. 이 카벤 착화합물을 합성하는데 몇 가지 방법이 가능하며, 반응식 **9.44**와 **9.45**가 두 개의 예를 보여준다.

$$Cp(CO)_2Fe{-}CH_2{-}OCH_3 \xrightarrow{H^+} [Cp(CO)_2Fe{=}CH_2]^+ + CH_3OH \qquad \mathbf{9.44}$$

$$Cp(CO)_2Fe{-}C(CH_3){=}CH_2 \xrightarrow[-78\ ^\circ C]{HBF_4} \left[Cp(CO)_2Fe{=}C(CH_3)_2\right]^+ BF_4^- \qquad \mathbf{9.45}$$

반응식 **9.44**는 $C_{카벤}$에 붙어있는 이탈기의 이온화 과정을 포함하고 있다(좀 더 엄밀하게 말하자면, 친전자성 떼어내기(abstraction) 반응으로 기술될 수 있다, **7-4-2**절을 참조). 반응식 **9.45**에서, 친전자체(대개는 H^+)가 친전자성 첨가 반응(**7-4-2**절)을 해서 η^1–vinyl 착화합물을 형성한다. 생성된 양이온성 철 착화합물은 대개 열적으로 불안정하여 친핵체와 반응하거나 저온에서 1,2-H-이동 과정을 거쳐 알켄 착화합물로 재배열한다(도식 **9.5**).

사이클로프로페인(cyclopropane) 형성

자유 카벤이 알켄으로 고리화 첨가(cycloaddition) 반응하여 사이클로프로페인을 만들어내는 것이 잘 알려져 있다(반응식 **9.2** 참조). 전이금속 카벤 착화합물은, 화학량적이나 촉매 반응적으로, 사이클로프로페인-형성 반응을 촉진하며, 이 반응은 때때로 합성법에서 유용하다. 몇몇 메카니즘 경로들이 관찰되었으며, 이들 중 몇 개는 중간 전이금속 알킬리덴들을 포함하며, 가장 흔히 볼 수 있는 두 개가 도식 **9.6**에 제시되어 있다.

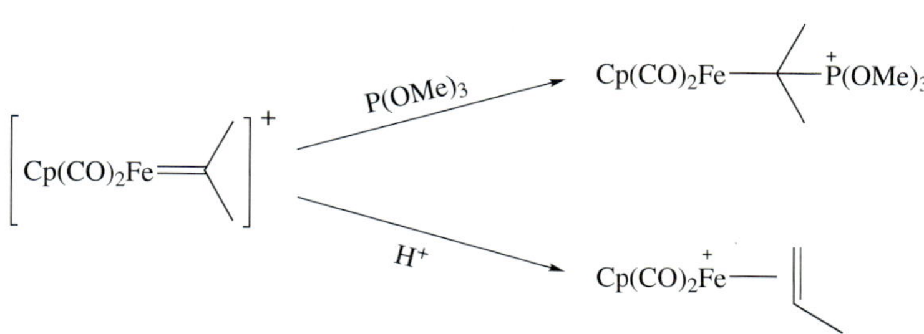

도식 9.5
친전자성 Fe 알킬리덴의 반응

경로 **a**:

경로 **b**:

도식 9.6

금속 카벤에 의해 촉진되는 사이클로프로페인 형성 반응의 메카니즘 경로

경로 **a**에서 L-유형 리간드가 해리되어 화학종 **56**을 형성하고, 이 결과로 생성된 빈 배위 자리에 알켄이 배위하여 화학종 **57**을 형성한다. 화학종 **57**이 재배열하여 금속 함유 사이클로뷰테인(metallocyclobutane)이 되는 것은 알켄이 화합물 **56**으로 형식적인 2+2 고리화 첨가(cycloaddition) 반응하는 것과 결과적으로 똑같다. 중간체 **58**은 환원성 제거(reductive elimination) 반응을 하여 사이클로프로페인을 생성하거나, 분해되어 화합물 **60**과 새로운 알켄 **61**을 만들어낸다. 사이클로프로페인 형성(cyclopropanation)은 알켄의 치환 패턴에 대해서 입체 특이적이지만, 만일 두 개의 다른 치환체가 원래부터 $C_{카벤}$에 결합되어 있으면, 두 개의 입체 이성질체 **59a**와 **59b**가 가능하다.

화합물 **56**으로부터 화합물 **61**까지의 순차적 단계들은 π-결합 상호교환(π-bond metathesis) 과정 동안 일어나는 경로다. 이 변환 과정의 메카니즘과 중요성을 제10장에서 상세하게 살펴볼 것이다.

좀 더 흔한 대체 경로인 **b**는 직접적인 고리화 첨가 메카니즘이다. 이 메카니즘은 $C_{카벤}$과 알켄 C=C 결합의 탄소 하나 또는 탄소 둘 모두와 상호작용하는 것을 포함한다. 여기서 $C_{카벤}$은 Simmons–Smith 반응에 나타나는 화학종과 유사하게 "카벤류(carbenoid)"로 거동한다. Simmons–Smith 반응은 CH_2(유기 아연 화합물에서 오는)가 알켄으로 첨가되는 반응을 포함한다. C=C 결합에 관련된 원래의 입체 화학은 일반적으로 사이클로프로페인에서 보존된다. 양이온성 철–알킬리덴 착화합물을 이용한 Casey와 Brookhart의 연구 결과에 의하면 제7장에 있는 S_E2 메카니즘과 비슷하게, 사이클로프로페인 형성 과정 중에 배열 반전이 $C_{카벤}$에서 일어난다. 이 배열 반전의 이유는 좀 더 원거리(remote)에 있는 γ-탄소에 공격이 일어나기 때문이다 (반응식 **9.46**).

알켄 + 철-알킬리덴 (경로 **b**) → L_nFe–C(H)(D)(α)–C(β)(D)(H)–(γ)–X →(Ag^+) [L_nFe···(δ⁻, δ⁺) ··· X···Ag (δ⁻, δ⁺)]‡ → 사이클로프로페인 + L_nFe + AgX **9.46**

반응식 **9.47~9.51**은 사이클로프로페인 형성 반응의 예를 보여준다. 반응식 **9.47**에 제시되어 있는 바와 같이, CO 해리가 촉진될 정도로 충분히 높은 온도에서는, 6족 Fischer 카벤 착화합물이 전자가 부족한 알켄과 반응하여 사이클로프로페인의 부분 입체 이성질체 혼합물을 생성한다. 도식 **9.6**의 경로 **a**가 이 반응의 메카니즘일 가능성이 높으며, 두 개의 부분 입체 이성질체 중 첫 번째 구조가 더 잘 형성된다.

$(CO)_5Cr$=C(OMe)Ph + EtO_2CCH=CHCO$_2$Et →(110 °C) 사이클로프로페인(Ph, OMe, H, H, EtO_2C, CO_2Et) + 사이클로프로페인(MeO, Ph, H, H, EtO_2C, CO_2Et) **9.47**

반응식 **9.48**은 보여주듯이, 전자가 풍부한 알켄 역시 친전자성 카벤 착화합물과 반응한다. 이 반응의 온도는 대체로 전자가 부족한 알켄의 사이클로프로페인 형성 반응에 필요한 온도보다 낮으며 생성물들의 분포는 CO 압력의 함수다. CO가 없는 반응에서는, 알켄 **62**가 주된 생성물이며, 100 bar CO 압력에서는 사이클로프로페인이 주된 생성물이다. 예측 하건데, 낮은 CO 압력에서는 제10장에 있는 상호교환 경로가 일어날 수 있다. 높은 CO 압력에서는, CO 해리가 일어날 가능성이 없으므로 환원성 제거 반응으로 사이클로프로페인이 주로 형성된다.

$(CO)_5Cr$=C(OMe)Ph + 비닐 아이소뷰틸 에테르 → CH_2=C(OMe)Ph (**62**) + 사이클로프로페인(MeO, Ph, OR) + 사이클로프로페인(Ph, OMe, OR) (4.4 : 1) **9.48**

기본문제 9-9

도식 **9.6**의 경로 **a**가 제시하는 두 초기 단계에서 CO가 알켄으로 치환된다. 높은 CO 압력에서 친전자성 카벤과 전자가 풍부한 알켄의 반응에서는 이와 같은 두 초기 단계가 일어날 가능성이 왜 낮은가?

Fischer-카벤 착화합물은 정상적으로는 전자주개 또는 전자끌기 치환기를 갖고 있지 않은 알켄과 반응하지 않는다. *p*-Methoxyphenyl 또는 ferrocenyl 같은 π 전자가 풍부한 치환기를 지닌 α,β-불포화 카벤 착화합물에 대한 최근의 연구 결과에 의하면, 비활성화된(unactivated) 알켄의 사이클로프로페인 형성 반응이 가능하다. 도식 **9.6**의 반응 경로 **a**를 거쳐 일어나는 사이클로프로페인 형성 반응의 예를 반응식 **9.49**(*p*-methoxyphenyl가 전자가 풍부한 치환기로 사용됨)가 보여준다. *p*-Methoxyphenyl과 ferrocenyl 그룹이 전자 주개로 작용하기 때문에, Barluenga는 Fischer 카벤 착화합물이 좀 더 활성적이라고 제안하였다. 제공된 전자 밀도는 결국 여분의 음전하를 받아들일 수 있는 $C_{카벤}$과 $Cr(CO)_5$ 토막에 이르게 된다.

$(CO)_5Cr$=C(OMe)–CH=CH–C₆H₄–OMe —(1-hexene, 100 °C)→ Bu, OMe, H, Ar 사이클로프로페인 + 시스-이성질체

대부분 트랜스 **9.49**

Fischer-카벤 착화합물을 사이클로프로페인 형성 반응에 이용하는 것은 어느 정도 제한적이지만, 좀 더 일반적인 다른 방법들이 있다. 한 예로 양이온성 알킬리덴 착화합물들을 이용하는 것을 들 수 있으며, 철 알킬리덴 착화합물이 가장 심도 있게 연구되었다. 이 철 화합물은 저온에서 알킬이나 아릴 치환기들을 지닌 다양한 알켄과 반응한다. 반응식 **9.50**은 용액 내에서 양이온성 알킬리덴 선구 물질이 형성되는 예를 보여준다. 도식 **9.6**의 경로 **b**가 이 반응들에서 작동하는 메카니즘이라는 것이 밝혀졌다.

$$[Cp(CO)_2Fe{=}CHPh]^+ + Ph{-}CH{=}CH_2 \xrightarrow{CH_2Cl_2/-78\ ^\circ C}$$ H, H, Ph, Ph 사이클로프로페인

(88% 수득률, >99% 시스-이성질체) **9.50**

일반적인 또 하나의 사이클로프로페인-형성 반응은 Rh–카벤 착화합물을 이용한다. 이 Rh 착화합물은 촉매로 작용하여 고리 형성을 일으킨다. 도식 **9.7**에서 이 방법의 세부 내용 중 일부를 보여준다. $C_{카벤}$은 해당되는 diazo 화합물로부터 합성되며, diazo 화합물은 전통적으로 자유 카벤의 원천 물질로 사용되어 왔다. $C_{카벤}$이 이동하면, 활성 촉매가 재생되어 또 다른 diazo 화합물 1몰(mol)과 반응할 수 있다. 촉매 순환 과정에서 단계 **c**의 상세한 메카니즘은 도식 **9.6**의 경로 **b**와 유사하다.

Rh–카벤 착화합물의 선구 물질(precursor)은 흔히 두-자리 리간드 4개를 가진 dirhodium(이로듐) 화합물이다. Dirhodium 착화합물의 한 예로 화합물 **63**을 들 수 있다. Doyle과 공동 연구원들이 이 착화합물을 발견하였으며, 이 착화합물은 약어 Rh_2(5*S*-MEPY)로 표현된다. 5*S*-MEPY 리간드는 카이랄 카복사아미데이트이며,

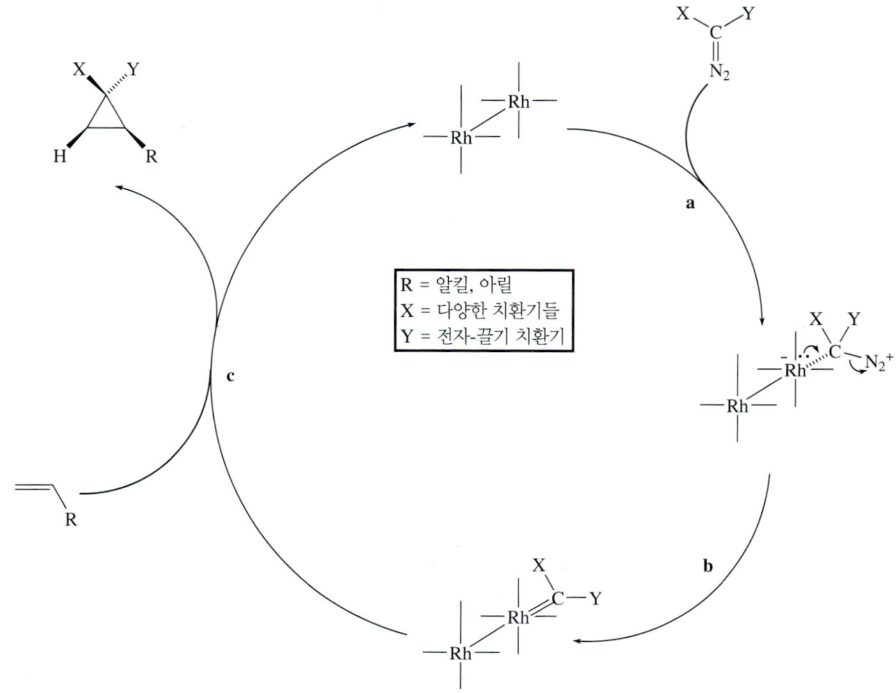

도식 9.7
사이클로프로페인-형성의 Rh-촉매 반응

아미노산 L-프롤린(L-proline)으로부터 합성된다. 화합물 **63** 및 유사한 착화합물을 이용하여 사이클로프로페인 생성물에 카이랄성을 유도할 수 있다. 화합물 **63**이 촉매로 작용하여 분자내 카이랄 사이클로프로페인 생성 반응의 예가 반응식 **9.51**에 제시되어 있다. 다이아조 알케인을 이용하여 분자내 및 분자간 사이클로프로페인 형성 효과를 내는 Rh과 Cu 카벤 촉매를 형성시키는 것은 합성에서 널리 이용되는 방법이다.

63

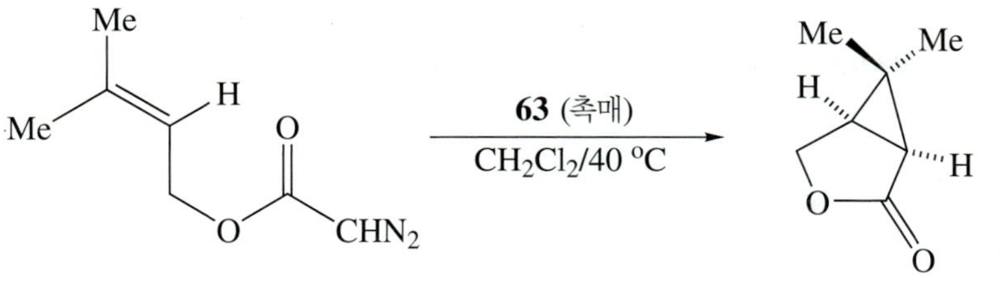

63 (촉매)

CH_2Cl_2/40 °C

(89% 수득률, 98% 거울상 초과량) **9.51**

9-3-4 금속–NHC 착화합물의 반응

금속–NHC 착화합물은 유기 합성에서 지극히 중요한 촉매다. **9-1-1**절은 금속–NHC 착화합물의 촉매 활성을 제고시키는 NHC 리간드의 전자적, 입체적 성질들을 심도 있게 다루었고, **9-2-3**절은 금속–NHC 착화합물의 합성 방법들을 제시하였다. 그러나 $C_{카벤}$에서는 화학 반응이 거의 일어나지 않는다. 그 대신, NHC는 주로 지지(supporting) 리간드로 거동하므로, 유용한 화학이 촉매 착화합물의 다른 위치에서 일어날 수 있다. 금속–NHC 착화합물을 합성에 이용하는 응용들은 제10장에서 논의될 것이다.

9-4 금속–카바인 착화합물

9-4-1 구조

Fischer는 안정한 금속–카벤 착화합물을 최초로 합성하였고, 이 착화합물에 대한 논문을 발표한 9년 후에 M≡C 결합을 함유한 착화합물을 최초로 합성하였다. 착화합물 **64**는 *금속–카바인 착화합물* 또는 *알킬리다인*(만일 R = 알킬 또는 아릴)이라고 불리며, 새로운 카벤 착화합물 합성법을 개발하려는 시도 중에 우연히 합성되었다.

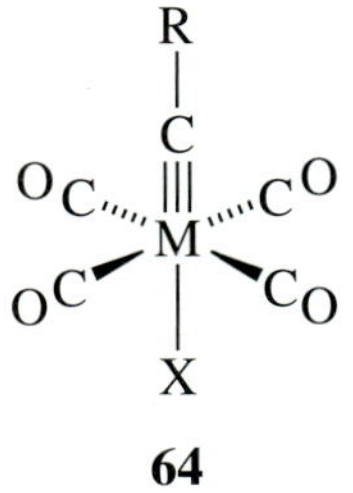

64

M = Cr, Mo, W; X = Cl, Br, I; R = Me, Et, Ph

Fischer의 연구 업적이 돌파구가 되어, 주로 5~9족 금속의 카바인 착화합물이 수없이 합성되었으며, 이것들의 구조가 결정되었으며 반응성도 연구되었다. 금속–카벤 착화합물의 예로 화합물 **65**~**67**을 들 수 있다.

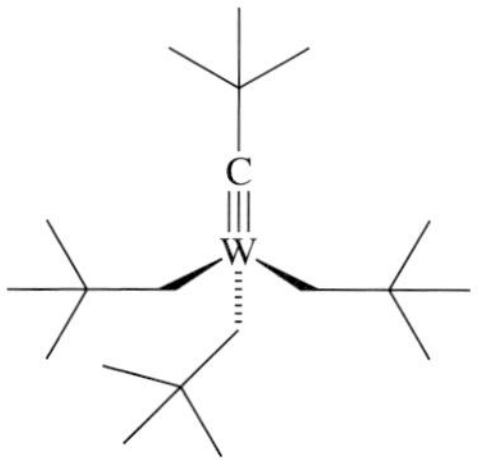

65 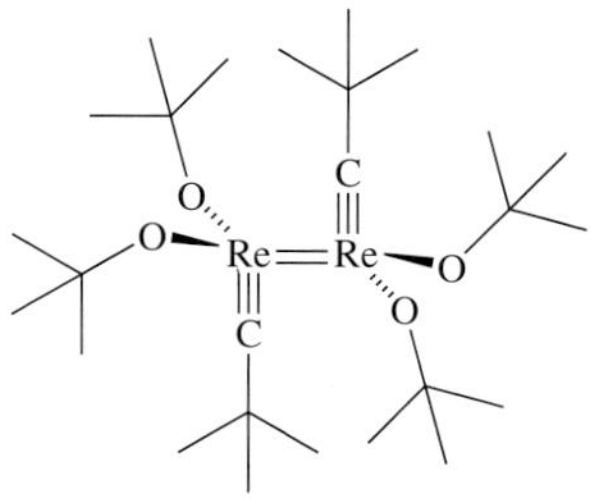 66 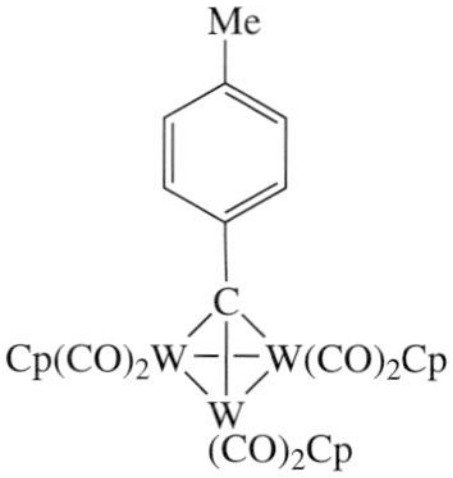 67

텅스텐 알킬리다인 **65**는 1978년 Schrock에 의해 최초로 보고되었으며, Fischer 카바인 착화합물과 매우 다른 유형을 갖고 있다. Dirhenium–dicarbyne 화합물 **66** 또한 Schrock에 의해 합성되었으며, 금속–금속 결합을 지탱해주는 다리걸친 리간드를 갖고 있지 않은 점이 특이하다. 카바인 리간드가 두 개 이상의 금속에 결합할 수도 있다는 것을 μ^3–다리걸친 카바인 착화합물 **67**이 실증하고 있다. 비록 착화합물 **67**이 구조적으로 흥미롭지만, 우리의 논의는 착화합물 **64**~**66** 같은 *말단*(terminal) 카바인 착화합물에 한정될 것이다.

카벤 리간드와 카바인 리간드는 여러 대응점(parallel)을 갖고 있다. 카벤 착화합물들처럼, 카바인 착화합물은 Fischer 카바인과 Schrock 카바인으로 분류된다. 이러한 분류가 가장 분명한 대응점이다. 착화합물 **64**는 Fischer-카바인 착화합물의 대표적인 예다. 이 착화합물은 낮은 산화수의 금속에 결합된 $C_{카바인}$과 π-받개 CO 리간드들을 함유하고 있다. 반면에 착화합물 **65**는 높은 산화수 금속과 전자 주개 리간드들을 함유하고 있기 때문에, Schrock–카바인 착화합물의 고전적인 예이다. 카바인 착화합물인 경우, $C_{카바인}$에 결합되어 있는 원자가(Fischer 카바인 경우엔 이종핵 원자, Schrock 카바인 경우엔 H와 C) 카바인 착화합물을 구별하는데 그다지 중요한 역할을 하지 못한다. 카바인 착화합물을 이러한 두 유형으로 분류하는 것이 편리하지만, 이런 분류법이 어떤 화합물에 대해서는 맞지 않기 때문에 주의해야 한다. 예를 들면, 텅스텐–벤질리다인(W–benzylidyne) 착화합물 **68** 내 금속은 낮은 산화수와 비교적 풍부한 전자를 갖고 있지만, 리간드들은 강한 π 주개도 강한 π 받개도 아니다. 고전적인 Fischer 카바인과 Schrock 카바인의 중간쯤 되는 카바인 착화합물의 또 다른 예는 $Cl(CO)(PPh_3)_2Os{\equiv}C{-}Ph$이며, 이 착화합물은 **9-3-3**절에 있는 8족 금속 카벤 착화합물과 유사하다.

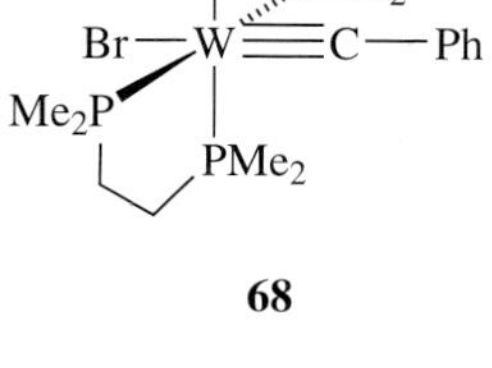

68

그림 **9-11a**은 탄소 토막이 Fischer–카바인 착화합물 내 금속에 결합하는 것에 대한 합리적 설명을 제공하고 있다. 탄소 토막은 전자 3개를 지니고 있으며, 이것들 중 2개는 *sp* 혼성 궤도함수에, 나머지 1개는 두 개의 에너지가 축퇴된 2*p* 궤도함수들 사이에 분포하고 있다. 금속 토막이 상응하는 대칭성의 전자가 채워지지 않은 궤도함수와 전자가 채워진 궤도함수를 갖고 있어서, σ 결합 1개와 π 결합 2개가 형성된다. 카바인 리간드는 공유-결합 모형에서는 LX-유형 리간드로 간주된다.

높은 산화수 금속을 포함하고 있는 Schrock 카바인 착화합물의 결합성도 유사하게 설명된다. 이 경우에는, 카바인 리간드가 $R–C^{3-}$ 또는 X_3 유형 리간드로 간주된다(공유 결합 모형에서는 여전히 3-전자 리간드다). 그림 **9-11b**에 나와 있는 바와 같이, 카바인 리간드는 σ-주개인 동시에 π-주개로 작용하여 전자가 부족한 금속과 세 개의 결합을 형성한다.

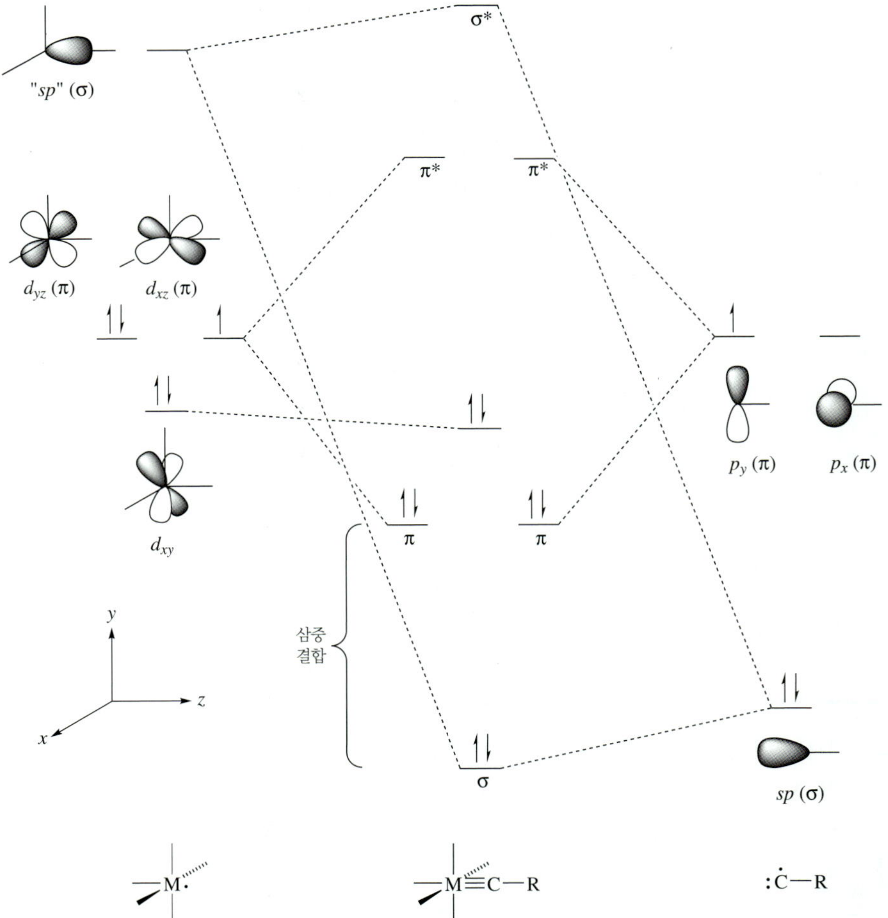

그림 9-11a
Fischer-카바인 착화합물에 대한 분자 궤도함수 도식

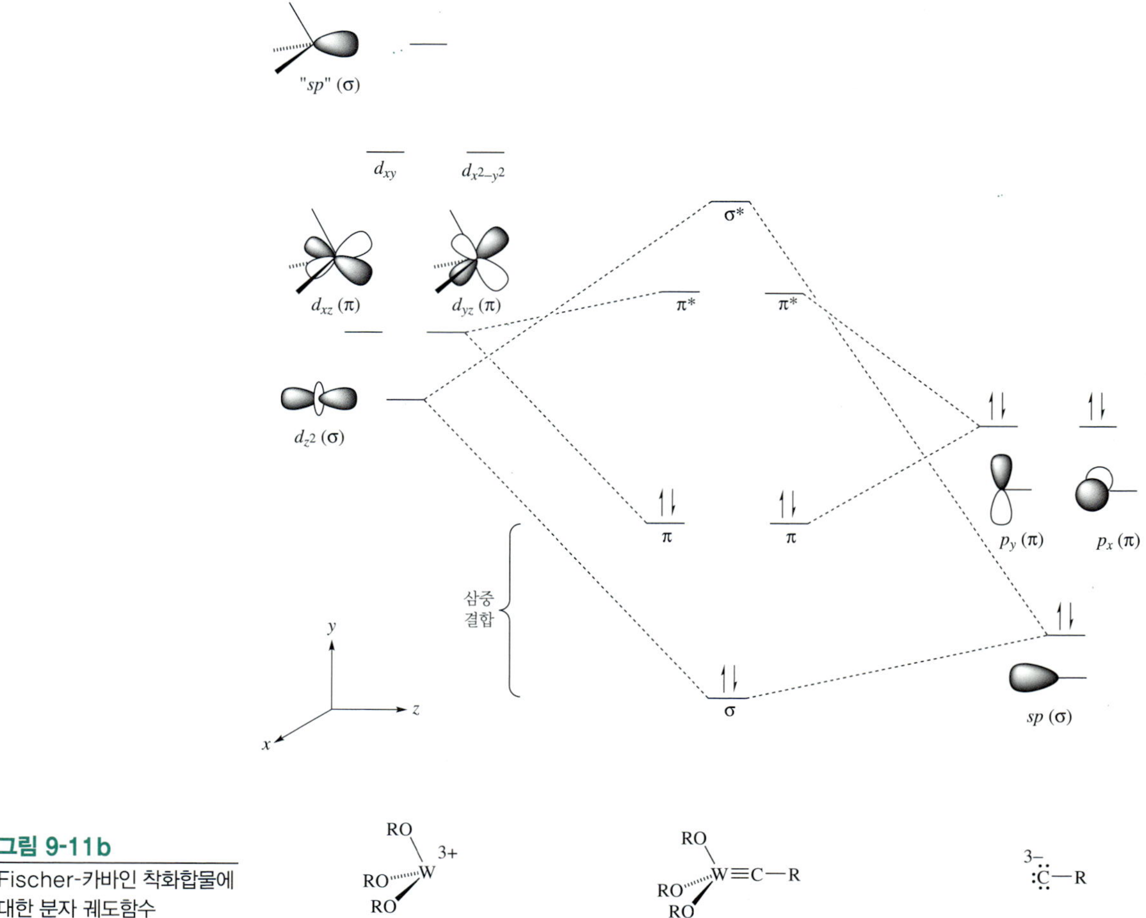

그림 9-11b
Fischer-카바인 착화합물에 대한 분자 궤도함수

금속–카바인 착화합물 내 삼중 결합 길이(165~185 pm)는 금속-카벤 착화합물 내 이중 결합 길이(>200 ppm)보다 짧다. M–C–R 결합각은 명확하게 180°는 아니지만 대체로 170°보다 크다.

기본문제 9-10

$Br(CO)_4Cr≡C–Ph$ 착화합물에서 Cr≡C 길이가 168 pm인 반면, $Br(CO)_4Cr≡C–NEt_2$ 착화합물에서 Cr≡C 길이는 172 pm이다. $C_{카바인}$에 결합되어 있는 치환체를 고려하여, 공명 이론으로 결합 길이의 차이를 설명하시오.

9-4-2 합성

반응식 **9.52**는 카바인 착화합물 **64**와 이와 유사한 카바인 착화합물들의 합성법을 보여준다. 이 합성법은 Fischer의 원래 합성법일 뿐만 아니라, Fischer-유형 카바인 착화합물들의 합성에 가장 많이 쓰이는 방법이다. 출발 카벤 착화합물 **69**로부터 알콕시(alkoxy, OR) 그룹의 친전자성 떼어버리기 과정으로 양이온성 카바인 착화합물 **70**이 형성되는 것으로 이 반응이 시작된다. 카바인 리간드는 매우 강한 π 받개이므로 강한 *트랜스* 효과를 발휘한다(**6-1-1**절). 만일 $C_{카바인}$의 *트랜스* 위치에 있는 리간드가 CO 또는 PR_3라면, M–CO 또는 M–PR_3 결합이 비교적 약하다. 할라이드가 포스핀 리간드를 치환시켜 최종 생성물인 중성 카바인 착화합물 **71**을 생성시킨다. 카바인 리간드의 *트랜스* 위치에 있는 π-주개 리간드 할로겐이 착화합물을 안정시킨다.

$$(CO)_4M(=C(OMe)R)(PR_3)\ \mathbf{69} \xrightarrow{2\ BX_3} [(CO)_4M(\equiv CR)(PR_3)]^+BX_4^-\ \mathbf{70} + MeO\text{–}BX_2 \longrightarrow (CO)_4M(\equiv CR)X\ \mathbf{71} + PR_3 + BX_3 \qquad \mathbf{9.52}$$

R = 알킬, 아릴; M = Mo, W; X = Cl, Br

제7장에서 금속 카바이드(carbide, **5-1-4**절에서 처음 나왔음)가 친전자성 첨가 반응을 통하여 어떻게 카바인 착화합물의 선구 물질 역할을 하는 것을 살펴보았다. 친핵성 $C_{카바인}$ 원자를 함유한 Os–카바이드 착화합물 **72**가 methyl triflate ($MeSO_3CF_3$) 또는 tropylium 이온과 반응하여 알킬리다인 **73**과 **74**를 생성하는 것을 도식 **9.8**에서 보여주고 있다. Ru–카바이드 착화합물도 유사한 반응을 한다. 일단 카바이드 착화합물을 합성하면, 이 반응을 좀 더 일반적으로 이용할 수 있다.

Schrock이 α-H 떼어내기(abstraction) 또는 α-H 제거(elimination) 반응으로 Ta–카바인(Ta 알킬리다인) 착화합물을 합성하는데 이용했던 합성 루트가 도식 **9.9**에 제시되어 있다. 사실, 알킬리다인을 생성하는데 가장 널리 쓰이는 두 방법이 α-H 떼어내기와 α-H 제거 반응이다. 경로 **a**에서 PMe_3 1 당량이 첨가 반응하여 알킬리덴 **75**를 형성한다. 과량의 PMe_3 존재하에, 일라이드로 알킬리덴 **75**를 탈양성자화(deprotonation)시키면 알킬리다인 **77**이 생성된다. 경로 **b**에서는 Cl 리간드가 네오펜틸(CH_2CMe_3)로 치환되어 알킬리덴 **76**이 형성된다. PMe_3가 Ta에 배위되면 충분한 입체적 장애가 생겨서 α-H 제거(elimination) 반응이 일어나 알킬리다인 **77**과 2,2-다이메틸프로페인 1 당량이 생성된다.

Schrock 카바인 성질과 Fischer 카바인 성질 둘 다 갖고 있는 Os–알킬리다인 **78**의 합성법이 반응식 **9.53**에 제시되어 있다. 이 반응은 상응하는 알킬리덴 착화합물의 E2 반응과 유사하다.

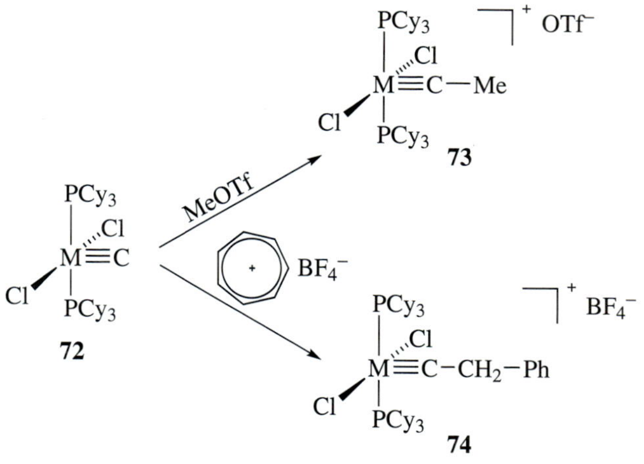

PCy_3 / Cl / M≡C / Cl / PCy_3 — **72**

MeOTf → $[Cl_2(PCy_3)_2M{\equiv}C{-}Me]^+ OTf^-$ **73**

$C_7H_7^+ BF_4^-$ → $[Cl_2(PCy_3)_2M{\equiv}C{-}CH_2{-}Ph]^+ BF_4^-$ **74**

M = Ru, Os (화합물 **72~74**)

도식 9.8
카바이드 착화합물을 알킬리다인의 선구 물질로 활용

기본문제 9-11

카벤 착화합물 **69**에서 $C_{카벤}$의 *트랜스* 위치에 NR_2(R = 알킬, 아릴) 리간드가 있으면, 카바인 **70**과 유사한 안정한 양이온성 카바인을 분리해낼 수 있다. 이 현상을 설명하시오.

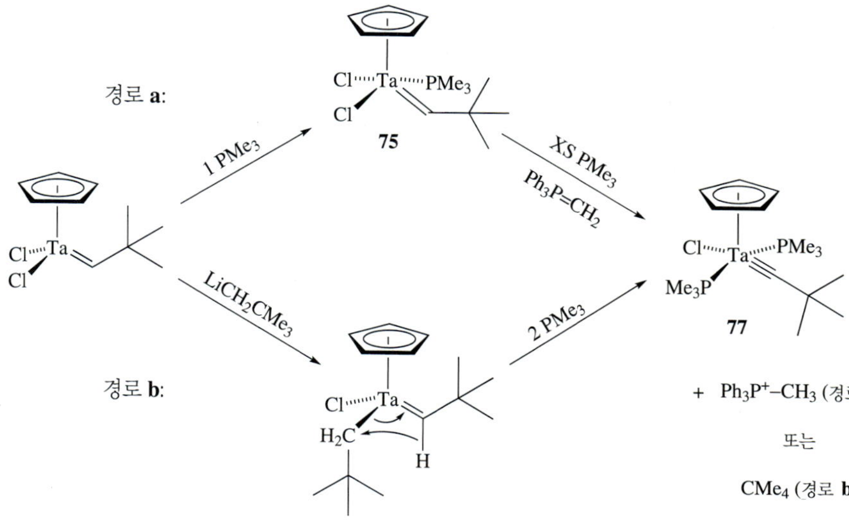

경로 **a**: CpTa(=CH-CMe_3)Cl_2 —1 PMe_3→ **75** —XS PMe_3, $Ph_3P{=}CH_2$→ **77**

경로 **b**: CpTa(=CH-CMe_3)Cl_2 —$LiCH_2CMe_3$→ **76** —2 PMe_3→ **77**

+ $Ph_3P^+{-}CH_3$ (경로 **a**)

또는

CMe_4 (경로 **b**)

도식 9.9
Schrock 카바인 착화합물의 두가지 합성법

경로 **a**:
R = Me, Et, Pr, CH_2OMe, CH_2OSiMe_3

$(Me_3CO)_3W{\equiv}W(OCMe_3)_3$ **79** —(R−C≡C−R)→ 2 $(Me_3CO)_3W{\equiv}C{-}R$

—(R−C≡N)→ $(Me_3CO)_3W{\equiv}C{-}R$ + $(Me_3CO)_3W{\equiv}N$

경로 **b**:
R = Me, Ph, Me_2N

$(RO)_3W$—$W(OR)_3$ (R, R) **80** ⟶ $(RO)_3W$ $W(OR)_3$ (R, R) **81** ⟶ 2 $(RO)_3W{\equiv}C{-}R$

테트라헤드레인(C_4H_4)

도식 9.10
상호교환 반응으로 카바인 착화합물의 합성

$(i\text{-}Pr)_3P$, Os, Cl, Ph, H —(NaOMe)→ $(i\text{-}Pr)_3P$, Os, Ph **78** + NaCl + MeOH **9.53**

높은 산화수 금속을 포함한 알킬리다인의 합성법은 제9장 앞부분에서 보았던 상호교환 반응을 포함한다. 삼중 결합을 가진 다이텅스텐 착화합물이 알카인이나 나이트릴과 반응하여 금속 카바인(경로 **a**) 또는 금속 카바인과 금속 나이트라이드를(경로 **b**) 형성하는 반응을 도식 **9.10**에서 보여준다. 화합물 **79**와 알카인의 반응에서, 알카인이 먼저 W≡W 결합에 첨가되어 다리걸친 착화합물 **80**을 형성하는 경로가 선호된다. 착화합물 **80**은 납작해진 테트라헤드레인(tetrahedrane, C_4H_4)를 닮았다(비교하기 위하여 착화합물 **80** 아래에 제시되어 있음). 착화합물 **80**은 1,3-tungstacyclobutadiene으로 재배열한 뒤, 토막 내기(fragmentation) 반응이 일어나서 금속 카바인 2 당량이 생성된다.

9-4-3 반응

카벤 착화합물과 마찬가지로, 카바인 착화합물도 친핵체 및 친전자체와 다양한 반응을 한다. 분자 궤도함수 계산 결과에 의하면, 양이온성 Fischer-카바인 착화합물조차

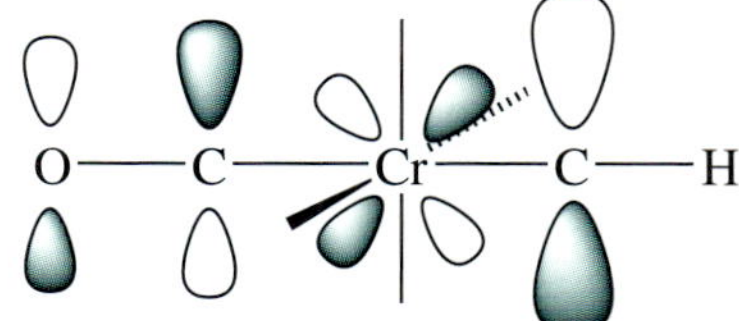

그림 9-12a
양이온성 Fischer-카바인 착화합물의 LUMO

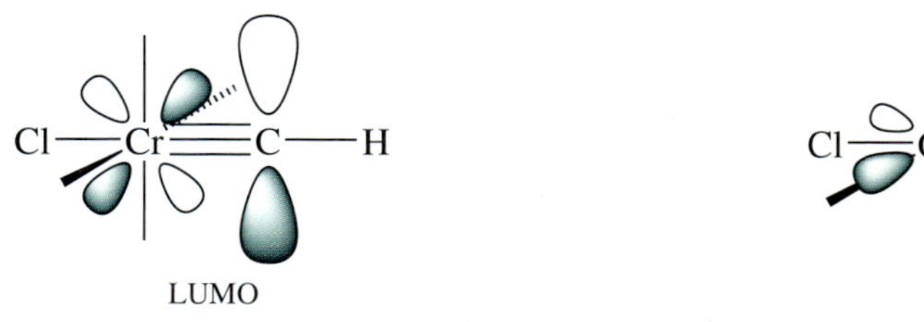

그림 9-12b
중성 Fischer-카바인 착화합물의 LUMO
M–$C_{카바인}$ 상호작용만 표시되어 있음

$M^{\delta+}{\equiv}C^{\delta-}$로 편극화된다. 중성의 Schrock 카바인과 Fischer 카바인은 $C_{카바인}$에 훨씬 큰 음전하를 갖는다. 만일 카바인 착화합물과 다른 화학종 사이의 모든 반응이 전하에 의해 제어된다면, 친핵체는 금속을, 친전자체는 $C_{카바인}$을 공격한다고 예측할 수 있다. 그러나 지금까지 경험하였듯이 실제 반응에서는 상황이 복잡해진다.

양이온성 Fischer-유형 카바인 착화합물은 친핵체와 오직 $C_{카바인}$에서만 반응한다. 이론적 계산 결과에 의하면, 이 착화합물의 LUMO는 $C_{카바인}$에 큰 로우브를, 금속에 훨씬 작은 로우브를 지니고 있다(그림 **9-12a**). 이런 반응들은 전하에 의해 제어(charge-controlled)되는 대신, 경계면 궤도함수에 의해 제어(orbital-controlled)된다. 반응식 **9.54**는 7족 금속 카바인과 다양한 친핵체들 사이의 반응을 보여준다. 이 반응으로 카바인이 카벤으로 변환된다.

$$\left[Cp(CO)_2M{\equiv}C{-}Ph\right]^+ \xrightarrow{Nuc:^-} Cp(CO)_2M{=}C(Nuc)(Ph)$$

$$Nuc:^- = F^-, Cl^-, Br^-, I^-;\ M = Mn, Re \qquad \mathbf{9.54}$$

친핵체는 중성 Fischer-카바인 착화합물과 다르게 반응한다. 왜냐하면 LUMO와 그 다음 비점유(unoccupied) 궤도함수(LUMO의 에너지와 별 차이 없는 에너지를 갖고 있음)가 전자 부족 $C_{카바인}$을 갖고 있지 않기 때문이다. $C_{카바인}$뿐만 아니라, 금속과 리간드도(CO 리간드의 탄소 같은) 친핵성 공격(그림 **9-12b**, 이 그림은 $C_{카바인}$과 Cr 위의 로우브들만 보여줌)에 알맞은 자리를 제공한다. 포스핀과 포스파이트가 중성 6족 금속 카바인을 공격하는 것을 반응식 **9.55**가 보여준다.

trans-Br(CO)$_4$M≡C—Ph + L ⟶ *mer*-Br(CO)$_3$(L)M≡C—Ph + CO

L = PPh$_3$, P(OPh)$_3$; M = Cr, W **9.55**

이 반응은 과량의 포스핀 존재하에서 1차 반응이며, 양수의 활성화 엔트로피 값을 갖고 있어서, 리간드 치환 반응이 해리성 경로를 거쳐 일어난다는 것을 암시한다.

반면, 중성 Os 알킬리다인 **82**는 메탄올과 반응하여 카벤 착화합물 **83**을 만들어낸다(반응식 **9.56**). Os 알킬리다인 **82**가 먼저 $C_{카바인}$에서 친핵성 메탄올과 반응하고, 뒤이어 양성자가 Os로 이동하는 것처럼 보인다. 이런 반응성은 Fischer-카바인 착화합물의 반응성과 부합하지만, Os 금속은 반응식 **9.55**에 있는 6족 금속보다 좀 더 전자가 풍부하다.

(i-Pr)$_2$P, Os, Ph — MeOH ⟶ H, Os, OMe, (i-Pr)$_2$P, Ph

82 **83** **9.56**

Schrock 카바인과 8족(M = Os, Ru) 금속 알킬리다인은 보통 $C_{카바인}$에서 친전자체와 반응한다. 반응식 **9.57**은 Os-카바인 착화합물의 M≡C에 HCl의 친전자성 첨가 반응을 보여준다. 이 반응은 HCl이 비대칭 C≡C 결합에 마르코프니코프 방식으로 첨가 반응하는 것을 연상시킨다. 예측하건데, 반응은 H^+의 $C_{카바인}$ 공격으로 시작되고, 뒤이어 Cl^-이 금속에 배위한다.

PPh$_3$, OC, OC, Os≡C, PPh$_3$, Me — HCl ⟶ [Ph$_3$P, C, O, H, Cl—Os=C, Ph$_3$P, $^-$Cl:, Me]$^+$ + CO ⟶ Ph$_3$P, C, O, H, Cl—Os=C, Cl, PPh$_3$, Me **9.57**

반응식 **9.58**에서, Mo Schrock–카바인 착화합물과 HBF_4의 반응으로 수소-첨가 반응이 $C_{카바인}$에 일어나고, 뒤이어 열역학적으로 좀 더 안정한 Mo–H 착화합물로 재배열 반응이 일어난다. BF_4^- 이온은 아주 약하게 배위하는 리간드이므로, 치환 반응이 금속에서 일어나지 않는다.

$(MeO)_3P$, $(MeO)_3P$, Mo≡C; HBF_4, −78 °C; Mo=C, H, BF_4^-; Mo≡C, H, BF_4^-

9.58

다른 Lewis 산들도 금속–카바인 착화합물과 반응한다. 비록 초기 공격이 $C_{카바인}$에서 일어나더라도, 최종 생성물은 메카니즘적으로 이해하기 어려울 수도 있는 연속되는 반응의 결과물일 수 있다. 제9장 마지막 부분에 있는 연습 문제들 중 몇몇은 카바인 착화합물의 반응을 보여줄 것이다. 카바인 착화합물들의 가장 눈에 띄는 반응은 아마도 π-결합 상호교환이며, 금속–카바인 합성 경로에 대한 논의에서 약간 언급되었다. 이 반응은 제10장에서 좀 더 논의될 것이다.

[연습 문제]

9-1 Fischer 유형의 카벤 착화합물은 케톤과 유사하게 반응하고, 인 일라이드(phosphorus ylide)는 좋은 탄소 친핵체라고 가정하고, 다음 반응의 생성물들을 예측하시오.

$$(CO)_5W{=}C(Ph)(Ph) + Ph_3P{=}CH_2 \longrightarrow \qquad\qquad +$$

9-2 아래에 제시된 반응을 이용하여 고리(cyclic) Cr–arene 카벤 착화합물이 합성되었다.

I; 1) BuLi 2) $Cr(CO)_6$ 3) MeOTf; $Cr(CO)_5$, OMe; Δ; MeO, C, O, Cr, CO

a. 각 반응 단계에서 어떤 일이 일어나는지 상세히 기술하시오.

b. 위의 카벤 착화합물은 흥미롭다. 왜냐하면 보통의 Fischer 유형 카벤 착화합물이 쉽게 반응하는 조건에서, 이 착화합물은 친핵체들에 대해서 반응성을 보이지 않는다(예를 들면, 이 카벤 착화합물은 반응식

9.27~9.29에 제시된 반응들을 하지 않는다). X-선 구조 분석 결과, M–C카벤 결합 길이는 195.3 pm이었고, M–CO 결합 길이는 184 pm이었다. 이와 대조적으로, $(CO)_5Cr{=}C(OCH_3)(Ph)$ 같은 Fischer 카벤 착화합물에서는 이 결합들이 각각 200~210 pm와 180 pm(M–CO)이었다. 고리 Cr–arene 카벤 착화합물이 화학 반응에서 왜 친전자성이 아닌지 설명하시오.

9-3 아래에 제시된 변환 반응에 대하여 타당한 메카니즘을 제안하시오. 이때, 첫 번째 단계가 C카바인의 양성자첨가(protonation) 반응이라고 가정하시오.

9-4 아래에 제시된 변환 반응에 대하여 단계별 메카니즘을 제안하시오. 두 번째 단계에서 형성되는 알켄 부산물들 중 하나에 대한 구조를 제안하시오.

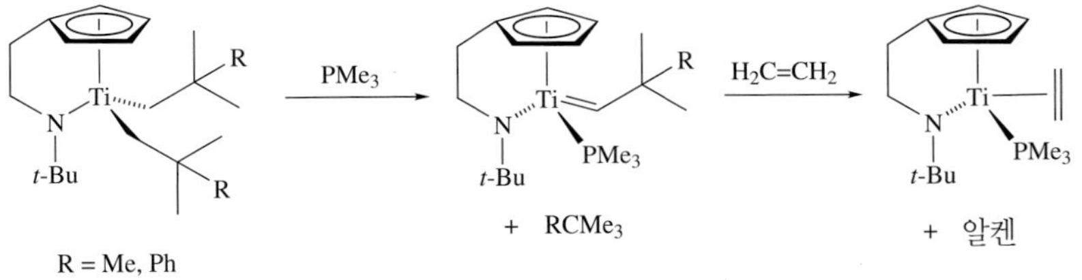

9-5 알킬리다인 **1**이 아래에 제시된 반응에서 수소 첨가(protonation) 반응을 하려고 하지 않는 것처럼 보이지만, 다른 증거는 수소 첨가 반응이 초기에 일어나는 것으로 제시하고 있다. 알킬리다인 **2**의 형성에 대한 메카니즘과 전체 변환 과정에 수반되는 화학량론을 제안하시오.

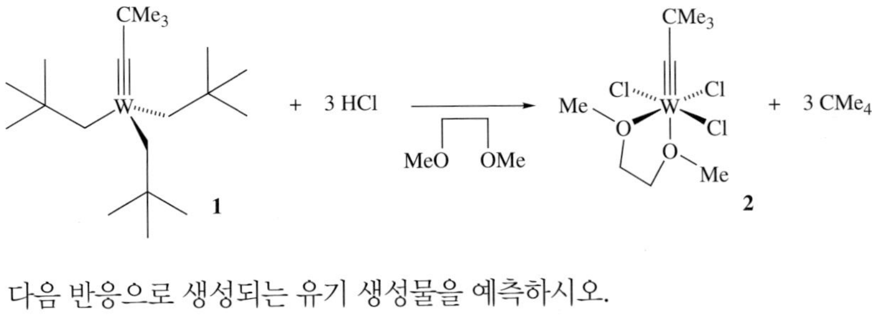

9-6 다음 반응으로 생성되는 유기 생성물을 예측하시오.

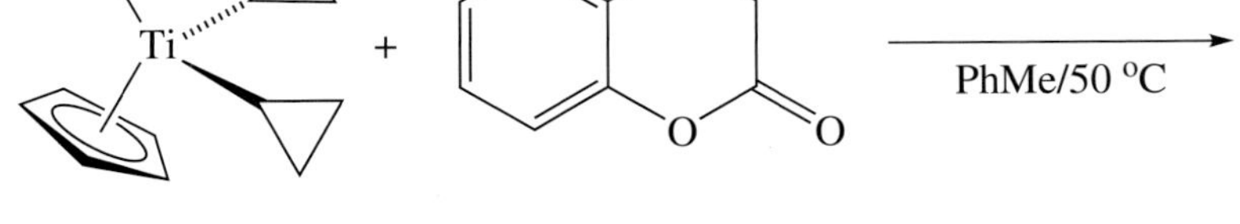

9-7 아래에 제시된 변환 반응에 대하여 메카니즘을 제안하시오.

$$\text{CpOs(=CHPh)Cl}(P(i\text{-}Pr)_3) \xrightarrow{CH_3Li} \text{CpOsH}(\eta^2\text{-}CH_2{=}CHPh)(P(i\text{-}Pr)_3) + LiCl$$

9-8 이수소(dihydrogen) 착화합물 **4**와 phenylethyne 반응이 알킬리덴 **5**를 생성한다. 이 반응에 대해서 어떠한 다른 시약도 필요하지 않을 때, 착화합물 **4**가 알킬리덴 **5**로 변환되는 반응의 메카니즘을 제안하시오.

$$\underset{\mathbf{4}}{OsCl_2(\eta^2\text{-}H_2)(CO)(P(i\text{-}Pr)_3)_2} \xrightarrow{Ph{-}C{\equiv}CH} \underset{\mathbf{5}}{OsCl_2(CO)(=CHCH_2Ph)(P(i\text{-}Pr)_3)_2}$$

9-9 다음 dirhodium-촉매 반응에서 생성물 **8**의 구조를 예측하시오.

$$\text{(AcOCH}_2)_2\text{-cyclopropene-C(=O)CHN}_2 \xrightarrow{Rh_2(OAc)_4} \mathbf{8} + N_2$$

화합물 **8**의 스펙트럼 자료

IR: $\upsilon = 1795, 1751\ cm^{-1}$

^1H NMR: $\delta = 4.93$ (단일선, 4H), 2.16 (단일선, 2H), 2.02 ppm (단일선, 6H)

제 10장

상호교환 반응과 중합 반응

Metathesis and Polymerization Reactions

제9장에서 간단히 언급한 상호교환 반응에서 금속–카벤 착화합물의 역할을 제10장에서 논의할 것이다. 상호교환(metathesis) 반응은 저분자량의 탄화수소 화합물로부터 유용한 복잡한 치료약이나 고분자 물질을 얻기 위해 활용된다. 제10장에서 금속–카벤 착화합물뿐만 아니라 금속–카벤 착화합물이 아닌 전이금속 화합물을 촉매로 사용하는 중합 반응으로 거대한 분자가 형성되는 것을 볼 수 있을 것이다.

10-1 π-결합 상호교환 반응

반응식 **10.1**은 같거나 다른 두 알켄의 C=C 곁에 붙어있는 치환기(알킬 혹은 수소)의 상호교환을 보여준다. 이런 반응을 *π-결합 상호교환*(*π bond metathesis*), *올레핀 상호교환*(*olefin metathesis*) 혹은 간단히 *상호교환*(*metathesis*) 반응이라 부른다. 알카인(alkyne)도 이와 유사한 교환 반응을 한다. 이러한 변환를 다음 절에서 논의한다. 단일 결합의 재조합을 포함하는 다른 형태의 상호교환 반응(반응식 **10.2**)은 σ-결합 상호교환 반응이라 한다. 이 반응은 제10장의 뒷부분에서 논의 할 것이다.

$$2\ \mathrm{HR^1C{=}CHR^2} \rightleftharpoons \mathrm{HR^1C{=}CHR^1} + \mathrm{HR^2C{=}CHR^2} + E\text{-이성질체}$$

$$\mathrm{HR^1C{=}CHR^2} + \mathrm{HR^3C{=}CHR^4} \rightleftharpoons \mathrm{HR^1C{=}CHR^3} + \mathrm{HR^1C{=}CHR^4} + \mathrm{HR^2C{=}CHR^3} + \mathrm{HR^2C{=}CHR^4} + E\text{-이성질체} \qquad \textbf{10.1}$$

$$\mathrm{L_nM{-}R} + \mathrm{Y{-}Z} \longrightarrow \mathrm{L_nM{-}Y} + \mathrm{R{-}Z} \qquad \textbf{10.2}$$

DuPont, Standard Oil of Indiana와 Phillips Petroleum 회사의 연구자들은 1950년대 중반에 올레핀 상호교환 반응을 Ru, Mo, W, Re 및 4, 5족 금속을 포함하는 다양한 촉매를 사용하여 성공하였다. 이들 반응은 상온, 상압에서 일어난다. 초기에는 저분자량 알켄이 다른 간단한 알켄으로 변환되는 상호교환 반응이 연구되었다. 반응식 **10.3**은 1966년에 상업화된 프로펜으로부터 에텐과 2-뷰텐의 생성 공정(삼올레핀 공정, Triolefin Process)을 보여준다. 얼마 후 삼올레핀 공정은 에틸렌과 프로펜의 생산에 값싼 공정이 개발되어 더 이상 사용하지 않았다. 오늘날에는 에텐과 2-뷰텐을 사용하여 값비싼 프로펜을 생산할 수 있는 삼올레핀 공정(올레핀 전환 기술 또는 OCT, *Olefin Conversion Technology*)을 개발하여 사용하고 있다.

$$2\ \mathrm{CH_2{=}CHCH_3} \underset{\mathrm{L_nM}}{\rightleftharpoons} cis\text{-}\mathrm{CH_3CH{=}CHCH_3} + trans\text{-}\mathrm{CH_3CH{=}CHCH_3} + \mathrm{H_2C{=}CH_2} \qquad \textbf{10.3}$$

반응식 **10.1**과 **10.3**을 *상호교차 상호교환*(*cross-metathesis*, CM) 반응이라 부른다. 다른 형태의 상호교환 반응도 알려져 있으며 도식 **10.1**에 요약하였다. 도식 **10.1 a** 과정은 다양한 크기의 고리를 만드는데 유용한 *고리-생성 상호교환 반응*(*ring-closing metathesis*, RCM)이라 한다. 역반응(과정 **b**)은 *고리-열림 상호교환 반응*(*ring-opening metathesis*, ROM)이라 한다. 고리-열림 상호교환 반응은 고리형 올레핀의 중합을 일으키는데 유용하다. 이 중합 과정을 *고리-열림 상호교환 중합 반응*(*ring-opening metathesis polymerization*, ROMP)이라 부른다. 과

도식 10.1
올레핀 상호교환 반응의 대표적 형태

정 **d**는 상호교차 상호교환 반응의 형태이다. 이 과정은 다이엔의 중합체를 형성하여 *사슬형 다이엔 상호교환 중합 반응(acyclic diene metathesis polymerization*, ADMET)이라 부른다. 제10장의 뒷부분에서 이런 형태의 다양한 상호교환 반응을 볼 수 있을 것이다.

상호교환 반응은 정밀 화학, 농약, 약품, 독특한 성질을 갖는 고분자를 생성하기 위해 활용되고 또한 간단한 물질을 얻기 위해 사용되기도 한다. 화학 산업에서 올레핀 상호교환 반응의 경제적 중요성은 이 반응의 경로 연구의 배경이 되고 있다. 상호교환 반응의 연구는 경제적 유용성에 더하여 유기금속화학과 촉매 분야의 상호 상승 작용을 야기한다. 따라서 금속–카벤 착화합물의 성질과 알켄의 상호교환과 중합 반응에 역할에 대한 기반 지식이 많이 향상되었다. 상호교환 반응의 친환경적 이점은 다원자 경제와 온화한 반응 조건이라는 점이다. 산업적으로 부수적인 상호교환 교환 반응의 부산물을 재순환시켜 원하는 생성물을 높은 수율로 얻는 것이 가능해졌다.

2005년 Chauvin, Grubbs, Schrock은 상호교환 반응에 대한 근본적인 경로 연구와 응용 연구로 노벨화학상을 받았다. 이들의 많은 연구 내용을 다음 절에서 볼 수 있을 것이다.

10-1-1 π-결합 상호교환 반응의 메카니즘

반응식 **10.1**은 상호교차 상호교환 반응 동안에 알킬 치환기의 교환에 대한 두 가지 가능성을 보여준다. 평형에 도달할 수 있도록 충분한 반응 시간을 주면 여러 가지 생성물이 가능하고 상대적인 자유에너지에 따라 생성물의 양이 결정된다(반응식 **10.4**과 기본 문제 **10-1** 참조). 반응은 유리한 생성물 조합이 되도록 진행된다. 말단 알켄의 자가 상호교환(self–metathesis) 반응은 에텐을 생성한다. 생성된 휘발성 에텐을 수합하면 에텐과 내부 알켄이 생성되도록 반응이 진행될 수도 있다. 상호교환 반응 동안에 에텐의 농도를 높게 유지하면 내부 알켄은 말단 알켄으로 전환된다.

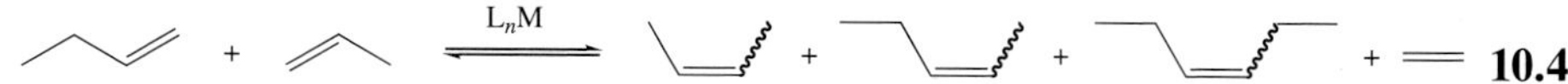

10.4

기본문제 10-1

2-펜텐과 2-헥센의 상호교환 반응에서 평형에 도달했을 때 이중 결합의 입체성을 무시하면 어떤 가능한 알켄이 만들어지는가? 자가 상호교환 반응을 기억하시오.

상호교환 반응의 메카니즘을 규명하려면 어떤 결합이 깨지고 어떤 결합이 형성되는지를 알아야 한다. 여러 해 동안 이 메카니즘은 아래의 세 가지로 여겨왔다.

1. 메카니즘 ***1***: 알킬 기가 반응식 **10.5**처럼 C=C 결합으로 이동한다.

메카니즘 ***1***:

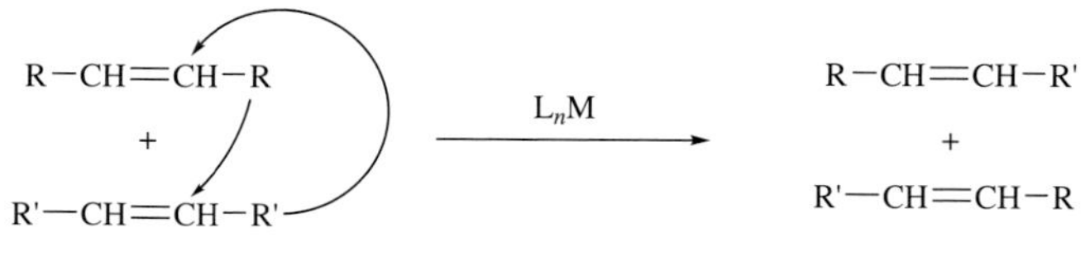

(오직 하나의 교환만 가능) **10.5**

2. 메카니즘 ***2***: 반응식 **10.6**처럼 C=C 결합의 *쌍쌍(pairwise)* 깨짐으로 새로운 C=C 결합이 형성된다.

메카니즘 ***2***:

R−CH=CH−R | L_nM | R'−CH=CH−R' ⇌ **1** ⇌ R−CH=CH−R' / R'−CH=CH−R (L_nM) **10.6**

3. 메카니즘 ***3***: 도식 **10.2**처럼 C=C 결합의 *비쌍쌍(non-pairwise)* 깨짐으로 새로운 C=C 결합이 형성된다.

대칭성 알켄의 자가 상호교환 반응(도식 **10.3**)은 메카니즘 ***1***이 불가능하다. C–C 결합의 깨짐으로 알킬 기의 이동을 포함하는 메카니즘은 D를 갖는 다양한 2-뷰텐을 생성하지만 C=C 결합이 깨지면 입체 이성질체를 무시하면 단일 생성물이 생긴다. 평형 상태에서 D 원자를 가진 4종류의 생성물이 존재하기 때문에 이중 결합의 깨짐이 일어난다(메카니즘 ***2*** 또는 ***3***).

C=C 결합은 상당히 강하지만(145~150 kcal/mol), 여전히 상호교환 반응은 온화한 조건에서도 **이중 결합이 끊어지고 새로운 이중 결합이 생성되는지에 대한 의문**이 생긴다.

1967년에 Bradshaw는 두 알켄이 금속에 배위되고 알켄의 고리 형성 첨가 반응이 일어나서 금속–사이클로뷰테인 (I) 배위 화합물이 생성되는 메카니즘(반응식 **10.6**)을 제안하였다. 최종적으로 사환 고리는 역고리 형성 첨가 반응으로 깨어져

메카니즘 ***3***:

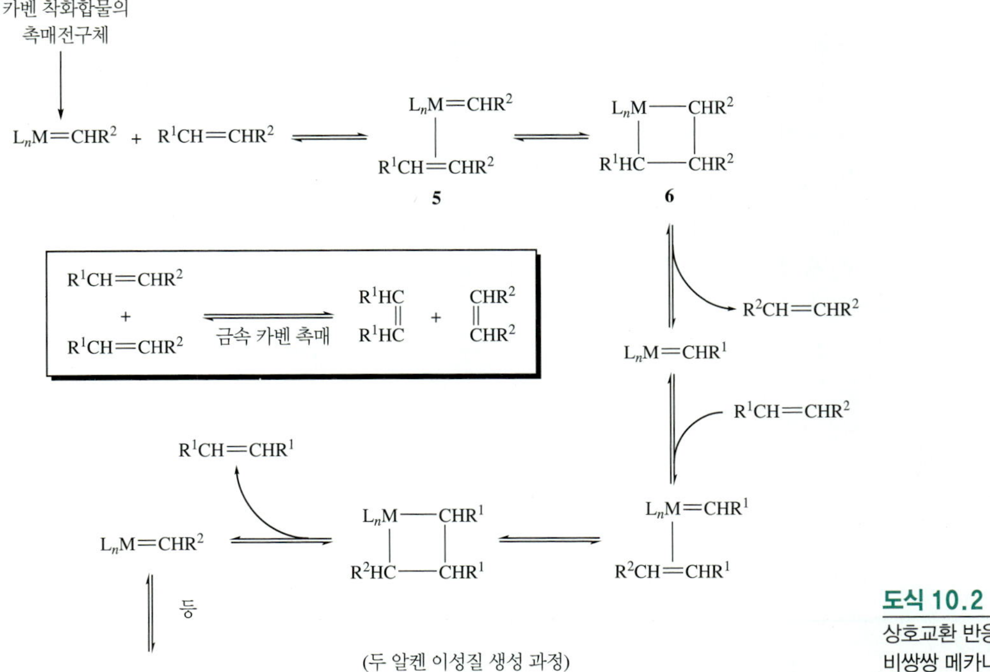

도식 10.2
상호교환 반응의 비쌍쌍 메카니즘

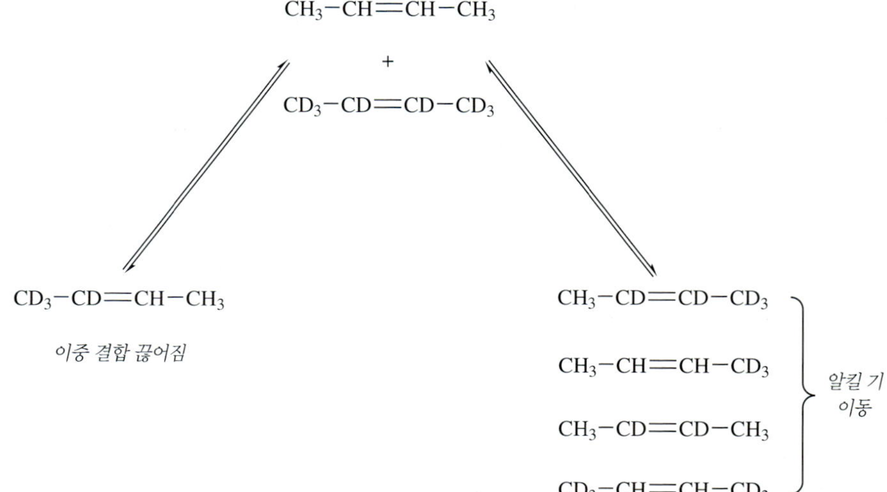

도식 10.3
표지된 2-뷰텐과 표지되지 않은 2-뷰텐의 자가 상호교환 반응

두 종류의 새로운 알켄을 생성한다. 화학자들은 Bradshaw의 메카니즘을 쌍쌍 혹은 다이올레핀 메카니즘이라 부른다(메카니즘 **2**).

1971년 Hérisson과 Chauvin은 **10.7** 반응식과 같은 반응을 시도하였다. 사이클로펜텐과 2-펜텐의 상호교차 상호교환 반응이 텅스텐 촉매하에 일어나 세 가지 주생성물 **2**(C_{10}), **3**(C_9), **4**(C_{11})이 분리되었다. 생성물 **2**는 두 출발 물질의 쌍쌍 상호교환 반응에 의한 결과이고 다른 두 생성물은 2-펜텐과 생성물 2의 부수적인 반응의 결과이다. 평형 상태에서 쌍쌍 메카니즘에 따른 통계적 분포로 생성물이 만들어졌다. 그러나 **평형 전에 반응을 중단시켜도 세 가지 주생성물이 통계적 분포에 따라 생성됨**을 발견한 Hérisson과 Chauvin은 이를 잘 설명할 수 없었다.

Me, Et → (Me, Et) **2** + (Me, Me) **3** + (Et, Et) **4**

2 : 1 : 1 **10.7**

기본문제 10-2

생성물 **3**과 **4**(**10.7** 반응식)가 상호교환 반응의 쌍쌍 메카니즘에 따라 생성됨을 나타내시오.

메카니즘 *3*은 Herissone과 Chauvin의 실험 결과를 반영한 것이며 도식 **10.2**에 나타내었다. 이 메카니즘에서 2가지 중요 중간체는 알켄–금속 카벤 착화합물(**5**)과 금속 함유 사이클로뷰테인(**6**)으로 M=C와 C=C의 동시적인 고리 형성 첨가 반응에 의해 생성된다. **6**의 비대칭 구조에 의해 야기된 이 메카니즘의 특징은 반응 초기에 무작위로 일어남을 설명할 수 있다. **Hérisson–Chauvin 메카니즘은 상호교환 반응을 위해 특정한 짝의 알켄을 요구하지 않아서 비쌍쌍 메카니즘이라 부른다.**

기본문제 10-3

LnM=CH–Me 혹은 LnM=CH–Et, 사이클로펜텐과 2-펜텐을 출발 물질로 하여 반응식 **10.7**의 **3**, **4**뿐만 아니라 **2**가 생성됨을 비쌍쌍 메카니즘으로 설명하시오.

메카니즘 *3*은 초기에는 Fischer 카벤 착화합물이 합성된지 얼마 되지 않았고 알킬리덴 금속 착화합물은 알려지기도 전이어서 대담한 것이었다. 1971년 전의 카벤 착화합물은 올레핀 상호교환 반응의 촉매가 아니었다. Schrock 카벤 착화합물의 합성과 몇몇 알킬리덴 착화합물이 상호교환 반응을 촉진시키는 연구가 발표된 후 비쌍쌍 메카니즘이 타당하게 여겨졌다(**10-1-2**). 그러나 Katz와 공동연구자들은 일찍부터 Hérisson–Chauvin 메카니즘에 대한 실질적인 지지를 제공하였다.

첫째로, Katz는 Hérisson과 Chauvin과 유사한 "이중 교차" 상호교환 반응을 시도하였다(반응식 **10.8**). 메카니즘 *2*에 따른다면 초기에 [**8**]/[**7**]과 [**8**]/[**9**]의 생성비는 0이라야 한다. 그 이유는 이중 교차 생성물 **8**은 대칭 생성물 **7**과 **9** 이후에 만들어져야 하기 때문이다.

+ $CH_3CH=CHCH_3$ (C_4) + $CH_3(CH_2)_2CH=CH(CH_2)_2CH_3$ (C_8) —Mo-Al 촉매→ **7** (C_{12}) (Me, Me) + **8** (C_{14}) (Me, Pr) + **9** (C_{16}) (Pr, Pr) + Me–CH=CH–Pr + 다른 생성물 **10.8**

비쌍쌍 메카니즘(메카니즘 *3*)은 비대칭 생성물 **8**을 초기에 생성할 수 있어 [**8**]/[**7**]과 [**8**]/[**9**] 생성비가 0이 아니다. Katz는 t_0에서 [**8**]/[**7**]=0.40과 [**8**]/[**9**]=11.1임을 밝혔다.

비쌍쌍 메카니즘에 대한 확실한 증거가 있음에도 불구하고 쌍쌍 메카니즘의 다른 단계가 속도 결정 단계라면 Katz의 실험 결과도 쌍쌍(pairwise) 메카니즘으로 설명될 수 있다고 주장하는 사람도 있었다. C_{12}알켄(**7**)이 형성되는 초기 단일 교차 상호교환 반응이 일어나는 도식 **10.4**를 고려해 보자. 만약 **7**이 금속에 결합되어 있고 **10**의 형성을 위해 하나의 알켄이 치환되려면 속도 결정 단계(**b** 단계)에서 4-옥텐이 공격한다면 상호교환 반응은 이중 교차 생성물 **8**을 생성할 것이다. 만약 **7**이 금속에 오랫동안 결합되어 있다면 반응 초기 생성물에 대한 통계적 분포와 동일하도록 여러 번의 치환과 상호교환 반응이 일어날 수 있다. 한편 쌍쌍 메카니즘(**a** 단계)이 속도 결정 단계라면 보완적 쌍쌍(pairwise) 메카니즘은 Herisson과 Chauvin의 초기 결과와 Katz의 결과를 설명할 수 없다. 그 이유는 속도 결정 단계는 단지 단일 교차 생성물만을 형성할 수 있기 때문이다. 금속에 결합되어 있는 알켄이 다른 알켄으로 치환된다는 제안을 "접착성 올레핀(sticky olefin)" 가설이라 한다. 이것은 메카니즘 **2**를 보완한 것이다.

그러므로 비쌍쌍 메카니즘(메카니즘 ***3***)과 보완된 접착 올레핀 쌍쌍 메카니즘(메카니즘 ***2***)은 이중 교차 반응을 설명할 수 있다. 잘 설계된 실험을 통해서 Grubbs와 Katz는 독립적으로 결정적인 증거를 제시하였다. 다이 알켄 **11**과 중수소로 치환된 짝 **12**의 1:1 혼합물의 반응은 사이클로헥센과 다른 양의 중수소를 포함하는 세 가지 에텐을 생성한다(반응식 **10.9**). 이 실험은 두 가지 사항에서 중요하다. 단순 이중 치환 알켄이지만 입체적 장애가 작은 알켄이 상호교환한다는 규칙에 예외적으로 사이클로헥센의 생성을 주목해야 한다. 이 경우에 텅스텐 촉매하의 다른 생성물이나 출발물질과 반응하지 않는다. 둘째로 에텐은 휘발성 기체로 생성되는대로 제거되어 출발물질과 반응하지 않는다. 이런 제약 때문에 관찰된 최초 생성물은 초기의 상호교환 반응에 의해 생성된 것이다. 보완된 접착 올레핀 쌍쌍 메카니즘(메카니즘 **2**)에 의해 뒤섞인 생성물이 생기는 두 번째 반응은 일어나지 않는다. 비쌍쌍 메카니즘은 d_0:d_2:d_4-에텐의 생성비가 1:2:1이지만 접착 올레핀 상호교환 메카니즘에 의한 생성비는 이와 다르다. 실험적 결과는 1:2:1의 생성비를 보여준다.

CH_2 CH_2 **11** + CD_2 CD_2 **12** $\xrightarrow{PhWCl_3\text{-}AlCl_3}$ (cyclohexene) + $H_2C{=}CH_2$ + $H_2C{=}CD_2$ + $D_2C{=}CD_2$ **10.9**

L$_n$M
—ML$_n$—
빠름
a
ML$_n$
7-M
느림
b
느림
b
ML$_n$
ML$_n$
10
빠름
빠름
ML$_n$
ML$_n$
빠름
빠름
7 (C_{12})
8 (C_{14})

도식 10.4
"접착성 올레핀" 가설

반응 혼합물에 과량의 d_0-에텐을 첨가해도 d_2/d_4-에텐의 생성비에 영향이 없으므로 에텐 생성물이 다른 생성물과 반응하지 않는다고 볼 수 있다. 반응 초기와 약간의 반응이 진행된 후 **11**과 **12**의 질량 분석은 두 출발 물질이 동위원소 뒤섞임이 없음을 보여준다. 이것은 상호교환 반응 동안 **11**과 **12**는 따로 금속촉매와 상호작용하고 상호교환 반응 전에 서로 상호작용은 없다. 따라서 메카니즘 ***3***이 이 모든 결과를 잘 설명할 수 있다.

반응식 **10.10**은 Grubbs의 초기 실험과 유사하게 Katz가 시도한 다른 실험이다. 1:1의 d_0와 d_4-출발 물질의 반응은 위와 같이 1:2:1의 에텐 생성비를 보이고, 이차적인 상호교환 반응은 관찰되지 않는다.

Mo 또는 W 촉매: $M(NO)_2Cl_2[P(octyl)_3]_2/Al_2Me_3Cl_3$ **10.10**

Katz와 Grubbs의 결정적인 실험 결과 때문에 비쌍쌍 메카니즘이 상호교환 반응의 합당한 메카니즘으로 생각된다. 이 메카니즘을 지지하는 연구가 그 이후로 계속되고 있다. 비쌍쌍 메카니즘의 중요한 중간체는 금속–카벤 착화합물과 금속 함유 사이클로뷰테인이다. 두 중간체는 실제로 합성되었고 상호교환 반응의 촉매로 작용한다. 최근에는 이 두 중간체가 같은 반응 혼합물에서 발견되고 서로 변환되는 것도 관찰되어서 메카니즘 ***3***의 강력한 증거로 제시되고 있다. 다음 절에서는 상호교환 반응의 촉매로 작용하는 금속–카벤 화합물의 합성에 관해 서술한다.

기본문제 10-4

알켄 상호교환 반응에 대한 지식을 근거로 다음 변환 과정에 대한 메카니즘은 무엇인가?

$$\text{Ph—C}\equiv\text{C—H} \xrightarrow[500\ ^\circ\text{C}]{\text{MoO}_3/\text{SiO}_2} \text{Ph—C}\equiv\text{C—Ph} + \text{H—C}\equiv\text{C—H}$$

10-1-2 상호교환 반응 촉매

상호교환 반응 촉매는 균일 또는 불균일 촉매일 수 있다. Ru, Mo, W 착화합물이 좋은 촉매능을 보이지만 Ti이나 Ta 화합물도 상호교환 반응의 촉매로 사용된다.

WO_3/실리카 혹은 알루미나에 담지된 MoO_3와 $Mo(CO)_6$ 같은 불균일 촉매는 삼올레핀 공정 등에 산업적으로 사용되고 있다. 불균일 촉매의 특성이 잘 규명되지 않았기 때문에 앞 절에서 논의한 상호교환 반응의 메카니즘을 밝힐 수 없다. 불균일 촉매하에서 상호교환 반응의 메카니즘에 대한 논의는 이 책의 영역 밖이다.

$WCl_6/AlEt_2Cl$이나 WCl_6/BuLi 같은 혼합물 촉매를 사용하여 상호교환 반응의 메카니즘에 대한 연구가 1970년대에 이루어졌다. 오늘날에 상호교환 반응의 메카니즘에 필수 중간체적인 금속–카벤과 금속 함유 사이클로뷰테인이 어떻게 생성되는지 분명하지 않다. Chauvin과 Hérrison은 연구 초기에 카벤 착화합물이나 금속 함유 사이클로뷰테인을 관찰하지 못하고, 후에 다른 연구자들이 이런 화학종들이 상호교환 반응의 필수 중간체이고 카벤 착화합물이 상호교환 반응의 촉매임을 밝혔다.

Casey와 Burkhardt는 금속–카벤 착화합물이 상호교환 반응을 촉진시킨다는 사실을 처음으로 밝혔다. 이들은 다이페닐 텅스텐–카벤 착화합물 **13**을 합성하고, 반응식 **10.11**과 같이 화학양론적 교차 반응이 일어남을 밝혔다.

$$(CO)_5W{=}C(Ph)_2 \;(\mathbf{13}) + CH_2{=}C(OMe)(Ph) \longrightarrow (CO)_5W{=}C(OMe)(Ph) + CH_2{=}C(Ph)_2 \qquad \mathbf{10.11}$$

Casey와 Burkhardt는 Chauvin과 Hérrison의 연구에 영향을 받는 상호교환 반응의 메카니즘이 그들의 연구 결과를 설명하기에 충분하다고 생각하였다. 착화합물 **13**은 5개의 CO 리간드 때문에 전통적인 Fischer 카벤 착화합물과 유사하지만 $C_{카벤}$에 치환기가 탄화수소이기 때문에 Schrock 카벤의 특성을 동시에 가지고 있다.

1970년 중반부터 후반 사이에 연속적으로 발표된 논문에서 Katz와 공동연구자들은 착화합물 **13**이 교차 상호교환뿐만 아니라 작은 고리 사이클로알켄의 고리 열림 상호교환 고분자 반응(ROMP)의 촉매임을 밝혔다. 착화합물 **13**이 높은 활성을 보이는 것은 아니지만 금속–카벤 착화합물이 실질적인 촉매 종이라는 것은 확실하다.

최근까지 착화합물 **13**이 높은 촉매 활성을 갖지 않기 때문에 Katz의 교차 상호교환이나 고리 열림 상호교환 고분자 반응에 실질적 촉매 화학종이 아니라 여겨왔다. 착화합물 **13**이 상호교환 반응이 일어나기 전에 높은 산화 상태의 W을 포함하는 카벤 착화합물로 전환되는지는 의문이다. 1980년에 상호교환 반응에 높은 활성을 보이는 알킬리덴 착화합물 **14**(M = Nb, Ta)을 Shrock이 보고한 후 이 분야에 많은 진전이 있었다. 실질적 상호교환 촉매는 높은 산화 상태에 있는 금속의 알킬리덴 착화합물이며 착화합물 **14**가 상호교환 반응의 촉매 활성을 보이는 첫 카벤 착화합물이기 때문에 이 착화합물의 합성은 상당한 중요성이 있다고 Schrock은 단정하였다. 그 이후 실질적인 상호교환 반응의 촉매인 금속–카벤 착화합물을 처음으로 합성한 사람이 누구인지에 대한 논란이 있었다.

$(t\text{-BuO})_2(PMe_3)(Cl)M{=}C(H)(CMe_3)$

14

Me = Nb, Ta

Schrock 그룹은 화합물 **15**와 같은 텅스텐 촉매를 연구하였다. 화합물 **15**는 $AlCl_3$와 같은 루이스 산의 존재하에서 상호교환 반응에 대한 촉매 활성을 보인다.

$W(O)(CHCMe_3)(PEt_3)_2Cl_2$

15

Schrock 그룹의 지속적인 연구로 활성이 매우 높은 촉매가 합성되었다. 착화합물 **15**의 산소를 아마이드 리간드(입체 장애를 높이기 위해)로, 금속을 Mo로, 다른 리간드를 알콕시 그룹(전자적 효과를 바꾸기 위해 F로 치환된 알킬 그룹 등)으로 바꾸어 알킬리덴 착화합물 **16**과 유사한 착화합물을 합성하였다. 이 착화합물들 중 하나는 도식 **10.1**의 모든 상호교환 반응에서 가장 좋은 촉매 활성을 보였다.

$Mo(=N\text{-}2,6\text{-}{}^iPr_2C_6H_3)(=CHCMe_2Ph)[OC(CH_3)(CF_3)_2]_2$

16

바이페닐디올레이트 리간드를 갖는 착화합물 **16**의 카이랄 변형(알킬리덴 **17**)은 온화한 반응 조건에서 높은 수득률과 % ee의 상호교환 반응 생성물을 효과적으로 생성하는 좋은 촉매이다(반응식 **10.12**).

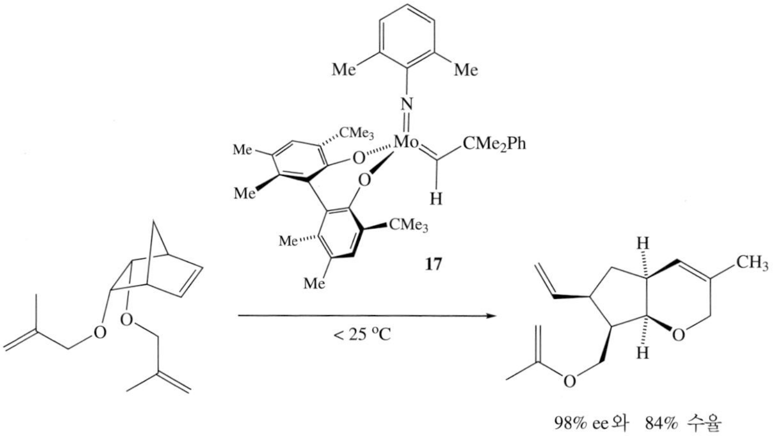

17

< 25 °C

98% ee와 84% 수율

10.12

Schrock의 연구와 비슷한 시기에 Grubbs와 공동 연구자는 Tebbe 시약을 연구하였는데, 이 시약으로부터 유도된 타이탄 포함된 사이클로뷰테인을 합성 분리하였다. 그들은 화합물 **18**은 금속-카벤 **19**와 평형 상태에 있음을 밝혔다(반응식 **10.3**). 이 화합물들이 상호교환 반응의 촉매는 아니지만 상호교환 반응의 메카니즘에 중요한 중간체임을 알아내었다. 계속된 연구에서 Tebbe 시약과 노보넨의 반응으로 금속 함유 고리화합물 **20**이 생성되고 이는 추가로 첨가되는 노보넨의 고리열림 상호교환 고분자화 반응을 촉진시켜 분자량의 분포가 적은(monodisperse) 고분자를 생성한다(반응식 **10.14**).

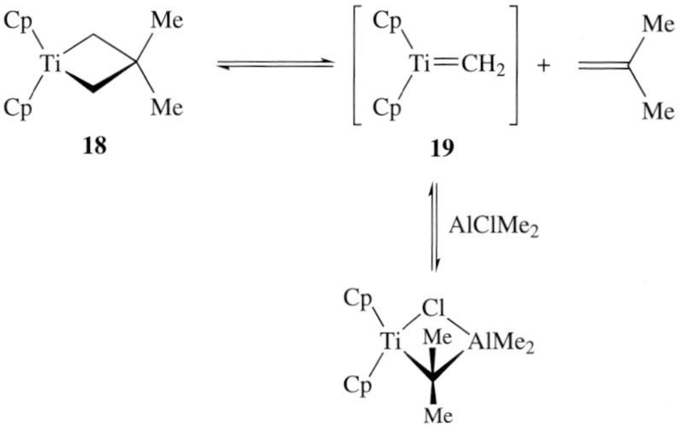

18 **19**

$AlClMe_2$

10.13

20

etc.

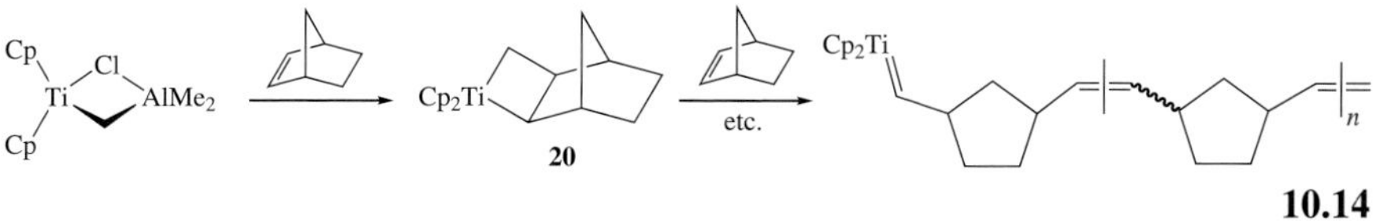

10.14

비록 Ti 착화합물이 상호교환 반응의 촉매 역할을 하는 것이 밝혀지기는 했지만 산소를 포함하는 알켄의 상호교환 반응에서는 Ti의 친산소성 때문에 좋은 촉매가 아니다.

Grubbs는 루테늄을 사용하여 유기 합성에 유용한 수많은 상호교환 반응촉매를 합성하였다. 또한 $RuCl_3$ 촉매를 사용하여 수용액에서도 *n*-oxanobornene(**21**)의 ROMP가 잘 일어나는 것을 확인하였으며 이 연구는 Ru–알킬리덴 착화합물 **22**가 처음으로 합성되는 계기를 제공하였다. 추가적인 보완 합성을 거쳐 Grubbs의 1세대 촉매인 착화합물 **23**이 합성되었다. 착화합물 **23**보다 훨씬 활성이 좋은 2세대 촉매인 NHC를 포함하는 착화합물 **24**가 합성되었다(**9-1-1**절). 유기화학자는 착화합물 **23**과 **24**를 교차 상호교환 반응과 고리 형성 상호교환 반응에 폭넓게 사용하였다.

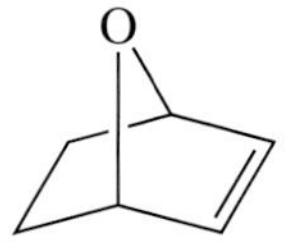

O

21

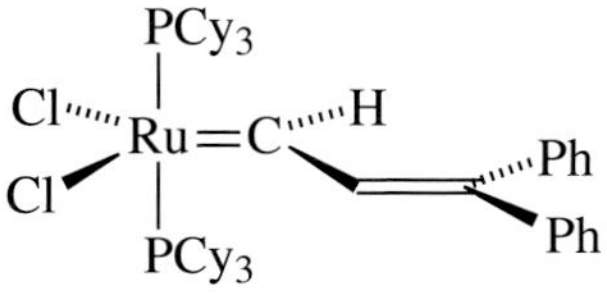

PCy_3 Cl Ru=C H Cl Ph Ph PCy_3

22

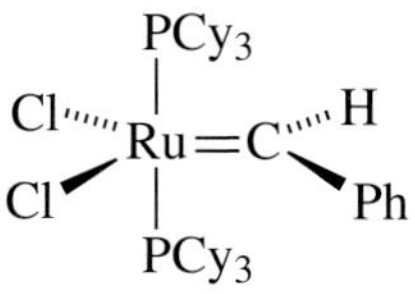

PCy_3 Cl Ru=C H Cl Ph PCy_3

23

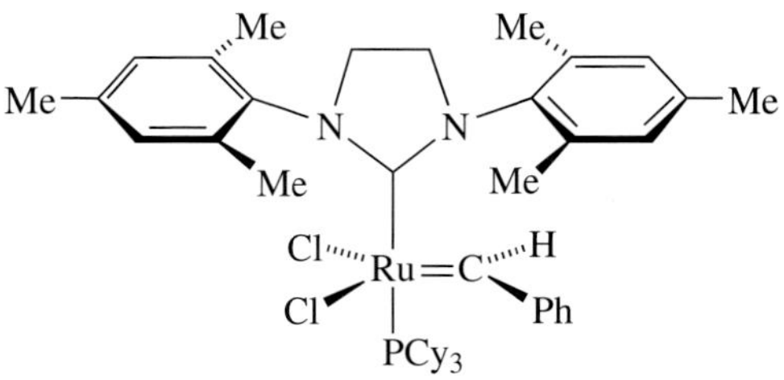

Me Me Me N N Me Me Me Cl Ru=C H Cl Ph PCy_3

24

Grubbs가 합성한 Ru–알킬리덴 촉매는 비교적 낮은 산화 상태(+2)의 Ru을 포함하고 있다. Grubbs의 발표에서 언급한 바와 같이 폭넓은 금속–카벤의 반응성을 갖고 있고 Fischer와 Shrock 형태 중 어느 것이라 단정하기 어렵다.

Ru–알킬리덴 촉매 반응의 메카니즘 연구를 살펴보면, Grubbs의 제1세대와 제2세대 촉매는 모두 16-전자 화합물이다. 만약 반응의 첫 단계가 금속에 알켄이 결합하는 것이라면 회합(associative)이나 해리(dissociative) 방법일 것이다. 도식

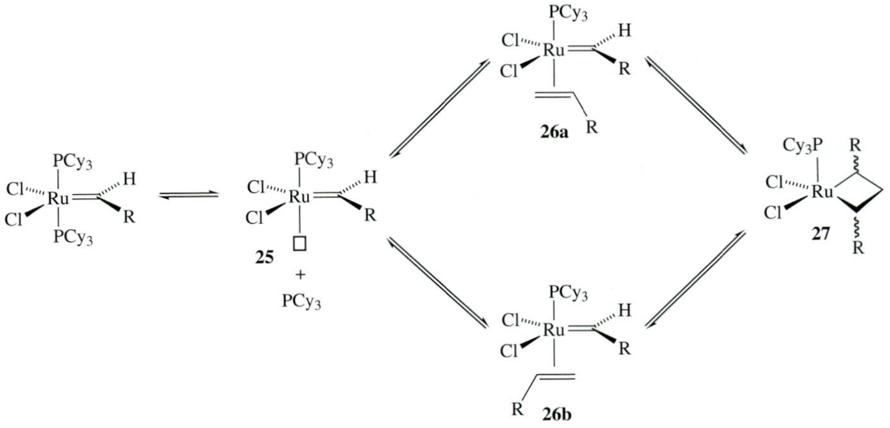

도식 10.5
Ru – 알킬리덴 착화합물의 촉매 메카니즘

10.5의 증거를 보면 첫째로 해리 단계가 일어나 14-전자 중간체 **25**가 생성된 후 알켄의 결합으로 **26a**와 **26b**가 생성된다. **26a**와 **26b**와 유사한 착화합물은 반응 혼합물로부터 적당한 조건에서 분리되지만 루테늄 함유 사이클로뷰테인 **27**은 최근까지도 관찰되지 않는다. 이 화학종은 중간체(intermediate)가 아니라 전이상태(transition state)로 여겨진다.

Grubbs의 Ru–알킬리덴과 Schrock의 Mo-촉매는 복잡한 유기 화합물을 합성하기 위하여 학술적이나 산업적으로 널리 이용되고 있다. 이 반응은 지난 15년 동안 화합물 합성법에 큰 진전을 제공하였고 약리 효과가 있는 화합물 합성에 중요한 역할을 하였다. 비록 Schrock의 촉매는 Grubbs 촉매보다 활성이 높지만 Grubbs 촉매가 반응물의 다양한 치환기에 덜 민감하여 사용하기가 쉽다. Schock의 촉매는 비활성 기체하에서 사용해야 하지만 Grubbs 촉매는 유기 반응을 시킬 때처럼 일반적인 조건에서 사용할 수 있다.

10-1-3 상호교환 반응의 산업적 응용: 작은 분자

삼올레핀 공정이나 올레핀 전환 기술뿐 아니라 상호교환 반응은 작은 분자를 얻기 위해 사용되는 다양한 산업적 전환 공정에 필수 단계이다. 이와 같은 상호교환 반응의 가장 중요한 응용은 SHOP(Shell Higher Olefin Process) 공정이다. 이 공정은 30년 전 Shell 오일 회사가 개발하였고 C_{11}–C_{14} 알켄으로부터 연간 100만 톤의 선형 C_{12}–C_{15} 알코올 생산에 사용되었다. 이 알코올들은 세제나 가소제의 원료이다.

다양한 사슬 길이의 알켄을 얻기 위해 Ni-화합물 촉매를 사용하는 공정을 도식

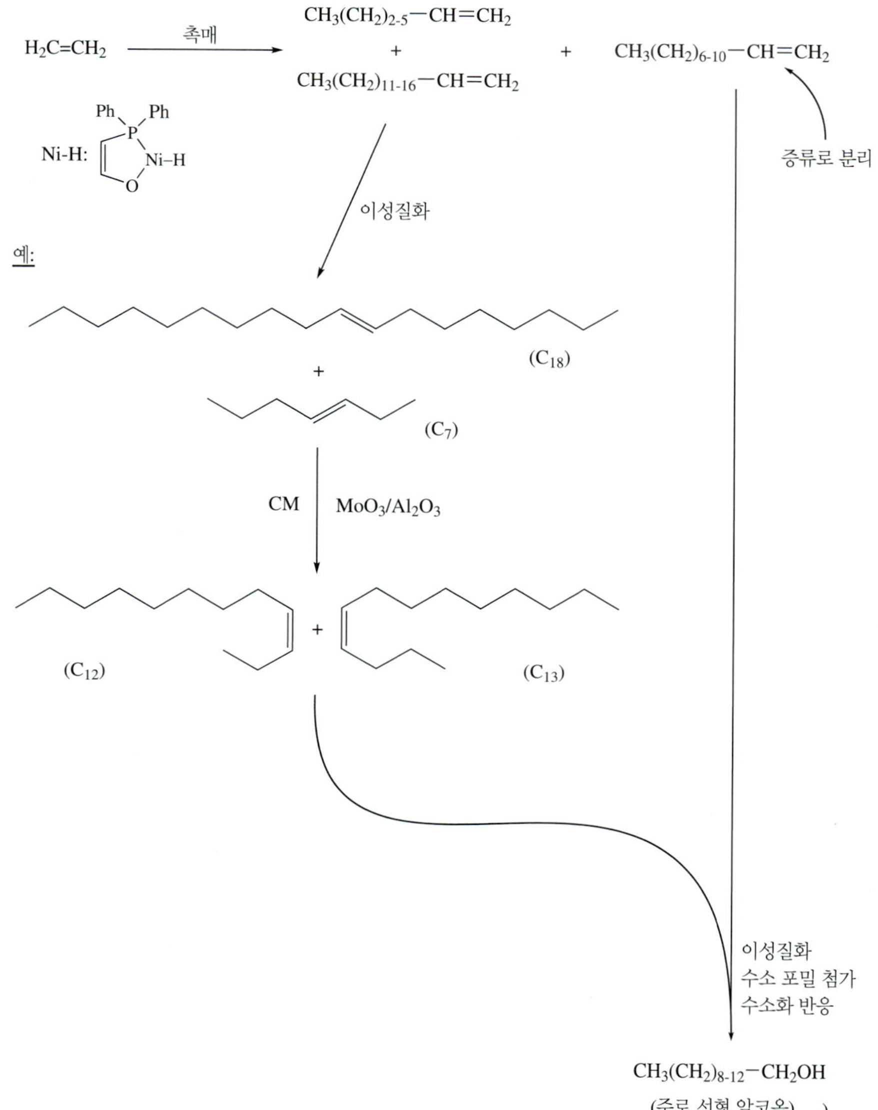

도식 10.6
SHOP(Shell Higher Olefin Process)

10.6에 제시하였다. 짧은, 중간, 긴 사슬의 알켄들은 분별 증류로 분해된다. 이 공정에서는 주로 중간 길이의 알켄이 사용되고 나머지는 이성질화 과정을 거친다. 이들 알켄은 $MoO_3/A_{12}O_3$나 Re-함유 불균일 촉매로 상호교환시킨다. Shell 오일 회사를 유명하게 만든 포스핀이 치환된 코발트 촉매를 사용하여 생성된 중간 크기의 알켄을 알데하이드로 전환시킨다(**8-2-2** 참조). 알데하이드화 및 수소화 반응 전에 촉매는 내부 이중 결합 알켄을 말단 이중 결합 알켄으로 이성질화시킨다.

올레핀 전환 기술과 유사한 상호교환 반응은 SHOP 공정과 거의 동시에 개발되었다. 2,4,4-트리메틸-2-펜텐과 2,4,4-트리메틸-1-펜텐의 혼합물과 에텐의 반응으로 3,3-디메틸-1-뷰텐(네오헥센)과 이소뷰틸렌이 생성된다(반응식 **10.15**).

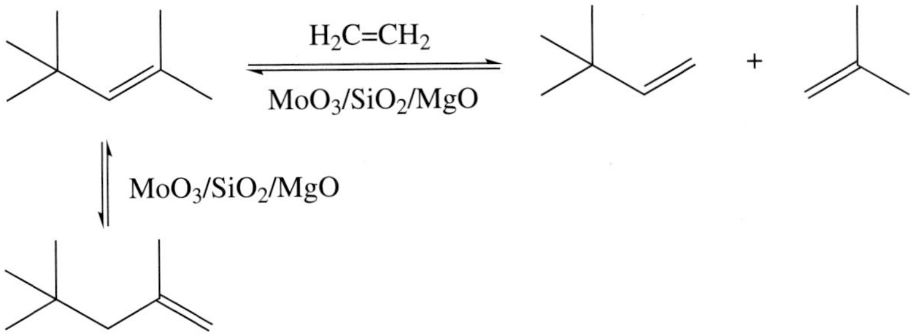

$H_2C{=}CH_2$

$MoO_3/SiO_2/MgO$

+

$MoO_3/SiO_2/MgO$

10.15

이소뷰틸렌이 이합체가 되어 트리메틸펜텐 이성질 혼합물인 출발 물질로 순환되고 전형적인 WO_3/실리카-MgO 상호교환 반응 촉매는 1-펜텐을 원하는 2-이성질로 전환시키기 때문에 원자의 손실이 없는 공정이다.

Chevron Phillips 화학회사는 이 공정으로 연간 수백만 파운드의 네오헥센을 생산하고 있다. 네오헥센은 사향 향수와 라미실(**28**)이라 부르는 항균제의 원료로 사용된다.

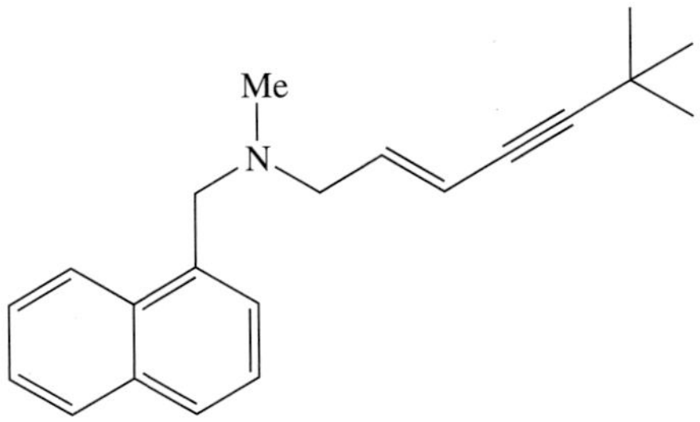

Me

N

28

페로몬은 동물과 식물의 신호전달 물질이다. 곤충들은 페로몬을 이용하여 재생능력을 보여주거나 경고를 보내거나 먹이가 있음을 알린다. 덫에 존재하는 작은 양의 페로몬은 해충의 발생을 친환경적으로 막을 수 있다. 복숭아, 자두, 아몬드류의 흑사병이라 부르는 복숭아 가지에 구멍을 뚫는 딱정벌레 유충의 페로몬을 Grubbs의 2세대 촉매를 사용하여 산업적 규모로 생산되었다. 반응식 **10.16**은 Ru 촉매를 사용하여 5-데켄과 1,10-디아세톡시-5-데켄의 반응으로부터 *E*~*Z* 혼합의 생성물이 50% 수율 생성됨을 보여준다(원하는 *E*-이성질체가 주 생성물이고 적은 양의 *Z*-이성질체가 페로몬 활성을 낮추지는 않는다). 미반응 출발 물질은 감압 증류로 순환시킨다.

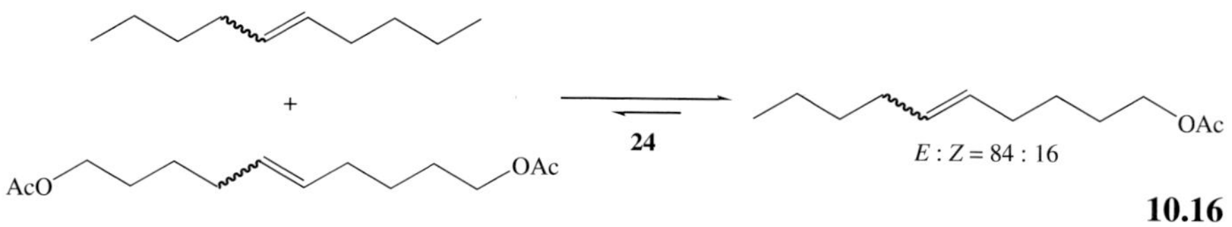

+

AcO OAc

24

OAc

E : *Z* = 84 : 16

10.16

다른 여러 가지 페로몬들도 이와 같은 방법으로 합성되어진다.

지난 15년 동안, 현재 사용되고 있는 텍솔(taxol)보다 폐암이나 신장암에 더욱 강력한 항암제인 에포틸론(epothilone)의 합성법이 연구되었다. 다른 연구 그룹은 고리 형성 상호교환 반응으로 16-고리의 에포틸로 유사 항암제를 반응식 **10.17**의 방법으로 합성하였다.

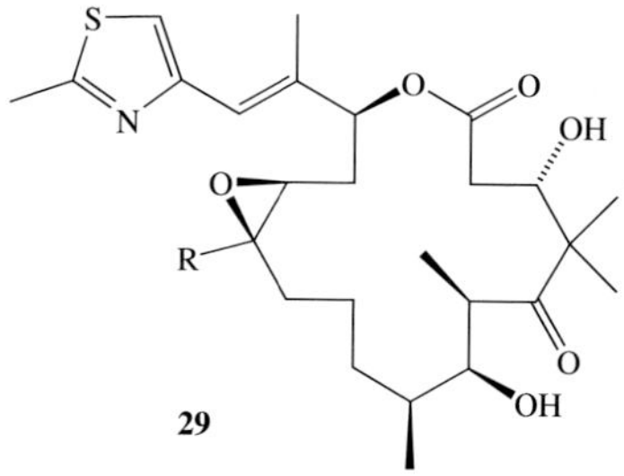

S N O O OH R O OH

29

R = H: 에포틸론 A
R = CH_3: 에포틸론 B

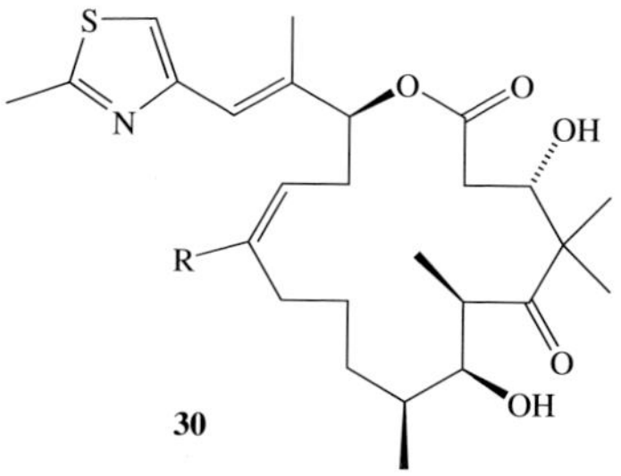

S N O O OH R O OH

30

R = H: 에포틸론 C
R = CH_3: 에포틸론 D

$\mathbf{24}$ (10 mol%)

100% *E*

다이이미드와
수소화 반응

에포틸론 D **10.17**

지금까지 석유화학으로부터 얻은 출발 물질을 사용하여 산업적 응용에 집중적으로 논의하였다. 올레인 산과 같은 천연 지방산은 상호교환 반응을 위한 변환의 출발 물질로 사용될 수 있다. 예를 들어 Dow 화학회사 연구원은 Grubbs 1세대 촉매(**23**)을 사용하여 올레이트산 메틸의 에텐 첨가 분해 반응으로부터 C_{10} 알켄을 생산하였다. C_{10} 알켄은 이 절에서 언급한 고급 지방족 알코올의 원료로 사용된다.

23 $H_2C{=}CH_2$

10.18

비록 아직까지는 촉매의 활성, 안전성, 선택성이 위의 공정을 경제적으로 실현 가능케 하는 것은 아닐지라도 Dow 회사는 가까운 미래에 이 전환 공정을 성공하게 할 기초 근거를 제공할 것이다. 석유의 가격과 사용이 급격히 증가함에 따라 식물에서 얻은 출발 물질의 사용은 특별히 매력적이고 직접적으로 녹색화학의 좋은 예가 될 것이다.

10-1-4 고분자 생성을 위한 상호교환 반응의 산업적 활용

고리 열림 상호교환 고분자(Ring Opening Matathesis: ROMP)

대부분의 고리 알켄(안정성이 높은 사이클로헥센 제외)은 상호교환 반응으로 사이클로디엔의 생성(반응식 **10.19**) 대신 도식 **10.1**의 C 경로처럼 중합 반응이 일어난다.

이런 종류의 상호교환 반응은 C=C의 깨짐과 고리 열림이 수반되기 때문에 고리 열림 상호교환 중합 반응(ROMP)으로 불리운다.

$$C_n\text{(cycloalkene)} + L_nM + C_n\text{(cycloalkene)} \not\longrightarrow C_n\text{(ring)}C_n \quad \mathbf{10.19}$$

이 주목할만한 반응은 오늘날 화학 산업에 사용되고 있을 뿐 아니라 흥미로운 신물질을 생성하기 위한 중요한 수단으로 연구되고 있다.

고리 열림 상호교환 중합 반응의 주목할만한 첫 번째 예는 사이클로펜텐의 고리 열림 중합 반응이다. $MoCl_5/AlEt_3$ 촉매를 사용하면 *시스* 고분자가 생성되고 $WCl_6/AlEt_3$를 촉매로 사용하면 *트랜스* 고분자가 얻어지며, 이처럼 탁월한 입체 선택성은 촉매의 종류에 의존한다(반응식 **10.20**). 여러 연구 그룹이 *시스* 또는 *트랜스* 고분자가 생성되는 원인을 추정하였지만 이 선택성의 이유는 명확히 밝혀지지 않았다.

$R_2AlCl/MoCl_5$ → $(CH_2)_3$ $(CH_2)_3$ (cis)

R_3Al/WCl_6 → $(CH_2)_3$ $(CH_2)_3$ (trans)

10.20

기본문제 10-5

2,5-이소소퓨란의 고리 열림 상호교환 중합 반응으로 생성되는 고분자의 구조를 그리시오. 3개 이상의 반복 단위를 그리고 *트랜스* 입체 화학을 가지는 C=C 결합을 추정하시오.

반응식 **10.21**은 1-메틸사이클로뷰텐의 고리 열림 중합 반응으로 *시스* 구조를 갖는 이소프렌 고분자가 생성되는 보기를 제시한다. 이 고분자는 천연 고무의 성질과 매우 유사하다. 이 경우에 Katz는 금속–카벤 분자의 촉매를 사용하였다. 고리 열림 상호교환 고분자 반응이 중요한 이유는 이를 통해 사이클로알켄으로부터 탄성이 뛰어난 재료를 얻을 수 있기 때문이다.

Me (1-메틸사이클로뷰텐) $\xrightarrow{(CO)_5W=CPh_2}$ (Me, Me 폴리이소프렌) **10.21**

노보넨(**31**, 도식 **10.7**)의 중합 반응은 반응식 **10.14**에 부분적으로 제시되었고 세심히 살필 가치가 있는 반응으로, ROMP의 중요한 보기 중의 하나이다. 사이클로펜텐에 비해 노보넨은 고리 긴장이 크기 때문에 이 중합 반응의 원동력은 고리 긴장을 감소시키는 것이다. Tebbe 시약을 출발 물질로 사용하여 Grubbs는 티타노사이클로펜텐 **32** 촉매를 합성할 수 있었다. 착화합물 **32**는 **31**의 고리 열림 중합 반응의 촉매이며 특수한 뒤틀림의 특이한 고분자 사슬이 성장된다. 중합체 사슬은 단량체의 공급이 끝날 때까지 계속 성장하기 때문에 Grubbs는 이 과정을 리빙 중합 반응(Living Polymerization)이라 하였다. 중합체의 사슬은 **31**의 몰수에 따라 선형으로 성장하고 PDI가 1에 가까운 값을 가진다. 이 경우에 사슬 성장의 종료 단계는 시작 단계와 전파 단계의 속도에 비해 매우 느리다. 중합체 성장을 방해하는 요소(산소나 수분의 존재)가 없는 조건에서 모든 단량체가 소비된다면 중간체 사슬은 첨가되는 단량체를 기다리게 된다. 이 과정은 블록 중합체의 형성을 가능하게 한다. 예를 들면 일정 몰수의 **31**을 첨가한 후에 노보넨 치환체(**33**)를 첨가하면 상이한 블록을 갖는 중합체가 만들어진다. 블록 공중합체는 한 종류의 단량체로 합성된 동종 중합체와는 완전히 다른 성질을 갖는다. 도식 **10.7**은 **31**을 사용한 블록 중합 반응의 과정을 보여준다.

기본문제 10-6

사슬이 성장하는 중합 반응이 끝나거나 분자간 또는 분자내 사슬 이동에 의해 변경될 수 있다. 아래 과정의 가능한 메카니즘을 제시하시오.

1. 중합체 사슬의 중간에 있는 C=C 결합을 가진 성장 중인 중합체 끝에 결합된 금속–카벤의 상호교환 반응
2. 동일 사슬에 존재하는 C=C 결합을 가진 말단 금속–카벤의 상호교환 반응

최근 작은 분자의 상호교환 반응(**10-1-3**)뿐 아니라 ROMP 촉매로 사용되는 W, Mo와 Ru 카벤 착화합물들이 많이 합성되었다. Grubbs가 수용액에서 ROMP 반응이 가능한 Ru(III) 촉매를 사용한 후 1, 2 세대 Ru–알킬리덴 착화합물이 합성되었고, 이들 또한 좋은 ROMP 촉매이다. 앞에서 본 Schrock 촉매(**15**, **16**) 역시 활성이 좋다. 상호교환 반응이 일어나는 분자에 극성 치환기가 붙어 강한 루이스 산성 때문에 예전 촉매로는 반응이 어려운 경우에도 몇몇 새로운 촉매는 반응을 가능하게 하였다.

n 31 + Cp_2Ti 32 → 75 °C → $TiCp_2$ n-1

m 33 ↓ 75 °C

$TiCp_2$ m-1 n-1

벤조노보넨(**33**) 구역 노보넨(**31**) 구역

도식 10.7
노보넨의 "리빙" ROMP

ROMP로부터 야기되는 입체 화학은 생성된 물질의 성질에 큰 영향을 미치므로 대단히 중요하다. 노보넨과 이와 유사한 이중 고리 알켄의 중합 반응에서 4가지의 입체 특이성 중합체가 가능하다. 인접한 두 단량체(한 쌍)에 대한 입체 화학적 관계를 그림 **10-1**에 도시하였다.

시스-와 *트랜스-라세미* 배열을 규칙적 교대 배열(syndiotactic)이라 하고 *시스*와 *트랜스-메조* 배열은 동일 배열(isotactic)이라 한다. *규칙 배열*과 *동일 배열*에 대한 용어 설명은 **10-3**절에서 다시 강조할 것이다. C=C 결합의 입체 화학과 입체 규칙성은 주로 NMR같은 분광학적 방법으로 확인할 수 있다. 알켄 사슬이 주로 *트랜스* C=C일 때 중합체의 녹는점이 *시스*-중합체보다 높은 경향이 있다. 한 종류의 C=C 배열이나 입체 규칙성을 갖지는 않고 *시스*-교대 배열(*cis*-syndiotactic)과 *트랜스*-동일 배열(*trans*-isotactic)을 갖는 경향이 있다. 그림 **10-2**는 노보넨의 ROMP에 의해 생성되는 *시스*-규칙 배열과 *트랜스*-동일 배열 중합체가 생성되는 과정을 보여준다.

ROMP가 상업적으로 사용되지만 Ziegler–Natta 촉매나 라디칼, 양이온, 음이온 메카니즘에 의해 생산되는 중합체 양에 비하면 상당히 제한적이다.

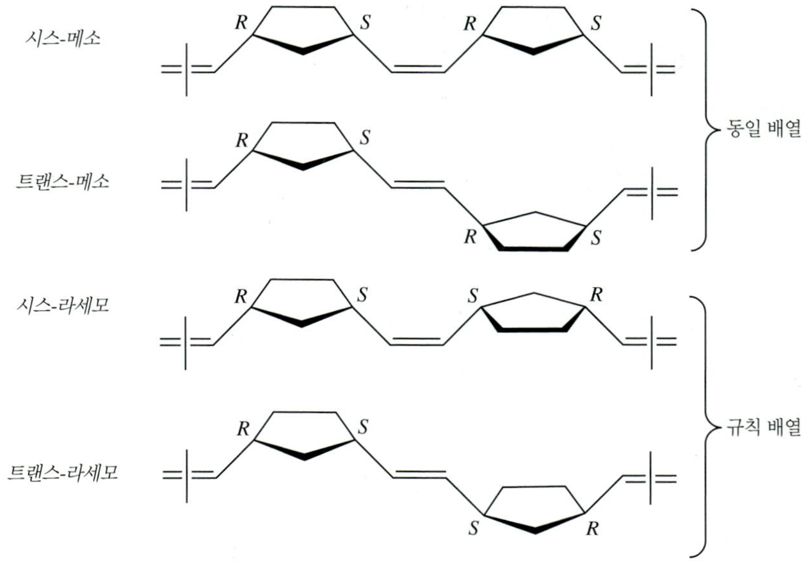

시스-메소

트랜스-메소

동일 배열

시스-라세모

트랜스-라세모

규칙 배열

그림 10-1
노보렌의 ROMP와 관련된 이중 결합의 배열과 가능한 다이아드 입체 규칙성

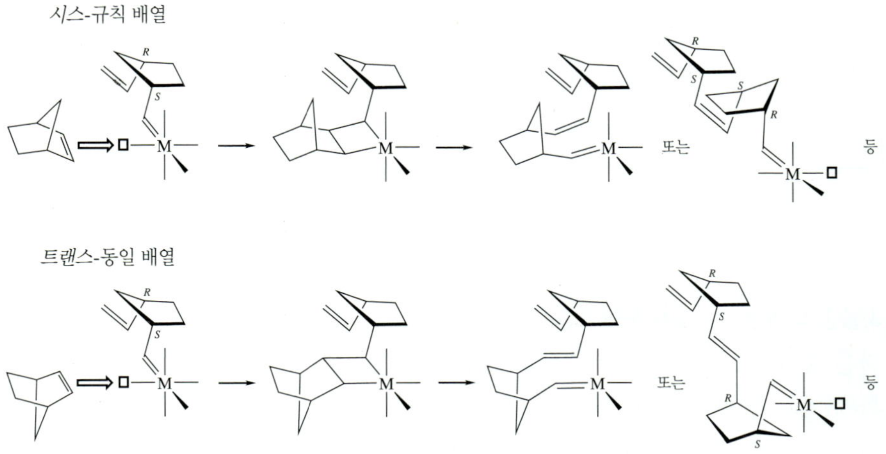

시스-규칙 배열

또는

등

트랜스-동일 배열

또는

등

그림 10-2
시스-노보렌의 ROMP 과정의 *시스*-규칙 배열과 *트랜스*-동일 배열

그러나 ROMP의 응용은 사이클로펜텐, 사이클로옥텐(상품명, Vestenmer)과 노보넨(Norsorex)의 고리 열림 상호교환 중합으로 충격 흡수제와 같은 탄성 물질을 얻을 수 있기 때문에 고분자 공업에 유용한 분야이다. 천연 고무와 같이 몇 가지의 폴리알켄은 탄성체의 견고성과 신축성을 주기 위해 가황처리한다. 비록 Schrock과 Grubbs의 카벤 촉매가 폴리알켄을 생성하기 위해 ROMP에 사용

되지만 산업적으로는 불분명하게 확인된 불균일 촉매나 $RuCl_3$/HCl 같은 균일 촉매가 사용된다.

Grubbs의 1, 2세대 촉매는 다이사이클로펜타이엔(**34**)(DCPD)의 공업적 중합에 사용되고 있다. 폴리DCPD는 단일 사슬 중합체이지만 곁가지가 있거나 가교 결합이 있는 물질로 중합되기도 한다. 폴리DCPD는 방탄성을 가질 정도로 매우 단단하고 강한 물질로 변형될 수도 있다. 또한 폴리DCPD는 강하고 부식이 되지 않아 운동용품에 사용될 수 있는 특성을 갖고 있다.

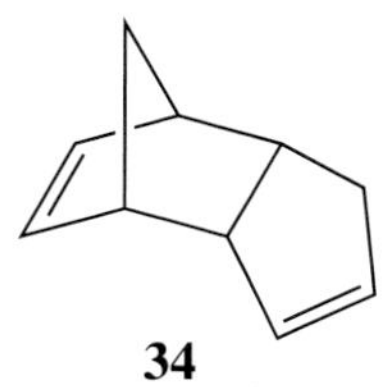

34

기본문제 10-7

곁가지와 가교 결합이 있는 폴리DCPD의 일부분에 대한 구조를 제시하시오.

사슬형 다이엔 상호교환 중합 반응

다른 형태의 상호교환 중합 반응으로 양단에 있는 이중 결합의 분자간 교차 상호교환에 의한 중합이다. 이 과정을 사슬형 다이엔 상호교환 중합 반응(Acyclic Diene Metathesis Polymerization: ADMET)이라 한다. 일반적인 ADMET를 도식 **10.1**의 경로 **d**로 나타냈었고 열역학적으로는 자발적인 $\Delta_r S^\circ$가 양의 값을 가진다. 그러나 중합 과정에서 에텐이 제거될 수 있어야 중합체 생성 방향으로 평행이 이동한다. 도식 **10.8**은 Chauvin의 상호교환 메카니즘에 의한 ADMET 중합 과정이다.

ADMET는 여러 가지 점에서 ROMP와 다르다. ROMP가 사슬 성장 중합 과정이라면 ADMET는 축합 과정에 의한 단계적 성장 중합이다. 이 차이점의 근거가 두 메카니즘에 의해 생성되는 중합체의 분자량과 분자량 분포에서 나타난다. ROMP 과정에서는 초기에 중합체의 분자량은 크지만 중합도는 작다. ADMET

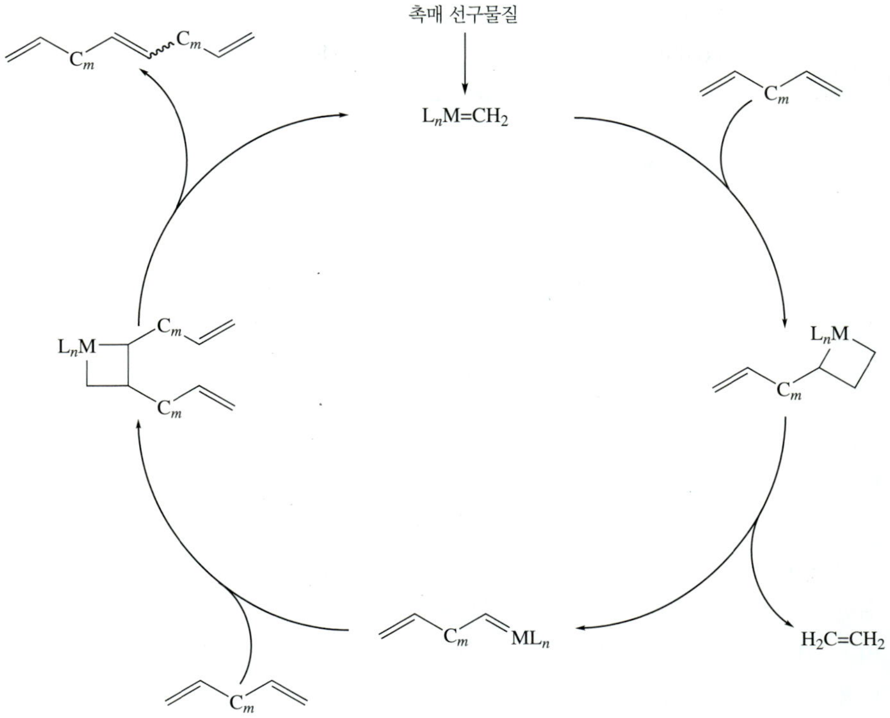

촉매 선구물질

$L_nM=CH_2$

$H_2C=CH_2$

도식 10.8

ADMET 고분자 반응의 메카니즘 경로

중합 과정에서는 이와 반대다. 즉 분자량이 큰 중합체가 생성되기 전에 중합도가 크다. ROMP가 ADMET 중합 반응으로 동일한 폴리알켄이 생성될 수 있지만 ADMET에 의한 중합체는 작은 분자량의 중합체가 존재할 수 있어 ROMP에 의해 생성된 중합체보다 낮은 녹는점과 낮은 기계적 강도를 가진다. 일반적으로 ADMET에 의해 생성된 중합체의 분자량 분포도(PDI)는 큰 편이다.

$H_2C{=}CH{-}(CH_2)_n{-}CH{=}CH_2$의 ADMET에 의해 생성된 중합체는 주로 *트랜스*이다. 그러나 간단한 사이클로알켄의 ROMP에 의한 중합체는 *트랜스* 중합체가 주생성물이 아니다. 예를 들면 Schrock 촉매 **35**를 사용한 1,5-헥사디엔의 ADMET에 의한 중합은 열역학적 기대치와 유사하게 70% 이상의 *트랜스* 중합체를 생성한다. 하지만 $(OC)_5W{=}CPh_2$를 촉매로 사용하여 ROMP에 의한 메틸사이클로뷰텐의 중합 반응(반응식 **10.21**)에서는 93%의 *시스* 중합체가 생성된다.

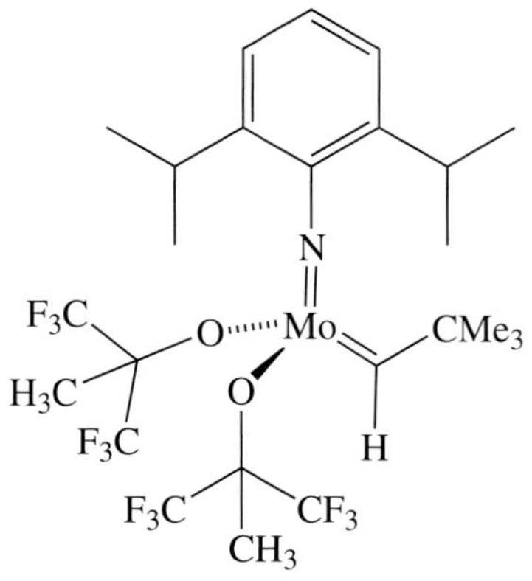

35

ADMET 과정은 말단 다이엔의 고리 형성 상호교환 반응이 포함될 수 있다. 왜 ADMET만 일어나고 RCM(고리 형성 상호교환 반응)은 일어나지 않는가? 아주 적절한 반응 조건이면 두 반응은 경쟁적으로 일어나지 않는다. RCM은 분자내 반응이고 ADMET는 분자간 반응이기 때문에 단량체의 농도가 아주 높으면 ADMET 반응이 절대적으로 우세하다. 또 다른 조건은 RCM에 의해 안정한 고리 화합물(C_5, C_6와 C_7-사이클로알켄)이 생성될 수 있는 다이엔을 사용하지 않는 것이다.

기본문제 10-8

폴리(1-옥텐)을 합성하기 위해 ROMP에는 어떤 사이클로알켄을 사용하고 ADMET에는 어떤 말단 다이엔을 사용해야 하는가?

작용기를 가지고 있는 다이엔의 ADMET 중합 반응이 연구되었다. Schrock의 W-알킬리덴 촉매를 사용하여 **36** 같은 에터형 다이엔의 ADMET 중합 반응은 어렵지만 Grubbs 1세대 촉매를 사용하여 **37** 같은 알코올 기를 가진 다이엔의 중합 반응은 가능하다. 이는 OH 기가 W- 혹은 Mo-알킬리덴 촉매에 대해 루이스 염기로 작용하기 때문이다.

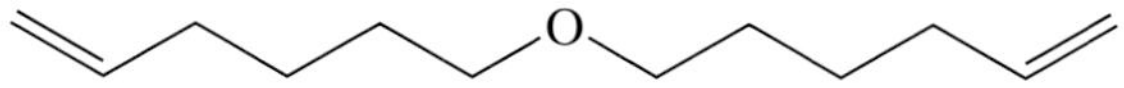

36

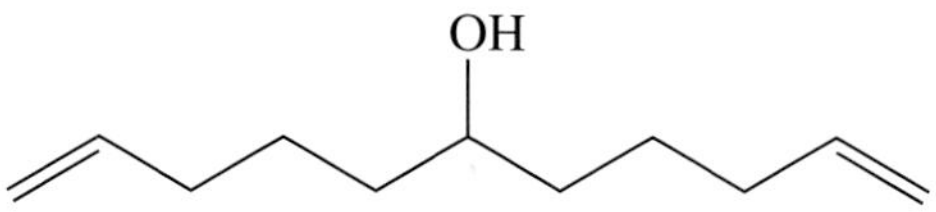

37

화학자들은 계속해서 특성이 잘 밝혀진 카벤 착화합물 촉매를 사용한 ADMET 중합 반응을 연구하고 있지만 현재까지는 산업적으로 활용하기에 미흡한 점이 많아 지속적인 연구가 필요하다.

10-2 알카인 상호교환 반응

메카니즘과 촉매

메탈–카바인 착화합물의 반응과 연관하여 알카인의 상호교환 반응을 제9장에서 보았다. Katz에 의해 처음으로 제안된 알카인 상호교환 반응의 메카니즘은 도식 **10.9**에서 본 것처럼 알켄의 상호교환 메카니즘과 유사하다.

올레핀 상호교환 반응의 촉매 개발과 유사하게 알카인 상호교환 반응의 최초 촉매는 W나 Mo 산화물이나 알루미나 혹은 실리카에 담지된 금속 카보닐이었다. 최초의 촉매는 Mortreux에 의해 개발되었고, 이는 $Mo(CO)_6$와 페놀유도체의 혼합물로 이루어져 있다. 그 후 Schrock와 공동 연구자들은 알카인 촉매인 **38**을 합성, 분리, 확인하는데 성공하였다. 나중에 **38**의 알콕시 그룹을 플루오린으로 치환된 알콕시 그룹으로 치환된 Mo 알킬리다인 **39**가 합성되었고 여기서 플루오린으로 치환된 알콕시 그룹은 촉매 활성에 필수 요소이다.

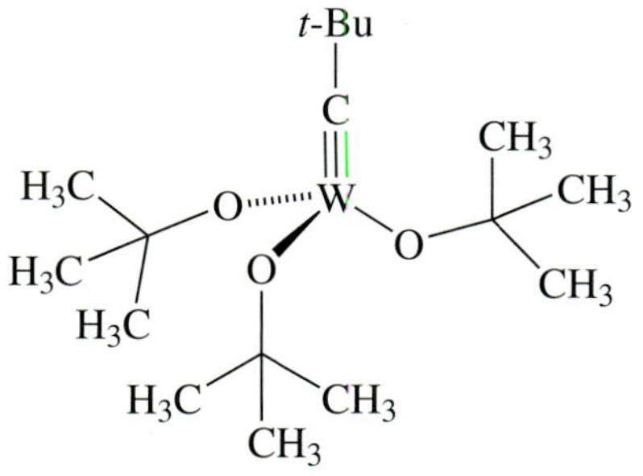

38 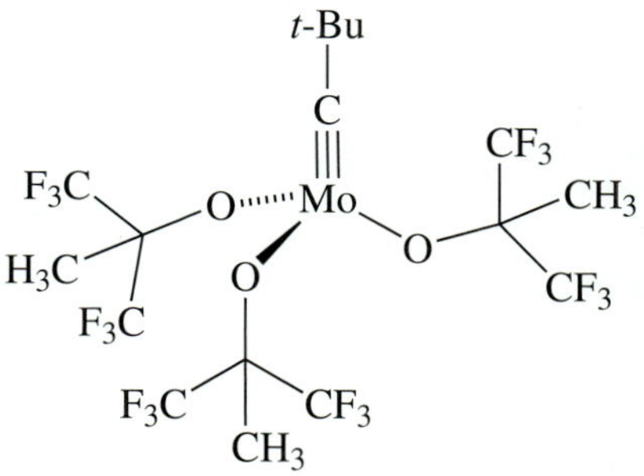 **39**

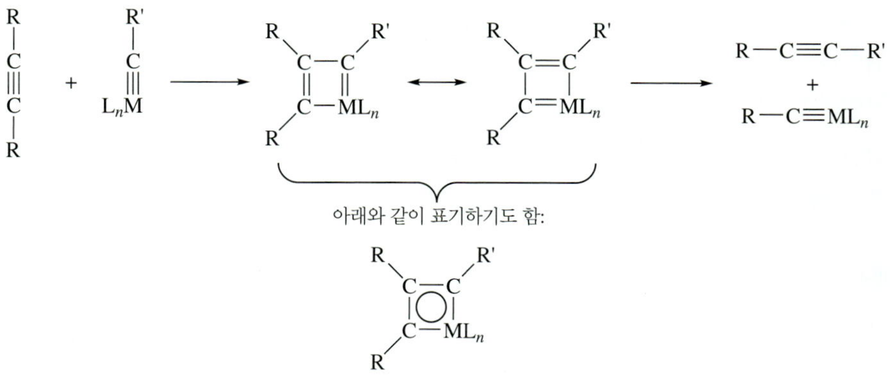

아래와 같이 표기하기도 함:

도식 10.9
알카인 상호교환 반응의 메카니즘

그 당시에는 가장 효과적인 알카인 상호교환 반응의 촉매는 6족 알칼리다인이었지만, 이 착화합물을 사용할 때에 몇 가지 결점이 있었다. 반응식 **10.22**에 따라 **38**과 유사한 W-알킬리다인 착화합물은 합성할 수 있지만 **39**와 같은 Mo 알킬리다인 유도체는 합성하기 어려웠다.

$$[Cl_4W{\equiv}C{-}CMe_3]^- Et_4N^+ + 3\ LiOCMe_3 \xrightarrow{THF} (Me_3CO)_3W{\equiv}C{-}CMe_3 + 3\ LiCl + Et_4NCl$$

10.22

Fürstner 촉매의 장점은 Schrock 알킬리다인 촉매가 효과적이지 않은 극성 그룹을 가진 반응물 속에서도 안정하다. 한 가지 접근 방법은 Fürstner에 의해 보고된 Mo 활성 촉매를 합성하는 것이다. 착화합물 **40**은 알킬리다이엔이 아니지만 선촉매(precatalyst)로 CH_2Cl_2 용액에서 상호교환 반응을 증진시킨다. 이러한 반응과정 동안 선촉매로 명확하게 밝혀지지는 않았지만 알킬리다이엔일 수도 있는 높은 산화 상태의 Mo 착화합물을 형성하는 증거가 알려졌다. Fürstner 촉매의 장점은 Schrock 알킬리다인 촉매가 효과적이지 않은 극성 그룹을 가진 반응물 속에서도 안정하다는 것이다.

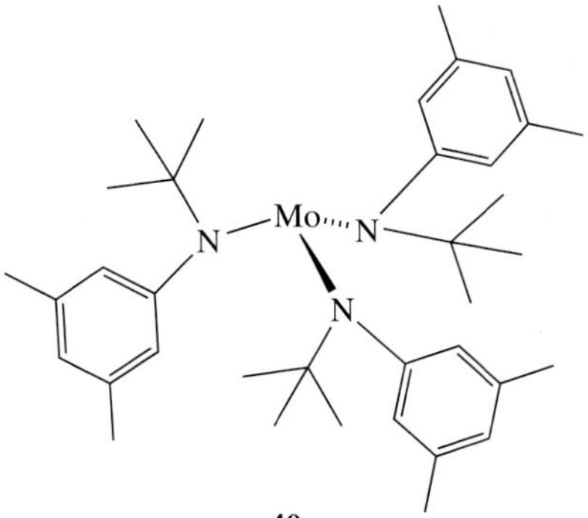

40

화합물 **39**의 유사체를 얻는 다른 방법이 최근에 Gdula와 Johnson에 의해 개발되었다. 알킬리다인보다 합성하기가 상대적으로 쉬운 Mo≡N을 값싸고 대칭인 알카인과 DME(dimethoxythane)와 반응(반응식 **10.23**)으로 DME가 결합된 Mo 알킬리다인 착화합물을 합성할 수 있다. 알킬리다인 **41**은 활성이 뛰어난 상호교환 반응 촉매이며 Schrock에 의해 몇 그램 분량으로 합성되었다.

$$[(CH_3)(CF_3)_2CO]_3W{\equiv}N + Et{-}C{\equiv}C{-}Et \xrightarrow[\text{DME(1 당량)}]{} \underset{\mathbf{41}}{[(CH_3)(CF_3)_2CO]_3(DME)W{\equiv}C{-}Et} + Et{-}C{\equiv}N$$

10.23

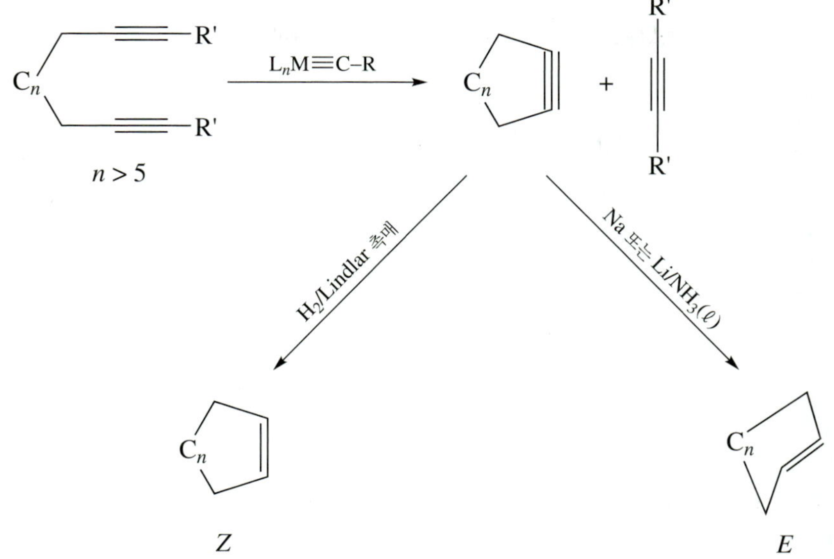

도식 10.10
다이아인의 RCAM

알카인 상호교환 반응의 응용

유기 합성에서 알켄 상호교환 반응만큼 알카인의 상호교환 반응이 널리 확대된 것은 아니다. 그럼에도 불구하고 과거 수십 년 동안 몇 가지 흥미로운 응용이 발표되었다. 몇 가지 응용은 여기서 논의해 보자.

알켄의 고리 형성 상호교환 반응과 유사하게 고리 형성 알카인 상호교환 반응(ring-closing alkyne meathesis: RCAM)도 삼중 결합의 고리 긴장을 완화할 수 있는 큰 고리 화합물을 합성할 때 유용하다(C_{10} 사이클로알카인 또는 그 이상 크기의 알카인). 도식 **10.10**은 RCAM의 원리를 제시한다. 이 원리는 다이엔의 RCM에 의해 RCAM의 장점을 보여준다. 삼중 결합으로부터 *E* 또는 *Z* C=C 결합을 선택적으로 변환할 수 있는 방법이 잘 알려져 있기 때문에 RCAM이 C=C 결합의 *E*/*Z* 비를 쉽게 조절할 수 있다.

도식 **10.11**은 RCAM에 의해 13-환 사이클로알카인이 높은 수율로 생성되어 C≡C 결합으로 환원됨을 보여준다. 이것은 갯민숭달팽이류의 정막에 있는 화학물질 축척을 방해하는 물질인 프로스타글라딘 E_2(prostaglandin E_2)의 1,15-락톤을 합성하기 위한 필수 단계이다. 이 락톤은 가수분해하여 포유류의 자궁 수축과 위액 분비를 조절하는 프로스타글라딘 E_2을 생성하기 때문에 매우 중요하다.

알켄과 알카인 상호교환 반응의 복합인 *엔아인 상호교환 반응*은 적절한 촉매를 사용하여 C=C과 C≡C 결합을 반응시켜, 1,3-다이엔류 합성의 방법이 된다. 1985년 Katz가 처음 보고하였고 유기 합성에 점점 많이 사용되고 있다. 도식 **10.12**는 엔아인 상호교환 반응의 타당한 메카니즘이다.

도식 10.11
Prostaglandin E_2-1, 15-lactone의 합성

Prostaglandin E_2-1,15-lactone

대부분의 알켄 상호교환 반응 촉매는 이 반응을 촉진시킨다. 특히 Grubbs의 1세대와 2세대 Ru–알킬리덴이 가장 많이 사용된다. 엔아인 상호교환 반응은 RCM과 유사하게 알켄과 알카인의 분자내 조합에 의해 고리 화합물을 생성한다. 만약 알켄 성분으로 에텐 기체 중에서 반응이 진행되면 분자간 엔아인 상호교환 반응이 된다. 분자내 엔아인 상호교환 반응에서도 촉매와 에텐을 사전 평형 시키면 수율이 상당히 증가한다. 반응식 **10.24**와 **10.25**는 Grubbs의 1세대 촉매를 사용하는 분자내 또는 분자간 엔아인 상호교환 반응을 보여준다.

R = *p*-메톡시페닐 77% **10.24**

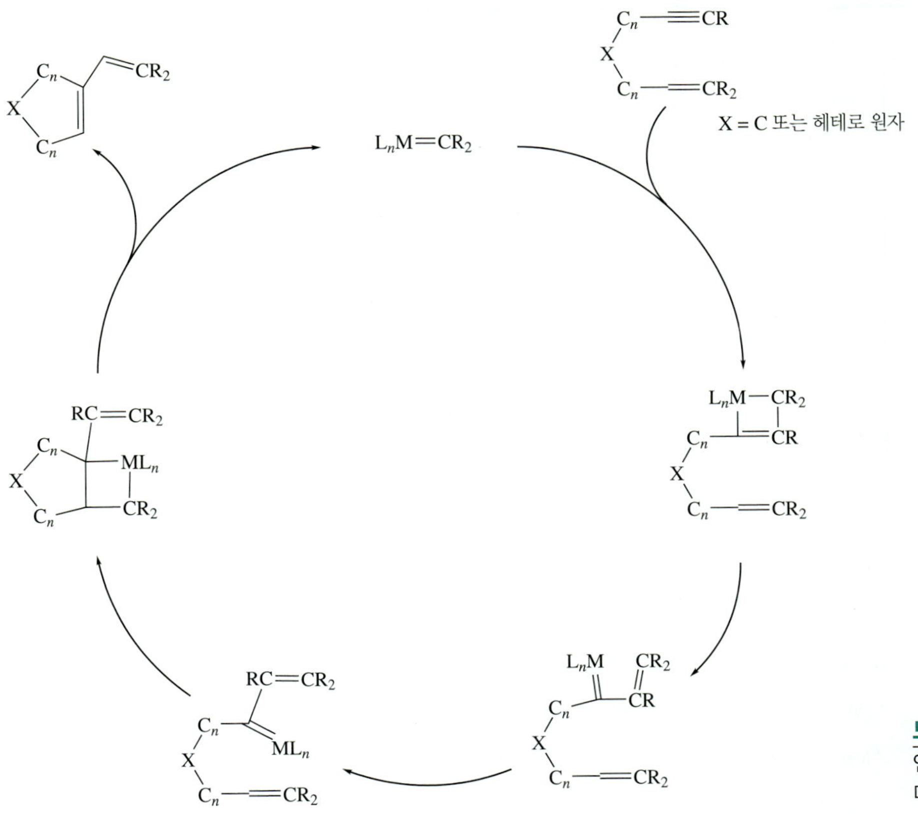

X = C 또는 헤테로 원자

도식 10.12
엔아인 상호교환 반응의 메카니즘

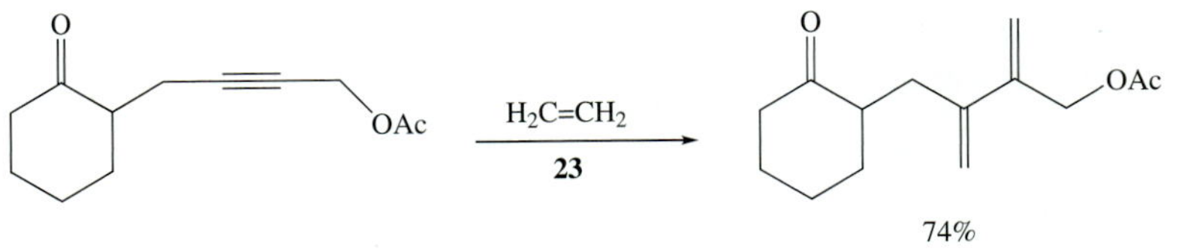

$H_2C{=}CH_2$
23
74%
10.25

알카인 상호교환 반응도 중합 반응에 사용될 수 있지만 그의 응용은 ROMP나 ADMET를 활용한 알켄의 중합 반응만큼 개발되지 못했다. 알카인 상호교환 반응에 대한 논의는 이 책에서는 더 이상 하지 않는다.

10-3 알켄의 ZIEGLER-NATTA와 이와 연관된 중합 반응

소비자들은 포장재로 매일 폴리에틸렌(polyethylene: PE)을 본다. 원유로부터 에텐을 얻을 수 있어 값이 쌀 뿐 아니라 폴리에틸렌의 유용한 응용성 때문에 세계적으로

기본문제 10-9

Grubbs 촉매 **22**(S. H. Kim, W. J. Zuercher, N. B. Bowden, R. H. Grubbs, *J. Org. Chem.* **1996**, *61*, 1073)를 사용한 아래의 변환에 대한 메카니즘을 제안하시오.

$OSiEt_3$ CH_3 → **22** → $OSiEt_3$ CH_3 95%

연간 수십 억 파운드의 폴리에틸렌이 생산된다. 50년 전에는 온화한 반응 조건에서 에텐이나 다른 알켄의 중합 방법을 찾기 위해 많은 노력을 하였다. 1952년에 독일의 Ziegler는 트리알킬알루미늄 존재하에서 낮은 온도와 낮은 압력 조건으로 에텐의 소중합체를 합성하는 방법을 보고하였다. 또한 일 년 후에는 작은 양의 $TiCl_4$를 추가로 첨가하여 좋은 기계적 특성을 갖는 고분자량의 PE를 얻을 수 있었다. 이탈리아 화학자 Natta는 Ziegler의 Ti–Al 시스템을 활용하여 기계적 강도가 매우 좋은 프로펜의 중합체를 얻을 수 있었다. 이전까지는 PE의 합성에서와 같이 프로펜의 중합을 시도하여 가치가 없는 끈적한 물질(실망한 화학자는 도로 포장용 타르라 부름)을 얻었다. Ziegler와 Natta의 최초 발견 이후 앞 전이금속 화합물과 조촉매인 알킬 알루미늄의 혼합물을 사용하여 고밀도의 PE와 폴리프로필렌(PP)뿐만 아니라 다른 폴리올레핀의 상업적 공정이 개발되었다. 이 업적은 과학적, 산업적 중요성이 인정되어 1963년에 Ziegler와 Natta는 노벨화학상을 받았다.

10-3-1 Ziegler–Natta 중합 반응의 메카니즘

Ziegler–Natta 촉매 반응의 메카니즘은 Ziegler와 Natta의 최초 발견 후 수십 년 동안 명확하게 밝혀지지 않았다. 활성이 좋은 촉매는 높은 산화 상태의 Ti이나 V 염화물과 알킬 또는 염화 알킬알루미늄의 혼합물로 생성되고, 이들 중 하나만 존재할 때는 효과적인 촉매가 되지 못한다. 촉매는 균일 또는 불균일 상태일 수도 있고 불균일 촉매는 산업적 응용에 적절하다.

리간드 회합

사슬 성장

1,2-삽입

여러 차례의 삽입 반응 후 종결 반응

β-제거 반응

사슬 이동:

리간드 회합

1,2-삽입

β-제거 반응

Ⓟ : 삽입 고분자 사슬
□ : 비어있는 배위자리
M : Ti 또는 V

도식 10.13a

Ziegler–Natta 중합에 대한 Cossee의 메카니즘

1964년 Cossee는 도식 **10.13a**를 완성하였다. Cossee 메카니즘의 특징은 빈 배위자리가 있는 Ti 또는 V-알킬(조촉매인 알킬알루미늄에 의해 생성) 착화합물이 생성되고 Ti–C 결합에 알켄의 1, 2-삽입이 일어나는 것이다. 중합체 사슬 전이나 β-제거 (도식 **10.13a** 참조)에 의해 사슬 전이가 일어난다.

Cossee 메카니즘이 Ziegler–Natta 중합 반응에 관한 실험적 데이터를 잘 설명하고 있지만 앞 전이금속 착화합물의 M–C 결합에 1, 2-삽입이 당시에는 잘 알려지지 않았기 때문에 확실한 제안이 되지 못했다. M–C 결합에 1, 2-삽입으로 생성된 금속–알킬은 1, 2-제거에 의해 β-수소가 제거되는 경향성을 갖고 있다. 그래서 M–C 결합에 삽입 반응이 일어난다 하더라도 화학자들은 쉬운 β-제거 반응을 생각하면 어떻게 중합체가 성장하는지 궁금했다. 현재 알고 있듯이 높은 산화 상태의 앞 전이금속은 *d* 전자가 없어 β-제거 반응이 어렵다는 것이 이에 대한 설명이다 (**7-1-2** 참조).

그럼에도 불구하고 M–C 결합에 알켄의 직접적인 삽입에 대한 증거 부족으로 Cossee 메카니즘의 신뢰성에 문제가 있었다. 수년 후에 Green과 Rooney는 Ziegler–Natta 촉매 반응을 설명할 수 있는 대안의 메카니즘(도식 **10.13a**)을 보고하였다. 이것은 상호교환 반응의 메카니즘과 유사하게 α-제거 반응에 의해 금속–카벤–수소 화합물이 형성되고 알켄의 고리화 첨가 반응으로 금속 함유 사이클로뷰테인이 형성되는 메카니즘이다. 최종적으로 환원성 제거 반응에 의해 성장하는 중합체 사슬에 2개의 탄소 원자가 결합된 새로운 금속–알킬 화합물이 생성된다. Green–Rooney 메카니즘은 그럴듯해 보이지만 일어나기 어려운 α-제거 반응이 요구된다.

Ziegler–Natta 중합 반응의 Green–Rooney 메카니즘 촉매 반응 과정을 밝히는 일은 매우 힘든 일이다. Ziegler–Natta 촉매 반응을 이해하는 것은 더욱 어렵다. 그 이유는 활성 촉매나 중간체의 구조가 Cossee나 Green과 Rooney가 그 메카니

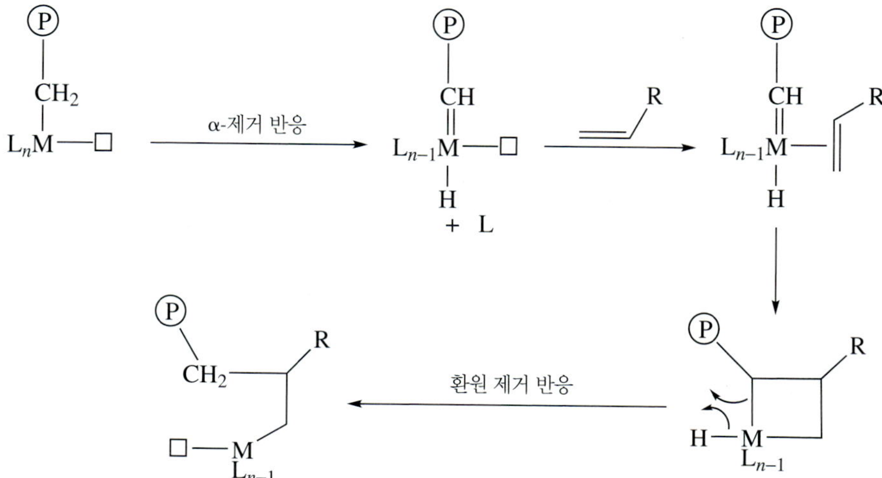

도식 10.13b
Ziegler–Natta 중합 반응의 Green–Rooney 메카니즘

즘을 제안했을 때는 알려지지 않았기 때문이다. 최근에 몇몇 연구 그룹의 노력으로 Cossee의 메카니즘이 타당성이 높아졌다. 예를 들면 Watson은 알킬 Lu(III) 착화합물에 프로펜의 1, 2-삽입 반응이 일어남을 보고하였다. 중합체 사슬이 성장되도록 새로운 Lu–알킬 화합물이 생기거나 β-수소나 β-알킬 제거인 역반응이 일어난다(도식 **10.14**).

Eisch는 Ziegler–Natta 촉매 반응과 유사한 조건에서 Ti–C 결합에 알카인이 삽입됨을 보였다. 그 첫 번째 예는 반응식 **10.26**과 같다.

$$\mathrm{Ph{-}C{\equiv}C{-}SiMe_3} + \mathrm{Cp_2TiCl_2/MeAlCl_2} \longrightarrow \mathrm{(Ph)(H_3C)C{=}C(SiMe_3)(\overset{+}{Ti}Cp_2)} \qquad \mathbf{10.26}$$

실험 결과는 Cossee 메카니즘에서 제안된 1, 2-M–C 삽입 반응을 지지하고 있지만, 이 메카니즘과 Green–Rooney 메카니즘의 구별은 실패하였다. Grubbs는 $H_2C{=}CH_2$와 $D_2C{=}CD_2$ 1:1 혼합물의 중합 속도(**42** 촉매 사용)를 측정하여 Cossee 메카니즘의 타당성에 대한 명확한 증거를 제시였다(반응식 **10.27**). 반응속도에 대한 동위원소 효과가 나타나지 않음은 Cossee 메카니즘을 지지하고 있다.

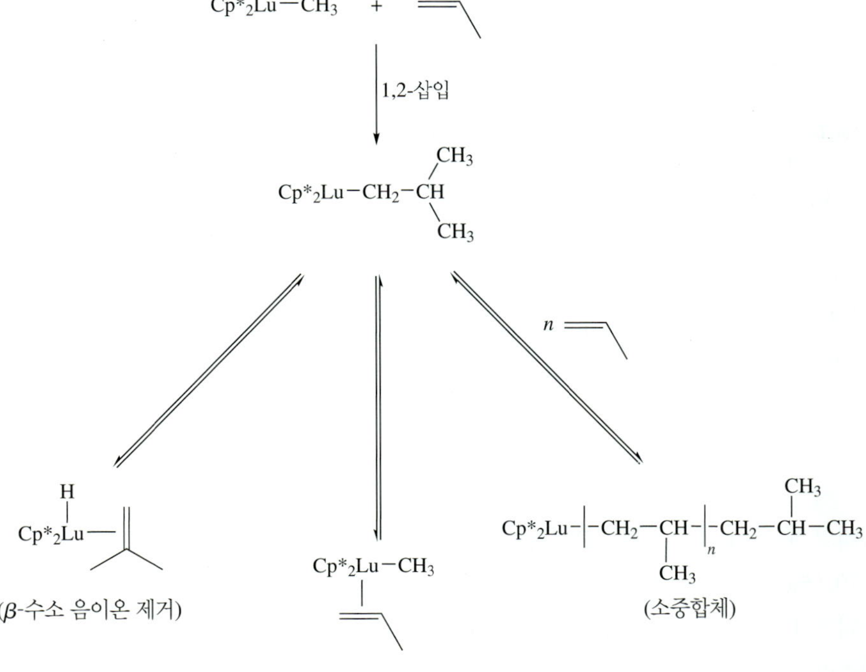

도식 10.14
Lu–C 결합에 프로펜의 삽입 반응

$$D_2C{=}CD_2 + H_2C{=}CH_2 \ (1:1) \xrightarrow{Cp_2(Et)(Cl)Ti/EtAlCl_2\ (\mathbf{42})} CH_3CH_2(CH_2CH_2)_m(CD_2CD_2)_nH \quad m:n = 1:1$$

(다중 수소와 수소 C_2 단위의 불규칙적 배열) **10.27**

기본문제 10-10

화합물 **42**를 촉매로 사용한 중합 반응에서 중수소 동위원소 효과가 나타나지 않는 Grubbs의 관찰이 어떻게 Cossee 메카니즘에 합당하고 Green–Rooney 메카니즘에 맞지 않는지를 설명하시오.

반응속도론적 동위원소 효과가 없음은 Green–Rooney 메카니즘에 대해 반대하는 논의이지만 Cossee 메카니즘의 직접적인 증거는 아니고 역증거일뿐이다. 이후 Grubbs는 독창적인 실험으로 Cossee 메카니즘에 대한 명백한 증거를 제시하였다. 도식 **10.15a**와 **b**는 Grubbs의 실험을 상세히 보여준다. 알케닐티타노센 **43**에 $EtAlCl_2$를 촉매로 첨가하면 Ti–C 결합에 알켄 그룹이 분자내 삽입 반응(반응식 **10.28**)으로 고리화된다. 화합물 **43**과 $EtAlCl_2$의 혼합물에 에텐을 제공하면 말단에 고리를 가진 에텐 소중합체가 생성(반응식 **10.29**)되기 때문에 이 혼합물은 Ziegler–Natta 중합 촉매와 매우 유사하다.

$$Cp_2Ti(Cl)(CH_2)_nCH{=}CH_2 \ \mathbf{43}\ (n = 4 \text{ or } 5) \xrightarrow[\text{2) Bipy/}-100\ ^{\circ}C]{\text{1) }EtAlCl_2/-78\ ^{\circ}C} Cp_2Ti(Cl)CH_2\text{-}cyclo[(CH_2)_n] \ \mathbf{44} \quad \mathbf{10.28}$$

$$Cp_2Ti(Cl)(CH_2)_4CH{=}CH_2 + n\,H_2C{=}CH_2 \xrightarrow[\text{2) Bipy/}-100\ ^{\circ}C]{\text{1) }EtAlCl_2/-78\ ^{\circ}C} Cp_2Ti(Cl)(CH_2{-}CH_2)_n{-}CH_2{-}C_5H_9 \quad \mathbf{10.29}$$

매달린 알켄 그룹은 Ti–C 결합에 직접 알켄 삽입 반응(Cossee 메카니즘, 도식 **10.15a**)이나 α-수소 활성화 메카니즘(Green–Rooney 메카니즘, 도식 **10.15b**)에 의해 Ti 중심에서 반응한다. 실험은 다음의 논거에 따라 속도론적 동위원소 효과뿐만 아니라 입체 화학적 동위원소 효과를 볼 수 있도록 설계되었다.

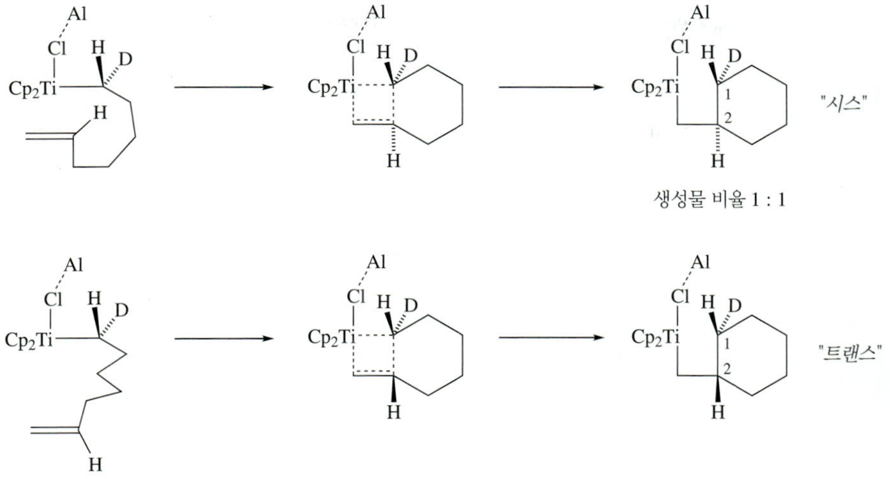

"시스"

생성물 비율 1 : 1

"트랜스"

도식 10.15a
Grubbs의 입체 화학적 동위원소 실험: Cossee 메카니즘

α-제거 반응이 첫 번째 단계로 요구된다면 α-위치의 해리 원소가 H나 D에 따라 차이가 생길 것이다. 생성되는 단일 치환 사이클로헥센은 D에 비해 H의 해리 용이성에 따라 형성될 것이다. *시스* : *트랜스* 비율(*시스*는 1-위치의 D와 2-위치의 H가 *시스*임을 뜻함)이 1:1이 되지 않는다. 한편으로 만약 직접 삽입 반응(Cossee 메카니즘)이 일어난다면 C–H(D) 결합의 끊어짐이 없기 때문에 D나 H 때문에 영향이 없을 것이다. 그러면 *시스* : *트랜스* 비율은 1:1이 된다. 도식 **10.15a**와 **b**는 n = 5인 두 메카니즘에 따른 것이고 가능한 두 α-D 거울상 이성질 중 하나를 위한 것이다.

모든 경우에 Grubbs는 *시스* : *트랜스* 비율이 1:1임을 확인하였고 α-활성화는 알켄의 삽입 반응에 속도나 입체 선택성에 영향이 없음을 보여주었다. 실험 결과는 화학자들이 오랫동안 밝히고자 했던 Ziegler–Natta 중합 반응에 대하여 Cossee 메카니즘의 타당성에 대한 중요한 증거가 되었다. 또한 이 실험은 상호교환 반응과 Ziegler–Natta 중합 반응의 차이를 확실히 보여주며 전자는 M=C 화학이고 후자는 M–C 결합의 화학이다. 이 연구 이후 Grubbs와 다른 연구자들은 촉매 시스템에 따라 약간씩 수정된 Cossee 메카니즘에 증거를 제시하였다. 추가적인 연구는 M–C 삽입 단계 동안이나 그 이전에 α-수소의 아고스틱 상호작용(agostic interaction)을 제시하였다. 도식 **10.16**은 개선된 메카니즘을 보여준다.

예를 들어 Sc–메탈로센 촉매(**45**)를 사용하면 Grubbs의 Ti 시스템에서는 나타나지 않는 속도론적 중수소 동위원소 효과가 나타난다. 만약 삽입 반응이 속도 결

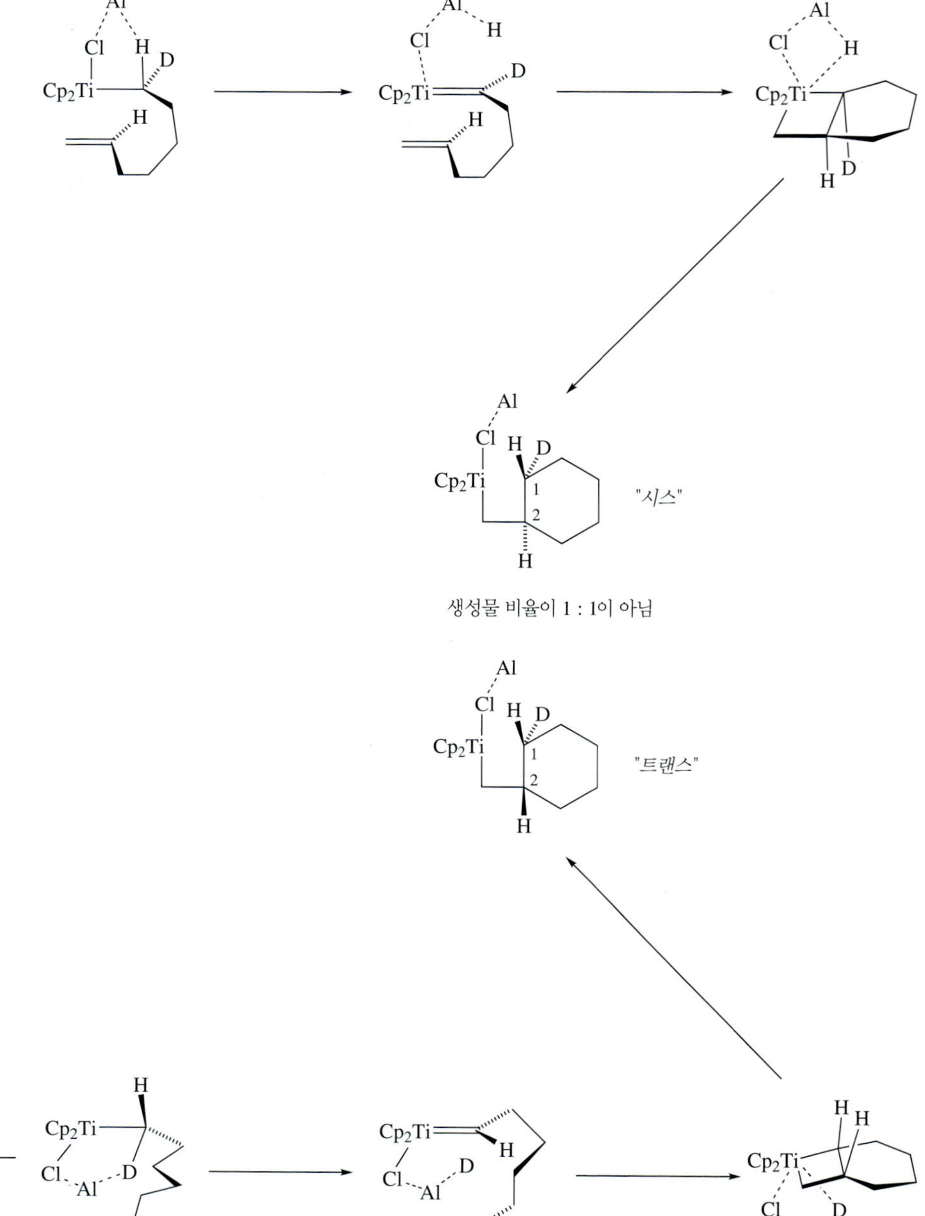

도식 10.15b
Grubbs의 입체 화학적 동위원소 실험: Cossee–Rooney 메카니즘

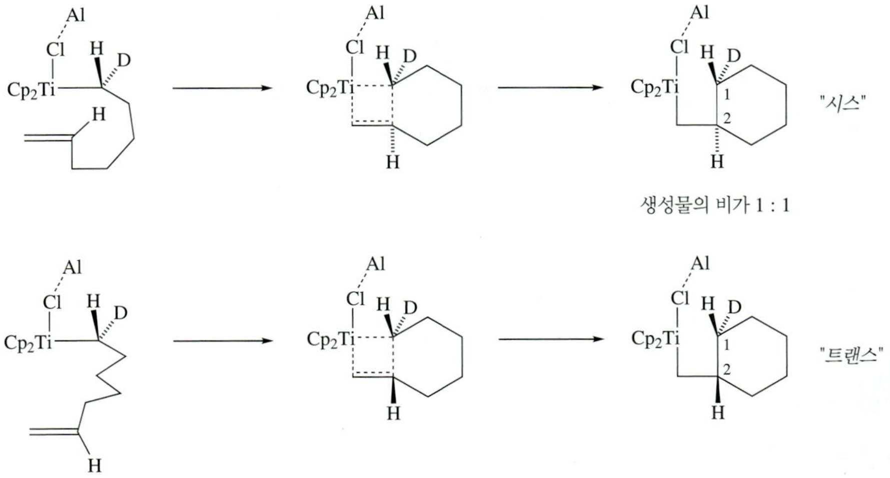

"시스"

생성물의 비가 1 : 1

"트랜스"

도식 10.16
아고스틱 상호작용을 보여주는 개선된 Cossee 메카니즘

정단계이고 전체 중합 속도가 상대적으로 느리면 중수소 동위원소 효과가 분명히 나타난다.

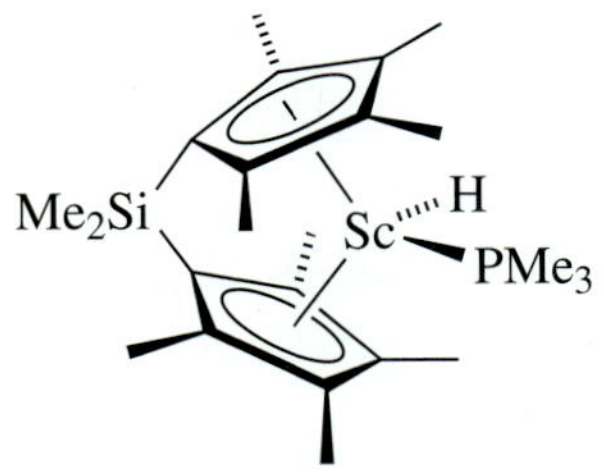

45

10-3-2 Ziegler–Natta 중합 반응의 입체 화학

하나의 치환기만 갖는 알켄의 중합체는 탄소 사슬의 모든 위치가 비대칭 중심이 된다. 예를 들면 프로펜의 Ziegler–Natta 중합 반응은 몇 가지의 가능한 중합체 골격의 입체 배열 즉 *동일 배열*(isotactic), *규칙 배열*(syndiotactic), *규칙적 쌍교대 배열*(heterotactic), *규칙적 짝교대 배열*(hemiisotactic), *혼성배열*(actactic)의 중합체를 생성한다(그림 **10-3**).

동일 배열 중합체의 모든 치환기(매달린 그룹이라 부름)는 동일한 방향으로 배열하고, 규칙 배열 중합체의 매달린 그룹은 교대로 방향이 바뀌면서 배열되고, 규칙적 쌍교대 배열 중합체의 매달린 그룹은 짝을 지어 교대로 배열되며, 규칙적 짝교대 배열은 치환기를 하나 건너 동일한 입체 화학을 가지지만 사이에 있는 치환기는 무작위 배향을 가진다. 혼성 배열 중합체의 매달린 그룹은 중합체 사슬 전체에 무작위로 배열되어 있다(일반적이고 잘 연구된 입체 화학은 동일 배열과 규칙적 교

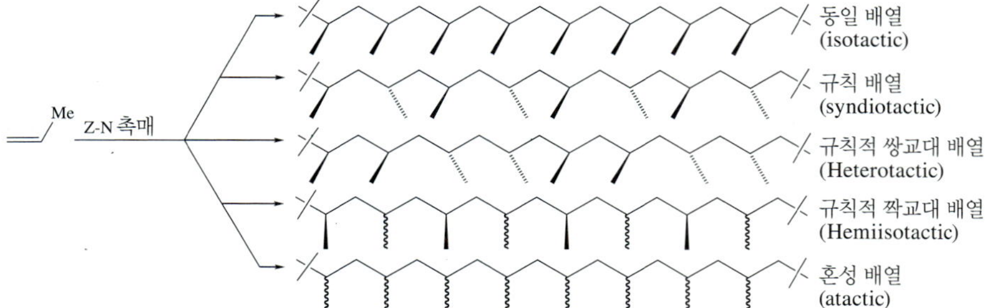

그림 10-3
프로펜 또는 1-알켄의 Ziegler-Natta 중합으로 가능한 중합체의 입체 화학

대 배열이다). 이 모든 배열 종류의 PP는 합성되었고 기계적 특성이 모두 다르다. 매달린 그룹의 변화와 입체 규칙성의 변화로 수백 가지의 알켄 중합체가 가능하다. Natta에 의한 동일 배열 PP의 첫 발견 이후에 특정 입체성을 갖는 중합체를 합성할 수 있는 촉매 개발이 시작되었다.

그러나 오늘날에도 다른 촉매 시스템으로부터 어떻게 다른 입체 화학이 결정되는지 특히 불균일 촉매하에서는 분명하지 않다. 보통 Ti–Al 촉매를 사용하면 동일 배열과 혼성 배열 PP가 얻어지고 반면 VCl_4–$AlEt_2Cl$ 촉매를 사용하면 주로 규칙 배열 중합체가 얻어진다.

메탈로센 촉매가 발견되었을때 Ziegler–Natta 촉매의 개발에 많은 진전이 있었다. 독립된 단일 활성화 자리를 가진 앞 전이금속 메탈로센이 합성되고 확인되었다. 이들은 산업적 응용뿐만 아니라 Ziegler–Natta 촉매 반응의 메카니즘과 입체 화학적 요인에 대한 연구에 매우 유용하다. 모든 전이금속의 궤도함수를 포함하는 고차원 DFT–MO의 발전으로 Ziegler–Natta 촉매 반응을 통한 입체 화학적 결과를 이해하고 Cossee, Green과 Rooney 및 Grubbs의 메카니즘 연구를 증명하기 위해 메탈로센 촉매와 수반되는 중합 과정이 쉽게 설명되고 있다.

예를 들면, 견고한 고리형 π 리간드를 갖는 Zr 착화합물과 메틸알루미늄옥산 ($[Al(CH_3)–O]_n$, MAO)의 혼합물 균일 촉매를 Ziegler–Natta 중합 반응하면 입체적으로 일정한 배열의 중합체가 얻어진다. MAO는 Zr의 Cl 리간드를 CH_3로 반응기 내에서 치환하는 시약이다. 반응식 **10.30**은 키랄과 에테인 가교, *비스*-테트라수소인데닐 Zr 착화합물 **46**을 촉매로 사용하여 동일 배열 PP의 합성을 보여준다.

n Me — Zr Cl Cl / MAO, **46** → **10.30**

반응식 **10.31**과 같이 규칙 배열 중합체는 Cp–플로레닐 Zr 착화합물 **47**을 촉매로 사용하면 얻어진다. 착화합물 **47**은 두 개의 사이클로 π 리간드를 양분하는 대칭면을 갖고 있지만 **46**은 대칭면이 없고 C_2 대칭인 키랄 분자이다.

X = C, Si

47

MAO

10.31

다른 메탈로센 착화합물이 촉매의 대칭성에 연관하여 중합체의 입체 규칙성이 어떻게 조절되는지를 이해하려는 엄청난 노력이 있었다. 이것을 이해하기 위해서는 금속으로 프로펜의 접근에 대한 입체 화학적 가능성을 주시해야 한다. 그림 **10-4**는 4가지 선택을 보여준다. 이 선택은 *re*-일차, *si*-일차, *re*-이차, *si*-이차로 분류된다. *re*와 *si*는 프로펜 C=C 결합의 면을 기준으로 정해지고 그림 **10-4**은 *si*와 *re*의 차이를 상세히 보여준다. 일차와 이차는 중합체 사슬이 금속에 결합된 일차 탄소를 성장하는지 이차 탄소를 성장(그림 **10-5**)하는지에 따라 결정된다. 메탈로센 촉매의 입체 장애를 낮추는 관점에서 보면 일차 접근이 쉬워 보인다.

금속으로 알켄의 상이한 접근 방법의 이해에 근거하여 알켄이 동일한 거울상면 (*re* 또는 *si*)으로 반복적으로 삽입되면 동일 배열 중합체가 형성되고 알켄의 배위가 규칙적으로 교대되어 금속 거울상면에 교대로 삽입(*re*-, *si*-, *re*-, *si*,...)되면 규칙적 교대 배열 중합체가 생성된다. 도식 **10.17**는 착화합물 **47**의 구조와 유사한 Zr

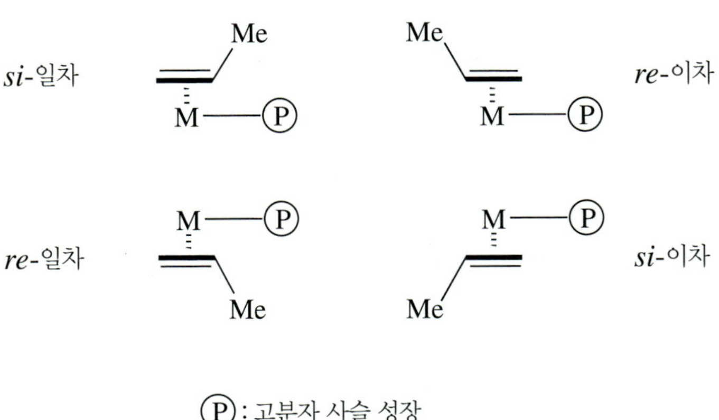

그림 10-4
금속쪽과 중합체 사슬 성장에 관한 선구 키랄성 프로펜의 접근과 삽입 형태

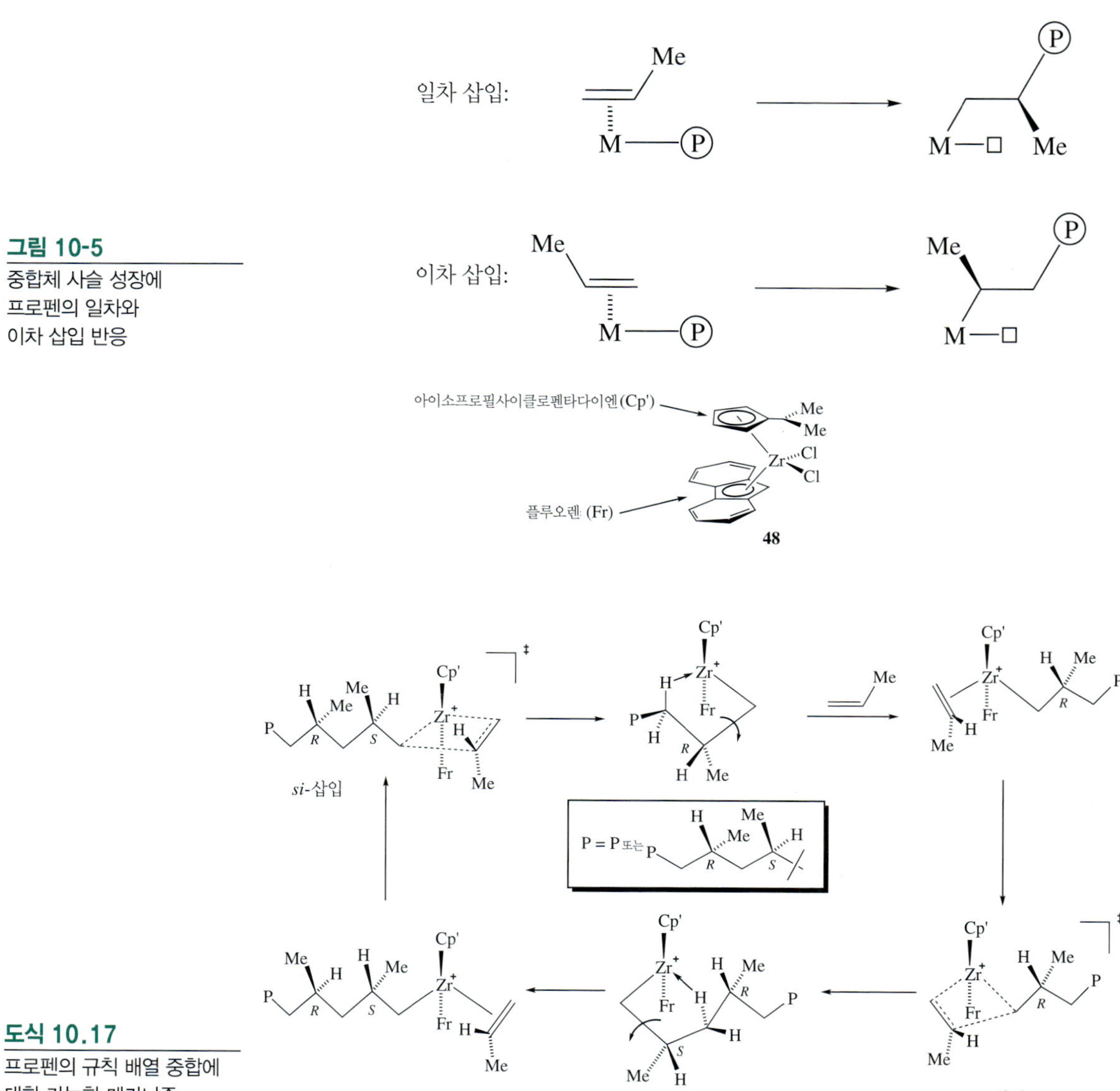

그림 10-5
중합체 사슬 성장에 프로펜의 일차와 이차 삽입 반응

도식 10.17
프로펜의 규칙 배열 중합에 대한 가능한 메카니즘

메탈로센 **48**의 촉매에 대한 중합 반응으로 규칙 배열의 단론을 제공하는 메카니즘을 보여준다. 동일배열 중합체는 성장하는 중합체 사슬의 입체적 복잡성과 금속 촉매의 거울상면의 영향에 기인하여 생성된다.

금속메탈로센 Ziegler–Natta 촉매를 사용한 중합 반응은 산업적 규모의 중합체 생산에 활용되고 있다. 한 가지 응용은 중합체 사슬의 여러 위치에 짧은 가지를 갖는 선형 중합체인 선형 저밀도 폴리에틸렌(mLLDPE)의 생산이다. 사슬 전이나 뒷공격의 라디칼 메카니즘보다는 1-뷰텐, 1-펜텐과 1-헥센과 에텐의 Ziegler–Natta 공중합에 의해 짧은 가지의 중합체가 형성된다. 따라서, 한 가지 이상의 단량체가 존재하는 경우가 아닐 때는 선형 중합체를 위한 공정이다. 필름이나 포장제로 저밀도 PE보다 우수한 특성을 지닌 선형 저밀도 PE를 생산하기 위해 오일이나 석유화학 회사들이 많은 투자를 하고 있다.

기본문제 10-11

반응식 **10.30**과 **10.31**에 서술된 변형을 사용하여 **49** (**46**의 *메조* 형태)가 **46**의 한 거울상이성질 대신에 조촉매(co-catalyst)로 사용될 때 어떤 입체화학이 예상되는가를 설명하시오.

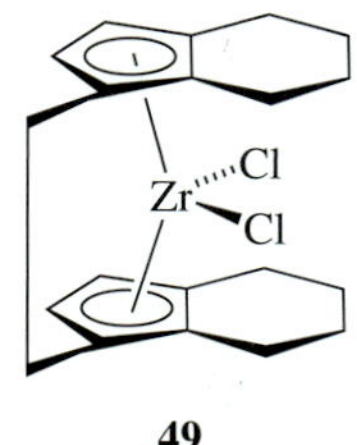

49

10-3-3 뒷 전이금속 착화합물에 의한 촉매 중합 반응

과거 15년 이상, 유기금속화학의 가장 활발한 연구 분야는 에텐과 1-알켄의 중합 반응을 위한 뒷 전이금속 촉매를 개발하는 것이었다. 에텐의 소중합 반응에 Ni 화합물 촉매를 사용하는 SHOP 공정을 보았다. 이 공정을 고분자량 중합체 합성에 응용하는 것은 몇 가지의 장점을 갖고 있다: (1) Ziegler–Natta 촉매와는 달리 뒷 전이금속(late transition metal) 촉매는 단량체에 산소나 질소 작용기에 영향을 받지 않는다. 따라서 라디칼 촉매를 사용하여 상업적으로 유용한 물질인 아크릴 에스터나 비닐아세테이트의 공중합체는 뒷 전이금속 촉매로 합성될 수 있다. (2) 뒷 전이금속 촉매는 Ziegler–Natta 촉매와 달리 공기와 수분이 존재해도 반응이 진행된다. (3) 라디칼 촉매를 사용하는 반응에서 필요한 고온, 고압 대신 활성이 매우 좋은 뒷 전이금속 촉매를 사용하면 온화한 조건에서도 에텐의 중합 반응이 진행된다.

활성이 매우 좋은 Ni 양이온과 Pd 촉매를 개발하여 1995년에 보고한 Brookhart와 공동연구자들의 업적으로 뒷 전이금속 촉매의 사용이 활성화되었다. 이들 화합물은 고분자량의 에텐 중합체를 위한 촉매일 뿐만 아니라 몇 가지 이유 때문에 다음의 목적에 적합하다: (1) 무른 양이온 금속 중심은 π-결합이 잘 결합되고 1, 2-삽입 과정이 쉽게 일어나는 충분한 친전자성이다. (2) 공간적으로 복잡한 다이이민 리간드 때문에 뒷 전이금속 알킬 리간드에서 잘 일어나는 β-제거 반응이 일어나지 않는다. (3) 비결합이나 약한 결합의 리간드 때문에 에텐의 결합이 용이해진다. 착화합물 **50**, **51** 및 **52**는 이런 종류의 촉매나 촉매 전구체이다(MAO 또는 Na[B(ArF)$_4$]는 배위 공간을 만들기 위해 할로겐 리간드를 제거한다. 여기서 Ar_F는 3,5-비스(트리플루오르메틸)페닐의 약자이다).

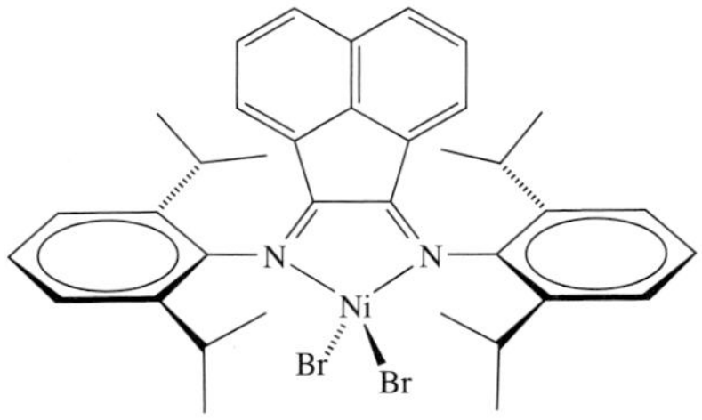

50

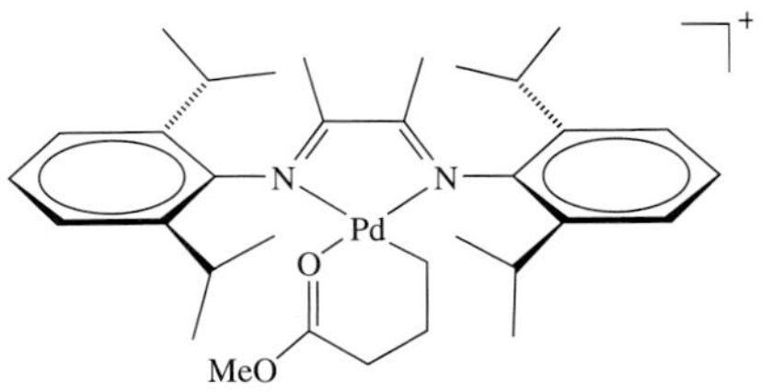

51

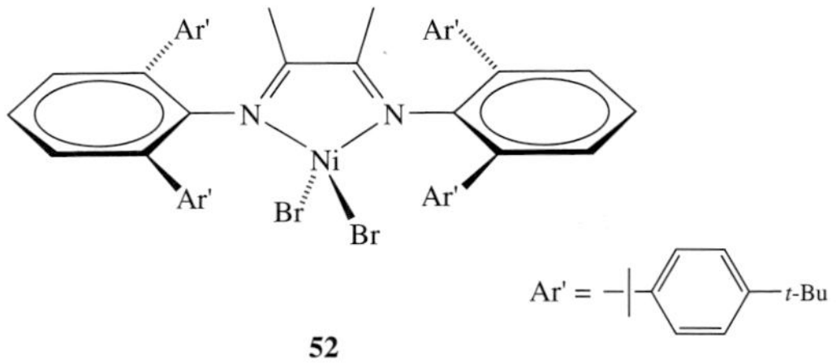

Ar' = —⟨⟩—t-Bu

52

도식 **10.18**은 금속에 배위하고 난 후 1,2-삽입 과정이 일어나는 중합 반응의 타당한 메카니즘을 보여준다. 실제로 고분자량의 중합체가 합성될 때까지 두 단계는 연속적일 것이다. 만약 사슬 이동이 일어나면, 사슬 성장은 멈출 것이다. 도식 **10.19**는 타당하지만 실험적으로는 구별되지 않는 사슬 이탈에 대한 두 가지 가능한 메카니즘을 보여준다. 두 경우 모두 리간드의 입체적 장애가 이동 과정을 방해하는 것으로 여겨진다.

α-올레핀 역시 Ni 또는 Pd 촉매하에 중합되고 이 중합체의 물성은 Z–N 중합 반응에 의해 생성된 중합체의 물성과 매우 다르다. 그래서 Ni 또는 Pd 촉매를 사용하는 α-올레핀이나 에텐의 중합 반응은 산업적으로 중요성이 없다. 한편으로는 이런 과정의 용도에 대하여 산업과 학문적으로 진지하고 유용한 합동 연구가 있었다.

도식 10.18
리간드 교환 뒤
β-수소 제거 과정

기본문제 10-12

에텐 중합에서 가지 달기는 "사슬 이동(chain migration)" 과정을 통해 Ni과 Pd 촉매에 의해 촉진된다. β-제거 과정과 2,1-삽입 과정이 연속적으로 중합체 사슬의 성장 방향으로 금속이 이동하면서 일어난다. 이 과정의 정지는 가지가 달리도록 중합체 사슬을 따라 금속이 접촉되는 점으로부터 연속적으로 1,2-삽입 과정이 일어나도록 한다. 3개의 에틸렌 분자의 가지가 형성되는 메카니즘을 보이시오.

흥미롭게도 에텐의 압력이 증가함에 따라 가지의 양이 감소한다. 그 이유를 설명하시오.

산업적으로 유용한 응용성을 갖는 재료의 쉬운 생산을 장차 이 공정이 산업적으로 활용될 수 있는 것을 암시한다.

10-4 σ 결합 상호교환 반응

제6장(**6-2-1**절)에서 합성이나 경제적으로 중요성을 갖는 금속 중심에 C–H, C–C와 H–H의 산화성 첨가와 같은 비극성 결합의 활성화에 대해 논의하였다. C–H 활성화를 보여주는 한 가지 방법은 반응식 **10.32**과 같이 교환 반응을 통해서 일어난다.

$$L_nM-R \quad + \quad H-R' \longrightarrow L_nM-R' \quad + \quad H-R \qquad \textbf{10.32}$$

그러한 반응에 대하여 여러 가지 메카니즘이 제안되었고, 도식 **10.20**에 묘사되었다.

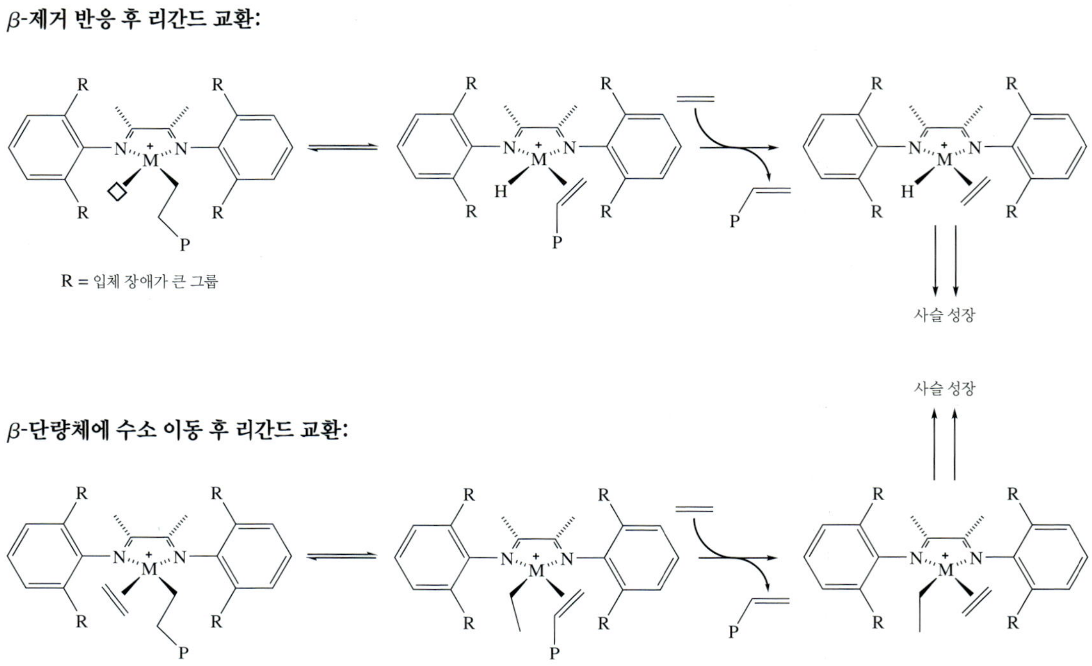

β-제거 반응 후 리간드 교환:

R = 입체 장애가 큰 그룹

사슬 성장

사슬 성장

β-단량체에 수소 이동 후 리간드 교환:

도식 10.19

리간드 교환 뒤 단량체로 β-수소 이동 과정

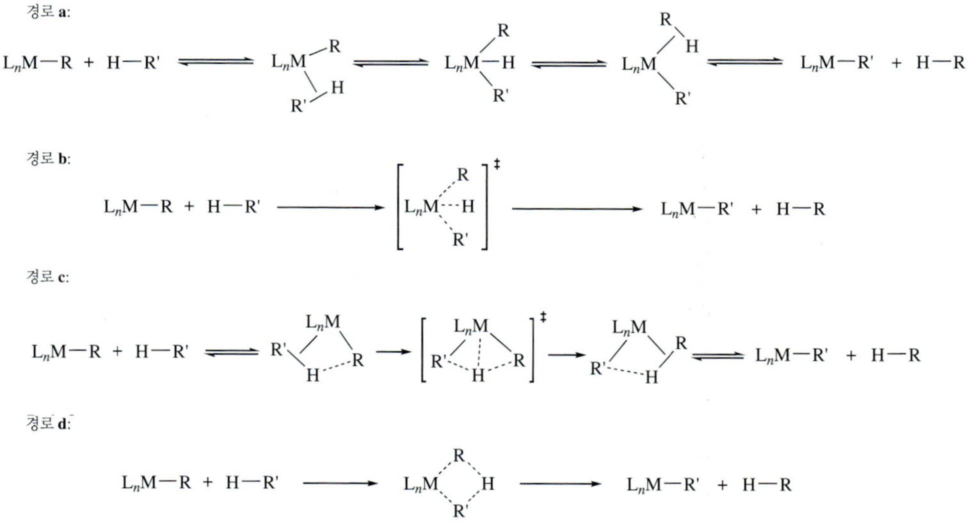

경로 **a**:

$L_nM-R + H-R' \rightleftharpoons L_nM(R)(H-R') \rightleftharpoons L_nM(R)(H)(R') \rightleftharpoons L_nM(R')(H-R) \rightleftharpoons L_nM-R' + H-R$

경로 **b**:

$L_nM-R + H-R' \longrightarrow [L_nM(R)(H)(R')]^{\ddagger} \longrightarrow L_nM-R' + H-R$

경로 **c**:

$L_nM-R + H-R' \rightleftharpoons \longrightarrow [\;]^{\ddagger} \longrightarrow \rightleftharpoons L_nM-R' + H-R$

경로 **d**:

$L_nM-R + H-R' \longrightarrow L_nM(R)(H)(R') \longrightarrow L_nM-R' + H-R$

도식 10.20

C–H 활성화 메카니즘

경로 **a**는 제6장에서 보았듯이 전통적인 산화성 첨가–환원성 제거(OA–RE)과정으로 중기 또는 뒷 전이금속에서 일어나며 금속은 낮은 산화 상태에 있다. 경로 **b**는 생성물로 재배열되기 전에 금속의 배위수나 산화 상태가 증가되어 생성물이 한 단계로 생성되는 메카니즘을 보여준다. 경로 **c**에서는 σ-착화합물-도움 상호교환 반응(σ–complex–assisted metathesis : σ-CAM)이라 부르는 메카니즘을 보여준다. 이 경로는 독립된 중간체의 존재가 요구되고 금속의 산화 상태가 변하지 않는다. 경로 **d**는 4원자 전이상태를 거치는 단일 경로로, 금속의 산화 상태는 변하지 않는다. σ-결합 상호교환 과정(σ-bond metathesis: SBM)이 부르며, 이 마지막 경로는 산화성 첨가가 일어나지 않는 d^0의 앞 전이금속, 란탄족과 악티늄족에서 일어나기 쉽다. 과거 20년 동안 SBM뿐만 아니라 다른 C–H와 C–C 결합 활성화에 대한 관심 때문에 **a**와 **b** 경로로 반응식 **10.32**과 같은 교환 반응이 진행된다는 가능성이 제기 되었다.

아래의 반응(반응식 **10.33**)은 실제로 경로 **b**로 일어나는 것이 분명하지 않지만 DFT를 활용한 이론적 분석(PR_3=PH_3)은 도식 **10.20**에서 보여준 전이상태를 거쳐 단일 단계 OA 경로가 타당함을 보여준다.

$$Tp(PH_3)M(CH_3)(\eta^2\text{-}H\text{–}CH_3) \longrightarrow Tp(PH_3)M(CH_3)(\eta^2\text{-}H_3C\text{–}H)$$

M = Fe, Ru

10.33

반응식 **10.34**에서 보여주는 형태의 반응을 Hartwing이 연구하였고 DFT를 활용하여 이론적 분석을 하였다. 알케인과 아렌의 붕소화 반응에 타당한 설명을 경로 **c**를 통한 σ-CAM 메카니즘이다.

$$Cp^*(CO)_2Fe\text{–}Bcat \xrightarrow[h\nu]{\text{pentane}} Cp^*(CO)_2Fe\text{–}H + CH_3(CH_2)_4\text{–}Bcat$$

10.34

이 절의 나머지에서는 활발한 연구 분야인 SBM를 집중 논의한다. 앞 전이금속, 란탄족과 악티늄족 원소의 전자 부족 상태에도 불구하고 반응식 **10.32**과 같은 교환 반응 형태를 d^0f^n착화합물과 수소 분자의 H–H, 알케인과 알켄과 아렌의 C–H 결합과의 반응을 몇몇 연구 그룹에서 보고하였다. 앞, 중기, 뒷 전이금속 착화합물이 관련된 SBM의 여러 보기가 지난 20년 이상 동안 화학문헌에 나타났으며,

이 반응이 이미 논의한 산화성 첨가, 환원성 제거와 또 다른 유기금속 화합물 변형의 추가적인 기본 형태로 생각되어지고 있다.

SBM이 π-결합 상태와는 달리 2 + 2 고리화 첨가 반응이라 생각하는 올레핀 상호교환 반응처럼 SBM에서는 4원자 고리 중간체의 형성이 불필요하다. 실제로 이론적으로 연 모양(kite-shaped)의 4원자-4전자 전이상태가 반응 과정에 나타난다. 보통 유기 반응에서 σ 또는 π 결합이 포함되는 2 + 2 고리화 첨가 반응은 열적 반응 조건에서는 일어나지 않는다. *s*와 *p* 궤도함수뿐만 아니라 *d*와 *f*(란탄족과 악티늄족) 궤도함수를 활용하는 금속 화합물은 단독 또는 협력으로 유기금속 상호교환 반응을 가능하게 한다. 그림 **10-6**은 반응물, 전이상태와 생성물의 분자 궤도함수가 낮은 에너지의 전이상태와 어떻게 연관되어 있는지를 보여준다. 점유 궤도함수, 협동적 열적 반응을 위하여 반응 경로를 따라 지속적인 결합이 형성된다. 전이상태의 β-위치로 알려진 연(kite)의 가장 먼 오른쪽 또는 꼭짓점 위치에 어떻게 수소가 위치하는지를 인지하라. 이는 그 위치에서 요구되는 각 겹침을 잘 수용하기 위해 수소의 *s* 궤도함수가 구형이기 때문이다. 이 위치에 탄소가 있다면 활용할 궤도는 특정 방향의 점으로 향할 것이므로 연의 옆 위치(제6장에서 C–H와 C–C 활성화에 대한 논의 참조)에 있는 다른 궤도함수와 원만하게 겹칠 수 없다.

Beraw는 1987년에 "σ-결합 상호교환 반응(σ bond metathesis)"이라는 용어를 처음 만들었다. 일반적인 반응에 대하여

$$Cp^*_2Sc{-}R' + R{-}H \longrightarrow Cp^*_2Sc{-}R + R'{-}H,$$

그는 반응성 순서가 R = R′ = H >> R = H, R′ = 알킬 >> R–H = *sp* C–H, R > 알킬 > R–M = sp^2 C–H, R′ = 알킬 > R–H = sp^3 알킬, R′ = 알킬임을 발견하였다. 이 경향은 예측되는 결합 에너지에 기인하는 것으로 설명할 수 있다. σ 결합의 s성분이 강할수록 반응성이 크다는 연관성이 있다. 반응식 **10.35**와 **10.36**은 d^0Sc–알킬 착화합물을 나타낸다.

$$Cp^*_2Sc{-}CH_3 \;+\; \underset{sp^2}{Ph{-}H} \xrightarrow[80\,^{\circ}C]{} Cp^*_2Sc{-}Ph \;+\; CH_4 \qquad \textbf{10.35}$$

$$Cp^*_2Sc{-}CH_3 \;+\; \underset{sp}{H{-}C{\equiv}C{-}H} \xrightarrow[<0\,^{\circ}C,\ \text{빠름}]{} Cp^*_2Sc{-}C{\equiv}C{-}CH_3 \;+\; CH_4 \qquad \textbf{10.36}$$

$$Cp_2Sc{-}CH_3 \;+\; H{-}R \longrightarrow Cp_2Sc{-}R \;+\; H{-}CH_3$$

R = 알킬

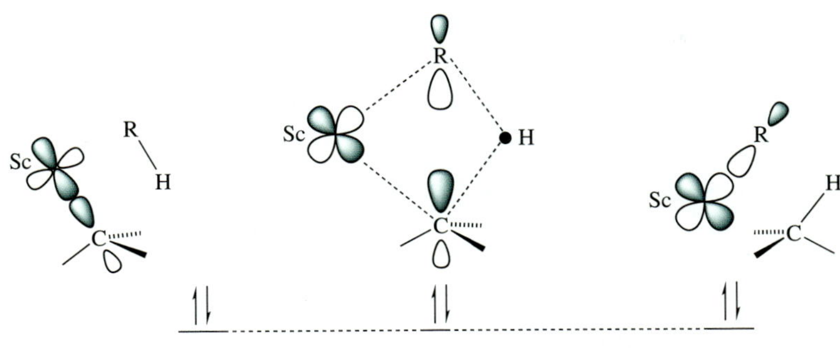

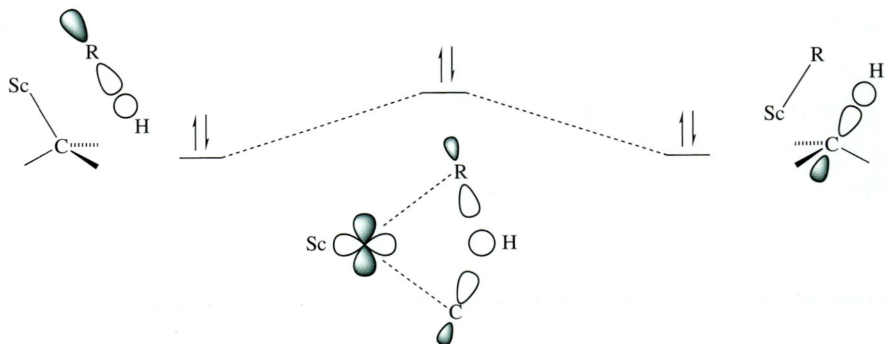

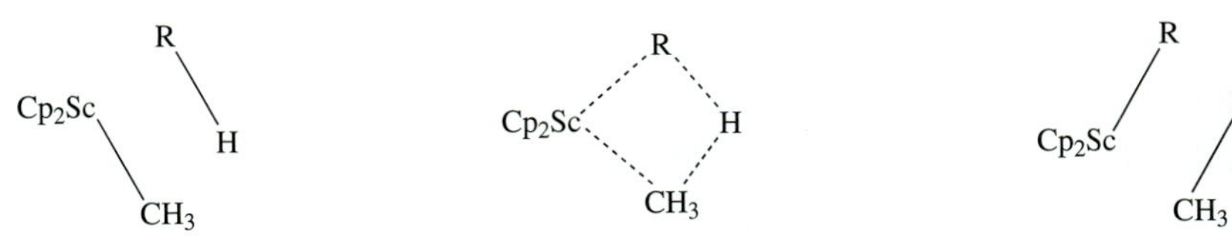

그림 10-6
σ 결합 상호교환 반응에 대한 분자 궤도함수 상관도

기본문제 10-13

어떤 알카인은 M–C 삽입뿐만 아니라 상호교환 반응을 일으킨다. 다음 변환에 대한 메카니즘을 제시하시오.

$$Cp^*_2Sc{-}C{\equiv}C{-}Me + 2\ H{-}C{\equiv}C{-}Me \longrightarrow Cp^*_2Sc{-}C{\equiv}C{-}Me + H_2C{=}C(Me){-}C{\equiv}C{-}Me$$

[힌트 : 반응은 두 단계로 진행된다.]

SMB도 반응식 **10.37**처럼 분자간 반응으로 진행된다.

10.37

알켄 중합 반응에서 SBM은 또 다른 흥미로운 연구 분야이다. 비록 Z–N 중합에서 사슬 성장은 M–C 결합에 1,2-삽입 과정으로 이루어지지만 사슬 종결은 SBM에 의해 이루어진다. 예를 들면 H_2가 Lu–알킬과 반응식 **10.38**과 같이 반응하는 것을 관찰하였다. 이 반응은 분명히 SBM이고 H_2가 알켄 중합체의 사슬 길이를 제한할 때 실제로 일어나는 좋은 예가 된다.

$$\mathrm{Cp^*_2Lu{-}(CH_2\underset{\displaystyle R}{\underset{|}{C}}H)_nR'} \xrightarrow{H_2} \mathrm{Cp^*_2Lu{-}H} + \mathrm{H{-}(CH_2\underset{\displaystyle R}{\underset{|}{C}}H)_nR'}$$ **10.38**

기본문제 10-14

β-제거 과정과 수소 분자의 첨가뿐만 아니라 Z–N 중합 반응 동안 사슬 길이를 제한하는 다른 메카니즘은 사슬 이전(도식 **10.13a** 참조)이다. 이 과정에서 단량체 또는 다른 독립된 중합체 사슬과 위치를 바꾸면서 성장하는 중합체가 중심 금속에서 떨어진다. 이 현상을 설명할 수 있는 SBM이 포함된 메카니즘을 제시할 수 있는가? 설명하시오.

수소화 실리콘 화합물도 SBM이 일어난다. 반응식 **10.39a**와 **10.40**은 최근의 연구 결과이다. 두 번째 보기에서는 입체적 장애를 지닌 수소화 실리콘 화합물이다.

$$\mathrm{Cp^*_2Sc{-}CH_3} + \mathrm{PhSiH_3} \longrightarrow \mathrm{Cp^*_2Sc{-}H} + \mathrm{PhSi(CH_3)H_2}$$ **10.39**

$$\mathrm{Cp^*_2Sc{-}CH_3} + \mathrm{2,4,6\text{-}Me_3C_6H_2{-}SiH_3} \longrightarrow \mathrm{Cp^*_2Sc{-}SiH_2(2,4,6\text{-}Me_3C_6H_2)} + \mathrm{CH_4}$$ **10.40**

$$Cp_2ScSiH_3 + CH_4 \longleftarrow \left[Cp_2Sc \cdots SiH_3 \cdots H \cdots CH_3 \right]^{\ddagger} \longleftarrow Cp_2ScCH_3 + SiH_4 \longrightarrow \left[Cp_2Sc \cdots H \cdots SiH_3 \cdots CH_3 \right]^{\ddagger} \longrightarrow Cp_2ScH + H_3SiCH_3$$

도식 10.21
$Cp_2ScCH_3 + SiH_4$의 SBM로부터 두 가지 생성물

DFT 계산은 두 경우에 포함된 4원자 전이상태의 존재를 암시하지만, 전이상태는 두 다른 생성물을 주기 위해 상이해야 한다. 반응식 **10.21**에 보여준 간단한 반응에 대하여 DFT 계산은 두 다른 생성물의 생성을 위한 두 전이상태(구조 **53**과 **54**)의 에너지가 비슷함을 보여준다.

기본문제 10-15

반응식 **10.39**와 **10.40**에서 보여준 두 다른 생성물에 대해 재조사하고, 그 차이를 설명하시오.

중간체로 카벤 착화합물이 연관된 상호교환 반응은 유용한 산업적 응용성을 갖고 있으며 생물학적 중요성을 가진 수많은 분자를 합성하는데 중요한 역할을 한다. 상호교환 중합 반응으로 특수한 물리적 화학적 성질을 가진 소재를 얻을 수 있다. Ziegler–Natta 촉매에 의해 입체 규칙적 중합체가 생성될 때 금속–카벤 착화합물이 포함되지 않지만 이런 형태의 중합 반응에 수반되는 경로는 앞 메카니즘 연구를 통하여 금속–카벤의 생성과 관련이 있다. 제10장의 마지막 부분은 특별히 앞 전이금속에 포함된 σ M–C 결합이 다른 σ 결합과 반응하는 또 다른 형태의 상호교환 반응을 보여준다. σ 결합 상호교환 반응은 산화성 제거와 1,2-삽입 과정과 함께 기본적인 유기금속 반응의 한 형태로 자리 잡고 있다.

[연습 문제]

10-1 아래 변형을 설명할 수 있는 메카니즘을 제시하시오. 다른 시약은 사용하지 않음에 유념하시오.

$$(CO)_5Cr{=}C(Ph)O{-}CH_2CH_2CH{=}CH{-}OMe \longrightarrow (CO)_5Cr{=}C(H)OMe + \text{2-phenyl-4,5-dihydrofuran}$$

10-2 Grubbs 2세대 촉매(**10-1-2**절 구조 **24**)를 사용한 아래의 변형에 대한 메카니즘을 제시하시오.

10-3 Schrock 촉매 **D**를 사용한 노보넨의 ROMP는 벤즈알데하이드의 첨가로 중지되는 리빙 중합 반응이다. 한쪽 끝은 CH=CH–Ph와 다른 끝은 CH=CH–*t*-Bu를 갖는 중합체가 생성되고 부산물로 산화 텅스텐 화합물이 얻어진다. 중합의 종말 단계에 대하여 설명하시오.

10-4 금속 함유 사이클로뷰타다이엔은 알카인 상호교환 반응의 중간체로 여겨진다. 그들은 일반적으로 금속과 알킬 기로부터 유도되는 것으로 여겨진다.

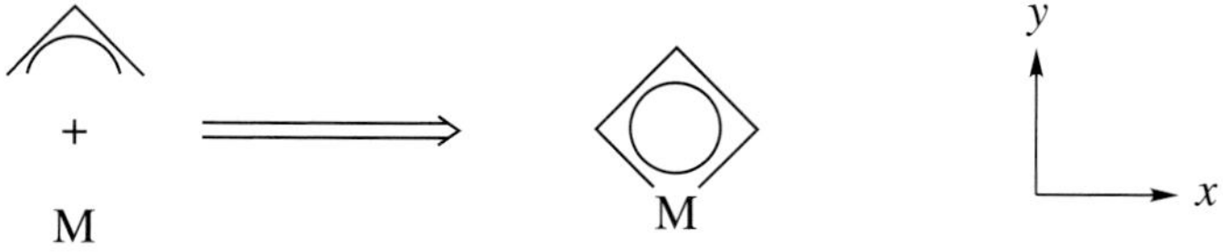

a. 알킬 기의 π-궤도함수를 그리고, 이 궤도함수들의 상대적 에너지 준위를 함께 표시하시오.

b. 각 π-궤도함수에 대하여 상호작용하기에 적당한 금속의 궤도함수를 결정하라.

c. 말단 탄소와 강한 σ-결합을 할 수 있는 금속의 궤도함수는 어느 것인가?

10-5 Ni-촉매를 사용하여 에텐의 소중합체를 합성하는 SHOP 공정의 첫 단계 동안 타당한 촉매 순환도를 제시하시오. 촉매 활성종은 L(X)Ni–H이다.

10-6 폴리아세틸렌 합성은 견고한 콘쥬게이션 이중 결합 때문에 유기 전도체가 될 수 있어, 고분자 화학자와 재료 화학자들의 큰 관심사이며, 두 가지의 접근 방법은 다음과 같다. 두 방법에서 폴리아세틸렌이 합성되는 메카니즘을 제시하시오. 또한 부산물 **E**와 **F**의 구조를 예측하시오.

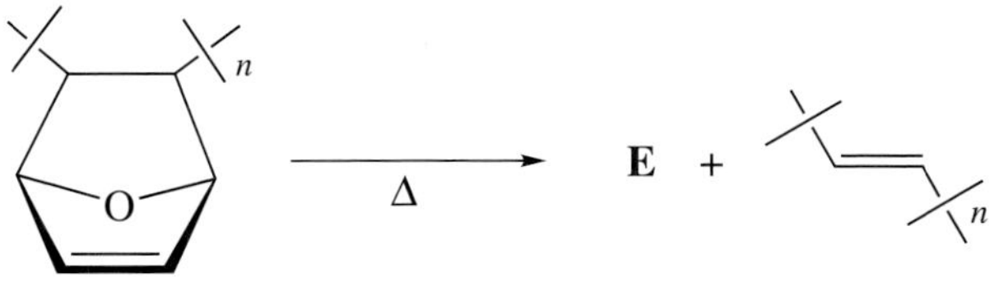

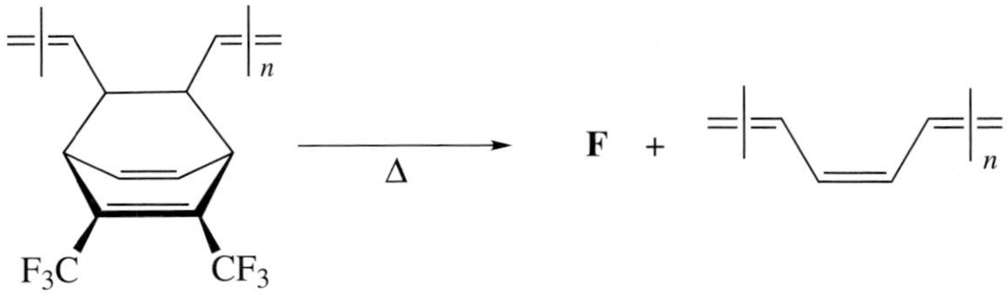

Δ → **E** + (polyacetylene)$_n$

F_3C CF_3 Δ → **F** + (polymer)$_n$

10-7 아래의 변환에 대해 생각해보시오.

$$2\ \text{Ar–C}\equiv\text{N} + \text{Et–C}\equiv\text{C–Et} \longrightarrow \text{Ar–C}\equiv\text{C–Ar} + 2\ \text{Et–C}\equiv\text{N}$$

Ar = *p*-methoxyphenyl

사용하는 촉매는 W 착화합물 **H**이다. 생성물과 전체의 화학량론을 설명할 수 있는 반응 메카니즘을 추정하시오.

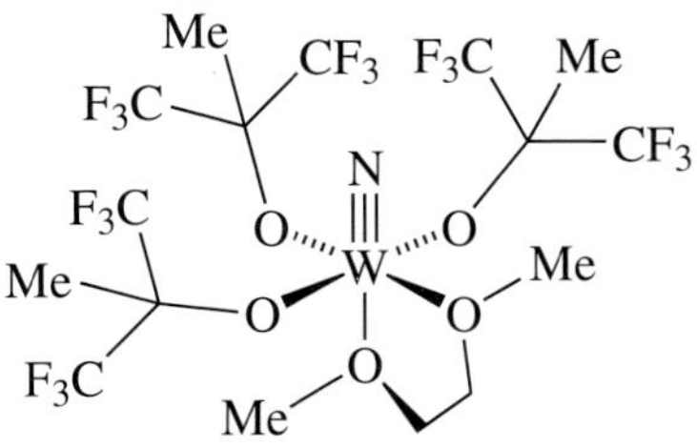

Me, CF_3, F_3C, Me, F_3C, CF_3, N, F_3C, O, W, O, Me, Me, O, O, F_3C, O, Me

H

10-8 말단 다이엔(α,ω-다이올레핀)은 ADMET 중합 반응에 사용된다. 아래 도식은 Shell 오일회사에 의해 특허 등록된 여러 공정을 보여준다. FEAST(고급 Shell 기술의 장래 개척)는 대부분 상호교환 반응인 이들 반응을 완성하였다. 촉매로 일반적인 카벤 촉매, LnM=CRR을 사용한다고 가정하고 반응 화살표 근처 별표로 표시한 변형에 대한 메카니즘을 예측하시오.

$H_2C{=}CH_2$ $H_2C{=}CH_2$ * n H_2 * $3\ H_2C{=}CH_2$ $H_2C{=}CH_2$ * $2\ H_2$ $H_2C{=}CH_2$

10-9 Tp–Ru 착화합물을 포함하는 C–H 결합 활성화 반응에서, 치환기 X가 전자 주는 기에서 전자 당기는 기로 변화됨에 따라 반응속도가 증가한다. 이 반응의 연구자는 SBM과 유사한 메카니즘 대신에 전통적인 OA–RE 메카니즘으로 규정하였다. 이 연구자들은 왜 이런 결론을 내렸는가? 그 이유를 설명하시오.

Tp Ph–X Tp Tp Me_3P Ru $NCCH_3$ Me CH_3CN Me_3P Ru Me X Me_3P Ru X + Me–H

10-10 Sc–Me가 125 °C에서 C_6D_6와 반응할 때 CH_3D, CH_4, **I** 및 **J**가 1:1:1:1의 혼합물로 얻어졌다. 이를 설명하시오.

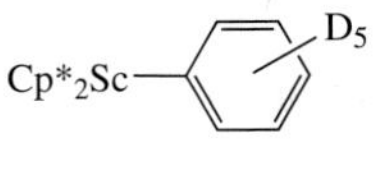

$Cp^*_2Sc-C_6D_5$

I

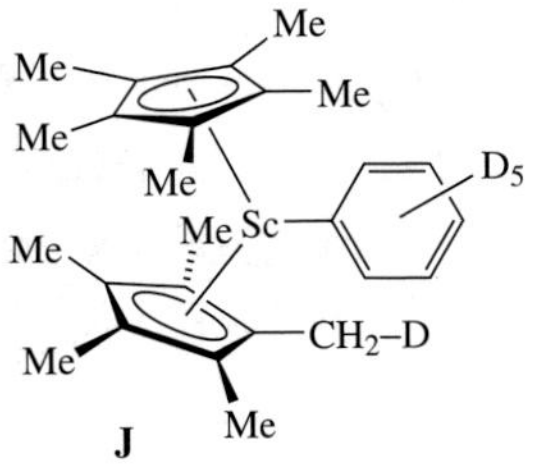

J

제 11 장

닮은 궤도함수 그룹과 뭉치 화합물

Isolobal Groups and Cluster Compounds

11-1 닮은 궤도함수의 추론

앞장에서, 유기금속화학과 유기화학에서 다양한 유사성이 있음을 알았다. 이러한 유사성은 유기금속 화합물을 구성하는 분자 토막 화학종의 경계 궤도함수(frontier orbital)을 고려하면 광범위하게 상상된다. Hoffmann은 1981년 노벨 강연에서 닮은 궤도함수(isolobal)로 분자 토막 화학종을 설명하였다.

> 만약, 전자의 개수와 경계 궤도함수의 개수, 대칭성, 에너지 근접성과 모양이 유사하다면 동일한 것은 아니지만 유사하다.

이 정의를 설명하기 위해 Hoffmann의 보기로서 메테인과 팔면체 착화합물, ML_6을 비교해 보자. 단순화시키기 위해 착화합물에서 금속과 리간드 사이에는 σ-결합만을 고려하여, 분자 토막 화학종을 그림 **11-1**에 나타내었다.

어미 화합물의 원자가 껍질 전자 배치는 모두 채워진 상태로 CH_4는 8개의 전자(팔전자계) 그리고 ML_6는 18개의 전자이다. 메테인의 결합에서 sp^3 혼성 궤도함수를 사용하며 이 혼성체와 수소의 1*s* 궤도함수 간의 상호작용으로 형성된 결합성 궤도함수에 8개의 전자가 채워진다고 생각된다. 유사한 이유로 ML_6의 금속은 리간드와 결합에서 d^2sp^3 혼성 궤도를 사용하며 12개의 전자는 결합성 궤도에 채워지고 6개의 전자는 비결합성 궤도함수인 d_{xy}, d_{xz}와 d_{yz} 궤도함수에 채워진다. 이들 궤도함수는 그림 **11-2**에 나타내었다.

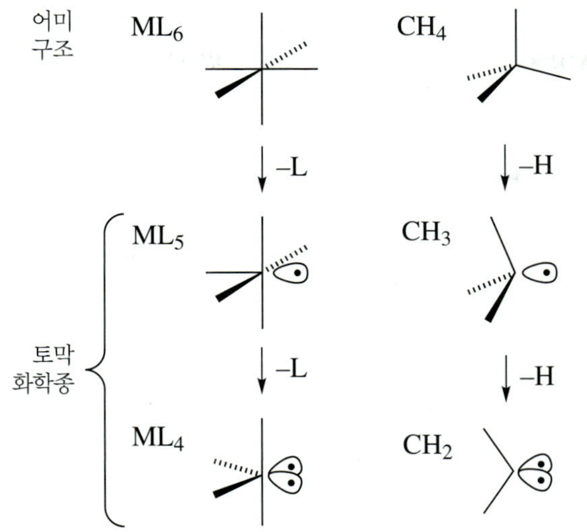

그림 11-1
팔면체와 사면체 토막 화학종

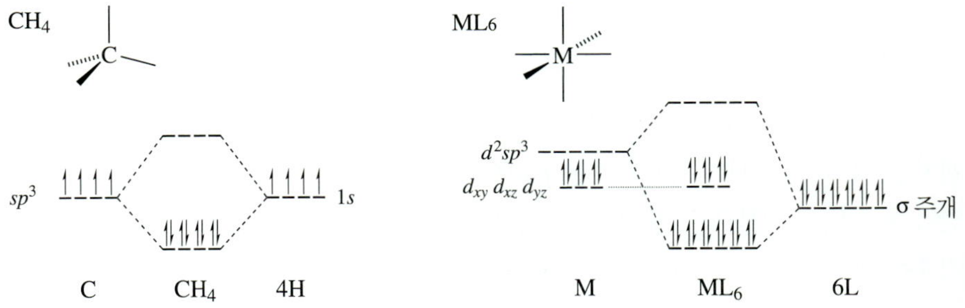

그림 11-2
CH_4와 ML_6 궤도함수

어미 다면체보다 더 적은 수의 리간드를 포함하는 분자 토막 화학종에 대하여 설명해 보자. 추론(analogy)의 목적을 위하여 이들 분자 토막 화학종은 나머지 리간드의 구조를 그대로 유지한다고 가정한다.

사면체 CH_4와 팔면체 ML_6는 7-와 17-전자를 갖는 토막을 형성할 수 있고 이들 궤도함수는 그림 **11-3**에 나타내었다. 이 보기에서 사용한 토막 화학종을 형성하기 위해 C–H와 M–L 결합은 균일(homolytic) 분해된다고 가정한다.

예를 들어, 7-전자 토막 화학종인 CH_3의 경우에 탄소의 3개 sp^3궤도함수는 그림 **11-3**에서 볼 수 있는 것처럼 수소와 σ 결합을 하는데 관여한다. 17-전자 토막 화학종인 $Mn(CO)_5$의 경계 궤도함수는 CH_3의 경계 궤도함수와 유사하다. $Mn(CO)_5$ 토막 화학종에서 리간드와 Mn 간의 6개의 결합은 금속에서 5개의 d^2sp^3 혼성 궤도함수를 포함하는 것으로 생각된다. 여섯 번째 혼성 궤도함수는 한 개의 전자로 채워져 있으며 5개의 σ 결합성 궤도함수보다 높은 에너지를 가진다. 이것은 CH_3 토막 화학종에서 한 개의 전자로 채워진 혼성 궤도함수와 유사하다.

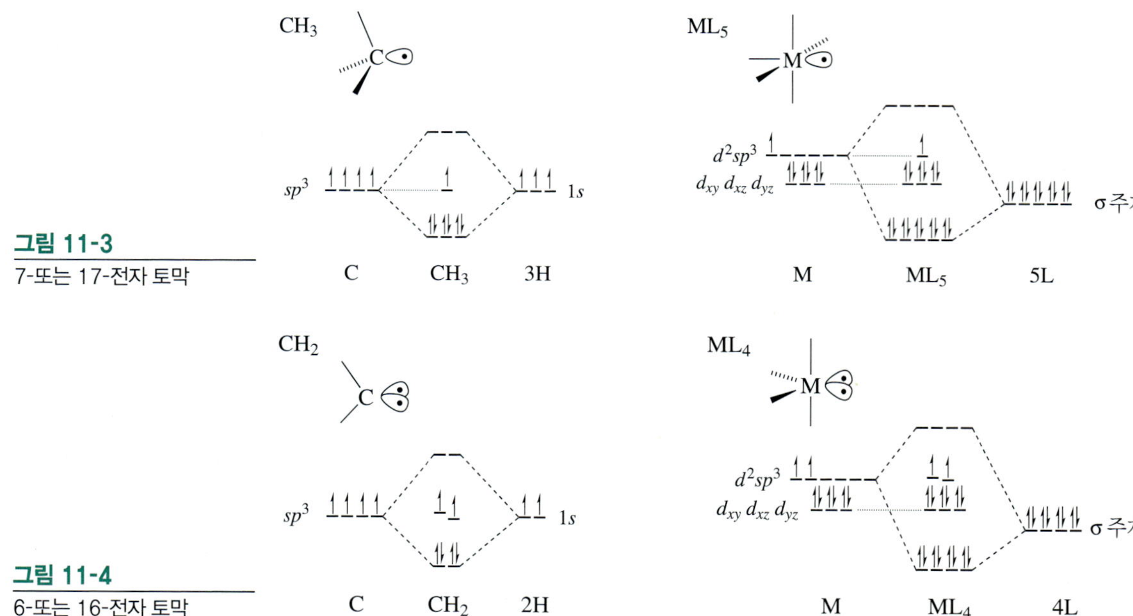

그림 11-3
7-또는 17-전자 토막

그림 11-4
6-또는 16-전자 토막

이를 각 토막 화학종은 어미 다면체의 빈 위치에 있는 혼성 궤도함수에 한 개의 전자를 가진다. 이러한 궤도함수는 Hoffmann이 정의한 닮은 궤도함수를 충분히 만족할 정도로 유사하다. 닮은 궤도함수(isolobal) 그룹을 표기하는 Hoffmann의 기호는 $\longleftrightarrow$(O)를 사용하여 다음과 같이 표시한다.

$$\underset{7\text{전자}}{CH_3} \overset{}{\underset{O}{\longleftrightarrow}} \underset{17\text{전자}}{ML_5}$$

마찬가지로 그림 **11-4**에서 보듯이 6전자의 CH_2와 16전자의 ML_4 토막 화학종도 닮은 궤도함수(isolobal)이다.

이들 토막 화학종의 각각은 어미 다면체로부터 생성되고 다른 2개의 빈자리 두 혼성 궤도함수에 각각 한 개의 전자를 가진다. 역시 두 토막 화학종은 8전자 또는 18전자 배치에서 2개 전자가 부족하다.

$$\underset{6\text{전자}}{CH_2} \underset{O}{\longleftrightarrow} \underset{16\text{전자}}{ML_4}$$

어미 다면체로부터 제3의 리간드가 하나씩 더 없어진다면 한 쌍의 닮은 궤도함수, CH와 ML_3을 형성한다.

$$\underset{5\text{전자}}{CH} \underset{O}{\longleftrightarrow} \underset{15\text{전자}}{ML_3}$$

이러한 관계를 표 **11-1**에 요약하였다.

표 11-1 닮은 궤도함수 토막

	유기 화합물	무기 화합물	어미 다면체에서 빠진 꼭지점 수	어미 다면체에서 빠진 꼭지점 수	유기금속 화합물의 예[a]
어미 화합물:	$\mathbf{CH_4}$	$\mathbf{ML_6}$	**0**	**0**	$\mathbf{Cr(CO)_6}$
토막 화학종:	CH_3	ML_5	1	1	$Mn(CO)_5$
	CH_2	ML_4	2	2	$Fe(CO)_4$
	CH	ML_3	3	3	$Co(CO)_3$

[a]이들 보기는 금속과 리간드 사이에 π-결합(d_{xy}, d_{xz}와 d_{yz}의 에너지 준위의 영향)을 함유한다. 그러나 보여준 토막 화학종의 전체 전자 구조는 여전히 닮은 궤도함수로 여겨진다.

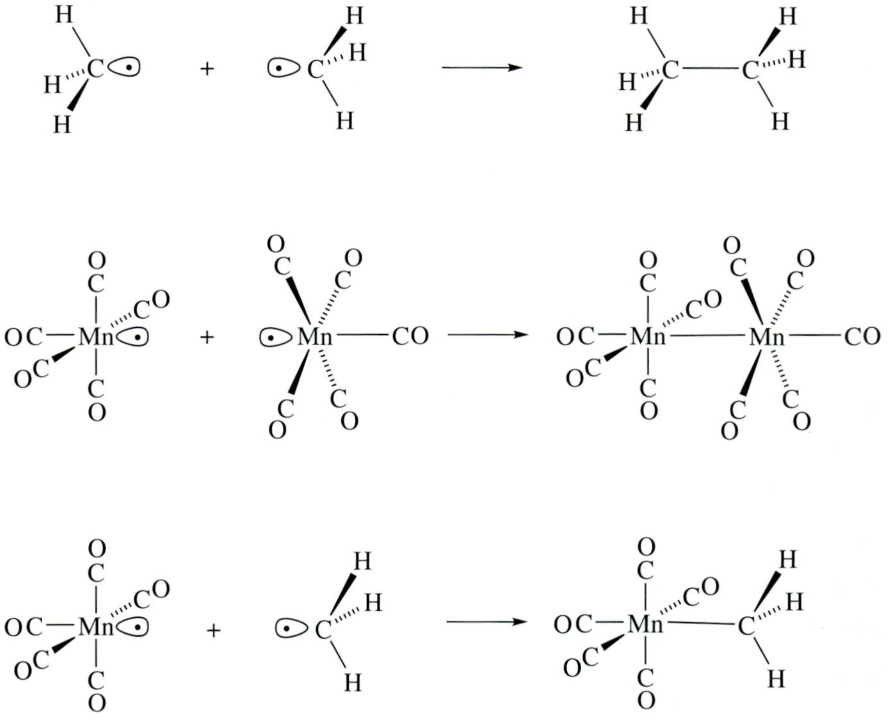

그림 11-5
닮은 궤도함수 토막 화학종의 조합으로 만들어진 분자

그림 **11-5**에서 보듯이 이러한 토막 화학종은 결합하여 분자를 형성한다. 예를 들면, 2개의 CH_3 토막은 에테인을 형성하며 두 개의 $Mn(CO)_5$ 토막 화학종은 이합체 $(OC)_5Mn–Mn(OC)_5$를 생성한다. 또한, 유기물과 유기금속 화합물 토막 화학종이 혼합 결합하여 $H_3C–Mn(CO)_5$를 형성할 수 있으며, 이것은 이미 알려진 화합물이다.

유기물과 유기금속 화합물의 비교는 항상 완전하지는 않다. 예를 들면 6전자의 CH_2 토막 화학종 두 개는 에틸렌 $H_2C=CH_2$을 형성하지만 닮은 궤도함수 $Fe(CO)_4$의 이합체는 안정하지 않으며, $Fe_2(CO)_9$의 광화학 반응에서 얻어지는

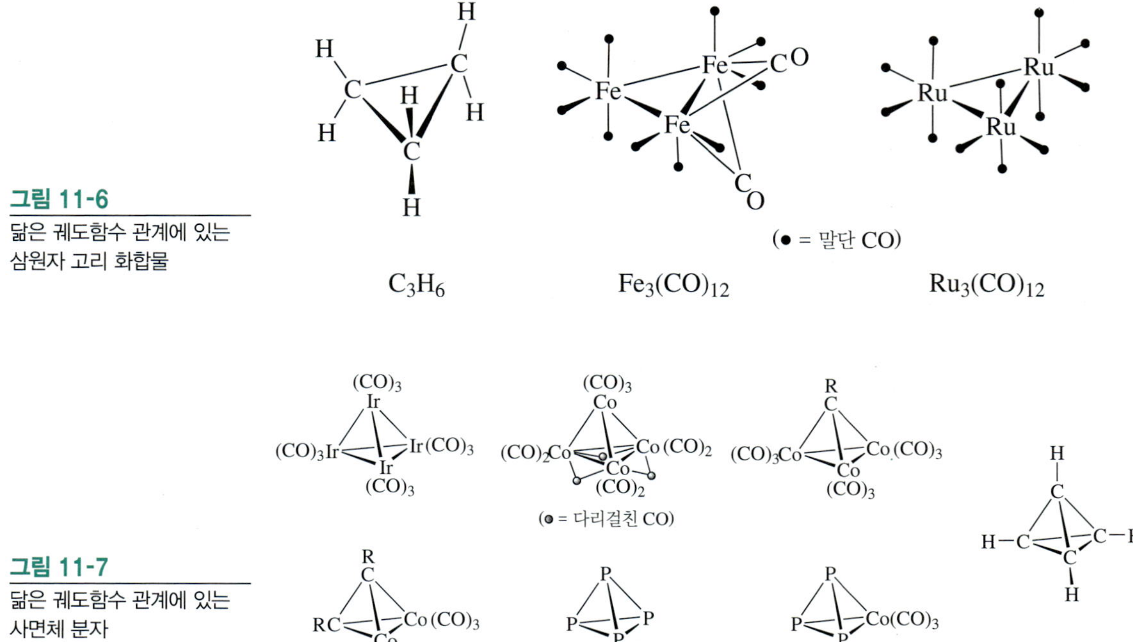

그림 11-6
닮은 궤도함수 관계에 있는 삼원자 고리 화합물

그림 11-7
닮은 궤도함수 관계에 있는 사면체 분자

순간적인 화학종으로 알려져 있다. 그러나 CH_2와 $Fe(CO)_4$는 모두 삼원자 고리 화합물인 사이클로프로페인과 $Fe_3(CO)_{12}$를 각각 형성한다. 사이클로프로페인은 세 개의 CH_2 토막 화학종으로 이루어진 삼합체이지만 $Fe(CO)_{12}$에서는 두 개의 다리 연결 CO가 있으므로 완전한 삼합체(trimer)는 아니다. 한편 등전자인 $Ru_3(CO)_{12}$, $Fe(CO)_4$와 CH_2의 닮은 궤도함수인 $Ru(CO)_4$ 토막 화학종 3개로 이루어진 삼합체로 정확하게 $[Ru(CO)_4]_3$로 나타낼 수 있다. 이들 구조는 그림 **11-6**에 나타내었다.

15전자 토막 화학종 $Ir(CO)_3$는 금속의 구조가 사면체인 $[Ir(CO)_3]_4$을 형성한다. 이 화합물에 모든 CO는 말단 위치에 있다. 등전자 착화합물인 $Co_4(CO)_{12}$와 $Rh_4(CO)_{12}$의 금속 배열은 사면체이고 이 뭉치 화합물의 한 개 삼각형에 3개의 다리 연결 CO가 있다. 중심 구조가 정사면체인 $Ir(CO)_3$과 닮은 궤도함수이며 등전자인 $Co(CO)_3$ 토막 화학종 1개 이상이 닮은 궤도함수 CR 토막 화학종으로 치환된 것으로 알려져 있다(그림 **11-7** 참조). 더욱 간단히 5개의 원자가 전자를 가진 인 원자는 15전자의 유기금속 화합물 토막 화학종과 닮은 궤도함수 관계이다. 인 원자는 사면체로 결합되어 P_4를 형성하며 이는 가장 흔한 인의 분자 구조이다. 인 원자의 사면체 결합과 닮은 궤도함수 토막인 15전자의 $Co(CO)_3$같은 유기금속 화합물 토막 화학종의 사면체 결합 화합물이 합성되었으며 그림 **11-7**은 그 예가 된다.

11-1-1 닮은 궤도함수 추론의 확장

지금까지 살펴 본 닮은 궤도함수 토막 이외에 닮은 궤도함수의 개념을 하전된 화학종, CO이외의 다양한 리간드 및 팔면체가 아닌 구조를 지닌 유기금속 화합물 토막 화학종까지 확장한다. 닮은 궤도함수의 개념을 확장하는 여러 가지 방법을 다음과 같이 요약한다.

1. 닮은 궤도함수의 정의를 다음과 같은 배위수를 갖는 등전자(isoelectronic) 토막 화학종까지 확장한다. 예를 들면

$$Mn(CO)_5 \underset{o}{\longleftrightarrow} CH_3, \quad \begin{matrix} Re(CO)_5 \\ {[Fe(CO)_5]^+} \\ {[Cr(CO)_5]^-} \end{matrix} \underset{o}{\longleftrightarrow} CH_3$$

2. 두 개의 닮은 궤도함수 토막 화학종에서 전자를 잃거나 얻어 또 다른 닮은 궤도함수 토막 화학종을 형성한다.

$Mn(CO)_5 \underset{o}{\longleftrightarrow} CH_3$,
17-전자 토막 화학종 / 7-전자 토막 화학종

$[Mn(CO)_5]^+ \underset{o}{\longleftrightarrow} CH_3^+$
16-전자 토막 화학종 / 6-전자 토막 화학종

$[Mn(CO)_5]^- \underset{o}{\longleftrightarrow} CH_3^-$
18-전자 토막 화학종 / 8-전자 토막 화학종

3. 2전자 주개 리간드는 CO와 유사하게 간주한다.

$$Mn(CO)_5 \underset{o}{\longleftrightarrow} Mn(NCR)_5 \underset{o}{\longleftrightarrow} [MnCl_5]^{5-} \underset{o}{\longleftrightarrow} CH_3$$
17-전자 토막 화학종 7-전자 토막 화학종

$$Co(CO)_3 \underset{o}{\longleftrightarrow} Co(PR_3)_3 \underset{o}{\longleftrightarrow} [Co(CN)_3]^{3-} \underset{o}{\longleftrightarrow} CH$$
15-전자 토막 화학종 5-e전자 토막 화학종

4. η^5–Cp는 3자리 배위자로 6개의 전자 주개($C_5H_5^-$)로 간주한다.

$$(\eta^5\text{–}C_5H_5)Fe(CO)_2 \underset{o}{\longleftrightarrow} [Fe(CO)_5]^+ \underset{o}{\longleftrightarrow} Mn(CO)_5 \underset{o}{\longleftrightarrow} CH_3$$
17-전자 토막 화학종

$$(\eta^5\text{–}C_5H_5)Re(CO)_2 \underset{o}{\longleftrightarrow} [Re(CO)_5]^+ \underset{o}{\longleftrightarrow} Cr(CO)_5 \underset{o}{\longleftrightarrow} CH_2$$
16-전자 토막 화학종

CO와 Cp 리간드를 갖는 닮은 궤도함수(isolobal) 토막의 예는 표 **11-2**에 있다.

표 11-2 닮은 궤도함수의 예

	어미 구조 (8 또는 18)로부터 부족한 전자수			
	0	**1**	**2**	**3**
중성탄화 수소	CH_4	CH_3	CH_2	CH
닮은 궤도함수 토막	$Cr(CO)_6$ $[V(CO)_6]^-$ $[Re(CO)_6]^+$ $CpMn(CO)_3$	$Mn(CO)_5$ $[Cr(CO)_5]^-$ $[Os(CO)_5]^+$ $CpFe(CO)_2$	$Fe(CO)_4$ $[Mn(CO)_4]^-$ $[Ir(CO)_4]^+$ CpCo(CO)	$Co(CO)_3$ $[Fe(CO)_3]^-$ $[Pt(CO)_3]^+$ CpNi
음이온 탄화수소 토막[a]	CH_3^-	CH_2^-	CH^-	
닮은 궤도함수 토막	$Fe(CO)_5$	$Co(CO)_4$	$Ni(CO)_3$	
양이온 탄화수소 토막[b]		CH_4^+	CH_3^+	CH_2^+
닮은 궤도함수 토막		$V(CO)_6$	$Cr(CO)_5$	$Mn(CO)_4$

[a]음이온 탄화수소 토막은 세로단의 상단에 있는 중성 탄화수소로부터 H^+ 제거에 의해 생성.
[b]양이온 탄화수소 토막은 세로단의 상단에 있는 중성 탄화수소로부터 H^+ 첨가에 의해 생성.

기본문제 11-1

아래에 대하여 제11장에서 주어진 보기가 아닌 유기금속 화합물의 닮은 궤도함수 토막을 제시하시오.

a. CH_3^-와 닮은 궤도함수 토막 화학종

b. CH_2^+와 닮은 궤도함수 토막 화학종

c. CH와 닮은 궤도함수 토막 화학종 3개

기본문제 11-2

아래의 화학종과 닮은 궤도함수 유기물 토막을 제시하시오.

a. $(\eta^5\text{–}C_5H_5)Mo(CO)_2$

b. $(\eta^6\text{–}C_6H_6)Fe(PH_3)$

c. $[Co(CO)_3Br]^-$

이러한 추론은 팔면체의 유기금속 화합물 토막에 국한되지 않으며 유사한 논리로 다른 다면체의 닮은 궤도함수 토막을 유도하는데 사용할 수 있다. 예를 들면 삼각쌍뿔의 17-전자 토막인 $Co(CO)_4$는 팔면체의 17-전자 토막인 $Mn(CO)_5$와 닮은 궤도함수 관계에 있다. 이들 2개의 토막으로 합성된 $(CO)_5Mn\text{–}Co(CO)_4$가 알려져 있다.

표 11-3 다면체의 토막에 대하여 닮은 궤도함수의 상관 관계

	어미 다면체에서 전이금속 화합물의 배위수			
유기 화합물 토막	5	6[a]	7	전이금속 화합물 토막의 원자가 전자수
CH_3	d^9-ML_4	d^7-ML_5	d^5-ML_6	17
CH_2	d^{10}-ML_3	d^8-ML_4	d^6-ML_5	16
CH		d^9-ML_3	d^7-ML_4	15

[a]예들이 이미 고려되었다(표 **11-2**).

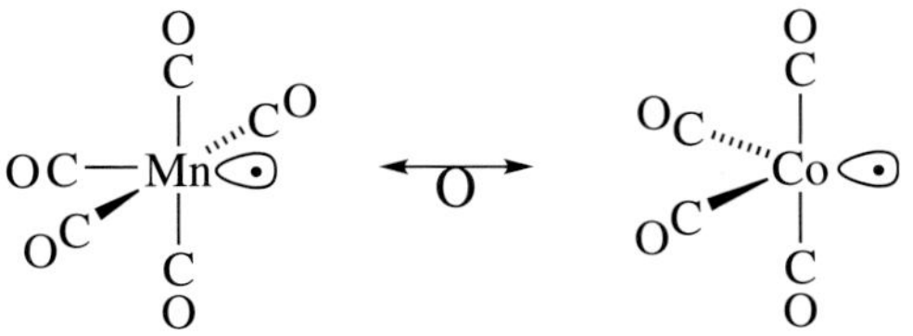

꼭짓점이 5개부터 7개까지의 다면체에 대하여 닮은 궤도함수 토막의 전자 배치 보기를 표 **11-3**에 나타내었다.

11-1-2 닮은 궤도함수 추론의 응용에 대한 예

원론적으로 닮은 궤도함수 추론(isolobal analogy)은 적당한 크기, 형태, 대칭 및 에너지 경계 궤도함수를 지닌 분자 토막 화학종까지 확장될 수 있다. 많은 경우에 경계 궤도함수(frontier orbitals)의 특성은 위에서 제시한 보기에서처럼 쉽게 예측할 수 없고, 계산 화학이 분자 토막의 대칭 및 에너지를 결정하는데 필수적이다. 예를 들면, 13-전자 토막 화학종인 $Au(PPh_3)$는 인 리간드의 반대쪽으로 향하는 혼성 궤도함수에 한 개의 전자가 존재한다. 이 전자는 $Mn(CO)_5$ 토막에서 한 개 전자로 채워진 혼성 궤도보다 에너지는 약간 높지만 유사한 대칭의 궤도함수에 존재한다.

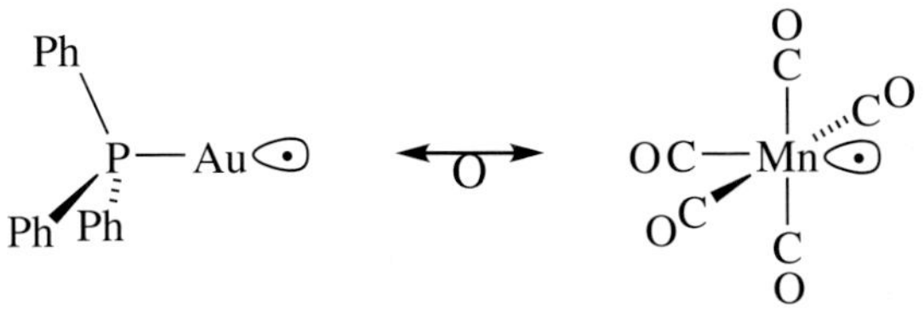

그래서 $Au(PPh_3)$ 토막은 $Mn(CO)_5$와 CH_3 토막의 닮은 궤도함수들과 결합하여 $(CO)_5Mn–Au(PPh_3)$과 $H_3C–Au(PPh_3)$를 각각 형성한다.

1*s* 궤도함수에 한 개의 전자를 가진 수소 원자도 어떤 경우에는 CH_3, $Mn(CO)_5$ 및 $Au(PPh_3)$의 화학종과 닮은 궤도함수 토막으로 볼 수 있다. 앞의 두 종류 수소화물

그림 11-8
$Au(PPh_3)$와 H는 닮은 궤도함수

[즉 CH_4와 $HMn(CO)_5$]은 알려져 있다. 또한 $Au(PPh_3)$와 H는 그림 **11-8**에서처럼 트라이오스뮴 뭉치 화합물에서 다리 결합 능력과 형광을 내는 유기 분자에서 수소를 금–인 착화합물 토막으로 치환할 수 있는 등 유사한 거동을 보여주고 있다.

닮은 궤도함수 추론의 가장 실제적인 응용은 잠정적으로 새로운 화합물의 합성법을 제공하는데 있다. 예를 들면 CH_2는 16-전자 $Cu(\eta^5–Cp^*)$(닮은 궤도함수 추론 확장의 4) 및 14-전자 $PtL_2(L=PR_3, CO)$와 닮은 궤도함수이고, 이 세 토막 모두는 어미 다면체로부터 2-전자 부족하다. 이 토막들이 닮은 궤도함수로 인식하여 반응한다면 알려진 화합물 토막과 닮은 궤도함수 토막의 조합으로 새로운 유기금속 화합물 합성에 응용할 수 있다. 이러한 연구에서 얻은 몇 가지 화합물을 아래에 나타내었다.

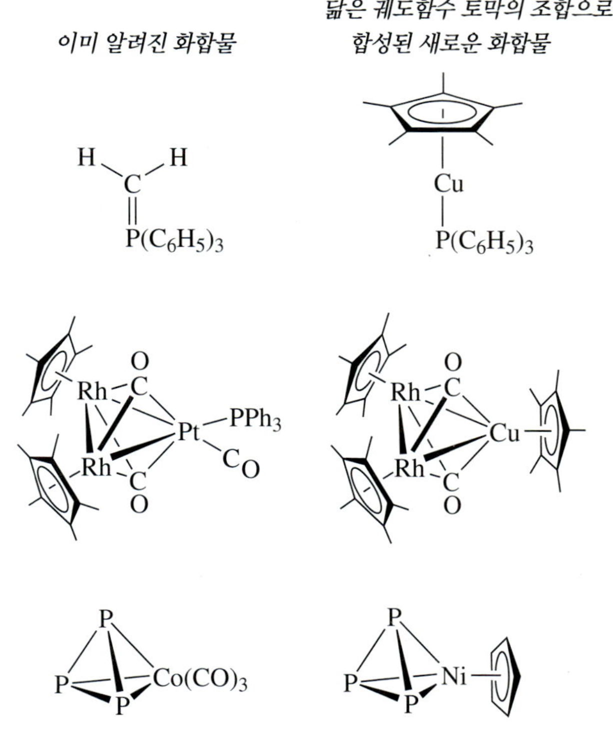

다른 예는 (η^5–C_5H_5)Fe^+와 (η^4–C_4H_4)Co^+가 동일한 닮은 궤도함수 토막이라는 사실을 활용하여 페로센의 유사체인 사이클로 뷰타 다이엔 코발트를 포함하는 다양한 화합물 합성에 단서를 제공하였으며, 다음과 같은 예가 있다.

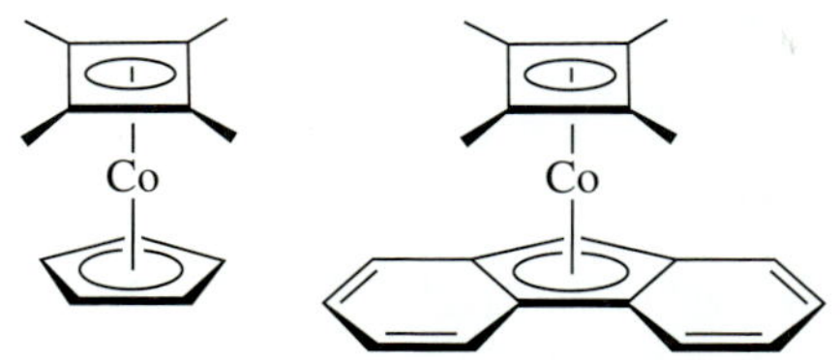

11-2 뭉치 화합물

전이금속 뭉치 화합물에 대한 연구는 지난 수십 년 동안에 급속히 발전하여 왔다. $Co_2(CO)_8$과 $Mn_2(CO)_{10}$과 같은 간단한 이합체 분자를 시작으로 하여 흥미롭고 특이한 구조와 화학적 성질을 지닌 훨씬 더 복잡한 뭉치 화합물의 합성법을 개발하였다. 큰 뭉치 화합물의 표면은 어떤 경우에 고체 촉매 표면의 거동과 유사하기 때문에 불균일 촉매의 성질을 재현하거나 향상시킬 수 있는 촉매를 개발하려는 목적으로 큰 뭉치 화합물에 대한 연구가 지속되어 왔다.

전이금속 뭉치 화합물을 상세히 논의하기 전에 뭉치 화합물을 잘 형성하는 붕소 화합물을 먼저 논의하는 것이 유용하다. 붕소를 포함하는 뭉치 화합물에 궤도함수의 상호작용 형태는 전이금속을 포함하는 유기금속 뭉치 화합물의 궤도함수 상호작용을 이해하는데 상당한 도움이 된다.

11-2-1 보레인

붕소와 수소로 구성된 중성 및 이온 화학종은 수없이 많기 때문에 이 책에서 모두 언급할 수 없으나, 붕소 뭉치 화학종과 전이금속 뭉치 화합물을 예로 들어 비교하기 위해서 보레인의 한 범주로 화학반응식에 $B_nH_n^{2-}$인 ***닫힌***(*closo*, cage-like) 보레인을 먼저 생각해 보자. 이런 보레인은 *n*개의 모서리와 모든 면이 삼각형으로 이루어진 닫힌 다면체(삼각형 다면체)로 이루어져 있다. 각각의 모서리는 BH가 차지하고 있다. 높은 대칭성의 $B_6H_6^{2-}$는 아래와 같다.

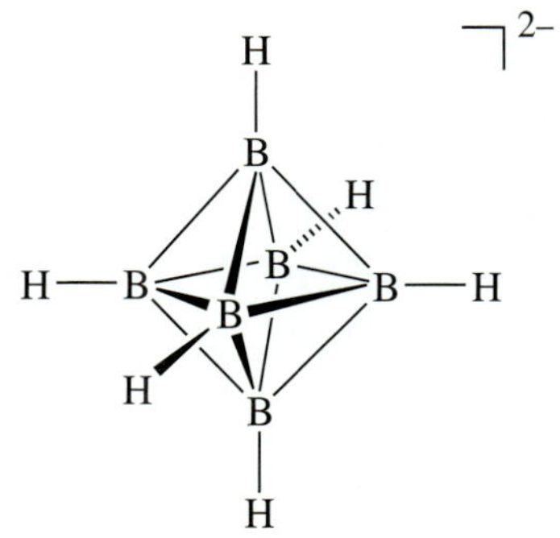

분자 궤도함수 계산으로부터 *닫힌* 보레인은 붕소의 골격을 형성하는 2종류의 분자 궤도함수가 있음을 알았다.

n 구조의 외부 골격에 있는 붕소와 수소 사이의 상호작용에 의한 궤도함수
1 뭉치 화합물 중앙의 붕소 궤도함수 사이의 상호작용에 의한 궤도함수

따라서 전체적으로 중앙 핵심부에 ***n* + 1**개의 결합성 궤도함수가 존재한다. 2개의 전자로 채워지는 이들 궤도함수는 뭉치 화합물의 중앙 골격을 이루는 근간이다.

추가적으로 뭉치 화합물의 외부에 있는 원자들 사이에 ***n***개의 B–H 결합성 궤도함수가 있다. 이 궤도함수와 핵심부의 *n* + 1개의 결합성 궤도함수를 더하면 뭉치 화합물 전체에는 **2*n* + 1**개의 결합성 궤도함수가 존재한다.

유용한 예로서 $B_6H_6^{2-}$ 이온을 살펴보자. 붕소 원자에 대한 결합축은 그림 **11-9**와 같다. 각각의 붕소에 4개의 원자가 궤도함수(s, p_x, p_y, p_z)가 있어 뭉치 화합물 전체에 24개의 붕소 궤도함수가 있다. 각 붕소의 z 축을 팔면체 중앙으로 지정하면 편리하고, x와 y 축은 그림에서와 같다.

총체적으로 붕소의 p_z와 s 궤도함수는 동일한 대칭성을 가지며 *sp* 혼성 궤도함수를 형성하는 것으로 간주할 수 있다. 이들 혼성 궤도함수는 뭉치 화합물의 중앙을 기준으로 안쪽 방향과 수소 원자의 위치에서 밖으로 향하고 있다. 붕소에서 혼성화 되지 않는 2p 궤도함수 (p_x와 p_y)는 남아서 B_6 핵심부 내의 결합에 참여한다.

그림 **11-10**에서 보는 바와 같이 7개의 궤도함수 조합(n + 1)은 B_6 핵심부 내에서 결합성 상호작용을 하게 된다. 팔면체의 중심에서 6개의 혼성 궤도함수가 보강 겹침으로 A_{1g}로 불리는 골격 결합성 궤도함수(bonding orbital)를 생성한다. 추가적인 결합성 상호작용은 두 가지 형태가 있다. 4개 붕소 원자의 평형한 p 궤도함수와 2개의 *sp* 혼성 궤도함수와의 겹침(3개의 동일한 상호작용, 대칭 기호로 T_{1u})과 동일 평면에 있는 4개의 붕소 원자의 p 궤도함수들의 겹침(3개의 상호작용, 대칭 기호로 T_{2g})이다. 남은 궤도함수의 상호작용은 반결합성(antibonding)이나 비결합성(nonbonding) 분자 궤도함수이다. 요약하면 다음과 같다.

6개의 붕소 원자의 24개 원자가 궤도함수로부터 형성되는 분자 궤도함수는 다음과 같다:

- 13개의 결합성 궤도함수 (2n + 1)
  - 7개의 골격 분자 궤도함수 (n + 1)
    - 1개의 결합성 궤도함수 (*sp* 혼성 궤도함수의 겹침)
    - 6개의 결합성 궤도함수 (*sp* 혼성 궤도함수와 붕소의 p 궤도함수의 겹침과 다른 붕소의 p 궤도함수와 붕소의 p 궤도함수의 겹침)
  - 6개의 붕소– 수소 결합성 궤도함수(n)
- 11개의 반결합성과 비결합성 궤도함수

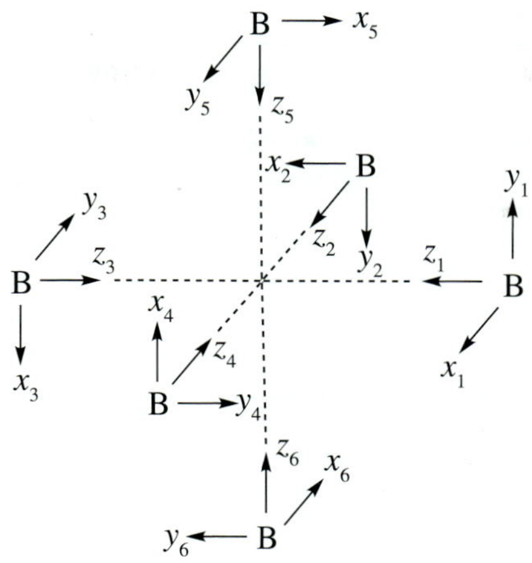

그림 11-9
$B_6H_6^{2-}$의 결합에 대한 결합 체계 좌표

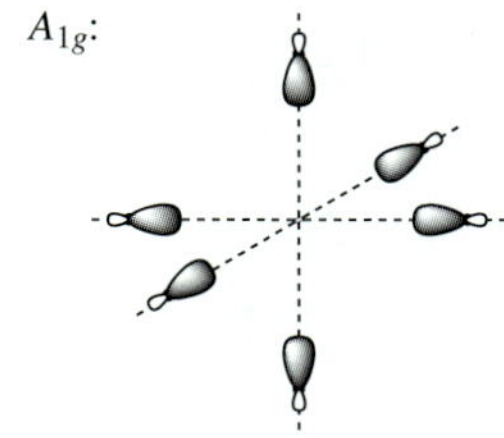

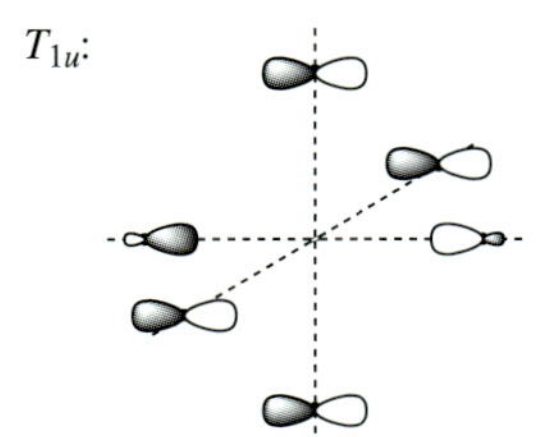

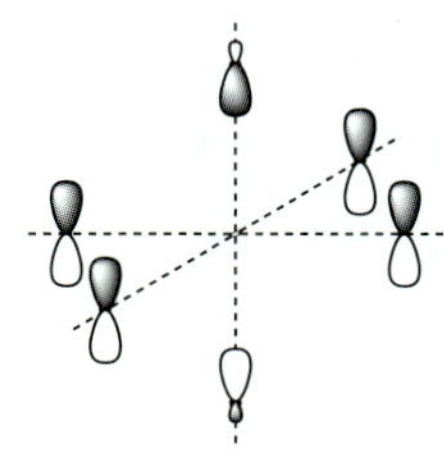

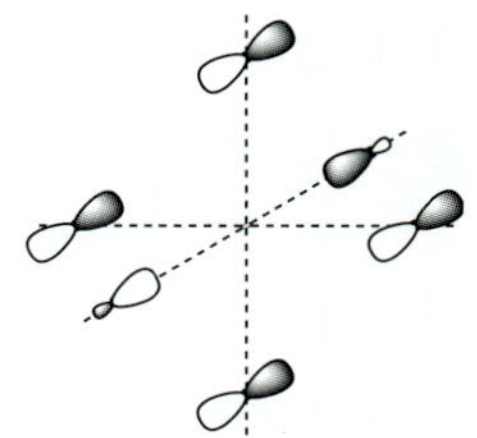

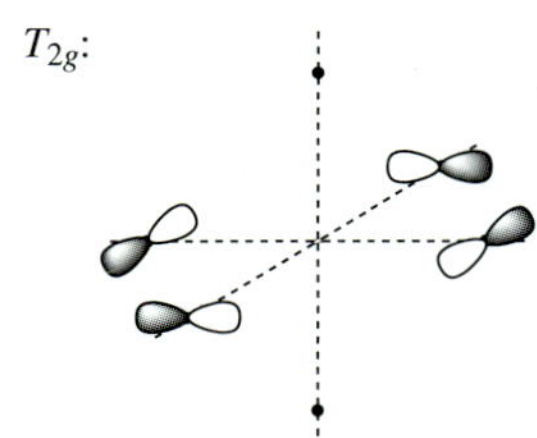

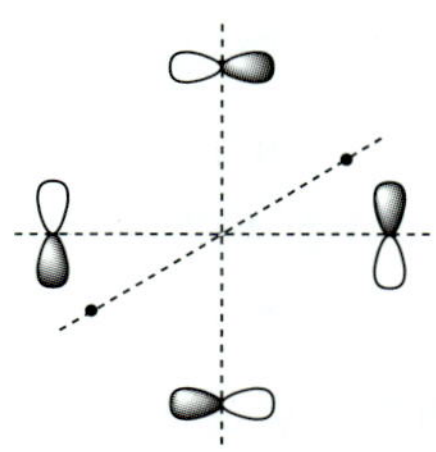

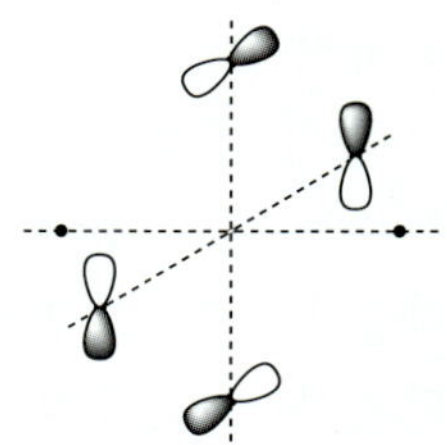

그림 11-10
$B_6H_6^{2-}$의 결합

표 11-4 닫힌 보레인의 결합 전자쌍

	골격 결합 전자쌍			
화학반응식	전체 원자가 전자쌍	*A* 대칭[a] (중앙부의 겹침)	다른 골격	B–H 결합 전자쌍
$B_6H_6^{2-}$	13	1	6	6
$B_7H_7^{2-}$	15	1	7	7
$B_8H_8^{2-}$	17	1	8	8
$B_nH_n^{2-}$	$2n+1$	1	n	n

[a]다면체의 중심부로 향하는 모든 *sp* 혼성 궤도함수의 조합으로부터 만들어진 높은 대칭성 궤도함수에 수용된 결합 전자쌍이다. 실질적인 명명(A_{1g}와 같은)은 뭉치 화합물의 전체 대칭성에 따른다.

다른 닫힌 보레인에 대한 결합도 유사하게 설명할 수 있다. 각각의 경우에 한 가지 특별하고 유용한 유사성이 보인다. 골격을 이루는 결합 전자쌍의 수는 다면체 모서리의 수보다 하나 더 많다. 여분의 결합 전자쌍은 그림 **11-10**의 A_{1g} 상호작용과 유사한 다면체 중앙에 있는 원자(혹은 혼성) 궤도함수의 겹침으로부터 형성된 높은 대칭의 궤도함수에 수용된다. 추가적으로 최고 점유 분자 궤도함수(HOMO, highest occupied molecular orbital)와 최저 비점유 분자 궤도함수(LUMO) 간의 에너지 간격이 상당히 크다. 몇 가지의 닫힌 보레인의 결합 전자쌍 수는 표 **11-4**에 정리하였다.

닫힌 구조는 알려진 보레인 화학종 중에서 극히 일부분을 차지하고 있다. 다른 구조적 형태는 닫힌 구조의 골격에서 모서리를 한 개 또는 그 이상을 제거하여 얻을 수 있다. 한 개의 모서리를 제거하면 *열린*(*nido*, 둥지 모양)구조, 두 개의 모서리를 제거하면 *거미줄*(*arachno*) 구조, 세 개의 모서리를 제거하면 *하이포*(*hypho*) 구조가 각각 생성된다. *닫힌*, *열린*, *거미줄* 보레인의 3가지 구조와 연관성의 예를 그림 **11-11**에 나타내었고 몇 개의 추가적인 보레인의 붕소 중심부 구조를 그림 **11-12**에 나타내었다.

원자가 전자 개수에 근거하여 구조적인 형태를 더 편리하게 분류할 수 있다. 구조에 관련된 여러 전자 개수에 대한 도식이 제안되었고 1971년 Wade에 의해 수립된 규칙이 제안되었다. 이 규칙에 근거한 분류 도식은 표 **11-5**에 정리하였다.

추가적으로 구조적 형태에 보레인(유기금속 뭉치 화합물 포함)의 모든 원자가 전자 개수를 연관시키는 것은 유용할 때가 있다. 닫힌 보레인에서 모든 원자가 전자쌍의 개수는 다면체 꼭짓점의 수(각 붕소 원자에 B–H 결합에 관여하는 한 개의 전자쌍이 존재)와 골격을 이루는 결합 전자쌍의 수를 더한 것과 같다. 예를 들어

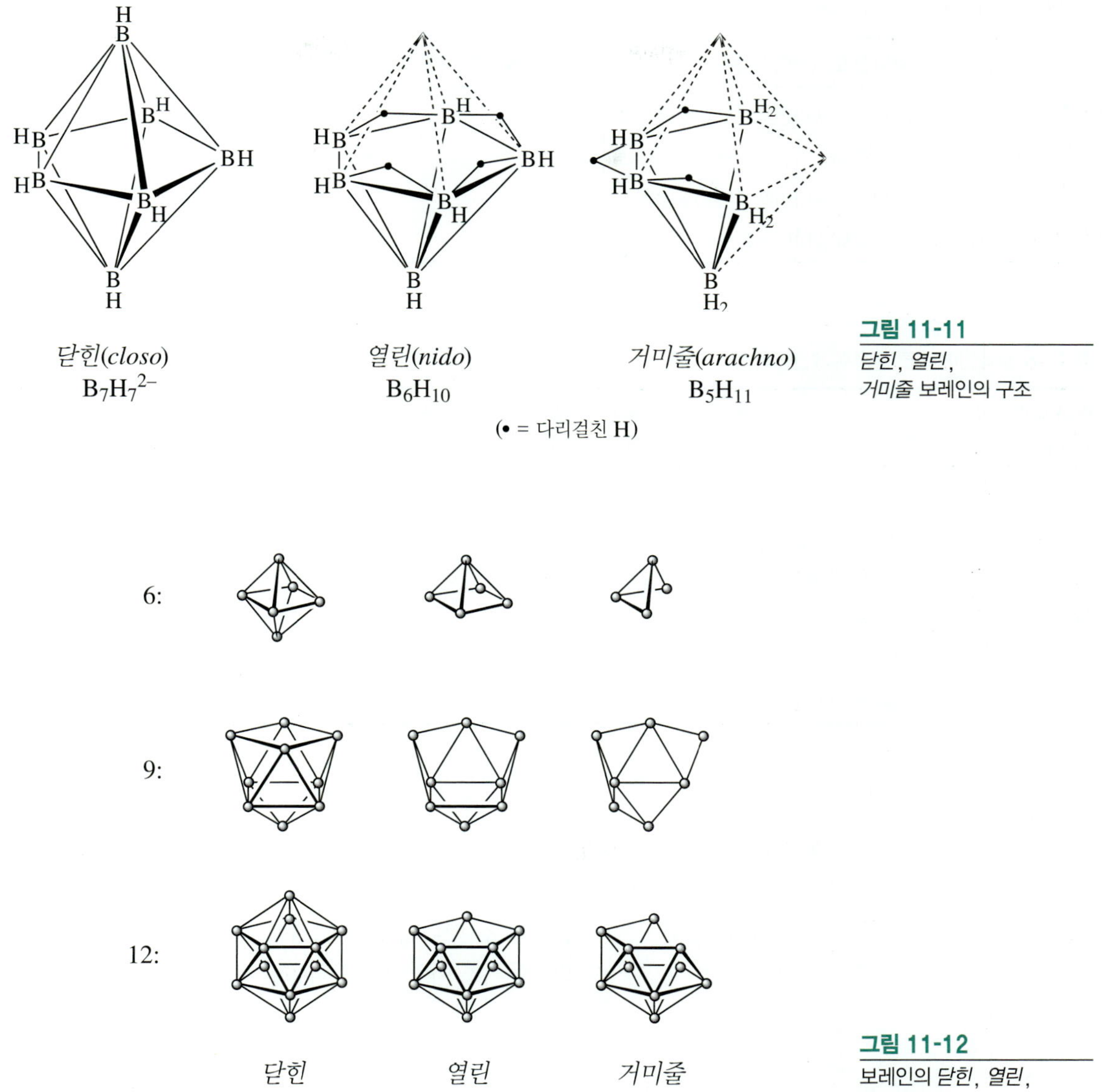

그림 11-11
닫힌, *열린*, *거미줄* 보레인의 구조

그림 11-12
보레인의 *닫힌*, *열린*, *거미줄* 구조

$B_6H_6^{2-}$에는 26개의 원자가 전자 또는 13 전자쌍(=2n + 1, 앞에서 언급했음)이 있다. 어미 다면체(팔면체)의 꼭짓점은 6개이고, 골격을 이루는 결합 전자쌍은 7개(n + 1, 그림 **11-10** 참조)이다. 전체 13 전자쌍은 수소(붕소 한 개당)의 결합에 관련된 6 전자쌍과 골격을 이루는 결합에 관련된 7 전자쌍의 합이다. 6개와 12개 꼭짓점의 다면체에 대하여 전자 개수 계산법을 표 **11-6**에 요약하였다.

표 11-5 뭉치 화합물 구조의 분류

구조명	채워진 모서리의 개수	골격을 이루는 결합 전자쌍의 개수	비어 있는 모서리의 개수
닫힌(closo)	*n*개 모서리 다면체에서 *n*개 모서리	$n+1$	0
열린(nido)	*n*개 모서리 다면체에서 $(n+1)$개 모서리	$n+1$	1
거미줄(arachno)	*n*개 모서리 다면체에서 $(n+2)$개 모서리	$n+1$	2
하이포(hypho)	*n*개 모서리 다면체에서 $(n+3)$개 모서리	$n+1$	3

표 11-6 보레인에서 전자 개수 계산법의 예

어미 다면체에서 꼭짓점 수	분류	뭉치 화합물에서 붕소 원자의 개수	원자가 전자 개수	골격을 이루는 전자쌍 개수	예	유도체의 화학반응식
6	*닫힌(closo)*	6	26	7	$B_6H_6^{2-}$	$B_6H_6^{2-}$
6	*열린(nido)*	5	24	7	B_5H_9	$B_5H_5^{4-}$
6	*거미줄(arachno)*	4	22	7	B_4H_{10}	$B_4H_4^{6-}$
12	*닫힌(closo)*	12	50	13	$B_{12}H_{12}^{2-}$	$B_{12}H_{12}^{2-}$
12	*열린(nido)*	11	48	13	$B_{11}H_{13}^{2-}$	$B_{11}H_{11}^{4-}$
12	*거미줄(arachno)*	10	46	13	$B_{10}H_{15}^{-}$	$B_{10}H_{10}^{6-}$

11-2-2 구조 분류 방법

실질적 관점에서 어미 다면체(직접적으로 분명치 않은)보다 분자의 화학반응식을 기초한 분류 방법이 훨씬 유용하다. 이러한 분류 방법은 붕소 원자를 포함하든 아니든 관계 없이 다른 뭉치 화합물에도 이상적으로 적용할 수 있고 다음과 같다.

분류	*유도체의 화학반응식*
닫힌(closo)	$B_nH_n^{2-}$
열린(nido)	$B_nH_n^{4-}$
거미줄(arachno)	$B_nH_n^{6-}$
하이포(hypho)	$B_nH_n^{8-}$

보레인에 대하여 위와 같이 화학반응식을 맞추기 위해서는 H^+ 이온(B와 H 원자의 수를 동일하게 맞추기 위해)을 실제 화학반응식(닫힌 뭉치 화합물을 제외하면 일반적으로 수소 원자 개수는 붕소 원자 개수보다 많다)에서 뺀다. 예를 들면 B_5H_{11}을 분류하기 위해 화학반응식에서 6 H^+를 뺀다.

$$B_5H_{11} - 6\ H^+ \longrightarrow B_5H_5^{6-}$$

결과적인 화학반응식은 *거미줄*(arachno) 구조 분류에 속한다.

예제 11-1

구조적 형태에 따라 보레인을 분류하기 위해 위의 방법을 다음의 보기에 적용한다.

a. $B_{10}H_{14}$	$B_{10}H_{14} - 4\ H^+$	$= B_{10}H_{10}^{4-}$	분류: *열린*
b. $B_2H_7^-$	$B_2H_7^- - 5\ H^+$	$= B_2H_2^{6-}$	분류: *거미줄*
c. B_8H_{16}	$B_8H_{16} - 8\ H^+$	$= B_8H_8^{8-}$	분류: *하이포*

기본문제 11-3

다음 보레인의 구조적 형태를 분류하라.

a. $B_5H_8^-$ b. $B_{11}H_{11}^{2-}$ c. $B_{10}H_{18}$

11-2-3 이핵 보레인

보레인에 대하여 전자의 개수를 계산하는 방법은 골격 원자로 탄소나 붕소 원자를 가진 뭉치 화합물인 카보레인(carborane) 같은 등전자(isoelectronic) 화학종에까지 확장하여 이용될 수 있다. CH^+ 묶음은 BH와 등전자 관계이므로 한 개 또는 여러 개의 BH 원자단이 CH^+(또는 C : BH와 동일한 전자수)로 치환된 많은 화합물이 알려져 있다. 예를 들면 *닫힌*-$B_6H_6^{2-}$에서 2개의 BH를 2개의 CH^+로 치환하면 *닫힌*-$C_2B_4H_6$가 된다.

$$B_6H_6^{2-} - 2\ BH = B_4H_4^{2-}$$
$$B_4H_4^{2-} + 2\ CH^+ = C_2B_4H_6$$

잘 알려진 *닫힌*, *열린*, *거미줄* 구조 카보레인은 일반적으로 2개의 탄소 원자를 포함하고 있으며 그 예는 그림 **11-13**과 같다. 이 명칭에 부합하는 화학반응식의 예는 다음과 같다.

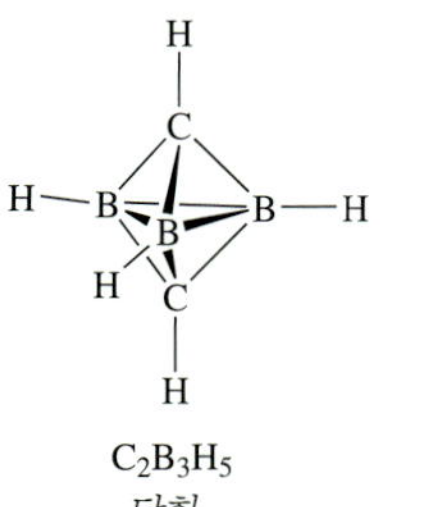
$C_2B_3H_5$
닫힌

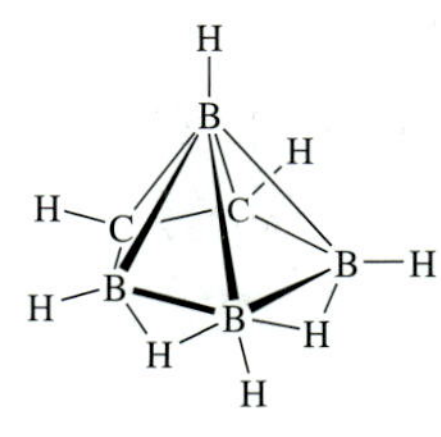
$C_2B_4H_8$
열린

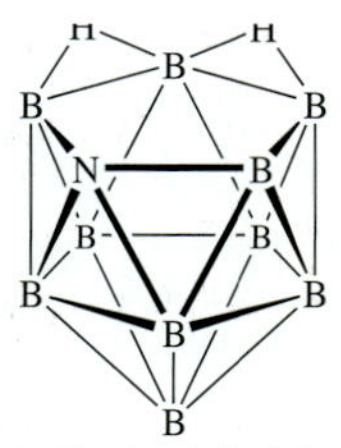
(B와 N는 각각 하나의 말단 H를 갖고 있다)
$NB_{10}H_{13}$
열린

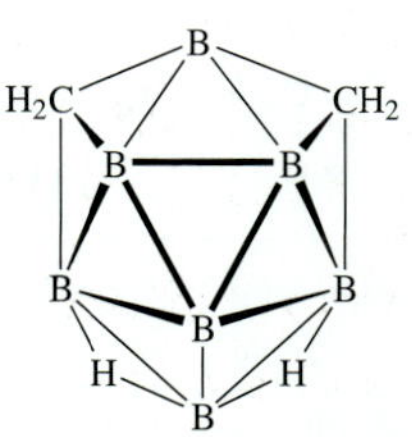
(각 B는 한 개의 말단 H를 갖고 있다)
$C_2B_7H_{13}$
거미줄

그림 11-13
이핵 보레인의 보기

형태	*보레인*	*예*	*카보레인*	*예*
닫힌	$B_nH_n^{2-}$	$B_{12}H_{12}^{2-}$	$C_2B_{n-2}H_n$	$C_2B_{10}H_{12}$
열린	B_nH_{n+4}	$B_{10}H_{14}$	$C_2B_{n-2}H_{n+2}$	$C_2B_8H_{12}$
거미줄막	B_nH_{n+6}	B_9H_{15}	$C_2B_{n-2}H_{n+4}$	$C_2B_7H_{13}$

카보레인은 보레인에 대한 방법과 같이 분류될 수 있다. 탄소 원자와 BH는 동일한 수의 원자가 전자를 갖고 있기 때문에 이 분류 방법에서는 C를 BH로 바꿀 수 있다. 예를 들어 $C_2B_7H_{13}$ 화학식 카보레인은 *거미줄*(*arachno*) 구조로 분류된다.

$$C_2B_7H_{13} \longrightarrow (BH)_2B_7H_{13} = B_9H_{15}$$
$$B_9H_{15} - 6\,H^+ \longrightarrow B_9H_9^{6-}$$

다른 주족 원자(이핵 원자)를 포함하는 많은 보레인의 유도체가 알려져 있다. 이러한 "이핵 보레인(*heteroborane*)"은 이핵 원자를 동일한 원자가 전자를 가진 BH_x 원자단으로 바꾸어 앞의 예제와 동일한 절차로 분류할 수 있다. 일반적인 이핵 원자에 대하여 다음과 같은 대체 방법을 사용한다.

이핵 원자	*대체 원자단*
C, Si, Ge, Sn	BH
N, P, As	BH_2
S, Se	BH_3

예를 들면 $B_{10}H_{12}Se$의 이핵 보레인은 다음과 같이 분류된다.

$$B_{10}H_{12}Se \longrightarrow B_{10}H_{12}(BH_3) = B_{11}H_{15}$$
$$B_{11}H_{15} - 4\,H^+ \longrightarrow B_{11}H_{11}^{4-}$$

그래서 $B_{10}H_{12}Se$ 의 구조는 *열린*(*nido*)으로 분류된다.

기본문제 11-4

다음 화합물과 등전자의 보레인에 대한 화학반응식을 결정하시오.

a. *닫힌*-$C_2B_3H_5$
b. *열린*-CB_5H_9
c. SB_9H_9 (*닫힌*, *열린*, *거미줄* 구조로 분류하시오.)
d. $CPB_{10}H_{11}$ (*닫힌*, *열린*, *거미줄* 구조로 분류하시오.)

보레인과 카보레인과 유사한 화합물에 대하여 전자 개수를 계산하는 규칙을 사용해도 만족할만한 결과를 얻을 수 있다는 것은 놀라운 일은 아니지만 다른 화합물에 대하여 얼마나 확장될 수 있는 지를 잘 보여주고 있다. 예를 들어 붕소, 탄소 또는 다른 원자의 위치에 유기금속 화합물 토막을 포함하는 화합물에도 Wade 규칙을 효과적으로 사용할 수 있을까? 다면체 유기금속 뭉치 화합물의 결합을 설명하기 위해서도 이 규칙을 더욱 확장할 수 있는가?

11-2-4 금속 보레인과 금속 카보레인

카보레인의 CH 원자단은 $Co(CO)_3$와 Ni(η^5–Cp)와 같은 팔면체의 15-전자 토막과 닮은 궤도함수가 있다. 유사하게 4개의 원자가 전자를 가진 BH는 $Fe(CO)_3$와 Co(η^5–Cp)와 같은 14-전자 토막 화학종과 닮은 궤도함수이다. 이러한 유기금속 화합물 토막은 닮은 궤도함수의 CH와 BH 원자단이 유기금속 화합물 토막으로 치환된 보레인과 카보레인의 유도체들에서 볼 수 있다. 예를 들면 그림 **11-14**에서 보듯이 B_5H_9의 유기금속 화합물 유도체들이 합성되었다.

철 화합물 유도체에 대한 이론적 계산에 의하면 $Fe(CO)_3$는 BH와 닮은 궤도함수의 형태로 결합하고 있음이 밝혀졌다. 두 토막 화학종에서 뭉치 화합물에서 골격을 이루는 결합에 관련되는 궤도함수는 모두 유사하다(그림 **11-15**). BH에서 골격의 결합에 참여하는 궤도함수는 다면체의 중심을 향하는 sp_z 혼성 궤도함수이며 p_x와 p_y 궤도함수는 뭉치 화합물의 표면에 대해 접선 방향으로 향하고 있다. $Fe(CO)_3$에서도 $sp_zd_{z^2}$ 혼성 궤도함수가 중심으로 향하고 있으며 pd 혼성 궤도함수는 뭉치 화합물의 접선 방향으로 향해 있다.

많은 종류의 유기금속 보레인(metallaborane)과 유기금속 카보레인(metallacarborane)이 알려졌으며 닫힌 구조의 몇 가지 보기를 표 **11-7**에 나타내었다.

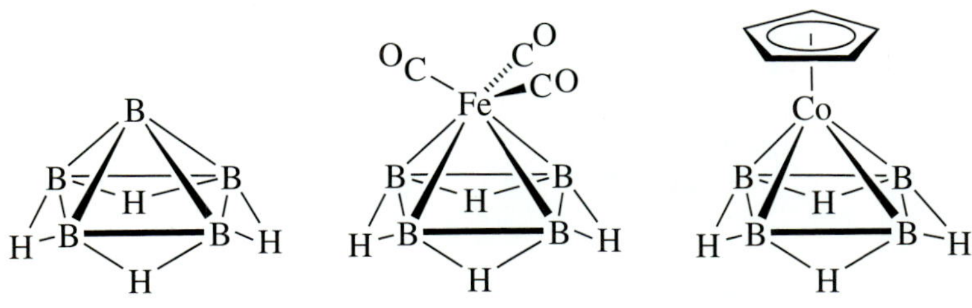

그림 11-14 B_5H_9의 유기금속 화합물의 유도체

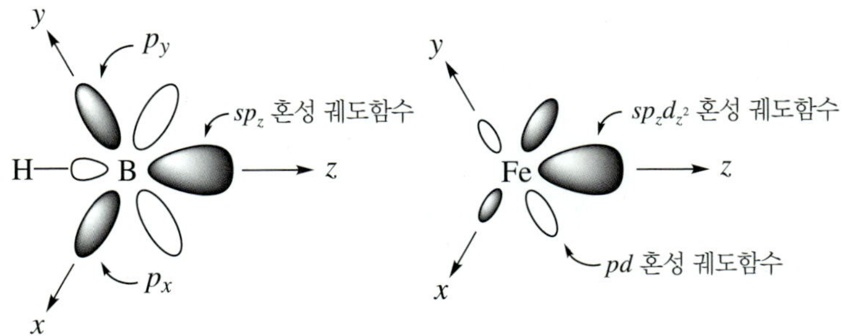

그림 11-15 닮은 궤도함수 토막인 BH와 $Fe(CO)_3$의 궤도함수

표 11-7 닫힌 구조의 유기금속 보레인과 유기금속 카보레인

골격을 이루는 원자수	모양	예
6	팔면체	$B_4H_6(CoCp)_2$ $C_2B_3H_5Fe(CO)_3$
7	오각쌍뿔	$C_2B_4H_6Ni(PPh_3)_2$ $C_2B_3H_5(CoCp)_2$
8	십이면체	$C_2B_4H_4[(CH_3)_2Sn]CoCp$
12	이십면체	$C_2B_7H_9(CoCp)_3$ $C_2B_9H_{11}Ru(CO)_3$

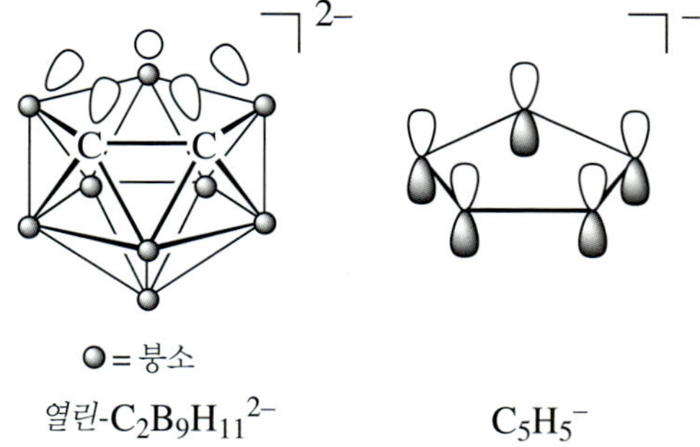

그림 11-16
$C_2B_9H_{11}^{2-}$와 $C_5H_5^-$의 비교(각 B와 C 원자는 말단 수소 원자를 가지고 있지만 나타내지 않았다.)

보레인과 카보레인 음이온도 고리형 유기 리간드의 음이온처럼 유사하게 작용한다(예를 들어 $C_2B_9H_{11}^{2-}$ 화학반응식의 *열린*-카보레인은 이십면체에서 한 개의 꼭짓점이 빠진 구조임을 기억하라). 그림 **11-16**에서처럼 *p* 궤도함수와 비교될 수 있다.

이들 리간드 간의 유사성은 $C_2B_9H_{11}^{2-}$이 철과 결합하여 페로센의 카보레인 유사체, $[Fe(\eta^5-C_2B_9H_{11})_2]^{2-}$를 형성한다는 것으로 입증된다. 하나의 카보레인과 하나의 사이클로 페타다이엔일 리간드를 같이 포함하는 혼합 리간드의 샌드위치 착

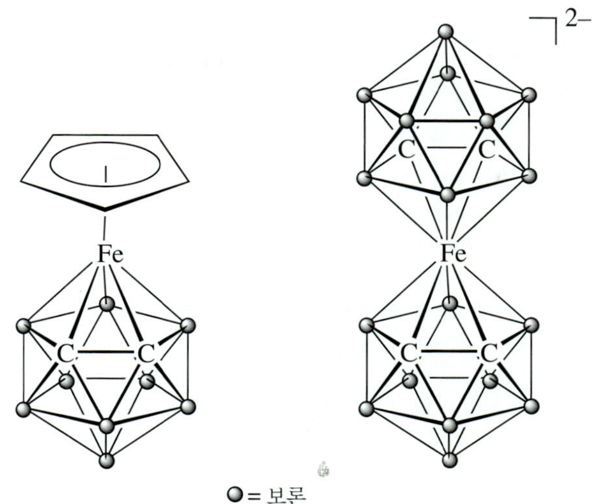

그림 11-17
페로센의 카보레인 유사체

화합물, $[Fe(\eta^5-C_2B_9H_{11})(\eta^5-C_5H_5)]$가 합성되었고(그림 **11-17**), 카보레인 리간드를 포함하는 샌드위치 화합물 화학이 확장되고 있다. 보레인과 카보레인 리간드를 포함하는 수많은 전이금속 화합물이 알려졌다.

보레인과 그들의 주족 원소 유도체들에 대한 분류법과 유사하게 유기금속 보레인과 유기금속 카보레인의 구조를 분류할 수 있다. 이런 방법에서 금속을 포함하는 토막의 원자가 전자의 계산이 필요하고 18-전자 규칙을 만족하는 데 필요한 전자수를 고려해야 한다. 이런 토막은 BH_x 토막 화학종이 8-전자 규칙을 만족하기 위해 필요한 전자수와 동일하다고 할 수 있다. 예를 들면 $Co(CO)_3$와 같은 15-전자 토막 화학종은 18전자에서 3개의 전자가 부족하다. 이 토막은 5-전자 토막인 BH_2와 동등한 것으로 생각할 수 있다. 유기금속 토막과 이와 상응한 BH_x 토막의 예를 표 **11-8**에 정리하였다.

예제 11-2

앞에서 서술한 보레인의 분류법이 유기금속 보레인에도 사용될 수 있다고 설명하는 예들이다.

$B_4H_8(CoCp)$

$B_4H_8(CoCp) \longrightarrow B_4H_8(BH) = B_5H_9$

$B_5H_9 - 4\,H^+ = B_6H_6^{4-}$ 분류: *열린*

$[C_2B_9H_{11}Re(CO)_3]^-$

$[C_2B_9H_{11}Re(CO)_3]^- \longrightarrow [(BH)_2B_9H_{11}(B)]^- = B_{12}H_{13}^-$

$B_{12}H_{13}^- - H^+ = B_{12}H_{12}^{2-}$ 분류: *닫힌*

표 11-8 유기금속 화합물과 보레인 토막 화학종

유기금속 토막에서 원자가 전자수	예	보레인 토막에서 원자가 전자수	보레인 토막 화학종
13	$Mn(CO)_3$	3	B
14	Co(η^5-Cp)	4	BH
15	$Co(CO)_3$	5	BH_2
16	$Fe(CO)_4$	6	BH_3

기본문제 11-5

다음 화합물의 구조 형태를 분류하시오.

a. $B_3H_7[Fe(CO)_4]_2$　　b. $C_2B_9H_{11}(CoCp)_2$

11-2-5 카보닐 뭉치 화합물

많은 카보닐 뭉치 화합물은 보레인과 유사한 구조를 갖고 있다. 따라서 보레인에서 결합을 설명할 때 사용한 접근법을 카보닐 뭉치 화합물에 어느 정도까지 적용시킬 수 있는지를 결정하는 것은 흥미로울 것이다.

Wade에 의하면 아래 반응식 **11.1**과 같이 분명한 연관에 첨가하여 뭉치 화합물의 원자가 전자는 골격을 이루는 결합과 금속–리간드 결합으로 반응식 **11.2**처럼 배당될 수 있다.

뭉치 화합물에서 원자가 전자수의 합	=	금속에서 제공되는 원자가 전자의 개수	+	리간드에서 제공되는 원자가 전자의 개수	**11.1**
뭉치 화합물의 전체 원자가 전자의 개수	=	골격을 이루는 결합에 포함되는 전자의 개수	+	금속–리간드 결합에 포함되는 전자의 개수	**11.2**

앞에 보았듯이 보레인에서 골격을 이루는 결합에 포함되는 전자의 개수는 닫힌, 열린 등의 구조 분류와 관련이 있다. 반응식 **11.2**는 다음과 같이 정리할 수 있다.

골격을 이루는 상호작용에 포함되는 전자수	=	뭉치 화합물의 전체 원자가 전자의 개수	–	금속–리간드 결합에 포함되는 전자의 개수	**11.3**

보레인에 대하여 하나의 붕소–수소 결합에 2개의 전자를 배정한다(다리 결합 수소는 3-중심, 2-전자 결합). 전이금속 카보닐 착화합물의 경우 한 금속당 12개 전자는 금속–카보닐 결합이나 비결합에 포함되어 골격을 이루는 결합에는 포함할 전자가 없다고 Wade가 제안하였다. 따라서 전이금속 카보닐 뭉치 화합물은 상응한

표 11-9 주족 원소와 전이금속 뭉치 화합물의 전자수 계산

구조 형태	주족 원소 뭉치 화합물	전이금속 뭉치 화합물
닫힌	$4n + 2$	$14n + 2$
열린	$4n + 4$	$14n + 4$
거미줄	$4n + 6$	$14n + 6$
하이포	$4n + 8$	$14n + 8$

보레인보다 골격 원자당 10개의 전자를 더 많이 포함한다. 원자가 전자 26개를 가진 *닫힌*-$B_6H_6^{2-}$에 대응되는 금속–카보닐 유사체는 *닫힌* 구조가 되기 위해 86개의 원자가 전자가 필요하다. 이 조건을 만족하는 86-전자 뭉치 화합물이 $Co_6(CO)_{16}$이다. $B_6H_6^{2-}$처럼 $Co_6(CO)_{16}$의 골격도 팔면체이다. 보레인의 경우 열린-구조는 하나의 꼭짓점이 비어 있는 *닫힌*-구조에 해당되고 *거미줄*-구조는 두 개의 꼭짓점이 비어있는 구조이다. 주족 원소와 전이금속 뭉치 화합물의 다양한 구조 분류에 사용되는 원자가 전자 개수는 표 **11-9**에 정리하였다.

닫힌, *열린*, *거미줄 구조* 보레인과 전이금속 뭉치 화합물의 예는 표 **11-10**에 나타내었다. 각각의 경우에 전이금속 뭉치 화합물은 골격 원자당 상응하는 보레인 뭉치 화합물의 원자가 전자에 10개를 더한 원자가 전자를 가지고 있다. 4개의 골격 원자를 가진 뭉치 화합물을 예로 들면 전이금속 뭉치 화합물은 상응하는 보레인 뭉치 화합물보다 40개의 원자가 전자를 더 가지고 있다.

7개의 금속–금속 골격을 이루는 결합 전자쌍의 전이금속 뭉치 화합물이 가장 일반적이며, 이들 뭉치 화합물의 다양한 구조는 표 **11-11**과 그림 **11-18**에 나타 내었다.

Wade 규칙을 활용하여 전이금속–카보닐 착화합물의 구조를 예측하는 것은 일반적이지만 항상 정확하지는 않다. 예를 들면 뭉치 화합물 $M_4(CO)_{12}$(M = Co, Rh, Ir) 은 60개의 원자가 전자를 가지고 있어 *열린*-구조($14n+4$ 원자가 전자)로 예상된다. *열린*-구조는 삼각쌍뿔(어미 구조)에서 하나의 위치가 비어 있다. 그러나 X-선 결정학 연구를 통해 이러한 착화합물의 금속 핵심부는 사면체 구조임이 밝혀졌다.

11-2-6 탄소가 담지된 뭉치 화합물

최근에 하나 또는 여러 원자가 금속 뭉치 화합물 속에 부분적 혹은 완전히 담지된 화합물이 많이 합성되었고 가끔 우연히 합성되기도 한다. 이러한 화합물 중에 가장 일반적인 것은 탄소를 포함하는 뭉치 화합물(카바이드 뭉치 화합물)으로 탄소는 전통적인 유기 화합물 구조에서는 볼 수 없는 배위수와 기하구조를 가진다. 질소와 같은 다른 비금속 원소가 뭉치 화합물에 담지될 때도 있다. 특이한 배위 구조의 예를 그림 **11-18**에 나타내었다.

표 11-10 닫힌, 열린, 거미줄막 보레인 뭉치 화합물과 전이금속 뭉치 화합물

뭉치 화합물의 골격 원자수	어미 다면체의 꼭짓점 수	골격 원자쌍 수	원자가 전자의 수(보레인)				원자가 전자의 수(전이금속 뭉치 화합물)			
			닫힌	*열린*	*거미줄막*	예	*닫힌*	*열린*	*거미줄*	예
4	**4**	**5**	**18**			[a]	**58**			
	5	6		20		$B_4H_7^-$		60		$Co_4(CO)_{12}$
	6	7			22	B_4H_{10}			62	$[Fe_4C(CO)_{12}]^{2-}$
5	**5**	**6**	**22**			$C_2B_3H_5$[a]	**72**			$Os_5(CO)_{16}$
	6	7		24		B_5H_9		74		$Os_5C(CO)_{15}$
	7	8			26	B_5H_{11}			76	$[Ni_5(CO)_{12}]^{2-}$
6	**6**	**7**	**26**			$B_6H_6^{2-}$	**86**			$Co_6(CO)_{16}$
	7	8		28		B_6H_{10}		88		$Os_6(CO)_{17}[P(OMe_3)]_3$
	8	9			30	B_6H_{12}			90	$[Os_6(CO)_{18}P]^-$

[a] $B_4H_4^{2-}$와 $B_5H_5^{2-}$의 화학반응식을 갖는 *닫힌*-구조의 이온은 알려지지 않았다.

표 11-11 금속 7개가 금속–금속 골격을 이루는 전자쌍을 가진 뭉치 화합물

골격 원자의 수	뭉치 화합물 형태	모양	예
7	고깔 씌운 *닫힌*[a]	고깔 씌운 팔면체	$[Rh_7(CO)_{16}]^{3-}$ 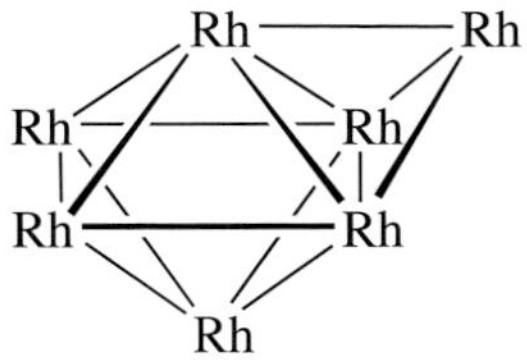
6	*닫힌*	팔면체	$Rh_6(CO)_{16}$ 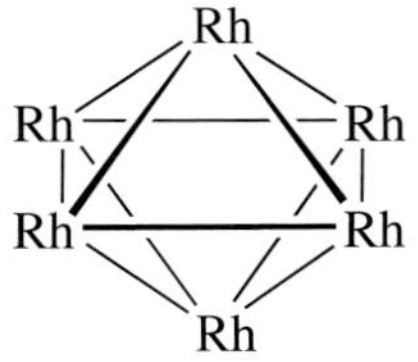
6	고깔 씌운 *열린*[b]	고깔 씌운 사각뿔	$H_2Os_6(CO)_{18}$ 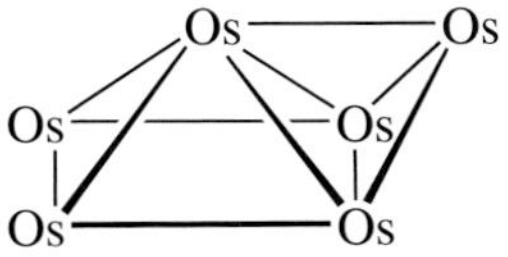
5	*열린*	사각뿔	$Ru_5C(CO)_{15}$ 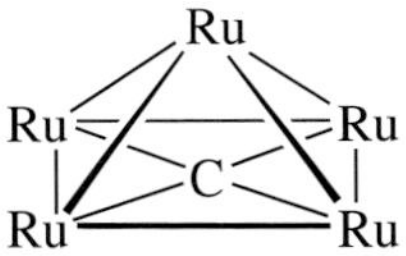
4	*거미줄막*	나비형	$[HFe_4(CO)_{13}]^{-}$[c] 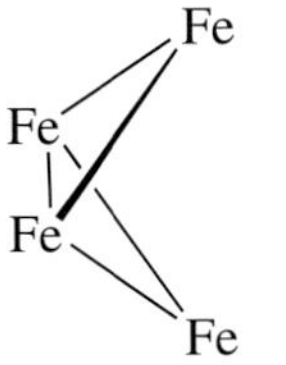

[a] 고깔 씌운 *닫힌*(capped *closo*) 뭉치 화합물은 중심의 B_nH_n와 동일한 원자가 전자수를 가진다.
[b] 고깔 씌운 *열린*(capped *nido*) 뭉치 화합물은 $B_nH_n^{2-}$와 동일한 닫힌 뭉치 화합물과 같은 원자가 전자수를 가진다.
[c] 이 착화합물은 *열린*-뭉치 화합물과 동일한 원자가 전자수를 갖지만 거미줄 구조로 예상되는 나비형 구조를 가진다. 이것은 금속 착화합물의 구조가 Wade 규칙에 정확히 따르지 않는 보기 중의 하나이다.

담지된 원자의 원자가 전자수도 전체 원자가 전자수에 더해진다. 예를 들면 $Ru_6C(CO)_{17}$에서 탄소는 4개의 원자가 전자를 제공하여 전체적으로 86개가 되어 *닫힌* 구조의 전자수에 해당한다.

단지 4개의 원자가 궤도함수를 가진 탄소나 다른 원자가 주위의 전이금속 원자와 어떻게 4개 이상의 결합을 형성할 수 있는가? $RuC(CO)_{17}$은 이에 대한 좋은 예이다. 팔면체 Ru_6의 핵심부는 $B_6H_6^{2-}$(그림 **11-10**)와 유사한 골격 분자 궤도함수

기본문제 11-6

표 **11-11**에 나열된 뭉치 화합물의 전자수와 뭉치 화합물의 형태를 확인하시오.

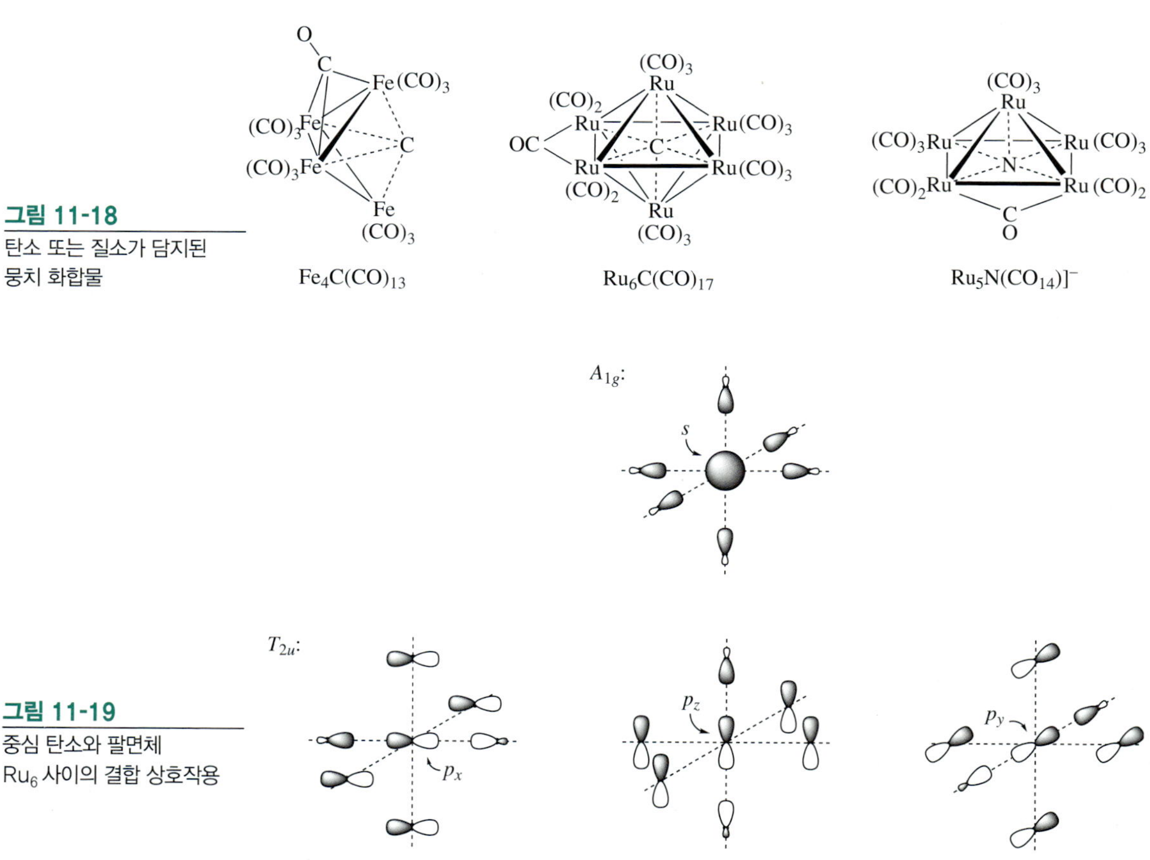

그림 11-18
탄소 또는 질소가 담지된 뭉치 화합물

그림 11-19
중심 탄소와 팔면체 Ru_6 사이의 결합 상호작용

(그림 **11-19**)을 가지고 있다. 탄소는 각각의 원자들(유기 화합물에서의 탄소)과 결합을 형성할 때 제한이 없고 주위 금속들과 탄소를 통해 확장된 분자 궤도함수를 형성하는데 참여한다는 것이 요지이다. 그림 **11-19**에 Ru_6C 핵심부의 가장 중요한 결합 궤도함수 4개를 나타내었다. 탄소의 2s 궤도함수는 σ-결합 형태로 6개의 금속 궤도함수(거의 *d* 궤도함수 성격을 가진 혼성 궤도함수)와 상호작용할 수 있으며 그림 **11-19**의 A_{1g}와 같다. 추가적으로 탄소의 2*p* 궤도함수 각각은 그림 **11-19**의 맨 아래 그림 (T_{1u})처럼 훨씬 복잡한 상호작용에 참여한다. 이들 상호작용의 결과로 "새장(cage)"의 중심에 위치한 탄소를 연결하기 위한 전자쌍의 참여로 4개의 C–Ru 결합 궤도함수가 형성된다.

[연습 문제]

11-1 아래 화학종과 닮은 궤도함수의 유기 화합물 토막 화학종을 제시하시오.

a. $[Re(CO)_4]$

b. $Tc(CO)_4(PPh_3)$

c. $(\eta^5-Cp)Ir(CO)$

d. $(\eta^4-C_4H_4)Co(PMe_3)_2$

e. 탄소가 담지된 뭉치 화합물 $[C(SiMe_3)_2(AuPPh_3)_3]^+$의 리간드에서 5배위 탄소 원자의 예

11-2 아래 화학종과 닮은 궤도함수의 유기금속 화합물 토막 중 제11장에서 언급되지 않은 것으로 제안하시오.

a. CH_3^+

b. CH_2

c. CH_2^-

d. CH_3^-

11-3 유기 이미도(RN^-) 리간드는 사이클로펜타디엔 C_5H_5(혹은 $C_5H_5^-$가 π 궤도 함수에 3개의 전자쌍을 갖는 것처럼 NR^{2-}도 리간드–금속 결합 궤도함수에 3쌍의 원자가 전자쌍을 갖고 있기 때문에 NR^{2-}는 $C_5H_5^-$와 닮은 궤도함수라 여겨진다)와 닮은 궤도함수로 볼 수 있다. 그래서 C_5H_5를 포함하는 전이금속 착화합물은 동일한 전하를 띤 유기 이미도 금속 착화합물과 화학적 대비 관계에 있다(예를 들면 $[WCp]^{5+}$와 $[Re(NR)]^{5+}$는 닮은 궤도함수 관계이다). 이러한 관점에서 다음 화합물과 닮은 궤도함수인 유기 이미도 금속 착화합물의 화학반응식을 예측하시오.

a. Cp_2Zr 과 $Cp_2Nb(NR)$

b. 쯔비터 이온 착화합물 $CpZr(CH_3)_2[(\eta^6-C_6H_5CH_2B(C_6F_5)_3]$

11-4 15-전자 $Co(CO)_3$ 토막 화학종은 인 원자와 닮은 궤도함수이다.

a. 사면체 P_4 뭉치 화합물의 한 개 또는 그 이상의 인 원자가 $Co(CO)_3$ 토막으로 치환되어 형성되는 화합물의 구조를 예측하시오.

b. $Co(CO)_3$처럼 $(\eta^5-Cp)Mo(CO)_2$ 토막은 P_4에서 인 원자를 치환할 수 있다. 이러한 유형의 치환으로부터 형성되는 뭉치 화합물의 화학 반응식과 구조를 제안하시오.

11-5 *닫힌*, *열린*, *거미줄* 구조를 분류하시오.

a. B_8H_{12}
b. $C_2B_7H_{12}^-$
c. $AsCB_9H_{11}^-$
d. $B_4H_6(CoCp)_2$
e. $C_2B_7H_9(CoCp)_3$
f. $C_2B_4H_6Ni(PPh_3)_2$

11-6 아자보레인은 보레인에서 하나 또는 그 이상의 붕소가 질소 원자로 치환된 것이다. 아래의 아자보레인을 *닫힌*, *열린*, *거미줄* 구조 형태로 분류하시오.

a. $B_3H_2(CMe_3)_3(NCMe_3)$
b. $B_3H_2(CMe_3)_2(NEt_2)(NCMe_3)$

11-7 $Co(\eta^4\text{–}C_4H_4)$는 $Fe(\eta^5\text{–}C_5H_5)$와 닮은 궤도함수이다.

a. 페로센의 일부분은 $(\eta^4\text{–}C_4H_4)Co$으로 치환하면 어떤 화합물이 될까?

b. NaCp의 THF용액을 $(\eta^4\text{–}C_4Me_4)Co(CO)_2I$의 THF 용액 첨가하여 반응을 시킨 후 진공으로 용매를 제거하고 잔여물을 석유 에터로 녹여냈다. 에터 용액에서 용매를 제거한 후 승화로 정제하여 주황색 고체를 얻었다. 이 생성물의 ^1H NMR 스펙트럼에는 1.55와 4.53 ppm에 피크가 있고 1800과 2100 cm^{-1} 사이에 IR 피크가 보이지 않는다. 이 생성물의 구조를 예측하시오.

c. 또 다른 반응에서 $C_4Me_4P^-$ 이온의 용액을 $(\eta^4\text{–}C_4Me_4)Co(CO)_2I$의 THF 용액에 첨가하였다. **b**에서와 유사한 생성물이 얻어졌고 ^{31}P NMR에서는 1개의 피크가 보이고 1800과 2100 cm^{-1} 사이에서 IR 피크가 보이지 않는다. 원소 분석 결과는 탄소가 62.91%이고 수소는 8.05%이었다. 이 생성물의 구조를 예측하시오.

$C_4Me_4P^-$

11-8 $In[C(SiMe_3)_3]$ 리간드는 말단 카보닐 리간드와 유사한 위치를 차지한다. 예를 들면 $Ni(CO)_4$처럼 $Ni[In\{C(SiMe)_3\}]_4$ 착화합물은 사면체 구조이다. CO와 $In[C(SiMe_3)_3]$는 닮은 궤도함수 관계인가? [힌트: 리간드의 가능한 주개 또는 받개 궤도함수를 고려하시오.]

11-9 다음의 *닫힌*-구조 착화합물에서 M을 제1주기 전이금속에서 찾으시오.

a. $[CB_7H_8M(CO)_3]^-$
b. $C_2B_9H_{11}M(CO)_2$

11-10 $Cp_2Zr(CH_3)_2$는 친핵도가 높은 $HB(C_6F_5)_2$와 반응하여 $(CH_2)[HB(C_6F_5)_2]_2(ZrCp_2)$의 생성물을 정량적으로 형성한다. 이 반응의 생성물에는 5배위 탄소 원자가 확인되었다.

a. 이 생성물의 구조를 제안하시오[유용한 정보 : ^1H NMR 스펙트럼에는 δ = 5.23 ppm(상대적 면적=5)에 단일 피크가 δ = –2.05 ppm(상대적 면적=1)에 넓은 단일 피크가 있고 ^{19}F NMR 스펙트럼에는 3개의 피크가 있으며 ^{11}B NMR 스펙트럼에는 하나의 단일 피크가 있다].
b. 이 생성물의 이성질체, $[Cp_2ZrH]^+[CH_2\{B(CF_3)_2\}_2(\mu\text{–}H)]^-$는 Z–N 촉매의 특성을 보인다. 에틸렌 중합 반응의 촉매로 이 이성질체가 어떻게 작용하는지에 대한 메카니즘을 제안하시오.

찾아보기

ㅋ

ㅌ

ㅍ

ㅎ

A

B

C

F

G

▶ 옮긴이 소개

우희권 전남대학교 자연과학대학 화학과 교수
이순원 성균관대학교 자연과학대학 화학과 교수
정옥상 부산대학교 자연과학대학 화학과 교수
정종화 경북대학교 자연과학대학 화학과 교수
최문근 연세대학교 이과대학 화학과 교수

유기금속화학

❙ 2013년 9월 1일 2판 1쇄 발행

❙ 지은이 Gary O. Spessard / Gary L. Miessler
❙ 옮긴이 유기금속화학교재연구회
❙ 발행인 박종성
❙ 발행처 사이플러스 Science plus
❙ 우 121-842 / 서울특별시 마포구 서교동 468-24
❙ 전화 332_6171 / 팩스 332_6185
❙ 등록 2005.10.20. 제 313-2005-00222호

❙ ISBN 978-89-92603-66-9 93430 값 39,000원